Z-86

Altern und Lebenszeit

Eröffnungssitzung der Leopoldina-Jahresversammlung 1999 im Tagungszentrum Kongreß & Kultur Halle

NOVA ACTA LEOPOLDINA
Abhandlungen der Deutschen Akademie der Naturforscher Leopoldina

Im Auftrage des Präsidiums herausgegeben von

WERNER KÖHLER

Vizepräsident der Akademie

| NEUE FOLGE | NUMMER 314 | BAND 81 |

Altern und Lebenszeit

Vorträge anläßlich der Jahresversammlung
vom 26. bis 29. März 1999 zu Halle (Saale)

Herausgegeben von

Werner KÖHLER, Jena

Vizepräsident der Akademie

Mit 194 Abbildungen und 15 Tabellen

Deutsche Akademie der Naturforscher Leopoldina, Halle (Saale) 1999

Redaktion: Dr. Michael KAASCH und Dr. Joachim KAASCH

Auf der Titelseite des Bandes ist das Siegel der Urkunde abgebildet, mit dem Kaiser LEOPOLD 1687 die der Akademie verliehenen Privilegien erneut bestätigt hat. Siegel und Urkunde befinden sich noch im Besitz der Leopoldina.

**Die Schriftenreihe Nova Acta Leopoldina erscheint bei Johann Ambrosius Barth, MVH Medizinverlage Heidelberg GmbH & Co. KG, Heidelberg, Fritz-Frey-Straße 21, 69121 Heidelberg, Bundesrepublik Deutschland.
Jedes Heft ist einzeln käuflich!**

Die Schriftenreihe wird gefördert durch das Bundesministerium für Bildung und Forschung sowie das Kultusministerium des Landes Sachsen-Anhalt.

Die Deutsche Bibliothek – CIP-Einheitsaufnahme
Altern und Lebenszeit : Vorträge anlässlich der Jahresversammlung vom 26. bis 29. März 1999 zu Halle (Saale) ; mit 15 Tabellen / Deutsche Akademie der Naturforscher Leopoldina, Halle (Saale). Hrsg. von Werner Köhler. – Leipzig ; Heidelberg : Barth, 1999
  (Nova Acta Leopoldina ; N.F., Nr. 314 : Bd. 81)
  ISBN 3-8304-5073-7

Alle Rechte, auch die des auszugsweisen Nachdruckes, der fotomechanischen Wiedergabe und der Übersetzung, vorbehalten.

Die Wiedergabe von Gebrauchsnamen, Handelsnamen, Warenbezeichnungen und dgl. in diesem Band berechtigt nicht zu der Annahme, daß solche Namen ohne weiteres von jedermann benutzt werden dürfen. Vielmehr handelt es sich häufig um gesetzlich geschützte eingetragene Warenzeichen, auch wenn sie nicht eigens als solche gekennzeichnet sind.

© Deutsche Akademie der Naturforscher Leopoldina e. V.
06019 Halle (Saale), Postschließfach 11 05 43, Tel. (03 45) 2 02 50 14
Hausadresse: Emil-Abderhalden-Straße 37, 06108 Halle (Saale), Bundesrepublik Deutschland
Herausgeber: Prof. Dr. Dr. Dr. h. c. Werner KÖHLER, Vizepräsident der Akademie
ISBN 3-8304-5073-7
ISSN 0369-5034
Printed in Germany 1999
Gesamtherstellung: druckhaus köthen GmbH

Inhalt

1. Feierliche Eröffnung

WINNACKER, Ernst-Ludwig: Begrüßungsansprache 9

HÖPPNER, Reinhard: Grußwort des Ministerpräsidenten des Landes Sachsen-Anhalt. 13
GENSCHER, Hans-Dietrich: An der Schwelle zum neuen Jahrtausend 17
PARTHIER, Benno: Ansprache des Leopoldina-Präsidenten und Ehrungen 23

Laudationes für Frau Professor Dr. Dorothea KUHN (Marbach) und für Herrn Professor Dr. Dr. h. c. Rudolf ROTT (Gießen) anläßlich der Verleihung der *Cothenius-Medaillen* 39
Laudationes für Herrn Professor Dr. Svante PÄÄBO (Leipzig) und für Herrn Professor Dr. Dr. h. c. Walter SCHAFFNER (Zürich) anläßlich der Verleihung der *Carus-Medaillen* 44
Laudatio für Herrn Professor Dr. Dr. Walter NEUPERT (München) anläßlich der Verleihung der *Schleiden-Medaille* 49
Laudatio für Herrn Professor Dr. Herbert JÄCKLE (Göttingen) anläßlich der Verleihung der *Mendel-Medaille* 51
Leopoldina-Preis für junge Wissenschaftler 54
Leopoldina-Preis für Wissenschaftsgeschichte 55
Ernennung von Ehrenförderern der Akademie 56

Festvortrag

LEPENIES, Wolf: Das Altern unseres Jahrhunderts 61

2. Wissenschaftliche Vorträge

Computertechnik und Teilchenphysik

KORTE, Bernhard: Wie lange lebt ein Bit in einem Computer? 83
SCHOPPER, Herwig: Lebenszeiten im Mikrokosmos – von ultrakurzen bis zu unendlichen und oszillierenden – 109

Molekülphysik und Materialwissenschaften

QUACK, Martin: Intramolekulare Dynamik: Irreversibilität, Zeitumkehrsymmetrie und eine absolute Moleküluhr. 137
MAIER, Karl: Altern von Werkstoffen 175

Astronomie und Paläontologie

TAMMANN, Gustav A.: Alter und Entwicklung der Welt 191
STEININGER, Fritz F.: Vier Milliarden Jahre irdisches Leben. Eine Paläontologie der Arten 207

Geowissenschaften und Ökologie

PATZELT, Gernot: Werden und Vergehen der Gletscher und die nacheiszeitliche Klimaentwicklung in den Alpen. 231
SUCCOW, Michael: Lebenszeit von Ökosystemen – am Beispiel mitteleuropäischer Seen und Moore. 247

Radikalchemie und Proteinforschung

GIESE, Bernd: Radikale und die Chemie des Alterns 265
JENTSCH, Stefan: Proteinabbau in der Zelle – Müllabfuhr und Recycling 279

Zellbiologie

COLLATZ, Klaus-Günter: Fortpflanzung, Altern und Lebensdauer als genetisch fixierte Zyklen 291
KRAMMER, Peter H.: Apoptose im Immunsystem 313

Innere Medizin, Neurologie und Immunologie

MÖRL, Hubert: Altern aus internistischer Sicht 325
DICHGANS, Johannes, und SCHULZ, Jörg B.: Altern in Teilen? Systemalterungen des Nervensystems 351
RAJEWSKY, Klaus: Langlebigkeit, Regeneration und Gedächtnis im Antikörpersystem. 371

Abschlußvortrag

BALTES, Paul: Alter und Altern als unvollendete Architektur der Humanontogenese. 379
SCHELLENBERGER, Alfred: Dankes- und Schlußwort. 405

3. Anhang

KAASCH, Michael: *Zusammenfassender Bericht* über den Verlauf der Jahresversammlung 1999. 411
KAASCH, Michael: *Bericht* über den Diskussionskreis »Der alte Mensch in der Gesellschaft« 421
Verzeichnis der wissenschaftlichen Veranstaltungen der Deutschen Akademie der Naturforscher Leopoldina zwischen den Jahresversammlungen 1997 und 1999. 433

1. Feierliche Eröffnung

Begrüßungsansprache

Ernst-Ludwig WINNACKER (Bonn und München)
Vizepräsident der Akademie

Hochansehnliche Festversammlung,
meine sehr geehrten Damen und Herren!

Im Namen des Präsidiums der Deutschen Akademie der Naturforscher Leopoldina heiße ich Sie alle zur Jahresversammlung 1999, der letzten in diesem Jahrtausend, herzlich willkommen. Im 347. Jahr des Bestehens der Leopoldina gilt unser erster Gruß dem Ministerpräsidenten des Landes Sachsen-Anhalt, Herrn Dr. Reinhard Höppner sowie dem Regierungspräsidenten Herrn Wolfgang Böhm. In diesen Gruß schließe ich die Mitglieder des Deutschen Bundestages und des Landtages von Sachsen-Anhalt ein.

Die Ehre ihres Kommens entbieten uns auch Herr Minister Professor Hans Joachim Meyer vom Ministerium für Wissenschaft und Kultur des Freistaates Sachsen, derzeit auch Vorsitzender der Kultusminister-Konferenz, sowie der Staatssekretär Dr. Wolfgang Eichler vom zuständigen Kultusministerium des Landes Sachsen-Anhalt. Wir danken Ihnen beiden, und dazu dem Generalsekretär der Bund-Länder-Kommission für Bildungsplanung und Forschungsförderung Herrn Dr. Wolfgang Schlegel, von Herzen dafür, daß sie als Repräsentanten der Kulturpolitik den Weg zur Leopoldina nicht gescheut haben.

In alter und immer wieder hochgeschätzter Tradition begrüße ich zahlreiche Vertreter von ausländischen Akademien der Wissenschaften, von denen ich namentlich Herrn Professor Rudolf Zahradnik, Präsident der Tschechischen Akademie der Wissenschaften, Professor Wlodzimiez Ostrowski, Vizepräsident der Polnischen Akademie der Wissenschaften, sowie die Kollegen Professor Bernhard Hauck und Professor Ewald Weibel als Präsidenten der Naturwissenschaftlichen bzw. der Medizinischen Akademien der Schweiz nennen möchte. Eingeschlossen in diesen herzlichen Willkommensgruß seien alle Präsidenten und ihre Vertreter der deutschen Akademien der Wissenschaften, die in der Union zusammengeschlossen sind, sowie die Präsidenten, Vizepräsidenten oder Vorsitzenden der Wissenschaftlichen Gesellschaften. Wir sind Ihnen dankbar, daß Sie mit Ihrem Kommen Ihre Verbundenheit mit der Leopoldina bekunden.

Mein besonderer und nachdrücklicher Gruß gilt dem Ehrensenator der Leopoldina und Ehrenbürger der Stadt Halle, Herrn Bundesaußenminister a. D. Hans-Dietrich Genscher. Daß Sie uns mit Ihrer Bereitschaft, nachher ein Grußwort an diese Festversammlung zu richten, eine außerordentliche Freude bereiten, wird unvergessen bleiben.

Ich sehe vor mir den hochverdienten Altpräsidenten der Leopoldina, Professor Heinz Bethge, sowie die Ehrenmitglieder Klaus Betke, Reimar Lüst und Eugen Seibold. Sie alle verbindet ein erfolgreiches Wirken im Dienste unserer Akademie, für das unser aller Dank nicht groß genug sein kann.

Eine Akademie lebt und blüht vor allem dank des Einsatzes ihrer Mitglieder und Gremienmitglieder. Den Senatoren, den Ehrenförderern und den Mitgliedern, die in großer Zahl zusammen mit ihren Angehörigen gekommen sind, gilt ebenfalls ein ausdrücklicher Willkommensgruß, verbunden mit dem Wunsche, daß Sie auch in Zukunft der Akademie mit Rat und Tat zur Seite stehen mögen. Sie bietet hochinteressante Herausforderungen, die auch dem zahlreich erschienenen akademischen Nachwuchs Ansporn sein mögen.

Wer darf in einer so festlichen Stunde seine akademischen Nachbarn vergessen? Ich begrüße daher die Rektoren der benachbarten Universitäten und Fachhochschulen, darunter der Rektor der Universität Leipzig, Professor Volker Bigl, die uns in alter Tradition verbunden sind. Dies gilt gleichermaßen für den Hochschulverband mit seinem Präsidenten Professor Hartmut SCHIEDERMAYER, die Volkswagenstiftung mit ihrem Generalsekretär Dr. Wilhelm KRULL sowie die Vertreter der »Säulen« unseres Wissenschaftssystems, der Hochschulrektorenkonferenz, der Max-Planck-Gesellschaft, der Helmholtz-Gemeinschaft Deutscher Forschungszentren, der Fraunhofer-Gesellschaft sowie der Wissenschaftsgemeinschaft Gottfried-Wilhelm-Leibniz.

Was wäre schließlich die Leopoldina ohne ihren Gründungsort Schweinfurt oder ihre derzeitige Heimatstadt Halle. Ihnen, sehr geehrte Frau Oberbürgermeisterin Gudrun GRIESER, und Ihnen, sehr geehrter Herr Oberbürgermeister Dr. Klaus-Peter RAUEN gilt daher – *last-not-least*, ein warm empfundener Willkommensgruß.

Meine Damen und Herren! Das Präsidium hat sich für die diesjährige Versammlung das Thema »Altern und Lebenszeit« ausgewählt. Dieser Titel berührt alle Arbeitsgebiete und Sektionen unserer Akademie, von der Physik, den Erdwissenschaften, der Chemie, den Lebenswissenschaften bis hin zur Medizin, die leblose Materie genauso wie die lebendige, so merkwürdig dies anmuten mag. Aber es wird eben alles alt, Kontinente ebenso wie Wetterberichte, Gletscher ebenso wie Ökosysteme, Akademien ebenso wie Jahrhunderte. Wer die Welt in nur sieben Tagen erschaffen hat, konnte sie deswegen vielleicht auch nicht vollkommen und damit unsterblich schaffen. Was unsere eigene Spezies *Homo sapiens* angeht, die den meisten von Ihnen beim Lesen des Tagungsthemas in den Sinn gekommen sein mag, so heißt es hierzu im 1. Buch Moses, Kapitel 6: »Als aber die Menschen anfingen, sich auf der Erde zu mehren, und ihnen Töchter geboren wurden, sahen die Gottessöhne, daß die Töchter der Menschen schön waren, und sie nahmen sich zu Weibern, welche sie nur wollten. Da sprach der Herr: Mein Geist soll nicht auf immer im Menschen walten, dieweil auch er Fleisch ist, und seine Lebenszeit sei 120 Jahre.« In der griechischen Antike wußte man genau, worauf sich diese Zahl zurückführte. Sie wurde von den drei Töchtern des Zeus und der Themis festgelegt, Klotho, Lacheris und Atropos, die den Lebensfaden sponnen und jeweils an der »richtigen« Stelle zerschnitten. Wenn man heutzutage die Lebensspanne als das Alter definiert, über das hinaus es nur 0,1% der Bevölkerung schaffen, so liegt sie unverändert wie zu biblischen Zeiten bei knapp 120 Jahren. Verändert hat sich seither also nicht die Lebensspanne, die anscheinend – auch anderslautenden Meldungen zum Trotz – bei uns Menschen ziemlich ausgereizt ist, sondern die Lebenserwartung. Wenn zu Beginn dieses Jahrhunderts 75% der Menschen damit zu rechnen hatten, vor dem 65. Lebensjahr zu sterben, so sterben heute 75% unserer Bevölkerung nach dem 65. Lebensjahr. Vor diesem Hintergrund mag es durchaus kurios anmuten, daß noch nie so viel Fünfundfünfzigjährige in den Vorruhestand geschickt wurden wie heute. Über die Konsequenzen dieser und vieler anderer Facetten unserer Wege in eine immer geriatrischere Welt, wie sie uns in den kommenden Tagen während der Jahresversammlung vor Augen geführt werden, lohnt es intensiv nachzudenken. Der Mythos der ewigen Jugend, den uns Weltraumflüge von Siebenundsiebzigjährigen oder aber ein durch Werbung angeheizter Jungbrunnen verheißen, darf uns nämlich nicht vom Alterungsprozeß als natürlichem Abschnitt unserer biologischen Existenz ablenken, der genauso mit Würde und Lebensqualität auszustatten ist wie andere Lebensabschnitte auch. Das Leben ist und bleibt eine unheilbare Krankheit.

Abschließend darf ich Sie daran erinnern, daß Sie sich nicht nur auf einer thematisch vielversprechenden Konferenz befinden, sondern auch im wunderschönen Halle. Zu diesem Punkt hat sich GOETHE in einem Schreiben an SCHILLER vom 5. Juli

1803, wie folgt, geäußert: »Versäumen Sie ja nicht, sich in Halle umzusehen, wozu Sie manchen Anlaß haben.« In der Tat, auch hier hat der Dichterfürst recht.

Ich danke unseren Referenten für Ihre Bereitschaft, zu uns zu sprechen und Ihnen allen für Ihr Kommen.

        Prof. Dr. Ernst-Ludwig WINNACKER
        Universität München
        Laboratorium für Molekulare Biologie
        Genzentrum
        Feodor-Lynen-Straße 25
        81377 München
        Bundesrepublik Deutschland

Grußwort des Ministerpräsidenten des Landes Sachsen-Anhalt

Reinhard Höppner (Magdeburg)

Sehr geehrter Herr Dr. Hans-Dietrich GENSCHER!
Sehr geehrter Herr Präsident PARTHIER!
Sehr geehrte Damen und Herren!
Hochverehrte Festversammlung!

Es ist schön, eine solch altehrwürdige Akademie in dieser Stadt und in unserem Lande zu haben. Daher ist es auch nicht schwer, alle zwei Jahre wieder den Weg zu Ihrer Jahresversammlung hierher nach Halle zu finden. Die Akademie ist für uns ein wichtiger Baustein unseres gesellschaftlichen und wissenschaftlichen Lebens, und das nun schon über Jahrhunderte. Als ich vor zwei Jahren hier bei Ihnen war, da stand dieser Akademie die Begutachtung durch den Wissenschaftsrat bevor. Die Kundigen wußten es – andere mußten offenbar durch eine solche Begutachtung noch überzeugt werden: Das Ergebnis ist hervorragend. Das belegt das hohe wissenschaftliche Niveau und in vieler Beziehung die Einmaligkeit dieser Akademie Leopoldina. Ich kann heute Ihnen allen dazu nur sagen: Herzlichen Glückwunsch.

Wir wollen diese sehr guten Ergebnisse dadurch honorieren, daß wir daran arbeiten und dabei bleiben wollen, daß diese Akademie hier langfristige tragfähige Förderung erhält und damit das Gesicht unserer Wissenschaftslandschaft weiter prägen kann. Vor zwei Jahren wurden Umbaumaßnahmen begonnen, man kann den Fortschritt sehen. Ich hoffe, daß wir im nächsten Jahr zu einem Abschluß kommen können. Fazit dieses Stückes Geschichte: Mit solch guten Rahmenbedingungen und mit so vielen engagierten Mitgliedern ist die Leopoldina auf die Herausforderungen des neuen Jahrhunderts gut vorbereitet.

Nun haben Sie sich ein besonderes Thema gewählt. Ich könnte ja jetzt im Hinblick auf das Altern des Jahrhunderts sagen: Das war wirklich der letztmögliche Zeitpunkt. Über das Altern dieses Jahrhunderts wird man nicht mehr lange reden können. Es ist dann vorbei. Aber es ist in der Tat so, daß manchmal ein Perspektivenwechsel nötig ist, um die Bedeutung eines Jahrhunderts, aber auch um die Bedeutung von Lebensspannen und Lebensabschnitten erkennen zu können. Ich habe mich aus verschiedenen Gründen darüber gefreut, daß Sie dieses Thema gewählt haben.

Mir ist es so ergangen: Man denkt zunächst an das eigene Altern und dann an das Altern der Menschen. Aber auch in dieser Hinsicht ist das Thema gut gewählt, denn es bereichert das Internationale Jahr der Senioren, das wir gerade begehen, und es zwingt uns vielleicht auch, uns unsere Welt anzusehen, die sich – nach meiner festen Überzeugung – durch die Veränderung der Stellenwerte der Lebensalter untereinander wesentlich verändern wird. Kein Zweifel, die Zahlen sind genannt, die Gesellschaft wird älter. Man könnte vielfältige Vergleiche hinzufügen. Trotzdem meine ich, daß der Begriff der »Überalterung« eigentlich schon der Anfang vieler Negativbegriffe ist, die wir in diesem Feld inzwischen verbreiten und die der Sache überhaupt nicht gerecht werden. »Jedes Ding hat seine Zeit« steht in der Bibel, wenn ich die einmal zitieren darf. Da wird nun vieles aufgeführt, und ich denke, das gilt auch für jedes Lebensalter, das seine Bedeutung hat. Das Bild der älteren Menschen, das Bild der zweiten Hälfte des Lebens muß sich wesentlich verändern, wenn es uns gelingen soll, den Schatz zu heben, der in dieser zweiten Hälfte des Lebens liegt. Die Natur macht es uns vor, wir beobachten es offenbar nicht genau genug. Gehen Sie einmal durch einen Herbstwald, dann werden Sie dessen wunderschöne Farbenpracht erleben können und werden feststellen: Mit seiner Schönheit stellt er manchen Frühling in den Schatten.

Wer über das Altern nachdenkt, denkt nicht automatisch nur über das Ende nach, sondern er denkt auch darüber nach, was an Schätzen in dieser Epoche des Lebens begraben liegt. Deshalb tun wir alle sehr gut daran, uns zu wehren, wenn dieser Abschnitt des Lebens auf Probleme, wie Gebrechlichkeit und Pflegebedürftigkeit, reduziert wird, wenn das Alter als Last angesehen wird, wenn man nur noch darüber redet, wie man Renten sichern kann, und dann sogar noch von einem »Generationenkrieg« redet. Das ist nach meiner festen Überzeugung die falsche Perspektive. Die Lebensgestaltung im Alter ist genau so differenziert wie in der Generation der Erwerbstätigen und der Jüngeren, die in dieses Leben starten.

Wir tun daher gut daran, uns der Frage zuzuwenden, welche Kraft wir in unserer Gesellschaft entwickeln können, Menschen zu ermuntern, diese zweite Hälfte des Lebens tatsächlich aktiv zu gestalten. Denn wenn ich mir die Fakten ansehe, dann stelle ich fest, daß es undenkbar ist, auf die Mitwirkung der Älteren – nun könnte ich ja fast sagen: der über 55jährigen, da noch nie so viele 55jährige in den Vorruhestand geschickt worden sind – in unserer Gesellschaft zu verzichten. Da ist nicht nur gesammelte Erfahrung, die weitergegeben werden muß. Da ist nicht nur die Weisheit, ohne die unsere Welt nicht auskäme. Da ist auch ein hohes Maß an Engagement, wohl aus der Lebenserfahrung heraus, daß ohne Miteinander und ohne Solidarität das ganze Leben nicht zu gestalten ist. Ich bewundere es, und ich freue mich darüber, daß so viel, auch ehrenamtliches Engagement gerade der älteren Menschen unsere Gesellschaft bereichert. Das soll, das muß auch weiter so bleiben. Übrigens tun wir alle gut daran, uns rechtzeitig so auf das eigene Alter einzustellen, daß wir die Kraft finden, an dieser Stelle tatsächlich diese zweite Hälfte des Lebens noch einmal aktiv zu gestalten. Manchen, vielleicht sogar vielen, ist es gelungen. Aber diese Erfahrung weiterzugeben ist für uns Jüngere, die wir es wohl erst noch lernen müssen, ein wichtiger Faktor.

Meine Damen und Herren! Lassen Sie mich in diesem Zusammenhang eines sagen, weil ich auf das Stichwort »Solidarität« gekommen bin: Ich glaube, daß wir ohne einen Vertrag zwischen den Generationen diese Gesellschaft nicht werden gestalten können. Es gibt dazu keine Alternative. Aber sehen wir ihn nicht nur als einen Vertrag, der es den Jüngeren und im erwerbstätigen Alter Befindlichen aufzwingt und abnötigt, Geld für die Älteren zu geben, sondern sehen wir diesen Vertrag mehr als einen Generationenvertrag des wechselseitigen Gebens und Nehmens, der nicht durch Börsen- und Pensionsfonds vermittelt werden kann, sondern der das Miteinander, die Solidarität, die von Auge zu Auge vermittelt wird, braucht. Das ist nicht ersetzbar durch Börse, Fonds oder andere Instrumente unserer Wettbewerbsgesellschaft.

Meine Damen und Herren! Ich wünsche Ihnen, daß Ihnen auf dieser Tagung etwas gelingt, was mir in meiner beruflichen Tätigkeit – ich meine jetzt nicht die als Ministerpräsident, sondern jene in meinem ersten Leben als Mathematiker – immer unheimlich viel Spaß gemacht hat. Als Mathematiker haben wir sehr viel mit Modellbildung zu tun, und da haben wir in den letzten Jahrzehnten etwas Besonderes gelernt: Die Mathematik ist gar nicht so abstrakt. Indem man Vorgänge aus der Natur in mathematischen Modellen nachbildet, z. B. wie die Natur ihre kybernetischen Systeme gestaltet, kann man auch unheimlich viel für so etwas wie die abstrakte Mathematik lernen. Ich wünsche Ihnen – bei diesem Ansatz, den Sie gewählt haben, und im Hinblick auf Ihr Thema –, daß Sie auf dieser Tagung genau jene Erfahrung machen: Man stellt plötzlich fest, wenn man sich mit dem Thema Altern in der Physik oder in der Biologie beschäftigt, daß diese Welt noch Weisheiten für uns übrig hat und uns entdecken läßt, die auch in unserer persönlichen Lebensgestaltung nicht ohne

Bedeutung sind. Nicht nur wir untereinander können voneinander lernen. Wer sich sein Wahrnehmungsvermögen nicht verstellt hat, der kann auch von der Natur im weitesten Sinne des Wortes für die Lebensgestaltung lernen. In diesem Sinne hat die Leopoldina eine besondere Chance, die sie bereits über die Jahrhunderte hatte: dort Brücken zu bauen, wo man anfängt, in zu engen Kategorien von Fachdisziplinen zu denken. Sie eröffnet die Möglichkeit, daß die unterschiedlichen Wissenschaften voneinander lernen. Sie merken, daß ich darauf abziele, daß die Chancen der Leopoldina auch im nächsten Jahrhundert riesengroß sind. Nehmen Sie sie wahr!

Ich wünsche Ihnen, daß Sie auf dieser Tagung davon so viel finden, daß Sie alle neu motiviert in das neue Jahrhundert gehen und sicherlich – so hoffe ich – in zwei Jahren gerne wieder nach Halle kommen. In diesem Sinne viel Erfolg!

Ministerpräsident
des Landes
Sachsen-Anhalt
Dr. Reinhard Höppner
Staatskanzlei
Domplatz 4
39104 Magdeburg
Bundesrepublik Deutschland

An der Schwelle zum neuen Jahrtausend

Hans-Dietrich GENSCHER (Bonn)
Ehrensenator der Akademie
Bundesminister a. D.

Herr Ministerpräsident, Herr Oberbürgermeister, Herr Altpräsident BETHGE, Herr Präsident, meine sehr verehrten Damen und Herren!

Mit großer Freude und mit Dank bin ich der Einladung gefolgt, heute hier in Halle zur feierlichen Eröffnung der Jahresversammlung der Leopoldina sprechen zu dürfen. Der damalige Bundespräsident Richard VON WEIZSÄCKER hat in seiner Ansprache zur Eröffnung der Leopoldina-Jahresversammlung 1991 daran erinnert, daß eines der besonderen Privilegien, die der Leopoldina verliehen wurden, das des Status einer Reichsakademie gewesen sei, was auch Zensurfreiheit bedeutete. Die Zeitläufte dieses Jahrhunderts haben gezeigt, was das bedeuten kann, aber was auch nicht. Bundespräsident Roman HERZOG hat 1997 die richtige Feststellung getroffen, daß die Leopoldina sich in den Jahrzehnten der deutschen und europäischen Teilung einzigartige Verdienste um den geistigen Zusammenhalt unseres Landes, aber auch Europas erworben hat. Sie ist sich treu geblieben, indem sie Forum blieb für wissenschaftliche Kommunikation und aufrichtige menschliche Begegnungen. Natürlich wird die Tatsache, daß die Leopoldina ihren Standort nun in Halle gefunden hat, der Geschichte und dem Charakter unserer Stadt gerecht, und ich habe es sehr zu schätzen gewußt, daß Herr Professor WINNACKER ausdrücklich GOETHE herangezogen hat. Er hätte auch EICHENDORFF nennen können, für den die Welt nirgends so schön war wie hier. Dankbar war ich, daß er nicht GÖTZ zitiert hat, von dem die Feststellung stammt, daß das Schönste an der Stadt der Bahnhof sei, weil man mit seiner Hilfe die Stadt jederzeit in alle Richtungen verlassen könne, aber er hat das eigentlich nur gesagt, um dann hinzufügen zu können, nein, so war es gar nicht gemeint. Das Schönste an der Stadt sind die Mädchen von Halle, und das ist sozusagen ein Kontrapunkt zu dem, was Sie sich als Thema für Ihre Sitzung gedacht haben. Aber eines ist richtig: Diese Stadt war immer ein Ort des freien Denkens. Hier hatte die Aufklärung ihre Heimat, aber auch das soziale Engagement und der Pietismus eines August Hermann FRANCKE. Hier war es das Eintreten für den Protestantismus, was nicht nur eine Glaubensfrage war, sondern ein Aufbegehren gegen die Obrigkeit aus Magdeburg, weshalb wir es so sehr zu schätzen wissen, daß Sie, Herr Ministerpräsident, immer wieder nach Halle kommen.

Meine sehr verehrten Damen und Herren! Das Thema »Altern und Lebenszeit« ist vortrefflich gewählt, wenn wir am Ausklang eines Jahrhunderts stehen, an der Schwelle zu einem neuen Jahrzehnt, Jahrhundert, Jahrtausend stehen, und ich denke, daß eine solche Zeitschwelle Anlaß gibt zum Rückblick und zur Vorausschau auf die Entwicklung bei uns im Lande, in Europa und in der Welt, auf die Erwartungen, die wir mit diesem neuen Jahrhundert verbinden. Wir können auf viele Gedenktage und -jahre zurückblicken: 1919, der erste Versuch einer deutschen Demokratie in diesem Jahrhundert, 1939 der von HITLER vom Zaun gebrochene Zweite Weltkrieg, 1949 – der neuen Machtverteilung in der Welt folgend – die Gründung zweier Staaten auf deutschem Boden, aber eben auch der freiheitliche Beginn mit dem Grundgesetz, 1989 schließlich die Freiheitsrevolution, die es möglich gemacht hat, daß wir uns heute unter solchen Umständen in Halle versammeln können. Es waren die Menschen in der damaligen DDR, die es bewirkt haben. Und das verbindet das, was hier geschah, mit unseren Nachbarvölkern östlich von uns. Die Freiheitsrevolutionen von 1989 waren ja keine nationalen Ereignisse mehr. Es war eine zutiefst europäische Freiheitsbewegung, die sich unter ganz unterschiedlichen Umständen ihre Bahn erkämpfte. Es war ein zutiefst europäisches Ereignis. Dessen müssen wir uns immer bewußt sein, wenn wir über die Frage sprechen, wo die Europäische Union ihre Grenzen hat. Natürlich wird dieses Jahr 1999 in unserem Lande die Vereinigung noch einmal besonders ins Bewußtsein rücken. Das wird auch dadurch deutlich, daß nun – ich füge hinzu: endlich – die Bundesregierung, der Bundestag ihren Sitz in der deutschen Hauptstadt Berlin nehmen. Die mit dem Umzug von Bonn nach Berlin in Gang gesetzte ebenso künstliche wie gefährliche Unterscheidung zwischen der »Bonner Republik« und der »Berliner Republik« ist Teil der mit der Hauptstadtentscheidung von 1991 begonnenen Diskussion über die Grundlagen der deutschen Politik nach der Vereinigung.

Als ich 1949 noch hier lebte, da war für mich die Gründung der Bundesrepublik Deutschland nicht die Gründung einer Bonner Republik, sondern sie war für mich die Gründung *der* deutschen Republik, die ich mir auch für meine Heimatstadt gewünscht habe. Die Debatte, die wir heute erleben, über die »Bonner« und die »Berliner Republik« schürt den Verdacht, daß die Rückkehr unserer Hauptstadt nach Berlin die Gefahr eines Auflebens überholter Machtpolitik oder noch Schlimmeres bewirken könnte. Für andere ist die »Bonner Republik« inzwischen zum Synonym für eine angeblich verantwortungsscheuende Abstinenz geworden. Ich finde, daß beide Sichtweisen geschichtslos sind und daß sie zu ganz falschen politischen Schlüssen führen. Die Forderung nach Normalität, die hier mitschwingt, verbirgt oft nur unzureichend die Grundgesinnung einer rückfälligen Normalität. Der Umzug nach Berlin wird keineswegs eine glückliche Phase deutscher Geschichte, die 50 Jahre von 1949 bis 1999, in denen die freiheitlich demokratische Grundordnung zum Pfeiler des Staatswesens für nunmehr ganz Deutschland geworden ist, abschließen, sondern sie wird uns allen gemeinsam neue Chancen eröffnen. Es ist mein tiefer Wunsch, daß der Sitz der Bundesorgane in Berlin auch stärker dazu führen wird, die innere Vereinigung als eine große Herausforderung in unserem Land zu verstehen, aufeinander zuzugehen und zu verstehen, daß für uns Westdeutsche, das darf ich ausnahmsweise an dieser Stelle für mich sagen, hier eher eine Bringschuld besteht.

Das Großartige unseres Grundgesetzes besteht darin, daß es den Schutz der Menschenwürde zu dem grundlegenden alles überragenden Gebot unseres staatlichen und menschlichen Handelns erklärt hat. Es hat etwas Einmaliges in unserer Rechtsgeschichte, auch der anderer Völker, getan, daß es nämlich die Außenpolitik unseres Landes auf das Ziel verpflichtet hat, die deutsche Einheit wieder herbeizuführen, Europa zu einen und dem Weltfrieden zu dienen. Das erste Ziel haben wir erreicht; deshalb konnten wir diesen Artikel streichen, aber auf die Einigung Europas und auf die Sicherung des Weltfriedens verpflichtet es uns weiter. Im Grunde ist die Hinwendung zu dem Gebot der Menschenwürde die Hinwendung zur demokratischen Bürgergesellschaft nach innen und zur guten Nachbarschaft nach außen. Das bedeutet eine neue demokratische Kultur für unser Volk und eine neue Kultur des Zusammenlebens mit anderen Völkern. Wenn wir das Jahr 1939 so herausheben, so dürfen wir nie vergessen, daß diesem Jahr 1939 das Jahr 1933 vorausgegangen war. Wir haben erst Freiheit und Menschenrechte und Demokratie verloren und dann den Frieden. Ich denke, daß wir gerade in diesen Tagen im Blick auf den Kosovo empfinden, was es bedeutet, wenn Menschenwürde, Menschenrechte, Minderheitenrechte, Selbstbestimmungsrecht nicht geachtet werden, und welche Gefahren, welche Belastungen sich daraus ergeben können.

Meine Damen und Herren, deshalb ist es so wichtig, daß die Grundwerte, auf die wir uns nun gemeinsam vereint haben, und das ist ja das Besondere der Freiheitsrevolution von 1989, auch zukünftig unsere Politik bestimmen. Diese Verfassung atmet den Geist von großen Persönlichkeiten, die weit in die Zukunft gedacht haben, nicht nur in den Postulaten für die Außenpolitik, sondern auch, indem sie unser Land als einen Kulturstaat definierten; indem sie aus den Erfahrungen der Weimarer Republik lernten, ihn als einen freiheitlichen Rechtsstaat und einen Sozialstaat zu definieren.

Wir werden das mitzunehmen haben in eine neue Phase der Entwicklung, einer revolutionären Entwicklung, in der wir heute stehen, die tiefgehender ist als die Revolution, die man am Anfang dieses Jahrhunderts mit der Leninschen Revolution als die große Weltveränderung betrachtete.

Wenn wir heute an der Schwelle zum neuen Jahrtausend eine Bestandsaufnahme vornehmen, dann sprechen wir von Globalisierung, obwohl dieses Wort nur unzureichend beschreibt, was das Wort für die Völker der Welt bedeutet. Sie sind zuallererst näher zusammengerückt, aber sie öffnen sich einander, und sie werden sich täglich neu bewußt, daß das Schicksal des einen alle anderen mitbetrifft. Die Welt, in der wir heute leben, ist eine Welt, in der es keine entfernten Gebiete mehr gibt. Was irgendwo in der Welt geschieht, geht uns alle an. In der Informationsgesellschaft, die überall zu allen Informationen Zugang ermöglicht, entsteht damit ein neues Bewußtsein für gemeinsame Verantwortung, und ich hoffe auch, daraus folgend, für gemeinsames Handeln. Ich denke, daß wir die globalen Herausforderungen nur dann bestehen werden, wenn wir stets im Bewußtsein dieser Interdependenz entscheiden, *uns* entscheiden, *jeder* für sich, und handeln. Das Schicksal unserer Welt ist in der zweiten Hälfte dieses Jahrhunderts lange Zeit vom Ost-West-Gegensatz bestimmt worden. Es war eine bipolare Welt, lange Zeit geprägt vom Gegensatz Washington und Moskau. Das war aber nicht ein geographischer Gegensatz, sondern ein wirklicher Gegensatz in den Wertvorstellungen. Aber diese bipolare Welt gehört der Vergangenheit an. Sie wird nun abgelöst durch eine multipolare Welt, in der sich alte und neue politische und ökonomische Kraftzentren auf ein friedliches und konstruktives Zusammenleben einrichten müssen. Für diese neue Weltordnung, die das Gesicht des kommenden Jahrhunderts bestimmen wird, kommt es entscheidend darauf an, von welchem Geist sie geprägt ist. Ist es der Geist der Kooperation, der Geist der Gleichberechtigung, der Ebenbürtigkeit, oder wird es der Ungeist sein des sich Überhebens über andere, des Strebens nach Überlegenheit?

Ich denke, unser Europa kann zum Bau dieser neuen Weltordnung wesentliches beitragen. Nach dem Ende des Zweiten Weltkrieges standen die Völker Europas vor der Notwendigkeit, ihr Zusammenleben neu zu ordnen, und sie widerstanden der Versuchung, noch einmal den Versuch zu unternehmen, ein Europa der Über- und der Unterordnung zu schaffen. Und gerade, weil das so war, war dieses Europa auch so attraktiv für die Menschen jenseits des Eisernen Vorhanges. Es gehört für mich zu den historischen Verdiensten der Generation, die unmittelbar nach dem Zweiten Weltkrieg das Schicksal Europas bestimmte, daß sie nach der Einsicht handelte, nur ein auf Gleichberechtigung und Zusammenarbeit ausgerichtetes Europa habe eine Chance. Man muß sich noch einmal diese Persönlichkeiten vorstellen: DE GASPERI in Italien, SCHUMAN in Frankreich, SPAAK in Belgien und für viele andere in Deutschland Konrad ADENAUER. Es waren Menschen, die zwei Weltkriege erlebt, erlitten, überlebt hatten und die nun dabei waren, die Lehren aus der europäischen Geschichte zu ziehen, die durch jahrhundertelange europäische Bürgerkriege und die zwei Weltkriege dieses Jahrhunderts geprägt war. Wenn wir heute nach der Beendigung des kalten Krieges den Blick nach vorn richten und uns darum bemühen, die Grundlagen einer neuen Weltordnung zu bestimmen, dann sollten wir die Lehren beherzigen, die wir in guter Erfahrung in Europa nach dem Zweiten Weltkrieg gewonnen haben. Unsere globale Zusammenarbeit kann auf Dauer nur dann erfolgreich sein, wenn sie die Interessen aller Beteiligten berücksichtigt, wenn sie ausgerichtet ist auf Offenheit gegen Abgrenzung, wenn sie die Achtung der Würde jedes Menschen und jedes Volkes zur Grundlage der Zusammenarbeit macht.

Das ist die Kernfrage, vor der wir stehen. Es ist die Frage, was kann Europa dazu einbringen: Es darf nicht die anderen belehren, aber wenigstens darauf hinweisen, daß hier ein neuer Anfang möglich gemacht worden ist. Die Völker Europas werden sich täglich stärker bewußt, daß die Herausforderungen der Globalisierung nur gemeinsam bestanden werden können, denn diese Welt des 21. Jahrhunderts wird eine Welt sein, in der große Völker wie die Vereinigten Staaten von Amerika, China, Rußland trotz seiner Schwäche, Japan, Indien, Brasilien und andere die neuen ökonomischen und politischen Kraftzentren bilden. Aber es wird in dieser Welt außer den großen Staaten auch regionale Zusammenschlüsse geben, in denen mittlere und kleinere Staaten gemeinsam darangehen, ihren Platz in der Weltordnung einzunehmen. Unsere Europäische Union ist ein solcher regionaler Zusammenschluß. Er ist der am weitesten fortentwickelte. Aber es gibt andere solche Zusammenschlüsse. Der Blick auf die ASEAN-Staaten in Südostasien zeigt es ebenso wie der Golf-Kooperationsrat in der arabischen Welt oder Zusammenschlüsse in Lateinamerika wie die Zusammenarbeit der kleinen Staaten Zentralamerikas.

Europa muß sich in dieser neu entstehenden Weltordnung bewußt sein, daß die vielen Pole, die diese Weltordnung tragen werden, dasselbe Gewicht, dieselbe Bedeutung, dieselben Rechte beanspruchen können, wie sie für uns als Europäer selbstverständlich sind. Wir haben uns sehr lange als Nabel der Welt betrachtet – zu lange, wie wir heute wissen und wie der zögernde und oft blutige Abschied vom Kolonialismus gezeigt hat. Gerade deshalb aber sind die Einsichten, die wir selbst gewonnen haben, für die anderen Teile der Welt wichtig, nicht als Lehrmeister, aber um Erfahrungen weiterzugeben. Es wird in dieser neuen Weltordnung darauf ankommen, daß die Geschichte und die kulturellen Leistungen, also die kulturelle Identität der Völker, geachtet wird. Ich kann denen nicht zustimmen, die einem fast unvermeidlich scheinenden Zusammenstoß der Kulturen das Wort reden, aber ich bin überzeugt, daß die Völker das 21. Jahrhundert nur dann friedlich gestalten können, wenn sie ihre kulturelle Identität gegenseitig achten, wenn sie erkennen, daß diese vielen so unterschiedlichen Kulturen in allen Teilen der Welt eine Bereicherung für alle anderen sind. Das muß in den Familien beginnen, diese Achtung vor der Kultur der anderen zu wecken. Es ist eine Aufgabe unserer Schulen. Die Geschichte der Diktaturen zeigt, daß es immer damit beginnt, die Leistungen der anderen herabzusetzen, um sich dann leichter über sie erheben zu können. Kinder, die in der Schule und in der Familie zur Achtung auch vor anderen Kulturen erzogen werden, kann man als Erwachsene schwerer gegeneinander aufhetzen. Wir brauchen ein solches Denken der aktiven Toleranz, wenn wir eine Welt schaffen wollen, in der wir gegenseitig Anregungen aufnehmen und in der wir uns gegenseitig ernst nehmen.

Heute stehen wir vor großen Herausforderungen, und wir haben als Europäer eine Menge dazu getan, daß wir uns dafür fit machen: die europäische Währungsunion, der gemeinsame Binnenmarkt sind ökonomische Entscheidungen. Heute morgen ist in Berlin ein Europäischer Rat zu Ende gegangen, der deshalb eine besondere Bedeutung hatte, weil er in einer krisenhaften Entwicklung der Europäischen Union europäische Handlungs- und Entscheidungsfähigkeit zeigen mußte. Der erste Tag mit der Bestimmung eines neuen Präsidenten der EU-Kommission war mehr als eine Personalentscheidung. Es war die Einsicht, daß jetzt kleine taktische Finessen, das Aufschieben und Schnüren von Paketen, keine Antwort auf das wären, was vor uns steht. Die Entscheidung, so kann man ohne jede Einschränkung sagen, ist eine außergewöhnlich gute. Daß es eine Persönlichkeit aus einem der Gründerstaaten der Europäischen Union ist, das wird noch zu Buche schlagen in den vor uns liegenden, gewiß nicht einfachen Jahren.

Die Entscheidungen, zu denen man sich bis heute morgen durchgerungen hat, werden unterschiedlich bewertet werden. Das kann ich im Vorblick auf die Zeitungen von morgen schon voraussagen, aber das Besondere an dieser Europäischen Union ist ja, daß sie am Ende immer wieder zu einer gemeinsamen einstimmigen Entscheidung zusammenfindet, zu der Einsicht, daß gemeinsam etwas notwendig ist: Es würde der Geist Europas verletzt werden, wenn wir in den Grundfragen andere »überstimmen« würden – etwa die großen Staaten die kleinen. Wir haben in den entscheidenden Fragen immer wieder den richtigen Weg gefunden. Ich werde nicht vergessen, daß es in den Jahren 1989/90 so war, als es um die Aufnahme der damaligen DDR nicht nur in die Bundesrepublik Deutschland, sondern in die Europäische Union ging. Die Richtung stimmte auf jeden Fall; da hätte man sich an dieser oder jener Stelle manches anders gewünscht, aber entscheidend ist: Europa geht weiter und ist damit auch fähig, sich für unsere östlichen Nachbarn zu öffnen.

Das ist für uns Deutsche am Ende dieses Jahrhunderts eine Entscheidung, die wir erst im Nachhinein voll würdigen werden. Wir sind ein Land in der Mitte Europas. Wir sind das Volk mit den meisten Nachbarn, aber niemals in unserer Geschichte war unser geographischer Standort in Übereinstimmung mit unserem politischen Standort. Wenn unsere polnischen und tschechischen und ungarischen Nachbarn Mitglieder der Europäischen Union sein werden, und dafür ist in Berlin das Tor geöffnet worden, dann wird der politische Standort unseres Volkes zum ersten Mal unserem geographischen entsprechen. Das ist eine Chance, nicht nur für uns.

Der große französische Diplomat und Schriftsteller Paul CLAUDEL hat im Sommer 1945, wenige Wochen, nachdem die Waffen in Europa ruhten, einen Brief an das deutsche Volk geschrieben, indem er gesagt hat: Ihr Deutschen sollt Europa nicht beherrschen wollen, ihr sollt es nicht teilen wollen, sondern ihr als ein Volk in der Mitte Europas sollt euren Nachbarn begreiflich machen, daß sie nur gemeinsam eine Zukunftschance haben. Diejenigen von Ihnen, die wie ich damals schon mit Bewußtsein gelebt haben, aber natürlich diesen Brief nicht kannten, werden mir recht geben: Wir haben im Sommer 1945 nicht damit gerechnet, daß wir in diesem Jahrhundert noch einmal gefragt werden, wenn es um die Zukunft Europas geht. Die Geschichte hat eine glücklichere Wendung gefunden, aber diese Verantwortung bleibt. Frankreich, Deutschland und Polen in derselben politischen Gemeinschaft, das ist etwas, was am Beginn eines neuen Jahrhunderts ein Grund zur Hoffnung ist. Ein Europa, das sich eint – nicht in erster Linie durch Interessen, sondern auf gemeinsamen Grundwerten stehend, von gemeinsamen Überzeugungen getragen – das wird auch in der Welt der Globalisierung seinen Platz einnehmen.

Unser herzlicher Wunsch muß an einer solchen Schwelle sein, daß sich die guten Erfahrungen, die wir in Europa mit der Überwindung des Denkens von gestern in dem letzten halben Jahrhundert gemacht haben, in der Welt auswirken mögen. Dann können wir auf eine bessere Welt im neuen Jahrhundert hoffen, und wir alle sollten dazu beitragen, daß es eine bessere Welt sein wird. Ich danke Ihnen!

    Hans-Dietrich GENSCHER
    Bundesminister a. D.
    Persönliches Büro
    PF 20 06 55
    53136 Bonn
    Bundesrepublik Deutschland

Ansprache des Leopoldina-Präsidenten und Ehrungen

Benno Parthier (Halle/Saale)

Hochgeschätzte leopoldinische Festversammlung,
Herr Ministerpräsident Höppner, Herr Genscher, Herr Lepenies,
meine sehr verehrten Damen und Herren!

Die Lebenszeit des 20. Jahrhunderts geht zu Ende. Unsere Gedanken und unsere Blicke streifen zurück: kritisch, unsicher, stolz. Sie begegnen den Augen des Jahrhunderts, die auf uns Gegenwärtige schauen. Skeptisch fragende Augen und stumm die anklagenden der Toten. Es gab zu viele Tote in diesem Jahrhundert. Allein sechs Millionen Juden wurden im Zweiten Weltkrieg vernichtet. Weitere Millionen Menschen starben als Opfer ethnischer Feindschaften, ideologischen oder religiösen Wahns in der Welt. An dieser Scham über den vielfachen Genozid, an diesen Abermillionen von Gräbern trägt unser altersgebrechliches Jahrhundert, kurz vor der Einbettung ins Jahrtausendgrab, besonders schwer. – Denn zur säkularen postmodernen Werteabwertung zählt auch unsere individuelle Haltung zur Vergangenheit. Das fünfte Gebot der hebräischen Bibel wie des Alten Testaments wurde von Nationalsozialisten in brutalster Weise verletzt. Du sollst nicht töten (oder nach Martin Buber und Richard Schröder genauer: nicht morden) wäre mit einem zusätzlichen Gebot zu ergänzen: Du sollst dich erinnern! Mit oder ohne Mahnmale. Erinnern an die wegen ihrer unterschiedlichen Tötungsgeschichten ungleichen Opfer auf den Schlachtfeldern, zwischen den Ruinen zerstörter Städte, in den Gaskammern der Konzentrationslager – historische Schandflecke aus den düsteren Episoden in diesem schwierigen Jahrhundert.

Seine Vorgänger sind heiterer und leichter aus ihrer Zeit gegangen. So erscheint es uns zumindest bei fragwürdigen Vergleichen.

I.

Rückschau nach einem Jahrhundertschritt. Die Zeitgenossen am Ende des 19. sollen sich beim Übergang ins 20. Jahrhundert euphorischer Vorfreude hingegeben haben. »Ein beflügelndes Fieber« habe sie beherrscht, das sich »aus dem ölglatten Geist der zwei letzten Jahrzehnte des 19. Jahrhunderts in Europa erhoben« habe. So beschreibt Robert MUSIL die Stimmung am *Fin de siècle* in seinem Roman »Der Mann ohne Eigenschaften«. Das Bildungsbürgertum gab sich gläubig und naturalistisch, robust und morbid. Man lebte in Erwartung eines geheimnisvollen Neuen, sei es neue Kunst, sei es neue Moral, sei es vielleicht gar ein neuer Mensch. Eine Art Übermensch? – Jemand ist dann ja auch gekommen in Deutschland, der solchen Anspruch für sich geltend machte. Nur, das ist unsere Tragik, dieser Supermann entpuppte sich als Phantast mit kaltblütigem Vernichtungs- und Selbstvernichtungswillen, ein Hasardeur, der mit Menschenleben um alles oder nichts spielte. Und das deutsche Volk folgte seinem »Führer« begeistert in den »totalen Krieg« bis zum totalen Zusammenbruch.

Unberührt von den Wunden und Narben in der Welt hat das 20. Jahrhundert die Menschheit vorangebracht dank der gewaltigen Potentiale von Wissenschaft und Technik. Niemand bezweifelt, wie intensiv die Erkenntnisse der Wissenschaften und ihre ambivalenten Folgen in der technischen Umsetzung den einzelnen Menschen ebenso wie die Völker dieser Erde beeinflussen. Mehr denn je werden Studium, Analyse und Kontrolle von Wissenschaft, Technik und Technikfolgen zu einer vordringlichen Aufgabe für Politiker, Wirtschaftsmanager, für Soziologen und Psychologen, Juristen, Ökonomen, Ökologen und ganz allgemein Naturwissenschaftler und Mediziner.

Fraglos hat bei der Wahl des Generalthemas »Altern und Lebenszeit« das zeitliche Moment dieser unserer letzten Jahresversammlung im 20. Jahrhundert eine große Rolle gespielt. Unser Festredner, der Sozialwissenschaftler Wolf LEPENIES, wird dies in seinem Vortrag »Das Alter des Jahrhunderts« denn auch explizit beleuchten. Er ergänzt in schöner Weise den Beitrag des Politikers Hans-Dietrich GENSCHER »An der Schwelle eines neuen Jahrtausends«. Der Vergleich beider Titel läßt offensichtlich erkennen, daß Politik der Wissenschaft in der Regel ein Stück voraus ist. Visionen sind das Privileg der Politiker, Optionen ihr Geschäft; Wissenschaftler bemühen ihre Phantasie in Hypothesen und freuen sich, wenn sie diese durch experimentelle Ergebnisse bestätigen können. Wir danken Ihnen, Herr Ministerpräsident, daß diese Differenzierung auch aus Ihren Grußworten herauszuhören war.

Von der zuvor zitierten Euphorie unserer großelterlichen Generation läßt die heutige Gesellschaft sich wenig anmerken. Sie verfolgt angespannt die Installation der Informationsgesellschaft und vertraut zuversichtlich der allgemeinen Entwicklungstendenz, die nach vorn und oben zeigt und nur von flackernden Zahlen ärgerlicher Arbeitslosigkeit gestört wird. Der Normalbürger, zumindest in den Industrieländern, klopft sich in Selbstzufriedenheit auf die Brust und auf des anderen Schulter: Was haben unsere Hirne und Hände in den vergangenen Dezennien doch an Geistes-, Hand- und Bandarbeit geleistet, damit Wohlstand und Wohlbefinden zu schönster Symbiose sich zusammenfügt! Und an den Bollwerken aus vorzeigbaren Jahrhunderterfolgen läßt sich ja auch nicht rütteln.

Als Zeitzeugen kennen Sie die Kerndaten der wissenschaftlich-technischen Entdeckungen und Erfindungen, die unser Jahrhundert geprägt oder gar revolutioniert haben und auch die fernere Zukunft der Welt positiv oder negativ bestimmen werden. Durch Atomkernspaltung wurde Atomkraft erzeugt – aber auch die Atombombe. Raketen: als Vernichtungswaffen gefüllt mit Sprengstoff – aber auch unentbehrliches Hilfsmittel zur Installation von Weltraumstationen. Das Jahrhundert sah die ersten Transatlantikflieger, entwickelte Luftschiffe und Überschallflugzeuge, hörte des Sputniks Weltraumpiepsen und feierte schließlich den ersten Menschen auf dem Monde. Naturwissenschaftler durchfurchten Biosphäre und Atmosphäre, entdeckten die anthropogen verursachten Löcher in der Ozonschicht und warnten vor einem globalen Treibhaus-Klima mit vorhersehbaren Folgen.

Radio, Fernsehen und Multimedia verkörpern die Erfindungen von Transistoren, Laser und Mikroprozessoren. Als Rechner und Computer begann ihr Siegeszug in Wissenschaft, Technik, Medizin, Verwaltung; nun haben sie den Alltag einer elektronisch beherrschten Menschheit erreicht. Weltweite Informationsvernetzung erzeugt einerseits unstillbaren Hunger nach Information und übersättigt andererseits das Unterhaltungsbedürfnis mit absehbarer Wohlstandsverwahrlosung der Kinder; denn das vergehende Jahrhundert wurde auch zum Zeitalter einer Ikonographie der Medien in neuen Variationen.

Das Guinness-Buch der Rekorde veraltete in Jahresabständen, denn Spitzensportler und Hochbegabte bewiesen die scheinbar unbegrenzte Leistungsfähigkeit des menschlichen Körpers und Geistes. Konnten Sitte und Moral mithalten angesichts steigender Drogensucht, Kinderpornographie, Straßenterror? Das Zeitalter der Pillen wurde eingeleitet von wunderwirkenden Heilmitteln, Chemotherapeutika, Antibiotika. Schließlich vergessen wir auch nicht die großen Fortschritte zur rechtlichen Gleichstellung der Frau, – wozu nicht zuletzt mutige Frauen beigetragen haben.

Biologen und Mediziner eruierten die Stoffwechselkreisläufe und ihre Regulationsmechanismen in den verschiedensten Organisationsformen des Lebens. Die Entdeckung einer sich duplizierenden Spiralstruktur der DNA war der Beginn zur Entschlüsselung des universalen genetischen Codes, dem *Highlight* unter allen Entdeckungen in der zweiten Hälfte des Jahrhunderts. Aufklärung und Nutzung der Vererbungsprinzipien in allen Bereichen der Biologie haben ungeahnte Fortschritte für die Erkennung und Heilung genetisch bedingter Krankheiten eröffnet, aber mit der technisch möglichen Manipulation am Erbmaterial des Menschen wurden auch ethische Grenzen erreicht. Das Tor zu einer sich stürmisch entwickelnden Zellforschung und Reproduktionsbiologie hat ein genommanipuliertes kloniertes Schaf geöffnet – »Dolly«. Was werden unsere Enkel sagen, wenn sie dem ersten geklonten Menschen begegnen?

Nichts deutet auf der Schwelle des Jahres 2000 darauf hin, daß der Strom an wissenschaftlichen Entdeckungen und technischen Neuerungen seine Kraft verlieren wird, daß die Macht global orientierter Wirtschaft ihre gigantomanischen Strategien zu ändern gezwungen ist, daß die Demokratie als humanste aller Staatsformen wieder in totalitäre Abgründe abgleitet. Und dennoch, überall nehmen Polarisierungsprozesse an Schärfe zu: Nord gegen Süd, Reichtum *contra* Armut, Wissen *versus* Nichtwissen. Vor hundert Jahren wurde das neue Jahrhundert als das des Kindes proklamiert. Seitdem verhungerten und verhungern noch immer täglich Tausende von Kindern in den klimatisch weniger gesegneten Teilen der Welt, inmitten einer physisch und geistig gewachsenen Menschheit, die offenbar machtlos ist, ihre selbstverschuldeten ökologischen Wunden wieder zu heilen! – *Quo vadis*, 21. Säkulum? Von den Wissenschaften werden auf diese Frage schlüssige Antworten erwartet, die berechenbare Handlungen von Politik und Wirtschaft erlauben.

Wie schwierig das ist und wie weit die Meinungen auseinandergehen, lassen folgende Zitate erahnen: Der Nobel-Preisträger Francois JACOB, der die biologischen Fortschritte des Jahrhunderts mitverantwortet und als scharfer Beobachter gilt, meint: »Das zu Ende gehende Jahrhundert hat sich eingehend mit Nucleinsäuren und Proteinen beschäftigt. Das kommende wird sich auf die Erinnerungen und auf die Begierden konzentrieren.«

Und nach der pessimistischen Variante eine futuro-optimistische Version: »Mitte des 21. Jahrhunderts gibt es Computer mit Bewußtsein, die auch zu Gefühlen fähig sind …« (Michio KAKU) und – gewissermaßen als Fortsetzung der Evolution mit anderen Mitteln – Hans MORAVEC: »Superintelligente Maschinen werden sich bald von uns fortentwickeln, das Universum erben und die biologischen Menschen, ihre Vorfahren, werden nur noch eine historische Erinnerung sein.« Man staunt nur über den ungebremsten Fatalismus selbsternannter Zukunftsforscher.

Wahrscheinlich liegt die Wahrheit in der Mitte, die uns näher ist als die Zukunftsferne, so daß ich Konrad SEITZ' nüchternen Satz aufgreifen möchte: »Das Modell, mit dem sich das neue Zeitalter der Informationsgesellschaft und der Globalisierung bewältigen läßt, ist noch nicht gefunden.« Und noch einen weiteren Satz zitiere ich, der erst acht Tage alt ist (von Richard David PRECHT in der F. A. Z.): »Die Konsumansprüche in einer zum Wachstum verdammten Gesellschaft der Natur zuliebe sozialverträglich zu senken scheint heute unrealistischer als je zuvor.« – Ich habe nicht die Zeit, hierzu weitere Gedankenfäden zu spinnen oder Kommentare zur ökologischen Zukunft abzugeben, doch gestatte ich mir die Prognose, daß ein Rückblick auf das 21. Jahrhundert im Jahre 2099 weniger ausgewogen ausfallen wird als mein versöhnlerischer Versuch einer Retrospektive über das 20. Jahrhundert.

II.

Meine Damen, meine Herren:

Unsere Akademie mißt ihre Fortschritte mit unterschiedlichen Maßstäben, in der Jahrhundertmeile ebenso wie in Zweijahresschritten. Ihre rezenten Zeitmarken sind die als »Jahresversammlungen« bezeichneten wissenschaftlichen Veranstaltungen, in denen sie vor sich und der Öffentlichkeit Rechenschaft ablegt über ihre Aktivitäten und Erfolge.

Wir sind glücklich, daß so viele Mitglieder und Gäste unserer Einladung zur »Festversammlung '99« gefolgt sind. Wir bedauern, daß so manches Mitglied aus Alters- oder Krankheitsgründen nicht unter uns sein kann. Unser treues 95jähriges Ehrenmitglied Hans Erhard BOCK grüßt alle Teilnehmer, doch als »dahinkümmernder Fußkranker« – so schreibt er – könne er leider die »Freundschaftspflegemöglichkeiten« der Jahresversammlung nicht mehr wahrnehmen.

Wir betrauern 60 Mitglieder und einen Ehrenförderer, die seit der letzten Jahresversammlung durch den Tod aus unseren Reihen getreten sind. Darunter sind viele Mitglieder, die sich um unsere Akademie verdient gemacht haben, so daß ihr Leben und Wirken einer besonderen Würdigung bedürfte. Ich nenne hier stellvertretend für die Verstorbenen, vor denen wir uns in Dankbarkeit und Erinnerung verneigen: Jürgen ASCHOFF, Andrej BOROVIK-ROMANOV, Raymond CASTAING, Sir John ECCLES, Helmut EHRHARDT, Hermann FLOHN, Sir Alan HODGKIN, Helmut HOLZER, Friedrich HUND – der im Alter von 102 Jahren verstarb; Sir John KENDREW, Karl MÄGDEFRAU, Gottfried MÖLLENSTEDT, Hans OESCHGER, Rudolf PICHLMAYR, Vladimir PRELOG, Jakob VINNIKOV, Georg WICHTERMANN, Otto WIELAND, Karl-Ernst WOHLFAHRT-BOTTERMANN.

Wir gedenken unserer verstorbenen Mitglieder:

Aschoff, Jürgen	Physiologe	* 25. 1. 1913	† 12. 10. 1998
von Bahr, Gunnar	Ophthalmologe	* 14. 11. 1907	† 15. 12. 1997
Banga-Baló, Ilona	Biochemikerin	* 3. 2. 1906	† 11. 3. 1998
Bartlett, Paul D.	Chemiker	* 14. 8. 1907	† 11. 10. 1997
Barton, Sir Derek H. R.	Chemiker	* 8. 9. 1918	† 16. 2. 1998
Blaškovič, Dionýz	Mikrobiologe	* 2. 8. 1913	† 17. 11. 1998
Bohle, Adalbert	Pathologe	* 14. 1. 1922	† 8. 5. 1998
Borovik-Romanov, V.-Andrej S.	Physiker	* 18. 3. 1920	† 31. 7. 1997
Castaing, Raymond	Physiker	* 28. 12. 1921	† 10. 4. 1998
Eccles, Sir John C.	Physiologe	* 27. 1. 1903	† 2. 5. 1997
Eder, Max	Pathologe	* 17. 3. 1925	† 28. 11. 1998
Ehrhardt, Helmut E.	Gerichtsmedizinier	* 24. 3. 1914	† 19. 8. 1997
Erben, Heinrich K.	Paläontologe	* 19. 5. 1921	† 15. 7. 1997
Fleischer, Michael	Mineraloge	* 27. 2. 1908	† 5. 9. 1998
Flohn, Hermann	Meteorologe	* 19. 2. 1912	† 23. 6. 1997
Flügge, Siegfried	Physiker	* 16. 3. 1912	† 15. 12. 1997
Gard, Sven	Virologe	* 3. 11. 1905	† 19. 9. 1998
Grunze, Herbert	Chemiker	* 4. 4. 1923	† 2. 12. 1998
Gutmann, Viktor	Chemiker	* 10. 11. 1921	† 16. 7. 1998
Haxel, Otto	Physiker	* 2. 4. 1909	† 26. 2. 1998
Heberer, Georg	Chirurg	* 9. 6. 1920	† 21. 3. 1999
Hedinger, Christoph	Pathologe	* 5. 2. 1917	† 12. 1. 1999
Herre, Wolf	Zoologe	* 3. 5. 1909	† 12. 11. 1997
Herrmann, Manfred	Mathematiker	* 14. 11. 1932	† 15. 11. 1997
Heslop-Harrison, John	Botaniker	* 10. 2. 1920	† 7. 5. 1998
Hodgkin, Sir Alan L.	Physiologe	* 5. 2. 1914	† 20. 12. 1998
Holzer, Helmut	Biochemiker	* 14. 6. 1921	† 22. 8. 1997
Hund, Friedrich	Physiker	* 4. 2. 1896	† 31. 3. 1997
Iversen, Olav Hilmar	Pathologe	* 24. 3. 1923	† 25. 12. 1997
Kabačnik, Martin I.	Chemiker	* 9. 9. 1908	† 15. 4. 1997
Kendrew, Sir John	Biochemiker	* 24. 3. 1917	† 23. 8. 1997
Kisker, Karl Peter	Psychiater	* 25. 9. 1926	† 27. 11. 1997
Knetsch, Georg	Geologe/ Paläontologe	* 9. 2. 1904	† 28. 6. 1997
Koiter, Warner T.	Mathematiker	* 16. 6. 1914	† 2. 9. 1997
Kraupp, Otto	Pharmakologe	* 23. 10. 1920	† 9. 2. 1998

Laatsch, Willi	Landbauwissenschaftler	* 18. 10. 1905	† 12. 5. 1997
Lighthill, Sir James	Mathematiker	* 23. 1. 1924	† 17. 7. 1998
Lindquist, Bertil	Pädiater	* 22. 3. 1917	† 21. 5. 1997
Mägdefrau, Karl	Botaniker	* 8. 2. 1907	† 1. 2. 1999
Milcu, Stefan	Internist	* 15. 8. 1903	† Nov. 1998
Möllenstedt, Gottfried	Physiker	* 14. 9. 1912	† 15. 9. 1997
Murzaev, Éduard M.	Geograph	* 1. 6. 1908	† 31. 7. 1998
Normant, Henri	Chemiker	* 25. 6. 1907	† 5. 12. 1997
Oeschger, Hans	Geophysiker	* 2. 4. 1927	† 25. 12. 1998
Olsson, Olle	Radiologe	* 9. 1. 1911	† 31. 1. 1999
Pichlmayr, Rudolf	Chirurg	* 16. 5. 1932	† 29. 8. 1997
Poser, Hans	Geograph	* 13. 3. 1907	† 4. 11. 1998
Prelog, Vladimir	Chemiker	* 23. 7. 1906	† 7. 1. 1998
Raikov, Igor B.	Zoologe	* 30. 12. 1932	† 27. 10. 1998
Rapp, B. Anders	Geograph	* 1. 3. 1927	† 27. 12. 1998
Rechinger, Karl Heinz	Botaniker	* 16. 10. 1906	† 30. 12. 1998
Rettig, Hans	Orthopäde	* 25. 6. 1921	† 12. 2. 1998
Rouxel, Jean	Chemiker	* 24. 2. 1935	† 19. 3. 1998
Schwarzschild, Martin	Astronom	* 31. 5. 1912	† 10. 4. 1997
Seaborg, Glenn T.	Chemiker	* 19. 4. 1912	† 25. 2. 1999
Vinnikov, Jakob A.	Physiologe	* 12. 9. 1910	† 8. 12. 1997
Waldenström, Jan	Internist	* 17. 4. 1906	† 15. 1. 1998
Wichtermann, Georg	Ehrenförderer	* 26. 1. 1909	† 17. 5. 1997
Weischet, Wolfgang	Geograph	* 12. 1. 1921	† 13. 1. 1998
Wieland, Otto	Biochemiker	* 21. 5. 1920	† 21. 4. 1998
Wohlfarth-Bottermann, Karl Ernst	Zellbiologe	* 22. 5. 1923	† 29. 9. 1997

Erfreulich ist es mit der Leopoldina vorangegangen. Sie ist weit von dem entfernt, was ihr XI. Präsident Nees von Esenbeck am 24. Oktober 1818 dem zum neuen Mitglied gewählten Geheimen Rat Johann Wolfgang von Goethe in Weimar über diese »älteste deutsche Anstalt für vereinte wissenschaftliche Tätigkeit« absichtsvoll geschrieben hat. (Übrigens eine Kurzfassung dessen, was der Briefschreiber wenig zuvor dem damaligen österreichischen Kaiser vorgetragen hatte, »dessen Ahnen unsere Akademie bestätigt und mit schönen Privilegien versehen haben«.)

»Jetzt ist sie [die Akademie] nur noch ein Schatten ihrer selbst, und wenn ich Euerer Excellenz das Diplom dieses Instituts vorlege: so geschieht es nicht ohne die heimliche Absicht, von Ihnen, der mir ein geistiger Widerschein des Höchsten, was das Zeitalter trug und reifte, erscheint, Wincke, Rath, Leitung, zum besseren Ziele, nicht ohne die Rechte des Theilnehmers, zu erbetteln. Wie glücklich wäre ich, dürfte ich diesem Wunsch vertrauen! Die Akademie regt sich, nach langem scheinbarem Todtesschlaf, – nun regen sich auch, wie es zu gehen pflegt, die, welche noch vor einigen Monaten kaum ihrer Existenz gedachten, und andere, die nie die Hand gerührt hatten, um ihr aufzuhelfen, sind geschäftig, sie für ihre eignen Pläne zu verwenden ...«

Es sind Worte, die fast zwei Jahrhunderte alt sind und mir dennoch irgendwie vertraut vorkommen. NEES VON ESENBECK hatte seinen GOETHE, aber wer steht mir bei? Seit gestern gibt es einen neuen, verkleinerten und erwartungsvoll aktiveren Senat, seit gestern auch ein personell verändertes Präsidium mit einem neuen Vizepräsidenten, Herrn Volker TER MEULEN aus Würzburg, der Herrn Gottfried GEILER nach dessen zehnjähriger medizinischer Vizepräsidentschaft ablöst.

Lieber Herr GEILER, bereitwillig und dauerhaft wie ganz wenige haben Sie die neuere Geschichte der Leopoldina mitgestaltet. Mit Ihrem Namen verbinden wir gediegene Sachlichkeit, unbedingte Verläßlichkeit und das Gewissen der Akademie in Person. Ein gestandener, gerechter Mann mit Mut und Augenmaß. Ich versichere Ihnen, auch an dieser Stelle, unseren nachhaltigen Dank. Wir werden Sie vermissen, doch sind wir Ihres weiteren Beratungswillens gewiß. – Lieber Herr TER MEULEN, wir begrüßen Sie erwartungsvoll und voller Vertrauen im Amt. Sie sind kein präsidialer *Newcomer* und kein leopoldinisch-medizinisches *Greenhorn*. Ich freue mich gemeinsam mit den anderen Kollegen auf unsere Zusammenarbeit in die Zukunft hinein.

In den Kreis dieser »anderen« Kollegen sind neue Präsidiumsmitglieder getreten, da eine Wiederwahl der Herren AESCHLIMANN und MARTIENSSEN altersbedingt nicht stattfinden konnte und Herrn TER MEULENS Nachfolge zu besetzen war. Herr MOHR hat sich zu unserer dankbaren Freude einer erfolgreichen Wiederwahl gestellt. Herr ECKERT aus Zürich folgt Herrn AESCHLIMANN, Herr WALTHER aus Garching folgt Herrn MARTIENSSEN, Herr KOCHSIEK aus Würzburg folgt Herrn TER MEULEN, Herr NIEDERREITER aus Wien folgt Herrn WOLFF.

Ich danke von ganzem Herzen den ausgeschiedenen Präsidialmitgliedern für ihre hilfreiche Mitarbeit, und den neuen Kollegen wünsche ich Freude und Schaffenskraft in unserem Kreise.

Im Berichtszeitraum wurden die Reformabsichten zur Struktur der Akademie zügig in Angriff genommen. Die Zahl der bisherigen Sektionen wurde durch Fusion und Konzentration auf 23 verkleinert. Drei neue Sektionen, die das Akademiespektrum deutlich erweitern (Wissenschaftstheorie, Ökonomik und Empirische Sozialwissenschaften, Technikwissenschaften) wurden neu gegründet und befinden sich im Aufbau. Ebenfalls neu, aber durch akademieinterne personelle Umwidmungen bereits ihre kritische Masse überwunden, präsentieren sich die Sektionen Neurowissenschaften, Ökowissenschaften, Informationswissenschaften. Der Senat hat sich durch die Verringerung der Sektionszahl (Obmann-Senatoren) einerseits sowie durch die bis auf vier Senatoren verminderten Vertreter der Adjunktenkreise andererseits auf 30 Senatoren reduziert. Diese Zahl wurde gestern durch Zuwahl von Persönlichkeiten aus der wissenschaftsnahen Öffentlichkeit bzw. Vertretern von führenden Wissenschaftseinrichtungen in Deutschland auf 40 Senatoren erhöht.

Vor einem Jahr hat sich die Leopoldina trotz einiger innerer und äußerer akademischer Bedenken einer Begutachtung durch den Wissenschaftsrat gestellt. Mit dessen publizierter Stellungnahme und den darin enthaltenen Empfehlungen für die weitere Entwicklung können wir gut leben und arbeiten. – Das Leopoldina-Förderprogramm für hervorragende Nachwuchswissenschaftler aus den leopoldinischen Stammländern erfüllt dank der Finanzflexibilität des Bundesministeriums für Bildung und Forschung weitgehend unsere Vorstellungen. Allen hierbei Mitwirkenden sei unser Dank abgestattet.

Im Zeitraum seit März 1997 hat die Leopoldina 18 Symposien und Meetings fast durchweg mit bemerkenswerten Erfolgszeugnissen durchgeführt. Hervorheben möchte ich das erste gemeinsam organisierte deutsch-polnische, in Wrocław/Breslau durchgeführte Symposium »Bacterial Pathogenesis – Modern Approaches«. In diesem Zusammenhang seien die Verdienste von Herrn Vizepräsident KÖHLER besonders erwähnt. Dieses Symposium war die erste Leopoldina-Veranstaltung außerhalb der deutschen Grenzen, im mitteleuropäischen Osten. Es war nicht nur dem 100. Todestag eines berühmten Breslauer Leopoldiners, des Botanikers und Bakteriologen Ferdinand COHN (1828–1898), gewidmet, sondern fand zudem in einer Universität statt, die 1702 von Kaiser LEOPOLD I. als »Akademie Leopoldina« gegründet worden war, diesen Namen jedoch bald verloren hat; nur die Aula »Leopoldina« erinnert noch heute an barocke, historische kaiserliche Gemeinsamkeiten.

Meetings fanden statt über »Perspektiven für innovative Tumortherapien«, über Transportvorgänge in Niere und Leber; über den »Zufall«, ein hochinteressantes Querschnittsthema, von Mathematikern (Herrn KRICKEBERG) initiiert und von Nichtmathematikern behandelt. In Berlin fand mit der Berlin-Brandenburgischen Akademie der Wissenschaften ein gemeinsames Symposium zur Klima-Problematik statt – der bescheidene Anfang einer Kooperation, die mit neuen Ideen und neuen Impulsen angereichert fortgesetzt werden soll. Anerkennend zu erwähnen ist das wissenschaftshistorische Meeting über Georg Ernst STAHL (angeregt von Alfred GIERER, professionell historisiert durch D. VON ENGELHARDT), das aktuellere Probleme aufwarf als im Vorfeld erwartet.

Betont nennen möchte ich das Würzburger Leopoldina-Symposium »Probleme relevanter Infektionskrankheiten«, das durch ein Meeting »Probleme wichtiger tropischer Infektionskrankheiten« vor sechs Wochen in Hamburg abgerundet und ergänzt wurde. Beide Veranstaltungen sind Grundlage einer zeitweiligen Kommission über die Problematik relevanter Infektionskrankheiten. Sie pionierhaft vorangetrieben zu haben, hat sich Rudolf ROTT große Meriten erworben. In einer zweiten *Ad-hoc*-Kommission geht es um Nahrungsketten und ihre Risiken durch Krankheitserreger, Gentechnologie und Zusatzstoffe. Sie ist von Herrn Kollegen HIEPE federführend auf den Weg gebracht worden.

Tätigkeit und Ergebnisse solcher zeitweiligen Kommissionen sind Schwerpunkte unserer Öffentlichkeitsarbeit, und wir hoffen, mit abschließenden Stellungnahmen und Vorschlägen auch die Gesundheitspolitik bedienen zu können. Etwas überraschend ist es, daß bisher nur biologisch-medizinische Themenkreise das Interesse der Mitglieder gefunden haben; die eigentlichen naturwissenschaftlichen Sektionen halten sich zurück. Ich vermag daraus nur abzuleiten, daß wir tatsächlich im Wissenschaftsjahrhundert der Biologie angekommen sind. Insgeheim hoffe ich jedoch, daß ich mich in solcher Erklärung täusche.

In GOETHES Jubiläumsjahr ist ein wirkliches Langzeitprojekt, die Leopoldina-Ausgabe von »Goethes Schriften zur Naturwissenschaft«, hervorzuheben, das seit 1941 ohne Unterbrechungen läuft. Dank dafür gebührt besonders Frau Dorothea KUHN. In ihrer Rolle als Herausgeberin und berufene Autorin verdient sie großes Lob für nunmehr 20 gelungene Bände. Wenn ich hier die Assoziation GOETHE – Weimar – KUHN andeute, dann sollte ich mit Thomas MANN auch feststellen dürfen: Dieses ist buchenswert!

In Halles Zentrum hat sich das »Leopoldina-Eck« gebäudemäßig vergrößert. – Vor fünf Wochen konnten wir das vom Kultusministerium des Landes Sachsen-Anhalt für uns angekaufte, in desolatem Zustand befundene Nachbargrundstück, von fleißigen

Bauleuten grundlegend und wunderschön restauriert, als unser neues Archiv-Gebäude einweihen, in dem auch unsere wissenschaftsgeschichtlichen Mitarbeiter gute Arbeitsmöglichkeiten gefunden haben. Der Architekt Dr. DIENEMANN hat ein großartiges Beweisstück seines Könnens vorgelegt. Unser Generalsekretär Axel NELLES hat durch sein Engagement und Sachverständnis auch an dieser Stelle leopoldinische Sporen verdient. – Eine Gruppe aufopferungswilliger Mitarbeiter, aus der ich Frau Christel OSSENKOPP noch herausheben möchte, ist die Gewähr dafür, daß der technisch-operative Teil der Jahresversammlung so glatt über die Bühne geht. Ihnen allen gilt mein herzlicher Dank.

III.

Nachdem ich Ihnen das neueste aus der Leopoldina berichtet habe, ergänze ich noch einige Gedanken zur Akademie als Institution.

Die Leopoldina der DDR-Zeit wurde im politischen Geflecht eines bipolaren Systems der Weltmächte während und nach dem Kalten Krieg, im Schatten atomarer Drohung, wie von selbst getragen. Gewiß klein in ihrer wissenschaftlichen Bedeutung, aber übernational in der Ausstrahlung, war sie in der deutsch-deutschen Wissenschaftspolitik ein beachteter Faktor. Es kümmerten sich mehr Leute um uns als wir damals ahnten. Allein die Tatsache, daß die beiden Präsidenten Kurt MOTHES und Heinz BETHGE in regelmäßigen Abständen zu dem für Wissenschaft und Kultur verantwortlichen Politbüro-Mitglied der Staatspartei gebeten wurden, zeigte das Interesse der Machthaber im Osten. – Im Westteil Deutschlands wurde dieses im wesentlichen durch das Engagement national-gesinnter Mitglieder kompensiert. Ferner trugen viele Mitglieder in Ost und West phantasievoll dazu bei, daß die innerdeutschen Wissenschaftsbeziehungen nicht weiter auseinandergerissen wurden als es den Absichten einer anerkennungsgierigen DDR-Regierung entsprach. Weit zurückgehende kollegiale Bindungen und persönliche Bekanntschaften spielten in diesem Verklammerungsprozeß eine entscheidende Rolle. Trotz ihres geringen Organisationsgrades war die Leopoldina ein Begegnungsforum, dessen singuläre Möglichkeiten nicht nur den ostdeutschen Mitgliedern Motivation zum Durchhalten und Weitermachen verliehen; mancher westdeutsche Kollege hat sich hier ein nie verwelkendes Ruhmesblatt verdient.

Nach der Wende war es der erste Gedanke, nun werde die Leopoldina als offiziell gesamtdeutsche Einrichtung weitergeführt, nur leichter, besser, ungestörter würde es gehen. Die Parole des Präsidiums hieß daher, Kontinuität und Unabhängigkeit zu bewahren in einer politisch unübersichtlichen Situation, in der bestehende Kontinuitäten nicht selten abgebrochen wurden. Für die Leopoldina als Institution wurden die zunächst kaum wahrnehmbaren politischen und administrativen Änderungen *post festum* zu einer Zäsur in Raten. Sie, die als einzige wissenschaftliche Einrichtung in der DDR ihre politische Unabhängigkeit bewahrt hatte, war nun in der festgefügten Wissenschaftslandschaft des wiedervereinigten Deutschland sinnvoll und aufgabengerecht unterzubringen, freundlich flankiert von bundesministeriellen Verantwortungsträgern in einem föderalistisch geordneten Staate.

Man mag zurecht einwenden, es habe doch eine seit 1973 bestehende (westdeutsche) »Konferenz« der deutschen Akademien der Wissenschaften gegeben. Im Dezember letzten Jahres hat sie sich in »Union« umbenannt, und als Vorläufer sogar das Akademienkartell vom Ende des vorigen Jahrhunderts ins Feld geführt. Die Leopoldina hätte schon 1990 der Konferenz mit einer Option auf Assoziierung angegliedert werden können. Doch unsere Überzeugung war und ist, daß die notwendigen Veränderungen der Leopoldina auch unter einem größeren Dach vorangegangen wären, nur hätten dann noch mehr Köche im Brei gerührt als die leopoldinischen, um Reformen von innen heraus zustandezubringen.

Die »Offenbacher Offenbarung« eines Präsidialausschusses gab dazu im Februar 1996 den Startschuß. Zudem war mit der Rekonstituierung der Berlin-Brandenburgischen Akademie der Wissenschaften eine neue, nach modernem Zuschnitt strukturierte Akademie auf den Plan getreten, die in organisatorischen und inhaltlichen Bereichen von einigen Grundsätzen der »Konferenz« abwich. Schließlich senkte sich ein regierungsgestütztes Wortgewölk über die Neugründung einer nationalen »Deutschen Akademie der Wissenschaften« auf unsere Wissenschaftslandschaft und regnet sich darin weiter ab oder schneit sich endgültig ein. Ich glaube allerdings nicht an einen Winter unseres Mißvergnügens.

Zweifellos tangieren Außenfaktoren solcher Art die Leopoldina-Entwicklung. Auch die Empfehlungen des Wissenschaftsrates sind für die aktive Existenz der Akademie wichtig, ja essentiell, aber die zukünftige Stellung der Leopoldina hängt nicht von den Empfehlungsumsetzungen ab. Bedenklich erscheinen mir eher innere, an der akademischen Substanz nagende Symptome, subjektive Ursachen, die in der mentalen Verfassung, in der Motivation der Mitglieder selbst zu suchen sind. Die eigentliche Gefahr liegt im Erlahmen der geistig-moralischen Kraft, sich den Herausforderungen der Zeit zu stellen. Es ist ein Trugschluß zu glauben, daß in einer sich stürmisch verändernden Welt nur die Akademien der Wissenschaften unverändert bleiben können.

Mitglieder jener Generationen, denen das Ringen um die Erhaltung einer einheitlichen deutschen Wissenschaft in einem geteilten Lande eine heilige politische Pflicht gewesen ist, sind kaum noch aktiv unter uns; zudem ist diese Aufgabe mit der Wiedervereinigung obsolet geworden. Die jüngeren Kollegen, durch die heute die Leopoldina geistig und wissenschaftlich repräsentiert wird, sehen in der Akademie, außer der Ehre, ihr anzugehören – mehr oder weniger eine Vertretung ihrer wissenschaftlichen Vorstellungen, nicht entscheidend anders als in Fachgesellschaften oder in der Gesellschaft Deutscher Naturforscher und Ärzte. Leopoldinische Traditionen werden marginal im Vergleich mit dem kräftezehrenden internationalen Wettbewerb, dem sich alle wissenschaftlichen Einrichtungen, und erst recht die Leiter der Forschungsstätten stellen müssen. Angenehm empfinden alle die Freiwilligkeit, in der die Mitglieder ihre ungeschriebenen Pflichten erkennen. Sporadisch lebt es sich leicht in einer Anstalt, deren Erwartungen allein moralisch zu begründen sind. – Fazit: Was nützt die Akademie dem Einzelnen? Was gibt der Einzelne seiner Akademie?

Solche Fragen stellen sich offenbar nicht nur speziell in der Leopoldina, sondern sie betreffen auch die anderen deutschen Akademien. Es gibt Anlaß, die Rolle dieser Institutionen in Deutschland neu zu überdenken, wenn der Präsident der Heidelberger Akademie der Wissenschaften in seinem Jahresendbrief mit einem »Memento« die Mitglieder an ihre Pflicht zur Mitarbeit erinnert. Zuvor hatte der Präsident der Sächsischen Akademie der Wissenschaften in der öffentlichen Herbstsitzung mit starken Worten die schwache Beteiligung der Mitglieder an den Veranstaltungen dieser Akademie beklagt. Eine Ins-Gewissen-Rede des Präsidenten der Berlin-Brandenburgischen Akademie der Wissenschaften, die schon das Format einer mittleren Philippika hatte, wurde ausgelöst, weil durch eine hohe Abwesenheitsquote der ordentlichen Mitglieder das notwendige Quorum für anstehende Zuwahlen nicht erreicht wurde. – Schließlich haben manche unter Ihnen meine ernstgemeinten kritischen Bemerkungen bei der Mitgliederversammlung im Dezember gehört, in der das Thema mangelnde Präsenz, Mitarbeit und Einsatzbereitschaft für die Leopoldina im Mittelpunkt stand.

Früher fanden die in der Regel deutlich jüngeren Mitglieder einen Platz für die Verwirklichung ihrer Ideen und für die Darstellung ihrer Entdeckungen in den Akademien, wodurch sie erstmals an die Öffentlichkeit gelangten. Das heutige Internet erübrigt natürlich jeden restaurativen Gedanken.

Man kommt nicht umhin festzustellen, daß irgend etwas abhanden gekommen ist in unseren Akademien, was diese zuvor attraktiv machte. Die feierliche Entgegennahme der Berufungsurkunde mit dem Versprechen des Auserwählten zu aktiver Mitarbeit dürfte es kaum sein. Geschichte und Tradition, die Leuchtfeuer akademischen Denkens und Handelns, kann man nicht auslöschen wie die Kerzenstummel am Weihnachtsbaum. Aber Tradition und Geschichte allein können die wartenden Aufgaben und diesbezügliche Motivation nicht ersetzen. Neue Überlegungen zu Sinn und Zweck der Akademien im 21. Jahrhundert sind notwendig. Wir suchen noch immer, nun wieder verstärkt, nach dem genuinen Platz von optimal strukturierten Akademien in einer wissenschaftlich geprägten Gesellschaft, die sehr viel mehr der Interaktion zwischen Forschung und Öffentlichkeit bedarf, als wir heute zu geben in der Lage sind. Akademien sollten sich nicht in Dinge der spezialisierten Fachgesellschaften oder der großen forschungsfördernden Organisationen einmischen. Vielmehr sollten sie die fachspezifisch-intellektuellen Diversitas in der Wissenschaft und deren Auswirkungen auf Kultur und Gesellschaft zusammenführen und könnten neue Wege für die Förderung des wissenschaftlichen Nachwuchses weisen.

Gelegentlich werden wir mit der Wunschvorstellung einer repräsentativen »nationalen« Akademie der Wissenschaften in Deutschland konfrontiert. Dazu hatte ich schon vor zwei Jahren unsere Meinung geäußert; auch kursieren einige Papiere über das Thema, und Gespräche auf unterschiedlichen wissenschaftspolitischen Ebenen fanden statt. Ob es im Jahre 2010, wie ein präsidialer Leopoldiner meint, oder im Jahre 2030, wie ein Berliner Präsidialer prognostiziert, eine »Deutsche Akademie der Wissenschaften Leopoldina« im Zentrum einer mythischen Berliner Republik gibt, wird von der Innovations- und Bewegungsfreudigkeit einiger oder aller traditionsreichen Akademien Deutschlands abhängen.

IV.

Meine Damen und Herren, alle Vorträge dieser Jahresversammlung passen sich in das Rahmenthema »Altern und Lebenszeit« ein. Was ist »Lebenszeit«? Über die enge biologische Definition hinausgehend, die vorhandenes Leben voraussetzt, verstehe ich darunter die Zeitdauer zwischen Anfang und Ende eines definierbaren Vorganges in den Raum-Zeit-Koordinaten der Welt. Diese Zeitspanne kann zwischen 30 Zehnerpotenzen variieren; sie bewegt sich in Größenordnungen von 10^{-12} Sekunden wie bei den Bits in Herrn KORTES Vortrag und 10^{17} Sekunden in den kosmischen Lebenszeiten der Gestirne wie im Vortrag von Herrn TAMMANN. Dazwischen eingezwängt liegt die Lebenszeit der Menschheit in einer Größenordnung von 10^{13} Sekunden und in dieser Zeit die 10^9 Sekunden während individuelle Lebensdauer des Menschen.

Der ontogenetisch letzte Abschnitt einer »Lebenszeit« ist das Alter, das bei der Themenwahl zur Jahresversammlung durch explizite Nennung im Titel aus der Lebenszeit herausgehoben wurde. Am Ende meiner Rede sei mir gestattet, wenige allgemeine Bemerkungen zum Humanaltern zu machen, ohne Herrn BALTES vorauseilend die Butter vom Brote nehmen zu wollen.

Ernst JÜNGER hatte seine Lebenserinnerungen »Siebzig verweht« genannt, als er sie fünfundachtzigjährig schrieb, aber schließlich 102 Jahre alt wurde. In Deutschland leben 4 600, in England über 5 200 Menschen, die einhundert und mehr Jahre alt sind. Im August 1997 starb 121jährig die Französin Jeanne CALMENT, die wahrscheinlich bislang älteste Erdenbürgerin. Solche Zahlen mögen auch Wissenschaftler dazu bewogen haben, zu verkünden, daß die Lebensdauer eines Menschen bis zu 140 Jahren ausgedehnt werden könne; genetisch sei das Potential vorhanden, und gentechnische Manipulationen könnten Langlebigkeit zu einer Quelle von Altersfreuden machen. Sogar an eine mögliche Umkehr der »Alterskaskade« wird gedacht. Man stellt sich vor, einem Menschen, der nach geriatrischer Ansicht so alt sein soll wie seine Gefäße, werden die abgenutzten Organe ersetzt durch neue Implantate – neuerdings sogar *in vitro* gezüchtete Neuronen – geklont in einer »zelltherapeutischen Ersatzteilfabrik« der zukünftigen Bio-, Pharma- und Gesundheitsindustrie.

Spekulative Denkansätze zur Lebensverlängerung gibt es in Fülle, realistische Betrachtungen entlarven aber schnell die falschen Forschungsansätze. Die Alternsforschung wird wohl andere Wege gehen, ohne gentechnische Möglichkeiten auszuschließen. Nicht die Verlängerung des Lebens *per se* sollte angestrebt werden, sondern sinnvoll allein ist die Erhaltung der Normalqualität jedes zusätzlichen Lebensjahres, ehe die individuelle Demenzphase einsetzt. Eine lange Zeit waren die komplexen Alternsprozesse den experimentellen Untersuchungen schwer zugänglich, weil man keine schlüssigen Ansatzpunkte für die Ursachen im geordnet regulierten Getriebe der Lebensvorgänge fand. Erst im letzten Jahrzehnt entdeckten Molekularbiologen einen Verständnis-Schlüssel, der Apoptose heißt und sehr pauschal mit genetisch programmiertem Tod umschrieben wird. Darüber und über Alterungsprozesse zwischen Biogenese und Autolyse erfahren wir Einzelheiten in einigen biologischen und medizinischen Vorträgen unserer Tagung.

Daß beim alternden Menschen neben den körperlichen Ausprägungen noch zusätzliche, geistige, soziale und ethische Faktoren eine Rolle spielen, soll im Diskussionskreis »Der alte Mensch in der Gesellschaft« ausführlich behandelt werden. Auf diese Veranstaltung am Montag nachmittag darf ich noch einmal besonders hinweisen und Herrn BALTES schon im voraus für seine ideellen und moderatorischen Aktivitäten danken. In diesem Zusammenhang möchte ich auch den eindrucksvollen Vortrag von Hans MOHR erwähnen, den er vor zwei Jahren an dieser Stelle gehalten hat: Der Tod als konstruktiver Partner des Lebens. Dieser Vortrag ist im Versammlungsband 1997 unter dem Titel »Biologische Grenzen der Medizin« abgedruckt, ich empfehle allen diese Lektüre.

V.

Verehrte Festversammlung!

Zum Schluß kommen wir zu GOETHE zurück (das geht nicht anders im Jubiläumsjahr), indem ich an sein bekanntes Credo bezüglich der Wissenschaft erinnere: »Das schönste Glück des denkenden Menschen ist, das Erforschliche erforscht zu haben und das Unerforschliche ruhig zu verehren.« – Der große Ideengeber sollte jedoch auch gewußt haben, daß nichts stärker ist als eine Idee, deren Zeit zur Verwirklichung gekommen ist. Das hinter uns liegende Jahrhundert hatte viele solcher Zeitpunkte; wie Sandkörner rannen sie durch die gläserne Weltuhr, und trotz des sich verringernden Vorrates läßt jedes Korn uns wissen, daß auch unsere Kindeskinder ihre Möglichkeiten zur Verehrung des Unerforschlichen nicht ausschöpfen werden. Das liegt in der Natur der Wissenschaften.

Wahrscheinlich ist es der gleiche Geist, deren Träger vor zweihundert Jahren die blaue Blume der Romantik suchten und nun auf den *Cybersea* des 21. Jahrhunderts hinausrudern, um auf dem Grund der wissenschaftlichen Welterkenntnisse die goldene Lilie der Wahrheit zu finden. Und wenn wir unseren aufgetanen Blick über Weimar hinaus schweifen lassen, zur Freiburger Universität (zum Beispiel, aber nicht zufällig), lesen wir dort eingemeißelt diesen erlösenden Satz: »Die Wahrheit wird Euch frei machen.«

Mancher Zeitgenosse mag das für antiquiert halten – zu oft wird mit dem Wort Wahrheit Schindluder getrieben. Die elektronische Revolution hat die Information zur Ware gemacht, die weniger an ihrem Wahrheitsgehalt gemessen wird als an ihrem Attraktionswert (Stichwort »Einschaltquote«). Medienbetreiber als Informationsvermittler sind einflußreiche Inhaber lukrativer Geschäfte geworden, die den Gesetzen des Marktes folgend bewußt oder unbewußt steuern und manipulieren. Die globale Informationsgesellschaft muß deshalb zugleich eine Wissensgesellschaft sein oder werden. Dann bleibt auch nach wie vor richtig, daß Wissen um der Wahrheit willen uns frei und unabhängig macht. Doch darum muß gerungen werden, vor wie nach dem Zeitenwechsel im Kalender.

Ehrungen

Meine verehrten Damen und Herren!

Mit großer Freude darf ich nun an die anläßlich der Jahresversammlung von Senat und Präsidium ausgewählten Persönlichkeiten die Auszeichnungen unserer Akademie verleihen und Ehrungen vergeben. Zunächst die Medaillen, die mit ausführlichen Laudationes verbunden sind, welche allerdings aus Zeitgründen nicht verlesen werden können, sondern nur die Kurzbegründungen in den Urkunden.

Die *Cothenius-Medaille*, so benannt nach ihrem Stifter, dem königlich-preußischen Hof- und Leibarzt Christian Andreas COTHENIUS, wurde erstmals in etwas anderer Form bereits 1789 verliehen – eine wahrhaft altehrwürdige güldene Auszeichnung, die wir, fortlaufend, in diesem Jahr an zwei sehr verdienstvolle Mitglieder für ihre Lebensleistungen vergeben. Ich darf Frau Dorothea KUHN und Herrn Rudolf ROTT nun zu Herrn WINNACKER und mir herauf bitten.

Passend zu GOETHES Jubiläumsjahr ehrt die Leopoldina die Goethe-Erforscherin Dorothea KUHN, Marbach, mit einer *Cothenius-Medaille »in Würdigung ihres jahrzehntelang vorbildlichen Wirkens als Autorin und Editorin der Leopoldina-Ausgabe von Goethes Schriften zur Naturwissenschaft«.*

Die Kurzbegründung zur Verleihung einer zweiten *Cothenius-Medaille* an Herrn Rudolf ROTT, Gießen, lautet: »*für sein Lebenswerk auf dem Gebiet grundlegender Mechanismen virusbedingter Infektionen und Erkrankungen sowie für sein herausragendes Engagement als Senator und Organisator wissenschaftlicher Veranstaltungen der Akademie«.*

Eine bereits 1864 von Leopoldina-Mitgliedern initiierte Stiftung aus Anlaß des 50. Dienstjubiläums von Carl Gustav CARUS (damals Leopoldina-Präsident) mündete schließlich in die Prägung der *Carus-Medaille*, die allerdings erst seit 1938 verliehen werden konnte. Das Leopoldina-Präsidium glaubt den Intentionen des Namenträgers nahe zu kommen, wenn es diese Medaille – zumindest in der Regel – an jüngere Kollegen (Nichtmitglieder) für wegweisende naturwissenschaftliche und medizinische Entdeckungen verleiht.

In diesem Jahr haben Senat und Präsidium zwei molekulargenetisch sehr erfolgreich tätige Wissenschaftler mit jeweils einer *Carus-Medaille* ausgezeichnet, die ihren internationalen Ruf durch genanalytische Entdeckungen von Pioniercharakter begründet haben: Herrn Prof. Dr. Svante PÄÄBO, Max-Planck-Institut für Evolutionäre Anthropologie, Leipzig, und Herrn Prof. Dr. Walter SCHAFFNER, Universität Zürich. Diese Medaillen sind mit dem *Carus-Preis* gekoppelt, der von unserer Gründerstadt Schweinfurt im Laufe des Jahres vor Ort nachgereicht wird.

Herr PÄÄBO erhält eine *Carus-Medaille* »*für seine Pionierarbeiten zur Klonierung und Sequenzierung von DNA aus paläontologischen Proben biologischen Materials und deren Anwendung in der Anthropologie und Ethnologie*«.

Herr SCHAFFNER wird ausgezeichnet mit der *Carus-Medaille* »*für die Entdeckung und Erklärung einer Aktivierung von Genen über große Distanzen (Enhancer-Effekt) in viralen und zellulären Genomen*«.

Die *Schleiden-Medaille* wurde nach einem Statut der Akademie 1955 vom Präsidium gestiftet und wird an Gelehrte verliehen, welche »die Erforschung der Zelle durch neue grundsätzliche wichtige Erkenntnisse gefördert« haben.

Mit dieser Medaille wird unser Mitglied Walter NEUPERT, Universität München, ausgezeichnet »*für seine bahnbrechenden Untersuchungen auf dem Gebiet der Biogenese von Mitochondrien, insbesondere zum Import-Mechanismus von Proteinen*«. – Herrn NEUPERTS Abwesenheit während unserer Jahresversammlung ist durch wichtige Verpflichtungen verursacht, die er in den USA wahrnehmen muß. Er wird seine Medaille später überreicht bekommen.

Mit der *Mendel-Medaille*, 1965 durch Senatsbeschluß gestiftet aus Anlaß des Mendel-Jubiläums, wird für herausragende Forschungsleistungen auf dem Gebiete der Allgemeinen und Molekularen Biologie bzw. der Genetik vergeben. Ich darf jetzt unser Mitglied Herbert JÄCKLE vom MPI für Biophysikalische Chemie in Göttingen auszeichnen und bitte ihn heraufzukommen.

Herr JÄCKLE erhält die *Mendel-Medaille* der Leopoldina 1999 »*für seine genetisch-entwicklungsbiologischen Studien zur Induktion von Segmentierungsprozessen während der Embryogenese von Drosophila*«.

Das Präsidium hat 1992 einen *Leopoldina-Preis für junge Wissenschaftler* gestiftet und diesen mit 2 000,– DM für jeden Preisträger aus Mitteln des Bogs-Lohmann-Sondervermögens dotiert. Voraussetzung für die Auszeichnung ist, daß der Kandidat oder die Kandidatin nicht älter als 30 Jahre ist und eine ausgezeichnete Forschungsleistung aufweist. Beides ist der Fall bei Frau Dr. Gerlind STOLLER von der Forschungsstelle »Enzymologie der Proteinfaltung« der Max-Planck-Gesellschaft in Halle sowie bei Herrn Dr. Ulrich SCHWARZ-LINEK vom Institut für Organische Chemie der Universität Leipzig.

Frau STOLLER, Sie erhalten den *Leopoldina-Jugendpreis* für eine »*mit Auszeichnung bewertete Dissertation über die Charakterisierung einer ribosomenassoziierten Peptidyl-Prolyl-cis/trans-Isomerase aus E. coli*« sowie für weitere hervorragende Forschungsergebnisse auf dem Gebiete des konformationsvermittelten Signaltransfers.

Herr SCHWARZ-LINEK, Ihnen überreiche ich die Urkunde, für den *Leopoldina-Jugendpreis*, den Sie erhalten für Ihre ausgezeichnete Dissertation »*Untersuchungen zur enzymatischen Baeyer-Villiger-Oxidation mit Cyclohexanon-Monooxygenase aus Acinetobacter NCIMB 9871. Anwendung eines neuen Systems zur Coenzymregenerierung*«.

Erstmalig wird der *Leopoldina-Preis für Wissenschaftsgeschichte* vergeben, der 1997 vom Ehepaar Eugen und Ilse SEIBOLD gestiftet wurde und mit 4 000,– DM dotiert ist. Aus einer Reihe von sehr guten Bewerbungen wurde nach vergleichender Begutachtung Herr Dr. habil. Klaus HENTSCHEL aus Göttingen ausgewählt. Herr HENTSCHEL erhält diese Auszeichnung *für seine vorzügliche wissenschaftshistorisch-physikalische Habilitationsleistung »Zum Zusammenspiel von Instrument, Experiment und Theorie«*.

Last but not least rechne ich es mir als besondere Ehre an, den Reigen der Auszeichnungen mit der Ernennung von Ehrenförderern der Leopoldina zu beschließen. Die Akademie ergänzt den sehr kleinen Kreis ihrer Ehrenförderer durch Nichtmitglieder, die sich in ihren Wirkungsbereichen herausragende Verdienste erworben und das Ansehen der Akademie im besonderen Maße gefördert haben.

Ich darf Herrn Prof. RAABE, den Direktor der Franckeschen Stiftungen zu Halle, zu uns bitten. Aus dem Ernennungsschreiben, das wir Ihnen jetzt überreichen, will ich diesen Kernsatz verlesen: »*Die Deutsche Akademie der Naturforscher Leopoldina ernennt Herrn Prof. Dr. Drs. h. c. Paul Raabe in ausdrücklicher Würdigung seiner unschätzbaren Verdienste für den Wiederaufbau der Franckeschen Stiftungen im besonderen und seiner Verdienste um das kulturelle und wissenschaftliche Leben in der Stadt Halle im allgemeinen, schließlich für seine kooperativen Interaktionen zur Leopoldina zu ihrem Ehrenförderer.*«

Frau Gudrun GRIESER als Oberbürgermeisterin der Gründerstadt der Leopoldina, Schweinfurt, und Herrn Dr. Klaus-Peter RAUEN als Oberbürgermeister der Heimatstadt der Leopoldina seit 1878, Halle an der Saale, darf ich bitten, gemeinsam zu uns nach oben zu kommen, um Ihnen Ihre Ernennungsschreiben auszuhändigen.

In diesem Schreiben an Sie, Frau GRIESER, heißt es: »*Der Präsident der Deutschen Akademie der Naturforscher Leopoldina verwirklicht hiermit einen Beschluß des Präsidiums und ernennt Sie zur Ehrenförderin der Leopoldina. Wir sind der Überzeugung, daß Sie, verehrte Frau Grieser, in wissenschaftspolitischer Verantwortung und vielfältigen öffentlichen und inoffiziellen Bemühungen zur Förderung unserer Akademie in der Stadt ihrer Gründung und darüber hinaus in beispielhafter Weise beigetragen haben. Wir würdigen insbesondere Ihre von Begeisterung und gastfreundschaftlichem Charme getragenen festlichen Veranstaltungen anläßlich der Verleihungen des Carus-Preises der Stadt Schweinfurt an die durch die Leopoldina mit der Carus-Medaille ausgezeichneten Wissenschaftler, und wir schätzen Ihre engagierte Unterstützung von Symposien und Ausstellungen im Zusammenhang mit der Frühgeschichte und der Wissenschaftsgeschichte unserer Akademie.*«

Das Schreiben an Herrn Oberbürgermeister Dr. RAUEN enthält folgende Sätze: »*Der Präsident der Deutschen Akademie der Naturforscher Leopoldina verwirklicht hiermit einen Beschluß des Präsidiums und ernennt Sie zum Ehrenförderer der Leopoldina in dankbarer Anerkennung Ihrer kommunalen und wissenschaftsfördernden öffentlichen Bemühungen zum Gedeihen dieser ältesten Akademie Deutschlands in der Stadt ihres Amtssitzes. In besonderer Weise würdigen wir Ihre wissenschaftsfreundliche Haltung durch aktive Präsenz bei zahlreichen universitären und außeruniversitären institutionellen Neugründungen, Ihre stimulierende Rolle bei internationalen Begegnungen von Wissenschaftlern in städtischen Einrichtungen, und nicht zuletzt schätzen wir Ihre hilfreiche werbende Förderung unserer Akademie.«*

Prof. Dr. Benno Parthier
Deutsche Akademie der Naturforscher
Leopoldina
Emil-Abderhalden-Straße 37
06108 Halle (Saale)
Bundesrepublik Deutschland

Laudationes

für Frau Professor Dr. Dorothea KUHN (Marbach)

und

für Herrn Professor Dr. Dr. h. c. Rudolf ROTT (Gießen)

anläßlich der Verleihung der

Cothenius-Medaillen

Sehr verehrte Frau Dorothea KUHN!

Die Deutsche Akademie der Naturforscher Leopoldina verleiht Ihnen die *Cothenius-Medaille* für Ihr wissenschaftshistorisches und editorisches Wirken, das in großen Teilen im Schoße unserer Akademie entstanden und dem Ansehen der Leopoldina gewidmet ist. Wir würdigen damit eine höchst verdienstvolle Persönlichkeit aus der ersten Reihe unserer Mitgliederschaft für ein Lebenswerk, in dem Johann Wolfgang VON GOETHE, der von 1818 bis zu seinem Tode unser Mitglied gewesen ist, eine zentrale Stellung einnimmt. GOETHE als Naturforscher im besonderen, aber nicht nur als solcher. Sein naturwissenschaftlicher Nachlaß hat Sie, liebe Frau KUHN, seit Jahrzehnten fasziniert, und wir wie die ganze interessierte Welt sind die Nutznießer dieser Ihrer passioniert-reflektiven, induktiven und deduktiven Beschäftigung mit dem Schaffen GOETHES. Dieser Magnet und seine Einbettung in die Aktivitäten der Leopoldina zogen Sie immer wieder vom Marbacher Cotta-Archiv nach Weimar. Damit machten Sie zugleich das gesamtdeutsche Anliegen der Deutschen Akademie der Naturforscher in Halle in vorbildlicher persönlicher Weise sichtbar.

Als geborene Hallenserin studierten Sie in Ihrer Heimatstadt und dann in Mainz Biologie sowie in Tübingen Philologie (Germanistik), und schon diese Kombination der Fächer mußte Sie zwangsläufig zur Beschäftigung mit GOETHE führen – immer wieder GOETHE und die Natur und seine naturwissenschaftlichen Ansätze. Aber auch GOETHE in seiner Wechselbeziehung zu herausragenden Zeitgenossen waren das Sujet Ihrer Betrachtungen. Bald wurde die kommentierte Herausgabe verschiedener Goethe-Ausgaben zur Haupttätigkeit, die insbesondere in die 1941 durch Günther SCHMID, Karl Lothar WOLF und Wilhelm TROLL begründete Leopoldina-Ausgabe »Goethe. Die Schriften zur Naturwissenschaft« mündete.

1952 sind Sie als Mitarbeiterin und Autorin in das editorische Projekt eingetreten, dessen Förderung bei den Akademievorhaben der Bund-Länder-Kommission eingeordnet ist; seit 1964 teilen Sie sich gemeinsam mit Wolf VON ENGELHARDT die Herausgeberschaft. Die Leopoldina-Ausgabe ist die einzige historisch-kritische und vollständige Edition von GOETHES naturwissenschaftlichen Schriften. Inzwischen sind mehr als 20 gewichtige Bände erschienen, aufgeteilt in solche mit den kritisch bearbeiteten Texten GOETHES (über Geologie und Mineralogie, Optik und Farbenlehre, Naturwissenschaften und Morphologie) und in Kommentar-Bände. Besonders die vergleichende Gestaltenlehre GOETHES, Pflanzen und Tiere betreffend, hatte es Ihnen angetan. Schon Ihre ersten Aufsätze behandeln morphologische Themen, so die Metamorphose der Pflanzen. In weit mehr als der Hälfte der erschienenen Bände zeichnen Sie als Autorin, oder Sie verantworten die geistige Urheberschaft als lenkende und dirigierende Expertin, als Beraterin. Ihr profundes Wissen und Ihre beispielhafte Gewissenhaftigkeit, gepaart mit persönlichem Charme und unauffälligen Führungsqualitäten machen Sie automatisch zur Respektsperson im besten Sinne des Wortes. Jene Jahre, in denen Sie als »Obfrau« der Sektion Wissenschafts- und Medizingeschichte der Leopoldina vorstanden, haben es zusätzlich bewiesen.

Verehrte Frau KUHN, die Leopoldina und ihr Präsident schätzen Ihr Lebenswerk – hinter dem eine vitale Leistungskraft verborgen ist, welche Ihnen noch lange erhalten bleiben möge – als eine der großartigen bleibenden Leistungen der Leopoldina im 20. Jahrhundert. Die Verleihung der goldenen *Cothenius-Medaille* kann daher nur ein materiell sichtbarer Ausdruck unserer Dankbarkeit für jene geistigen Werte sein, deren Schaffung stets auch mit Ihrem Namen verbunden bleiben wird.

Andere Auszeichnungen, die Sie erhielten – erwähnt seien der Schiller-Preis der

Stadt Marbach (1985), die goldene Medaille der Goethe-Gesellschaft (1991), der Deutsche Sprachpreis der Henning-Kaufmann-Stiftung, in Weimar verliehen 1998 – zeugen von der Vielfalt Ihres äußerlich stillen, erfolgreichen und anerkannten Gelehrtenschaffens in der Goethe-Forschung, aber auch von Ihrer Sprachkraft. Sie haben uns gelehrt, daß der Dichter und Denker GOETHE ohne Kenntnis des Naturforschers GOETHE nicht verstanden und beurteilt werden kann.

Nie haben Sie sich nach öffentlichen Ehren gedrängt, da Ihnen die Forschungsergebnisse wichtiger waren. Ihre persönliche Ausstrahlung und Ihre geistige Kompetenz, die weit über wissenschaftshistorische Kenntnisse hinausgeht, sprechen für sich allein. Doch trotz Ihrer Bescheidenheit verratenden Grundeinstellung sind Sie hoch gestiegen, um die Schönheit der Welt in ihrer Kleinheit aus der Sichthöhe eines Heißluftballons zu überschauen. Ein Ort der »Erfahrung und Phantasie«, an dem GOETHES naturwissenschaftliche Neugier noch nicht zu kommentieren war, aber ein ausreichender Anlaß für Sie, auch die Luftschifferei wissenschaftshistorisch zu resümieren.

Benno PARTHIER

Sehr geehrter Herr Rudolf ROTT!

Ihr wissenschaftliches Werk auf dem Gebiete der Virologie ist weit gespannt und umfaßt wesentliche Beiträge zur Struktur, Vermehrung, Genetik, Immunogenität und Pathogenität von Erregern, die von klinischer Relevanz für die Veterinär- und Humanmedizin sind.

Im Zentrum Ihres wissenschaftlichen Interesses standen die Influenzaviren. Fragen, wie es immer wieder zu neuen Influenzaepidemien und Pandemien kommt, welche Rolle hierbei die viralen Glykoproteine als Membranproteine spielen und inwieweit der Wirt bzw. die infizierte Wirtszelle die Infektiösität des Erregers beeinflußt, bestimmten Ihre Studien. So haben Ihre grundlegenden Arbeiten zum Genreassortment, zur Korrelation der Genkombination mit Pathogenität sowie die Entdeckung der RNA-RNA-Rekombination bei Influenzaviren entscheidend zum Verständnis der bei Influenzaviren so bedeutungsvollen Antigenvariabilität beigetragen.

Außerdem entdeckten Sie, daß das Hämagglutinin des Influenzavirus allein immunologischen Schutz hervorruft und daß die proteolytische Spaltung dieses Proteins durch die Wirtszelle eine essentielle Voraussetzung für die Infektiosität und damit auch für die Pathogenität dieser Erregergruppe ist. Aber nicht nur infizierte Wirtszellen sind in der Lage, diese proteolytische Aktivierung vorzunehmen, sondern auch Bakterien. So konnten Sie zeigen, daß bakterielle Proteasen im Verlaufe opportunistischer Infektionen bei Influenza-Pneumonien freigesetzte, nicht infektiöse Viruspartikel aktivieren. Hierdurch wird der virale Infektionsprozeß wesentlich perpetuiert. Ohne Zweifel haben Ihre Influenzaforschungen nicht nur zur Aufklärung der Pathogenese, sondern auch ganz wesentlich zur Impfstoffentwicklung beigetragen.

Außer den Influenzaviren galt Ihr besonderes Interesse der Gruppe der Herpesviren, der Coronaviren und dem Virus der Bornaschen Krankheit. Insbesondere die Infektion durch den Bornavirus stellte für Sie eine Herausforderung dar. Dieses Virus, das bei Pferden für eine akute Enzephalitis verantwortlich ist, ruft in Nagern chronische, entzündliche, zentralnervöse Infektionen hervor. Diese Beobachtung, daß ein- und derselbe Erreger in unterschiedlichen Wirten mit verschiedenen Erkrankungen assoziiert ist, ließ Sie nicht mehr los. Ihre Untersuchungen zur Aufklärung der Pathogenese zeigten, daß eine virusinduzierte, durch T-Lymphozyten vermittelte immunpathologische Reaktion für dieses Phänomen verantwortlich war. Da eine Bornavirusinfektion in Tupaias auch zu Verhaltensstörungen führt, untersuchten Sie Gruppen von psychiatrischen Patienten auf das Vorliegen von möglichen bornaspezifischen Antikörpern. In Kooperation mit in- und ausländischen klinischen Gruppen wurde gefunden, daß in der Tat Patienten mit bestimmten psychiatrischen Krankheitsbildern Kontakt mit Bornavirus gehabt haben. Inwieweit das Bornavirus für diese psychiatrischen Krankheitsbilder verantwortlich gemacht werden kann, ist Gegenstand laufender Untersuchungen von zahlreichen Arbeitsgruppen.

Ohne jeden Zweifel haben Sie die Virologie als universitäre Disziplin in Deutschland ganz wesentlich beeinflußt und gelenkt. Sie gehörten zu den ersten Lehrstuhlinhabern dieses Faches, und Ihrem Einsatz und Ihrem hohen nationalen wie internationalen Ansehen ist es zu verdanken, daß die Virologie als eigenständige Disziplin an fast allen Universitäten der Bundesrepublik vertreten ist.

Sehr verehrter Herr ROTT, die Auszeichnung mit der *Cothenius-Medaille* der Leopoldina erhalten Sie für Ihr wahrhaft bewundernswertes Lebenswerk, wobei es unvorstellbar ist, daß Sie dieses bereits vollendet und sich in den Ruhestand begeben hätten. Nach wie vor sprühen Sie vor Begeisterung für die Wissenschaft und sind voller

Ideen, die in Ihren Aktivitäten erblühen. Unsere Akademie verdankt Ihnen viel. Mehrfach wurden Sie zum Senator gewählt bzw. wiedergewählt, der sein Amt stets mit vollem Engagement wahrgenommen hat; Ihre anregenden, kritischen und konstruktiven Vorstellungen sind in die Arbeit des Präsidiums eingeflossen.

Nicht zuletzt war es Ihre zupackende Bereitwilligkeit zur Übernahme der Federführung für unsere erste *Ad-hoc*-Kommission »Probleme relevanter Infektionskrankheiten«, die durch ihren Pioniercharakter Vorbildwirkung zeigt. Zwei einschlägige Symposien (in Würzburg 1998 und Hamburg 1999) waren damit verbunden, die als Diskussionsgrundlage für die Lösung der in der Kommission analysierten Probleme dienen, um sie schließlich in die gesundheitspolitische Öffentlichkeit hineinzutragen und umzusetzen.

Die Leopoldina darf mit Recht stolz sein, Mitglieder wie Sie, lieber Herr ROTT, mit ihrer angesehensten Medaille zu ehren.

Benno PARTHIER
(Volker TER MEUTEN, Würzburg)

Laudationes

für Herrn Professor Dr. Svante PÄÄBO (Leipzig)

und

für Herrn Professor Dr. Dr. h. c. Walter SCHAFFNER (Zürich)

anläßlich der Verleihung der

Carus-Medaillen

Sehr geehrter Herr Svante PÄÄBO!

Die Deutsche Akademie der Naturforscher Leopoldina überreicht Ihnen heute mit der *Carus-Medaille* eine ihrer höchsten Auszeichnungen. Diese Ehrung soll Ihre bahnbrechenden Arbeiten auf dem Gebiet der Molekularen Archäologie würdigen, einem neuen Arbeitsfeld, das Sie letzlich begründet haben. Im Zentrum Ihrer Arbeit steht das Genom als Quelle historischer Information. Sie benutzen es vorwiegend, um den Ursprung und die Geschichte unserer Spezies, aber auch von menschlichen Teilpopulationen zu analysieren. Ihre Analysen basieren auf Untersuchungen von Sequenzveränderungen nicht nur im nuklearen, sondern auch im mitochondrialen Genom. Ihr entscheidender Beitrag zum Aufbau dieses Arbeitsgebietes liegt auf zwei Ebenen:

Einmal haben sie die technischen Grundlagen dafür gelegt, DNA aus archäologischen Quellen zu isolieren und dabei das Entstehen von Artefakten zu minimieren. Dieses ist für sich schon keine geringe Leistung, da DNA in derartigen Proben durch Hydrolyse und durch Oxidation beschädigt wird und da sie durch »moderne« DNA verunreinigt sein kann. Dies spielt gerade bei der Untersuchung menschlicher DNA eine entscheidende Rolle, weil menschliche DNA die Hauptquelle von Verunreinigungen darstellt. Die Kontrollen und Kriterien, die Sie entwickelt haben, beispielsweise beim Einsatz der Polymerasekettenreaktion, die für sich selbst schon außerordentlich fehleranfällig ist, stellen heute den internationalen Standard auf diesem Gebiet dar. Ein wichtiges Hilfsmittel auf diesem Gebiet ist die Analyse der Racemisierung von Aminosäuren geworden. Wenn diese zu groß ist, so konnten Sie ermitteln, dann enthalten die Proben keine isolierbare DNA mehr. Auf Grund Ihrer Beobachtungen liegt die Grenze, oberhalb der keine DNA mehr zu amplifizieren ist, bei ca. hunderttausend Jahren.

Zum zweiten konnten Sie wesentliche Beiträge zur Ermittlung der theoretischen Grundlagen dafür liefern, wie die gefundenen Polymorphismen und Sequenzdaten zu interpretieren sind. Sie haben erkannt, daß die biologische Uhr in menschlichen und anderen Populationen nicht regelmäßig schlägt, sondern daß ihr Gang durch Variationen der jeweiligen Populationsgröße stark beeinflußt wird. Sie konnten theoretische Modelle für die verschiedenen Entwicklungsmöglichkeiten von Populationen über die Zeit hinweg entwickeln und Vorraussagen über die statistische Relevanz entsprechender Sequenzdaten machen. Diese Beiträge haben die Zuverlässigkeit der Aussagen in der Molekularen Archäologie entscheidend erhöht. Heute ist man dank Ihrer Arbeiten über die Sequenzvariationen des mitochondrialen Genoms und auch des Y-Chromosoms in der Lage, das Alter unseres jüngsten gemeinsamen Vorfahrens auf etwa 200 000 Jahre festzulegen, wenn die Vergleiche zu den Genomen unserer nächsten Verwandten, den Menschenaffen, gezogen werden. Wie Sie und andere zeigen konnten, ist die Variation im mitochondrialen Genpool der Schimpansen dreimal größer als in unserer Spezies, was darauf hindeutet, daß unser menschlicher Genpool entsprechend jünger ist. Dies wird auch durch andere, nicht-molekulare Beiträge zur Paläontologie bestätigt.

Ihre Analysen können auch Beiträge über den Ursprungsort von Populationen liefern. Zu diesem Zweck haben Sie mitochondriale Sequenzen, aber auch DNA-Polymorphismen von nuklearer DNA vieler menschlicher Bevölkerungsgruppen miteinander verglichen. Die Ergebnisse deuten darauf hin, daß die afrikanischen Volksgruppen die bei weitem längste unabhängige Geschichte der bislang untersuchten menschlichen Populationen haben und daher ein afrikanischer Ursprung unserer Spezies nicht unwahrscheinlich ist.

Aufsehen erregt haben auch Ihre Arbeiten zur Herkunft des Neandertalers, der vor etwa 50 000 Jahren ausgestorben ist. Durch sorgfältige Analyse der Sequenzen mitochondrialer Kontrollregionen konnten Sie zeigen, daß die mitochondriale DNA des Neandertalers nicht zur mitochondrialen DNA heute lebender Menschen beigetragen hat. Jene Spezies ist daher vom modernen Menschen, mit dem sie im *Homo erectus* vor ca. 300 000 Jahren einen gemeinsamen Vorfahren hatte, verdrängt worden, ohne daß sich beide vermischt haben.

Ihre Forschungsergebnisse haben nicht nur das Fach Molekulare Archäologie etabliert, sie haben auch entscheidend zum Verständnis unserer Spezies *Homo sapiens* und seiner historischen Entwicklung beigetragen. Ihre weltweit führenden und geschätzten Untersuchungen sind echte Pionierleistungen, die auch den guten Ruf der Wissenschaft unseres Landes mitgeprägt haben und weiterhin prägen. Die *Carus-Medaille*, die Ihnen zu überreichen sich die Leopoldina glücklich schätzt, ist mit dem *Carus-Preis* unserer Gründerstadt Schweinfurt verbunden, die sich mit unserer Akademie gemeinsam freut, Sie zu einem späteren Zeitpunkt zur traditionellen Festsitzung der Preisverleihung in Schweinfurt zu begrüßen.

Benno PARTHIER
(Ernst-Ludwig WINNACKER, Bonn und München)

Sehr verehrter Herr Walter SCHAFFNER!

Sie sind einer von den Wissenschaftlern, mit denen man mit Freude und persönlichem Gewinn auch dann diskutieren kann, wenn man ganz anderer Meinung ist. Sie vertreten Ihre geschliffenen Argumente mit Zähigkeit, Eleganz und Eloquenz, aber nie verbissen. Walter SCHAFFNER formuliert scharf und präzise-kritisch. Seine Züge verlassen dabei nie die Andeutung eines freundlich-humorvollen Lächelns. Er hört auf Gegenargumente, aber sein Schweizer Gemüt hat schon wieder eine intelligente Replik parat.

Herr Walter SCHAFFNER, Sie wurden 1944 geboren, stammen aus Aarau, also dem Schweizer Jura-Kanton Aargau, einem zwar kleinen Kanton – aber geographische Größe ist in der *Confoederatio Helvetica* noch nie entscheidend gewesen. 1798 war Aarau sogar kurz Hauptstadt der *Republica Helvetica*.

Das Kapitel Ihrer Lehr- und Wanderjahre liest sich spannend, wie die vergangenen Jahrzehnte in der Molekularbiologie eben waren. Sie haben in Zürich Biologie studiert, bei Ernst HADORN am Institut für Zoologie Ihre Diplomarbeit angefertigt und 1975 bei Charles WEISSMANN promoviert. Ihre Postdoktorandenzeit haben Sie bei Max BIRNSTIEL in Zürich und bei Frederick SANGER in Cambridge verbracht. 1977 bis 1978 waren Sie in Cold Spring Harbor. Jim WATSON hätte Sie gern in eine leitende Position nach Long Island berufen. Sie wußten wohl – mit freundlichem Lächeln – warum Sie Zürich den Vorzug gaben. Dort wurden Sie 1987 zum Full Professor für Molekulare Biologie ernannt. Sie haben zahlreiche Ehrungen erhalten, darunter 1989 den sehr angesehenen *Louis Jeantet Prize of Medicine*.

Ihr Interesse galt von Anfang an zentralen Themen der Molekularbiologie. Wie hätte es bei so vorzüglichen Mentoren und bei einem kritischen Geist wie dem Ihren auch anders sein können. Man kann heute – Wunder der Datenwelt – die Publikationen jedes Wissenschaftlers mit *mouse-click* »herauslaufen lassen«. Gestatten Sie mir dennoch, Ihre wesentlichsten Arbeiten Revue passieren zu lassen:

– Organisation von Histon-Genen (mit Max BIRNSTIEL),
– Arbeiten zur Qβ-Replikase (mit Charles WEISSMANN).

Und dazu Ihre eigenen Arbeiten:

Schon 1979 erschien »Movement of foreign DNA into and out of somatic cell chromosomes by linkage to SV40« (mit Bill TOPP und Michael BOTCHAN). 1981 kam aus Ihrem Labor die wichtige Entdeckung von »enhancer«-Elementen bei SV40 und dem Polyoma-Virus, wenig später von »enhancer«-Elementen bei den Immunglobulin-Genen. Der 1985 gemeinsam mit Bernhard FLECKENSTEINS Gruppe beschriebene Promotor und »enhancer« des Cytomegalie-Virus hat heute noch technische Bedeutung.

In den folgenden fast 20 Jahren lesen wir Arbeiten aus dem Schaffner-Labor, die sich mit Detailaspekten viraler und eukaryotisch zellulärer Promotoren und deren Funktion beschäftigen. Es ist gerechtfertigt zu sagen, daß diese Arbeiten einen sehr wesentlichen Beitrag zum verbesserten Verständnis der Struktur und Funktion eukaryotischer Promotoren geleistet haben. Die Fernwirkung der »enhancer«-Elemente wurde in einer großen Zahl wunderbarer Arbeiten genau dokumentiert. Über viele Jahre verfolgen Sie mit exzellenten Schülern, von denen viele selbst schon in wichtigen Positionen arbeiten, ein spannendes Problem mit Originalität, kritischer Akribie und Geschick in der Wahl der Systeme, bei der auch der *Tyrolean Ice Man* nicht ungezwackt davon kommt.

Vor etlichen Jahren haben Schlaumeier in Philadelphia Computer installiert und traktieren seitdem die wissenschaftliche Welt mit ihrer stupenden Erfindung des »impact factors«. Erstaunlich, was sich Wissenschaftler so alles bieten lassen. Sie haben dieser bedenklichen Entwicklung entgegengewirkt mit der Übernahme der entscheidenden Position im *Editorial Board* des *Journal of Biological Chemistry*. Sie selbst haben einige wichtige Beiträge in diesem Journal publiziert. Ich halte diesen Beitrag Walter SCHAFFNERS für höchst beachtenswert.

Es sollte schließlich nicht unerwähnt bleiben, daß Sie auch ein ganz ausgezeichneter Alphorn-Bläser sind.

Lieber Herr SCHAFFNER, Ihre weltweit anerkannten Untersuchungen sind echte Pionierleistungen, für deren Auszeichnung die *Carus-Medaille* der Leopoldina prädestiniert ist. Wir schätzen uns glücklich, sie Ihnen heute in feierlicher Form zu überreichen. Diese Auszeichnung ist gekoppelt mit dem *Carus-Preis* unserer Gründerstadt Schweinfurt, die sich mit unserer Akademie gemeinsam freut, Sie zu einem späteren Zeitpunkt des Jahres zur traditionellen Festsitzung der Preisverleihung in Schweinfurt zu begrüßen.

Alle Kollegen, die Sie seit vielen Jahren kennen, mit Ihnen oft diskutiert und Ihre Arbeiten mit Freude verfolgt haben, gratulieren Ihnen herzlich zu dieser hochverdienten Auszeichnung.

Benno PARTHIER
(Walter DOERFLER, Köln)

Laudatio

für Herrn Professor Dr. Dr. Walter NEUPERT (München)

anläßlich der Verleihung der

Schleiden-Medaille

Sehr geehrter Herr Walter NEUPERT!

Die Deutsche Akademie der Naturforscher Leopoldina überreicht Ihnen heute mit der *Schleiden-Medaille* eine ihrer höchsten Auszeichnungen. Diese Ehrung soll Ihre bahnbrechenden Arbeiten über die Biogenese von Mitochondrien, vor allem über den Import von Proteinen in diese Organellen würdigen. Schon während Ihrer Doktorarbeit im Laboratorium von Professor Theodor BÜCHER konnten Sie zeigen, daß die Proteine der äußeren Mitochondrienmembran ausschließlich im Zytoplasma synthetisiert und dann in die Mitochondrien eingeschleust werden. In beispielhaft konsequenten, sorgfältigen und originellen Arbeiten haben Sie in den darauffolgenden Jahrzehnten zeigen können, wie dieser für das Leben der Zelle entscheidende Import bewerkstelligt wird. Sie entwickelten ein zellfreies System, mit dem Sie zeigten, daß an zytosolischen Ribosomen gebildete Proteine in Mitochondrien transportiert werden können und daß dieser Transport mit voll synthetisierten Polypeptidketten, also post-translational erfolgen kann. Sie konnten auch zum ersten Mal nachweisen, daß Proteine, die in einen der Innenräume des Mitochondrions transportiert werden, ihren Weg über Kontaktstellen zwischen den beiden Mitochondrienmembranen nehmen und daß sich aufgrund dieses Mechanismus ein Zwischenprodukt des Importprozesses identifizieren läßt. Sie haben zusammen mit Ihrer Arbeitsgruppe viele der an der Oberfläche der Mitochondrien befindlichen Importrezeptoren charakterisiert, die durch ATP getriebene Importmaschine an der inneren Mitochondrienmembran definiert, die Rolle des Membranpotentials beim Transport der N-terminalen Präsequenz durch die innere Mitochondrienmembran klargestellt und zahlreiche weitere Komponenten des Importsystems identifiziert, gereinigt und zum Teil rekonstituiert. Eine Krönung Ihrer Arbeiten war die kürzlich erfolgte Strukturaufklärung und Rekonstitution des Proteinimportkanals der äußeren Mitochondrienmembran. Ihr wissenschaftliches Werk hat grundlegend zum Verständnis der wohl kompliziertesten derzeit bekannten Proteintransportmaschine in lebenden Zellen beigetragen.

Ihre Arbeiten wurden nicht nur in den allerbesten Zeitschriften veröffentlicht, sondern haben auch als Grundlage für die Ausbildung einer großen Zahl von hochbegabten jungen Forschern gedient. Viele Ihrer ehemaligen Mitarbeiter haben sich bereits als eigenständige Forscherpersönlichkeiten bewährt und Schlüsselpositionen in angesehenen wissenschaftlichen Institutionen Deutschlands und des Auslands erreicht. Auf diese Art haben Sie auch ganz wesentlich zur Hebung des wissenschaftlichen Niveaus in Deutschland und in der ganzen Welt beigetragen.

Zusätzlich zu Ihrer beachtlichen Produktivität als Forscher haben Sie sich auch nie gescheut, Ihre wertvolle Zeit für das Wohlergehen der Wissenschaft im allgemeinen einzusetzen. Sie waren Mitherausgeber vieler hochrangiger wissenschaftlicher Zeitschriften, Präsident der Deutschen Biochemischen Gesellschaft und sind derzeit Präsident der Europäischen Molekularbiologie-Organisation. Sie haben dadurch der jüngeren Generation gezeigt, daß eine höchstrangige Forschungstätigkeit durchaus vereinbar ist mit einem Dienst in wissenschaftlichen Organisationen. Unsere Akademie gratuliert Ihnen ganz herzlich zu dieser wohlverdienten Auszeichnung und wünscht Ihnen für Ihre weitere Tätigkeit als Lehrer, Forscher und wissenschaftliche Persönlichkeit viel Freude und Erfolg.

Benno PARTHIER
(Gottfried SCHATZ, Basel)

Laudatio

für Herrn Professor Dr. Herbert Jäckle (Göttingen)

anläßlich der Verleihung der

Mendel-Medaille

Sehr geehrter Herr Herbert JÄCKLE!

Die frühen entwicklungsgenetischen Arbeiten an *Drosophila* haben erstmalig die Logik früher biologischer Musterbildungsprozesse während der Embryogenese verdeutlicht: Die Aktivitäten von nicht wesentlich mehr als 100 Genen unterteilen den Embryo in zunehmend kleinere Bereiche, legen dabei den Bauplan des Körpers und die Entwicklung bestimmter Körperregionen – wie Kopf, Brust und Hinterleib – fest und programmieren letztlich auch die Ausgestaltung der einzelnen Körpersegmente. Die Initiation dieser Unterteilung wird durch maternale Genaktivitäten bestimmt, die ins Ei übernommen werden und weite Bereiche des Embryos entlang der Vorn-Hinten- und Bauch-Rücken-Achse bestimmen. Dadurch werden die Koordinaten festgelegt, entlang derer die zygotischen Gene, also diejenigen, die vom Genom des Embryos kodiert werden, Strukturen entlang der Körperachsen bis ins Detail verfeinern. Diese bahnbrechenden Arbeiten von Ed LEWIS, Christiane NÜSSLEIN-VOLHARD und Eric WIESCHAUS, die das Tor für nachfolgende molekularbiologische Arbeiten aufgestoßen hatten, wurden 1995 mit dem Nobelpreis für Physiologie und Medizin ausgezeichnet.

Ihr Labor, lieber Herbert JÄCKLE, war eines der ersten, das die Logik der Segmentbildung im *Drosophila*-Embryo in Faktoren und in molekulare Mechanismen zu übersetzen begann. Es ging darum zu verstehen, wie aus der mütterlichen Koordinateninformation im Ei ein periodisches Segmentmuster entsteht. Um die ersten im Embryo aktiven Gene zu charakterisieren, haben Sie, noch in der Arbeitsgruppe von Jan EDSTRÖM am EMBL Heidelberg, Mikromethoden mitentwickelt, die es erlaubten, die DNA aus einzelnen Chromosomenbanden zu gewinnen, und so einen direkten Zugriff auf Gene ermöglichen, die genetisch und zytologisch charakterisiert waren. Das erste zygotische Segmentierungsgen, das so kloniert wurde, war *Krüppel*, ein sogenanntes Gap-Gen, das für die Ausbildung des Brustbereichs und der vorderen Hinterleibsegmente des Embryos verantwortlich ist. Die Identität des Gens wurde erstmalig durch Injektion von klonierter DNA in Krüppel-mutante Embryonen nachgewiesen, die weder Brust- noch bestimmte Hinterleibsegmente ausbilden. Nach der Injektion der Krüppel-DNA konnten diese Embryonen ein nahezu normales Körpermuster entwickeln.

Das Krüppel-Gen und verschiedene andere Segmentierungsgene, die von Ihnen kloniert und charakterisiert wurden, kodieren für Transkriptionsfaktoren, die nachgeschaltete Gene kontrollieren. Sie binden mit Hilfe ihrer DNA-Bindungsdomäne an die Kontrollregionen ihrer Zielgene. Walter GEHRING und Mat SCOTT war es gelungen, die Homöodomäne als ein DNA-Bindungsmotiv zu entdecken, das artübergreifend in allen homöotischen Genen vorkommt, die in kombinatorischer Weise die Spezifität der Segmenteinheiten festlegen. Kurz danach wurden von Ihnen zwei weitere solcher konservierter Proteinmotive entdeckt, die artübergreifend in Entwicklungskontrollgenen vorkommen: das Zinkfinger-Motiv und die *Forkhead*-Domäne.

Die Arbeiten Ihrer Arbeitsgruppe haben wesentlich dazu beigetragen, daß wir heute verstehen, wie die molekulare Blaupause des *Drosophila*-Embryos über eine Kaskade von Transkriptionsfaktoren festgelegt und verfeinert wird. Die von der Mutter ins Ei eingelagerten Komponenten, die den Brust- und Hinterleibsbereich des Embryos festlegen, sind entweder asymmetrisch verteilte Transkriptionsfaktoren oder Faktoren, die eine solche Verteilung von Transkriptionsfaktoren bewirken. Sie aktivieren die von JÄCKLE und Mitarbeitern bearbeiteten Gap-Gene. Diese kodieren wiederum für Transkriptionsfaktoren und interagieren bevorzugt negativ untereinander, so daß letztlich Bereiche unterschiedlicher Gap-Genaktivitäten entlang der Längsachse entstehen: Aus der asymmetrischen Verteilung der mütterlichen Information, Transkriptions-Gradienten im Ei, werden distinkte Regionen mit unterschiedlichen Gap-Genaktivitäten, die für die Etablierung noch breiterer Körperzonen notwendig sind. Wie entsteht aus dieser Abfolge unterschiedlicher Gap-Genaktivitäten das periodische Muster, das der Grundstruktur des Körpers entspricht?

Ihr Laboratorium wies nach, daß die nachgeschalteten »Paarregel-Gene« über mehrere der halben Segmentzahl entsprechende Kontrollbereiche verfügen, die jeweils für die Aktivität des Gens in alternierenden Segmentäquivalenten verantwortlich sind. Die cis-wirksamen Kontrollelemente enthalten Bindungsstellen für vorgeschaltete Transkriptionsfaktoren, die entweder aktivierend oder reprimierend auf die Genexpression wirken. Diese konkurrieren um Bindungsstellen und je nach regionsspezifischer Zusammensetzung und Konzentration der vorhandenen Faktoren wird durch Wechselwirkung der Kontrollfaktoren mit Komponenten der basalen Transkriptionsmaschine das Gen an- oder abgeschaltet. Der Grundbauplan des Körpers ist auf molekularer Ebene bereits festgelegt. Die molekulare Blaupause des Embryos zeigt, daß er durch die Transkriptionsfaktorkaskade so unterteilt wurde, daß jede der etwa 100 Zellen entlang der Längsachse des blastodermalen Embryos positionsspezifisch programmiert – besser: determiniert – ist, noch lange Zeit bevor das Körpermuster des Embryos morphologisch sichtbar wird.

Neuere Arbeiten aus Ihrem Labor zeigen, daß die ersten zygotischen Gene im Embryo nicht nur als Segmentierungsgene aktiv sind, sondern später während der Embryogenese wiederum Schlüsselfunktionen in genetischen Regelkreisen einnehmen, die Organogenese und Morphogenese bewirken. Sie wirken wiederum als Entwicklungskontrollgene, die binäre Entwicklungsentscheidungen treffen.

Sehr geehrter Herr JÄCKLE, offensichtlich färben die Dichte, die Komplexität sowie die Breite und Tiefe Ihrer Forschungsergebnisse sogar auf die Laudatio ab. Die Erkenntnisfülle Ihrer Studien hat das moderne Verständnis einer molekularen Entwicklungsbiologie weit vorangebracht. Wir sind glücklich, Sie dafür mit jener Medaille unserer leopoldinischen Ehrungen auszuzeichnen, die den Namen Gregor MENDEL trägt.

Benno PARTHIER
(Peter GRUSS, Göttingen)

Den 1993 erstmals verliehenen Leopoldina-Preis für junge Wissenschaftler erhielten 1999 Frau Dr. Gerlind STOLLER (Halle/Saale) für ihre mit Auszeichnung bewertete Dissertation über die »Charakterisierung einer ribosomenassoziierten Peptidyl-Prolyl-cis/trans-Isomerase aus E. coli« und Herr Dr. Ulrich SCHWARZ-LINEK (Leipzig) für seine ausgezeichnete Dissertation »Untersuchungen zur enzymatischen Baeyer-Villiger-Oxidation mit Cyclohexanon-Monooxygenase aus Acinetobacter NCIMB 9871. Anwendung eines neuen Systems zur Coenzymregenerierung«. Der Preis ist verbunden mit 4 000,– DM aus Zinsen des Kapitals einer Schenkung des Leopoldina-Mitglieds und Cothenius-Preisträgers Karl LOHMANN (1898–1978). Er wird in zweijährigen Abständen Preisträgern zuerkannt, die auf dem Gebiete der Naturwissenschaften, der Medizin oder der Wissenschaftsgeschichte eine hervorragende Forschungsleistung aufweisen und das dreißigste Lebensjahr noch nicht überschritten haben. Der Auswahlkreis ist übernational.

Zur Leopoldina-Jahresversammlung 1999 wurde erstmalig der *Leopoldina-Preis für Wissenschaftsgeschichte* vergeben. Der 1997 vom Ehepaar Eugen und Ilse SEIBOLD gestiftete Preis ist mit 4 000,– DM dotiert und soll zukünftig im Abstand von zwei Jahren anläßlich der Jahresversammlungen der Leopoldina an eine Nachwuchswissenschaftlerin oder einen Nachwuchswissenschaftler für eine Dissertation, eine danach erfolgte Publikation oder eine Habilitationsschrift aus den Gebieten der Wissenschafts- oder Medizingeschichte verliehen werden. In diesem Jahr wurde Herr Dr. habil. Klaus HENTSCHEL aus Göttingen ausgezeichnet. Herr HENTSCHEL erhielt die Ehrung für seine vorzügliche wissenschaftshistorisch-physikalische Habilitationsleistung »*Zum Zusammenspiel von Instrument, Experiment und Theorie*«.

Prof. Dr. Dr. h.c. mult. Paul RAABE, Direktor der Franckeschen Stiftungen zu Halle, erhielt seine Ernennung zum Ehrenförderer der Leopoldina aus den Händen von Präsident PARTHIER für herausragende Verdienste beim Wiederaufbau der Franckeschen Stiftungen und bei der Förderung des kulturellen und wissenschaftlichen Lebens der Stadt Halle sowie seine kooperativen Interaktionen zur Leopoldina.

Mit der Ernennung zur Ehrenförderin der Leopoldina bedankte sich die Akademie bei der Oberbürgermeisterin ihrer Gründerstadt Schweinfurt, Frau Gudrun GRIESER, für deren Verdienste zur Förderung der Leopoldina. Der Oberbürgermeister der Heimatstadt der Leopoldina, seit 1878 Halle an der Saale, Herr Dr. Klaus-Peter RAUEN, erhielt in Würdigung seiner Bemühungen zur Förderung der Akademie ebenfalls das Ernennungsschreiben zum Ehrenförderer der Akademie.

Festvortrag

Einführung und Moderation Benno Parthier (Halle/Saale), Präsident der Akademie:

Meine Damen und Herren, ich habe die Freude, Herrn Wolf LEPENIES zu seinem Festvortrag »Das Altern unseres Jahrhunderts« einzuführen. Wolf LEPENIES ist Professor für Soziologie an der Freien Universität Berlin und seit 1986 auch Rektor des Wissenschaftskollegs zu Berlin. Wenige Sätze möchte ich zur Charakterisierung dieser in Deutschland einmaligen Institution, einer privaten Stiftung, einfügen: Sie trägt den Untertitel »Institute for Advanced Study« und weist sich dadurch als eine akademische Einrichtung aus, die sich in der geistigen Spurrinne des gleichnamigen Instituts in Princeton bewegt, nämlich »erstrangigen Wissenschaftlern in der Entlastung von den akademischen Alltagsgeschäften jene uneingeschränkten, flexiblen Arbeitsmöglichkeiten und Chancen zur Kooperation über Fachgrenzen hinweg zu bieten, die für die deutsche Universität in ihrer Blütezeit charakteristisch waren. Das Wissenschaftskolleg ist einer amerikanischen Institution nachgebildet, die wiederum in der deutschen Universität ihr Vorbild sah« (zitiert aus Unterlagen des Wissenschaftskollegs 1991). – Die mit der Machtübernahme der Nazis einsetzende Emigration jüdischer deutscher Wissenschaftler – ich nenne stellvertretend den Namen Albert EINSTEIN – ließ das Collegium in Princeton (1930 gegründet von Abraham FLEXNER) aufblühen. Es war der Mut, die Kunst und das Engagement des Gründungsrektors Peter WAPNEWSKI und seines Nachfolgers Wolf LEPENIES, das deutsche Institut ebenso zu einer internationalen wissenschaftlichen Blüte zu bringen, ohne daß dazu eine politische Macht erst traurige Voraussetzungen schaffen mußte.

Unser Festredner ist ein gesuchter und vielfach ausgezeichneter sozial- und wissenschaftsgeschichtlich ausgewiesener Gelehrter, Mitglied der American Academy of Art and Sciences, der Académie Universelle des Cultures in Paris, der Deutschen Akademie für Sprache und Dichtung, der Academia Europaea in London, der Berlin-Brandenburgischen Akademie der Wissenschaften, der Royal Swedish Academy of Sciences und der Royal Swedish Academy of Literature, History and Antiquities in Stockholm. – Ausgezeichnet wurde er u. a. mit dem Alexander-von-Humboldt-Preis für französisch-deutsche Wissenschaftskooperation, dem Leibniz-Ring, Hannover, dem Forschungspreis für Romanistische Literaturwissenschaft der Universität Freiburg. Herr LEPENIES lehrte 1991/92 auf dem europäischen Lehrstuhl am Collège de France; er ist Ehrendoktor der Pariser Sorbonne und Offizier der Französischen Ehrenlegion. Eine Reihe von hochinteressanten Büchern gehört zu seiner publizistischen Tätigkeit, viele seiner Werke sind ins Englische, Französische, Italienische, Japanische, Portugiesische, Spanische und Schwedische übersetzt worden.

Das Altern unseres Jahrhunderts

Von Wolf Lepenies (Berlin)

Mit 7 Abbildungen

Dank und Einleitung

Zu den Herrschern im Reiche des Geistes, die Jakob BURCKHARDT in seinen *Weltgeschichtlichen Betrachtungen* als die ›gerechten Despoten‹ bezeichnet hat, gehört auch der Präsident der Leopoldina. Für solche ›gerechten Despoten‹, sagt BURCKHARDT, verspüre man ›eine große Zärtlichkeit‹. Man kann ihnen nichts abschlagen. So ging es auch mir, als Herr PARTHIER mich einlud, den Festvortrag bei der letzten – oder ist es die vorletzte? – Jahresversammlung der Leopoldina in diesem Jahrhundert und Jahrtausend zu halten. Ich bedanke mich bei Ihnen, Herr Präsident, für die ehrenvolle Einladung.

Im Programm ist mein Vortrag mit dem Titel »Das *Altern* unseres Jahrhunderts« angekündigt, der Präsident dagegen nennt in seiner Festansprache als Titel »Das *Alter* unseres Jahrhunderts«. Beide Titel stimmen. Ebenso wie Paul BALTES, der in seinem Abschlußvortrag über »Alter und Altern als die unvollendete Architektur der Humanontogenese« sprechen wird, werde auch ich das *Alter* und das *Altern* thematisieren. Ich werde aber nicht nur über unser Jahrhundert, sondern über Jahrhundertenden und Jahrhundertwenden sprechen – in der Hoffnung, daraus Einsichten für unser Saeculum zu gewinnen.

Meine Festansprache steht am Ende einer langen Eröffnungssitzung. Seit ihrem Beginn sind wir alle ein wenig älter geworden. Beruhigend will ich Sie daran erinnern, meine Damen und Herren, daß eine Festansprache so heißt, weil bei ihr die Länge der Ansprache festliegt. Ich spreche 48 Minuten und denke, als letzter Redner, an den Ratschlag Helmuth PLESSNERS: »Man kommt immer noch früh genug zu spät.«

Weltzeit und Lebenszeit: Albrecht Dürer im Jahre 1500

An der Wende zum 16. Jahrhundert, als mit der Entdeckung Amerikas durch KOLUMBUS eine neue Ära beginnt, begibt sich Albrecht DÜRER auf seine Entdeckungsreise, die Wanderschaft nach Straßburg, Basel und Italien. Dabei entsteht das erste moderne Selbstporträt, eine Federzeichnung (Abb. 1), die sich heute in der Universitätsbibliothek in Erlangen befindet. Das Erlanger Porträt hält nicht nur eine Person fest, sondern zugleich einen Augenblick: mit Hilfe eines konvexen Spiegels – plane Spiegel gab es zur damaligen Zeit noch nicht – zeichnet DÜRER sich als einen Zeichnenden, der sieht, wie er sich selber zeichnet.[1] Der Intensität seines Blickes kann man sich nicht entziehen. In dieser Stunde, da DÜRER sich beobachtet und seine Selbstbeobachtung im Bild festhält, erwacht die deutsche Renaissance.[2]

Der kunstgeschichtliche Ort dieser Zeichnung bleibt dennoch unbestimmt. Auf der einen Seite ist das Selbstbildnis DÜRERS als Zeugnis der Selbsterkenntnis ein

---

[1] Ich verdanke die Anregung, diesen Vortrag mit einem Rückblick auf die Porträts Albrecht DÜRERS zu beginnen, der meisterhaften Studie von Joseph Leo KOERNER: The Moment of Self-Portraiture in German Renaissance Art. Chicago und London: The University of Chicago Press 1993. Wenn nicht anders angegeben, folge ich in der Darstellung und Interpretation der Werke DÜRERS den Ausführungen KOERNERS, ohne sie in der Regel im einzelnen nachzuweisen. Den Hinweis auf das Buch KOERNERS gab mir Martin WARNKE, dem ich an dieser Stelle dafür danke.

[2] Diese pathetische, im Betrachter des Dürerschen Porträts dabei unmittelbare Evidenz erzeugende Formulierung stammt von Hugo KEHRER: Dürers Selbstbildnisse und die Dürer-Bildnisse. Berlin: Mann 1934.

Abb. 1 Erlanger Federzeichnung (Universitätsbibliothek Erlangen-Nürnberg, Graphische Sammlung)

Novum und gehört ebenso in die Nähe REMBRANDTS wie es Caspar David FRIEDRICHS Selbstporträt aus dem Jahre 1802 vorausahnt. Möglicherweise hat DÜRER diese Zeichnung aber als eine Handstudie begonnen und erst später daraus ein Selbstbildnis gemacht. Dann würde die Erlanger Federzeichnung weniger in die Zukunft weisen als in die Vergangenheit: wir hätten mit ihr ein Blatt aus jenen Skizzenbüchern vor Augen, in denen die mittelalterlichen Maler auf ihren Reisen alltäg-

Abb. 2 Selbstbildnis von 1484 (Graphische Sammlung Albertina, Wien)

liche Gegenstände festhielten, um sie später – als auffallend realistische Details – in die Darstellung traditionaler Themen, etwa der Geburt Christi oder der Hl. Familie, zu übertragen. Nicht zuletzt die chronologische ›Offenheit‹ des Dürerschen Selbstporträts, die darin zum Ausdruck kommende Anknüpfung an eine Tradition wie die Vorahnung künftiger Entwicklungen, machen seinen Rang und seinen Reiz aus. Wenn wir den jungen DÜRER betrachten, wie er sich am Ende des 15. Jahrhunderts selbst betrachtet, spüren wir: hier fallen auf eine merkwürdige Weise Lebens- und Weltzeit zusammen.³

Im 15. Jahrhundert entsteht die Bildgattung des Porträts.⁴ Porträts werden zuerst in großen europäischen Handelsstädten wie Brügge und Florenz in Auftrag gegeben; sie künden vom selbstbewußten Aufbruch des Individuums in die Welt des Okzidents, der sich zu dieser Zeit vom Orient endgültig löst. Das Porträt ist ein ›westliches‹ und ein neuzeitliches Genre: der Intensität, mit welcher das Quattrocento dem Individuum zeichnend und malend auf die Spur zu kommen sucht, läßt sich selbst in den eindrucksvollsten Charakterköpfen der Antike nichts an die Seite stellen. Die Kunst des Porträts entwickelt sich dabei in Deutschland nicht zur gleichen Zeit wie in Flandern oder in Italien. Erst spät bildet sich in Deutschland eine Gesellschaft heraus, welche die Profilierung des herausragenden Individuums nicht nur toleriert, sondern fördert. Dann begründet der ältere HOLBEIN eine Tradition des Porträts, die der jüngere HOLBEIN sofort auf einen Höhepunkt führt. DÜRER steht in dieser Tradition, beginnend mit der auf das Jahr 1484 zu datierenden Zeichnung (Abb. 2) des dreizehnjährigen Künstlers, eines ›Malerknaben‹, der seine formale Ausbildung noch nicht abgeschlossen hat.

Auf dieser Zeichnung brachte der alte DÜRER vierzig Jahre später, als er sie für die Nachwelt rahmte, die Inschrift an: »Dz hab Ich aus eim spigell nach mir selbst kunterfet im 1484 jar. Do ich noch ein kint was.« Diese ›Kinderzeichnung‹ – nie zuvor hatte ein abendländischer Künstler sich in einem so frühen Alter selbst dargestellt – steht am Anfang einer langen Reihe von Selbstporträts Albrecht DÜRERS. Das eindruckvollste dieser Porträts stammt aus dem Jahre 1500 (Abb. 3).

Das in der Alten Pinakothek in München befindliche Selbstbildnis DÜRERS, das die *vera icon* zitiert, das verkörperte Gesetz der Schönheit, wie es sich traditionell in Christus offenbart, hat im Laufe der Kunstgeschichte selbst den Charakter einer Ikone angenommen. Nicht ohne einen leisen Verdacht der Blasphemie zu wecken, demonstriert es in seiner strengen Symmetrie und mit seinen ausgeklügelten Proportionen die Gottähnlichkeit des außerordentlichen Individuums, den Aufstieg des Renaissance-Malers, der vom Handwerker zum Künstler avanciert.⁵ Zum Zeitpunkt, da er dieses Porträt malt, ist Albrecht DÜRER bereits – nicht zuletzt durch die Holzschnitt-Serie der *Apokalypse*, die er 1496 begonnen und 1498 publiziert hat – zu einem der berühmtesten Künstler seiner Zeit geworden. Während noch ein Jahrhundert zuvor der Künstler seine Autorschaft eher verschämt als stolz in Anspruch nahm, ist dieses Selbstporträt DÜRERS eine einzige Signatur – die Signatur einer Persönlichkeit und zugleich einer Epoche.⁶

---

3 Hans BLUMENBERG: Lebenszeit und Weltzeit. Frankfurt a. M.: Suhrkamp 1986. KOERNERS großes Dürer-Buch vor Augen, bedauert man um so mehr, daß BLUMENBERG die bildende Kunst aus seinen Betrachtungen ausgeschlossen hat.

4 Hier folge ich der Darstellung von Fedja ANZELEWSKY: Albrecht Dürer. Das malerische Werk. Berlin: Deutscher Verlag für Kunstwissenschaft 1971. Vgl. auch Peter STRIEDER: »Die Bedeutung des Porträts bei Albrecht Dürer«. In: Herbert SCHADE (Ed.): Albrecht Dürer. Kunst einer Zeitenwende. S. 84–100. Regensburg: Pustet 1971.

5 Franz WINZINGER hat die ausgeklügelten Proportionsverhältnisse des Dürerschen Selbstporträts minuziös beschrieben und berechnet: Albrecht Dürers Münchener Selbstbildnis. In: Zeitschrift für Kunstwissenschaft *VIII*, S. 43–64 (1954). Er hat auch die Datierung des Bildes in allen seinen Teilen zweifelsfrei für das Jahr 1500 festgeschrieben.

6 In der Darstellung des zeitgeschichtlichen Kontextes, in dem DÜRERS Selbstbildnis gesehen werden muß, folge ich Dieter WUTTKES Aufsatz: Dürer und Celtis: Von der Bedeutung des Jahres 1500 für den deutschen Humanismus: ›Jahrhundertfeier als symbolische Form‹. In: The Journal of Medieval and Renaissance Studies *10*/1, S. 73–129 (1980).

Abb. 3 Selbstbildnis von 1500 (Bayerische Staatsgemäldesammlungen, Alte Pinakothek, München)

Deutlich wird dieser Doppelcharakter des Porträts an seinen Bildinschriften. Ein Vergleich mit dem 1498 entstandenen, im Prado befindlichen Selbstbildnis (Abb. 4) ist dabei aufschlußreich, ohne daß ich dabei auf andere, zeit- wie kunsthistorisch gleichermaßen interessante Differenzen der beiden Porträts eingehen könnte.

»1498 ist die Inschrift als Nebenbei an malerisch passender Stelle unter dem Fenstersims angebracht. Die Schriftart ist die damals geläufige deutsche, gotische Gebrauchsschrift. Allein das Monogramm ist antikisch gestaltet, aber so gehalten, daß es zum

Abb. 4 Selbstbildnis im Prado (*oben*). *Unten*: Detail (Museo Nacional del Prado, Madrid)

Abb. 5 Selbstbildnis von 1500/Detail (*oben*). *Unten links*: Datumsangabe des Münchner Selbstporträts. *Unten rechts*: Inschrift des Selbstporträts von 1500 (Bayerische Staatsgemäldesammlungen, Alte Pinakothek, München)

deutschen Schriftkomplex paßt.«[7] Es wirkt wie die Unterschrift auf einem Brief. Im Nürnberger Dialekt heißt es: »Das malt ich nach meiner gestalt/Ich was sex und zwenczig jor alt.« Hinzu kommen die Unterschrift »Albrecht Dürer« und das Monogramm.

Auf dem Münchener Selbstbildnis (Abb. 5, *oben*) stößt man genau in Augenhöhe auf die beiden Inschriften, die eine herausragende kompositorische Funktion haben: sie betonen die Augenpartie und verstärken den Eindruck strenger Symmetrie, den das Bild ausstrahlt. Die Schriftart ist die lateinische Antiqua, eine Buch- und

---

7 WUTTKE, op. cit., S. 78.

Schönschrift, eine Humanistenschrift, die man damals in Deutschland noch kaum, wohl aber in Italien lernen konnte. Die Bewunderung für die Antike kommt darin zum Ausdruck – und das Bekenntnis zur Renaissance.

Die Sprache der Inschriften ist Latein, nicht metrisch gebunden, aber wohlgesetzt (Abb. 5, *unten rechts*). »Albertus Durerus Noricus/ipsum me propriis sic effingebam coloribus aetatis/anno XXVIII«. Allein über die Wahl des Verbes ›effingere‹ statt des gewohnten ›facere‹ und über die Bedeutung des ›propriis coloribus‹ sind von Kunsthistorikern Bände geschrieben worden. Uns interessiert die Altersangabe: DÜRER, der sich als vollendeten Künstler darstellt, sagt von sich selbst, er stehe im 28. Lebensjahr. Dies aber war kein beliebiges Jahr. Es bezeichnete, der Auffassung der Zeit in Anlehnung an ISIDOR VON SEVILLA entsprechend, die genaue Grenze zwischen Jünglings- und Mannesalter. Nach Fertigstellung des Selbstporträts lebte DÜRER noch weitere 28 Jahre. Er hat dieses Wunder an Symmetrie und Proportion genau in seiner Lebensmitte geschaffen.

DÜRER hat das Selbstbildnis zeitlebens nicht aus dem Haus gegeben, er hat ein weiteres Bild dieser Art nie mehr gemalt und damit die Reihe seiner sogenannten ›autonomen Porträts‹ abgeschlossen. In ihm verknüpft er den Übergang vom Jünglings- ins Erwachsenenalter mit dem Aufbruch in ein neues Jahrhundert. Davon kündet die herausgehobene Datumsangabe (Abb. 5, *unten rechts*), die eine entscheidende Symmetrieachse des Porträts mitbildet. Wie der Bamberger Kunsthistoriker Dieter WUTTKE gezeigt hat, spielt das Jahr 1500 für die Geistespolitik des Nürnberger Humanistenkreises um Conrad CELTIS und PIRCKHEIMER, in dem DÜRER verkehrte, eine entscheidende Rolle.

Das herausragende Datum der Jahrhundertwende wird im Kreis dieser Gelehrten und Künstler genutzt, um den Anspruch des wissenschaftlich und künstlerisch arbeitenden Menschen auf Vollendung in der schöpferischen Selbstdarstellung symbolisch zu überhöhen. Lebenszeit und Weltzeit miteinander verknüpfend, vollendet Albrecht DÜRER sein Porträt, in welchem er in bester Renaissance-Tradition Mikro- und Makrokosmos zur Deckung bringt, in seinem 28. Lebensjahr und an der Jahrhundertwende.

Faszination durch Jahrhundertwenden

Der Faszination durch Jahrhundertwenden kann sich die Menschheit bis heute nicht entziehen. Jahrhundertfeiern verraten das Bedürfnis des Wesens, das um seine Sterblichkeit weiß, dem geschichtlichen Prozeß durch die Wahl von symbolischen Fix- oder Wendepunkten Halt zu geben und Sinn zu verleihen. Diese Faszination aber ist neueren Datums. Das Jahr 1500 beispielsweise wurde keineswegs allgemein als Zeitenwende, als herausgehobener Jahrhundertabschluß und Jahrhundertbeginn, wahrgenommen. Als eindeutige Jahrhundertwende, mit der sich herausgehobene Sinnzuschreibungen verbanden, erschien einem größeren Kreis von Zeitgenossen erstmals das Jahr 1700.[8] Noch das Jahr 1600 wurde lediglich als ein ›Goldenes Jahr‹ oder Jubeljahr bezeichnet, das erstmals 1300 und danach, wie es in einer zeitgenössischen Quelle heißt[9], »alle hundert Jar nach der Geburt des Herrn Christi« gefeiert worden

---

8 Hierzu Johannes BURCKHARDT: Die Entstehung der modernen Jahrhundertrechnung. Ursprung und Ausbildung einer historiographischen Technik von Flacius bis Ranke. Göppingen: Kimmerle 1971.
9 Friedrich FORNER: Vom Ablaß und Jubeljahr. Ingolstadt 1599; bei BURCKHARDT, op. cit., S. 116.

war, nicht aber als bedeutungsschwere Jahrhundertwende. Die Lutheraner traten darüber hinaus in eine Jubiläumskonkurrenz mit der katholischen Kirche, indem sie im Gedenken an den Thesenanschlag LUTHERS das Jahr 1617 und nicht das vom Papst herausgehobene Jahr 1600 als Zeitenwende feierten.

Erst allmählich setzt sich im französischen Sprachgebrauch *siècle* als die präzise Bezeichnung für ein Jahrhundert durch, womit die Lebenszeit von drei Generationen verbunden wird. An der Wende zum 18. Jahrhundert hebt der Streit an, wann ein neues Saeculum nun wirklich beginne. 1699 veröffentlicht dazu der *Mercure Galant*, die populärste französische Zeitschrift der Epoche, einen Artikel »Gefühle beim Nahen des kommenden Jahrhunderts«. Entschieden wird der Streit durch ein Machtwort des Herausgebers: für die Zeitschrift beginnt das 18. Jahrhundert am 1. Januar 1701. Vor 1900 entbrennt dieser Streit erneut, woraufhin der deutsche Kaiser WILHELM I. verfügt, das 19. Jahrhundert ende am 31. Januar 1899 – ein selbstherrliches Dekret, das wiederum den italienischen König UMBERTO zu der ironischen Bemerkung veranlaßt, der chronologische Alleingang des deutschen Monarchen werde hoffentlich nicht den Dreibund aus dem Takt bringen.

In der Moderne üben Jahrhundertwenden einen besonderen Äußerungszwang aus: von Friedrich SCHILLERS Elegie »Der Antritt des neuen Jahrhunderts« bis in unsere Tage und zu dieser Jahresversammlung der Leopoldina. Der säkulare Äußerungszwang steigert sich noch an einer Jahrhundertwende, die zugleich eine Jahrtausendwende darstellt. Unweigerlich kommt es dabei zu apokalyptischen Visionen und Reaktionen: nach Auskunft des sogenannten *Millenial Prophecy Report* gibt es heute alleine in den USA 350 Organisationen, die Millionen ihrer Mitglieder auf den drohenden Weltuntergang des Jahres 2000 vorbereiten.[10] Gegen diese apokalyptischen Erwartungen hilft weder der okzidentkritische Hinweis darauf, daß beispielsweise die Chinesen bereits seit dem 16. Februar 1999 unbehelligt im Jahr des Hasen leben, daß die Juden bereits das Jahr 5760 erreicht haben und die Muslime sich erst im Jahre 1420 befinden, noch die Erinnerung, daß ein gläubiger Christ längst aufatmen kann, weil nach gegenwärtigem Wissensstand Jesus am 30. August des Jahres 2 v. Chr. geboren wurde, mithin die apokalyptische Jahrtausendwende bereits zwei Jahre hinter uns liegt.

Freilich verfängt die Kritik am Eurozentrismus und Christozentrismus der gegenwärtigen Milleniumspanik – einem Weltendespiel, das eindeutig europäischen Regeln folgt[11] – um so weniger, da im Zeitalter des Internet, des Microchips und der weltweiten Computervernetzung sich längst ein ökumenisches Zeitregiment herausgebildet hat, dessen Universalität auf unserem Planeten keine historischen Vorläufer hat. Aus diesem Grund wirkt das sogenannte Jahr-2000-Problem, das die Computerwelt bedroht, in der Tat wie eine millenaristische Vision. Man zögert, der Verkündung dieser präzisen Apokalypse mit herablassendem Spott zu begegnen, und beginnt, Reisen um die Jahreswende abzusagen und sich mit haltbaren Lebensmitteln einzudecken.

---

10 Hierzu Walter LAQUEUR: Fin de Siècle and Other Essays on America & Europe. New Brunswick: Transaction Publishers 1997.

11 Johannes FRIED: Den Drachen und die Schlange greifen. In Erwartung der Apokalypse wurde den Menschen die Weltzeit kostbar: Jetzt mußte das Heil erworben werden. In: Frankfurter Allgemeine Zeitung vom 27. Februar 1999 (Bilder und Zeiten: Das Jahrtausend), S. I–II. Von FRIED stammt die umfassendste, dabei um Ausgewogenheit bemühte Darstellung der Milleniumsproblematik: Endzeiterwartung um die Jahrtausendwende. In: Deutsches Archiv für Erforschung des Mittelalters *45*, S. 381–473 (1989).

Das erste Millenium: Furcht und Fabel

Vor eintausend Jahren durchlebte ganz Europa ein ähnliches Milleniumsfieber. Krieg und Pestilenz herrschten, das Klima schwankte, Teuerungen und Erdbeben erschütterten das Selbstvertrauen der Menschen, Mißernten plagten und Mißgeburten und Meteore erschreckten sie, Christen wurden zu Häretikern, Ungläubige bekehrten sich, Monarchen gingen ins Kloster und Mönche wollten auf den Thron, Blut fiel vom Himmel und Flüsse traten über die Ufer und mit dem Papst, der bezeichnenderweise SYLVESTER hieß, erwarteten Tausende in Rom am 31. Dezember 999 das Ende der Welt. Oder? Nicht zuletzt auf Jules MICHELET, vielleicht den phantasievollsten aller modernen Historiker, gehen die Erzählungen der Schrecken zurück, die Europa angeblich vor eintausend Jahren heimsuchten. Angeblich, denn auch hier scheint die Phantasie mit MICHELET durchgegangen zu sein; den Großteil der millenaristischen Schreckenserzählungen dürfen wir ins Reich der Fabel verweisen. Dem Datum 1000 n. Chr. aber hat auch dieser trockene Revisionismus nichts von seiner Faszination genommen.

Vermutlich liegt die Wahrheit, was die Stimmungslage der Menschen um die erste Jahrtausendwende angeht, in der Mitte zwischen der düsteren Apokalyptik, die MICHELET beschwört, und der Herablassung, mit der wir heute die Schreckenserzählungen vom ersten Jahrtausend als spätromantische Fabeln abtun.[12] Für die Menschen sind Jahrhundert- und erst recht Jahrtausendwenden stets psychologische Barriere und Hoffnungsschwelle zugleich. Es mag stimmen, daß beispielsweise die Menschen, die zur Zeit lebten, als das Römische Reich unterging, sich der Dramatik der Zeitenwende nicht bewußt waren, weil diese Dramatik sich erst im Rückblick und in der historischen Vogelschau herstellt. Aber ebenso gibt es Beispiele für ein unmittelbares Miterleben und Miterleiden historischer Umbrüche, denen sich auch der Einzelne, selbst wenn er es wollte, gar nicht entziehen kann. Wenn es im übrigen einen überzeugenden Beleg für die weitverbreitete Angst der Christen *vor* dem Jahre 1000 gibt, so ist es eine uns heute noch anrührende Beobachtung, die der Cluniazenser-Mönch Radulf GLABER aus Auxerre drei Jahre *nach* der Jahrtausendwende macht: wie zur Dankesfeier habe sich auf einmal, schreibt er voller Ergriffenheit, die Erde mit einem weißen Kleid voller neugestifteter Kirchen bedeckt ...[13]

Was die Zeit der ersten Jahrtausendwende angeht, muß man sich, wie Johannes FRIED es vorgeschlagen und vorgemacht hat, vor Verallgemeinerungen hüten und stattdessen die Räume und Kommunikationsgemeinschaften herausfinden, in denen eine erhöhte Bereitschaft zu Endzeitreflexionen herrschte.[14] Doch wird man sagen können, daß das Milleniumsfieber des Jahres 1000 sich für alle Christen aus einer erregten Erwartung herleitete, die ihren Ursprung in der Johannes-Offenbarung hatte. Dort wird der Satan durch einen Engel zunächst für tausend Jahre gebunden, um dann, von seinen Fesseln befreit, die Welt für kurze dreieinhalb Jahre seinem Schreckensregiment zu unterwerfen, bevor Gottes Erlösung endgültig naht. »Es wird keine Zeit mehr sein«, sagt dazu die Offenbarung (10,6). Stets versuchten Christen, den präzisen *Zeitraum* des Milleniums in einer Mischung aus Angst und Hoffnung auf einen ebenso bestimmten *Zeitpunkt* seines Eintretens zu beziehen, den

---

12 Vgl. dazu Felix DAHNS Roman: Weltuntergang. Geschichtliche Erzählung aus dem Jahre 1000 n. Chr. Leipzig: Breitkopf & Härtel o. J.
13 FOCILLON, Henri: L'An Mil. Paris: Armand Colin 1952, S. 40.
14 FRIED, op. cit., S. 471.

die Apokalypse des *Johannes* im Dunkeln gelassen hatte. »Sunt omnia confusa«, heißt es dazu in zeitgenössischen Quellen zur Zeit der ersten Jahrtausendwende, oder: »Omnia permixta sunt.«[15] Wie zur Kompensation für die Unschärfe der Offenbarungs-Chronologie fühlen sich die Gläubigen zu Überpräzisionen im mythischen Rückblick wie in der eschatologischen Vorausschau veranlaßt, die sie beispielsweise behaupten läßt, am 18. Februar 2305 v. Chr. sei es gewesen, als *Noah* eine Taube aus der Arche gesandt habe, oder die Welt werde, so NIKOLAUS VON CUES, im Dezember des Jahres 1737 untergehen.[16]

Diese Unbestimmtheit und Unsicherheit zwangen den Christen, jederzeit der Ankunft des Milleniums gewärtig zu sein: »Seid wachsam, denn ihr wißt nicht, an welchem Tag euer Herr kommt«, heißt es in *Matthäus* 24,42. Gleichzeitig konnten Menschen dem Drang nicht widerstehen, in ihrem eigenen Jahrhundert nach Anzeichen für die Heraufkunft des Milleniums und des danach drohenden Weltendes mit abschließender Welterlösung zu suchen. Deutlichstes Zeichen für die endgültige ›corruptio mundi‹ war das Altern der ›greisenhaften Welt‹. ›Mundus senescit‹, notierten die Annalisten der Merowingerzeit. Die Welt war alt geworden. Ihr Ende nahte – so wie das Ende des Menschen naht, wenn er ein bestimmtes Alter erreicht hat.[17] Die Metapher vom Altern der Welt ist mehr als eine Redewendung: sie ist ein Merkzeichen, mit dem der Mensch sich Rechenschaft zu geben versucht, an welchem Punkt der Geschichte er sich befindet und was das Erreichen dieses Geschichtspunktes für sein eigenes Schicksal besagt.

Weltzeit und Lebenszeit

Vom Alter und daher auch vom Altern eines Jahrhunderts kann erst die Rede sein, als unter Saeculum oder *siècle* das chronologisch präzise Maß einer Zeitspanne von 100 Jahren verstanden wird; für den Begriff *century* beispielsweise gilt, dem *Oxford English Dictionary* folgend, eine entsprechende Bedeutung erst seit der Mitte des siebzehnten Jahrhunderts. Doch führt die Präzisierung des *Jahrhundertbegriffs* eigentümlicherweise dazu, daß nunmehr ein konkretes *Jahrhundert* älter oder weniger alt werden kann als einhundert Jahre. Verantwortlich dafür sind vielfältige Versuche, Weltzeit und individuelle Lebenszeiten miteinander zu verknüpfen. In seinem *Voltaire* (1870) beispielsweise stellt David Friedrich STRAUSS apodiktisch fest, das achtzehnte Jahrhundert schließe mit den siebziger Jahren ab – weil er das *dix-huitième* mit der Lebensgeschichte VOLTAIRES engführen will, der 1778 stirbt.[18] Verbreitet ist die Annahme, das achtzehnte Jahrhundert habe 1789 geendet, während andere Autoren es bis 1815, d.h. bis zur Schlacht bei Waterloo ›weiterleben‹ lassen wollen.[19] Daß Ludwig BÜCHNER seinen 1898 publizierten »Blicke[n] eines freien Denkers aus

---

15 FRIED, op. cit., S. 413, 445.
16 Dazu Henri BRÉMOND: Histoire littéraire du sentiment religieux en France X, 1930; hier zitiert nach Paul HAZARD: Die Krise des europäischen Geistes. Hamburg: Hoffmann und Campe 1939, S. 67; sowie Lucian HÖLSCHER: Weltgericht oder Revolution. Protestantische und sozialistische Zukunftsvorstellungen im deutschen Kaiserreich. Stuttgart: Klett-Cotta 1989.
17 Vgl. Henri FOCILLON: L'An Mil. Paris: Armand Colin 1952.
18 David Friedrich STRAUSS: Voltaire. Sechs Vorträge. Leipzig: Alfred Kröner o. J., S. 10–11.
19 John LUKACS: Die Geschichte geht weiter. Das Ende des zwanzigsten Jahrhunderts und die Wiederkehr des Nationalismus. München, Leipzig: List 1992, S. 11. Bei LUKACS finden sich noch weitere Jahrhundertzuschreibungen, die ähnlich apodiktischen Charakter haben wie bei David Friedrich STRAUSS.

der Zeit in die Zeit« den Titel gibt *Am Sterbelager des Jahrhunderts* ist trivial, nicht trivial ist es dagegen, wenn Robert MUSIL von der »heute verschollenen Zeit kurz nach der ersten Jahrhundertwende« spricht, »als viele Leute sich einbildeten, daß auch das Jahrhundert jung sei«.[20]

Rückbeziehungen der Welt- auf die Lebenszeit und umgekehrt zeigen, wie unausweichlich für den Menschen in seinem Umgang mit Geschichte und Natur das anthropomorphe Denken ist. Versuchen wir, Jahrhunderten und Epochen eine Identität zuzuschreiben, so verleihen wir ihnen unwillkürlich eine Art von Physiognomie, die uns ihr Alter wie ihr Altern, besser als Jahresangaben es vermöchte, anschaulich macht. Weltzeit und Lebenszeit miteinander zu verknüpfen, die »Geschichtszeit als Lebensgang«[21] zu verstehen, ist der Versuch, Anschaulichkeit durch Vermenschlichung zu gewinnen. Die auf diese Weise gewonnene Anschaulichkeit ist freilich alles andere als eindeutig, sondern stets auf verschiedene Weise auslegbar.

PASCAL hatte die Folge der Generationen, die die Humangeschichte bilden, mit einem einzigen Menschen verglichen, der immer existiert und fortwährend lernt. 1688 hatte FONTENELLE in seiner *Digression sur les Anciens et les Modernes* dieses Gleichnis noch fortgesponnen, um ihm dreißig Jahre später in seinem Fragment »Über die Geschichte« entschieden zu widersprechen: »Ein Mensch, der nicht erst zu sterben brauchte, um unsterblich zu sein, dessen Organe nicht alterten oder sonst in Verfall gerieten, also der vollen Erlebnisfähigkeit teilhaftig blieben, würde dennoch in einem metaphorischen Sinne altern; die Erfahrungen, die er zu machen hätte, ließen ihn nicht sicherer in seiner Lebensauffassung und -führung werden, sondern mißtrauischer, furchtsamer, weniger empfänglich für Freundschaft. Anders ausgedrückt: Er lernt zu viel aus der Erfahrung, gewinnt zu wenig durch Vergessen.«[22]

Es war der alte FONTENELLE, – das Saeculum in einer Person, denn er wurde fast einhundert Jahre alt – der an der metaphorischen Gleichsetzung von Weltzeit und Lebenswelt zweifelte. Die individuelle Altersskepsis verband sich dabei mit einer geschichtsphilosophischen Resignation, die der deutsche Übersetzer FONTENELLES, GOTTSCHED, noch verstärkte, als er nicht nur vom Altern, sondern von der Vergreisung und damit von der drohenden Infantilisierung der Welt sprach: »Wer weiß aber, ob die Welt nicht wieder einmal ganz barbarisch werden, oder, daß ich gleichnisweise rede, in die Kindheit verfallen wird. Da solches in Europa fast tausend Jahre lang geschehen ist, so machet es mich furchtsam, es könne wohl wieder einmal geschehen und vielleicht noch länger dauern.«[23]

In der Resignation FONTENELLES wie in der Befürchtung GOTTSCHEDS wird deutlich, daß Alterszuschreibungen für Epochen ebensowenig unschuldig sind wie für Individuen. Nicht zuletzt gilt dies, heutzutage und inmitten eines neuen Balkankrieges von besonderer Aktualität, für einen Ausdruck wie *Fin de Siècle*. Schon in der Epoche seiner Entstehung, in einer Zeit des ausgeprägten Stimmungspluralismus, han-

---

20 Robert Musil: Der Mann ohne Eigenschaften. Ed. Adolf FRISÉ. Hamburg: Rowohlt 1970, S. 54.
21 BLUMENBERG, op. cit., S. 142, 143. Auch das Folgende nach BLUMENBERG.
22 »Quand un homme ne devrait point mourir, quand son corps ne s'affaiblirait en aucune manière, il vieillerait cependant à de certains égards; il deviendrait plus timide, plus défiant, moins sensible à l'amitié, et cela par les seuls effets de l'expérience.« FONTENELLE: Sur l'Histoire. In: Oeuvres complètes. Paris 1818, ed. G.-B. DEPPING, Tome II. Genève: Slatkine Reprints 1968, S. 435. Die deutsche Zusammenfassung nach BLUMENBERG, op. cit., S. 211. Auf die Bedeutung der Verknüpfung von Lebenszeit und Weltzeit innerhalb der ›Querelle des Anciens et des Modernes‹ konnte ich in einem Vortrag nicht eingehen. Vgl.: Parallèle des Anciens et des Modernes en ce qui regarde les Arts et les Sciences, par. M. PERRAULT de l'Académie française. Mit einer einleitenden Abhandlung von H. R. JAUSS und kunstgeschichtlichen Exkursen von M. IMDAHL. München: Eidos 1964.
23 BLUMENBERG, op. cit., S. 212.

delte es sich um eine Art von chronologischem Kampfbegriff, dessen sich die ideologischen Lager bedienten, um mit ihrer Zeitpolitik die Politik ihrer Zeit zu beeinflussen.

Wie alt und wie weise ist unser Jahrhundert?

Die Idee, über das Alter unseres Jahrhunderts nachzudenken, entstand bei der Lektüre von Eric HOBSBAWMS Meisterwerk *Age of Extremes*, das den Untertitel trägt »The Short Twentieth Century. 1914–1991«. Mitte der achtziger Jahre hatte HOBSBAWM seine Trilogie des ›langen 19. Jahrhunderts‹ publiziert, das für ihn mit der Französischen Revolution begann und mit dem Ausbruch des Ersten Weltkriegs endete, also 125 Jahre alt wurde – in der Tat ein langes Jahrhundert, verglichen mit den gerade einmal 77 Jahren, die HOBSBAWM nunmehr, Ende der neunziger Jahre, unserem eigenen Jahrhundert zuteilt. Natürlich geht es dabei um mehr als um Jahreszahlen: diesen Alterszuschreibungen liegen handfeste normative Vorannahmen zugrunde. Die Kehrseite der Chronologie ist die Ideologie.

Am Ende seines Buches schreibt Eric HOBSBAWM: »Die Zukunft kann keine bloße Fortsetzung der Vergangenheit sein, und es gibt Anzeichen dafür, [...] daß wir einen Augenblick historischer Krise erreicht haben. Die Kräfte, die durch eine auf dem wissenschaftlich-technischen Fortschritt beruhende Wirtschaft erzeugt wurden, sind jetzt stark genug, um die Umwelt, d. h. die materiellen Grundlagen menschlichen Lebens zu zerstören. Die Strukturen menschlicher Gesellschaften, darunter die Grundlagen der kapitalistischen Wirtschaft, beginnen durch die Erosion dessen zerstört zu werden, was wir von unserer menschlichen Vergangenheit ererbt haben. Unsere Welt steht vor den Gefahren einer Explosion und Implosion zugleich. Sie muß sich wandeln. [...] Der Preis für unseren Mißerfolg, d. h. die Alternative zu einer geänderten Gesellschaft, ist Dunkelheit.«[24]

Die Perspektive des ›kurzen‹ zwanzigsten Jahrhunderts kann aber auch zu einer anderen, weitaus positiveren Konsequenz in der Einschätzung unserer Gegenwart und unserer Zukunftschancen führen. Amartya SEN, der diesjährige Nobelpreisträger für Ökonomie, hat ein erstaunlich optimistisches Resümee des 20. Jahrhunderts gezogen, als er in einer vor kurzem in Indien gehaltenen Rede die Behauptung aufstellte, mit dem Streben nach Demokratie habe die Menschheit ihr universales Ideal gefunden. Natürlich sei die Demokratie noch längst nicht überall auf der Welt verwirklicht, aber im Prinzip werde sie nach dem Fall des Kommunismus überall auf der Welt erstrebt. Damit wäre, was die Wertproblematik angeht, die Humanevolution an ihr Ende gekommen.[25]

Diesem politischen Optimismus eines Ökonomen läßt sich wiederum ein ausgesprochen pessimistisches ökonomisches Szenario gegenüberstellen, wenn man unser Jahrhundert als ein ›langes Jahrhundert‹ beschreibt, das mit der großen Depression der siebziger Jahre des 19. Jahrhunderts beginnt und über die dreißigjährige ökonomische Krise von 1914–1945 sowie den Ölschock der siebziger Jahre unseres Jahrhunderts bis zur Beschäftigungskrise der Gegenwart reicht, für die Lösungsmöglich-

---

24 Eric HOBSBAWM: Age of Extremes. The Short Twentieth Century 1914–1991 [1994]. London: Abacus 1998.
25 Amartya SEN: Democracy as a Universal Value. Keynote Address at the Global Conference on Democracy, New Delhi, 14–17 Februar 1999. Ms. SEN wird diese Überlegungen in seinem Buch *Development as Freedom* weiterentwickeln, das im September 1999 bei Knopf (New York) erscheint.

keiten noch nicht abzusehen sind.[26] Dieses Szenario wurde in seinen Grundzügen bereits von Joseph SCHUMPETER und Karl POLANYI entwickelt, die in den vierziger Jahren voraussagten, der Kapitalismus, ›big business capitalism‹, unterminiere die gesellschaftlichen Institutionen, die ihn hervorgebracht hätten und produziere letztlich die Rahmenbedingungen, unter denen er nicht weiter existieren könne.[27] Der Kapitalismus sei dabei, das systemische Chaos zu reproduzieren, aus dessen Überwindung er vor Jahrhunderten einst hervorgegangen sei. Im Blick auf dieses ›lange‹ zwanzigste Jahrhundert stellt sich die weltweit wachsende Ungleichheit als das Kernproblem unserer Zeit dar. Der Mißerfolg von Industrialisierungsprozessen und die uneingelösten Modernitätsversprechen in den meisten Ländern der Peripherie haben deutlich gemacht, daß der Traum, oligarchischen Reichtum in demokratischen Reichtum zu überführen, d. h. einen Reichtum, den prinzipiell jeder erwirtschaften kann, weltweit ausgeträumt ist.[28] Der Fall des Kommunismus wird daran auf lange Zeit, wie zu befürchten steht, nichts ändern.

So wird die Wahl, entweder vom ›kurzen‹ oder vom ›langen‹ zwanzigsten Jahrhundert zu sprechen, entscheidend davon beeinflußt, ob man in der Perspektive der politischen Ereignisgeschichte oder der ökonomischen Strukturgeschichte argumentiert. Eine ähnliche Debatte wird über das ›Alter‹ des 19. Jahrhunderts geführt, das bereits 1900 oder erst 1914 oder 1918 endet, je nachdem, ob man ökonomischen und sozialgeschichtlichen Langzeitprozessen oder den kurzen Fristen der Politik den Vorrang in der Geschichtsbetrachtung einräumt.[29] Heute spitzen sich derartige ›Alterszuschreibungen‹ auf die Frage zu, ob man glaubt, die *Freiheitsgewinne*, die am Ende unseres Jahrhunderts zweifellos zu erkennen sind, mit den ebenso unbezweifelbaren *Gleichheitsverlusten* verrechnen zu können.

Das hohe Alter der Menschheit und das Ende der Geschichte

Neben Samuel HUNTINGTONS *Clash of Civilizations* hat kein anderes Buch die geschichtsphilosophischen Auseinandersetzungen der postkommunistischen Zeit so geprägt wie Francis FUKUYAMAS Essay *Das Ende der Geschichte*.[30] FUKUYAMA vermutet in der liberalen Demokratie den Endpunkt der ideologischen Evolution der Menschheit. In der liberalen Demokratie ist das Streben nach Anerkennung – für HEGEL das treibende Motiv der Menschheitsgeschichte – dem Prinzip nach verwirklicht.

---

26 Giovanni ARRIGHI: The Long Twentieth Century. Money, Power, and the Origins of our Times. London, New York: Verso 1994. Betont werden muß, daß HOBSBAWM und ARRIGHI bei unterschiedlichen ›Alterszuschreibungen‹ zu ähnlichen Schlußfolgerungen kommen, was die Chancen und Gefahren unserer politischen und ökonomischen Gegenwart und Zukunft angeht. ARRIGHIS Überlegungen sind entscheidend von BRAUDELS Perspektive der ›longue durée‹ beeinflußt.

27 Joseph SCHUMPETER: Capitalism, Socialism, and Democracy. New York: Harper & Brothers 1942; Karl POLANYI: The Great Transformation [1944]. Boston: Beacon Press 1965.

28 Vgl. Giovanni ARRIGHI: »World Income Inequalities and the Future of Socialism«, in: New Left Review *189*, S. 39–65 (1991).

29 Dazu informativ Paul NOLTE: 1900: Das Ende des 19. und der Beginn des 20. Jahrhunderts in sozialgeschichtlicher Perspektive. In: Geschichte in Wissenschaft und Unterricht *47*, Heft 5/6, S. 281–301 (1996). Vgl. auch Franz HERRE: Jahrhundertwende 1900. Untergangsstimmung und Fortschrittsglauben. Stuttgart: Deutsche Verlags-Anstalt 1998.

30 Francis FUKUYAMA: Das Ende der Geschichte. Wo stehen wir? München: Kindler 1992. Aus Zeitgründen konnte ich im Rahmen dieses Vortrags auf die für die Alters- und Alternsproblematik einschlägige Diskussion zum ›posthistoire‹ nicht eingehen. Am besten dazu, nicht zuletzt wegen der fairen und ausgewogenen Darstellung abweichender Standpunkte, Perry ANDERSON: Zum Ende der Geschichte. Berlin: Rotbuch Verlag 1993.

Daher rührt die Berechtigung, vom Ende der Geschichte zu sprechen. Mit der liberalen Demokratie ist die endgültige menschliche Regierungsform gefunden. In ihren konkreten Ausprägungen bleibt sie stets verbesserungswürdig, als Ideal aber ist sie nicht mehr verbesserungsfähig.

FUKUYAMA gibt dem zweiten, dem zentralen Teil seines Essays die Überschrift »Das hohe Alter der Menschheit«. Er nutzt darin den seit der Renaissance gebräuchlichen, von PASCAL eindringlich formulierten, in der *Querelle des Anciens et des Modernes* oft genutzten metaphorischen Zusammenhang von Lebens- und Weltzeit zur Stützung seiner These vom Ende der Geschichte. Die Menschheit in ihrem gegenwärtigen Stadium ähnelt einem Menschen, der alle ihm nur möglichen Erfahrungen gemacht hat und der dadurch weise geworden ist. FUKUYAMA zitiert – ich habe auf diesen Schlüsseltext bereits hingewiesen – FONTENELLES *Digression* aus dem Jahre 1688: »Ein wohlgebildeter Verstand enthält sozusagen alle Geister der vorhergegangenen Jahrhunderte; er ist einem einzigen identischen Verstand vergleichbar, der sich die ganze Zeit über entwickelt und verbessert hat... Leider muß ich jedoch gestehen, daß der fragliche Mann kein Greisenalter haben wird; er wird immer gleichermaßen diejenigen Dinge beherrschen, die zu seiner Jugend passen, und er wird immer besser beherrschen, was zu seinen Mannesjahren gehört; das heißt, um die Allegorie hier zu verlassen, der Mensch wird niemals degenerieren, und dem Wachstum und der Entwicklung des menschlichen Wissens sind keine Grenzen gesetzt.«[31]

FUKUYAMA aber unterschlägt oder vergißt oder weiß nicht, daß FONTENELLE dreißig Jahre später in seinem Geschichts-Fragment die Akkumulation der Erfahrung im hohen Alter – sowohl, was die Humanontogenese, als auch was die Entwicklung der menschlichen Gattung betrifft – weitaus skeptischer beurteilt und die Möglichkeit einer Degeneration des Menschengeschlechts keineswegs mehr ausgeschlossen hat. In einem Kapitel mit der Überschrift »Das hohe Alter der Menschheit«, das die Legitimation seiner Argumente nicht zuletzt auf die Parallelführung der Menschheitsentwicklung mit dem individuellen Alternsprozeß stützt, beruft sich FUKUYAMA auf den 31jährigen FONTENELLE und würdigt den 63jährigen FONTENELLE keines Wortes und keines Blicks.

FUKUYAMAS Verklärung unseres alten Jahrhunderts erinnert an eine Episode in den Kindheitserinnerungen Arnold TOYNBEES, der 1897 das diamantene Kronjubiläum der sechzigjährigen Queen VICTORIA miterlebte: »Ich erinnere mich nur zu gut an die damals herrschende Atmosphäre«, schreibt TOYNBEE. »Sie bedeutete: Hier sind wir nun auf dem Gipfel der menschlichen Entwicklung und hier werden wir auf ewig bleiben. Natürlich gibt es immer noch so etwas, was man Geschichte nennt, doch die Geschichte ist eine unangenehme Sache, die nur anderen Völkern zustößt.« Drei Jahre später erschien die *New York Times* zum Jahrhundertwechsel mit der Schlagzeile: »Twentieth Century: Triumphant Entry«. FUKUYAMAS so einflußreiche, vom amerikanischen *State Department* begrüßte und außenpolitisch genutzte Beschwörung vom Ende und Höhepunkt der Geschichte in der Gegenwart, am Ende unseres alten Jahrhunderts, paßt in diese Jubel- und Jubiläumsatmosphäre. Es ist, als sei die ›Belle

---

31 »Un bon esprit cultivé est, pour ainsi dire, composé de tous les esprits des siècles précédens; ce n'est qu'un même esprit qui s'est cultivé pendant tout ce temps-là ... mais je suis obligé d'avouer que cet homme-là n'aura point de vieillesse; il sera toujours également capable des choses auxquelles sa jeunesse était propre, et il le sera toujours de plus en plus de celles qui conviennent à l'âge de virilité; c'est-à-dire, pour quitter l'allégorie, que les hommes ne dégéneront jamais, et que les vues saines de tous les bons esprits qui se succéderont, s'ajouteront toujours les unes aux autres.« FONTENELLE, »Digression sur les Anciens et les Modernes«; Oeuvres complètes, op. cit., S. 362. Der deutsche Text nach FUKUYAMA, op. cit., S. 95–96.

Epoque‹ wiedergekehrt. FUKUYAMAS schmetternde Coda zu dem Triumphmarsch, mit dem unser Jahrhundert einsetzt, versucht uns vergessen zu lassen, daß aus dem Triumph der letzten Jahrhundertwende nur vierzehn Jahre später ein Trauermarsch wurde, der dieses Jahrhundert prägen sollte und dessen Echo noch lange nicht verhallt ist. Das Märchen vom Ende der Geschichte spricht der Menschheit am Ende unseres alten Jahrhunderts Weisheit zu, ohne zu bedenken, daß zur Weisheit auch die Bescheidenheit gehört.

Bescheidenheit im hohen Alter

Am Ende kehre ich noch einmal an den Anfang, zu Albrecht DÜRER zurück.[32] In vielerlei Hinsicht ist sein Werk – darin seiner Zeit ganz und gar verhaftet – ein eindringliches *Memento mori*. Zugleich sind viele seiner Werke, weniger dramatisch, aber nicht weniger eindringlich, eine Art von *Memento aetatis*, eine Aufforderung an den Menschen eines bestimmten Alters, sich an andere Altersstufen zu erinnern oder ihr unabänderliches Nahen zu bedenken. So wirkt das frühkindliche Selbstbildnis (Abb. 6, *links*) noch eindrucksvoller, wenn man ihm das Porträt von DÜRERS Vater (Abb. 6, *rechts*) gegenüberstellt.

Die Ähnlichkeiten im Bildaufbau und im Gestus des jeweils Porträtierten sind auffallend, und das Altersbewußtsein, das beiden Silberstiftzeichnungen eigentümlich ist, wird noch durch die Tatsache verstärkt, daß beide Zeichnungen im gleichen Jahr, 1484, entstanden sind und wir überdies nicht wissen, ob es sich bei dem Bildnis des älteren DÜRER um ein Selbstbildnis des Vaters oder um ein Porträt handelt, das der Sohn von ihm angefertigt hat.

Sehen wir uns noch einmal die Erlanger Federzeichnung aus dem Jahre 1491 an (Abb. 7, *links*) und drehen das Blatt um, so finden wir auf seiner Rückseite (Abb. 7, *rechts*) das Bild der Heiligen Familie mit der in der ikonographischen Tradition üblichen Darstellung Josephs als eines ausgesprochen alten Mannes.

Auf der Rückseite des Erlanger Jugendporträts wirkt diese Betonung des hohen Alters freilich besonders auffallend.

Das reflexive Altersbewußtsein, das in DÜRERS Kunst zum Ausdruck kommt, ließe sich an einzelnen Etappen der europäischen Kunst- und Geistesgeschichte bis in die Gegenwart verfolgen. Unter den Aufklärern zeichnet sich dabei insbesondere CONDORCET durch seinen Altersoptimismus aus. Im *Entwurf einer historischen Darstellung der Fortschritte des menschlichen Geistes* führen ihn die Fortschritte der vorbeugenden Medizin zu der rhetorischen Frage: »Würde es nach alledem widersinnig sein vorauszusetzen, daß die Vervollkommnung des Menschengeschlechts eines unbegrenzten Fortschritts fähig ist; daß eine Zeit kommen muß, da der Tod nunmehr die Wirkung außergewöhnlicher Umstände oder des immer langsameren Abbaus der Lebenskräfte sein wird; [oder wäre es widersinnig,] vorauszusetzen [...], daß die mittlere Dauer der Zeit von der Geburt bis hin zu diesem Abbau keiner bestimmbaren Grenze unterliegen wird? Ohne Zweifel wird der Mensch nicht unsterblich werden; aber kann nicht der Abstand zwischen dem Augenblick, in dem er zu leben beginnt, und der Zeit sich unablässig vergrößern, da sich bei ihm von Natur aus, ohne daß er

---

[32] Auch die folgenden Hinweise auf die Bild-Verknüpfungen bei DÜRER entnehme ich dem Buch von Joseph KOERNER.

Abb. 6 *Links*: Dürers Selbstbildnis aus der Albertina. *Rechts*: Porträt Dürers des Älteren (Ausschnitt) (Graphische Sammlung Albertina, Wien)

Abb. 7 *Links*: Erlanger Federzeichnung. *Rechts*: Erlanger Hl. Familie (Universitätsbibliothek Erlangen-Nürnberg, Graphische Sammlung)

krank wäre oder einen Unfall erlitten hätte, die *Schwierigkeit zu sein* bemerkbar macht?«[33]

Im Text CONDORCETS ist die eigentümliche Wendung, in welcher die realistische Vorwegnahme einer erheblichen Ausdehnung der menschlichen Lebenszeit und letztlich doch die utopische Hoffnung auf ein allmähliches Absterben des Todes zum Ausdruck kommen, kursiv gesetzt: die *Schwierigkeit, zu sein.* Handelt es sich dabei um ein Zitat? Möglich wäre es, denn bei FONTENELLE findet sich kurz vor seinem Tod wortwörtlich die gleiche, bei ihm eher stoisch anmutende Wendung: »Je ne sens autre chose qu'une difficulté d'être.«[34]

FONTENELLE nahm seine 1697 ausgesprochene Berufung zum *secrétaire perpétuel*, zum ›Ewigen Sekretär‹ der Akademie ernst und sah darin eine persönliche Verpflichtung: Er wurde 99 Jahre und 332 Tage alt. Sein Verhältnis zum hohen Alter war von skeptischer Bescheidenheit und leiser Dankbarkeit geprägt, die auch uns – Davongekommene alle miteinander – am Ende diesen langen und kurzen, dieses Frieden ersehnenden und immer noch Kriege führenden Jahrhunderts wohl anstünde.

Eines späten Abends saßen, vertieft in ihre Lektüre, der 95jährige FONTENELLE und eine mit ihm in allen Ehren befreundete 90jährige Marquise allein in der Bibliothek. Nichts war zu hören als das leise Knistern der Seiten, die von den beiden Alten umgeblättert wurden. Plötzlich hielt, aufgeschreckt durch die Stille, die Marquise in ihrer Lektüre inne und fragte ihren Nachbarn: »Monsieur de Fontenelle, was glauben Sie? Hat der liebe Gott uns vergessen?« FONTENELLE sah sich vorsichtig um und antwortete: »Pssst!«

    Prof. Dr. Wolf LEPENIES
    Wissenschaftskolleg zu Berlin
    Wallotstraße 19
    14193 Berlin
    Bundesrepublik Deutschland

---

[33] CONDORCET: Entwurf einer historischen Darstellung der Fortschritte des menschlichen Geistes. Ed. Wilhelm ALFF, Frankfurt a. M.: Suhrkamp 1976, S. 219–220.
[34] BLUMENBERG, op. cit., S. 208.

2. Wissenschaftliche Vorträge
Computertechnik und Teilchenphysik

Einführung und Moderation Werner Martienssen (Frankfurt/Main), Mitglied der Akademie:

Der erste Vormittag unserer fachwissenschaftlichen Tagung ist traditionsgemäß Themen aus der Mathematik, der Informatik, der Physik bzw. der Technikwissenschaft gewidmet. Was können diese Themen zum Problem Altern und Lebenszeit sagen? In der Natur – und ganz gewiß auch in der unbelebten Natur – gibt es ein riesiges Spektrum an Phänomenen der Lebenszeiten, obwohl das wörtlich genommen ein Widerspruch in sich ist. Altern ist vielleicht doch mehr ein menschlich gesehenes Problem. Die Frage, ob die Natur eigentliches Altern kennt, ob die unbelebte Natur Altern kennt, ist schwieriger. Unser Universum ist schon sehr alt. Ob es altert, darüber werden wir heute nachmittag von Herrn TAMMANN vieles erfahren. In jedem Fall, wie Herr TAMMANN es formuliert hat, entwickelt es sich. So wird die Natur mit dem Altern fertig. Entwickeln, Dynamik zeigen, Strukturen ausbilden, dies ist etwas, was im Elementaren nur in begrenztem Maße möglich ist. Ein Lichtteilchen, das von einem fernen Objekt am Himmel ausgesandt wird, durchläuft vielleicht über Jahrmilliarden hinweg den Weltraum, wird möglicherweise von einem Teleskop auf der Erde eingefangen und dann im Detektor vernichtet. Es ist im Augenblick der Vernichtung so jung, wie es im Augenblick der Erzeugung war, obwohl Jahrmilliarden dazwischen liegen. Allerdings kommen im Elementaren dafür andere Probleme hinzu: Weil wir dem Lichtteilchen keine Identitätskarte um den Hals hängen können, sind wir nicht ganz sicher, ob das Individuum, was wir zu einer Zeit am Detektor wahrnehmen, noch dasselbe Individuum ist, das vor Jahrmilliarden am Sender emittiert worden ist. Aus physikalischer Sicht gibt es jedenfalls viele verschiedene Gesichtspunkte, wie man an Altern und Lebenszeit herangehen kann. Die Technik hat einen ganz anderen Weg. Sie sagt, wenn schon die Lebenszeit für uns begrenzt ist und wenn schon das Altern für uns unausweichlich ist, dann machen wir doch das Leben effizienter, bemühen wir uns, auf kleinerem Raum schneller zu werden, in weniger Zeit, mit weniger Energieverschleiß noch viel mehr umzusetzen, noch mehr Leistung zu zeigen, – bemühen wir uns also, das Leben effizienter zu machen, mehr aus der Spanne des Lebens herauszuholen. Das ist die Antwort, die die Technik uns auf die Frage des Alterns und der Lebenszeit gibt.

Herr KORTE beschäftigt sich in seinem Vortrag mit Optimierungsfragen der kombinatorischen Mathematik. Mit ihrer Hilfe gelingt es beispielsweise, die Schaltungen auf einem Chip mit fünfzehn Millionen Transistoren auf einer Fläche von der Größe eines Daumennagels effizienter zu gestalten, um schneller Informationen verarbeiten zu können. Herr KORTE hat Mathematik, Physik, Chemie und Wirtschaftswissenschaften studiert. Diese Kombination ist symptomatisch für seinen wissenschaftlichen Lebenslauf. In der Mathematik hat Herr KORTE das Denken gelernt, in der Physik und Chemie hat er die Realität erforscht und in den Wirtschaftswissenschaften hat er gelernt, die Erkenntnisse zu verwerten.

Wenn Sie einen Physiker auf Alter und Lebenszeit ansprechen, dann denkt er erstmal und fragt: Was ist denn eigentlich Zeit? Sind wir denn so sicher, daß man Zeit nicht umkehren kann. Ich glaube, Herr SCHOPPER, Sie werden uns auf diese Fragen eine Antwort mitteilen. Sie wollen uns dann einen Einblick vermitteln in die Vielfalt des Problems der Lebenszeiten im Mikrokosmos mit all den Phänomenen, die damit verbunden sind.

Herr SCHOPPER wurde in Hamburg promoviert. Er war Direktor des Institutes für Experimentelle Kernphysik am Forschungszentrum Karlsruhe und übernahm später den Lehrstuhl für Experimentelle Kernphysik an der Universität Hamburg. In den siebziger Jahren war er Mitglied des Direktoriums der Forschungsanstalt DESY (Stiftung Deutsches Elektronen-Synchrotron) in Hamburg. In den achtziger Jahren wurde Herr SCHOPPER Generaldirektor des europäischen Forschungszentrums CERN (Conseil Européen pour la Recherche Nucléaire) in Genf.

Nova Acta Leopoldina NF *81*, Nr. 314, 83–107 (1999)

Wie lange lebt ein Bit in einem Computer?

Von Bernhard Korte (Bonn)
Mitglied der Akademie

Mit 16 Abbildungen und 3 Tabellen

Zusammenfassung

Moderne höchstintegrierte Logikchips sind wohl die komplexesten Strukturen, die der Mensch bisher erdacht und gefertigt hat. Die Entwicklung der Komplexität dieser elektronischen Winzlinge geht mit atemberaubendem Tempo weiter. Es ist interessant und befriedigend festzustellen, daß Methoden der diskreten Mathematik hieran einen besonderen Anteil haben. Gewisse Aspekte, insbesondere beim Entwurf von Mikroprozessoren, können ohne Methoden der diskreten Optimierung überhaupt nicht mehr bearbeitet werden. Diese Optimierungsprobleme finden in Dimensionen statt, die weit außerhalb unserer Vorstellung liegen. Wir können es uns in der Tat nicht vorstellen, daß auf einem modernen Chip unter diesem Punkt ».« etwa 250 000 Transistoren liegen und daß auf einer Chipfläche so groß wie ein Daumennagel mehr als 300 Meter Verdrahtungslinien untergebracht werden müssen. Optimierungsverfahren zum Placement, Routing, Timing, Transistor- und *Wire Sizing*, Buffer-Insertion und zur Power-Minimierung machen einen modernen Höchstleistungschip erst möglich. In diesem Vortrag wird ein hochaktuelles Problem und dessen Lösung bei der Zykluszeitoptimierung vorgestellt: Auf einem Logikchip werden Informationen in der sogenannten *Combinational Logic* verknüpft. Zwischenergebnisse werden in Registern (Latchen) gespeichert, die von einer Clock getaktet werden. Der längste Pfad zwischen zwei Latchen bestimmt die Zykluszeit (Taktfrequenz) eines Chips. Im Jahr 2000 wird es wohl die ersten Gigahertz-Prozessoren geben. Das sind Mikroprozessoren, deren Arbeitszyklus nur noch eine Nanosekunde beträgt. Die Schaltzeiten der einzelnen Transistoren werden dann etwa 0,02 ns oder 20 ps betragen. Insofern sind Zeitintervalle, die nur wenige Picosekunden betragen, bereits relevant. In einer Picosekunde legen Elektronen nur 300 µm zurück. Normalerweise hat die für uns unvorstellbare Lichtgeschwindigkeit von 300 000 km/s nur bei astronomischen Problemen eine Bedeutung. Beim Chip-Design ist sie inzwischen auch eine limitierende Größe, die immer dichtere Anordnungen erfordert. Die Zykluszeit kann so minimiert werden, daß die Ankunftszeiten des Clock-Signals an den Latchen nicht mehr überall gleich sind, sondern für jedes Latch (innerhalb eines Intervalls) optimiert werden, so daß nun längere Datenpfade die Zykluszeit nicht mehr verschlechtern. Es kann gezeigt werden, daß dieses Optimierungsproblem äquivalent ist mit dem *Maximum-Mean-Weight-Cycle*-Problem in gerichteten Graphen. Effiziente Algorithmen gestatten die globale Optimierung der Zykluszeit über den gesamten Chip, wobei zusätzlich Slacks von Daten- und Clock-Tree-Pfaden optimiert werden. Technologisch schwierige Probleme wie *Early-mode*-Probleme, Clock-Jitter – auch bei dynamischer Logik – werden von diesen Optimierungssätzen miterledigt. Die bisherige Entwicklung der Mikroprozessoren hat gezeigt, daß sich deren Leistung innerhalb von drei Jahren jeweils vervierfacht. Hierzu sind technologische Änderungen und Innovationen notwendig, die mehrstellige Milliardenbeträge an Investitionskosten erfordern (z. B. Silicon-on-Insulator). Mathematische Verfahren haben Null-Investitionskosten und manchmal vergleichbare Effekte.

Abstract

Modern very-large-scale-integrated logic-chips are indeed the most complex structures, which human beings have invented and produced. The development of complexity of these electronic midgets goes ahead with breathtaking speed. It can be stated with great satisfaction that methods of discrete mathematics play an important role in this subject area. Moreover, certain aspects of the design of microprocessors cannot be solved without discrete optimization. The discrete optimization problems appear in dimensions far beyond our human scale and imagination. It is absolutely impossible to imagine that on a modern chip about 250 000 transistors have space under this dot ».« and that on an area of a thumbnail about 1 000 meters of interconnections can be routed. Optimization methods for placement, routing, timing, transistor- and wire-sizing, buffer-insertion and power minimization are absolutely necessary to design a complex microprocessor. In this paper we introduce a present-day problem and its solution, namely cycle time and slack optimization. Optimal, but different arrival times of clock signals at all latches can be computed. We show that this problem is equivalent to the *maximum mean weight cycle* problem in a directed graph. Moreover, we extend this model to the slack balancing problem: To make the chip less sensitive to routing detours, process variations and manufacturing skew, it is desirable to have as few critical paths as possible. We show how to find the clock schedule with minimum number of critical paths (optimum slack distribution) in a well-defined sense. Rather than fixed clock arrival times we show how to obtain as large as possible intervals for the clock arrival times. This can be considered as slack on clocktree paths. All the above is done by very efficient network optimization algorithms, based on parametric shortest paths. Our computational results with recent IBM processor chips show that the number of critical paths decreases dramatically, in addition to a considerable improvement of the cycle time. The development of microprocessors has shown that their performance and complexity has been doubled every 18 months. This was possible mainly by technological improvements and innovations for which investments of billions of dollars were necessary. Mathematical ideas need zero capital investments and sometimes they might have the same effect.

1. Einleitung

Als mich der Präsident unserer Akademie einlud, bei dieser Jahrestagung einen Vortrag zu halten, fühlte ich mich geehrt. Als ich dann aber das Generalthema »Altern und Lebenszeit« erfuhr, war ich etwas erschreckt. Was kann ein Mathematiker zu diesem Thema Sinnvolles sagen? Dafür gibt es in der Tat keine mathematischen Verfahren. Aber da sich Maximierung und Minimierung häufig nur durch Vorzeichenänderung unterscheiden, dachte ich dann sofort an Methoden der diskreten Optimierung zur Lebenszeitverkürzung (= Zykluszeitminimierung) von Signalen in Mikroprozessoren, und so entstand der Titel: »Wie lange lebt ein Bit in einem Computer?«

Moderne höchstintegrierte Logikchips sind wohl die komplexesten Strukturen, die der Mensch bisher erdacht und gefertigt hat. Die Entwicklung der Komplexität dieser elektronischen Winzlinge geht mit atemberaubendem Tempo weiter. Es ist interessant und befriedigend festzustellen, daß Methoden der diskreten Mathematik hieran einen besonderen Anteil haben. Gewisse Aspekte, insbesondere beim Design von Mikroprozessoren, können ohne Methoden der diskreten Optimierung überhaupt nicht mehr bearbeitet werden.

Diese Optimierungsprobleme finden in Dimensionen statt, die außerhalb unserer Vorstellung liegen. Wir können es uns nicht vorstellen, daß auf einem modernen Chip unter diesen Punkt ».« etwa 250 000 Transistoren liegen und daß auf einer Chipfläche so groß wie ein Daumennagel bis zu 1000 Meter Verdrahtungslinien untergebracht werden können.

Bevor wir ein hochaktuelles Problem und dessen Lösung bei der Zykluszeitoptimierung vorstellen, wollen wir zunächst die Entwicklung der integrierten Schaltkreise und der Mikroprozessoren in den letzten 40 Jahren in zwei Abbildungen vorstellen. 1958 hatte Jack KILBY bei *Texas Instruments* die Idee, einen integrierten Schaltkreis auf einem Halbleiterblock zu realisieren. Abbildung 1 zeigt die Entwicklung vom ersten planaren Transistor 1959 bis zu einem Mikroprozessor aus dem Jahr 1985 mit der damals gigantischen Anzahl von 132 000 Transistoren.

Im Jahr 1987 begannen wir am Forschungsinstitut für Diskrete Mathematik der Universität Bonn mit der Entwicklung von Algorithmen zum physikalischen Design von Logikchips. Der erste von uns entworfene Chip war der Telekommunikationschip ZORA für das IBM Forschungslabor Rüschlikon/Zürich. Rund 1 Million Transistoren wurden mit unseren Algorithmen zum ersten Mal automatisch auf einem Quadratzentimeter Fläche plaziert und in zwei Verdrahtungslagen mit 15 Metern »Draht« verbunden. Abbildung 2A zeigt diesen Chip links oben und dann in zeitlicher Folge weitere Stufen unserer Chip-Entwürfe bis zum Jahr 1995, wo ein Mikroprozessor bereits 7,5 Millionen Transistoren enthält und in sechs Verdrahtungslagen 126,7 Meter Netzlänge hat. Bis heute sind etwa 100 *High-end*-Logikchips mit unseren Algorithmen entworfen worden. Darunter war z. B. auch der Chip P2SC aus Deep Blue, gegen den KASPAROV im Schachspiel verloren hat und der von uns optimiert wurde. Zur Zeit beschäftigen wir uns mit Entwürfen von Logikchips, die auf zwei Quadratzentimetern Fläche rund 25 Millionen Transistoren enthalten und – wie gesagt – 1000 Meter Netzlänge haben.

Die Anzahl der Transistoren pro Chip kann in erster Näherung ein Komplexitäts- und auch ein Leistungsmaßstab sein. Abbildung 3 zeigt das sogenannte Mooresche Gesetz. Das ist eine empirische Regel, die besagt, daß sich die Anzahl der Transistoren und damit auch die Leistung der Chips alle 18 Monate verdoppeln. Erstaunlich

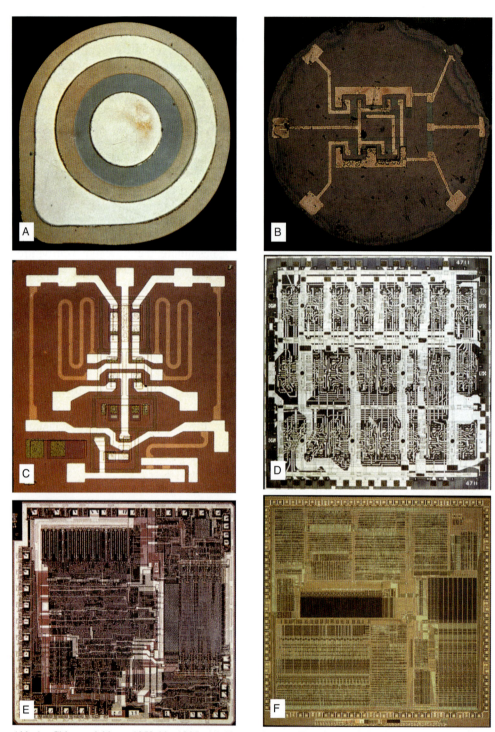

Abb. 1 Chipentwicklung 1959 bis 1985. (*A*) Erster planarer Transistor, 1959. (*B*) Planarer integrierter Schaltkreis mit vier Transistoren, 1961. (*C*) Erster integrierter Schaltkreis für Serienfertigung mit fünf Transistoren, 1964. (*D*) bipolarer Logik-Schaltkreis mit 180 Transistoren, 1968. (*E*) Erster 16-bit-Mikroprozessor auf einem Chip mit 20 000 Transistoren, 1978. (*F*) Mikroprozessor mit 132 000 Transistoren, 1985

ist, daß sich die tatsächliche Entwicklung schon seit mehr als einem Jahrzehnt so verhält. Alle Fachleute sind davon überzeugt, daß dieses »Gesetz« auch in Zukunft gültig sein wird. Speicherchips haben eine sehr einfache Struktur. Hier sind die Transistoren der elementaren Speichereinheiten in Matrixform angeordnet, weil das optimalen Zugriff erlaubt. Sie brauchen daher nicht mit mathematischen Designverfahren entworfen zu werden. Das Mooresche Gesetz gilt aber auch für Speicherchips. Allerdings ist hier die Anzahl der Transistoren je Chip wesentlich größer, weswegen wir in Abbildung 4 die Zahl der Transitorfunktionen je Speicherchip im logarithmischen Maßstab dargestellt haben.

Es gibt noch viele Kenngrößen, mit denen man die schier unglaubliche Entwicklung von Komplexität und Leistung demonstrieren kann. Wir zeigen in Abbildung 5 die Reduktion der Strukturgröße in Mikrometer für Speicherchips. Da Logikchips dieselbe Technologie – gegebenenfalls um zwei Jahre versetzt – benutzen, hat deren Strukturgröße denselben Verlauf. Die Strukturgröße ist der Abstand unter einem Gate zwischen den N- bzw. P-Devices, also ein direktes Maß für die Packungsdichte. Die derzeitigen Technologien haben Strukturgrößen von 0,25 µm. Bei aggressiven Technologien lassen sich schon 0,13 µm realisieren. Die Fortführung der logarithmischen Kurve in Abbildung 5 zeigt, daß man im Jahr 2012 bei einer Strukturgröße von etwa 20 nm angelangt sein wird. Das ist aber die Größenordnung der De-Broglie-Wellenlänge, bei der dann die zur Herstellung notwendigen Lithographieprozesse nicht mehr möglich sein werden. Andererseits werden dann auch gewisse Lagen eines Chips nur noch eine Dicke von fünf Atomen haben, was ebenfalls wegen quantenmechanischer Effekte nicht mehr kontrollierbar ist. Es gilt daher als relativ gesichert, daß die durchgängig angewandte CMOS-Technologie auf Siliziumbasis dann nicht mehr fortgesetzt werden kann. Es ist aber weit und breit noch kein Substitut und keine mögliche Fortsetzung in einer anderen Technologie erkennbar. DNA- und Quanten-Computer sind bisher ausschließlich theoretische Denkmodelle. Ein Ende der rasanten Entwicklung – ohne technologische Migration – zum obengenannten Zeitpunkt erscheint daher durchaus wahrscheinlich. Vor einigen Jahren war noch festzustellen, daß die Industrie das Tempo gemäß dem Mooreschen Gesetz maximal forciert hat. Jetzt stellt man – wohl wegen des vorhersehbaren Endes der Entwicklung – erste Ansätze für ein retardierendes Verhalten fest.

Wir wollen die Technologieentwicklung bei Computern in den letzten 50 Jahren noch an zwei Kenngrößen, nämlich Raumbedarf und Energieverbrauch, augenfällig demonstrieren: 1946 wurde als erster Elektronenrechner der ENIAC von ECKERT und MAUCHLY in Betrieb genommen. Zur logischen Verknüpfung und zur schnellen Zwischenspeicherung benutzte der ENIAC ausschließlich Elektronenröhren, und zwar 18 000 Stück. Diese Röhren hatten einen Stromverbrauch von 200 kW. Ein moderner Mikroprozessor-Chip hat – wie gesagt – 25 Millionen Transistoren und eine Verlustleistung von etwa 100 Watt. Hätte es in den letzten 50 Jahren keine Technologieentwicklung bei Computern gegeben und würde man einen modernen PC mit seiner Rechenleistung und mit seinem Speicher in Röhrentechnologie des ENIAC realisieren wollen, so bräuchte man dafür das Volumen von 43 Cheops-Pyramiden. Hierbei soll in Erinnerung gerufen werden, daß die Cheops-Pyramide 146 m hoch ist und eine Grundflächenkante von 233 m hat.

Die Reduzierung des Energieverbrauchs stellt sich noch spektakulärer dar. Würde man eine moderne Workstation mit 4 GB Hauptspeicher in ENIAC-Technologie bauen, so hätte dieser eine Rechner einen Stromverbrauch von 420 000 MW. Im Jahre 1998 betrug der Stromverbrauch in Deutschland 476 000 000 MWh. Damit könnte

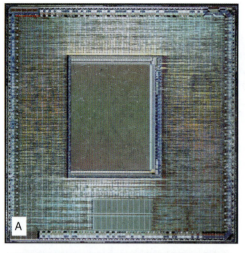
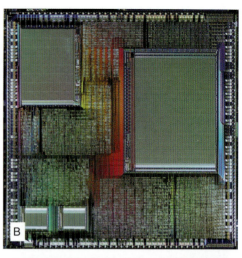
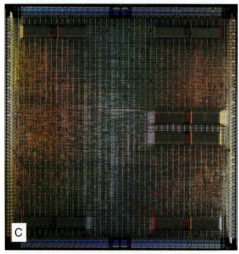
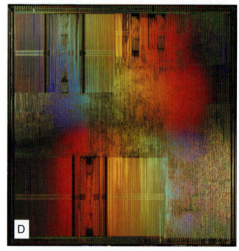
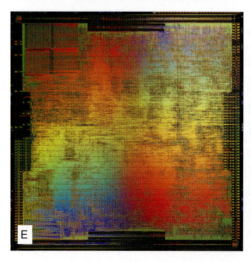
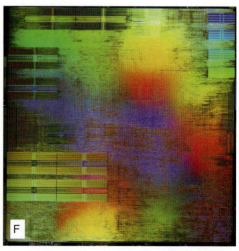

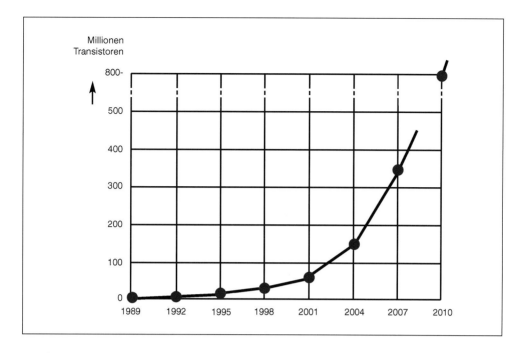

Abb. 3   Anzahl der Transistorfunktionen pro Chip bei Logikchips

man dann nur 1133 solcher Workstations kontinuierlich betreiben. Wir haben aber in Deutschland einen PC-Bestand von 16,8 Millionen Stück.

Schließlich bemühen wir noch die Stadt Halle, um über Dimensionen bei Chips zu staunen. Halle hat rund 270 000 Einwohner und bei einer Fläche von 135 km^2 ein Straßennetz von 644 km. Würde man zum Vergleich den Mikrokosmos eines Chips in die für uns vorstellbare Dimension der Stadt Halle hochprojizieren, so müßte – um Chip-Dichte zu erreichen – das Straßennetz von Halle rund 230 Milliarden Kilometer lang sein. Das ist ein Vergrößerungsfaktor von mehr als 300 Millionen. Ein Auto mit einer Durchschnittsgeschwindigkeit von 250 km/h bräuchte 100 000 Jahre, um dieses Straßennetz abzufahren; selbst das Licht bräuchte 8 Tage. Nun kann man argumentieren, daß Halle keinen guten Vergleichsmaßstab abgäbe, man solle z. B. lieber New York nehmen, aber das ist nur eine Reduktion um den Faktor 15. Die Chip-Fertigung erfordert Paßtoleranzen von 40 nm. Auf die Stadt Halle hochgerechnet bedeutet das, daß jedes Haus, jede Straßenmarkierung, jede Pflasterung eine Paßtoleranz von nur einem Millimeter haben darf. Die Sauberkeit bei der Chip-Herstellung erfordert weniger als 30 Partikel von 0,3 μm Durchmesser pro Wafer. Das bedeutet, daß die gesamte Ver-

◄

Abb. 2   Chipentwicklung am Forschungsinstitut für Diskrete Mathematik, Bonn, 1987–1995. (*A*) Telekommunikationschip ZORA mit 1 Million Transistoren, 15 Metern Netzlänge, 1987. (*B*) Memory Management Unit ALMA, 42 ns, 1,1 Millionen Transistoren, CMOS2S, Capitol Series, IBM 9370, 1988. (*C*) Channel Adapter PINA, 27 ns, Renoir Series. (*D*) Processing-Unit BONA, 3,2 Millionen Transistoren, 45 Meter Netzlänge, 18 ns, CMOS 4S, Picasso Series, 1992. (*E*) Floating Point Unit, 12 ns, CMOS 4S, Monet junior Series, IBM 9672, 1994. (*F*) Processing-Unit PAUL, 7,5 Millionen Transistoren, 126,7 Meter Netzlänge, 5,9 ns, CMOS5X, Monet-Series, IBM 9370, 1995

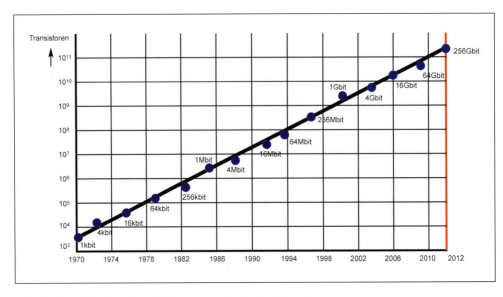

Abb. 4　Anzahl der Transistorfunktionen pro Chip bei Speicherchips

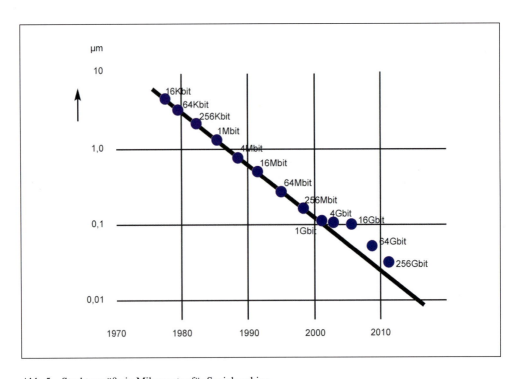

Abb. 5　Strukturgröße in Mikrometer für Speicherchips

schmutzung im gesamten Stadtgebiet von Halle maximal 15 Birkenblätter sein dürfte.

Die Lichtgeschwindigkeit von 300 000 km/s ist eigentlich nur in der Astronomie vorstellbar, in unseren menschlichen Dimensionen nicht. Transistoren haben heute schon Schaltzeiten von 20 ps. In einer Picosekunde bewegen sich die Elektronen um 0,3 mm. Das heißt, die Lichtgeschwindigkeit ist beim Chipentwurf ein limitierender Faktor geworden.

2. Mathematik und Realität

Albert EINSTEIN hat in einem Vortrag über das Thema »Geometrie und Erfahrung« am 27. Januar 1921 bei der Preussischen Akademie der Wissenschaften gesagt: »Insofern sich die Sätze der Mathematik auf die Wirklichkeit beziehen, sind sie nicht sicher, und insofern sie sicher sind, beziehen sie sich nicht auf die Wirklichkeit.« Wir wollen hier aber weder auf das Spannungsfeld Wissenschaft und Wirklichkeit, noch auf vermeintliche Gegensätze zwischen reiner und angewandter Mathematik eingehen. In einem Vortrag bei der Konferenz der deutschen Akademien der Wissenschaften (KORTE 1996) haben wir dazu einige Ausführungen gemacht. Hier wollen wir nur mit wenigen Sätzen und einigen Bildern auf ein Faszinosum eingehen, das wir bei der Anwendung der diskreten Mathematik auf den Entwurf von Logikchips empfinden. Ein mathematisches Modell eines Realphänomens setzt häufig wesentliche Abstraktionen voraus. Das Modell ist kein Isomorphismus, sondern ein zum Teil sehr vereinfachtes Bild der Wirklichkeit. Nicht so beim Chip-Design. Hier geht das mathematische Modell vollständig und unmittelbar in die Realität über. Der physikalische Entwurf eines Chips ist unmittelbares Ergebnis der diskreten Optimierungsalgorithmen z. B. bei der Plazierung der Objekte und bei deren Verdrahtung. Die Lithographiemasken für die Produktion von Chips werden direkt und ausschließlich aus den Daten der Optimierungsalgorithmen aufgebaut. Wenn man daher durch ein Mikroskop einen produzierten Chip betrachtet, so findet man absolut deckungsgleich die von den Entwurfsalgorithmen berechneten Strukturen wieder.

In Abbildung 6 sehen wir das mikroskopische Bild eines Prozessorchips bis zur Metallage M3 (die Lagen M4 und *last metal* fehlen hier noch). Ein winziger Teil aus diesem Bild ist markiert. Abbildung 7 zeigt eine mikroskopische Vergrößerung dieses Ausschnitts, während Abbildung 8 das Ergebnis der Verdrahtungsalgorithmen für diesen Ausschnitt zeigt. Die Kongruenz ist augenfällig. Da aktuelle Chips bis zu sechs Verdrahtungslagen haben, die alle auch sehr dicht belegt sind, ist es nicht einfach, mit dem Auflichtmikroskop die tieferliegenden Strukturen zu erkennen. Der Kongruenzvergleich kann eigentlich nur lagenweise erfolgen, was aber eine große Anzahl von Bildvergleichen erfordert. Vor zehn Jahren hatten Chips nur zwei Verdrahtungslagen mit horizontalen resp. vertikalen »Drähten«. Hier war dann die Kongruenz von Mathematik und Realität evident (vgl. KORTE 1991, S. 44–51).

3. Optimierung der Zykluszeit im physikalischen Designprozeß

Eine zusätzliche Minimierung der Zykluszeit wird relativ zu einem bestehenden physikalischen Layout, insbesondere zu einer bestehenden Plazierung, durchgeführt. Insofern wäre es angebracht, hier zunächst die Grundzüge des physikalischen Designs,

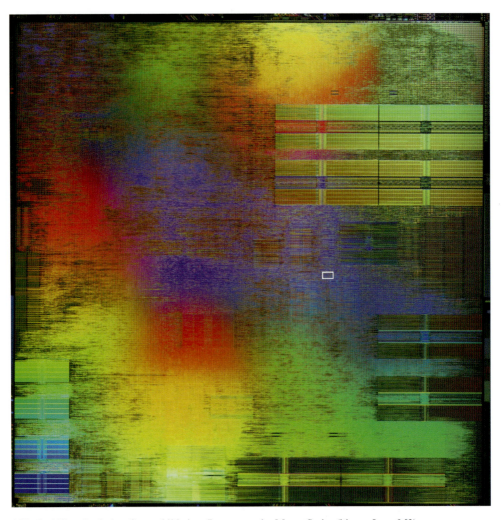

Abb. 6 Mikroskopisches Gesamtbild eines Prozessors der Monet Series (bis zur Lage M3)

d. h. Methoden der Plazierung, des Routing (Verdrahtung) und des Timing zu erklären. Da das aber den Umfang dieser Darstellung sprengen würde, seien hier nur einige aktuelle Dissertationen zitiert: VYGEN (1996) für die Plazierung, HETZEL (1995) für das Routing und SCHIETKE (1999) für Verfahren zur Timing-Berechnung.

Statt dessen werden wir hier nur eine triviale Erklärung des physikalischen Designs geben: Jede logische Funktion (z. B. AND, OR, INVERTER) wird durch einen oder mehrere Transistoren in Form eines sogenannten Circuits realisiert. Für das physikalische Design kann man sich diese Circuits als Rechtecke mit gleicher Höhe und unterschiedlicher Breite vorstellen. Die Circuits haben je nach ihrer logischen Funktion mehrere Eingangspins und einen Ausgangspin. Das Signal des Ausgangspins treibt mehrere Eingangspins anderer Circuits. Die Verbindung vom Ausgangspin zu den Eingangspins wird durch ein sogenanntes Netz realisiert.

Je nach Komplexität der Schaltung können Netze zwischen zwei und 30 bis 50 Pins verbinden. Die physikalische Realisierung dieser Netze erfolgt durch Stei-

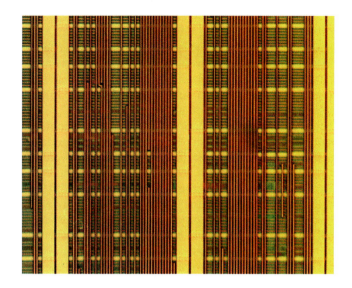

Abb. 7 Mikroskopischer Ausschnitt aus dem Gesamtbild von Abb. 6

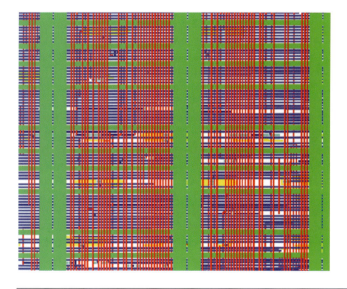

Abb. 8 Kongruenter Ausschnitt aus dem Entwurfsbild der Verdrahtung

ner-Bäume, das sind Verbindungsnetze minimaler Länge in mehreren Verdrahtungslagen.

Salopp gesprochen besteht das physikalische Design eines Logikchips darin, eine sehr große Anzahl von Legosteinen (= Circuits) auf der Chipfläche so zu plazieren, daß für diese Legosteine und deren Verdrahtung verschiedene Bedingungen erfüllt bzw. optimiert werden sollen. Neben technologischen Restriktionen für die Beziehungen der Circuits untereinander muß die Verdrahtbarkeit der bis zu einer Million Netze disjunkt in einem dreidimensionalen Gitter möglich sein. Natürlich soll die gesamte Netzlänge minimal sein, wobei zusätzlich noch besonders kritische Netze kürzestmöglich realisiert werden müssen. In letzter Zeit spielt auch »design for manufacturability« eine immer größere Rolle. *Noise*-Probleme müssen beachtet werden. Mögliche Elektronenmigrationen müssen verhindert werden. Die Produktionsausbeute (*yield*) wird durch die Art der Verdrahtung und durch die Anzahl der Vias (= Lagenwechsel) bestimmt. Die Qualität der Signale (Flankensteilheit, Stärke u. ä.) muß auch kontrolliert und optimiert werden. Diese kursorischen Andeutungen gewisser Probleme des physikalischen Designs mögen für das folgende genügen.

Abbildung 9 zeigt sechs Stadien des Plazierungsalgorithmus für einen komplexen Logikchip. Das sind Zwischenstufen eines etwa vierzehnstündigen Computerlaufs. Abbildung 10 zeigt einen kleinen Ausschnitt aus einer dichten, mehrlagigen Verdrahtung; ein Steiner-Baum ist (fett) hervorgehoben. Den Rest der Abbildung muß man sich dann ebenfalls als ein Gewirr solcher Steiner-Bäume vorstellen.

Für die nachfolgende Darstellung von Modellen und Verfahren zur Optimierung der Zykluszeit können wir davon ausgehen, daß das physikalische Design, insbesondere die Plazierung, bereits vollständig gegeben ist. Die Verdrahtung ist noch nicht im Detail ausgeführt. Die gewählte Plazierung garantiert aber eine Verdrahtbarkeit. Alle Berechnungen auf einem Chip werden mittels Speicherelementen (= Latchen) synchronisiert. Die Latche werden über ein periodisches Clock-Signal gesteuert. Um die Berechnungen, d. h. die Propagierung von 0-1-Signalen durch ein komplexes Netzwerk, ohne Fehler zu ermöglichen, werden die Signale nach mehreren logischen Verknüpfungen in den Latchen zwischengespeichert, um dann im nächsten Zyklus diese wieder zu verlassen und weiter logisch verknüpft zu werden. Das gesamte die Circuits verbindende Netzwerk wird durch die Latche in einzelne Etappen unterteilt.

Man kann sich die Latche vereinfacht als eine Art Doppeltür vorstellen. Der vordere Teil der Doppeltür öffnet sich für alle Latche zu einem gewissen Zeitpunkt. Die an den Türen anstehenden Signale werden eingefangen, um dann zu Beginn des nächsten Zyklus zeitgleich durch die vordere Tür für eine weitere Signalverarbeitung wieder herausgelassen zu werden. Die Latche sind somit zur Kontrolle und Synchronisation des Signalflusses notwendig. Die Signale »betreten« den Chip über sogenannte *primary inputs*, die man sich als globale Eingangstüren vorstellen kann. Nach der Verarbeitung auf dem Chip verlassen die Outputsignale über *primary outputs* den Chip. *Primary inputs* und *outputs* kann man daher als besondere Latche auffassen, die die Verbindung des Chips mit der Außenwelt, z. B. der übergeordneten Rechnerarchitektur, darstellen. Ein moderner Chip hat bis zu 100 000 Latche, die entsprechend der Plazierung der Circuits unregelmäßig über den Chip verteilt sind.

Die Verarbeitungszeit zwischen zwei Latchen ist unterschiedlich. Sie hängt von der Anzahl und der Qualität der durchlaufenen Circuits ab. Wegen des Synchronisationseffekts der Latche bestimmt die längste Verarbeitungszeit zwischen zwei Latchen die Gesamtgeschwindigkeit des Chips. Das Öffnen und Schließen der Doppeltüren erfolgt durch spezielle Clock-Signale. Sie werden von einem speziellen Clock-Generator durch ein besonderes Netzwerk, den sogenannten Clock-Tree, an alle Latche verteilt. Die Frequenz, in der das erfolgt, heißt Taktfrequenz. Der reziproke Wert ist die Zykluszeit. Moderne PCs haben Taktfrequenzen von 200 MHz und mehr, also Zykluszeiten von 5 ns und weniger.

In früheren Designs hatte der Clock-Tree einen *zero skew*. Trotz der unterschiedlichen Lage der Latche wurde hier gefordert, daß die Clock-Signale an allen Latchen absolut zeitgleich (nur wenige Picosekunden Toleranz) ankommen. Das stellte besondere Anforderungen an das Design eines Clock-Trees. Von der Wurzel (Clock-Gene-

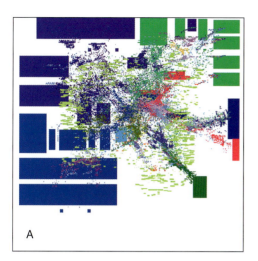
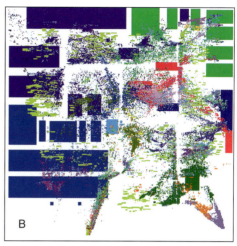
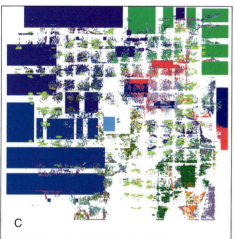
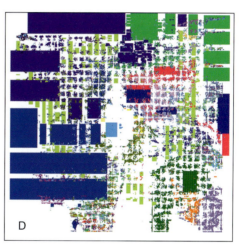
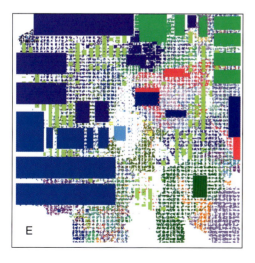
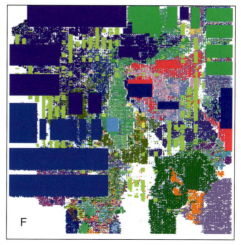

Abb. 9 Sechs Zwischenstadien der Plazierung eines komplexen Logikchips

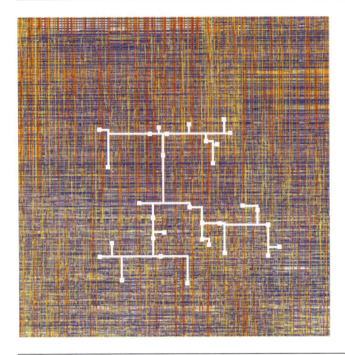

Abb. 10 Ausschnitt aus einer mehrlagigen Chipverdrahtung (ein Steiner-Baum ist hervorgehoben).
Koordinaten: X: 150 000 ... 210 000, Y: 120 000 ... 180 000

rator) zu allen Blättern des Baums (Latchen) muß der Weg (= Widerstand-Kapazitäts-Wert) absolut gleich sein. Darüber hinaus muß auch noch die Gesamtlänge gewisser Teilbäume gleich sein. Es war nicht trivial, ein Optimierungsverfahren zu entwickeln, das solche balancierte Clock-Bäume generiert. Das haben wir vor etwa vier Jahren abgeschlossen. Zwischenzeitlich wurden Forderungen nach weiteren Reduzierungen der Zykluszeit, d. h. nach schnelleren Chips vorgebracht. Wir haben uns daher die Frage gestellt, ob man lediglich durch unterschiedliche Schaltzeiten der Latche – ohne Layoutänderungen – eine kürzere Zykluszeit erreichen kann. Nachdem Clock-Trees mit *zero skew* realisiert werden konnten, ist es auch möglich, Clock-Trees zu bauen, die eine individuelle, genau vorgeschriebene Schaltzeit an jedem Latch haben.

Nun bleibt die Frage, wie man diese individuellen Schaltzeiten so bestimmt, daß die Zykluszeit des Chips beweisbar minimal ist. Ein Logikchip mit m primären Inputs, n primären Outputs und k internen Latchen läßt sich als Boolesche Funktion

$$f : \{0,1\}^{m+k} \to \{0,1\}^{n+k} \qquad [1]$$

beschreiben. Wenn man f kennt, hat man eine vollständige Beschreibung des Chips. Leider ist f nur teilweise als Wertetabelle gegeben, überwiegend aber nur mit einer formalen Beschreibungssprache implizit beschrieben. Abbildung 11 zeigt einen Beispielchip, der nur drei Circuits (OR, INVERTER, AND), drei Latche (A, B, C) und keine primären *Inputs/Outputs* hat. Wie gesagt ist die Anzahl der Circuits auf einem realen Chip siebenstellig, und die der Latche kann auch schon sechsstellig sein. Auf unserem Beispielchip liegt nur ein Circuit zwischen zwei Latchen. Reale Chips haben zehn und mehr Stufen zwischen den Latchen. Dennoch können wir an dem kleinen Beispielchip das Prinzip der Zykluszeitoptimierung demonstrieren.

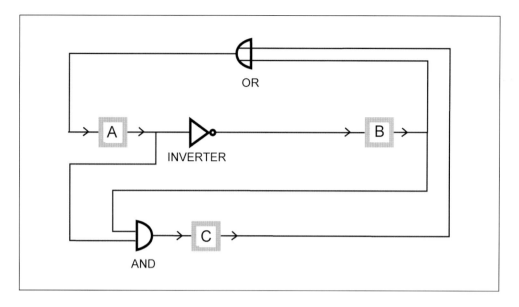

Abb. 11 Beispielchip mit drei Circuits und drei Latchen

Zunächst wollen wir aber die obengenannte Boolesche Funktion für den Chip von Abbildung 11 erklären. Wenn vor dem ersten Zyklus in den Latchen A, B und C die Werte *1*, *1* und *0* gespeichert sind, so kann man in Abbildung 11 sehr leicht die Funktionswerte für die nächsten Zyklen ablesen:

	A	B	C
0. Zyklus	1	1	0
1. Zyklus	1	0	1
2. Zyklus	1	0	0
3. Zyklus	0	0	0
4. Zyklus	0	1	0

Wenn wir nun die Latche als Knoten eines gerichteten Graphen auffassen und eine gerichtete Kante zwischen zwei Latchen einzeichnen, wenn zwischen den Latchen ein Signalweg besteht, so erhalten wir den Graphen aus Abbildung 12. Die Zahlen an den Kanten entsprechen angenommenen Signalverarbeitungszeiten durch die Verknüpfungslogik (*combinational logic*) zwischen zwei Latchen. Sie mögen für unseren Beispielchip etwas unrealistisch sein, da zwischen zwei Latchen nur jeweils ein Circuit schaltet. Wir können sie uns z. B. als Zeiten in Nanosekunden vorstellen. Ein kurzer Blick auf Abbildung 12 besagt, daß der Beispielchip eine Zykluszeit von 14 ns haben muß, denn das ist die längste Kante zwischen zwei Latchen. Hierbei unterstellen wir, daß alle Latche zeitgleich schalten (öffnen bzw. schließen).

Wenn wir aber die Latche zu verschiedenen Zeiten schalten lassen, z. B. Latch *B* zu den Zeitpunkten 0, 0 + *T*, 0 + 2*T*, ... und die Latche *A* und *C* jeweils zu den Zeiten 4, 4 + *T*, 4 + 2*T*, ... wobei *T* die noch zu ermittelnde Zykluszeit ist, so kann man durch Enumeration an dem Graphen von Abbildung 12 sehr leicht feststellen, daß *T* = 10. In dieser Zykluszeit können bei den versetzten Latchöffnungszeiten alle Signalpfade korrekt arbeiten. Bei nur drei Latchen und fünf Signalpfaden erhält man den Wert *T* = 10 leicht durch Ausprobieren. Bei realen Chips mit sehr großen Latch-

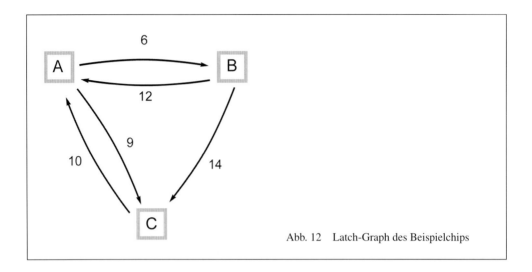

Abb. 12 Latch-Graph des Beispielchips

graphen ist das nicht möglich. Hier muß eine Optimierung auf einer mathematischen Struktur das Ergebnis liefern. Betrachten wir die gerichteten Kreise in Abbildung 12 und deren Durchschnittsgewicht. Es gibt drei Kreise mit den Durchschnittsgewichten (6 + 12) : 2 = 9, (10 + 9) : 2 = 9,5 und (6 + 14 + 10) : 3 = 10. Die Zahl 10 haben wir auch durch Ausprobieren ermittelt. In der Tat werden wir nachfolgend einen Satz aufstellen, der besagt, daß die minimale Zykluszeit eines Chips gleich ist dem maximalen Durchschnittsgewicht auf allen gerichteten Kreisen.

3.1 Ein einfaches Modell

Hier beschreiben wir zunächst ein einfaches Modell zur Zykluszeitoptimierung. Das Modell und dessen algorithmische Lösung werden wir nachfolgend erweitern, um auch sehr allgemeine Situationen auf einem Chip erfassen zu können. (Vgl. auch ALBRECHT et al. 1999a,b.) Seien

P : = Menge des primären Inputs, $|P| = m$;
Q : = Menge des primären Outputs, $|Q| = n$;
S : = Menge der internen Latche, $|S| = k$

und – wie gehabt:

$$f : \{0, 1\}^{m+k} \to \{0, 1\}^{n+k}.$$ [1]

Die primären Inputsignale kommen zu den Zeiten

$$\tau_p, \tau_p + T, \tau_p + 2T, \ldots \qquad p \in \{1, \ldots, m\},$$ [2]

und die primären Outputsignale müssen den Chip zu den Zeiten

$$\tau_q, \tau_q + T, \tau_q + 2T, \ldots \qquad q \in \{1, \ldots, n\}$$ [3]

verlassen. Hierbei sind τ_p und τ_q Konstanten, die durch die Rechnerarchitektur (Zeitverhalten auf den anderen Chips) vorgegeben sind. Für alle internen Latche $s \in S$

steht der Wert der Booleschen Funktion f zu den Zeiten

$$x_s, x_s + T, x_s + 2T \qquad s \in \{1, \ldots, k\} \qquad [4]$$

am Dateninput zur Verfügung. In klassischen Designs mit balanciertem Clock-Tree und *zero skew* war $x_s = x'_s$ für alle $s, s' \in S$. Nun sind aber x_s Variablen, die optimal bestimmt werden müssen. Wir betrachten einen gerichteten Graphen G mit

$$V(G) := P \cup Q \cup S \text{ und } (v, w) \in E(G) : \iff f(z)_w \neq f(z')_w \qquad [5]$$

für $z, z' \in \{0, 1\}^{m+k}$ mit $z_u = z'_u$ für alle $u \in P \cup S \setminus \{v\}$,

d.h., der Output w von f hängt vom Input v ab, d.h., es existiert ein Signalpfad von v nach w.

Die Zeit, die ein Signal auf einem Pfad (v, w) benötigt, hängt von der involvierten Logik ab. Für jeden Pfad gibt es sogar zwei Zeiten, nämlich eine minimale Zeit $t^{\min}_{vw}$ und eine maximale Zeit $t^{\max}_{vw}$, weil z. B. der Chip unterschiedliche Arbeitstemperaturen haben kann. Auch der jeweilige Fertigungsprozeß beeinflußt die minimale bzw. maximale Zeit. Nun muß gelten:

$$x_v + t^{\max}_{vw} \leq x_w \text{ für alle } (v, w) \in E(G) \qquad [6]$$

Das ist die *Late-mode*-Bedingung, während die *Early-mode*-Bedingung

$$x_v + t^{\min}_{vw} \geq x_w \qquad [7]$$

sicherstellt, daß das Signal nicht während desselben Zyklus in das nachfolgende Latch gerät. Latch-Graphen für moderne Chips haben über 2 Millionen Kanten, d. h., die Kontrolle der Ungleichungen [6] und [7] bei der Minimierung von T ist nicht trivial.

Den Graphen G transformieren wir in einem Graphen G', wobei die Knoten aus $P \cup Q$ zu einem neuen Knoten r kontrahiert werden, d. h.

$$V(G') := S \cup \{r\} \qquad [8]$$

$$E(G') := \{E(G) \cap S \times S\} \cup \{(r, v) | v \in S, \exists u \in P : (u, v) \in E(G)\} \qquad [9]$$

$$\cup \{(v, r) | v \in S, \exists w \in Q : (v, w) \in E(G)\}. \qquad [10]$$

Der Graph G' erhält neue Kantengewichte wie folgt:

$$c(v, w) := t^{\max}_{vw} \qquad \text{für } (v, w) \in E(G) \cap S \times S \qquad [11]$$

$$c(r, w) := \max\{t^{\max}_{pw} + \tau_v | p \in P, (p, w) \in E(G)\} \qquad [12]$$

$$c(v, r) := \max\{t^{\max}_{vq} - \tau_v | q \in Q, (v, q) \in E(G)\} \qquad [13]$$

Dann gilt:

Satz 1: Das maximale Durchschnittsgewicht (*maximum mean weight*) eines gerichteten Kreises in G' bezüglich c ist gleich der minimalen Zykluszeit, so daß Werte $x_s \in S$ existieren, die [6], d. h. die *Late-mode*-Bedingungen erfüllen.

Das *Maximum-mean-weight-cycle*-Problem ist ein polynomiell lösbares diskretes Optimierungsproblem (vgl. KARP 1978, YOUNG et al. 1991). Damit haben wir ein Verfahren, das die Zykluszeit eines Chips unter Beachtung der *Late-mode*-Bedingungen minimiert. Die *Early-mode*-Bedingungen werden im nachfolgenden Abschnitt behandelt.

3.2 Ein allgemeines Modell

Wir wollen nun die *Early-mode*-Bedingungen berücksichtigen und das Clock-Signal differenzierter modellieren. Ein Latch ist nicht nur zu einem Zeitpunkt, sondern während eines genau definierten (kleinen) Intervalls geöffnet. Das Clock-Signal hat den Wert 1 in den Intervallen $[a_s, b_s]$, $[a_s + T, b_s + T]$, $[a_s + 2T, b_s + 2T]$,... für alle $s \in S$. Sonst hat das Clock-Signal den Wert 0. Wenn das Clock-Signal den Wert 1 hat, ist das Latch offen (erste Tür), d.h., es speichert das Bit, das am Latchinput gesehen wird. Wenn das Clock-Signal den Wert 0 hat, bleibt das gespeicherte Bit unverändert (erste Tür geschlossen), und das gespeicherte Bit steht am Latchausgang für weitere Berechnungen zur Verfügung (zweite Tür geöffnet). Um diese Situation zu modellieren, brauchen wir nicht eine, sondern zwei Variablen pro Latch. Die Variable y_s bezeichnet die Verschiebung des Clock-Signals 1 im Intervall $[a_s + y_s, b_s + y_s]$, $[a_s + y_s + T, b_s + y_s + T]$ usw. Die Länge des Intervalls $b_s - a_s$ ist technologieabhängig; sie kann nicht verändert werden. Da die Verschiebung y_s des Clock-Signals am Latch s durch den Clock-Tree realisiert werden muß, ist es sinnvoll, für jede Variable y_s untere und obere Schranken l_s und u_s anzugeben.

Wir haben dann die Restriktionen

$$a_s + y_s \leq x_s \leq b_s + y_s \qquad \text{für alle } s \in S \qquad [14]$$

$$l_s \leq y_s \leq u_s \qquad \text{für alle } s \in S \qquad [15]$$

$$x_v + t_{vw}^{\max} \leq x_w + \zeta_w T \qquad \text{für alle } (v, w) \in E(G) \qquad [16]$$

$$a_s + y_{s+} t_{vw}^{\min} \geq b_w + y_w + (\zeta_{vw} - 1)T \qquad \text{für alle } (v, w) \in E(G). \qquad [17]$$

Die Ungleichungen [16] und [17] sind verallgemeinerte *Late-mode*- und *Early-mode*-Bedingungen. Der Parameter ζ_{vw} kann die Werte 0 oder 1 haben. Ein Signal kann nämlich mehr als ein Latch pro Zyklus durchlaufen (z.B. bei Designs mit transparenten Latchen). Für jeden Signalpfad von v nach w muß festgelegt werden, ob das Signal, das am Latch s im Zeitintervall $[a_v, b_v]$ startet, vor b_w (d.h. in demselben Zyklus) oder vor $b_w + T$ (d.h. im nächsten Zyklus) ankommt. Im ersten Fall setzen wir $\zeta_{vw} := 0$, im zweiten Fall $\zeta_{vw} := 1$. Zur Vereinfachung kann der Leser hier und im folgenden nur den klassischen Fall $\zeta_{vw} = 1$ betrachten.

In den Restriktionen [14] bis [17] sind x_s, y_s und T die Variablen, alles andere sind Konstanten. Setzen wir $\lambda := -T$ und bezeichnen wir die Variablen x und y mit z und die (zusammengefaßten) Konstanten mit c, so können wir die Minimierung von T unter den Nebenbedingungen [14] bis [17] auch formulieren als

$$\max \lambda \qquad [18]$$

s. t.

$$z_j - z_i \leq c_{ij} \qquad (i, j) \in E_1 \qquad [19]$$

$$z_j - z_i \leq c_{ij} - \lambda \qquad (i, j) \in E_2 \qquad [20]$$

mit $E_1, E_2 \subseteq \{0, 1, ..., n\} \times \{0, 1, ..., n\}$.

Eine Ungleichung vom Typ [15] korrespondiert zu zwei Elementen $(i, 0)$ und $(0, i)$ von E_1. Die Restriktion [14] korrespondiert zu einem Element von E_1, während die Restriktionen [16] und [17] zu E_1 oder zu E_2 gehören, je nachdem, ob sie (abhängig von ζ) die Variable T nicht enthalten oder enthalten. Ohne Beeinflussung des Ausgangs kann $z_0 = 0$ werden, da die Addition einer Konstante zu allen Variablen z_i die Zulässigkeit für das Ungleichheitssystem [19] und [20] nicht beinflußt.

Unsere Erklärungen am Beispielchip zu Anfang dieses Kapitels gingen von einem Latch-Graphen aus. Satz 1 stellte dann den Zusammenhang zwischen Struktur im Graphen und Minimierung der Zykluszeit unter Nebenbedingungen her. Nun gehen wir in gewissem Sinn den umgekehrten Weg. Wir transformieren das Optimierungsproblem [18] in ein Netzwerkproblem. Wir konstruieren einen Graphen $G^* = (V, E)$ wie folgt: Jede Variable z_i entspricht einem Knoten v_i. Für jede Ungleichung vom Typ [19] haben wir eine gewichtete Kante vom Knoten v_i zu v_j mit Gewicht c_{ij}. Für die Ungleichung [20] haben wir eine gewichtete Kante (v_i, v_j) mit Gewicht $c_{ij} - \lambda$. An einem sehr kleinen Beispiel wollen wir demonstrieren, wie der Graph G^* konstruiert wird: Nehmen wir zwei Master-Slave-Latches (Doppeltüren) und einen einzigen Datenpfad dazwischen. Dann erhalten wir hierfür den in Abbildung 13 gezeigten Teilgraphen von G^*. Jedes Master-Slave-Latch besteht aus zwei einfachen Latches. Jedes Latch wird durch eine x-Variable und eine y-Variable beschrieben, so daß der Graph je Master-Slave-Latch vier Knoten hat. Ein neunter Knoten unten in Abbildung 13 modelliert die Hilfsvariable z_0. Wichtig sind die fetten Kanten (aus E_2). Sie heißen parametrisierte Kanten, da ihre Gewichte den Parameter λ enthalten. Unser Ziel ist es nun, λ zu maximieren. Das geschieht mit parametrischen Kürzesten-Wege-Algorithmen (vgl. YOUNG et al. 1991 und für eine effiziente Implementierung BÜNNAGEL 1998). Um den Algorithmus anwenden zu können, muß gewährleistet sein, daß keine negativen Kreise vorliegen.

Wir haben:

Satz 2: Eine Lösung von [18] existiert genau dann, wenn der Graph G^* keinen gerichteten Kreis mit negativem Gesamtgewicht enthält, der nur unparametrisierte Kanten (aus E_1) enthält.

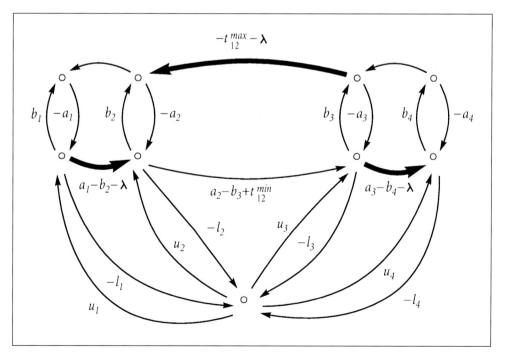

Abb. 13 Teilgraph von G^* für zwei Latche mit einem Signalpfad

Diese Aussage ist aber nicht kritisch. Es gibt Algorithmen, die negative Kreise im Graphen ermitteln. Diese Kreise erfahren eine Designänderung, indem an geeigneten Stellen Buffer eingefügt werden, die *Early-mode*-Probleme beseitigen, indem die Signale künstlich verlangsamt werden. Der Algorithmus berechnet dann eine Folge $-\infty = \lambda_0 \leq \lambda_1 \leq \ldots \leq \lambda_k$ von Werten des Parameters λ und eine entsprechende Folge von Kürzeste-Wege-Bäumen $B_1, \ldots, B_k$, wobei der Knoten z_0 Wurzel dieser Bäume ist. Der Baum B_{i+1} entsteht aus B_i durch folgenden Pivot-Schritt: Sei $P_{z_0 v}$ ein Weg von z_0 nach v in B_i. Für jede Kante $e = (u, v) \notin B_i$ wird geprüft, ob $P_{z_0} + e$ mehr parametrisierte Kanten enthält als $P_{z_0 v}$. Dann kann λ so gewählt werden, daß der Weg $P_{z_0} + e$ kürzer ist als $P_{z_0 v}$. Auf dieser Basis wird B_{i+1} konstruiert. Der Algorithmus stoppt, wenn durch Hinzufügen von e ein gerichteter Kreis entsteht. Durch geeignete Wahl von λ_e erhält dieser Kreis das Gewicht 0. $T = -\lambda_k$ ist dann die minimale Zykluszeit.

3.3 Balancierte Slacks auf Signalpfaden

Bei dem im vorausgegangenen Abschnitt skizzierten Algorithmus werden alle Ungleichungen [19] bzw. [20], die zu den Kanten des letzten Kürzeste-Wege-Baumes B_k gehören, mit Gleichheit erfüllt. Technologisch heißt das, es gibt an den entsprechenden Latchen keinen Slack. Damit ein Chip auch unter Fertigungsabweichungen korrekt funktioniert, sind aber Slacks notwendig. Wir stellen uns also die Frage, ob bei gegebener optimierter Zykluszeit T noch positive Slacks $\delta_{vw}^{\max}$ und $\delta_{vw}^{\min}$ auf den Kanten (v, w) eingeführt werden können. Die Restriktionen [19] und [20] bekämen dann die Gestalt:

$$x_v + t_{vw}^{\max} + \delta_{vw}^{\max} \leq x_w + \zeta_{vw} T \qquad [21]$$

$$a_v + y_v + t_{vw}^{\min} - \delta_{vw}^{\min} \geq b_w + y_w + (\zeta_{vw} - 1)T. \qquad [22]$$

Man beachte, daß hier auch T eine Konstante ist. Wir setzen daher die Slacks $\delta_{vw}^{\max}$ und $\delta_{vw}^{\min}$ als Parameter λ und können dann anlog zu [18] die Parameter λ bezüglich [14], [15], [21] und [22] mit einem ähnlichen Algorithmus maximieren, allerdings mit folgender Restriktion: Wenn ein Kreis Gesamtgewicht 0 hat, kontrahiere diesen Kreis und adjustiere die Konstanten um den aktuellen Wert von λ. Anschließend kann der Algorithmus auf dem kontrahierten Graphen neu gestartet werden. Da T optimal ist, existiert eine zulässige Lösung, d. h., wir starten mit $0 = \lambda_1 \leq \lambda_2 \leq \ldots$ Wenn die Slacks bei allen Restriktionen hinreichend groß sind, kann die Iteration auf den jeweils kontrahierten Graphen abgebrochen werden. Wir nennen einen Slack λ_1 »besser« als λ_2, wenn es Permutationen π und π' gibt, so daß $\lambda_{1,\pi'(i)} \leq \lambda_{1,\pi'(i+1)}$ und $\lambda_{2,\pi'(i)} \leq \lambda_{2,\pi'(i+1)}$ ist und wenn $\pi(\lambda_1)$ lexikographisch kleiner ist als $\pi'(\lambda_2)$. Diese Relation gibt ein vernünftiges Maß für die Qualitätsverbesserung durch zusätzlichen Slack. Es gilt dann:

Satz 3: Der »modifizierte Algorithmus« bestimmt den optimalen Slack-Vektor auf Signalpfaden in $O(nm + n^2 \log n)$ Zeit.

3.4 Balancierte Slacks auf Clock-Tree-Pfaden

Auch für die Ankunft der Clock-Signale an den Latchen soll bei optimaler Zykluszeit T ein ausreichender Slack zur Verfügung stehen. In Abschnitt 3.2 hatten wir festgelegt, daß das Clock-Signal den Wert 1 hat im Intervall $[a_s + y_s, b_s + y_s]$. Bei optimalem T kann man versuchen, für jedes Latch s mit einem Parameter ε_s optimalen *Clock Skew* zu erreichen. Das Clock-Signal wäre dann gleich 1 in dem Intervall $[a_s + y_s - \varepsilon_s, b_s + y_s + \varepsilon_s]$. Die Ungleichungen lauten für diesen Fall:

$$a_s + y_s - \varepsilon_s \leq b_s + y_s - \varepsilon_s \qquad [23]$$

$$a_v + y_v - \varepsilon_v + t_{vw}^{\min} \leq b_w + y_w - \varepsilon_w + (\zeta_{vw} - 1)T. \qquad [24]$$

Um dasselbe Graphenmodell zur Berechnung von parametrisierten kürzesten Wegen aufzustellen, muß die Ungleichung [24] noch modifiziert werden. Sie enthält die Slack-Variablen ε_v und ε_w für zwei verschiedene Latche, die über einen Signalpfad verbunden sind. Wir führen eine Hilfsvariable m_{vw} ein und spalten die Ungleichung [24] auf in

$$a_v + y_v - \varepsilon_v + t_{vw}^{\min} \geq m_{vw} \quad \text{und} \qquad [25]$$

$$m_{vw} \geq b_w + y_w - \varepsilon_w + (\zeta_{vw} - 1)T. \qquad [26]$$

Dann wird wiederum der gerichtete Graph G^* konstruiert, wobei der »modifizierte Algorithmus« noch weiter modifiziert werden muß: Es kann sein, daß ein gerichteter Kreis C mit Gewicht Null im Graphen gefunden und kontrahiert wird, wobei C eine Kante e mit einer Slack-Variablen enthält, die auch noch bei einer Kante f außerhalb von C vorkommt. Da diese Slack-Variable wegen C endgültig festgelegt ist, darf auch der Parameter bei der Kante f (und anderen Kanten mit derselben Slack-Variable) nicht weiter erhöht werden. Auch für diesen so modifizierten Algorithmus gilt:

Satz 4: Der für Clock-Slacks modifizierte Algorithmus bestimmt den optimalen Slack-Vektor auf Clock-Pfaden in $O(nm + n^2 \log n)$ Zeit.

4. Praktische Resultate

Die oben beschriebenen Modelle und Algorithmen zur Zykluszeitoptimierung wurden bisher schon bei mehreren Entwürfen von komplexen Logikchips erfolgreich angewendet (Implementierung auf einer IBM RISC System/6000, Modell 595). Wir wollen die Effekte an drei Chips der IBM S/390 (G3) demonstrieren; das sind der L2-Cache, der Prozessor (PU) und der *Memory Bus Adapter* (MBA). Tabelle 1 zeigt einige Charakteristika dieser drei Chips, während Tabelle 2 die Größe der jeweiligen Graphen G^* veranschaulicht. Das Ergebnis der Zykluszeitoptimierung wird in Tabelle 3 zusammengefaßt. Der »worst slack« ist das Minimum der Slacks über alle Latche. Hier zeigen sich »Gewinne« durch die Optimierung von etwa 160 ps bis 360 ps. Das sind bei den zur Zeit üblichen Taktfrequenzen von Mikroprozessoren durchaus beachtliche Zahlen. Es soll noch einmal betont werden, daß diese Optimierungsgewinne autonom und zusätzlich zu schon sehr guten physikalischen Designs erzielt wurden.

Tab. 1 Charakteristika von drei ausgewählten Chips

Chip	Zykluszeit (ns)	Anzahl der Circuits	Anzahl der Netze	Anzahl der Pins	Anzahl der primaries I/0's	Anzahl der Latche	Anzahl der Signalpfade
L2	6,5	87 177	103 590	339 351	928	17 032	1 173 132
PU	6,5	164 056	171 666	591 410	744	17 265	2 670 459
MBA	4,46	394 257	402 373	1 441 312	586	40 639	1 475 535

Tab. 2 Größe des Graphen G* zur Optimierung der Zykluszeit und Balancierung der Slacks für drei ausgewählte Chips

Chip	Anzahl der Knoten	Anzahl der Kanten
L2	52 999	2 103 937
PU	68 932	5 433 150
MBA	268 153	3 637 831

Tab. 3 Verbesserung des »worst slack« und der Anzahl der kritischen Signalpfade für drei ausgewählte Chips

Chip		»Worst Slack«	Anzahl der Signalpfade mit *Late-mode*-Slack kleiner als							
			<−0,2	<−0,1	<−0,0	<0,1	<0,2	<0,3	<0,4	<0,5
L2	vor Optimierung	−0,048	0	0	594	731	740	5 781	9 541	11 938
	nach Optimierung	0,031	0	0	0	0	0	0	0	0
PU	vor Optimierung	−0,103	0	1	143	1 384	11 349	51 578		
	nach Optimierung	0,060	0	0	0	44	1 617	44 285		
MBA	vor Optmierung	−0,224	5	44	400	2 633	9 901	21 780		
	nach Optimierung	0,051	0	0	28	89	2 283	18 768		

Abb. 14 Kritische Signalpfade des MBA-Chips (Slack < 0,2 ns) vor der Zykluszeitoptimierung

Die Abbildungen 14 und 15 visualisieren den Effekt der Zykluszeitoptimierung auf einen Blick. Pfade, die zwischen zwei Latchen existieren, sind durch eine gerade Verbindungslinie symbolisiert. Die Farben haben die folgenden Bedeutungen:

rot	negativer *Late-mode*-Slack;
gelb	*Late-mode*-Slack zwischen 0 und 200 ps;
dunkel-grün	negativer *Early-mode*-Slack;
hell-grün	*Early-mode*-Slack zwischen 0 und 200 ps.

Abbildung 14 zeigt diese Slacks vor der Optimierung, Abbildung 15 danach. Wir haben bewußt auch noch die Slacks bis zu 200 ps dokumentiert. Sie sind zwar positiv, können aber durch Prozeßvariationen und Fertigungsprobleme sehr schnell kritisch werden, so daß sie für die Stabilität des Chips sehr wesentlich sind. Zunächst entnehmen wir aus Tabelle 3 und den Abbildungen, daß auch nach der Optimierung einige *Late-mode*-Slacks negativ bleiben. Ein mathematischer Algorithmus optimiert zwar, er kann aber technologische Unabdingbarkeiten nicht ändern. So ist z. B. bei rund 10% der Latche technologisch vorgeschrieben, daß $l_s = u_s = 0$ ns sein soll. Das bedeutet, daß die Shift-Variable $y_s = 0$ sein muß und daher nichts bewirken kann.

Beachtlich ist die erhebliche Reduzierung der *Early-mode*-Probleme. Ohne Optimierungsalgorithmus hätten alle *Early-mode*-Probleme manuell durch Einfügen von

Abb. 15 Kritische Signalpfade des MBA-Chips (Slack < 0,2 ns) nach der Zykluszeitoptimierung

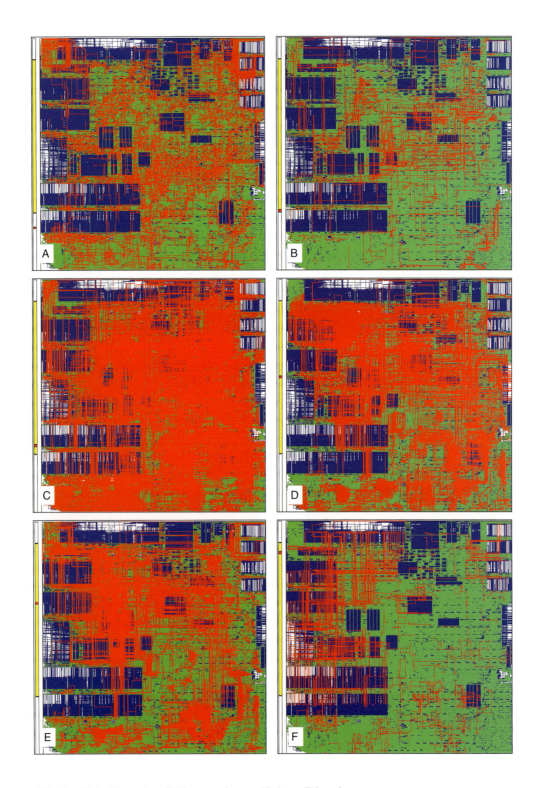

Abb. 16   Aktive Netze eines Zyklus zu sechs verschiedenen Zeitpunkten

geeigneten Buffern gelöst werden müssen. Man beachte, daß nach der Optimierung einige negative *Early-mode*-Slacks zusätzlich aufgetreten sind. Das Restriktionssystem ist interdependent. Durch »starkes Anziehen« bei den *late-mode-constraints* und durch die nachträgliche Optimierung der Slacks auf den Clock-Tree-Pfaden, die aber fertigungstechnisch sehr wünschenswert ist, kann dieser Effekt eintreten. Aber diese wenigen zusätzlichen negativen *Early-mode*-Slacks können durch Buffer behoben werden. Die extreme Reduzierung von Abbildung 14 nach Abbildung 15 ist evident.

Bei der mündlichen Präsentation konnten unter anderem Videosequenzen gezeigt werden, die die Signalverläufe auf einem Chip in einem skalierten Echtzeitmodell vorführten. Das wurde sowohl für den mathematischen Entwurf durch Simulationen als auch für den produzierten Chip durch das sogenannte PICA-Verfahren (*picosecond imaging circuit analyzer*) gezeigt. Wir zeigen in Abbildung 16 sechs Zeitpunkte während eines Zyklus. Der Balken links im Bild zeigt den jeweiligen Zeitpunkt. Nur die rot markierten Netze haben zu diesem Zeitpunkt einen Signal- resp. Elektronenfluß. Zu Beginn, d. h. noch außerhalb des eigentlichen Arbeitszyklus, sind die Clock-Netze aktiv, dann die Signalnetze mit unterschiedlichen Akzenten.

Wir haben mit der Frage begonnen: Wie lange lebt ein Bit in einem Computer? Die Antwort lautet: Extrem kurz und nur wegen der Mathematik noch etwas kürzer.

Literatur

ALBRECHT, C., KORTE, B., SCHIETKE, J., and VYGEN, J.: Cycle time and slack optimization for VLSI-chips. Proceeding ICCAD-99 IEEE/ACM International Conference on Computer Aided Design 1999; pp. 232 to 238

ALBRECHT, C., KORTE, B., SCHIETKE, J., and VYGEN, J.: Maximum mean weight cycle in a digraph and minimizing cycle time of a logic-chip. Erscheint in: Discrete Mathematics (1999 b)

BÜNNAGEL, U.: Effiziente Implementierung von Netzwerkalgorithmen. Diplomarbeit. Universität Bonn 1998

HETZEL, A.: Verdrahtung im VLSI-Design: Spezielle Teilprobleme und ein sequentielles Lösungsverfahren. Dissertation Universität Bonn 1995

KARP, R. M.: A characterization of the minimum mean cycle in a digraph. Discrete Mathematics *23*, 309 to 311 (1978)

KORTE, B. (Ed.): Mathematik, Realität und Ästhetik. Eine Bilderfolge zum VLSI-Chip Design. Berlin, Heidelberg, New York: Springer 1991

KORTE, B.: Mathematik: Realität – Gegensätze? In: Konferenz der deutschen Akademien (Hrsg.): Entdeckung, Erkenntnis, Fortschritt. Wechselwirkungen von Grundlagenforschung und angewandter Forschung. 1. Symposion der deutschen Akademien der Wissenschaften. S. 19–62. Mainz: von Zabern 1996

SCHIETKE, J.: Timing-Optimierung beim physikalischen Layout von nicht-hierarchischen Designs hochintegrierter Logikchips. Dissertation Universität Bonn 1999

VYGEN, J.: Plazierung im VLSI-Design und ein zweidimensionales Zerlegungsproblem. Dissertation Universität Bonn 1996

YOUNG, N. E., TARJAN, R. E., and ORLIN, J. B.: Faster parametric shortest path and minimum balance Algorithms. Networks *21*, 205–221 (1991)

Prof. Dr. Dr. h. c. Bernhard KORTE
Forschungsinstitut für Diskrete Mathematik
Rheinische Friedrich-Wilhelms-Universität Bonn
Lennéstraße 2
53113 Bonn
Bundesrepublik Deutschland
Tel.: (02 28) 73 87 70
Fax: (02 28) 73 87 71
E-Mail: dm@or.uni-bonn.de

Lebenszeiten im Mikrokosmos
– von ultrakurzen bis zu unendlichen und oszillierenden –

Von Herwig SCHOPPER (Hamburg/Genf)
Mitglied der Akademie

Mit 15 Abbildungen

Zusammenfassung

Die Messung der Lebensdauern von radioaktiven Zerfällen und das Verständnis ihres Ursprungs gab wichtige Hinweise auf das Wesen der Zeit und insbesondere des Zeitpfeiles, die immer noch Anlaß zu bis in die Philosophie reichenden Diskussionen geben. In jüngster Zeit konnte durch Experimente die Verletzung der Invarianz gegen Zeitumkehr im Mikrokosmos direkt nachgewiesen werden.

Die Messung von Lebensdauern liefert nicht nur wichtige Erkenntnisse über fundamentale Fragen in der Kern- und Elementarteilchenphysik, sondern führt auch zu mannigfaltigen Anwendungen. Experimentelle Methoden zur Bestimmung von extrem langen (20 Größenordnungen länger als das Weltalter) und äußerst kurzen Lebensdauern (im Femto- und Atto-Sekundenbereich) werden besprochen und an Beispielen erläutert.

Dazu gehören Aussagen über die Stabilität der Materie und Antimaterie, die Bestimmung der Stärke von Kräften und die Überprüfung von Modellen zu ihrer Vereinigung. Die quantenmechanisch interessanten Erscheinungen oszillierender Lebensdauern und ihre neuesten experimentellen Ergebnisse werden besprochen und die Konsequenzen für die Massen der Neutrinos aufgezeigt.

Abstract

The measurement of the lifetimes of radioactive decays and the understanding of their laws gave important indications for the properties of time in physics and of the arrow of time which is still not understood.

By measuring lifetimes important results in many branches of physics can be obtained, in particular in nuclear and particle physics. Experimental methods for the determination of extremely long lifetimes (20 orders of magnitude longer than the age of the universe) and extremely short lifetimes will be discussed. The results are relevant for the stability of matter, the production of superheavy elements, a better understanding of the forces in nature and their unification.

Finally, oscillating lifetimes resulting from quantum-mechanical interferences will be discussed for K- and B-Mesons. But also the exciting new results for neutrino-oscillations, indicating the existence of neutrino masses, will be described.

1. Einleitung

1.1 Was ist Zeit?

Wenn man über Lebenszeiten spricht, dann stellt sich zunächst die Frage: »*Was ist Zeit?*«. Als der heilige AUGUSTINUS danach gefragt wurde, antwortete er: »Wenn mich niemand fragt, weiß ich es. Will ich es einem Fragenden erklären, weiß ich es nicht mehr.« Und: »Was machte Gott, ehe er die Welt erschuf?« Antwort: »Er erschuf Höllen für Leute, die so dumme Fragen stellen.« (AUGUSTINUS) NEWTON legte den absoluten Raum und insbesondere die absolute Zeit fest: »Die absolute, wahre und mathematische Zeit verfließt an sich, vermöge ihrer Natur gleichförmig und ohne Beziehung auf irgendeinen äußeren Gegenstand.« (NEWTON 1687) Bei KANT wurden Raum und Zeit zu Anschauungsformen menschlicher Erkenntnis. Und in der Allgemeinen Relativitätstheorie von EINSTEIN verschmelzen Raum und Zeit »zu einem Agens in der Physik« (SCHMUTZER 1980). Heute herrscht im klassischen Urknall-Modell die Ansicht vor, daß Raum und Zeit mit dem Urknall entstanden, während in den »Inflationären Kosmologien« die Frage erlaubt ist, was vor dem Urknall passierte.

Eine andere fundamentale Frage betrifft den *Zeitpfeil*. Alle Gesetze der Physik sind invariant gegen Zeitumkehr, während wir im Makrokosmos erfahren, daß der Zeitablauf gerichtet ist, wir werden älter. Als Erklärung denkt man natürlich sofort an den 2. Hauptsatz der Thermodynamik. Aber schon EDDINGTON (1929) wies darauf hin, daß das Entropiegesetz keinen Inhalt besitzt, wenn der Zeitpfeil nicht unabhängig definiert wird. Auf weitere Erklärungsversuche des Zeitpfeils, wie z. B. elektromagnetische retardierte Lösungen, quantenmechanischer Zeitpfeil (BOHM et al. 1994), *Quantum-gravitation*-Zeitpfeil (WALD 1980), kann hier nicht eingegangen werden. Es sieht so aus, als ob der Zeitpfeil nicht durch Naturgesetze bestimmt wird, sondern durch die Anfangsbedingungen des Kosmos, d. h. durch Urknall und Expansion. (Weiteres findet sich bei JAMMER 1995, SCHULMAN 1997 und SAVITT 1997.)

Die Situation wird noch dadurch kompliziert, daß im Mikrokosmos bei der schwachen Kernkraft eine geringe Verletzung der Zeitumkehr-Symmetrie beobachtet wurde. Diese Symmetrie-Verletzung ist indirekt schon länger bekannt, sie wurde aber kürzlich direkt vom CPLEAR-Experiment bei CERN (ANGELOPOULOS et al. 1998) nachgewiesen und von der KTeV-Kollaboration beim FermiLAB in den USA bestätigt (vgl. MAVROMATOS 1998).

1.2 Radioaktiver Zerfall

Die Einführung der Lebensdauer in die Physik erfolgte nach der Entdeckung des radioaktiven Zerfalls. Seine Gesetzmäßigkeiten wurden 1989 von E. RUTHERFORD und dem Chemiestudenten F. SODDY erstmals aufgeklärt, indem sie erkannten, daß ein radioaktives Atom eine bestimmte Zerfallswahrscheinlichkeit besitzt, die von äußeren Einflüssen unabhängig ist. Dies war eine revolutionäre Idee, da sie der strengen Determiniertheit widersprach und probabilistische Betrachtungen in die Physik einführte. Außerdem implizierte sie die Umwandlung von Atomen, was anfangs nach Alchimie klang. Erst als die exponentielle Abnahme der Radioaktivität und die

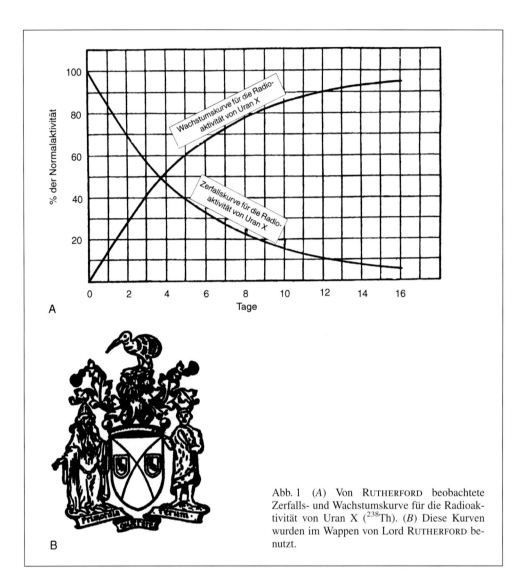

Abb. 1 (*A*) Von RUTHERFORD beobachtete Zerfalls- und Wachstumskurve für die Radioaktivität von Uran X (^{238}Th). (*B*) Diese Kurven wurden im Wappen von Lord RUTHERFORD benutzt.

gleichzeitige Zunahme des Zerfallsproduktes gezeigt werden konnte, erhielt die Vorstellung, daß radioaktive Atome eine Lebensdauer besitzen, Glaubwürdigkeit (SEGRÈ 1980; Abb. 1). Die beiden Kurven wurden als so wichtig angesehen, daß RUTHERFORD sie in seinem Wappen benutzte, als er geadelt wurde.

1.3 Messung von Lebensdauern

Zur Messung von Lebensdauern können je nach ihrer Länge verschiedene Methoden benutzt werden:
(*a*) Zerfallskurve relativ zur Anfangspopulation: Man mißt das exponentielle Abklingen der Aktivität N relativ zu einer Anfangsaktivität N_o,

$$N = N_o \times e^{-t/T} \quad [1]$$

Wenn die Lebensdauer T menschlichen Zeiten entspricht, dann kann die Messung mit Hilfe einer Stoppuhr erfolgen, so wie es RUTHERFORD tat. Mit Hilfe schneller Detektoren und elektronischer Schaltungen (z. B. verzögerte Koinzidenzen mit Start-Signal durch Reaktionspartner oder vorhergehenden Zerfall, Stop-Signal durch Beobachtung folgender γ-Quanten) werden heute in der Kern- und Elementarteilchenphysik Lebensdauern bis herunter zu etwa 10^{-10} s gemessen.

(b) Für sehr lange Lebensdauern T muß ein anderer Weg gegangen werden, bei der allerdings die Zahl der zerfallenden Teilchen N_o bekannt sein muß. Man benutzt die differentielle Form der Gleichung [1]

$$dN = -\lambda\, N_o \times dt \quad \text{mit } \lambda = 1/T, \qquad [2]$$

d. h., man zählt die Zerfälle dN in der Zeit dt und kann λ bei bekanntem N_o berechnen. Wie spätere Beispiele zeigen werden, kann man mit großem N_o und guter Abschirmung gegen Untergrundstrahlung Lebensdauern, die ein Vielfaches des Weltalters sind, bestimmen.

(c) Extrem kurze Lebensdauern lassen sich aus der natürlichen Linienbreite eines Zustandes mit Hilfe der Heisenbergschen Unschärfe-Relation $\tau \times \Gamma = \eta$ bestimmen. Setzt man für $\hbar$ den Zahlenwert ein, dann findet man

$$\tau = 6{,}58 \times 10^{-22} \text{MeVs}/\Gamma, \qquad [3]$$

d. h. wenn $\Gamma \approx 1$ MeV, dann beträgt die Lebensdauer $\tau \approx 10^{-21}$ s.

(d) Sehr kurze Lebensdauern lassen sich auch mit der Laufwegmethode ermitteln: Bei bekannter Geschwindigkeit (aus Erzeugungskinematik) kann aus der Laufstrecke L bis zum Zerfall (Vertex) die Lebensdauer τ bestimmt werden:

$$L = v \cdot \tau. \qquad [4]$$

2. »Unendlich« lange Lebensdauern

Eine der interessantesten Fragen der Physik betrifft die Stabilität der Materie. Besitzt Materie eine »unendlich lange« Lebensdauer oder ist ihre Lebensdauer nur »zufällig« länger als das Erdalter?

2.1 Erdalter

Eine der bekanntesten Anwendungen des radioaktiven Zerfalls ist die Bestimmung des Erdalters. Bei der »radioaktiven Zerfalls-Uhr« benutzt man ein radioaktives Element, dessen Lebenszeit sehr lang ist und die nach der Methode unter *1,3 (b)* gemessen wurde. Mißt man in einem Gestein die Menge eines solchen radioaktiven Ausgangselementes und seines Folgeproduktes, dann kann daraus die Lebensdauer berechnet werden. Im Laufe der letzten Jahrzehnte wurden verschiedene Methoden entwickelt, z. B. unter Verwendung der Paare ^{208}Uran – ^{206}Blei, ^{87}Rubidium – ^{87}Strontium (Halbwertszeit $4{,}7 \times 10^{10}$ a) oder ^{40}Kalium – ^{40}Argon (Halbwertszeit $1{,}28 \times 10^9$ a).

Da über die Altersbestimmung der Erde auf früheren Jahresversammlungen der Leopoldina von Herrn GENTNER (1959) und zuletzt von Herrn HAXEL (1987) berichtet wurde, soll hier nicht näher darauf eingegangen werden. Insbesondere von Herrn GENTNER wurde auch das Alter von Meteoriten bestimmt, so daß sich nicht nur eine Aussage über das Alter der Erde, sondern auch des Sonnensystems machen läßt. Zusammenfassend läßt sich feststellen, daß alle Beobachtungen für ein Alter des Planetensystems von etwa $4{,}5 \times 10^9$ Jahren sprechen. Dies bedeutet aber auch, daß die Elemententstehung vor dieser Zeit stattgefunden haben muß.

2.2 Stabilität der Atomkerne, Superschwere Kerne

Der überwiegende Teil der Materie ist in den Atomkernen konzentriert. Das Verständnis der Stabilität der Materie ist daher eng verknüpft mit einer durch Experimente gestützten Theorie der Atomkerne. Ähnlich wie die Atome besitzen auch die Atomkerne eine Schalenstruktur, allerdings für Protonen und Neutronen getrennt, wobei Kerne mit abgeschlossenen Schalen (»magische Zahlen«) besonders stabil sind. Dieses Schalenmodell muß bei schweren Kernen durch das Tröpfchenmodell ergänzt werden, das insbesondere Verformungen der Kerne berücksichtigt. Damit werden die Bindungsenergien der Kerne und damit ihre Stabilität verständlich. In Abbildung 2 sind die Bindungsenergien in Abhängigkeit von der Protonenzahl Z und der Neutronenzahl N dargestellt. Die über die Oberfläche hinausragenden Kerne sind stabil, wobei die Bindungsenergien für doppelt magische Kerne besonders groß sind, was dort zu hohen Gebirgen führt (z. B. ^{208}Pb mit Z = 82, N = 126).

Mit dieser Theorie werden auch die Lebensdauern schwerer Kerne verständlich. Das Periodische System der Elemente bricht ab, wenn die Lebensdauern kürzer als das Weltalter sind, wobei diese durch spontane Spaltung und α-Zerfall begrenzt sind. Meist tritt α-Zerfall häufiger auf als spontane Spaltung, da für diesen die Potentialbarrieren im allgemeinen kleiner sind. Der schwerste natürlich vorkommende Kern

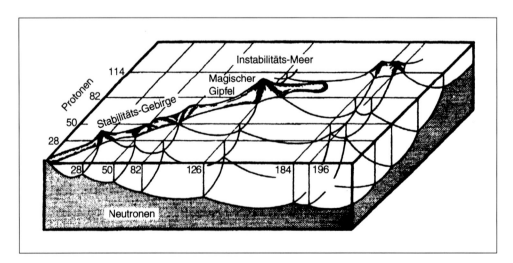

Abb. 2 Bindungsenergien der Atomkerne als Funktion der Protonenzahl Z und der Neutronenzahl N. Die magischen Zahlen sind eingezeichnet. (MAYER-KUCKUCK 1984)

ist ^{238}Uran, dessen α-Zerfall eine Halbwertszeit von $4,5 \times 10^9$ a besitzt. Jenseits von Uran werden die Lebensdauern gegenüber spontaner Spaltung oder α-Zerfall zu kurz, die Elemente sind im Laufe des Erdalters ausgestorben. Allerdings sagt die Theorie voraus, daß es bei den doppelt magischen Zahlen bei Z = 108, N = 162 eine an das »Bleigebirge« (vgl. Abb. 2) nach oben anschließende Halbinsel und schließlich bei Z = 114, N = 184 eine isolierte Insel von relativ stabilen Kernen geben sollte. Die Stabilität bezieht sich vor allem auf die spontane Spaltung für die relativ lange Lebensdauer von vielen Sekunden, ja bis zu Jahren erwartet werden. Dann ist Stabilität begrenzt durch α-Zerfälle, deren Lebensdauern sich nach der Gamovschen Tunneltheorie aus den Massenzahlen ohne Detailkenntnisse der Kernstruktur gut berechnen lassen und die dann auch zur Identifizierung der zerfallenden Kerne benutzt werden können.

Die Verifizierung dieser Vorhersagen wird als kritischer Test für unser Verständnis von der Stabilität der Atomkerne angesehen, und erhebliche experimentelle Anstrengungen konzentrierten sich daher in den vergangenen Jahren darauf.

Die Herstellung von superschweren Kernen stößt allerdings auf erhebliche Schwierigkeiten. Sie lassen sich in Kernreaktionen durch Verschmelzung von zwei Ausgangskernen erzeugen, wobei:

– die Reaktion zu einem Kern mit großem Neutronenüberschuß führen muß (sonst führt die Coulomb-Abstoßung zwischen den Protonen zum Zerplatzen);
– der primär erzeugte Kern eine geringe Anregungsenergie besitzen muß, da er sonst sofort in mehrere Stücke auseinander bricht;
– die Ausgangskerne für die Fusion schwierig zu beschaffen sind (seltene Isotope mit vielen Neutronen).

Für das Gelingen solcher Experimente sind große Erfahrungen, sowohl hinsichtlich der Reaktionsmechanismen als auch über den Nachweis der erzeugten Kerne, erforderlich, die in den drei Laboratorien *Gesellschaft für Schwerionenforschung GSI*, Darmstadt, *Joint Institut für Nuclear Research JINR,* Dubna (Rußland) und dem *Lawrence Radiation Laboratory*, Berkeley (USA) bestehen.

Während der letzten Jahre gelang es, eine Reihe von superschweren Elementen künstlich herzustellen, wobei man sich langsam an die »Halbinsel« herantastete (vgl. Abb. 3)[1]. Ein Durchbruch gelang, und die »Halbinsel« konnte endgültig bestätigt werden, als bei der *GSI* das bisher schwerste Element mit der Ordnungszahl 112 nachgewiesen werden konnte (HOFMANN et al. 1996). Zu seiner Herstellung wurde die Reaktion ^{208}Pb + ^{70}Zn benutzt, und der Nachweis erfolgte mit Hilfe von zwei α-Zerfallsketten, von denen diejenige mit 6 Gliedern in Abbildung 4 gezeigt ist. Man sieht, daß das Element 112 die recht kurze Halbwertszeit von 280 µs besitzt, während diejenige von den Elementen 108 (Meitnerium) und 109 (Hassium) 19,7 bzw. 7,4 s beträgt. Dies wird durch einen Blick auf die Nuklidkarte (vgl. Abb. 3) verständlich. Element 112 befindet sich schon etwas jenseits der Halbinsel, während die anderen beiden Elemente genau darin liegen.

---

[1] Die in starker Konkurrenz liegenden drei Laboratorien konnten schließlich eine Einigung über die Namensgebung der Elemente bis zur Ordnungszahl 109 erzielen. Die darüberliegenden Isotope werden bisher durch ihre Protonenzahl bezeichnet.

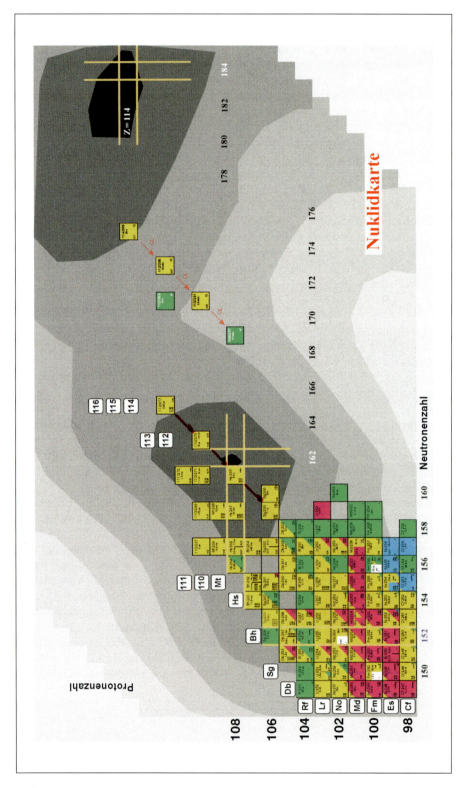

Abb. 3   Nuklidkarte für die Transuranelemente (OGANESSIAN 1999). Die roten Pfeile geben beobachtete α-Zerfälle an.

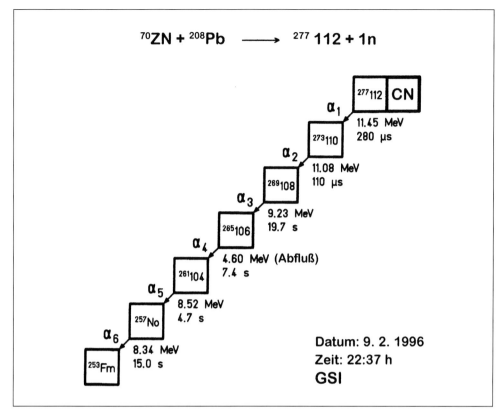

Abb. 4   Zerfall von Element $^{277}112$. Eine Serie von 7 α-Zerfällen konnte beobachtet werden. Es sind jeweils die Energien der α-Teilchen und die Lebensdauern angegeben (HOFMANN 1996).

Einiges Aufsehen erregte vor wenigen Wochen die Bekanntgabe, daß am *JINR* in Dubna das Element 114 nachgewiesen wurde (OGANESSIAN 1999). Zu seiner Erzeugung wurde die Kernreaktion ^{244}Pu + ^{48}Ca benutzt. Eine Schwierigkeit bestand darin, daß das besonders neutronenreiche Isotop ^{244}Pu nur in Kernexplosionen hergestellt werden kann. Das *Livermore Laboratorium* stellte 10 mg davon dem *JINR* zur Verfügung. Auch als Projektil diente ein ungewöhnliches und teueres Isotop ^{48}Ca, und für seine effiziente Benutzung mußte eine eigene Ionenquelle (mit deutscher Hilfe) entwickelt werden. Es wurde am 25. 12. 1998 ein Ereignis mit 3 konsekutiven α-Zerfällen (vgl. Abb. 3) beobachtet, die vom Isotop ^{289}114 ausgehen. Dazu wurde ein raffinierter Detektor verwendet, der schon bei früheren Experimenten zum Einsatz kam. Ein einziges Ereignis mag als nicht überzeugend erscheinen, jedoch besteht bei den meisten Experten Übereinstimmung, daß die Evidenz schlüssig ist. Wie die Nuklidkarte zeigt, befindet sich dieses Isotop am Rande der »Insel«, und deshalb ist verständlich, daß seine Halbwertszeit mit 30 s relativ kurz ist. Ob es je gelingen wird, den doppelt magischen Bereich bei Z = 114 und N = 184 zu erreichen, ist ungewiß. Jedoch kann jetzt die Existenz der »Insel« der superschweren Kerne als erwiesen angesehen werden. Im Frühjahr 1999 wurde am *Lawrence Berkley National Laboratory* in der Reaktion ^{208}Pb + ^{86}Kr die Synthese des Elements ^{293}118 gemeldet (ACKERMANN 199).

2.3 Proton-Lebensdauer

Die Atomkerne bestehen aus Protonen und Neutronen. Die Frage bezüglich der Stabilität der Materie reduziert sich daher darauf, ob diese Teilchen stabil sind. Das freie Neutron zerfällt in ein Proton unter Aussendung eines Elektrons und eines Neutrinos. Wie steht es mit dem Proton? Wir wissen heute, daß Protonen und Neutronen aus Quarks bestehen. Außer den Quarks, die die starke Kernkraft »fühlen«, gibt es eine zweite Teilchenfamilie, die Leptonen (bekanntestes Familienmitglied ist das Elektron), die nur der elektromagnetischen und der schwachen Kernkraft unterliegen (Abb. 5).

Im sogenannten Standard-Modell der Elementarteilchen sind keine Übergänge zwischen den beiden Teilchenfamilien erlaubt (Erhaltung der Baryonen- und Leptonen-Zahl), was die Stabilität von Proton und (gebundenem) Neutron und damit der Materie garantiert. Besitzen aber die Quarks wirklich eine unendlich lange Lebensdauer?

Damit verknüpft ist die Frage: Warum gibt es überhaupt die zwei Teilchenfamilien Quarks und Leptonen, die im Standard-Modell ohne Bezug nebeneinander stehen (Abb. 5)? Da die beiden Familien sich durch die Kräfte unterscheiden, denen sie unterliegen, kann man hoffen, daß eine Theorie, die die Kernkraft mit den anderen beiden vereinigt, die Beziehung zwischen den Quarks und Leptonen klärt.

Eine Klasse von Theorien, bei denen dies versucht wurde, sind die *Grand Unified Theories* (GUT). Im Rahmen der GUT gehören Quarks und Leptonen zu dem selben Teilchen-Multiplett, und Umwandlungen zwischen ihnen sind dann möglich, wobei der Austausch eines X-Teilchens den Übergang bewirkt. Dies hat zur Folge, daß das

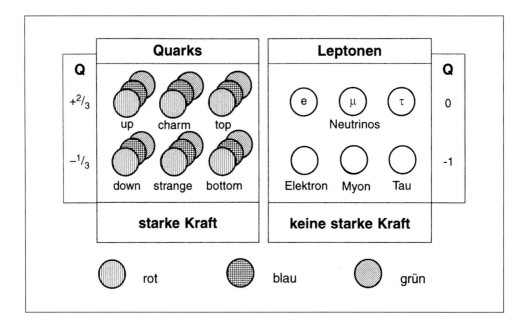

Abb. 5 Periodisches System der Elemtarteilchen. Quarks und Leptonen sind Fermionen (Spin ½). Quarks unterliegen der starken Kernkraft (Farbladungen). Q = elektrische Ladung. Übereinanderstehende Paare können durch die schwache Kernkraft ineinander umgewandelt werden.

Proton zerfallen kann. Der häufigste Zerfallsprozeß (etwa 50%) ist

$$p \to e^+ + \pi^0, \text{ wobei im Inneren des Protons der Prozeß} \qquad [5]$$

$(u, du) \to (u, u^C e^+) \to \pi^0 + e^+$ abläuft, also

```
d ─────────────  u^C
         ⋮
    X    ⋮
         ⋮
u ─────────────  e^+
```

wobei das (u,d)-Paar sich unter Austausch eines X-Teilchens in ein Anti-u-Quark (u^C) und ein Positron umwandelt. Das u^C-Quark verbindet sich mit dem »Zuschauer«-u-Quark zu einem π^0-Meson, das anschließend in zwei γ-Quanten zerfällt. Da auch das Positron unter Einfang eines Elektrons zerstrahlt, bleibt vom Proton schließlich nur noch Strahlung über.

Die GUT-Theorien gestatten eine Vorhersage über die Lebensdauer des Protons. So liefert z. B. die GUT SU(5)-Theorie die Abschätzung

$$t \approx M_X^4 / \alpha_5^2 \cdot m_p^5, \qquad [6]$$

wobei M_x die Masse des X-Teilchens und die Kopplungskonstante α_5 aus LEP-Experimenten (Extrapolation der Kopplungskonstanten) abgeschätzt werden können. Man findet

$$t(p \to e^+ + \pi^0) = 5{,}3 \times 10^{30 \pm 1{,}4} \text{ a}, \quad \text{d. h.} < 10^{32} \text{ a}. \qquad [7]$$

Das Weltall hat etwa 2×10^{10} Jahre, und die Wahrscheinlichkeit, daß das Proton in dieser Zeit zerfällt, beträgt nur $\approx 10^{-20}$. Kann man so lange Lebenszeiten messen und damit die Theorie überprüfen?

Als Quelle für die Proton-Zerfälle benutzt man am besten Wasser, das nicht nur viele Protonen enthält, sondern das gleichzeitig auch als Nachweisgerät dienen kann. Die beim Zerfall entstehenden geladenen Teilchen erzeugen, da sie genügend energiereich sind, im Detektor eine sogenannte Cherenkov-Strahlung, die mit Photomultipliern nachgewiesen werden kann. Bei der erwarteten Lebensdauer erhält man allerdings nur etwa 0,1 Zerfälle/Tonne/Jahr. Ein solches Experiment erfordert daher viele Tonnen Wasser für den Detektor, und um Umgebungsstrahlung zu unterdrücken, stellt man ihn am zweckmäßigsten in einem Bergwerk auf.

Als Beispiel soll der gegenwärtig wohl leistungsfähigste Detektor erwähnt werden. Er trägt den Namen *Superkamiokande* (Abb. 6) und befindet sich in Japan in einem Bergwerk in 870 m Tiefe. Er enthält 50 000 t hochreines Wasser, das umgeben ist von 13 000 Cherenkov-Zählern. Die dafür benötigten Photomultiplier mit einem Durchmesser von 20″ wurden eigens von einer japanischen Firma entwickelt, die dadurch eine führende Weltposition erreichte. Die Gesamtkosten betrugen etwa 200 Millionen $.

Die neuesten Ergebnisse wurden auf der *International Conference on Elementary Particle Physics* in Vancouver im Dezember 1998 mitgeteilt:

$$t(p \to e^+ + \pi^0) > 2{,}1 \times 10^{33} \text{ a} \qquad [8]$$

$$t(p \to K^+ \bar{\nu}) > 5{,}5 \times 10^{32} \text{ a}. \qquad [9]$$

Diese Ergebnisse müssen als ein Triumph der Meßtechnik angesehen werden, da es gelang, Lebensdauern zu messen, die viele Größenordnungen über dem Weltalter lie-

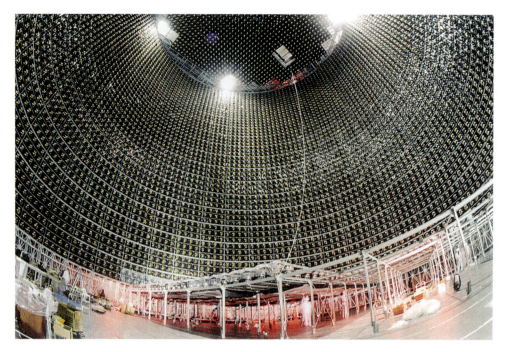

Abb. 6 *Superkamiokande*-Detektor (Japan). Blick in den mit reinstem Wasser gefüllten Tank, dessen Wände mit Photomultiplieren bedeckt sind, um Cherenkov-Strahlung zu beobachten.

gen. Aus diesen und anderen Messungen (insbesondere an LEP) folgt, daß die Vorhersage der GUT SU(5) nicht gültig ist und diese Theorie daher falsifiziert ist.

Eine Alternative bieten die SUSY-GUT, eine Klasse von Theorien, in denen eine Symmetrie zwischen den Materieteilchen (Quarks und Leptonen) und den Kräfteträgern (Lichtquanten, Gluonen, W- und Z- Teilchen) gefordert wird. Bei ihnen ist der bevorzugte Zerfall $p \to K^+ + \bar{\nu}$, für dessen Lebensdauer die Experimente auch eine untere Grenze lieferten (Gleichung [9]). Allerdings besitzen diese Theorien genügend freie Parameter, so daß die erwartete Lebensdauer leicht mit den Experimenten in Einklang gebracht werden kann.

3. Ultrakurze Lebensdauern

3.1 LEP – die größte Kollisionsmaschine

Als Beispiele für die Bestimmung extrem kurzer Lebensdauern möchte ich einige Ergebnisse aus der Elementarteilchenphysik besprechen, und ich hoffe auf Verständnis, daß ich mich dabei vor allem auf Experimente an der großen Kollisionsmaschine LEP beziehe, die in den achtziger Jahren unter meiner Leitung bei CERN gebaut wurde und bei der es sich um das größte je realisierte Forschungsprojekt handelt. In einer kreisförmigen Vakuumröhre mit einem Umfang von fast 27 km, 50 bis 140 Meter unter der Erde, laufen Elektronen und ihre Antiteilchen, die Positronen, in entgegengesetztem Sinn um, wobei sie von mehr als 3000 Magneten auf der Kreisbahn gehalten werden (Abb. 7).

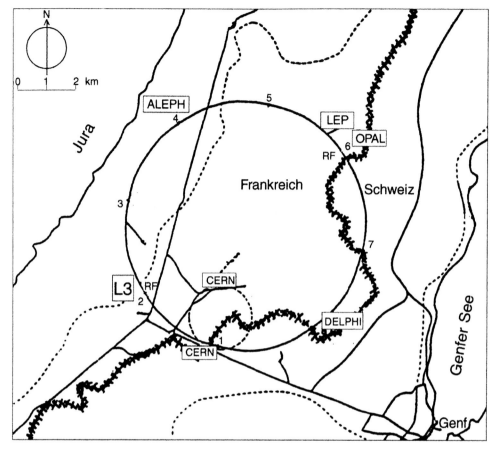

Abb. 7 LEP bei CERN (Genf). In dem in einem Tunnel installierten Magnetring werden Kollisionen zwischen Elektronen und Positronen erzeugt. Mit 27 km Umfang ist LEP das größte Forschungsinstrument.

Es ist jedoch nicht die Größe, die beeindruckt, sondern die gleichzeitig erforderliche Präzision. Die Abweichung der Teilchenbahn von dem geplanten Umfang von etwa 27 km durfte nicht mehr als 2,5 cm betragen. Um die für die Experimente geforderte genaue Energiedefinition zu erhalten, mußten die Gezeiten der Erdkruste, ja sogar Störströme der nahe gelegenen Eisenbahn berücksichtigt werden.

Im Forschungsprogramm von LEP spiegeln sich aber auch die neuen Fragestellungen zur Erforschung der Materie wider. Anstatt die Materie immer weiter zu zerlegen (»Atomzertrümmerer«), richtet sich jetzt das Interesse darauf, neue Materieformen zu erzeugen. Treffen Teilchen und Anti-Teilchen aufeinander, dann vernichten sie sich, wobei die Massen vollständig in Energie umgewandelt werden. Die dabei entstehende hohe Konzentration von Energie ergibt eine Art Feuerball. Sofort anschließend wandelt sich diese Energie wieder in Materie zurück, wobei auch neue unbekannte Teilchen erzeugt werden können. Mit diesen in LEP erzeugten Feuerbällen versuchen wir, uns dem kosmischen Urknall von niederen Energien mit »Mini-Urknällen« anzunähern, und in den gegenwärtigen Experimenten untersuchen wir bereits Materiezustände bei Energiekonzentrationen, wie sie etwa eine Milliardstel Sekunde nach dem Urknall existierten. Wir haben es hier mit einer faszinierenden Vereinigung der Erforschung des Makro- und Mikrokosmos zu tun.

3.2 Laufzeitmethode

Als Beispiel für die Laufzeitmethode soll die Bestimmung der Lebensdauer der B-Mesonen erläutert werden. Diese ist sehr interessant, da sie Aufschlüsse über den Mechanismus der Mischung der Quark-Zustände gibt (Bestimmung des Elementes V_{cb} in der CKM-Matrix).

Entstehen die B-Teilchen in der e^+e^--Vernichtung, dann läßt sich aus der Erzeugungskinematik ihre Energie bzw. Geschwindigkeit berechnen. Bei bekannter Geschwindigkeit kann aber aus der Laufstrecke L bis zu ihrem Zerfall (Vertex) die Lebensdauer bestimmt werden aus der (relativistischen) Beziehung:

$$L = v, \tau = (E/m) \cdot c \cdot \tau. \qquad [10]$$

Die Strecke L ergibt sich aus dem Abstand zwischen Strahlkreuzung und Zerfallsvertex, der aus mehreren Zerfallsspuren rekonstruiert wird. Dabei kann durch die eindrucksvolle Entwicklung von sogenannten Mikrostrip-Silizium-Detektoren eine Genauigkeit in der Lokalisierung der Teilchenspuren von etwa 10 Mikrometer erreicht werden.

Eine Variante besteht darin, daß man auf die Rekonstruktion des Zerfallsvertex verzichtet und nur das beim Zerfall entstehende Lepton beobachtet. Dann verlängert man seine Spur nach rückwärts und mißt den kleinsten Abstand vom Entstehungspunkt, den sogenannten Impakt-Parameter. Für ihn gilt

$$P \approx c \cdot \tau, \qquad [11]$$

d.h., man braucht die Geschwindigkeit in erster Näherung nicht zu kennen. Bei Lebensdauern von etwa 10^{-12} s betragen die Flugstrecken wenige Millimeter, wobei die Unsicherheiten in der Bestimmung des Entstehungs- und Zerfallsortes auch in der Gegend von Millimetern liegen. Das bedeutet, daß die beobachteten Lebensdauerkurven aus einer Faltung der eigentlichen Lebensdauer mit der instrumentellen Auflösung bestehen.

Ein Beispiel für eine solche Messung ist in Abbildung 8 für die beiden Methoden gezeigt. Die Verteilungen auf der negativen Seite stellen die instrumentelle Auflösung dar, während die Verbreiterung der Verteilungen auf der positiven Seite durch die endliche Lebensdauer, die durch einen Fit bestimmt werden kann, bewirkt wird. Die aus den beiden Methoden abgeleiteten Lebensdauern stimmen gut überein und liegen bei $1,5 \times 10^{-12}$ s.

3.3 Lebensdauer aus der Linienbreite

Als Beispiel für die Bestimmung der Lebensdauer aus der Niveaubreite eines Zustandes sollen die Messungen am Z-*Teilchen*, dem neutralen Träger der schwachen Wechselwirkung (manchmal »schweres Photon« genannt), dienen. Da es sich beim Z um ein fundamentales Teilchen handelt, wurde die Energie der ersten Stufe von LEP gerade so gewählt, daß sie ausreiche, um Z-Teilchen in großen Mengen zu erzeugen

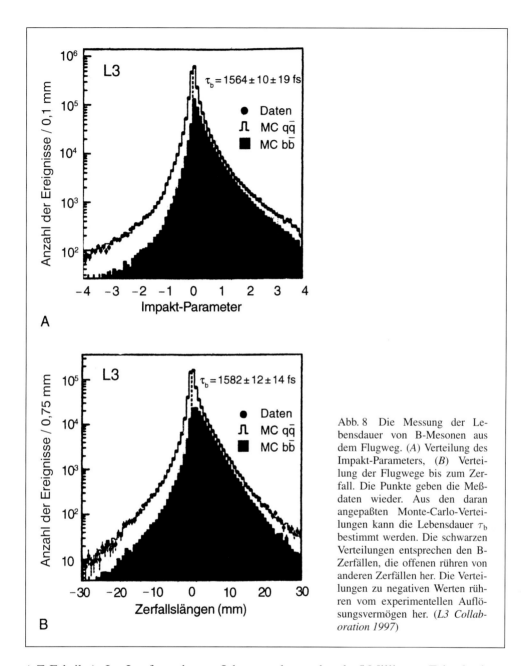

Abb. 8 Die Messung der Lebensdauer von B-Mesonen aus dem Flugweg. (A) Verteilung des Impakt-Parameters, (B) Verteilung der Flugwege bis zum Zerfall. Die Punkte geben die Meßdaten wieder. Aus den daran angepaßten Monte-Carlo-Verteilungen kann die Lebensdauer τ_b bestimmt werden. Die schwarzen Verteilungen entsprechen den B-Zerfällen, die offenen rühren von anderen Zerfällen her. Die Verteilungen zu negativen Werten rühren vom experimentellen Auflösungsvermögen her. (*L3 Collaboration 1997*)

(»Z-Fabrik«). Im Laufe mehrerer Jahre wurden mehr als 5 Millionen Z beobachtet, wodurch die Hochenergiephysik zur Präzisionsphysik wurde.

Wenn die Summe der Energie der zusammenstoßenden Elektronen und Positronen genau der Z-Masse entspricht, dann wird dieses Teilchen resonanzartig mit großer Wahrscheinlichkeit erzeugt. Liegt diese Summe etwas daneben, dann nimmt die Erzeugungswahrscheinlichkeit rasch ab, und man erhält eine typische Resonanzkurve (Abb. 9). Man beachte die sehr gestreckte Energieskala, die eine genaue Bestimmung der Masse und der Linienbreite bedeutet.

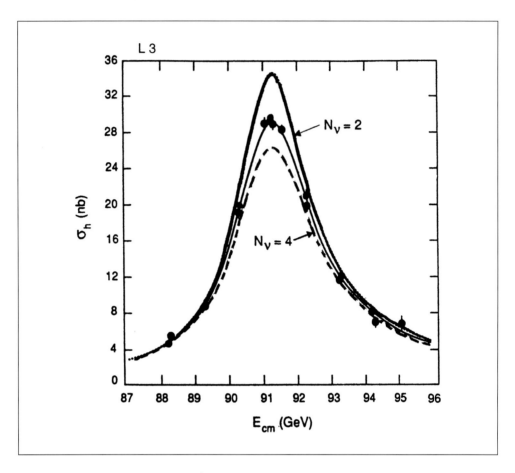

Abb. 9   Z-Erzeugung als Funktion der e^+e^- Energie E_{cm}, gemessen von den 4 LEP-Experimenten. Man beachte den stark unterdrückten Nullpunkt.

Für die Z-Masse erhält man als Mittel aus allen 4 LEP-Experimenten

$$M = 91{,}187 \pm 0{,}007 \text{ GeV}/c^2, \qquad [12]$$

eine große Masse, die etwa einem mittelschweren Atomkern entspricht. Für die Linienbreite findet man

$$\Gamma = 2{,}490 \pm 0{,}007 \text{ GeV}, \qquad [13]$$

woraus sich mit Hilfe der Unschärfe-Relation für die Lebensdauer des Z-Teilchens

$$\tau = \hbar/\Gamma = (2{,}643 \pm 0{,}009) \cdot 10^{-25} \text{ s} \qquad [14]$$

ergibt.

Viele der Zerfälle des Z enden in geladenen Teilchen, und sie können daher direkt beobachtet werden. Das Z kann jedoch auch in Teilchen zerfallen, die im Detektor nicht sichtbar werden, so in ein Neutrino-Antineutrino-Paar. Auch solche Zerfallsarten tragen zur gesamten Zerfallswahrscheinlichkeit und damit auch zur Linienbreite bei. In Abbildung 9 sind Kurven eingetragen, die ohne einen freien Parameter für verschiedene Anzahlen von Neutrinosorten berechnet wurden. Wie man erkennt, stimmen die Meßdaten nur mit drei Neutrinosorten überein. Dies ist ein äußerst wichtiges Resultat. Da das Z-Teilchen wegen seiner großen Masse in alle leichteren Teilchen, insbesondere in Neutrinos, zerfallen kann, bedeutet dies, daß das in Abbildung 5 gezeigte Schema mit drei Neutrinosorten vollständig ist. Aus Symmetrie-Betrachtungen folgt daraus, daß auch die Zahl der geladenen Leptonen und die der Quark-Paare 3 beträgt, so daß das Periodische System der Elementarteilchen innerhalb des Standard-Modells vollständig ist. Die Tatsache, daß es nur drei Neutrinosorten gibt, hat auch für die Kosmologie wichtige Konsequenzen.

3.4 Attosekunden-Mikroskop

Schließlich soll noch eine Methode kurz besprochen werden, die es gestattet »Blitzlichtaufnahmen« von Quantensystemen bei Zeiten von 10^{-18} s zu machen. HEISENBERG (1927) hatte folgendes Meßverfahren vorgeschlagen: »Wenn die Geschwindigkeit des Elektrons im Atom in einem bestimmten Augenblick gemessen werden soll, so wird man etwa in diesem Augenblick die Kernladung und die Kräfte von den übrigen Elektronen plötzlich verschwinden lassen, so daß die Bewegung von da ab kräftefrei verläuft ... «. Die Frage stellt sich, wie plötzlich dies geschehen muß. Offenbar muß die Meßzeit kurz sein gegen die Umlaufzeit der Elektronen ($\approx 10^{-17}$ s) und kurz gegen die Informationsübertragung zwischen den Elektronen (beim Abstand von einigen 10^{-11} m, folgt $\approx 10^{-19}$ s). Um die Kernladung abzuschalten, sind aber außerdem Leistungen von etwa 79 eV (Bindungsenergie der beiden Elektronen in He) auf der Fläche des Atoms nötig. Laser geben zwar entsprechende Leistungsdichten, aber ihre Impulse sind viel zu lang (Femtosekunden).

Mit Hilfe von relativistischen schweren Ionen läßt sich jedoch am Ort eines Atoms ein Strahlungsimpuls erzeugen, der die geforderten Eigenschaften erfüllt. So stehen

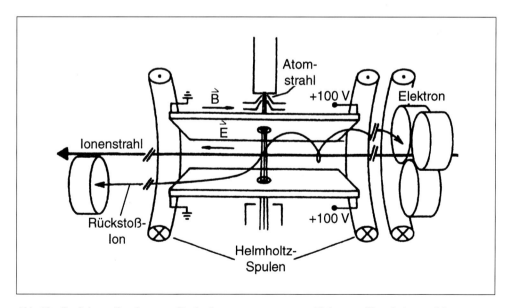

Abb. 10 Reaktionsmikroskop zur Beobachtung »momentaner« Elektronen-Korrelationen (MOSHAMMER 1996)

bei der *GSI* in Darmstadt 92-fach geladene Uran-Ionen mit Energien bis zu 1 GeV/u zur Verfügung, was Projektilgeschwindigkeiten von 88 % der Lichtgeschwindigkeit entspricht. Fliegt ein solch hochgeladenes relativistisches Teilchen etwa im Abstand von 2 Kernradien an einem Helium-Atom vorbei, dann erzeugt es infolge der relativistischen Zeitkompression des Coulomb-Feldes am Ort des Atoms einen elektromagnetischen Impuls mit einer Länge von etwa $0{,}2 \times 10^{-18}$ s mit Feldstärken von mehr als 10^{11} V/cm und damit Leistungsdichten von mehr als 10^{21} W/cm^2. Dies reicht aus, um mehrere Elektronen aus einem gebundenen, korrelierten quantenmechanischen Anfangszustand gleichzeitig in einen kräftefreien, klassischen Endzustand zu bringen.

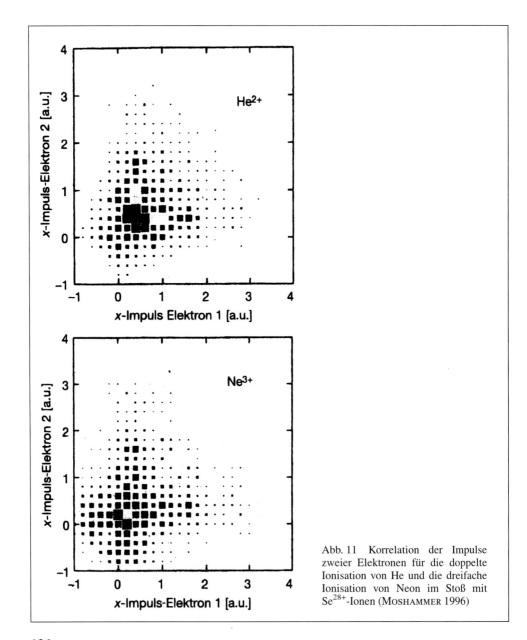

Abb. 11 Korrelation der Impulse zweier Elektronen für die doppelte Ionisation von He und die dreifache Ionisation von Neon im Stoß mit Se^{28+}-Ionen (MOSHAMMER 1996)

Natürlich ist die Idealsituation des Heisenbergschen Gedankenexperiments nicht ganz erfüllt, so daß bei der Interpretation der Experimente auf die Wechselwirkung im Endzustand korrigiert werden muß. In einem Atom mit mehreren Elektronen wird die Atomhülle beschrieben durch eine antisymmetrische Wellenfunktion, die die Orts- und Spinvariablen der Elektronen enthält. Sie ist schon bei He sehr kompliziert (600 Parameter), kann aber genau berechnet werden.

Zur Messung der Elektronen-Korrelation wurde ein »Reaktionsmikroskop« entwickelt (ULLRICH 1998), das einen großen Raumwinkel zur gleichzeitigen Beobachtung mehrerer Elektronen besitzt (Abb. 10: Reaktionsmikroskop). Mit dieser weltweit konkurrenzlosen Anordnung können bis zu 10 Elektronen und das rückgestoßene Target-Ion simultan mit guter Impulsauflösung gemessen werden. In Abbildung 11 sind als Beispiel die Korrelationen, die in einem Pilot-Experiment erhalten wurden, zwischen je zwei Elektronen für die doppelte Ionisation von Helium und die dreifache Ionisation von Neon beim Stoß von Se^{28+}-Ionen mit einer Energie von 3,6 MeV/u dargestellt. Man erkennt deutlich, daß jeweils ein niederenergetisches Elektron mit einem hochenergetischen auftritt.

Solche Messungen benötigen nur wenige Minuten mit einer Beobachtung von bis zu 5 Elektronen. Dieses Verfahren könnte eine Standardmethode zur Untersuchung korrelierter elektronischer Strukturen von Vielteilchensystemen (z.B. angeregte Atome, Moleküle, Cluster) bei Zeiten bis hinunter zu 10^{-21} s werden. Sie kann auch in anderen Bereichen der Physik angewendet werden. Vor kurzem wurde sie dazu benutzt, um die Kurzzeit-Winkelkorrelation der beiden Halo-Neutronen im ^{11}Li zu messen (IEKI 1996, ZINSER 1997).

4. Oszillierende Lebensdauern

Nach dem allgemeinen Zerfallsgesetz nimmt die Zahl von »radioaktiven« Teilchen mit der Zeit exponentiell ab. In der Teilchenphysik gibt es jedoch auch die Möglichkeit, daß zwei Teilchenzustände mit weitgehend identischen Quantenzahlen interferieren, mit der Konsequenz, daß der exponentielle Abfall mit einer Oszillation überlagert ist. Dieses quantenmechanische Phänomen entspricht genau zwei gekoppelten mechanischen gedämpften Pendeln. Durch die Kopplung spalten die zuvor identischen Eigenfrequenzen auf, und man erhält eine Schwebung, mit der für sie charakteristischen Frequenzdifferenz.

4.1 B-Mesonen

Als erstes Beispiel für oszillierende Lebensdauern sei das neutrale B^o-Teilchen und sein Anti-Teilchen betrachtet. Sie bestehen aus einem d und b Quark (bzw. den Anti-Quarks) und sind charakterisiert durch die Quantenzahlen: B Beauty, Q Ladung, CP Teilchen/Antiteilchen

$$B^0(d\bar{b}) \quad B = -1, Q = 0, CP = 1 \qquad [15]$$

$$\bar{B}^0(\bar{d}b) \quad B = 1, Q = 0, CP = -1 \qquad [16]$$

Sie sind Eigenzustände der starken Wechselwirkung, die diese Quantenzahlen erhält. Die schwache Wechselwirkung verletzt jedoch die B-Erhaltung und daher sind Übergänge zwischen B^0 und $\bar{B}^0$ möglich. Wegen dieser Kopplung wird dann der exponentielle Zerfall (mit der Halbwertszeit $\tau = [1{,}56 \pm 0{,}4] \times 10^{-12}$ s) von Oszillationen überlagert, so daß sich für die Übergangswahrscheinlichkeit ergibt:

$$P(B^0 \to \bar{B}^0) \propto e^{-t/\tau}[1 \pm \chi \cdot \cos(\Delta m \cdot t)], \qquad [17]$$

wobei die Massendifferenz der beiden gekoppelten Zustände Δm der Schwebungsfrequenz entspricht und χ die Kopplungsstärke angibt.

In LEP werden bei der e^+e^--Vernichtung ein B^0 und $\bar{B}^0$ gleichzeitig erzeugt, die in entgegengesetzter Richtung fliegen. Anschließend zerfällt das B^0 unter anderem in ein positiv geladenes Lepton (und andere Teilchen X) und das $\bar{B}^0$ in ein negativ geladenes Lepton:

$$\begin{array}{ccc} B^0(d\bar{d}) & \leftarrow e^+e^- \to & \bar{B}^0(\bar{d}b) \\ \lfloor l^+ + X & & \lfloor l^- + X \end{array} \qquad [18]$$

Bei normalen Zerfällen beobachtet man daher Ereignisse, die ein Leptonpaar mit ungleichen Ladungsvorzeichen enthalten. Hat eines der B-Teilchen jedoch eine Oszillation ausgeführt, dann erhält man Ereignisse mit zwei Leptonen mit gleicher Ladung. Bildet man das Verhältnis der Ereigniszahlen mit gleichen zu dem mit ungleichen Ladungsvorzeichen, dann hebt sich der exponentielle Zerfall weg, und man beobachtet nur die Oszillationen. Ein Beispiel ist in Abbildung 12 gezeigt.

Durch Anpassung der Meßdaten mit der oben angegeben Formel erhält man

$$\Delta m = (3{,}05 \pm 0{,}12) \times 10^{-10} \text{ MeV} \qquad [19]$$

und mit

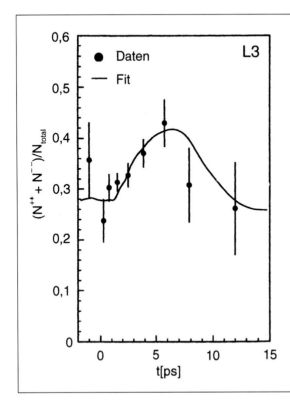

Abb. 12 Oszillationen für B-Mesonen. Gezeigt ist das Verhältnis von B-Zerfällen mit zwei Leptonen gleicher Ladung zu allen Zerfällen als Funktion der Lebensdauer (Eigenzeit; *L3 Collaboration* 1998).

$M_{B_0} = 5279{,}2$ MeV ergibt sich die unglaublich kleine, aber recht genau bestimmte relative Massendifferenz $\Delta m/m = 5{,}78 \times 10^{-14}$. (Die hier nicht weiter interessierende Kopplung $\chi = 0{,}172 \pm 0{,}010$ ist relativ groß.)

Dies zeigt, daß auch in der Elementarteilchenphysik eine große Präzision erreicht werden kann. Allerdings fehlt noch vollkommen ein theoretisches Verständnis für diese Zahl.

4.2 K-Mesonen

Ähnliche Oszillationen hat man bei den *K*-Teilchen sogar schon früher gefunden, jedoch liegen hier die Verhältnisse etwas komplizierter. Wie bei den *B*-Teilchen sind die Eigenzustände der starken Wechselwirkung (hier ist S die Strangeness-Quantenzahl):

$K^0(d\bar{s})$ $S = -1, Q = 0, CP = 1$ [20]

$\bar{K}(\bar{d}s)$ $S = 1, Q = 0, CP = -1$ [21]

Die Eigenzustände bezüglich der schwachen Wechselwirkung, die S nicht erhält, sind die Mischungen:

$$K_S = \frac{1}{\sqrt{2}}(K^0 + \bar{K}^0), \qquad K_L = \frac{1}{\sqrt{2}}(K^0 - \bar{K}^0).$$ [22]

Die bevorzugten Zerfälle dieser Teilchen sind $K_s \to \pi\pi$ (Halbwertszeit $\tau_S = [0{,}8934 \pm 0{,}0008] \times 10^{-10}$ s) und $K_L \to \pi\pi\pi$ ($\tau_L = [0{,}517 \pm 0{,}04] \times 10^{-7}$ s). Wegen der sehr verschiedenen Phasenräume beim Zerfall besitzen die Teilchen sehr unterschiedliche Halbwertszeiten, und man nennt sie *K short* und *K long*. Wegen der geringen CP-Verletzung in der schwachen Wechselwirkung ist auch der Zerfall $K_L \to \pi\pi$ möglich, was einen direkten Vergleich dieses Zerfalls für K^0 und $\bar{K}^0$ erlaubt.

Die S-Verletzung in der schwachen Wechselwirkung erlaubt Übergänge $K^0 \leftrightarrow \bar{K}^0$, und Oszillationen überlagern dann den exponentiellen Abfall des normalen Zerfalls:

$$\begin{matrix} P(K^0 \to \pi\pi) \\ P(\bar{K}^0 \to \pi\pi) \end{matrix} \propto e^{-t/\tau_s} \pm 2|\eta| e^{-\frac{1}{2}\left(\frac{1}{\tau_S} + \frac{1}{\tau_L}\right)} \cdot \cos(\Delta m \cdot t),$$ [23]

wobei die Schwebungsfrequenz wieder durch Δm bestimmt wird und die Kopplung durch den Parameter η gegeben ist. Er charakterisiert die Stärke der CP-Verletzung und beträgt $\eta = 2{,}2 \times 10^{-3}$, so daß bei den *K*-Teilchen die Oszillationen relativ wenig ausgeprägt sind. Trotzdem gelang es sie zu messen.

Das CPLEAR-Experiment bei CERN benutzt dazu Antiprotonen, die in einem Wasserstofftarget gestoppt werden und sich dort mit den Protonen vernichten. Dabei entstehen K^0-$\bar{K}^0$-Paare und ähnlich wie bei den *B*-Mesonen kann dann die Natur eines der beiden Teilchen mit Hilfe der bei seinem Zerfall auftretenden Leptonladung identifiziert werden. Die Natur (K^0 und $\bar{K}^0$) des zweiten Teilchens ist dann auch bekannt, und man weiß, ob der Zerfall in 2π-Mesonen von einem K^0 oder einem $\bar{K}^0$ herrührt. In Abbildung 13 sind Ergebnisse für die Zerfälle von K^0 und $\bar{K}^0$ gezeigt. Man sieht hier die dem exponentiellen Abfall überlagerten Oszillationen, die für die beiden Zerfälle tatsächlich entgegengesetzte Vorzeichen besitzen, wie dies nach der Formel [23] zu erwarten ist.

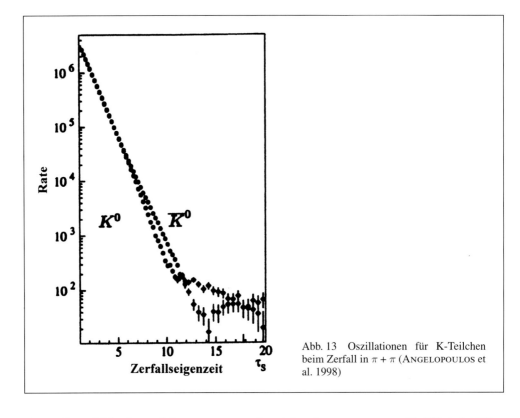

Abb. 13 Oszillationen für K-Teilchen beim Zerfall in $\pi + \pi$ (ANGELOPOULOS et al. 1998)

Aus allen bisherigen Messungen ergab sich $\Delta m = m_L - m_S = (3{,}489 \pm 0{,}009) \times 10^{-12}$ MeV und mit $M_{K^0} = 497{,}7$ MeV $\Delta m/m = 7{,}01 \times 10^{-15}$. Die Genauigkeit ist hier noch größer als bei den B-Mesonen, ein bemerkenswertes Resultat.

4.3 Neutrino-Oszillationen

Für die in Abbildung 5 gezeigten Quarks sind quantenmechanische Mischzustände möglich. Auf dieses sehr interessante Phänomen konnte hier nicht näher eingegangen werden. Mischzustände sind allerdings nur möglich, wenn die Teilchen Massen besitzen. Im Prinzip sollten solche Mischungen auch für die Leptonen möglich sein, was bisher aber ausgeschlossen wurde, da im Standard-Modell der Elementarteilchen davon ausgegangen wurde, daß Neutrinos keine Masse besitzen. Sollte dies aber doch der Fall sein, dann können Oszillationen zwischen zwei Neutrinoarten auftreten. Dabei geht man zunächst davon aus, daß die Neutrinos eine unendlich lange Lebensdauer besitzen. In diesem Fall kann man die Oszillationen nicht als Funktion der Zeit, sondern entlang des Flugweges der Neutrinos beobachten.

Dazu geht man von einem Strahl einer bestimmten Neutrinosorte aus und beobachtet, ob ihre Zahl abnimmt (Verschwindungsexperiment) oder ob eine andere Sorte auftaucht (Erzeugungsexperiment).

Hat man ein Elektron-Neutrino zu Beginn, dann beträgt die Wahrscheinlichkeit am Ende der Laufstrecke L noch ein Elektron-Neutrino zu finden

$$P(\nu_e \to \nu_e) = 1 - \sin^2(\theta) \cdot \sin^2(L/\lambda) = 1 - \sin^2(\theta) \cdot \sin^2(L \cdot \Delta m^2/4\pi E), \quad [24]$$

mit der charakteristischen Oszillationslänge $\lambda = 4\pi E/\Delta m^2 = 2{,}5$ (E/MeV)/(Δm^2/eV^2) Meter und $\Delta m^2 = m_1^2 - m_2^2$. (Hier treten die Quadrate der Massen auf, da die Neutrinomassen $m_i c^2$ klein gegen ihre Energien sind und daher die Näherung $p_i \approx E - m_i^2/2E$ für den Neutrinoimpuls benutzt werden kann.) Der Mischungsparameter $\sin^2(\theta)$ bestimmt wieder die Kopplung zwischen den beiden Neutrinozuständen. Für Neutrinomassen von Bruchteilen von eV/c^2 erwartet man Oszillationslängen von vielen Kilometern. Die Wahrscheinlichkeit, daß sich ein Elektron-Neutrino in ein Muon-Neutrino umgewandelt hat, beträgt $P(\nu_e \rightarrow \nu_\mu) = 1 - P(\nu_e \rightarrow \nu_e)$, und analoge Beziehungen gelten für die anderen Neutrinosorten.

In einer Reihe von Experimenten wurde nach Neutrino-Oszillationen gesucht, bis vor etwa einem Jahr jedoch ohne überzeugende Resultate. Um so größer war die Erregung, als im Frühjahr 1998 die Kunde um die Welt ging, daß der in Kapitel *2.3* beschriebene Detektor *Superkamiokande* Ergebnisse geliefert hat, die eindeutig auf eine Oszillation von Neutrinos hinweisen (FUKUDA 1998).

Wenn die kosmische Strahlung auf die Erde einfällt, erzeugt sie in den obersten Schichten der Atmosphäre eine Kaskade, die auch Neutrinos enthält (Abbildung 14). Diese treffen auf den *Superkamiokande*-Detektor auf, und je nach dem, ob es sich um Elektronen- oder Muon-Neutrinos handelt, wandeln sich diese im Wasser des Detektors in Elektronen oder Muonen um, die ihrerseits Cherenkov-Strahlung aussenden. Aufgrund der etwas verschiedenen dabei erhaltenen Signale können diese Teilchen unterschieden werden. Außerdem kann ihre Energie und Richtung bestimmt werden. Es konnte daher die Zahl der eintreffenden Neutrinos als Funktion des Zenit-

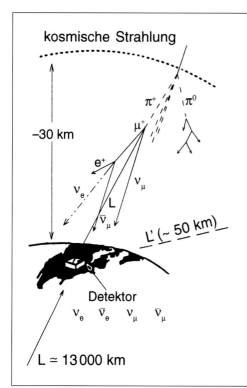

Abb. 14 Erzeugung von Neutrinos in der Atmosphäre durch die kosmische Strahlung in einer Höhe von etwa 30 km. Auch die bei den Antipoden erzeugten Neutrinos erreichen den Detektor, da sie die Erde (etwa 13 000 km) fast ungestört durchqueren.

winkels und damit für verschiedene Laufwege ($L = 30$ bis 50 km) gemessen werden. Außerdem können Neutrinos, die auf der anderen Seite der Erde erzeugt wurden, diese ohne weiteres durchdringen und von unten her in *Superkamiokande* einfallen. Ihr Laufweg beträgt dann etwa $13\,000$ km.

In Abbildung 15 sind die beiden Neutrino-Flüsse als Funktion von L/E_ν nach entsprechenden Korrekturen aufgetragen. Man erkennt, daß der Fluß der Elektron-Neutrinos konstant bleibt, während der Muon-Neutrino-Fluß abnimmt. Paßt man die Daten mit der obigen Formel an, dann folgt, daß ein 1 GeV Neutrino alle paar hundert Kilometer oszilliert. Man erhält für die Massendifferenz $5 \times 10^{-4} < \Delta m^2 < 6 \times 10^{-3} eV^2$ und als wahrscheinlichsten Wert $\Delta m^2 = m_\tau^2 - m_\mu^2 = 2{,}2 \times 10^{-3} eV^2$. Muon-Neutrinos verschwinden also und wandeln sich wahrscheinlich in Tau-Neutrinos um.

Das Auftreten einer Oszillation bedeutet, daß Neutrinos Masse besitzen. Allerdings läßt sich nur die Massendifferenz zweier Neutrino-Sorten bestimmen. Nimmt man an, daß die Masse der Muon-Neutrinos klein gegen die Masse der Tau-Neutrinos ist, dann erhält man die Abschätzung $m_\tau \approx 0{,}07$ eV/c^2. Dies ist zwar eine kleine Masse, aber sie ist für die Kosmologie wichtig. Sie bedeutet, daß etwa ebensoviel Masse in Neutrinos konzentriert ist als in leuchtenden Sternen.

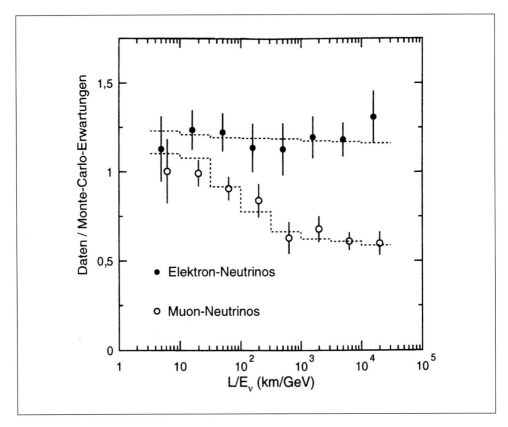

Abb. 15 Neutrinoflüsse für Elektron- und Muon-Neutrinos. Aufgetragen ist das Verhältnis der gemessenen Flüsse geteilt durch Monte-Carlo-Erwartungen als Funktion von L/E_ν, wobei L die Entfernung zum Entstehungsort und E_ν die Energie der Neutrinos bedeutet (FUKUDA 1998).

Neuerdings wurden die experimentellen Resultate auf eine andere Weise gedeutet (LEARNED 1999). Dabei wird angenommen, daß Neutrinos eine endliche Lebensdauer besitzen, und man findet $\tau \approx 10^{-11}$ s und eine Masse von mehr als $m_\nu > 0{,}316$ eV/c^2.

Eine Bestätigung und Erweiterung der experimentellen Ergebnisse erfordert weitere Experimente. Solche sind in verschiedenen Laboratorien geplant, wobei man auch auf der Erde möglichst lange Laufwege erzielen möchte. So soll ein Neutrinostrahl von CERN zu dem italienischen Gran-Sasso-Laboratorium in 732 km Entfernung geschickt werden. Ähnliche Experimente sind in Japan und den USA in Vorbereitung.

Der Nachweis einer Neutrinomasse gehört zu den aufregendsten Entdeckungen dieses Jahrzehnts. Sie erfordert nicht nur eine Erweiterung des gängigen Standard-Modells der Elementarteilchen, sondern hat auch weitreichende Konsequenzen für kosmologische Modelle.

5. Schlußbemerkung

Es wurde versucht zu zeigen, daß die Untersuchung von Lebensdauern der physikalischen Forschung ein reiches Feld bietet, das fast alle Gebiete der Physik betrifft. Es wurden dafür nicht nur bewundernswürdige Experimentiertechniken entwickelt, die es erlauben, unvorstellbar kurze und extrem lange Lebensdauern (sehr viel länger als das Weltalter!) zu messen, sondern es lassen sich daraus Schlüsse über fundamentale Fragen der Physik ziehen.

Die Vorstellung von unzerstörbaren Materiebausteinen mit unendlicher Lebensdauer muß aufgegeben werden. Die Stabilität der Atomkerne einschließlich der superschweren ist verstanden. Jedoch ist das Proton vermutlich instabil, obwohl sein Zerfall bisher nicht nachgewiesen werden konnte. Aber auch die kleinsten Bausteine der Materie, die Quarks sind nicht ewig beständig. Sie können sich vermöge der schwachen Wechselwirkung ineinander umwandeln. Aber auch die Leptonen sind nicht stabil. Selbst das Elektron kann in ein Neutrino übergehen und Neutrinos oszillieren.

Ein Verständnis des Mikrokosmos kann nicht mehr mit Hilfe ewig stabiler, unzerstörbarer Materiebausteine, zwischen denen die Kräfte als eine Art Federn wirken, erreicht werden. Neue Paradigmen sind erforderlich – die Symmetrien. Die sogenannten Eichfeld-Symmetrien gestatten nicht nur ein Verständnis der verschiedenen Kräfte, sondern ermöglichen auch ihre Vereinigung, die allerdings noch nicht vollständig erreicht wurde.

Literatur

ACKERMANN, D.: Berkley redet wieder mit. Phys. Blätter *55*, Nr. 7/8 (1999)
ANGELOPOULOS, et al.: First observation of time-reversed non-invariance in the neutral-kaon system. Phys. Lett. B *444*, 43–44 (1998)
AUGUSTINUS: Bekenntnisse. XI, 14 und XI, 12. Wiesbaden: VMA-Verlag 1966
BARGER, V., et al.: Neutrino decay as an explanation of atmospheric neutrino observation. Phys. Rev. Lett. *82*, 2640–2653 (1999)
BOHM, et al.: The preparation-registration arrow of time in quantum mechanics. Phys. Lett. A *189*, 442–448 (1994)
EDDINGTON, A. S.: The Nature of the Physical World. New York: Macmillan 1929
FUKUDA, Y., et al.: Evidence for oscillations of atmosperic neutrinos. Phys. Rev. Lett. *81*, 1562–1570 (1998)

GENTNER, W.: Die Radioaktivität im Dienste der Zeitrechnung. Nova Acta Leopoldina NF Bd. *21*, Nr. 143, 57–72 (1959)

HAXEL, O.: Radioaktivität als Zeitmaßstab. Nova Acta Leopoldina NF Bd. *53*, Nr. 244, 69–75 (1987)

HOFMANN, et al.: The new element 112. Z. Phys. A *354*, 229–231 (1996)

HEISENBERG, W.: Z. Phys. *43*, 172 (1927)

IEKI, K., et al.: Is there a bound dineutron in ^{11}Li? Michigan State University, MSUGL-1036 (1996)

JAMMER, M.: Philosophy of Physics. Encyclopedia of Applied Physics. Vol. *13*, pp. 396–416. Weinheim: VCH Publishers 1995

L3 Collaboration, ACCIARI, M., et al.: Measurement of the average lifetime of b-hadrons in Z decay. Phys. Lett. B *416*, 220–232 (1998)

L3 Collaboration, ACCIARI, M., et al.: Measurement of the $B_d^0 - B_d^0$ oscillation frequency. Eur. Phys. J. C *5*, 195–203 (1998)

MAVROMATOS, N.: Experiment sees the arrow of time – at last! Physics World; pp. 21–22, December 1998

MAYER-KUCKUK, T.: Kernphysik. Stuttgart: Teubner 1984

MOSHAMMER, R., et al.: Phys. Rev. Lett. *77*, 1242 (1996)

NEWTON, I.: Philosophiae Naturalis Principia Mathematica, (1687) (zitiert von SCHMUTZER, Nova Acta Leopoldina NF Bd. *53*, Nr. 244, 52 (1980)

OGANESSIAN, Yu., et al.: The synthesis of superheavy nuclei in the ^{48}Ca-^{244}Pu reaction. Phys. Rev. Lett. *83*, 3154–3170 (1999)

SAVITT, S. F.: Time's Arrows Today: Recent Physical and Philosophical Work on the Direction of Time: Cambridge: University Press 1997

SCHMUTZER, E.: Allgemeine Relativitätstheorie – Leistungen und Perspektiven. Nova Acta Leopoldina NF Bd. *53*, Nr. 244, 51–68 (1987)

SCHULMAN, L. S.: Time's Arrows and Quantum Measurement. Cambridge: University Press 1997

SEGRÈ, E.: From X-Rays to Quarks. Berkeley: University of California 1980

ULLRICH, J., et al.: Ein »Attosekunden-Mikroskop«? Phys. Bl. *54*, 140–143 (1998)

WALD, R. A.: Quantum gravity and time reversibility. Phys. Rev. D *21*, 2742–2755 (1980)

ZINSER, M., et al.: Invariant-mass spectroscopy of ^{10}Li and ^{11}Li. Nucl. Physics A *619*, 151 (1997)

    Prof. Dr. Herwig SCHOPPER
    CERN
    CH-1211 Genf 23
    Schweiz

Molekülphysik und Materialwissenschaften

Einführung und Moderation Johannes Heydenreich (Halle/Saale), Mitglied des Präsidiums der Akademie:

Meine Damen und Herren, in der zweiten Vormittagshälfte beginnen wir mit einem Vortrag aus dem Gebiet der Physikalischen Chemie. Es geht im wesentlichen um Fragen von Verletzungen der Zeitumkehrsymmetrie, die letztlich einer Irreversibilität molekularer Kinetik entsprechen. Wir freuen uns, daß uns Herr QUACK als weltweit anerkannter Fachmann auf diesem Gebiet einen Überblick geben wird.

Ich darf Herrn QUACK kurz vorstellen: Herr QUACK studierte ab 1966 Chemie in Darmstadt, Grenoble und Göttingen. Seine Dissertation über Fragen der Reaktionskinetik fertigte er bei Jürgen TROE an der EPF Lausanne an. Als Postdoktorand weilte er 1976/77 an der Universität von Kalifornien in Berkeley. Mit Arbeiten über Infrarotlaserchemie habilitierte er sich anschließend an der Universität Göttingen und war dort tätig, bis er 1982 den Ruf auf eine C4-Professur an der Universität Bonn annahm. Seit 1983 ist Herr QUACK ordentlicher Professor für Physikalische Chemie an der ETH Zürich.

Herrn QUACKS Forschungsgebiete sind die Grundlagen der molekularen Kinetik und Spektroskopie, insbesondere der Infrarotlaserchemie. Sein Ziel ist die Aufklärung von Primärprozessen der intramolekularen Kinetik und Quantendynamik auf der Femto- bis Nanosekunden-Zeitskala. Für seine Arbeiten wurde er unter anderem mit dem Nernst-Haber-Bodenstein-Preis (1982), dem Klung-Preis (1984) und dem Otto-Bayer-Preis (1991) ausgezeichnet.

Das Altern von Werkstoffen, hervorgerufen durch Materialveränderungen bis in atomare Dimensionen, hat im praktischen Leben und in der Technik beträchtliche Auswirkungen und hat nicht selten – man denke nur an die Pressemitteilungen der letzten Monate und Jahre – zu Katastrophen geführt. Eine genaue Kenntnis der in den Materialien ablaufenden festkörperphysikalischen Prozesse unter Nutzung modernster physikalischer Untersuchungsverfahren ist unabdingbar.

Herr MAIER wird uns über den neuesten Stand auf diesem Gebiet informieren; ich darf ihn vorher kurz vorstellen: Herr MAIER beendete sein Physikstudium an der TH Stuttgart mit einer Diplomarbeit bei Herrn SEEGER. Von 1971 bis 1973 war er Stipendiat am Euratom-Forschungszentrum Ispra in Italien. Er promovierte 1973 in Stuttgart über Diffusion in Kupfer. Nach einer Postdoktorandenzeit an der Universität Stuttgart war er am Max-Planck-Institut für Metallforschung bis 1992 mit jeweils längeren Aufenthalten zu Experimenten am PSI Villingen/Schweiz und am Los Alamos National Laboratory tätig. Seit 1992 hat Herr MAIER eine Professur am Institut für Strahlen- und Kernphysik der Universität Bonn.

Seine Hauptarbeitsrichtung ist die Nutzung von Positronenstrahlen für festkörperphysikalische Untersuchungen (bis hin zur Entwicklung einer Positronenmikrosonde). Neuerdings beschäftigt er sich mit der kernmagnetischen Resonanz mit polarisierten Protonen- und Deuteronenstrahlen. Seine Arbeiten mit Positronen wurden mit dem Masing-Preis der Deutschen Gesellschaft für Materialkunde ausgezeichnet.

Intramolekulare Dynamik: Irreversibilität, Zeitumkehrsymmetrie und eine absolute Moleküluhr

Von Martin Quack (Zürich)
Mitglied der Akademie

Mit 10 Abbildungen und 1 Tabelle

Zusammenfassung

Wir beschreiben einleitend den experimentellen, spektroskopischen Ansatz zur Ermittlung der molekularen Quantenkinetik als Grundlage chemischer Primärprozesse. Es wird gezeigt, wie sowohl praktisch wichtige Probleme chemischer Kinetik wie das der reversiblen Moleküldynamik von Tunnelprozessen auf dieser Grundlage gelöst werden können, als auch prinzipielle Fragen der Physik und Chemie neu gestellt und möglicherweise beantwortet werden können. Sodann werden die grundlegenden Begriffe der *De-facto-* und *De-lege-*Verletzungen fundamentaler Symmetrien wie der Raumspiegelungssymmetrie und der Zeitumkehrsymmetrie eingeführt, welche einer tatsächlichen oder einer gesetzmäßigen Irreversibilität molekularer Kinetik entsprechen. Diese Begriffe werden durch neuere experimentelle Beispiele reversibler Quantendynamik der Stereomutation sowie *de facto* irreversibler Molekülkinetik der intramolekularen Energiewanderung erläutert. Anhand dieser Ergebnisse werden sodann prinzipiell ungelöste Fragen fundamentaler molekularer Symmetrien diskutiert und die Analogie der Fragen molekularer »Geschichte« oder molekularen »Alterns« aufgrund der Irreversibilität und der molekularen Chiralität sowie der Frage der Evolution biomolekularer Homochiralität als geschichtliches Dokument der Evolution des Lebens erläutert.

In einem spekulativen Schlußkapitel wird gezeigt, daß bei Nachweis einer hypothetischen Verletzung der CPT-Invarianz (und nur dann) eine absolute Molekülühr konstruiert werden kann, welche sowohl Zeitintervalle als auch die Zeitrichtung festlegen kann. Schließlich werden die Mechanismen irreversibler Molekülkinetik und die zugrundeliegenden Symmetrien im Zusammenhang mit Denk- und Entscheidungsprozessen diskutiert, deren Grundlage möglicherweise molekular ist.

Abstract

We provide an introductory survey of the spectroscopic approach towards molecular quantum chemical kinetics with emphasis on fundamental physical-chemical primary processes and symmetries of physics. The approach is illustrated with simple practical examples of reversible quantum tunneling stereomutation in hydrogen peroxide and in hydrogen bonded $(HF)_2$. We then introduce fundamental symmetries and the concepts of symmetry breaking *de facto* and *de lege* as well as spontaneous symmetry breaking. We show that the questions of the origin of space and time asymmetry as expressed in molecular chirality, biomolecular homochirality and molecular irreversibility remain open because of the existence of a diversity of hypotheses, which parallel each other for the different cases. It remains to be established by experiment, in particular, whether the asymmetric phenomena (including also particle permutation asymmetry) are dominated by *de facto* or *de lege* symmetry breaking. *De facto* symmetry breaking leading to irreversible increase of entropy in isolated molecules on the femtosecond time scale has been observed, whereas *de lege* breaking of time reversal symmetry so far is observed only in reactions of the K-meson in elementary particle physics. On the other hand, new calculations using electroweak quantum chemistry indicate that *de lege* parity violation in polyatomic molecules is much more important (by one to two orders of magnitude) than previously anticipated. This indicates that *de lege* symmetry breaking frequently dominates the phenomenon of molecular chirality, although final experimental proof is still lacking. In a speculative final chapter we discuss the role of CPT symmetry for the observation of an absolute time direction and the construction of an absolute molecular clock, which determines both time intervals and direction.

1. Einleitung: Zeit und Irreversibilität

Ziel dieses Vortrages ist es, die Merkwürdigkeit eines alltäglichen Phänomens aus der Sicht des Molekülphysikers zu erläutern – Altern und »Geschichte« sind die alltäglichen Namen, Irreversibilität ist der physikalisch-chemische Begriff. Dieses Phänomen führt uns zu den tiefsten, teils ungeklärten Fragen der modernen Physik und Chemie. Sehr allgemein betrifft dies die Frage nach der Zeit als physikalischer Meßgröße. Im Bereich der physikalischen Chemie geht es um die molekularchemische Irreversibilität, vielleicht erweiterbar auf molekularbiologische Irreversibilität und die prinzipielle Frage nach dem Alterungsprozeß, schließlich auch auf molekulare Noesis und molekulare Informatik. Die Untersuchung des physikalisch-chemischen Grenzbereiches der Moleküle hat in diesem Zusammenhang eine besondere Bedeutung. Sie bilden das Bindeglied zwischen der mikroskopischen Quantenwelt der Physik der Elementarteilchen (SCHOPPER 1999), die oft (nicht immer) als mechanisch reversibel (zeitumkehrsymmetrisch) betrachtet wird, und der makroskopischen Welt komplexer Systeme, die prinzipiell irreversiblen Gesetzen gehorchen sollen. Moleküle können je nach Zustand und Größe beiden Welten zugeordnet werden. Neueste Experimente und Theorien können diese beiden Welten der Moleküle verbinden. Wir versuchen hier sehr knapp, die wesentlichen Konzepte herauszuarbeiten, einen Überblick zu verschaffen und Beziehungen herzustellen, ohne auf experimentelle oder theoretische Details einzugehen, für die wir auf einige Übersichtsartikel über verschiedene Teilbereiche verweisen (QUACK 1982, 1983a, b, 1984 1989, 1990a, b, 1992, 1993, 1995a, b, 1998).

1.1 Was ist die Zeit? Uhren und Zeitmessung

Bevor wir uns der »molekularen Zeit« zuwenden, wollen wir mit einigen bekannten Zitaten zum Zeitbegriff, dessen Merkwürdigkeit und seinem Wandel im Laufe der Zeit beginnen. ARISTOTELES bemerkt: »Wir messen Zeit durch Bewegung und Bewegung durch Zeit«, was auf die wechselseitige Abhängigkeit der beiden Begriffe hinweist. Die nahezu periodischen Bewegungen im Sonnen- und Planetensystem gehören zu den ältesten Langzeitchronometern in historischer Zeit. Umgekehrt messen wir natürlich auch die Bewegungen von Planeten und Sternen durch die Abfolge ihrer Positionen in der Zeit: Diese gegenseitige Abhängigkeit läßt den Zeitbegriff recht undefiniert erscheinen, und noch schwieriger wird es, wenn wir die von uns »empfundene« Zeit erfassen wollen. AUGUSTINUS (397, 1989) schreibt den berühmten Satz »Was ist also die Zeit? Wenn niemand mich danach fragt, weiß ich es, wenn ich es jemandem auf seine Frage hin erklären soll, weiß ich es nicht«, und weiter »... denn erst die Formen der Dinge lassen Zeiten entstehen«. Der Begriff der Zeit hat viele Buchautoren zu mehr oder weniger populären Darstellungen angeregt. (MAINZER 1995, AICHELBURG 1988, HAWKING 1988, COSTA DE BEAUREGARD 1987, ZEH 1984, PRIGOGINE 1980, DAVIES 1977). Einen für die Physik und Chemie direkt brauchbaren Satz zur Definition der Zeit findet man bei EINSTEIN (1922): »Zeit ist das, was man an der Uhr abliest.« Dies klingt scherzhaft, kann aber durchaus ernst genommen werden: Für den experimentell arbeitenden Naturwissenschaftler ist die Zeit durch das Experiment definiert, mit dem wir die Zeit messen, eben durch die Uhr. Hier zeigen sich nun zwei unterschiedliche Eigenschaften der Zeit. *Eine Meßgröße betrifft die*

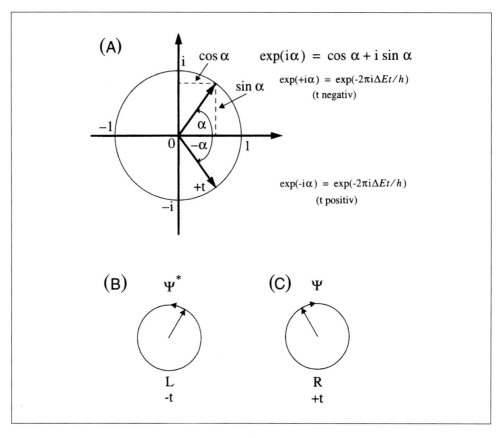

Abb. 1 Erläuterung des Phasenfaktors der komplexen, zeitabhängigen Wellenfunktion für die Atomuhr. (A) der Phasenfaktor in der Gaußschen Zahlenebene (α ist positiv genommen). (B) und (C) Wellenfunktion und ihr komplex konjugiertes als »zeitumkehrsymmetrische« Lösungen im Vergleich mit der Kreisbahn eines Planeten um die Sonne und des zeitumgekehrten Vorganges (die astronomische Uhr).

Länge des Zeitintervalls. Wir messen diese Länge durch Uhren. Als Einheit im SI-System verwenden wir die Sekunde, die früher als Bruchteil des tropischen Jahres 1900 durch die Erdbewegung definiert war, heute durch die Quantenbewegung in der Cäsiumatomuhr definiert ist (siehe Kapitel 2 und QUACK 1995a, Kapitel 27.4.4.). Die graphische Darstellung der Atomuhr sieht fast genauso aus, wie eine gewöhnliche Zeigeruhr (Abb. 1). Die Messung von Zeitintervallen mit Atomuhren gelingt heute mit einer relativen Genauigkeit von etwa 10^{-14}, eine der genauesten Meßgrößen überhaupt. Solange es nicht um extrem lange oder extrem kurze Zeiten geht, ist die genaue Definition und Messung von Zeitintervallen heute kein Problem. Will man jedoch die Zeitrichtung festlegen, so stößt man auf ein prinzipielles Problem. Zwar kennt man »Uhren«, die auch eine Zeitrichtung vorgeben, wie etwa die Messung des radioaktiven Zerfalls, der als geologische Uhr gebräuchlich ist. Auch andere »irreversible Prozesse« legen die Zeitrichtung scheinbar fest. Bei der Konstruktion der mechanischen »Atom-« oder »Moleküluhr«, die eine Zeitrichtung festlegen soll, findet man jedoch, daß für eine zeitumkehrsymmetrische Atom- und Moleküldynamik die Zeitrichtung (Vergangenheit oder Zukunft) nicht festgelegt werden kann. Einfach kann man das durch die Dokumentation des Zeitablaufes in einem physikalischen Experiment durch einen Film verstehen: Bei zeitumkehrsymmetrischer Mechanik ist der Vorgang auf dem vorwärts (von der Vergangenheit in die Zukunft) abgespulten Film ebenso möglich wie der Vorgang auf dem rückwärts (von der Zukunft in die Vergangenheit) abgespulten Film. Durch Beobachtung des Filmes allein können wir also nicht herausfinden, was in diesem Vorgang Vergangenheit und Zukunft war. Man kann zeigen, daß diese Symmetrie die Konstruktion einer »absoluten« Atomuhr ausschließt, die neben Zeitintervallen auch die Zeitrichtung festlegt. (In Kapitel 6 werden wir sehen, daß in einem verallgemeinerten Sinne CPT-Symmetrie eine solche Konstruktion ausschließt.) Nun scheint es irreversible molekulare Prozesse in der Natur zu geben, welche nicht zeitumkehrsymmetrischen Gesetzen gehorchen (Diffusion, thermische oder chemische Gleichgewichtseinstellung). Wir werden sehen, daß es zur Deutung dieser Prozesse unterschiedliche, sich widersprechende Hypothesen gibt, deren Gültigkeit bis heute offen ist, so daß die Frage nach der Zeitrichtung bis heute rätselhaft bleibt. Dies werden wir nach einer Diskussion einer anderen Symmetrie (der Rechts- und Linkssymmetrie) von Molekülen in Kapitel 3 besser verstehen. Dort und in den folgenden Kapiteln wird auf den Zusammenhang zu fundamentalen Symmetrien näher eingegangen. Sobald naturwissenschaftliche Rätsel wie das der »Zeitrichtung« bestehen, stellt sich die Aufgabe, diese experimentell zu lösen. Es geht um die Untersuchung fundamentaler Symmetrien und schneller Prozesse.

1.2 Der experimentelle Ansatz zur Untersuchung fundamentaler Symmetrien und schneller Prozesse: hochauflösende Molekülspektroskopie

Zur Untersuchung zeitabhängiger Prozesse der molekularen Kinetik scheinen zunächst Experimentiertechniken mit zeitaufgelöster Beobachtung angemessen (QUACK und JANS-BÜRLI 1986). In neuerer Zeit sind bei solchen Experimenten enorme Fortschritte in der Beobachtung schnellster Prozesse gemacht worden. Zwischen 1950 und 1990 sind die Beobachtungszeiten für chemische Primärprozesse von Mikrosekunden (1 μs = 10^{-6} s) (EIGEN 1996) auf wenige Femtosekunden reduziert worden (1 fs = 10^{-15} s) (MANZ und WOESTE 1995), bis hin zu einem scherzhaften Bericht über Lichtpulse von 0 fs (KNOX et al. 1990).

Bemerkenswerterweise führt jedoch ein ganz anderer Ansatz auch zum Erfolg: Die Beobachtung und Analyse von Molekülspektren mit sehr hoher Frequenzauflösung, aber ohne Zeitauflösung. Abbildung 2 zeigt schematisch das Vorgehen. Ausgehend von Molekülspektren, gelangt man über eine genaue Analyse der beobachteten Spektrallinien schließlich zur molekularen Kinetik. In der Tat war es dieser experimentelle Ansatz, der die ersten Ergebnisse zu mehrdimensionalen Quantenwellenpaketbewegungen vielatomiger Moleküle auf der Femtosekundenzeitskala erbrachte (MARQUARDT et al. 1986). Dieser experimentelle Ansatz erlaubt prinzipiell auch die Untersuchung extremer Kurzzeitphänomene – bis hin zu Yoctosekunden (1 ys = 10^{-24} s = 10^{-9} fs, QUACK 1995a). Abbildung 2 weist noch auf eine Besonderheit beim Vergleich von Experiment und Theorie mit diesem Ansatz hin. Prinzipiell könnte man die Gültigkeit unserer heute akzeptierten quantenmechanischen Theorie von Molekülspektren und Molekülkinetik prüfen, in dem man theoretisch berechnete Vorhersagen mit gemessenen Ergebnissen vergleicht. Praktisch zeigt es sich, daß die numerische Lösung der theoretischen Gleichungen nicht mit genügender Genauigkeit durchgeführt werden kann, um kleine, aber signifikante Abweichungen vom oft sehr genauen

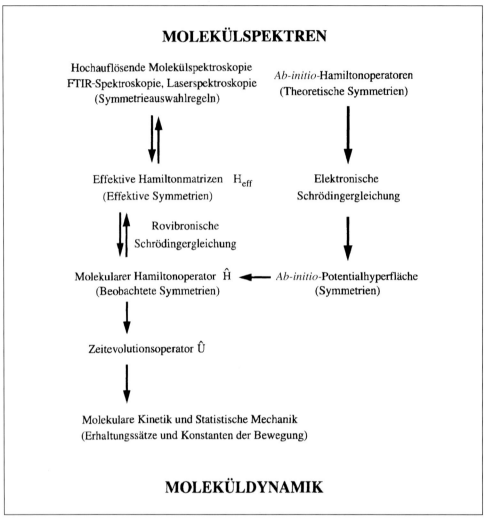

Abb. 2 Schema des experimentellen und theoretischen Zuganges zur Gewinnung der Eigenschaften zeitabhängiger, quantenmechanischer Molekülbewegungen (»Moleküldynamik«) aus Molekülspektren. Ausgehend von hochaufgelösten Molekülspektren gelangt man nach mehreren (zum Teil sehr schwierigen) Schritten zur Kinetik und zeitabhängigen statistischen Mechanik von Molekülen. Dies schließt den Vergleich von beobachteten und theoretischen Symmetrien sowie molekulare Irreversibilität ein.

spektroskopischen Experiment zu prüfen. Hier zeigt es sich nun, daß durch direkten Vergleich von Phänomenen, die nur von den zugrundeliegenden Symmetrien in Theorie und Experiment abhängen, dennoch eine Prüfung der Theorie durch das Experiment gelingt, auch wenn numerische Berechnungen bei weitem nicht die erforderliche Genauigkeit zur Prüfung der Theorie besitzen. So ist das bis heute genaueste vorgeschlagene (nicht durchgeführte) Experiment zur Prüfung der fundamentalen CPT-Symmetrie (Kap. 6) ein molekülspektroskopisches Experiment nach dem Schema in Abbildung 2 (QUACK 1994).

2. Ergebnisse zur reversiblen Moleküldynamik

2.1 Zweizustandsdynamik der Atomuhr und Quantentunneldynamik molekularer Stereomutation

Die Dynamik von Atomen und Molekülen wird durch die zeitabhängige Schrödingergleichung beschrieben

$$i\frac{h}{2\pi}\frac{\partial \psi(q,t)}{\partial t} = \hat{H}\psi(q,t) \quad [1]$$

Hierbei beschreibt die Wellenfunktion $\psi(q,t)$ den zeitabhängigen, quantenmechanischen Zustand als Funktion aller Orts- und Spinkoordinaten (kollektiv als q bezeichnet) aller Teilchen des Atoms oder Moleküls und der Zeit t. $\hat{H} = \hat{T} + \hat{V}$ ist der Hamiltonoperator, die Energie geschrieben als Summe des Differentialoperators der kinetischen Energie $\hat{T}$ und der potentiellen Energie $\hat{V}$. Der Differentialoperator $i(h/2\pi)\partial/\partial t$ mit der Planckschen Konstante h wird auch als Energieoperator $\hat{E}$ bezeichnet (KUTZELNIGG 1992). Die Lösung dieser Differentialgleichung läßt sich allgemein in der folgenden Form schreiben

$$\psi(q,t) = \sum_k c_k \varphi_k(q)\exp(-2\pi i E_k t/h) \quad [2]$$

Hierbei sind die c_k komplexe Koeffizienten, φ_k sind die nur von den Koordinaten (nicht von der Zeit) abhängigen Eigenfunktionen des Hamiltonoperators und E_k die hierzu gehörenden Energieeigenwerte.

Gleichung [2] beschreibt eine allgemein reversible Quantendynamik, denn der zeitgespiegelte Prozeß (t durch $-t$ ersetzt) entspricht einem Ersatz von ψ durch das komplex konjugierte ψ^*, was auch eine Lösung der Gleichung [1] ist, unter Voraussetzung der üblichen Symmetrien des Hamiltonoperators $\hat{H}$. Die Summe in Gleichung [2] erstreckt sich prinzipiell über unendlich viele Zustände. Gelegentlich sind jedoch nur zwei energetisch unmittelbar benachbarte Zustände der Energien E_1 und E_2 an der Dynamik beteiligt. Dann vereinfacht sich Gleichung [2] unter Verwendung des Energieunterschiedes $E_2 - E_1 = \Delta E$ zu

$$\psi(q,t) = \frac{1}{\sqrt{2}}\exp(-2\pi i E_1 t/h)[\varphi_1 + \varphi_2 \exp(-2\pi i \Delta E t/h)] \quad [3]$$

Hier haben wir beiden Zuständen φ_1 und φ_2 gleiches Gewicht gegeben und die Normalisierung $\sum_k |c_k|^2 = 1$ verwendet. Betrachtet man die beobachtbare quantenmechanische Wahrscheinlichkeitsdichtefunktion

$$\psi\psi^* = |\psi|^2 = \frac{1}{2}|[\varphi_1 + \varphi_2 \exp(-2\pi i \Delta E t/h)]|^2 \quad [4]$$

so erkennt man, daß die reversible Zeitentwicklung im Zweizustandssystem durch den komplexen Phasenfaktor $\exp(-2\pi i \Delta E t/h)$ beschrieben wird. Stellt man diesen durch einen Vektor in der Gaußschen Zahlenebene dar ($i = \sqrt{-1}$), wie in Abbildung 1 gezeigt, so bewegt sich der Vektor im Uhrzeigersinn für posivites ΔE und positive Zeit und entgegen dem Uhrzeigersinn für negative Zeit.

Die Bewegungen im betrachteten Zweizustandsproblem sind strikt periodisch und zeitumkehrsymmetrisch. In der Praxis verwendet man bei Atomuhren zwei nahe benachbarte Zustände, die von der Hyperfeinstruktur des elektronischen Grundzustandes herrühren. Der heutige Zeitstandard verwendet den $^2S_{1/2}$ Grundzustand von $^{133}_{55}Cs$ (mit Kernspin $I = 7/2$) mit den beiden Hyperfeinniveaus $F = 3$ und $F = 4$, die einen Energieunterschied von $\Delta E/(hc) = 0{,}3066331899$ cm^{-1} aufweisen (ca. 3,66815 J mol^{-1}). Die Periode der Bewegung ist

$$\tau = \frac{h}{\Delta E} \qquad [5]$$

und im vorliegenden Fall gilt definitionsgemäß exakt für 1 Sekunde

$$1\ \text{s} = 9192631770\ \tau_{(Cs)} \qquad [6]$$

(SI-Definition gemäß *13ème Conférence Générale des Poids et Mesures*, 1967). Bei einer anderen wichtigen Atomuhr, dem H-Atom-Maser, verwendet man einen ganz analogen Hyperfeinstrukturübergang des $^2S_{1/2}$ Grundzustandes ($F = 0 \leftrightarrow F = 1$) mit $\Delta E/(hc) = 0{,}04738$ cm^{-1}, der auch in der Astronomie eine große Rolle spielt.

Bei Molekülen findet man nahe benachbarte Zustände mit der Möglichkeit einer effektiven, reversiblen Zweizustandsdynamik, die einer Änderung der Struktur des Moleküls entspricht, oder eben einer chemischen Reaktion, wenn diese durch den von F. HUND (1927) entdeckten quantenmechanischen Tunneleffekt dominiert wird. Während die Formeln [4] und [5] zur Beschreibung der Zweizustandstunneldynamik dieselben wie bei der Atomuhr sind, ist nun die wirkliche Dynamik im Koordinatenraum wesentlich komplizierter, da die Funktionen φ_1 und φ_2 von allen Freiheitsgraden (oder unabhängigen Strukturparametern) des Moleküls abhängen. Während eine einfache, in der Regel eindimensionale, modellmäßige Beschreibung der Tunneldynamik seit HUNDS Entdeckung gängiger Lehrbuchstoff geworden ist, ist eine volle quantendynamische Beschreibung im vieldimensionalen Koordinatenraum chemischer Umlagerungen erst in neuester Zeit in Untersuchungen der Zürcher Arbeitsgruppe durchgeführt worden. Bei vieratomigen Systemen hat man 6 innere Freiheitsgrade und eine dementsprechend 6-dimensionale Beschreibung der zeitabhängigen Struktur, oder explizit eine »Wellenpaketdynamik« für $\psi(q_1, q_2, q_3, q_4, q_5, q_6, t)$. Beispiele für solche Tunnelprozesse sind die Wasserstoffbrückenumlagerung in $(HF)_2$, das eine ebene, gewinkelte Gleichgewichtsgeometrie besitzt:

$$\begin{array}{c} H^{(1)} \\ \backslash \\ F \cdots H^{(2)} - F \rightleftarrows F - H^{(1)} \cdots F \\ \backslash \\ H^{(2)} \end{array} \qquad [7]$$

bei der die Wasserstoffatome (1) und (2) ihre Rolle als Wasserstoffbrückenbindungsatom austauschen (VON PUTTKAMER und QUACK 1989, QUACK und SUHM 1991, 1997, 1998, KLOPPER et al. 1998). Je nach Anregungszustand findet man hier Umlagerungszeiten im Picosekundenbereich (QUACK und SUHM 1998).

Ein zweites Beispiel ist die Stereomutation des chiralen Moleküls H_2O_2. H_2O_2 ist in seiner Gleichgewichtsgeometrie nicht planar und gewinkelt und kommt daher in zwei Spiegelbildisomeren (Enantiomeren) vor (Abb. 3), die sich durch einen Tunnelprozeß ineinander umwandeln können, der erst in neuester Zeit sechsdimensional quantenmechanisch beschrieben werden konnte (KUHN et al. 1999, FEHRENSEN et al. 1999b).

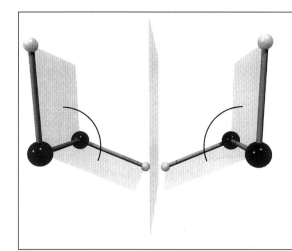

Abb. 3 Bild und Spiegelbildform von H_2O_2 (HOOH) in der chiralen Gleichgewichtsgeometrie der PCPSDE-Potentialhyperfläche (KUHN et al. 1999). Bild und Spiegelbild sind Enantiomere, die nicht durch eine Rotation im Raum ineinander übergeführt werden können, wohl aber durch eine innere Rotation um die OO-Achse, bevorzugt über die *trans*-Geometrie.

Tab. 1 Stereomutation in H_2O_2: $\Delta\tilde{\nu}_T/\text{cm}^{-1}$ (nach FEHRENSEN et al. 1999)

$\tilde{\nu}/\text{cm}^{-1}$		Exp.	6D	RPH	$\tau_{\lambda\to\rho}$(6D)
0	ν_0	11,4	11,0	11,1	1,5 ps
3 609	ν_1	8,2	7,4	7,4	2,0 ps
1 396	ν_2	(2,4?)	6,1	5,0	2,7 ps
866	ν_3	12,0	11,1	10,8	1,5 ps
255	ν_4	116	118	120,0	0,14 ps
3 610	ν_5	8,2	7,6	8,4	2,2 ps
1 265	ν_6	20,5	20,8	21,8	0,8 ps

$\tilde{\nu}$ ist die Wellenzahl der betreffenden Schwingung, $\Delta\tilde{\nu}_T$ die dazu gehörende Tunnelaufspaltung durch Stereomutation, Exp. steht für experimentelle Daten (zum Teil noch unsicher), 6D ergibt sich aus der vollen sechsdimensionalen Quantendynamik, RPH aus der Näherung des Reaktionspfadhamiltonoperators. $\tau_{\lambda\to\rho}$ ist die Umwandlungszeit für das sechsdimensionale Wellenpaket.

Tabelle 1 gibt zur Veranschaulichung einige Umwandlungszeiten der linkshändigen (λ) in die rechtshändige (ρ) Struktur an

$$\lambda \rightleftarrows \rho \qquad [8]$$

$$\tau_{\lambda\to\rho} = \frac{1}{2c\Delta\tilde{\nu}}, \qquad [9]$$

wobei hier die üblichen spektroskopischen Größen $\Delta\tilde{\nu} = \Delta E/hc$ und $\tilde{\nu} = E/hc$ angegeben sind und die Tunnelzeiten als Funktion der Anregung in allen sechs Schwingungsfreiheitsgraden untersucht werden. Man erkennt eine sehr bemerkenswerte, »modenselektive« Abhängigkeit der Tunnelzeiten vom Anregungsgrad in den verschiedenen »Schwingungsmoden« ν_1 bis ν_6 (FEHRENSEN et al. 1999a, b). Während einige Moden im Vergleich zum Grundzustand ν_0 die Stereomutation begünstigen oder »katalysieren« (ν_4 und ν_6), findet man bei Anregung der Moden ν_1, ν_2 und ν_5 eine Inhibition der Stereomutation. Das Gebiet der reaktiven vieldimensionalen Quantentunneldynamik von Molekülen beginnt erst heute, auf der Grundlage des in 1.1 beschriebenen Ansatzes erschlossen zu werden.

Bei einem weiteren Beispiel, der Stereomutation des chiralen Isotopomers des pyramidalen Anilinmoleküls C_6H_5NHD, wäre eine 36-dimensionale Wellenpaketbeschreibung nötig, die heute noch nicht exakt durchgeführt werden kann. Durch Einführung von quasiadiabatischen Kanälen (QUACK und TROE 1981, 1998) im Rahmen eines 36-dimensionalen Reaktionspfadhamiltonoperators ist uns jedoch auch für Anilin eine volldimensionale Näherungsbeschreibung gelungen, deren Gültigkeit am Beispiel von H_2O_2 durch Vergleich mit der exakten Behandlung überprüft werden konnte (Tab. 1). Auch beim Anilin findet man reversible Stereomutationszeiten im Picosekunden- bis Subpicosekundenbereich ($\tau_{\lambda \to \rho} \sim 10^{-12}$ s), je nach Anregungsgrad in verschiedenen Moden (FEHRENSEN et al. 1998, 1999a, b). Beim Anilin findet man jedoch bei höheren Anregungen einen weiteren, scheinbar irreversiblen Prozeß der intramolekularen Schwingungsenergieumverteilung, der in Kapitel 4 besprochen wird.

2.2 Der harmonische Oszillator als ideales Quantenpendel

Das quantenmechanische Zweizustandsproblem kann wie in Abbildung 1 gezeigt in ein abstrakt-mathematisches Analogon einer Uhr übersetzt werden, wobei physikalisch das Atom oder Molekül die Unruh der Uhr darstellt. Prinzipiell wäre der harmonische Oszillator mit einer Entwicklung nach unendlich vielen Zuständen in Gleichung [2] das Analogon eines makroskopisch harmonischen Pendels. Der zeitabhängige harmonische, molekulare Oszillator zeigt in der Tat genau die erwartete Pendelbewegung des Wellenpaketes (QUACK und SUTCLIFFE 1984, MARQUARDT und QUACK 1989). Ein Vorteil des quantenmechanischen harmonischen Oszillators ist die Möglichkeit einer exakten mathematischen Beschreibung sowohl feldfrei als auch mit Anregung durch elektromagnetische Felder (MARQUARDT und QUACK 1989, QUACK 1995b, 1998 und dort zitierte historische Literatur). In der Tat ist der harmonische Oszillator als eindimensionales Modell einer Stereomutation auf der Femtosekundenskala verwendet worden (MARQUARDT and QUACK 1996). Ein Nachteil der Beschreibung der Moleküldynamik durch harmonische Oszillatoren liegt darin, daß wirkliche molekulare Potentiale auch nicht näherungsweise die im harmonischen Oszillator geforderte quadratische Form der potentiellen Energie besitzen. Daher führt der harmonische Oszillator stets nur auf eine modellmäßige Beschreibung der reversiblen Moleküldynamik. In der Praxis zeigt es sich, daß diese manchmal für extrem kurze Zeiten eine brauchbare Näherung sein kann (QUACK und STOHNER 1993, QUACK 1995b, MARQUARDT and QUACK 1996).

3. Die Symmetrien von Zeit und Raum und ihre Verletzungen in molekularen Prozessen

3.1 Fundamentale Symmetrien der Molekülphysik

Wir haben in Kapitel 2 molekulare Prozesse und chemische Reaktionen als quantenmechanische, reversible, zeitumkehrsymmetrische und periodische Vorgänge betrachtet. Dies ist prinzipiell eine exakte Beschreibung an der Front heutiger Forschung. Es entspricht aber keinesfalls der üblichen Beschreibung im Rahmen der chemischen Kinetik (QUACK und JANS BÜRLI 1986), wo chemische Reaktionen als irreversibel und nicht zeitumkehrsymmetrisch behandelt werden, was auch den makroskopischen, empirischen Befunden entspricht. Wir wollen in Kapitel 3 zeigen, daß dieser scheinbare Widerspruch sich zwar einerseits leicht auflösen läßt, andererseits aber dennoch auf ein bis heute ungelöstes Rätsel der Chemie und Physik führt. Hierzu ist eine sorgfältige Diskussion fundamentaler Symmetrien der Molekülphysik nötig.

Die folgenden Symmetrieoperationen lassen einen molekularen Hamiltonoperator allgemein invariant (für Einschränkungen siehe später, QUACK 1977, 1983b, 1995a; MAINZER 1988):

(1) eine Translation im Raum;
(2) eine Translation in der Zeit;
(3) eine Rotation im Raum;
(4) Spiegelung der Teilchenkoordinaten im Ursprung (»Paritätsoperation« P oder E^*)
(5) »Zeitumkehr« oder die Umkehrung aller Impulse und Spins der Teilchen (T für »Tempus« oder »time«);
(6) jede Permutation der Indices identischer Teilchen (der Atomkerne, der Nukleonen, der Elektronen);
(7) der Austausch aller Teilchen durch ihre Antiteilchen (»Ladungskonjugation« C).

Diese Symmetrieoperationen bilden die Symmetriegruppe des Hamiltonoperators. Im Einklang mit Emmy NOETHERS Theorem gehört zu jeder Symmetrie eine Erhaltungsgröße. Interessanter noch ist die Interpretation, daß zu jeder exakten Symmetrie eine nicht beobachtbare Größe gehört (LEE 1988). Die ersten drei Symmetrien entsprechen kontinuierlichen Operationen mit Gruppen unendlicher Ordnung, die vier letzten diskreten Operationen mit Gruppen endlicher Ordnung. Wir werden uns hier näher nur mit diesen diskreten Symmetrien beschäftigen. Nach neuester Kenntnis sind die Symmetrien P, C, T und die Kombination CP nicht exakt (sie werden in einigen Experimenten als »verletzt« gefunden), während CPT als eine wesentliche Grundlage der gesamten modernen im sogenannten »Standardmodell« zusammengefaßten Theorie der Materie als exakt gilt und bisher nicht experimentell widerlegt wurde. Dasselbe gilt für die Permutationssymmetrie (6) mit N! Symmetrieoperationen für N identische Teilchen, die zum verallgemeinerten Pauli-Prinzip führt. Wir haben jedoch schon früher spekuliert, daß möglicherweise alle diskreten Symmetrien verletzt werden könnten (QUACK 1993, 1994, 1995a, b). Es ist nun zunächst von Bedeutung, die Begriffe der Symmetrieverletzung und Symmetriebrechung sorgfältiger zu definieren, was wir anhand des geometrisch leicht verständlichen Beispiels der molekularen Chiralität erläutern wollen, welche mit der Paritätsoperation oder Rechts-Links-Symmetrie verknüpft ist.

3.2 Grundkonzepte der Symmetriebrechungen spontan, de facto und de lege am geometrischen Beispiel der molekularen Chiralität

Wir geben hier eine sehr knappe Analyse der drei Begriffe der Symmetriebrechung, da sie häufig nicht sorgfältig unterschieden werden, und verweisen auf QUACK (1989, 1995a) für eine ausführliche Diskussion. Betrachten wir das Beispiel des chiralen H_2O_2 (Abb. 3), so kann man vereinfacht die Stereomutation als eindimensionale Torsion um den Winkel α darstellen, mit einer Potentialfunktion mit zwei Minima entsprechend den beiden Enantiomeren und einer niedrigen Potentialbarriere in der planaren *trans*-Konformation (KUHN et al. 1999).

```
      H
       \
        O–O         E_trans ≅ 4,3 kJ mol⁻¹                      [10]
           \        (361 cm⁻¹)
            H
```
$E_{trans} \cong 4{,}3 \text{ kJ mol}^{-1}$ (361 cm^{-1}) [10]

und einer wesentlich höheren Barriere in der planaren *cis*-Konformation

$E_{cis} \cong 31{,}6 \text{ kJ mol}^{-1}$ (2 645 cm^{-1}) [11]

Wir können deshalb schematisch vereinfacht das Tunnelproblem der Stereomutation als Bewegung eines Massenpunktes in einem eindimensionalen Doppelminimumpotential mit einer niedrigen Barriere darstellen (Abb. 4; die wirkliche Stereomutationsdynamik findet in einem sechsdimensionalen Raum statt, siehe Kapitel 2). Klassisch erreicht der Massenpunkt bei hohen Energien beide symmetrisch äquivalenten Raumbereiche. Der mechanische Zustand zeigt im Mittel die Symmetrie des zugrundeliegenden Potentials. Reduziert man die Energie, so könnte prinzipiell ein symmetrischer Zustand auf dem Maximum in der Mitte der Potentialfunktion in Abbildung 4 eingenommen werden. Dies entspricht einem instabilen mechanischen Gleichgewicht. In der Praxis wird jedoch bei Reduktion der Energie ein Zustand im Minimum *entweder links* (λ) *oder rechts* (ρ) eingenommen. Diese Zustände zeigen nicht die Symmetrie des Potentials, man spricht von spontaner Symmetriebrechung. Spontane Symmetriebrechung ist im wesentlichen ein klassisches Konzept, auch wenn es auf quantenmechanische Systeme mit unendlich vielen Freiheitsgraden erweitert werden kann (PRIMAS 1981, PFEIFER 1983 [1980]). In der molekularen Quantenmechanik fordert das Superpositionsprinzip, daß auch Superpositionszustände positiver Parität (symmetrisch bezüglich Spiegelung an q_c)

$$\chi_+ = \frac{1}{\sqrt{2}}(\lambda + \rho) \qquad [12]$$

und negativer Parität (antisymmetrisch)

$$-\chi_- = \frac{1}{\sqrt{2}}(\lambda - \rho) \qquad [13]$$

mögliche Zustände sind, die dann *sowohl links als auch rechts*, delokalisiert zu finden sind. In der Tat sind diese Zustände die Eigenzustände des Hamiltonoperators, die sich durch den kleinen Energieunterschied $\Delta E_\pm$ unterscheiden (Abb. 4).

Nach HUND (1927) kann man jedoch Zustände λ und ρ erzeugen, wo die Symmetrie *de facto* gebrochen ist

$$\lambda = \frac{1}{\sqrt{2}}(\chi_+ - \chi_-) \qquad [14]$$

$$\rho = \frac{1}{\sqrt{2}}(\chi_+ + \chi_-). \qquad [15]$$

Diese Zustände sind zeitabhängig wie in Kapitel 2 besprochen. Wenn aber $\Delta E_\pm$ sehr klein ist, sind sie praktisch stabil. Im Gegensatz zur spontanen Symmetriebrechung

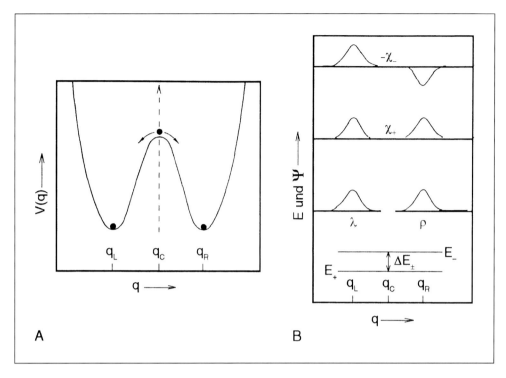

Abb. 4 Erläuterung der Symmetriebrechung spontan, *de facto* und *de lege* am Beispiel der Bewegung eines Massenpunktes in einem eindimensionalen, symmetrischen Potential. (A) Potential und klassischer Massenpunkt auf den stationären (Gleichgewichts) Geometrien bei q_c (instabiles Gleichgewicht, symmetrisch) und q_L, q_R (stabil, mit spontan gebrochener Symmetrie). (B) Quantenmechanische Tunneldynamik für das Potential in (A) mit symmetrischen und antisymmetrischen Eigenzuständen χ_+ und $-\chi_-$ sowie den lokalisierten Superpositionszuständen λ und ρ, die eine *De-facto*-Symmetriebrechung zeigen (die Tunneldynamik ist gleichzeitig ein eindimensionales Modell der Stereomutation, Abb. 3).

der klassischen Mechanik, die bei kleinen Energien *notwendig* ist, ist die *De-facto*-Symmetriebrechung der Quantenmechanik durch Wahl der Anfangsbedingungen stets möglich, aber nicht notwendig.

In der *De-lege*-Symmetriebrechung schließlich hat das Potential keine symmetrische Form mehr, das Gesetz (*lex*) für die Dynamik zeigt gar keine Symmetrie. Wenn die Abweichung von der Symmetrie klein ist, kann man jedoch sinnvoll von einer nahezu vorhandenen Symmetrie sprechen, die durch kleine asymmetrische Zusatzglieder im Hamiltonoperator »gebrochen« oder »verletzt« wird, in diesem Fall aber »de lege«. Bei der Einführung dieser Nomenklatur wurde darauf geachtet, das natürliche (göttliche) Gesetz (*lex*) vom willkürlichen menschlichen Recht (*ius*) zu unterscheiden (also hier nicht »de iure«).

Es ist anhand dieses Beispiels offensichtlich daß, die Symmetriebrechungen *de facto* und *de lege* fundamental verschiedene Deutungen einer eventuell beobachteten Asymmetrie eines Phänomens bedeuten. Die am Beispiel der Chiralität geometrisch leicht verständliche Unterscheidung gilt aber auch analog für andere asymmetrische Phänomene, wie z. B. die Asymmetrie der Zeit, die sich in der beobachteten Irreversibilität zeigt. Es ist weiterhin klar, daß die Unterscheidung zwischen *De-facto-* und *De-lege-* Symmetriebrechung keine sprachlich-philosophische, sondern durchaus eine experimentell-naturwissenschaftliche ist: Durch sorgfältige Untersuchung des Potentials würde sich ja eine eventuelle Asymmetrie (»de lege«) nachweisen lassen, auch wenn vielleicht bei ersten Experimenten das Potential symmetrisch erscheint. Nun könnte man meinen, daß unter diesen Voraussetzungen eine Beschreibung eines asymmetrischen Phänomens durch eine Symmetriebrechung *de lege* niemals experimentell ausgeschlossen werden könnte, denn es könnte ja immer eine kleine Asymmetrie des Potentials unterhalb der jeweiligen experimentellen Nachweisgrenze geben. Es zeigt sich jedoch, daß die Frage nach *De-lege-* oder *De-facto*-Symmetriebrechung auch einen quantitativen Aspekt hat. Dieser hängt mit der relativen Größe der »symmetrisierenden, delokalisierenden« Tunnelaufspaltung $\Delta E_\pm$ und der symmetrieverletzenden Potentialasymmetrie zusammen ($\Delta E_{\lambda\rho} \cong \Delta E_{pv}$ sei der Unterschied in den Potentialminima, *pv* für paritätsverletzend gebräuchlich). Immer wenn

$$\Delta E_\pm \gg \Delta E_{pv} \qquad [16]$$

ist, kann man im wesentlichen von einer Symmetriebrechung *de facto* sprechen, auch wenn ΔE_{pv} nicht null ist. Immer wenn

$$\Delta E_{pv} \gg \Delta E_\pm \qquad [17]$$

ist, dominiert die Symmetriebrechung *de lege* das Phänomen.

Im Fall der Stereomutation des H_2O_2 wissen wir heute zum Beispiel, daß $\Delta E_\pm \gg \Delta E_{pv}$ ist (Kapitel 5), die Symmetriebrechung ist also hier im wesentlichen *de facto*. Demgegenüber weisen die im Kapitel 5 erwähnten Ergebnisse darauf hin, daß bei den üblicherweise als chiral isolierten Methanderivaten (CHFClBr, Abb. 5, Aminosäuren etc.) die Chiralität von einer Symmetriebrechung *de lege* dominiert ist. Allerdings bedarf diese Aussage noch der experimentellen Prüfung.

Als im Jahre 1989 eine systematische Analyse der Hypothesen zu den Grundlagen der Chiralität erstellt wurde (Quack 1989), ergab sich überraschenderweise, daß es mindestens fünf grundsätzlich verschiedene Hypothesen zu dieser scheinbar einfachen, grundlegenden Strukturfrage der Chemie gab, mit kaum miteinander kommunizierenden Glaubensgemeinden der Anhänger dieser Hypothesen. Eine experimentelle Entscheidung lag damals (und teils auch heute) noch nicht vor. Die gleiche Situation zeigt sich bei der Deutung der biochemischen Dissymmetrie oder Homochiralität so-

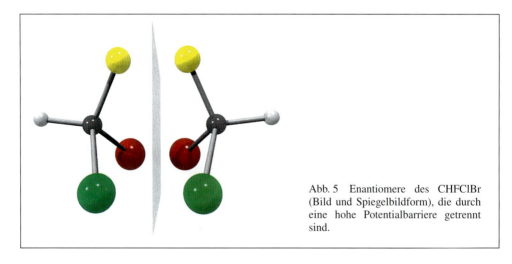

Abb. 5 Enantiomere des CHFClBr (Bild und Spiegelbildform), die durch eine hohe Potentialbarriere getrennt sind.

wie der Frage der Zeitsymmetrie oder Irreversibilität. Wir werden die in vieler Hinsicht logisch völlig parallel verlaufende Geschichte des Verständnisses der beobachteten Asymmetrie in diesen drei Gebieten hier sehr knapp referieren.

3.3 Die Glaubensgemeinden und Hypothesen zur Deutung der molekularen Dissymmetrie oder Chiralität

Wie bei (QUACK 1989) ausführlich erläutert, gibt es fünf grundsätzliche Strukturhypothesen zur Chiralität (Dissymmetrie ist das ältere Synonym hierfür):

(1) die klassische Strukturhypothese (VAN'T HOFF 1876, CAHN et al. 1956, 1966);
(2) die quantenmechanische Hypothese der *De-facto*-Symmetriebrechung (HUND 1927);
(3) die Störungs- oder Stoßhypothese (SIMONIUS 1978, HARRIS und STODOLSKI 1981);
(4) die Hypothese der Superauswahlregel (PFEIFER 1983 [1980], PRIMAS 1981, AMMANN 1995);
(5) die Hypothese der *De-lege*-Symmetriebrechung durch die paritätsverletzende schwache Wechselwirkung in chiralen Molekülen (LEE und YANG 1956, WU et al. 1957, REIN 1974, REIN et al. 1979, MASON und TRANTER 1983, QUACK 1983a [1980], 1986).

Wir verweisen auf (QUACK 1989) für eine ausführlichere Diskussion und weiterführende Literatur. Man kann eine weitere Gruppierung dieser Hypothesen als spontane Symmetriebrechung (*1, 4*, eventuell *3*), *De-facto*-Symmetriebrechung (*2*, eventuell *3*) und *De-lege*-Symmetriebrechung (*5*) vornehmen. Experimentell bleibt die Entscheidung, welche Hypothese die richtige Deutung gibt, auch heute in den meisten Fällen offen, obwohl in Einzelfällen, wie zum Beispiel für H_2O_2 bei tiefen Energien in der Gasphase (oder im Überschallstrahl) heute eine experimentelle und theoretische Entscheidung zugunsten der Hypothese (*2*), in anderen Fällen wie Alanin (BAKASOV et al. 1996, 1998), CHFClBr (QUACK und STOHNER 1999) und ähnlichen eine theoretische Begünstigung der Hypothese (*5*) zumindest nahegelegt wird.

Historisch interessant ist es, daß bis zur kritischen Diskussion bei QUACK (1989) die Existenz konkurrierender Strukturhypothesen für die molekulare Chiralität praktisch nicht wahrgenommen wurde. Die Chemiker waren in der Regel mit der Hypothese (*1*) glücklich, die Quantenphysiker, soweit sie das Problem überhaupt sahen, folgten der Hypothese (*2*). Wenn man in einer gemischten Zuhörerschaft eine Abstimmung abhält über den vermuteten Ausgang eines durchführbaren (aber wegen erheblicher Schwierigkeiten noch nicht durchgeführten) Experimentes, das überraschenderweise nach Hypothese (*1*) und (*2*) (und auch für die anderen) verschieden ausgeht (QUACK 1995a), so findet man je nach Chemiker- und Physikeranteil wechselnde, aber etwa gleich große Stimmenanteile (ich habe dies öfters an verschiedenen Orten ausprobiert, allerdings nicht bei der Leopoldina in Halle). Wirklich überraschend hieran ist allerdings, daß wir bis heute wegen experimenteller Schwierigkeiten für die meisten chiralen Moleküle keine definitive Aussage über den wirklichen Ausgang dieses Experimentes machen können. Dies gilt, obwohl bis 1989 (und bei der Mehrzahl der Wissenschaftler auch heute noch) der feste Glaube besteht, die molekulare Chiralität sei von den physikalisch-chemischen Grundprinzipien her restlos verstanden, also effektiv keine Kontroversen ausgetragen werden, obwohl in Wahrheit die Kontroversen bestehen.

3.4 Die Glaubensgemeinden und Hypothesen zur Deutung der biochemischen Homochiralität

Seit PASTEUR auf die enge Beziehung zwischen Homochiralität (also der Dominanz von L-Aminosäuren und D-Zuckern) und Leben hingewiesen hat, wird die Frage des Ursprungs der biochemischen Selektion gewisser Enantiomerer gegenüber anderen kontrovers diskutiert. Wir können heute etwa die folgenden Grundhypothesen unterscheiden, die wiederum jeweils in zahlreichen unterschiedlichen Varianten existieren.

(*1*) Eine stochastische »Alles oder Nichts«-Selektion eines Enantiomers (D oder L) mittels eines biochemischen Selektionsmechanismus (FRANK 1953, EIGEN und WINKLER 1975, EIGEN 1971, 1982, 1987, BOLLI et al. 1997, JAY SIEGEL 1998) oder auch abiotisch, etwa durch Kristallisation (CALVIN 1969, NICOLIS und PRIGOGINE 1981, BONNER 1995). Nach dieser Hypothese wird mit Sicherheit bei jeder Einzelevolution nur ein Enantiomer selektiert, wobei aber in vielen, separaten Evolutionsexperimenten D und L im Mittel mit gleicher Häufigkeit selektiert werden.

(*2*) Eine zufällige äußere chirale Beeinflussung eines einmaligen Evolutionsvorganges selektiert bevorzugt ein Enantiomer. Schon PASTEUR und später VAN'T HOFF haben eine solche Möglichkeit in Betracht gezogen, und seither gibt es geradezu unzählige unterschiedliche Vorschläge dieser Art. Als Beispiel nennen wir hier den Start einer Evolution auf einer zufälligen chiralen Matrix, z. B. einem Linksquarzkristall (KAVASMANEK und BONNER 1977). Wenn dann unter dieser Evolution einmal ein bevorzugtes Enantiomer gebildet wurde, könnte es sich dauerhaft fortpflanzen und erhalten bleiben (KUHN und WASER 1983). Auch hier könnte die Wiederholung der Evolution (z. B. dann gelegentlich auf einem Rechtsquarz) im statistischen Mittel mit gleicher Häufigkeit beide Formen (D und L) der Homochiralität erzeugen. Auch die bekannte bevorzugte Photolyse durch zirkular polarisiertes Licht (BONNER 1988) in einer lokalen Umgebung auf der Erde oder im Weltraum gehört zu solchen Hypothesen. Eine weitere Variante, die Photolyse durch zirkular polarisierte γ-Strahlung, kann hier – oder unter Berücksichtigung der Paritätsverletzung bei der β-Radioaktivität unter Punkt 4 eingeordnet werden (VESTER et al. 1959), oder eventuell der Einfluß von Magnetfeldern (KLEINDIENST und WAGNIÈRE 1998).

(*3*) Ein Tieftemperaturphasenübergang erzeugt präbiotisch (oder allgemeiner: abiotisch) ein reines Enantiomer aufgrund der paritätsverletzenden schwachen Wechselwirkung. Enantiomerenreines oder angereichertes organisches Ausgangsmaterial liefert die Grundlage für eine spätere biotische Selektion (SALAM 1991, 1992, 1995, CHELA-FLORES 1991).

(*4*) Ein durch die paritätsverletzende schwache Wechselwirkung thermodynamisch oder kinetisch geringfügig begünstigtes Enantiomer wird durch nichtlineare kinetische Mechanismen bevorzugt und am Ende ausschließlich selektiert (YAMAGATA 1966, REIN 1974, KONDEPUDI und NELSON 1984, 1985, MASON 1991, JANOSCHEK 1991, MACDERMOTT and TRANTER 1989a, b).

Diese vier Grundhypothesen lassen sich wiederum ähnlich wie die Strukturhypothesen der Chiralität gruppieren in die beiden *De-facto*-Selektionshypothesen (*1*) und (*2*) (man könnte hier auch den Begriff »spontan« verwenden) und die beiden *De-lege*-Selektionshypothesen (*3*) und (*4*). Zwischen den einzelnen Glaubensgemeinden gibt es hier (im Gegensatz zur Strukturhypothese) gelegentlich hitzige Debatten. Nach unserer Ansicht ist die Frage völlig offen. Sicher gibt es keinerlei experimentelle Beweise. Obwohl besonders zur Hypothese (2) ein unglaubliches Datenmaterial mit unterschiedlichsten Teilhypothesen gesammelt wurde, ist nichts davon wirklich beweisend.

Es ist auch sehr schwierig, solche Beweise bei makroskopischen Experimenten zur Selektion der Chiralität durchzuführen, da es äußerst schwierig ist, Nebeneffekte auszuschließen. Ein frühes Beispiel solcher Nebeneffekte wird bei PRELOG (1991) berichtet mit einem für die Person, über die er berichtet, zu Unrecht negativen Ausgang. Die Geschichte von mehrfach wiederholten »Beweisen« und »Widerlegungen« zu Befunden von enantiomerangereicherten Materialien in Meteoriten ist ein weiteres Beispiel. Die Behauptungen zu bevorzugt angereicherten Enantiomeren bei neuesten Kristallisationsexperimenten geben ein anderes Beispiel (SZABO-NAGY und KESZTHE-LYI 1999). Auf die Falschberichte zur Selektion der Chiralität in Magnetfeldern wollen wir hier nicht mehr eingehen, da sie an einem extremen Ende solcher Berichte zu finden und sicher nicht typisch sind.

In aller Regel ist bei all diesen makroskopischen Experimenten die Beweisführung das ungelöste Problem. Nach unserer Ansicht müßten für eine korrekte Beweisführung zugunsten einer der Hypothesen in einem Experiment zur makroskopischen Selektion der Chiralität mindestens zwei Voraussetzungen erfüllt sein. *Erstens* müssen alle denkbaren Kontrollexperimente desselben Typs ausgeführt werden, die mit der Zielsetzung der *Widerlegung* der betreffenden Hypothese beginnen. *Zweitens* muß der *Mechanismus*, der zum Ausgang des Selektionsexperimentes führt, theoretisch verstanden sein. Diese zweite Bedingung dürfte sehr schwer zu erfüllen sein. Prinzipiell ist es aber klar, daß die vier Grundhypothesen zur biologischen Homochiralität experimentell nachprüfbar und unterscheidbar sind.

Man kann sich zum Beispiel vorstellen, daß ein zukünftiges Laborexperiment zur systematischen Evolution von lebenden Objekten aus toter Materie im direkten Nachbau der frühen Evolution auf der Erde entwickelt wird (EIGEN 1971). Die Wiederholung dieses Experimentes würde nach den *De-facto*-Hypothesen mit statistisch gleicher Häufigkeit »D« und »L« Leben erzeugen. Nach den *De-lege*-Hypothesen würde bevorzugt oder ausschließlich L (Aminosäure) Leben erzeugen. Wenn weiterhin der genaue Mechanismus der Lebensentstehung in diesem reproduzierbaren Experiment verstanden ist und deshalb klar ist, warum es »*De-facto-*« oder »*De-lege-*«Ergebnisse gibt, kann man von einem im naturwissenschaftlichen Sinne beweisenden Experiment sprechen, das die prinzipielle Frage klärt.

Die historische Frage nach dem genauen Weg der Lebensentstehung auf der Erde bleibt dabei ungeklärt und ist sicher viel schwerer, wenn überhaupt zu beantworten. Das ist aber für die prinzipiellen Hypothesen nicht relevant. In jedem Fall sind die Bedingungen für beweisende Selektionsexperimente dieser Art hinreichend problematisch, daß man sie wohl erst in der ferneren Zukunft erwarten darf. Das steht im Gegensatz zu Experimenten zu den Strukturhypothesen in Kapitel *3.3*, bei denen wir eine weitgehende Klärung in der relativ nahen Zukunft erhoffen, abhängig von der Förderung unserer Untersuchungen wohl im nächsten Jahrzehnt, soweit sie nicht jetzt schon vorliegt. Wir haben jedoch darauf hingewiesen (QUACK 1994), daß die Klärung der Frage der chiralen Strukturhypothesen immerhin auch einen Hinweis zu den Hypothesen der biochemischen Selektion gibt, wenn auch keinen Beweis. Sie ist weiterhin eine Voraussetzung für ein späteres theoretisches Verständnis eines eventuellen Selektionsexperimentes.

Zum Abschluß sei hier auf eine eher lustige Spielart der vielen *De-facto*-Hypothesen hingewiesen, die sich aus einem Zeitungsbericht über die bevorzugte Selektion von linken Schuhen aus dem Meer an Hollands Küste und rechten Schuhen an Schottlands Küste ergibt (LEOPOLD 1997). Wenn es eine ähnliche Selektion für L-Aminosäurelebewesen gibt (man denke nur an schwimmende Menschen in der Meeresströmung), dann ist es bei der erheblich besseren Ernährung in Frankreich und Holland (im Vergleich zu Schottland und England) klar, daß eine Selektion dieser L-Aminosäurenlebewesen stattfindet und die D-Formen aussterben (QUACK 1997).

3.5 Die Glaubensgemeinden und Hypothesen zur Deutung der Irreversibilität in Chemie, Physik und Biologie

Nach Einführung des einfachen geometrischen Beispiels der Symmetriebrechung im Raum bei chiralen Molekülen lassen sich auch die abstrakteren Fragen zur Brechung der Zeitumkehrsymmetrie relativ leicht verstehen. Wir können hier folgende Hypothesen verschiedener Glaubensgemeinden unterscheiden.

(*1*) Irreversibilität wird als *De-facto*-Symmetriebrechung interpretiert. Sie kommt im makroskopischen Experiment durch die Anfangs- und Randbedingungen zustande und führt so zur »De facto«-Deutung der zeitabhängigen Variante des 2. Hauptsatzes der Thermodynamik auf molekülstatistischer Grundlage. Hierbei handelt es sich im wesentlichen um die heutige »Schulmeinung«, die an vielen Stellen dargestellt ist und in wesentlichen Teilen auf BOLTZMANN zurückgeht (BOLTZMANN 1896, 1897, 1898; siehe auch LEBOWITZ 1999, PEIERLS 1979). Es gibt eine Reihe von mathematischen Illustrationen und klassisch mechanischen sowie quantenmechanischen Modellrechnungen, die den scheinbaren Widerspruch zwischen makroskopischer Irreversibilität und mikroskopisch-reversibler Mechanik erläutern und aufheben (EHRENFEST und EHRENFEST 1907, 1911, KOHLRAUSCH und SCHRÖDINGER 1926, ORBAN und BELLEMANS 1967, EIGEN und WINKLER 1975, QUACK 1981, 1982). Eine spezielle mathematische Spielart dieser Hypothese verwendet die »Informationstheorie« zur Deutung der Irreversibilität. Diese könnte auch als separate Hypothese aufgeführt werden (subjektivistische Deutung der statistischen Mechanik).

(*2*) Man kann die Irreversibilität im Rahmen des 2. Hauptsatzes als unabhängig empirisch begründetes, makroskopisches Gesetz einführen (CLAUSIUS 1865, PLANCK 1910).

(*3*) Man kann die Irreversibilität im beobachteten System durch die Wechselwirkung mit der Umgebung deuten (»Umwelttheorie« der Irreversibilität, analog zu Punkt 3 der Chiralität), was in zahlreichen Lehrbüchern der statistischen Mechanik ein beliebter Trick mit Einführung der reduzierten Dichtematrix ist.

(*4*) Es gibt die Möglichkeit, Dämpfungsterme in die Mechanik einzuführen, was zu einer gesetzmäßigen Irreversibilität führt, aber weitgehend spekulativ ist, da es keine empirische Grundlage für eine entsprechende Abänderung der Mechanik gibt. Das schließt aber nicht aus, daß eine solche in Zukunft gefunden wird (PRIGOGINE 1980, PRIGOGINE und STENGERS 1981). Gelegentlich wird diese Hypothese mit einer Reduktion des quantenmechanischen Wellenpaketes quasi wie im Meßprozeß oder durch Gravitation erörtert (GRIGOLINI 1993, HAWKING and PENROSE 1996, PENROSE 1998).

(*5*) Eine weitere Möglichkeit einer gesetzmäßigen Deutung der Irreversibilität ergibt sich aus der beobachteten Verletzung der Zeitumkehrsymmetrie im Zerfall des K-Mesons (ADLER et al. 1995).

(6) Man kann spekulativ eine CPT-Verletzung als fundamentale Grundlage der Beobachtbarkeit der absoluten Richtung der Zeit und damit der Irreversibilität postulieren (QUACK 1993, 1994; siehe auch Kapitel 6).

Die Gruppierung dieser Hypothesen läßt sich ganz analog zu den Hypothesen zur Chiralität vornehmen, und zwar in »De-facto«-Erklärungen (*1, 3*), »de lege« (*2, 4, 5, 6*) und eventuell (bei Einführung einer klassischen Betrachtungsweise) spontan (*2, 3*). Das Bemerkenswerte an den Glaubensgemeinden zur Irreversibilität (im Gegensatz zur Chiralität) sind die erbitterten Kämpfe, die zwischen den Anhängern dieser Glaubensgemeinden geführt werden. (Man lese z. B. PAGELS 1985, eine Besprechung von PRIGOGINE und STENGERS 1984.) Es scheint, daß die »aktive Toleranz« (GENSCHER 1999) hier nicht unbedingt gepflegt wird (siehe auch QUACK 1995c). Grund hierfür ist wohl, daß das Verständnis des »Zeitpfeils«, wie er oft genannt wird, unmittelbar die menschliche Intuition anspricht und stark philosophisch-metaphysische Züge trägt. EINSTEIN schreibt zum Tode seines Freundes BESSO: »Nun ist er mir auch mit dem Abschied von dieser sonderbaren Welt ein wenig vorausgegangen. Dies bedeutet nichts. Für uns gläubige Physiker hat die Scheidung zwischen Vergangenheit, Gegenwart und Zukunft nur die Bedeutung einer, wenn auch hartnäckigen, Illusion.« (zitiert nach PRIGOGINE und STENGERS 1981), womit EINSTEIN sich zur Hypothese *1* bekennt.

Betrachtet man die Situation unseres Verständnisses des Ursprungs der Irreversibilität nüchtern, zeigt sich, daß diese Frage in Wahrheit offen ist, ganz analog zur Frage nach dem Ursprung der molekularen Chiralität. Das Mißverständnis der treuen Anhänger gewisser Glaubensgemeinden besteht darin, daß sie die Existenz ihrer im Einklang mit den bekannten Fakten stehenden Erklärung als Beweis für die Gültigkeit der Erklärung nehmen, was falsch ist, wenn es andere Hypothesen gibt, die ebenfalls im Einklang mit den bekannten Fakten sind (siehe QUACK 1995a, b, c für eine weitere Diskussion). Diese offene Frage ist prinzipiell experimentell zu klären, was allerdings nicht einfach sein wird. Sie läuft im Kern darauf hinaus, ob der 2. Hauptsatz seinen Ursprung im wesentlichen in einer *De-facto*- oder in einer *De-lege*-Symmetriebrechung der Zeitumkehrsymmetrie hat, was analog zur Frage nach dem Ursprung der Chiralität auch eine quantitative Frage sein kann (siehe Kapitel 4).

3.6 Unterscheidbarkeit von Teilchen, Brechung der Permutationssymmetrie und Verletzung des Pauli-Prinzips

Der Vollständigkeit halber soll hier sehr kurz die vierte diskrete Symmetrie angesprochen werden: Die Permutationssymmetrie, die sich empirisch im verallgemeinerten Pauli-Prinzip und der Erhaltung der hiermit vorgegebenen irreduziblen Darstellung der betreffenden Permutationsgruppe äußert. Im Gegensatz zu den Symmetrien P, T, C gibt es heute keinerlei Hinweise, daß die Permutationssymmetrie *de lege* gebrochen sein könnte. Man kann dennoch die beiden Hypothesen der *De-facto*- und *De-lege*-Brechung der Permutationssymmetrie spekulativ einander gegenüber stellen.

Die aus dem Pauli-Prinzip folgende »nicht beobachtbare« Größe ist die Individualität identischer Teilchen. Dies gilt zunächst für Elementarteilchen. Betrachtet man komplexere Gebilde, wie etwa vielatomige Moleküle, so gilt dies auch, wenn sie sich im selben Quantenzustand befinden. Man kann jeden Quantenzustand eines Moleküls als separates »Elementarteilchen« betrachten (eine solche Betrachtungsweise ist in der Kern- und Teilchenphysik gelegentlich nützlich). Erzeugt man eine Gesamtheit von Molekülen im selben Quantenzustand (z. B. im Überschallstrahl bei nahezu 0 K im Grundzustand), so sind sie ununterscheidbare, »identische Teilchen«. Die Beobachtung an den Mitgliedern dieser quantenmechanischen Gesamtheit ist äquivalent zur Beobachtung an einzelnen Molekülen. Dies ist das ideale molekülspektroskopische Experiment.

Die Zahl der möglichen Quantenzustände mäßig großer vielatomiger Moleküle (z. B. C_4F_9H oder C_6F_5I oder C_{60}) bei hohen Temperaturen oder Energien ist jedoch so groß, daß es auch in einer großen Zahl von Molekülen (z. B. 1 mol) sehr unwahrscheinlich ist, zwei Moleküle im selben Zustand vorzufinden. Die Moleküle werden effektiv unterscheidbar. Die Permutationssymmetrie ist *de facto* gebrochen, auch wenn sie *de lege* absolut vorhanden ist.

Man kann aber auch eine *De-lege*-Verletzung der Permutationssymmetrie in der folgenden Weise postulieren. Genau genommen ist das Pauli-Prinzip wenigstens für schwere Teilchen wie Atomkerne nicht sehr gut überprüft. Neuere Tests, auch aus unseren eigenen Arbeiten, geben eine relative Genauigkeit von ca. 10^{-7} für die Häufigkeit »unterscheidbarer« gleichartiger Kerne (QUACK 1993). Das heißt, daß mit einer gewissen Wahrscheinlichkeit in einer Gesamtheit von 10^8 identischen Molekülen eines durch Anwesenheit eines »Pauli-verletzenden« Q-Teilchens (Atomkerns) *de lege* von den anderen unterscheidbar wäre, auch wenn alle Moleküle im Grundzustand sind. Betrachtet man zwei »identische« Nanocluster mit 10^8 Molekülen, so könnten sie auch *de lege* durch eine solche Markierung mit einem Q-Teilchen unterscheidbar sein (neben der offensichtlich vorhandenen *De-facto*-Unterscheidbarkeit quasi-makroskopischer Objekte). Wie gesagt handelt es sich hierbei um eine sehr spekulative Möglichkeit, gegen die man mancherlei ins Feld führen könnte. Der empirisch denkende Wissenschaftler muß jedoch auch solche abstrusen Spekulationen prinzipiell in Betracht ziehen und eventuell prüfen (QUACK 1977, 1983b, QUACK 1993).

3.7 Überblick

Wir haben die unterschiedlichen Hypothesen zu Symmetrie von Zeit und Raum, insbesondere zur *De-facto-* und *De-lege*-Symmetriebrechung in Analogie zueinander dargestellt. Zu ergänzen wäre, daß eine analoge Betrachtung auch für die Symmetrie der Ladungskonjugation (C, Symmetrie zwischen Materie und Antimaterie) angestellt werden könnte. Wir haben gezeigt, daß die Frage nach der Gültigkeit der konkurrierenden Hypothesen weitgehend offen ist. Unter diesen Umständen wird eine direkte empirische, experimentelle Klärung als Lösung gefordert, oder eine durch andere empirische Fakten indirekt gestützte theoretische Klärung.

Um einem möglichen Mißverständnis vorzubeugen, sei hier klar gesagt, daß wir nicht behaupten, die eine oder andere der Hypothesen könne nicht eine in sich selbst konsistente und mit gegenwärtig beobachteten Fakten übereinstimmende Deutung geben. Wir behaupten auch nicht, daß alle aufgeführten Hypothesen gleich gut begründet sind. Es gibt aber unter den in *3.3, 3.4* und *3.5* aufgeführten Hypothesen jeweils mindestens zwei sich widersprechende, aber jede für sich sehr gut begründete Hypothesen. Unter diesen Bedingungen ist eine experimentelle Klärung nötig, auf die wir in den nächsten Kapiteln eingehen (zur logischen Situation siehe auch QUACK 1995a, c).

4. Ergebnisse zur *de facto* irreversiblen Molekülkinetik: Wellenpakete und Entropie

Wir haben in den letzten beiden Jahrzehnten mit Hilfe des unter *1.2* beschriebenen Ansatzes zahlreiche Aspekte der intramolekularen Kinetik untersucht (QUACK 1984, 1991, 1992, 1993, 1995a, MARQUARDT et al. 1986, MARQUARDT und QUACK 1991, QUACK und STOHNER 1993, QUACK und KUTZELNIGG 1995). Wir werden hier zur Illustration nur ein neueres Beispiel zur *De-facto*-Deutung der Irreversibilität im 2. Hauptsatz bei Anwendung auf die intramolekulare Kinetik einzelner Moleküle angeben.

Relaxation in einen Gleichgewichtszustand maximaler Entropie nach dem 2. Hauptsatz wird normalerweise mit isolierten, makroskopischen physikalisch-chemischen Systemen in Verbindung gebracht (CLAUSIUS 1865). Relaxation einzelner Moleküle in einen mikrokanonischen Gleichgewichtszustand ist jedoch auch eine traditionelle Vorstellung in statistischen Theorien unimolekularer Reaktionen (siehe QUACK und TROE 1981, 1998 und dort zitierte Literatur). Prinzipielle Überlegungen zur irreversiblen Relaxation isolierter Moleküle wurden im Rahmen der Theorie strahlungsloser Prozesse elektronisch angeregter Zustände angestellt (BIXON und JORTNER 1968, JORTNER et al. 1969). In neuerer Zeit haben wir das Anwachsen der Entropie in einzelnen, isolierten hochangeregten Molekülen im elektronischen Grundzustand spektroskopisch untersucht (QUACK 1990a, b, 1993, QUACK und STOHNER 1993). Wir wollen diese prinzipiellen Ergebnisse hier mit dem experimentellen Beispiel des Moleküls CHFClBr (Abb. 5) nach hoher Anregung der CH-Streckschwingung erläutern. Abbildung 6 zeigt die Evolution der Entropie auf der Femtosekundenzeitskala. Sie ist hier als Pauli-Entropie definiert (QUACK 1991). Diese führt zu einer partiellen Gleichgewichtseinstellung, mit einer sehr hohen Kurzzeitentropieproduktion $dS/dt = 5 \times 10^{-14}$ J K^{-1} mol^{-1} s^{-1}, die mit typischen Werten sehr schneller Schwingungsrelaxation in Flüssigkeiten 3×10^{13} J K^{-1} mol^{-1} s^{-1} oder 10^7 bis 10^{12} J K^{-1} mol^{-1} s^{-1} in sehr schnellen chemischen Reaktionen verglichen werden kann. Allerdings erreicht der Entropiewert bei 100 fs erst 70% bis 80% des Maximalwertes für die Gleichgewichtseinstellung von nur drei Schwingungsfreiheitsgraden. Dies ist Anzeichen einer approximativen Erhaltungsgröße (BEIL et al. 1997). Die anderen Freiheitsgrade bleiben auf dieser Zeitskala unbeteiligt. Weiterhin zeigt die Entropie in der Zeit bis 1 ps recht große »Schwankungen«, was an der geringen Größe des betrachteten Systems liegt. Regt man das in Kapitel 2 besprochene chirale Molekül Anilin NHD mit mehreren Quanten der NH-Streckschwingung an, so findet man, daß im Anschluß an die periodische Stereomutation auf einer nur unwesentlich längeren Zeitskala auch ein Relaxationsprozeß durch intramolekulare Schwingungsenergieumverteilung stattfindet (FEHRENSEN et al. 1998).

Prinzipiell am wichtigsten ist jedoch die Beobachtung, daß gemäß allen uns bisher vorliegenden spektroskopischen Daten die molekulare Quantenkinetik Zeitumkehrsymmetrie zeigt. Man kann also z. B. durch ein geeignetes Laserpulsexperiment prinzipiell die Impulse zur Zeit $t = 1$ ps in Abbildung 6 umkehren und findet dann eine zu Abbildung 6 spiegelsymmetrische Evolution, wobei dann nach total 2 ps wieder die Entropie Null erreicht wird (LUCKHAUS et al. 1993). Dies ist in Einklang mit dem 2. Hauptsatz in seiner »de facto« statistischen Version. Bei einer bedeutsamen *De-lege*-Verletzung der Zeitumkehrsymmetrie wäre bei diesem Experiment eine Abweichung von der spiegelsymmetrischen Evolution und ein Verbleiben der Entropie bei hohen Werten (bei 2 ps) möglich. Die beiden Hypothesen wären also auf diesem Wege unterscheidbar. Bisher sind jedoch alle Ergebnisse zu Molekülspektren mit ei-

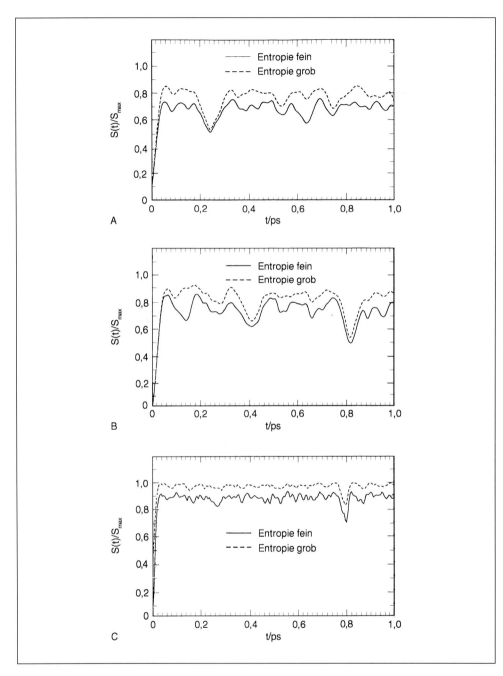

Abb. 6 Zeitentwicklung der mikrokanonischen Entropie im CHFClBr, das zur Zeit $t = 0$ mit 6 Quanten der CH-Streckschwingung angeregt wurde (feinkörnig, nach PAULI, durchgezogene Linie; grobkörnig, verallgemeinert, QUACK 1991, gestrichelte Linie). Ergebnisse aus BEIL et al. (1997), siehe dort für ausführliche Diskussion. (A) Experimentelles Ergebnis, welches nur partielle Relaxation zeigt (dennoch sehr weitgehend). (B) und (C) Ergebnisse mit künstlich abgeänderten Hamiltonoperatoren, die vollständigere Relaxation zeigen. Obwohl die Ergebnisse alle ein *de facto* irreversibles Anwachsen der Entropie auf einer Zeitskala von fs bis ps zeigen, sind sie doch mit Zeitumkehrsymmetrie vereinbar (siehe LUCKHAUS et al. 1993 für ein Ergebnis, wo die Zeitumkehr durchgeführt ist).

ner T-symmetrischen Deutung vereinbar. Prinzipiell weiß man aber von T-asymmetrischen Effekten (ADLER et al. 1995). Das heißt jedoch nicht, daß diese für die molekulare Kinetik bedeutsam sind. Experimente an einzelnen Molekülen in der Gasphase sind hier von Bedeutung, da unter diesen Bedingungen störende Nebeneffekte (Wechselwirkung mit der Umgebung) genügend klein gehalten werden können. Es wäre also prinzipiell denkbar, *De-lege*-Zeitsymmetrie in Molekülen zu finden. Es ist schwierig, ein geeignetes Experiment zu konzipieren, da man nichts über die zu erwartende Größenordnung der Zeitsymmetrieeffekte weiß. Die Bedingungen sind besser für eine Beobachtung der Paritätsverletzung in Molekülen.

5. Elektroschwache Quantenchemie: Neue Größenordnungen der Paritätsverletzung *de lege* in chiralen Molekülen

5.1 Entwicklung und heutiger Stand der Berechnung der paritätsverletzenden Potentiale

In den einleitenden Worten zu seiner berühmten Arbeit »Quantum Mechanics of Many Electron Systems« schreibt DIRAC einen der meist zitierten Sätze der Quantenchemie: »The underlying physical laws for the mathematical theory of a large part of physics and the whole of chemistry are thus completely known and the difficulty is only that the exact application of these laws leads to equations much too complicated to be soluble. It therefore becomes desirable that approximate practical methods of applying quantum mechanics should be developed, which can lead to an explanation of complex atomic systems without too much computation.« (DIRAC 1929.)

Bemerkenswerterweise wird aus diesem Zitat der zweite Satz, der einen vernünftigen Ausgangspunkt für die moderne numerische Quantenchemie bildet, nur selten zitiert. Beliebter ist der erste Satz mit dem bombastischen »the whole of chemistry« und der geringschätzigen Einschränkung »the difficulty is only«. Nun ist der erste Satz schlicht falsch. Neben anderem war eben die paritätsverletzende schwache Wechselwirkung noch nicht bekannt. Nach ihrer Entdeckung, drei Jahrzehnte nach DIRAC (LEE und YANG 1956, WU 1957), dauerte es nochmals ein Jahrzehnt, bis die quantitative Theorie der elektroschwachen Wechselwirkungen vorlag (GLASHOW 1961, WEINBERG 1967, SALAM 1968). Heute sollte die Quantenchemie prinzipiell als elektroschwache Quantenchemie formuliert werden, eine Begriffsbildung erst aus dem Jahre 1996 (BAKASOV et al. 1996). Die Bedeutung der Paritätsverletzung für die molekulare Chiralität wurde jedoch schon früher erkannt und im Rahmen einer neuen Quantentheorie von Atomen und Molekülen, welche die Paritätsverletzung einschließt, formuliert (ZEL'DOVICH 1959, YAMAGATA 1966, BOUCHIAT und BOUCHIAT 1997, 1975, REIN 1974, LETOKHOV 1975, HEGSTRÖM et al. 1980, MASON and TRANTER 1984, MACDERMOTT and TRANTER 1989a, b, BARRA et al. 1986). Insbesondere seit der quantitativen Formulierung einer quantenchemischen Theorie der paritätsverletzenden Energien in chiralen Molekülen durch HEGSTRÖM et al. (1980) kam es zu zahlreichen Rechnungen an biochemisch relevanten Molekülen mit zum Teil sehr hochgespannten Schlußfolgerungen, auch bezüglich der biochemischen Homochiralität, zumal fast allzu passend die biochemisch bevorzugten L-Aminosäuren und D-Zucker jeweils als stabiler berechnet wurden.

1995 kam es zu der für viele überraschenden Entdeckung, daß eine Verbesserung der Theorie die berechneten Werte der paritätsverletzenden Energien bei typischen

Molekülen um eine bis zwei Größenordnungen erhöhte (BAKASOV et al. 1996, 1998). Dieses Ergebnis konnte in der Zwischenzeit durch systematische Fortentwicklung der elektroschwach-quantenchemischen Methoden bestätigt werden und darf als gesichert gelten (BAKASOV und QUACK 1999, BERGER und QUACK 1999). Ein weiteres wichtiges Ergebnis dieser Untersuchungen war die Feststellung, daß bei den bisher gewählten störungstheoretischen Ansätzen das quantenchemische Ergebnis für die paritätsverletzende Energie im Kern die Spur eines Tensors ist, also die Summe von drei Beiträgen

$$E_{pv} = E_{pv}^{xx} + E_{pv}^{yy} + E_{pv}^{zz},\qquad [18]$$

die in Vorzeichen und Größe verschieden sind. Aus der Tatsache, daß frühere Ergebnisse um Größenordnungen falsch waren, folgt dann unmittelbar, daß auch die früheren Vorzeichen der Energien (also ob L- oder D-Enantiomere als stabiler berechnet werden) als unglaubwürdig bezeichnet werden müssen: Keine der früheren Schlußfolgerungen zur relativen Stabilität von D- und L-Formen läßt sich aufrecht erhalten. Gegenwärtig werden Anstrengungen unternommen, mit neuen Methoden neue, zuverlässigere Werte für paritätsverletzende Potentiale zu berechnen (BAKASOV et al. 1996, 1998, BAKASOV und QUACK 1999, BAKASOV et al. 1999, BERGER und QUACK 1999, QUACK und STOHNER 1999). Es besteht die begründete Hoffnung, daß die neuesten Ergebnisse zumindest in der Größenordnung richtig sind, vermutlich noch mit Unsicherheiten um 50 %.

5.2 Größe und Bedeutung der paritätsverletzenden Potentiale

Abbildung 7 zeigt eine schematische Darstellung der paritätsverletzenden Potentiale im Vergleich mit gewöhnlichen quantenchemischen »Born-Oppenheimer«-Potentialen entlang einer Reaktionskoordinate für die Stereomutation in einem chiralen Molekül, welche die linkshändige in die rechtshändige Form umwandelt. Man erkennt sofort, daß die separat dargestellten, paritätsverletzenden Potentiale um etwa 18 Größenordnungen kleiner sind als die gewöhnlichen paritätserhaltenden Born-Oppenheimer-Potentiale (genau genommen kommt es hier auf Potentialänderungen an). Es gibt heute kein praktisches Verfahren, welches es erlauben würde, Born-Oppenheimer-Potentiale vielatomiger Moleküle mit einer solchen Genauigkeit zu berechnen, und auch die zugrunde liegende Näherungstheorie der adiabatischen Trennung von Kern- und Elektronenbewegung ist gar nicht von dieser Genauigkeit. Aber unabhängig von der Frage der Genauigkeit der Rechnung weiß man exakt, daß die Potentiale im oberen Teil von Abbildung 7 spiegelsymmetrisch bezüglich dem Punkt 0 sind, da der zugrunde liegende elektromagnetische Hamiltonoperator diese Symmetrie zeigt, während die paritätsverletzenden Potentiale im unteren Teil der Abbildung 7 asymmetrisch bezüglich des Punktes 0 sind. Sowohl theoretisch als auch experimentell ist es also sinnvoll, direkt die Effekte zu berechnen oder zu messen, die von dieser Asymmetrie herrühren, von der genauen Größe der symmetrischen Potentiale aber unabhängig sind. Das steht im Einklang mit unserer Diskussion von Abbildung 2. Abbildung 8 zeigt solche paritätserhaltende und paritätsverletzende Potentiale, wie sie sich aus der quantitativen Rechnung für H_2O_2 und H_2S_2 ergeben (BAKASOV und QUACK 1999). Da die paritätsverletzenden Potentiale um viele Größenordnungen kleiner sind als die Tunnelaufspaltungen für H_2O_2 (Tab. 1), ergibt sich sofort, daß die Chiralität dieses Moleküls auf

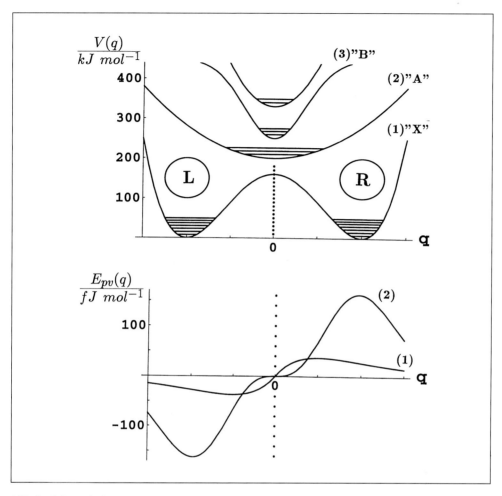

Abb. 7 Schematische Darstellung von Größenordnungen der effektiven paritätserhaltenden Potentiale (gewöhnliche Quantenchemie) und der paritätsverletzenden Potentiale (aus der elektroschwachen Quantenchemie) in chiralen Molekülen entlang einer Stereomutationskoordinate, welche die linkshändige Form in die rechtshändige überführt (BAKASOV et al. 1998).

eine *De-facto*-Symmetriebrechung zurückzuführen ist und die *De-lege*-Paritätsverletzung hier praktisch keine Rolle spielt. Dasselbe gilt für H_2S_2. Völlig anders sind die Verhältnisse bei den chiralen Methanderivaten, die sehr hohe Barrieren für die Stereomutation und sehr kleine Tunnelaufspaltungen zeigen (PEPPER et al. 1995).

Eine einfache Abschätzung der Bedeutung der paritätsverletzenden Potentiale läßt sich durch Betrachtung der paritätsverletzenden Zeiten erhalten

$$\tau_{pv} = \frac{h}{\Delta E_{pv}}. \qquad [19]$$

Immer wenn die paritätsverletzende Zeit τ_{pv} sehr viel kleiner ist als die beobachtete Lebensdauer τ_{chiral} eines chiralen Enantiomers kann man davon ausgehen, daß die Chiralität durch die Symmetriebrechung *de lege*, eben die Paritätsverletzung, domi-

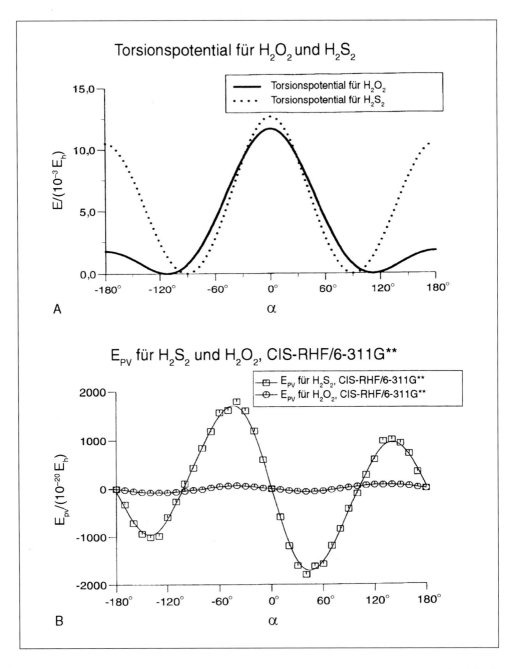

Abb. 8 Quantitative Darstellung paritätserhaltender (A) und paritätsverletzender (B) Potentiale in H_2S_2 als Funktion der Torsionskoordinate. Wie aus Bild (A) ersichtlich, ist für H_2O_2 der *trans*-Tunnelpfad bevorzugt (über eine niedrige Barriere bei 180°), während für H_2S_2 *cis*- und *trans*-Pfade ungefähr gleich schwierig sind. (B) zeigt die Größenordnungsunterschiede in E_{pv} für H_2O_2 und H_2S_2.

niert wird. (QUACK 1989). Nimmt man als charakteristische Größenordnung für E_{pv} in Molekülen aus Elementen der ersten beiden Perioden 10^{-18} E_h (»atto Hartree«, siehe Abb. 8) an (entsprechend $\Delta\tilde{\nu}_{pv} = 2{,}2 \times 10^{-13}$ cm^{-1}), so findet man

$$\tau_{pv} \cong 152 \text{ s,} \qquad [20]$$

was im Vergleich zur Lebensdauer typischer chiraler Moleküle sehr kurz ist. Paritätsverletzung dominiert also in diesen Fällen. Wir gehen hier davon aus, daß die *De-facto*-Stabilisierung durch Unterdrückung des Tunneleffektes, welche bei einigen anderen Hypothesen eine Rolle spielt, hier nicht berücksichtigt werden muß. Im Einzelfall bedarf das der genaueren Untersuchung. Es besteht aber kein Zweifel, daß die Symmetriebrechung *de lege* von entscheidender Bedeutung sein kann.

5.3 Experimente zur Paritätsverletzung in chiralen Molekülen

Wegen der Kleinheit der paritätsverletzenden Potentiale sind Experimente offensichtlich schwierig. Nach unserer Ansicht ist das erstmals 1980 vorgeschlagene Zürcher Experiment (QUACK 1986, 1989) das einzige, für welches gezeigt wurde, daß es prinzipiell mit heutigen technischen Mitteln die Genauigkeit erreicht, die zur quantitativen Bestimmung von E_{pv} ausreicht. Das Schema des Experimentes ist in Abbildung 9 gezeigt (QUACK 1986). Es beruht auf der Erzeugung eines kohärenten, achiralen Zustandes wohldefinierter Parität im »chiralen« elektronischen Grundzustand und anschließender spektroskopischer Beobachtung der paritätsverletzenden Zeit (Gleichung [19]). Genau genommen braucht man nur die allerersten Bruchteile (µs bis ms) dieser Zeit zu beobachten, was den Vorteil eines quadratisch mit der Zeit wachsenden paritätsverletzenden Spektrums mit sich bringt. Der Aufwand dieses Experimentes ist so groß, daß es bis heute noch nicht durchgeführt werden konnte. Immerhin ist eine wesentliche Voraussetzung zur Durchführung in neuerer Zeit erfüllt worden: Wir konnten rotationsaufgelöste und -analysierte Spektren im optischen (Infrarot-) Bereich für die Moleküle CHFClBr, Fluoroxiran (CH$_2$CHFO) und Dideuteroethylenepisulfoxid (BEIL et al. 1994, BAUDER et al. 1997, HOLLENSTEIN et al. 1997, GROSS et al. 1998) erhalten. Es sind dies die ersten Beispiele chiraler Moleküle überhaupt, für die das gelungen ist. Die Techniken sind jetzt jedoch vorhanden, um diese Analysen auch für andere Moleküle durchzuführen, die vielleicht für dieses Experiment noch besser geeignet sind.

Andere experimentelle Ansätze sind in QUACK (1989) zusammengestellt. Keiner dieser Ansätze scheint gegenwärtig die Genauigkeit erreichen zu können, die für den Nachweis der Paritätsverletzung ausreicht. Als Beispiel sei hier die Untersuchung der relativen Verschiebung einer Linie im Mikrowellen- oder Infrarotspektrum von verschiedenen Enantiomeren erwähnt. Solche Versuche wurden schon verschiedentlich unternommen (KOMPANETS et al. 1976, ARIMONDO et al. 1977, BEIL et al. 1994, BAUDER et al. 1997). Es läßt sich leicht zeigen, daß bei dopplerbegrenzter Auflösung für die Dopplerbreiten, $\Delta\nu_D$, Gleichung [21] gilt

$$\frac{\Delta\nu_D}{\nu} \cong 7 \times 10^{-7} \sqrt{\frac{T/K}{m/u}}, \qquad [21]$$

so daß auch bei Überschallstrahlspektren von Molekülen hoher Masse $\sqrt{T/m} \leq 1$ bestenfalls eine relative Nachweisempfindlichkeit von ca. 10^{-7} bis 10^{-8} erreicht werden

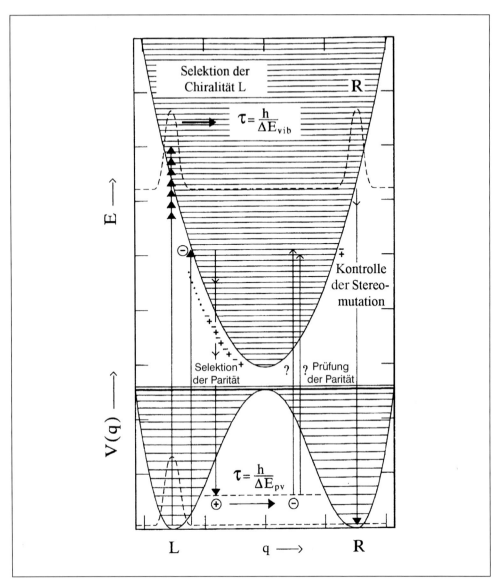

Abb. 9 Erläuterung des experimentellen Schemas zum Nachweis der Paritätsverletzung nach QUACK (1986). Durch zwei Laserpulse erzeugt man zunächst einen Zustand wohldefinierter Parität + im elektronischen Grundzustand (Selektion der Parität). Dieser wandelt sich dann langsam aufgrund der paritätsverletzenden Energie ΔE_{pv} in den Zustand negativer Parität − um. Die Umwandlung verfolgt man durch kinetische Spektroskopie (Prüfung der Parität).

kann. Das war auch etwa die Genauigkeit, die in den zitierten frühen Experimenten erzielt wurde (teils schon mit Unterdrückung des Dopplereffektes). Ein neuestes Experiment der Pariser Arbeitsgruppe um BORDÉ und CHARDONNET (CHARDONNET et al. 1999, DAUSSY 1999), das auf der Züricher Analyse des CHFClBr-Spektrums aufbaut (BEIL et al. 1994, BAUDER et al. 1997), hat eine relative Genauigkeit von ca. $4 \cdot 10^{-13}$ erreicht, was immer noch mehrere Größenordnungen vom erwarteten Effekt entfernt ist. QUACK und STOHNER (1999) und BERGER et al. (1999) berechnen ca. $3 \cdot 10^{-17}$ für dieses Experiment. Das Experiment ergab im Rahmen der Fehlergrenzen einen Nulleffekt. Obwohl in den Mikrowellenspektren ein etwas größerer relativer Effekt vorhergesagt wird (QUACK und STOHNER 1999), ist auch dort im Rahmen der ebenfalls relativ größeren Unsicherheiten bisher nur ein Nulleffekt beobachtet worden (BANDER et al. 1997). Es könnte sein, daß bei schwereren Molekülen in der Zukunft nach diesem Schema ein Effekt gefunden wird. Allerdings gibt diese Frequenzverschiebung keinen direkten Zugang zum Wert von ΔE_{pv}. Hierzu wären zwei Spektrallinien nötig, die die beiden Enantiomere über ein gemeinsames Niveau verbinden (QUACK 1989), was im Pariser Experiment nicht der Fall ist. Man kann jedoch erwarten, daß die Frage der *De-lege*-Paritätsverletzung in chiralen Molekülen in den kommenden Jahren oder Jahrzehnten auch experimentell definitiv beantwortet wird. Es sei hier darauf hingewiesen, daß Effekte der Paritätsverletzung neuerdings auch in Resonanzstreuspektren von Atomkernen gesucht und gefunden wurden (MITCHELL et al. 1999).

6. Stereochemie, Irreversibilität, CPT und die absolute Moleküluhr

»Es gibt also zweierlei kartesische Koordinatensysteme, welche man als ›Rechtssysteme‹ und ›Linkssysteme‹ bezeichnet. Der Unterschied zwischen beiden ist jedem Physiker und Ingenieur geläufig. Interessant ist, daß man Rechtssysteme bzw. Linkssysteme an sich nicht geometrisch definieren kann, wohl aber die Gegensätzlichkeit beider Typen.« Albert EINSTEIN (1922)

Ist also die absolute Konfiguration eines chiralen Moleküls im Raum (BIJVOET 1952, DUNITZ 1979), ist also die absolute Richtung der Zeit beobachtbar oder nicht? *De facto*, lokal zweifellos ja, denn es ist ja ganz banal ein Gegenstand unserer täglichen Erfahrung. In einem allgemeinen, globalen Sinne ist die Antwort schwieriger. Sie ist verknüpft mit der in Kapitel *3.1* erwähnten absoluten Nichtbeobachtbarkeit gewisser Größen bei Existenz exakter Symmetrien. Diese Nichtbeobachtbarkeit läßt sich veranschaulichen durch die Aufgabe, diese Größen einer fernen Zivilisation in einer anderen Galaxis in einer codierten Nachricht (ohne Übermittlung eines »Modells«) mitzuteilen. Wenn das möglich ist, so ist die Größe beobachtbar, andernfalls nicht. Bei den chiralen Molekülen besteht die Aufgabe z. B. darin mitzuteilen, daß wir aus L-Aminosäuren aufgebaut sind, so daß die fremden Wesen diese richtig nachbauen können, was geprüft würde, falls wir dann die Moleküle als reale Beispiele im Raum bei einer Begegnung vergleichen können. Es läßt sich zeigen, daß diese codierte Informationsvermittlung bei Existenz der exakten Spiegelsymmetrie und der Paritätserhaltung nicht möglich ist. Das Einstein-Zitat meint genau diesen Sachverhalt und beruht auf der Annahme der Spiegelsymmetrie des Raumes. Falls jedoch *De-lege*-Symmetriebrechung vorliegt, was ja tatsächlich der Fall ist, wird die codierte Informationsvermittlung trivial: Falls z. B. eine bestimmte L-Aminosäure stabiler ist als die entsprechende D-Aminosäure, müssen wir nur mitteilen, daß wir aus der *stabileren* Aminosäure aufgebaut sind, und diese läßt sich dann nachbauen und spektroskopisch als stabilere Säure nachweisen. Die Frage scheint also durch die Paritätsverletzung beantwortet zu sein. Wir werden allerdings sehen, daß dies nur gilt, wenn die Zeit auf der fernen Galaxis vorwärts läuft und diese aus Materie (nicht Antimaterie) besteht.

Für die Frage nach der Beobachtbarkeit der Zeitrichtung scheint das Problem anders zu liegen, denn wir können ja bei Austausch von Nachrichten sofort mitteilen, was »früher« oder »später« ist, womit das Problem der Zeitrichtung gelöst scheint.

Das ist aber ein Irrtum, denn nun besteht die Aufgabe darin, den Wesen der fernen Zivilisation (codiert) mitzuteilen, wie sie eine *Uhr* (Atomuhr oder Moleküluhr) so zu bauen haben, daß sie genauso »vorwärts« oder »rückwärts« läuft wie bei uns. Der richtige Nachbau kann dann geprüft werden, in dem wir die nachgebauten Uhren bei einer späteren Begegnung vergleichen. Eine solche Moleküluhr mit einer wohldefinierten Richtung wollen wir hier eine absolute Moleküluhr nennen. Es zeigt sich, daß die codierte Mitteilung des Bauplanes einer solchen Uhr nicht möglich ist, wenn Zeitumkehrsymmetrie für atomare oder molekulare Quantenmechanik gilt. Da wir nun im Zerfall des neutralen K-Mesons (ADLER 1995) prinzipiell von der Verletzung dieser Symmetrie *de lege* ausgehen können, wäre auch dieses Problem gelöst, auch wenn im atomaren und molekularen Bereich die Asymmetrie noch nicht gefunden wurde. Man könnte an eine komplizierte Moleküluhr denken, welche die zeitasymmetrischen Reaktionen des K-Mesons an irgend einer Stelle einbaut. Allerdings ist diese Form der »Beobachtbarkeit« der Zeitrichtung nur dann gegeben, wenn wir gleichzeitig wissen, daß die Moleküle zum Beispiel in der L-Konfiguration vorliegen und aus Materie (nicht Antimaterie) bestehen. Bei Vorhandensein einer exakten Symmetrie unter den gleichzeitigen Operationen C, P und T (als CPT-Symmetrie bezeichnet, Kap. *3.1*) ist es nämlich nicht möglich, *gleichzeitig* in einer codierten Nachricht mitzuteilen, daß wir aus L-Aminosäuren aufgebaut sind, aus Materie bestehen und unsere Uhren »vorwärts« laufen (QUACK 1994).

Abbildung 10 erläutert dies anhand eines einfachen Molekülmodells. Die quasiklassische Beschreibung der Kinetik, die wir hier der Anschaulichkeit halber wählen, ist wegen der Möglichkeit der Wellenpaketdelokalisierung (DIVR, QUACK 1993) nur bedingt angemessen, aber für die prinzipielle Frage ist das hier nicht wichtig. Wir denken uns eine absolute Moleküluhr aus einem chiralen Molekül $CR_1R_2R_3OX$. Die innere Rotation C–OX sei der Uhrzeiger. Es könnte sich um die Kinetik der inneren Rotation C–OH in einem Alkohol handeln (QUACK 1995d, QUACK und WILLEKE 1999). Wir können den Bauplan für eine L-Uhr übermitteln, deren Uhrzeiger (Mitte von Abbildung 10) die Übergangszustände $XR_1^\ddagger$, $XR_3^\ddagger$, $XR_2^\ddagger$ in dieser Reihenfolge durchläuft, wenn die Uhr »rechtsherum«, also im Uhrzeigersinn »vorwärtslaufender Zeit« läuft, wenn die mitgeteilte Zeitfolge $t(XR_1^\ddagger) < t(XR_3^\ddagger) < t(XR_2^\ddagger)$ ist. Wenn die fremde Galaxis aus Materie besteht, ist damit die Mitteilung des Bauplanes perfekt, denn die nachgebaute Uhr läuft wie bei uns »vorwärts« mit der Zeit. Wenn jedoch die andere Galaxis aus Antimaterie bestehen könnte und wir die Unterscheidung Materie/Antimaterie wegen der CPT-Symmetrie nicht zusätzlich zu den anderen Informationen übermitteln können, so könnte die nachgebaute Uhr äquivalent die R*-Konfiguration des Antimateriemoleküls sein (der Unterschied zwischen L und R* ist nicht codiert mitteilbar, wenn CPT-Symmetrie gilt; QUACK 1994). In diesem Molekül läuft der Uhrzeiger bei der Reihenfolge $t(XR_1^\ddagger) < t(XR_3^\ddagger) < t(XR_2^\ddagger)$ »linksherum«, also die Uhr läuft »rückwärts« in der Zeit (unterer Teil von Abb. 10). Bei CPT-Symmetrie können wir also dieser Zivilisation ohne Sendung eines Modells keinen eindeutigen Bauplan für eine Uhr mit der richtigen »Richtung der Zeit« übermitteln. Das ist im vorliegenden Fall die Be-

▶

Abb. 10 Erläuterung der absoluten Moleküluhr aus chiralen Molekülen $CR_1R_2R_3OX$, wobei O–X bei Aufsicht im »L«-Enantiomer im Uhrzeigersinn entsprechend einer Folge abnehmender Potentialbarrieren rotiert. Im R- und R*-(Antimaterie) Enantiomer erfolgt die Rotation nach abnehmenden Barrieren entgegen dem Uhrzeigersinn. Als einfachstes Beispiel kann man substituierte Alkohole betrachten (QUACK 1995d, QUACK und WILLEKE 1999), z. B. auch CHDTOH (ARIGONI 1969, LÜTHY et al. 1969).

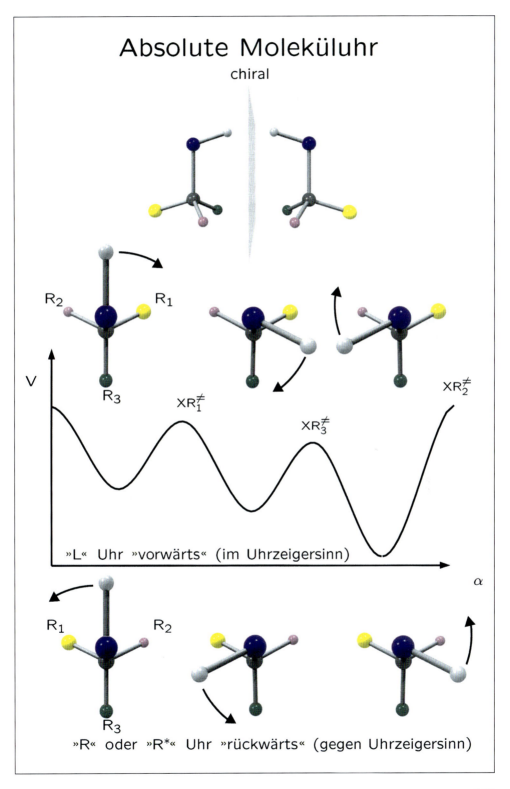

deutung der »Nichtbeobachtbarkeit der Zeitrichtung« wegen des Fehlens einer absoluten Moleküluhr. Selbstverständlich könnte man durch Übermittlung eines wirklichen Moleküls sehr leicht prüfen, ob die falsche R*-Uhr gebaut wurde: Sie würde bei Begegnung mit unserer »richtigen« L-Uhr durch Annihilation explodieren.

Es besteht eine gewisse Willkür, welches der »nichtbeobachtbaren« Größenpaare (Links/Rechts, Zeitvorwärts/-rückwärts, Materie/Antimaterie) als fundamental in der Betrachtung herausgegriffen wird: Zur exakten CPT-Symmetrie gehört jedenfalls eine nichtbeobachtbare Größe. Wenn die CPT-Symmetrie verletzt ist, sind alle drei Paare absolut unterscheidbar, und wir können den Bauplan einer absoluten Moleküluhr eindeutig übermitteln. Nach allen bisher vorliegenden Experimenten gilt CPT-Symmetrie, wobei die gegenwärtige Genauigkeit durch Vergleich der Massen des Protons und Antiprotons bei $\Delta m/m = 10^{-9}$ liegt (GROEBNER et al. 1993, GABRIELSE et al. 1995). Ein für die Spektroskopie am Antiwasserstoffatom vorgeschlagenes Experiment würde eine Genauigkeit $\Delta m/m = 10^{-18}$ erreichen und wird vielleicht in den nächsten Jahren durchgeführt werden (ZIMMERMANN und HÄNSCH 1993). Ein noch schwierigeres spektroskopisches Experiment, das auf dem Schema in Abbildung 9 beruht, angewandt auf ein L/R*-Paar, würde eine Genauigkeit von $\Delta m/m = 10^{-30}$ erreichen. Nachweis eines spektroskopischen Unterschiedes zwischen L und R* bedeutet Verletzung der CPT-Symmetrie (QUACK 1994). Wenn also ein spektroskopischer Unterschied zwischen L und R* mit diesem Experiment nachgewiesen würde, so hätte man die absolute Moleküluhr gebaut. Die Realisierung scheint wegen der Notwendigkeit der Synthese von R* nicht in naher Zukunft möglich, aber vielleicht läßt sich ein einfacheres, äquivalentes Vorgehen finden. Selbstverständlich läßt sich nicht vorhersagen, ob jemals eine Verletzung der CPT-Symmetrie gefunden wird.

Allerdings kann man metaphysische Spekulationen über die CPT-Symmetrie anstellen. Falls sie exakt ist, wäre ein Teil der Realität prinzipiell unserem naturwissenschaftlichen Auge verborgen (d.h. die Erkenntnis über eines der drei genannten Paare, z.B. die Zeitrichtungen). Es wäre vielleicht unser Wunsch, daß wir alles in dieser Welt beobachten können, und dann müßte neben P, T und CP auch CPT verletzt sein. Es ist aber nicht unsere Aufgabe, vorzuschreiben, wie die Welt geschaffen sein soll, sondern herauszufinden, wie sie ist. Falls eine Verletzung der CPT-Symmetrie gefunden wird, so führt das in einem sehr allgemeinen Sinne zu einer prinzipiellen Unumkehrbarkeit aller Vorgänge, einschließlich unserer Entscheidungen und Gedanken, worüber vielleicht an anderer Stelle weiter spekuliert werden soll.

Danksagung

Die experimentellen und theoretischen Untersuchungen, die zu den real faßbaren Ergebnissen geführt haben, die hier in unsere Überlegungen eingeflossen und zum Teil niedergelegt sind, waren das Werk zahlreicher, hochbegabter wissenschaftlicher Mitarbeiter in unterschiedlichen Karrierestufen, natürlich besonders Doktorandinnen und Doktoranden. Sie sind namentlich im Literaturverzeichnis aufgeführt. Ihnen, aber auch den anderen, die zu weiteren Projekten beitrugen, ist diese Arbeit gewidmet. Unsere Arbeiten werden vom Schweizerischen Nationalfonds und der ETH Zürich finanziell unterstützt.

Literatur

ADLER, R., et al. (CPLEAR collaboration): In: EJIRI, H., KISHIMOTO, T., and SALO, T. (Eds.): Direct measurement of T violation in the neutral kaon system using tagged K^0, $\overline{K}^0$ at LEAR. Proc. IVth Int. Symp. on Weak and Electromagnetic Interactions in Nuclei; pp. 53–57. Singapore: World Scientific 1995
AICHELBURG, P. C. (Ed.): Zeit im Wandel der Zeit. Wiesbaden: Vieweg 1988

AMMANN, A.: Structure, dynamics and spectroscopy of single molecules: a challenge to quantum mechanics. J. Math. Chem. *18*, 247–308 (1995)

ARIGONI, D., and ELIEL, E. L.: Chirality due to the presence of hydrogen isotopes at noncyclic positions. Top. Stereochem. *4*, 127–243 (1969)

ARIMONDO, E., GLORIEUX, P., and OKA, T.: Observation of inverted infrared Lamb dips in separated optical isomers. Opt. Commun. *23*, 369–372 (1977)

AUGUSTINUS, A.: Confessiones Aurelius Augustinus (397). Das lateinische Zitat lautet »Quid est ergo tempus? Si nemo ex me quaerat, scio; si quaerenti explicare velim, nescio« (siehe auch Zitat in MAINZER 1988)

AUGUSTINUS, A.: Bekenntnisse, Übersetzung von FLASCH, K., und MOJSISCH, B. Stuttgart: Reclam 1989 (die beiden Zitate finden sich unter XIV.17 und XXIX.40)

BAKASOV, A., HA, T. K., and QUACK, M.: Ab initio calculation of molecular energies including parity violating interactions. In: CHELA-FLORES, J., and ROLIN, F. (Eds.): Chemical Evolution: Physics of the Origin and Evolution of Life; pp. 287–296. Dordrecht: Kluwer Academic Publ. 1996

BAKASOV, A., HA, T. K., and QUACK, M.: Ab initio calculation of molecular energies including parity violating interactions. J. Chem. Phys. *109*, 7263–7285 (1998) (31 pages supplementary AIP Document, No. PAPS JCP A6–109–303832, Amer. Inst. of Physics, Physics Auxiliary Publication Service, 500 Sunnyside Blvd., Woodbury, N. Y. 11797–2999), Erratum: J. Chem. Phys. *110*, 6081 (1999), see also: BAKASOV, A., HA, T. K., and QUACK, M.: Chimia *51*, 559 (1997)

BAKASOV, A., and QUACK, M.: Representation of parity violating potentials in molecular main chiral axes. Chem. Phys. Lett. *303*, 547–557 (1999)

BARRA, A. L., ROBERT, J. B., and WIESENFELD, L.: Parity non-conservation and NMR observables. Calculation of Tl resonance frequency differences in enantiomers. Phys. Lett. *A115*, 443–447 (1986)

BAUDER, A., BEIL, A., LUCKHAUS, D., MÜLLER, F., and QUACK, M.: Combined high resolution infrared and microwave study of bromochlorofluoromethane. J. Chem. Phys. *106*, 7558–7570 (1997)

BEIL, A., LUCKHAUS, D., MARQUARDT R., and QUACK, M.: Intramolecular energy transfer and vibrational redistribution in chiral molecules: Experiment and theory. J. Chem. Soc. Faraday Discuss. *99*, 49–76 (1994)

BEIL, A., LUCKHAUS, D., QUACK, M., and STOHNER, J.: Intramolecular vibrational redistribution and unimolecular reaction: Concepts and new results on the femtosecond dynamics and statstics in CHFClBr. Ber. Bunsenges. Phys. Chem. *101*, 311–328 (1997)

BERGER, R., and QUACK, M.: Multi-configuration linear response approach to the calculation of parity violating potentials in polyatomic molecules. J. Chem. Phys. (1999, in press)

BERGER, R., QUACK, M., and STOHNER, J.: zur Veröffentlichung bestimmt

BIJVOET, J. M., PEERDEMAN, A. F., and VAN BOMMEL, A. J.: Determination of the absolute configuration of optically active compounds by means of X-rays. Nature (London) *168*, 271–272 (1951); Proc. Koningkl. Ned. Akad. Wetenschap *B54*, 16 (1951)

BIXON, M., and JORTNER, J.: Intramolecular Radiationless Transitions. J. Chem. Phys. *48*, 715–726 (1968)

BOLLI, M., MICURA, R., and ESCHENMOSER, A.: Pyranosyl-RNA: chiroselective self-assembly of base sequences by ligate oligomerization of tetranucleotide-2',3'-cyclophosphates (with a commentary concerning the origin of biomolecular homochirality). Chem. Biol. *4*, 309–320 (1997)

BOLTZMANN, L.: Entgegnung auf die wärmetheoretischen Betrachtungen des Hrn. E. Zermelo. Annalen der Physik und Chemie *57*, 773–784 (1896)

BOLTZMANN, L.: Zu Hrn. Zermelo's Abhandlung: »Ueber die mechanische Erklärung irreversibler Vorgänge«. Annalen der Physik und Chemie *60*, 392–398 (1897)

BOLTZMANN, L.: Vorlesungen über Gastheorie. Leipzig: Barth 1898

BONNER, W.: Chirality and Life. Orig. Life Evol. Biosph. *25*, 175–190 (1995)

BONNER, W.: Origins of Chiral Homogeneity in Nature. In: ELIEL, E. L., and WILEN, S. H. (Eds.): Topics in Stereochemistry. Vol. 18, pp. 1–96. New York: Wiley 1988

BOUCHIAT, M. A., and BOUCHIAT, C. C.: Parity violation induced by weak neutral currents in atomic physics. J. Phys. *35*, 899 (1974); J. Phys. *36*, 493 (1975)

BOUCHIAT, M. A., and BOUCHIAT, C.: Parity violation in atoms. Rep. Progr. Phys. *60*, 1351–1396 (1997)

CAHN, R. S., INGOLD, C., and PRELOG, V.: The specification of asymmetric configuration in organic chemistry. Experientia *12*, 81–94 (1956)

CAHN, R. S., INGOLD, C., and PRELOG, V.: Specification of molecular chirality. Angew. Chem. Int. Ed. Engl. *5*, 385–415 (1966)

CALVIN, M.: Chemical Evolution. Oxford: Oxford University Press 1969

CHARDONNET, C., DAUSSY, C., MARREL, T., AMY-KLEIN, A., NGUYEN, C., and BORDÉ, C.: preprint 1999

CHELA-FLORES, J.: Comments on a novel approach to the role of chirality in the origin of life. Chirality *3*, 389 (1991)

CLAUSIUS, R.: Über verschiedene für die Anwendung bequeme Formen der Hauptgleichungen der mechanischen Wärmetheorie. Vorgetragen in der naturforsch. Gesellschaft zu Zürich, 24. 4. 1865, Poggendorfs Ann. Phys. *125*, 353 (1865)

COSTA DE BEAUREGARD, O.: Time, the Physical Magnitude. Boston: Reidel 1987
DAUSSY, C.: Premier test de très haute précision de violation de la parité dans le spectre de la molécule chirale CHFClBr, Thèse, Université de Paris 13, Villetaneuse (Paris Nord) 1999
DAVIES, P. C. W.: The Physics of Time Asymmetry. Berkeley: UC California Press 1977
DIRAC, P. A. M.: Quantum mechanics of many electron systems. Proc. Roy. Soc. (London) *A123*, 714–733 (1929)
DUNITZ, J. D.: X-Ray Analysis and the Structure of Organic Molecules. Ithaca, N. Y.: Cornell University Press 1979
EHRENFEST, P., und EHRENFEST, T.: a) Über zwei bekannte Einwände gegen das Boltzmannsche H-Theorem. Phys. Z. *8*, 311 (1907); b) Encykl. Math. Wiss. *4*, No. 32 (1911)
EIGEN, M.: Self-organization of matter and the evolution of biological macromolecules. Naturwissenschaften *58*, 465–523 (1971)
EIGEN, M.: Das Urgen. Nova Acta Leopoldina Bd. *52*, Nr. 243, 3–37 (1982)
EIGEN, M.: Stufen zum Leben. München: Piper 1987
EIGEN, M.: Die unmessbar schnellen Reaktionen. Ostwalds Klassiker der exakten Wissenschaften, Bd. *281*, Thun, Frankfurt (Main): Verlag Harri Deutsch 1996
EIGEN, M., und WINKLER, R.: Das Spiel. München: Piper 1975
EINSTEIN, A.: Grundzüge der Relativitätstheorie. Wiesbaden: Vieweg 1922 (Nachdruck 1984)
FEHRENSEN, B., HIPPLER, M., and QUACK, M.: Isotopomer selective overtone spectroscopy by ionization detected IR+UV double resonance of jet-cooled aniline. Chem. Phys. Lett. *298*, 320–328 (1998)
FEHRENSEN, B., LUCKHAUS, D., and QUACK, M.: Inversion tunnelling in aniline from high resolution infrared spectroscopy and an adiabatic reaction path Hamiltonian approach. Z. Physik. Chem. *209*, 1–19 (1999a)
FEHRENSEN, B., LUCKHAUS, D., and QUACK, M.: Mode selective stereomutation tunnelling in hydrogen peroxide isotopomers. Chem. Phys. Lett. *300*, 312–320 (1999b)
FRANK, F. C.: On spontaneous asymmetric synthesis. Biochim. Biophys. Acta *11*, 459–463 (1953)
GABRIELSE, G., PHILLIPS, D., QUINT, W., KALINOWSKY, H., ROULEAU, G., and JHE, W.: Special relativity and the single antiproton: Fortyfold improved comparison of $\bar{p}$ and p charge-to-mass ratios. Phys. Rev. Lett. *74*, 3544 (1995)
GENSCHER, H.-D.: An der Schwelle zum neuen Jahrtausend. In: KÖHLER, W. (Ed.): Altern und Lebenszeit. Nova Acta Leopoldina Bd. *81*, Nr. 314, 17–22 (1999)
GLASHOW, S. L.: Partial-symmetries of weak interactions. Nucl. Phys. *22*, 579–588 (1961)
GRIGOLINI, P.: Quantum Mechanical Irreversibility and Measurement. Singapore: World Scientific Publ. 1993
GROEBNER, J., KALINOWSKY, H., PHILLIPS, D., QUINT, W., and GABRIELSE, G.: Test der CPT Symmetrie. Der Proton Antiproton Massenvergleich. Verhandl. DPG VI *28*, 315 (1993)
GROSS, H., GRASSI, G., and QUACK, M.: The synthesis of [2 –^{2}H$_1$]thiirane-1-oxide and [2,2 –^{2}H$_2$]thiirane-1-oxide and the diastereoselective infrared laser chemistry of [2 –^{2}H$_1$]thiirane-1-oxide. Chemistry – A European Journal *4*, No. 3, 441–448 (1998)
HARRIS, R. A., and STODOLSKY, L.: On the time-dependence of optical activity. J. Chem. Phys. *74*, 2145 to 2155 (1981)
HAWKING, S. A.: Brief History of Time. New York: Bantam Press 1988
HAWKING, S., and PENROSE, R.: The Nature of Space and Time. Princeton: U. P. 1996
HEGSTRÖM, R. A., REIN, D. W., and SANDARS, P. H. G.: Calculation of the parity nonconserving energy difference between mirror-image molecules. J. Chem. Phys. *73*, 2329–2341 (1980)
HOLLENSTEIN, H., LUCKHAUS, D., POCHERT, J., QUACK, M., und SEYFANG, G.: Synthese, Struktur, hochauflösende Spektroskopie und Mechanismus der Laserchemie von Fluoroxiran und 2,2 Dideuterofluoroxiran. Angew. Chemie *109*, 136–140 (1997). Synthesis, structure, high resolution spectroscopy and mechanism of the laser chemistry of fluorooxirane and 2,2-[$^2H_2$]-fluorooxirane. Angew. Chem. Intl. Ed. *36*, 140–143 (1997)
HUND, F.: Symmetriecharaktere von Termen bei Systemen mit gleichen Partikeln in der Quantenmechanik. Z. Phys. *43*, 788–804 (1927)
HUND, F.: Zur Deutung der Molekelspektren III. Bemerkungen über das Schwingungs- und Rotationsspektrum bei Molekeln mit mehr als zwei Kernen. Z. Phys. *43*, 805–826 (1927)
JANOSCHEK, R.: Theories of the Origin of Biomolecular Homochirality. In: JANOSCHEK, R. (Ed.): Chirality; p. 18. Berlin: Springer Verlag 1991
JORTNER, J., RICE, S. A., and HOCHSTRASSER, R. M.: Radiationless transitions in photochemistry. Adv. Photochem. *7*, 149–309 (1969)
KAVASMANEK, R. R., and BONNER, W. A.: Adsorption of amino acid derivatives by d- and l-Quartz. J. Amer. Chem. Soc. *99*, 44 (1977)
KLEINDIENST, P., and WAGNIERE, G.: Interferometric detection of magnetochiral birefringence. Chem. Phys. Lett. *288*, 89–97 (1998)
KLOPPER, W., QUACK, M., and SUHM, M. A.: HF dimer: Empirically refined analytical potential energy and dipole hypersurfaces from ab initio calculations. J. Chem. Phys. *108*, 10096–10115 (1998) (88 pages

supplementary AIP Document, No. PAPS JCPS A6–108–303820–88, Amer. Inst. of Physics, Physics Auxiliary Publication Service, 500 Sunnyside Blvd., Woodbury, N. Y. 11797–2999)

KNOX, W. H., KNOX, R. S., HOOSE, J. F., and ZARE, R. N.: Observation of the 0-fs pulse. Optics and Photonics News *1* (1st April), 44–45 (1990)

KOHLRAUSCH, K. W. F., und SCHRÖDINGER, E.: Das Ehrenfestsche Modell der H-Kurve. Phys. Z. *27*, 306 bis 313 (1926)

KOMPANETS, O. N., KUKUDZHANOV, A. R., LETOKHOV, V. S., and GERVITS, L. L.: Narrow resonances of saturated absorption of the asymmetrical molecule CHFClBr and the possibility of weak current detection in molecular phyics. Opt. Commun. *19*, 414–416 (1976)

KONDEPUDI, D. K., and NELSON, G. W.: Phys. Lett. *A106*, 203–206 (1984); Physica *A125*, 465–496 (1984). Weak neutral currents and the origin of biomolecular chirality. Nature *314*, 438–441 (1985)

KUHN, B., RIZZO, T. R., LUCKHAUS, D., QUACK, M., and SUHM, M. A.: A new six dimensional analytical potential up to chemically significant energies for the electronic ground state of hydrogen peroxide. J. Chem. Phys. *111*, 2565–2587 (1999)

KUHN, H., and WASER, J.: Self organization of matter and the early evolution of life. In: HOPPE, W., LOHMANN, W., MARKL, H., and ZIEGLER, H. (Eds.): »Biophysics«. Berlin: Springer 1983

KUTZELNIGG, W.: Einführung in die Theoretische Chemie. Weinheim: VCH Verlag Chemie 1992

LEBOWITZ, J. L.: Statistical Mechanics: A selective review of two central issues. Rev. Mod. Phys. *71*, S346 to S357 (1999)

LEE, T. D.: Symmetries, Asymmetries and the World of Particles. Seattle: Univ. of Washington Press 1988

LEE, T. D., and YANG, C. N.: Question of parity-conservation in weak interactions. Phys. Rev. *104*, 254–258 (1956)

LEOPOLD, P.: An Hollands Küste mehr linke Schuhe, wissenschaftlicher Befund. Frankfurter Allgemeine Zeitung 1997 (dies wurde mir von W. LÜTTKE mitgeteilt, gleichlautende Berichte habe ich von E. HEILBRONNER, Zürichseezeitung und A. BEIL, Leipziger Volkszeitung, erhalten)

LETOKHOV, V. S.: On difference of energy levels of left and right molecules due to weak interactions. Phys. Lett. *A53*, 275–276 (1975)

LUCKHAUS, D., QUACK, M., and STOHNER, J.: Femtosecond quantum structure, equilibration and time reversal for the CH-chromophore dynamics in CHD_2F. Chem. Phys. Lett. *212*, 434–443 (1993)

LÜTHY, J., RÉTEY, J., and ARIGONI, D.: Preparation and detection of chiral methyl groups. Nature (London) *221*, 1213–1215 (1969)

MACDERMOTT, A. J., and TRANTER, G. E.: The search for large parity-violating energy differences between enantiomers. Chem. Phys. Lett. *163*, 1–4 (1989a)

MACDERMOTT, A. J., and TRANTER, G. E.: Electroweak bioenantioselection. Croat. Chim. Acta *62*, 165–187 (1989b)

MAINZER, K.: Symmetrien der Natur. Berlin: de Gruyter 1988

MAINZER, K.: Von der Urzeit zur Computerzeit. Augsburg: C. H. Beck 1995

MANZ, J., and WOESTE, L. (Eds.): Femtosecond Chemistry. Weinheim: VHC Verlag Chemie 1994

MARQUARDT, R., and QUACK, M.: IR-multiphoton excitation and wavepacket motion of the harmonic and anharmonic oscillators: exact solutions and quasiresonant approximation. J. Chem. Phys. *90*, 6320 to 6327 (1989)

MARQUARDT, R., and QUACK, M.: The wave packet motion and intramolecular vibrational redistribution in CHX_3 molecules under IR-multiphoton excitation. J. Chem. Phys. *95*, 4854–4867 (1991)

MARQUARDT, R., and QUACK, M.: Radiative excitation of the harmonic oscillator with applications to stereomutation in chiral molecules. Z. Physik D *36*, 229–237 (1996)

MARQUARDT, R., QUACK, M., STOHNER, J., and SUTCLIFFE, E.: Quantum-mechanical wavepacket dynamics of the CH group in symmetric top X_3CH compounds using effective Hamiltonians from high-resolution spectroscopy. J. Chem. Soc. Faraday Trans. 2, *82*, 1173–1187 (1986)

MASON, S. F.: Chemical Evolution: Origins of the Elements, Molecules and Living Systems. Oxford: Clarendon Press 1991

MASON, S. F., and TRANTER, G. E.: The parity violating energy difference between enantiomeric molecules. Chem. Phys. Lett. *94*, 34–37 (1983)

MASON, S. F., and TRANTER, G. E.: The parity violating energy differences between enantiomeric molecules. Mol. Phys. *53*, 1091–1111 (1984)

MITCHELL, G. E., BOWMAN, J. D., and WEIDENMÜLLER, H. A.: Parity violation in the compound nucleus. Rev. Mod. Phys. *71*, 445–457 (1999)

NICOLIS, G., and PRIGOGINE, I.: Symmetry breaking and pattern formation in far-from-equilibrium systems. Proc. Natl. Acad. Sci. USA *78*, 659–663 (1981)

ORBAN, J., and BELLEMANNS, A.: Velocity inversion and irreversibility in a dilute gas of hard disks. J. Phys. Lett. *24A*, 620–621 (1967)

PAGELS, H. R.: Is the irreversibility we see a fundamental property of Nature (book review of »Order out of Chaos« by PRIGOGINE and STENGERS). Phys. Today 97–99 (1985)

PEIERLS, R.: Surprises in Theoretical Physics. Princeton: University Press 1979

PENROSE, R.: mündlich erwähnt in Wolfgang Pauli Vorlesungen, ETH Zürich, 1998 (unpubliziert)

PEPPER, M., SHAVITT, I., SCHLEYER, P., GLUKHOVTSEV, M., JANOSCHEK, R., and QUACK, M.: Is the stereomutation of methane possible? J. Comp. Chem. *16*, 207–225 (1995)

PFEIFER, P.: In: HINZE, J. (Ed.): Energy storage and redistribution in molecules (Proc. of 2 workshops at Bielefeld University 1980); p. 315. New York: Plenum Press 1983

PLANCK, M.: Reversibilität und Irreversibilität. Vorlesung 1. In: Acht Vorlesungen über Theoretische Physik. Leipzig: Hirzel 1910

PRELOG, V.: My 132 Semesters of Chemistry Studies. Washington DC: American Chemical Society 1991

PRIGOGINE, I.: From Being to Becoming. San Francisco: Freeman 1980

PRIGOGINE, I., and STENGERS, I.: Dialog mit der Natur. München: Piper 1981

PRIGOGINE, I., and STENGERS, I.: Order out of Chaos. New York: Bantam Press 1984

PRIMAS, H.: Chemistry, Quantum Mechanics and Reductionism. Berlin: Springer 1981

PUTTKAMER, K. VON, and QUACK, M.: Vibrational spectra of $(HF)_2$, $(HF)_n$ and their D-isotopomers: Mode selective rearrangements and nonstatistical unimolecular decay. Chem. Phys. *139*, 31–53 (1989)

QUACK, M.: Detailed symmetry selection rules for reactive collisions. Mol. Phys. *34*, 477–504 (1977)

QUACK, M.: Statistical mechanics and dynamics of molecular fragmentation. Il Nuovo Cimento *63B*, 358 to 388 (1981)

QUACK, M.: Reaction dynamics and statistical mechanics of the preparation of highly excited states by intense infrared radiation. Advances in Chemical Physics *50*, 395–473 (1982)

QUACK, M.: Some kinetic and spectroscopic evidence on intramolecular relaxation processes in polyatomic molecules. In: HINZE, J. (Ed.): Energy storage and redistribution in molecules (Proc. of 2 workshops at Bielefeld University 1980); pp. 493–511. New York: Plenum Press 1983a

QUACK, M.: Detailed symmetry selection rules for chemical reactions: In: Symmetries and Properties of Non-rigid Molecules: A Comprehensive Survey. Studies in Phys. and Theor. Chemistry *23*, 355–378. Amsterdam: Elsevier 1983b

QUACK, M.: Wie bewegen sich Moleküle? Bulletin ETHZ No. *189*, 19–22 (1984) und Neue Zürcher Zeitung, No. *36*, 13. 2. 1985, S. 57

QUACK, M.: On the measurement of the parity violating energy difference between enantiomers. Chem. Phys. Lett. *132*, 147–153 (1986)

QUACK, M.: Structure and dynamics of chiral molecules. Angew. Chemie *101*, 588–604 (1989), Intl. Ed. *28*, 571–586 (1989)

QUACK, M.: The role of quantum intramolecular dynamics in unimolecular reactions. Phil. Trans. Roy. Soc. London *A332*, 203–220 (1990a)

QUACK, M.: Spectra and dynamics of coupled vibrations in polyatomic molecules. Annu. Rev. Phys. Chem. *41*, 839–874 (1990b)

QUACK, M.: Mode selective vibrational redistribution and unimolecular reactions during and after IR-laser excitation. Jerusalem Symp. *24*, 47–65 (1991)

QUACK, M.: Time dependent intramolecular quantum dynamics from high resolution spectroscopy and laser chemistry. In: BROECKHOVE, J., and LATHOUWERS, L. (Eds.): Time Dependent Quantum Molecular Dynamics. NATO ASI Series Vol. *299*, pp. 293–310. New York: Plenum Press 1992

QUACK, M.: Molecular quantum dynamics from high resolution spectroscopy and laser chemistry. J. Mol. Struct. *292*, 171–195 (1993)

QUACK, M.: On the measurement of CP-violating energy differences in matter-antimatter enantiomers. Chem. Phys. Lett. *231*, 421–428 (1994)

QUACK, M.: Molecular femtosecond quantum dynamics between less than yoctoseconds and more than days: Experiment and theory. Chapter 27 in: MANZ, J., and WOESTE, L. (Eds.): Femtosecond Chemistry. J. Proc. Berlin Conf. Femtosecond Chemistry March 1993; pp. 781–818. Weinheim: Verlag Chemie 1995a

QUACK, M.: Molecular infrared spectra and molecular motion. J. Mol. Struct. *347*, 245–266 (1995b)

QUACK, M.: The symmetries of time and space and their violation in chiral molecules and molecular processes. In: COSTA, G., CALUCCI, G., and GIORGI, M. (Eds.): Conceptual Tools for Understanding Nature, Proc. 2nd Intl. Symp. of Science and Epistemology Seminar, Trieste 1993, pp. 172–208. Singapore: World Scientific Publ. 1995c

QUACK, M.: On reversible unimolecular reactions including the example hexafluoroisopropanol. J. Chem. Soc. Faraday Discuss. *102*, 104–107 (1995d)

QUACK, M.: Tagungsabstract. In: Interaction of Oriented Molecules, Symposium ZiF Bielefeld 1997

QUACK, M.: Multiphoton excitation. In: RAGUÉ SCHLEYER, P. VON, ALLINGER, N., CLARK, T., GASTEIGER, J., KOLLMAN, P. A., SCHÄFER, H. F., and SCHREINER, P. R. (Eds.): Encyclopedia of Computational Chemistry. Vol. *3*, pp. 1775–1791. Chichester et al.: John Wiley and Sons 1998

QUACK, M., und JANS-BÜRLI, S.: Thermodynamik und Kinetik. Teil 1: Chemische Reaktionskinetik. Zürich: Verlag der Fachvereine 1986

QUACK, M., and KUTZELNIGG, W.: Molecular spectroscopy and molecular dynamics: Theory and experiment. Ber. Bunsenges. Phys. Chem. *99*, 231–245 (1995)

Quack, M., and Stohner, J.: Femtosecond quantum dynamics of functional groups under coherent infrared multiphoton excitation as derived from the analysis of high resolution spectra. J. Phys. Chem. *97*, 12574–12590 (1993)

Quack, M., and Stohner, J.: On the influence of parity violating weak nuclear potentials on vibrational and rotational frequencies in chiral molecules. 1999, (IUPAC Congress, Berlin) zur Publikation bestimmt

Quack, M., and Suhm, M.: Potential energy surfaces, quasiadiabatic channels, rovibrational spectra and intramolecular dynamics of $(HF)_2$ and its isotopomers from Quantum Monte Carlo calculations. J. Chem. Phys. *95*, 28–59 (1991)

Quack, M., and Suhm, M.: In: Kryachko, E. S., and Calais, J. L. (Eds.): Conceptual Perspectives in Quantum Chemistry; pp. 415–463. Dordrecht: Kluwer 1997

Quack, M., and Suhm, M. A.: Potential energy hypersurfaces for hydrogen bonded clusters $(HF)_n$. In: Bacic, Z., and Bowman, J. (Eds.): Advances in Molecular Vibrations and Collision Dynamics. Vol. *III*, Molecular Clusters; pp. 205–248. Stamford (Conn.) and London: JAI press 1998

Quack, M., and Sutcliffe, E.: Primary photophysical processes in infrared multiphoton excitation: Wavepacket motion and state selectivity. Infrared Physics *25*, 163–173 (1985)

Quack, M., and Troe, J.: Statistical methods in scattering. In: Henderson, D. (Ed.): Theoretical Chemistry: Advances and Perspectives. Vol. *6B*, pp. 199–276. New York: Academic Press 1981

Quack, M., and Troe, J.: Statistical adiabatic channel model. In: Ragué Schleyer, P. von, Allinger, N., Clark, T., Gasteiger, J., Kollman, P. A., Schäfer, H. F., and Schreiner, P. R. (Eds.): Encyclopedia of Computational Chemistry. Vol. *3*, pp. 2708–2726. Chichester et al.: John Wiley and Sons 1998

Quack, M., and Willeke, M.: Ab initio calculations for the anharmonic vibrational resonance dynamics in the overtone spectra of the coupled OH and CH chromophores in CD_2H-OH. J. Chem. Phys. *110*, 11958–11970 (1999)

Rein, D. W.: Some remarks on parity violating effects of intramolecular interactions. J. Mol. Evol. *4*, 15–22 (1974)

Rein, D. W., Hegström, R. A., and Sandars, P. G. H.: Parity non-conserving energy difference between mirror molecules. Phys. Lett. *A71*, 499–502 (1979)

Salam, A.: Weak and electromagnetic interaction. In: Svartholm, N. (Ed.): Proc. 8th Nobel Symposium, pp. 367. Stockholm: Amkvist and Wiksell 1968

Salam, A.: The role of chirality in the origin of life. J. Mol. Evol. *33*, 105–113 (1991)

Salam, A.: Chirality, phase transitions and their induction in amino acids. Phys. Lett. *B288*, 153–160 (1992)

Salam, A.: On biological macromolecules and the phase transitions they bring about, In: Costa, G., Calucci, G., and Giorgi, M. (Eds.): Conceptual Tools for Understanding Nature. Proc. 2nd Intl. Symp. of Science and Epistemology Seminar. Trieste 1993. Singapore: World Scientific Publ. 1995

Schopper, H.: Lebenszeiten im Mikrokosmos – von ultrakurzen bis zu unendlichen und oszillierenden. In: Köhler, W. (Ed.): Altern und Lebenszeit. Nova Acta Leopoldina Bd. *81*, Nr. 314, 109–134 (1999)

Siegel, J. S.: Homochiral imperative of molecular evolution. Chirality *10*, 24–27 (1998)

Simonius, M.: Spontaneous symmetry breaking and blocking of metastable states. Phys. Rev. Lett. *40*, 980 to 983 (1978)

Szabo-Nagy, A., and Keszthelyi, L.: Demonstration of the parity violating energy difference between enantiomers. Proc. Natl. Acad. Sci. USA *96*, 4252–4255 (1999)

van't Hoff, J. H.: Die Lagerung der Atome im Raume. Braunschweig: Vieweg 1876

Vester, F., Ulbricht, T. L. V., and Krauch, H.: Optische Aktivität und die Paritätsverletzung im β-Zerfall. Naturwiss. *46*, 68 (1959)

Weinberg, S.: A model of leptons. Phys. Rev. Lett. *19*, 1264–1266 (1967)

Wu, C. S., Ambler, E., Hayward, R. W., Hoppes, D. D., and Hudson, R. P.: Experimental test of parity conservation in beta decay. Phys. Rev. *105*, 1413–1415 (1957)

Yamagata, Y.: A hypothesis for the asymmetric appearance of biomolecules on earth. J. Theor. Biol. *11*, 495–498 (1966)

Zeh, H. D.: Die Physik der Zeitrichtung. Berlin: Springer 1984

Zel'dovich, B. Ya.: Parity nonconservation in the first order in the weak-interaction constant in electron scattering and other effects. Sov. Phys. JETP *9*, 682 (1959)

Zimmermann, C., and Hänsch, T. W.: Antiwasserstoff. Phys. Bl. *49*, 193–196 (1993)

> Prof. Dr. Martin Quack
> Laboratorium für Physikalische Chemie
> ETH Zürich (Zentrum)
> CH-8092 Zürich
> Schweiz
> Tel: 00 41-1-6 32 44 21
> Fax: 00 41-1-6 32 10 21
> E-Mail: Martin@Quack.ch

Altern von Werkstoffen

Von Karl MAIER (Bonn)

Mit 8 Abbildungen und 1 Tabelle

Zusammenfassung

Als Werkstoff wird allgemein ein Material bezeichnet, das technisch genutzt wird. Seine mechanischen, elektrischen, thermischen oder chemischen Eigenschaften werden für den Verwendungszweck optimiert. So soll z. B. der Stahl für eine Messerklinge möglichst hart, das Stahlblech für die Knautschzone in einem Auto dagegen kontrolliert verformbar sein.

In der Regel bedeuten aber ideale Werkstoffeigenschaften, daß wir es mit einem komplizierten, metastabilen Materialzustand zu tun haben. Das heißt, ein Werkstoff verändert sich im Laufe der Zeit; er versucht ständig, einen energiearmen und damit stabileren Zustand zu erreichen. Dieser Vorgang wird einfach als Altern bezeichnet.

Altern kann auf vielfältige Weise beschleunigt werden, wie z. B. eine chemische Veränderung unter widrigen Umwelteinflüssen (Korrosion), eine Umwandlung im atomaren Gefüge bei höherer Temperatur (Rekristallisation) oder den Einbau von Materialfehlern durch starke Belastung (Materialermüdung). Die rasante Entwicklung neuer experimenteller Verfahren ermöglicht es heute, komplexe Alterungsvorgänge, die stets mit Bewegung auf atomarer Skala verknüpft sind, direkt zu beobachten und sicherer einzuschätzen.

Abstract

Materials are solids of technical interest. Their electrical, thermal and chemical properties are optimized for the application. For example the steel for a knife should be hard, whereas the steel used in the basic construction of a car should be soft to absorb the kinetic energy in case of an accident.

In general a technical material with ideal properties consists of many components in a complicated metastable state. This state is not stable for a long period of time; the material develops towards the thermodynamic ground state. In metals this process is called age harding.

The lifetime of materials is in general limited. Environmental influences are responsible for the well known surface corrosion of metals. Changes in the bulk of the material due to solid state diffusion or dislocation multiplication produced by mechanical stress cause severe changes of the mechanical behaviour. With extremely sensitive probe techniques material fatigue can be detected at an early stage in the laboratory. The development of these techniques towards routine nondestructive material testing in field applications is in progress.

Einleitung

Der technische Entwicklungsstand einer Gesellschaft wird wesentlich bestimmt durch die zur Verfügung stehenden Werkstoffe. So reden wir selbstverständlich von der Steinzeit, Bronzezeit oder Eisenzeit, weil die entsprechenden Werkstoffe damals den Alltag dominierten. Die moderne Informationsgesellschaft müßte demnach als Halbleiter-, Glas- oder Siliziumzeit bezeichnet werden. Warum immer nur sehr wenige Werkstoffe ihre Zeit beherrschen hat eine einfache Ursache. Der Werkstoff wird immer so ausgesucht, daß er seine Aufgabe möglichst gut erfüllt. Er muß außerdem in ausreichender Menge zur Verfügung stehen, er muß bezahlbar sein, und sein Einsatz muß auf längere Zeit ökologisch vertretbar sein. Als Naturstoff erfüllte z. B. der Feuerstein diese Kriterien über mehrere Jahrtausende bis er von den ersten synthetischen Werkstoffen abgelöst wurde. Bis heute hat sich an diesem Prinzip nicht viel geändert. Das neue Material drängt in immer kürzeren Zeitabständen auf den Markt. Dieser Evolutionsprozeß wird durch das oft lästige »natürliche« Altern der Werkstoffe begünstigt. Verschleiß durch den Gebrauch, Verwitterung, Korrosion oder Materialermüdung führen oft zu einem vorzeitigen Werkstoffversagen. Altern betrifft natürliche und synthetische Werkstoffe gleichermaßen. Die durchgerostete Autokarosserie wird zum Beispiel nach guten 10 Jahren durch ein modernes neues Fahrzeug ersetzt. Soll aber ein Teil über seine normale »Lebenszeit« erhalten bleiben, so kann das sehr teuer werden. Für den Erhalt der romanischen und gotischen Kirchen z. B. sind oft zweistellige Mitarbeiterzahlen in den Dombauhütten notwendig. Widrige Umwelteinflüsse, schlechte Konstruktionen und falsche Materialauswahl beschleunigen oft die Alterungsvorgänge erheblich. Poröser Sandstein als Baustoff, wenig hitze- und spülmittelbeständiger Kunststoff für eine Tasse oder eine unterdimensionierte Fahrradspeiche können hohe Kosten oder auch nur den kleinen Alltagsärger verursachen.

Das heutige Verständnis von Werkstoff-Alterung beruht zu einem großen Teil auf Erfahrung. Ein physikalisch/chemisches Verständnis auf atomarer Ebene ist für den Bereich der Korrosion weit entwickelt. Dagegen sind bei Materialermüdung noch viele Fragen offen.

Korrosion metallischer Werkstoffe

Chemische Vorgänge

Bei der Korrosion wird das Metall von der Oberfläche infolge elektronischer Reaktion mit Partnern aus der Umgebung abgetragen. Bei diesem Vorgang gehen Metallatome aus dem metallischen Zustand in den nichtmetallischen Zustand über, sie werden oxidiert. Das bekannteste Beispiel ist das Rosten des Eisens. Im allgemeinen sind Regenwasser und Luftfeuchtigkeit die wässerige Elektrolytphase. Thermodynamisch entspricht die Korrosion einem Übergang von einem energiereichen in einen energieärmeren und damit stabileren Zustand.

Bei der Korrosion laufen zwei verschiedene Reaktionen ab: In der anodischen Reaktion wird das Metall entsprechend Gleichung [1] oxidiert

$$Me \rightarrow Me^{n+} + ne^- \qquad [1]$$

Me^{n+}: n-fach positiv gelandenes Metall-Ion

$n \cdot e^-$: n freigesetzte Elektronen.

Damit dieser anodische Prozeß weiter ablaufen kann, müssen in einer zweiten, der kathodischen Reaktion, die bei der ersten Reaktion gebildeten Elektronen aufgebraucht werden. In alkalischer oder neutraler Umgebung wird dabei Sauerstoff gemäß Gleichung [2] in Hydroxyl-Ionen reduziert

$$O_2 + 2H_2O + 4\,e^- \rightarrow 4\,OH^-. \quad\quad [2]$$

In saurer Umgebung werden Wasserstoff-Ionen in gasförmigen Wasserstoff (H_2) reduziert (Gleichung [3])

$$2\,H^+ + 2e^- \rightarrow H_2. \quad\quad [3]$$

Das Metall-Ion kann entweder gelöst und durch den Elektrolyt abtransportiert werden, oder es reagiert mit den Hydroxyl-Ionen oder dem Säurerest zu einem Hydroxid, Oxid oder einer Salzabscheidung.

Bei der sogenannten freien Korrosion laufen kathodische und anodische Reaktionen an derselben Metall-Elektrolyt-Grenzfläche ab. Ort und Zeitpunkt der Einzelreaktion wechseln statistisch.

Kontaktkorrosion erfolgt, wenn zwei verschiedene Metalle in elektrischem Kontakt von demselben Elektrolyt benetzt werden. Die kathodische Reaktion läuft dabei am edleren Metall ab, wobei das unedlere Metall entsprechend Gleichung [1] in der anodischen Reaktion oxidiert und damit zerstört wird. Edel und unedel wird durch die elektrochemische Spannungsreiche bestimmt (Tab. 1).

Tab. 1   Standardpotentiale der Metalle

Reduzierte Form	Oxidierte Form	$+ze^-$	Standardpotential $E°$ in V
Ca	Ca^{2+}	$+2e^-$	–2,87
Na	Na^+	$+e^-$	–2,71
Mg	Mg^{2+}	$+2e^-$	–2,36
Al	Al^{3+}	$+3e^-$	–1,68
Zn	Zn^{2+}	$+2e^-$	–0,76
Cr	Cr^{3+}	$+3e^-$	–0,74
Fe	Fe^{2+}	$+2e^-$	–0,41
Sn	Sn^{2+}	$+2e^-$	–0,14
Pb	Pb^{2+}	$+2e^-$	–0,13
Cu	Cu^{2+}	$+2e^-$	+0,34
Ag	Ag^+	$+e^-$	+0,80
Hg	Hg^{2+}	$+2e^-$	+0,85
Au	Au^{3+}	$+3e^-$	+1,50

Vom Natrium bis zum zweiwertigen Eisen (Fe/Fe^{2+}) werden die Metalle als sehr unedel, bis Blei als unedel, ab Silber als Edelmetall (normalerweise korrosionsfrei) bezeichnet.

Korrosionsschutz

Korrosion als elektrochemischer Vorgang kann durch geschickte Wahl der elektrischen Potentialverhältnisse stark unterdrückt werden. Aus der Strom-Spannungskennlinie können dabei die richtigen Arbeitspunkte bestimmt werden.

U_A Spannung für Strom null, das bedeutet aktiven Korrosionsschutz (kathodischer Schutz). U_p Passivierungsspannung, zwischen U_p und U_o der Durchbruchspannung

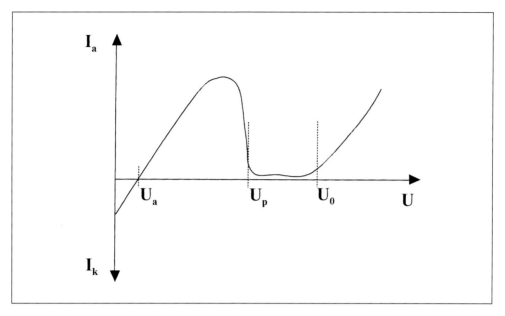

Abb. 1 Schematische Strom-Spannungskennlinie eines passivierbaren Metalls. Abszisse Potential U, Ordinate I_a Anodische Stromdichte, I_k kathodische Stromdichte

für elektrochemische Sauerstofffreisetzung ist die Anode durch eine dichte Oxidschicht vor Korrosion geschützt (Passivierung, anodischer Schutz). Die anodische Stromdichte I_A ist proportional zur Oxidationsgeschwindigkeit (Reaktion Gleichung [1] von links nach rechts); die kathodische Stromdichte I_K führt zu elektrochemischen Metallabscheidungen (Reaktionsumkehr Gleichung [1] von rechts nach links). Bei elektrischen Spannungen $U \leq U_a$ erfolgt keine Korrosion. Dieser Arbeitsbereich kann entweder durch direkte elektrische Gleichspannung oder durch Verbindung mit einer sich langsam auflösenden Opferelektrode aus unedlerem Metall eingestellt werden. Angewendet wird dieser »aktive« Korrosionsschutz vor allem in Heizungsanlagen und Wasserinstallationen.

Der bedeutendste, passive Korrosionsschutz ist eine dichte Beschichtung, die vor dem Korrosionsmedium, also im allgemeinen vor Wasser, schützt. Lacke, keramische Beschichtungen, wie z. B. Emaille, sind die am weitesten verbreiteten Methoden, um Eisen vor Rost zu schützen. Metallisieren mit Edelmetall, z. B. Vergolden, oder Metallschichten aus passivierbaren Metallen, wie z. B. Verchromen und Verzinken, erzeugen ebenfalls einen guten Korrosionsschutz.

Eine Verringerung der Korrosionsschäden ist nicht nur von erheblicher volkswirtschaftlicher Bedeutung, Korrosionsschutz ist in einem so dicht besiedelten Land wie Deutschland auch ein wichtiger Beitrag zum Umweltschutz.

Atombewanderung im festen Körper

Fehler im Kristallaufbau

Der atomare Aufbau fester Körper ist im allgemeinen kristallin, d.h., jedes Atom ist nach einem geometrischen Plan eingebaut, und hat seinen festen Platz im Kristallgitter. Ist jeder Gitterplatz von einem Atom besetzt, so ist es nur schwer vorstellbar, daß sich die Gitteratome bewegen können. Auf atomarer Ebene ist es wie zur Haupteinkaufszeit auf einem Parkplatz. Wird eine begrenzte Fläche lückenlos mit Autos zugeparkt, so kann sich kein Fahrzeug bewegen, nur einzelne Fußgänger können sich zwischen den Autos, in den »Zwischengitterlücken« fortbewegen. Ist dagegen ein Platz frei, so kann durch geschicktes Platztauschen jedes Auto an jede Stelle rangiert werden. Ganz ähnlich geht die Natur vor, sie ermöglicht atomare Platzwechsel, indem sie dafür sorgt, daß einzelne Gitterplätze frei bleiben. Das folgt aus einer einfachen thermodynamischen Überlegung. Im Kristallgitter sitzt jedes Atom in einer Potentialmulde, d.h., ein perfekter, fehlerfreier Kristall ist ein Zustand minimaler freier Energie bzw. Enthalpie (oft auch Gibbsche Enthalpie genannt)

$$G = H - T \cdot S. \qquad [4]$$

G: freie Enthalpie, H: Enthalpie, T: absolute Temperatur, S: Entropie.

Die Entropie ist ein Maß für die Unordnung, sie läßt sich durch die Zahl der Realisierungsmöglichkeiten (Mikrozustände) ausdrücken. Eine einfache Merkregel läßt sich am Beispiel eines Schreibtisches ableiten. Es gibt nur einen aufgeräumten, aber sehr viele unordentliche Zustände, nicht die Ordnung, sondern die Unordnung stellt sich daher von selbst ein. Bleiben in einem Kristallgitter einige Plätze frei, so gibt es eine große Zahl von Möglichkeiten, diese Gitterlücken auf die Gitterplätze zu verteilen, d.h., der Kristall gewinnt durch den Fehlereinbau Entropie, und die freie Enthalpie G wird dadurch bei endlicher Temperatur verkleinert. Für die Nachbaratome wird es dadurch möglich, mit der freien Gitterlücke den Platz zu tauschen. Diese Bewegung der Gitterlücke in einzelnen Sprüngen führt zu einer Bewegung der Gitteratome. In einem typischen Metall, wie z.B. Kupfer, ist knapp unterhalb des Schmelzpunktes jeder zehntausendste Gitterplatz frei, das hat zur Folge, daß sich jedes Atom pro Minute um ca. einen Haardurchmesser bewegt (~10 µm). Bei z.B. 300 °C wird dagegen nur noch knapp ein atomarer Abstand pro Minute zurückgelegt.

Genaue Zahlenwerte für Diffusion sind in Datensammlungen wie z.B. in *Landoldt Börnstein* in zwei neuen Bänden zu finden. Als einfache Faustregel gilt, der Diffusionskoeffizient skaliert mit dem Schmelzpunkt und fällt exponentiell mit der Temperatur ab. Der Diffusionskoeffizient ist in Metallen am Schmelzpunkt ca. 10^{-12} [m^2/s] und um ca. 10 Größenordnungen kleiner bei der halben Schmelztemperatur.

Kleine Atome, wie z.B. Wasserstoff, Helium und Kohlenstoff, können dagegen erheblich schneller in Festkörpern diffundieren. Sie werden auf Zwischengitterplätzen in das Kristallgitter eingebaut und können sich, wie die Fußgänger zwischen den Autos, im »leeren« Zwischengitter frei bewegen. Das kleine Heliumatom diffundiert schon bei Raumtemperatur ohne Probleme zwischen den Makromolekülen der Kunststoffe. So kommt es, daß der munter zur Zimmerdecke hochfliegende Luftballon schon am nächsten Tag schlapp auf dem Boden liegt.

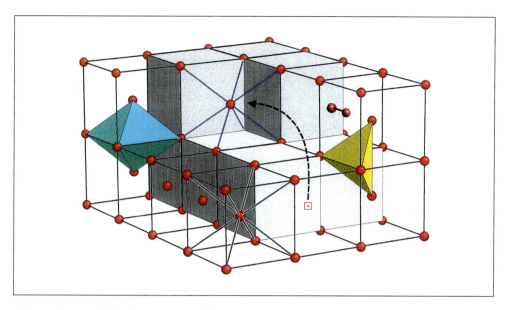

Abb. 2 Atomare Fehlstellen in einem kubisch raumzentrierten Kristallgitter. Tetraeder (gelb) und Oktaederlücke (blau) als Zwischengitterplätze für kleine Atome wie z. B. Wasserstoff und Kohlenstoff. Schottky-Fehler, ein Atom verläßt seine Position in der Würfelmitte und wird an der Oberfläche in Halbkristallage eingebaut. Zwischengitterhantel (*rechts oben*) zwei Atome teilen sich einen Gitterplatz.

Werkstoffveränderung durch Diffusion

Diffusion ist nicht abschaltbar, sie ist einerseits sehr nützlich, andererseits führt sie zu einer unerwünschten Veränderung. Festkörperdiffusion ist in der Metallurgie einer der wichtigsten Prozesse. Glühen, Abschrecken, Anlassen sind alles Schritte, um über Festkörperdiffusion das gewünschte Werkstoffgefüge einzustellen. Kohlenstoff oder Stickstoff wird zur Härtung des Stahls gezielt in eine Oberflächenschicht eindiffundiert, indem das fertige Werkstück z. B. in einem schmelzflüssiges Cyanid enthaltenden Bad bei ca. 700 °C geglüht wird. Auch in der Halbleiterfertigung sind Festkörperdiffusionen zentrale Prozeßschritte. Dotierungsatome werden über Festkörperdiffusion in der gewünschten Konzentration eingebaut, und Strahlenschäden nach Implantation werden durch Diffusion ausgeheilt. Als unerwünschter, aber nicht zu vermeidender Effekt spielt Festkörperdiffusion eine entscheidende Rolle bei der Werkstoffalterung. Werkstoffe sind im allgemeinen ein metastabiler Festkörperzustand, der sich im Laufe der Zeit über Diffusion in den stabilen Grundzustand umzuwandeln versucht. So bestehen Halbleiterbauelemente, wie z. B. Dioden und Transistoren, immer aus unterschiedlich dotierten Bereichen. Diffusion versucht aber gerade Konzentrationsgradienten auszugleichen. Je tiefer die Temperatur, um so langsamer läuft diese schleichende Zerstörung, und je kleiner die Struktur, um so kürzer und damit schneller ist der Diffusionsausgleich der dotierten Funktionsbereiche. Ähnlich verhält es sich im mikroskopisch feinen Gefüge metallischer Werkstoffe. So wird die große mechanische Festigkeit z. B. von Superlegierungen (Hochtemperaturwerkstoffe auf Nickelbasis) durch eine extrem feine gitterartige Gefügestruktur erzeugt. Besonders kritisch wirkt sich dabei die Diffusion bei Turbinenschaufeln in Gaskraftwerken und

Flugzeugtriebwerken aus. Um den thermischen Wirkungsgrad und damit die Brennstoffausnutzung zu optimieren, muß die Temperatur in der Brennkammer und am ersten Schaufelkranz möglichst hoch sein. Um so höher aber die Temperatur, um so kürzere Zeit ist die Standzeit der Werkstoffe. Luftkühlung durch Bohrungen im thermisch stark beanspruchten Teil der Schaufeln und wärmedämmende Beschichtungen sind zur Zeit die erfolgversprechendsten Maßnahmen, um die Lebensdauer zu verlängern. Die thermisch beständige Keramik ist für diese Anwendungsbereiche bei heutigem Entwicklungsstand noch zu spröde.

Werkstoffveränderung durch mechanische Belastung

Plastische Verformung

Jeder feste Körper verhält sich bei kleinen Belastungen wie eine Feder. Im elastischen, dem sogenannten Hookschen Bereich geht der Festkörper nach Entlastung in seine Ausgangsgestalt zurück. Auf stärkere Belastungen reagieren Metalle mit einer plastischen, d.h. irreversiblen Formänderung, Keramiken brechen (Metalle sind duktil, keramische Werkstoffe spröde). Gerade diese Eigenschaft macht Metalle bis heute zu unentbehrlichen Werkstoffen. Der Nagel oder die Schraube brechen nicht sofort durch Überlast, sondern sie verformen sich nur. Dabei wird das Metall verfestigt und kann die zu starke Belastung abfangen. Der Verfestigungsbereich zwischen beginnender plastischer Verformung und Bruchlast gibt dem Konstruktionsingenieur einen erheblichen Sicherheitsfaktor bei der Dimensionierung von Bauteilen. In der Technik wird die beginnende plastische Verformung als Streckgrenze und in der Materialphysik als kritische Schubspannung bezeichnet.

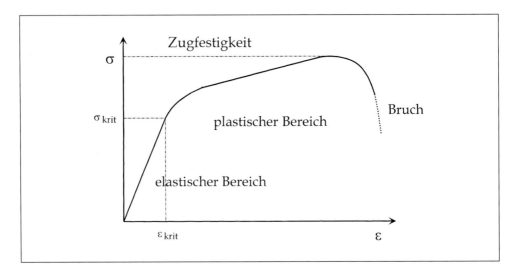

Abb. 3 Die Spannungs-Dehnungskurve eines Zugversuches mit konstanter Dehnrate ε. Die plastische Verformung beginnt, wenn die kritische Spannung σ_{krit} überschritten wird.

Atomares Modell

Plastizität und Verfestigung wird als »Erfahrungsphänomen« genutzt, seit es Metalle gibt. Das richtige Verformen durch Hämmern, Glühen und Abkühlen des Stahls war schon immer das geheime »Know-how« des Waffenschmiedes. Die Erklärung des plastischen Verhaltens auf atomarer Ebene war dagegen lange Zeit ein ungelöstes Rätsel der Festkörperphysik. Der geordnete kristalline Aufbau wurde zwar schon zu Beginn des 20. Jahrhunderts nach Entdeckung der Röntgenstrahlen experimentell bestätigt. Plastizität paßt aber nicht in dieses Modell.

Mit einer relativ einfachen Rechnung läßt sich die kritische Schubspannung, z. B. für einen idealen Aluminiumkristall, berechnen. Berechnete und gemessene Zahlenwerte unterscheiden sich aber um mehr als vier Größenordnungen. Daß der reale Kristall nicht die »theoretische« Festigkeit erreicht, kann das Festkörpermodell als perfekter Kristall in keiner Weise erklären. In drei unabhängigen, nahezu gleichzeitig erschienenen Arbeiten wurden Versetzungsbewegungen als Ursache für die plastische Verformung eingeführt. Versetzungen sind eindimensionale Kristallbaufehler (Orowan 1934, Polany 1934, Taylor 1934).

Abscherung um einen atomaren Abstand, d. h. plastische Verformung, läßt sich durch Weiterreichen z. B. einer Stufenversetzung realisieren (Abb. 5). Die dazu notwendige Spannung ist viel kleiner als die Spannung, die notwendig ist, um alle Atome einer Netzebene gleichzeitig gegen die nächste Ebene zu verschieben. Der Kristall nutzt gewissermaßen einen wohlbekannten Teppichverlegetrick. Ein schwerer Teppich läßt sich mühelos verschieben, indem man von einer Kante ausgehend eine kleine Welle durch die ganze Fläche in die gewünschte Bewegungsrichtung durchschiebt. Für sichtbare plastische Verformung eines Kristalls sind eine große Zahl von Versetzungsbewegungen notwendig, und im Kristall müssen viele neue Versetzungen erzeugt werden. Am bekanntesten ist die Franck-Read-Quelle, dabei kann eine Versetzung, die zwischen zwei Hindernissen festgehalten wird, beliebig viele neue Versetzungen erzeugen (Frank und Read 1950). Die dazu notwendige

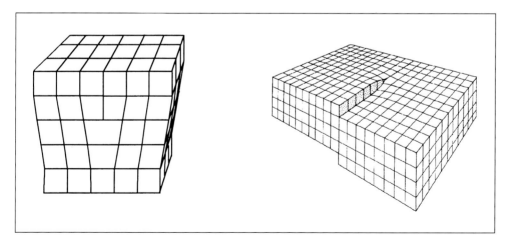

Abb. 4 Prinzipielle Versetzungsgeometrien. *Links*: Stufenversetzung, eine zusätzliche Netzebene endet in der Mitte des Kristalls (Versetzungslinie senkrecht zur Zeichenebene). *Rechts*: Schraubenversetzung, das Kristallgitter ist bis zur Mitte aufgeschnitten und um einen atomaren Abstand geschert (Versetzungslinie vertikal).

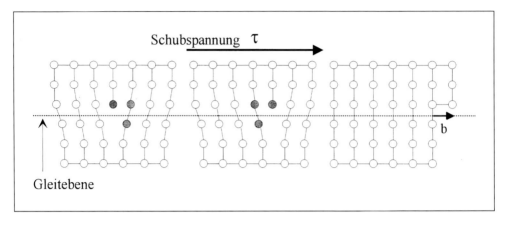

Abb. 5 Plastische Deformation durch Bewegung einer Stufenversetzung. Die Versetzung wird infolge der parallel zur Gleitebene wirkenden Schubspannung τ nach rechts durchgereicht. Wann sie die Oberfläche erreicht, bleibt eine Abscherung von der Höhe eines atomaren Abstandes b.

Energie kommt aus der mechanischen Arbeit, die bei der Verformung am Material geleistet wird.

Da es sich bei einer Versetzung um eine Störung im idealen Kristallaufbau handelt, ist in der Versetzung zusätzliche Energie gespeichert. Um die Versetzung baut sich im Kristall ein Verzerrungs- bzw. Spannungsfeld mit großer Reichweite auf. (Abstandsgesetz: $1/r$, r Abstand zum Verssetzungskern; SEEGER 1958.) Diese Spannungsfelder führen zu einer Wechselwirkung der Versetzungen untereinander und damit schließlich zur Verfestigung. Die Zahl der Versetzungen nimmt mit steigender Verformung sehr stark zu, eine weitere Versetzungsbewegung wird dadurch zunehmend behindert (typische Versetzungsdichten pro m^2: perfekter Siliziumkristall 10, »perfekter Metallkristall« 10^7, geglühter Stahl 10^{12}, stark verformtes Metall 10^{16}). Zum Materialbruch kommt es, wenn die Versetzungsdichte lokal so stark ansteigt, daß sich im allgemeinen von der Oberfläche ausgehend ein Riß ausbildet und sich über den gesamten Querschnitt ausbreitet. Nicht nur Zug, sondern auch häufige Wechselbelastung kann ebenfalls zu einer Erhöhung der Versetzungskonzentration führen. Kleine plastische Verformungen am oberen Ende des elastischen Bereichs werden in der Probe aufaddiert. Als Materialermüdung wird die Veränderung aufgrund von Wechselbeanspruchung bezeichnet. Wie bei der Zugbelastung tritt Materialverfestigung und schließlich Materialbruch auf. Diese Art von Belastung kommt in der Technik sehr häufig vor. Schwingungen an Flugzeugflügeln, Rad und Schienenbelastung bei der Bahn sind z. B. Lastwechselbeanspruchungen, die zu einer endlichen Lebensdauer der Bauteile führen.

Experimentelle Beobachtung von Versetzungen

Die theoretisch erfundenen Versetzungen wurden erst viele Jahre später im Experiment beobachtet. Heute sind Versetzungen mit dem Elektronenmikroskop gut sichtbar. Allerdings ist dazu eine sehr aufwendige Probenpräparation notwendig. Die Meßproben müssen auf eine Dicke von ca. 100 nm (für atomare Auflösung auf ca.

10 nm) abgedünnt werden. Ein schwieriges Problem ist es dabei, den Zustand des Materials nicht zu verändern. Dabei darf die Probe weder zusätzlich verformt noch dürfen die Versetzungen zur Oberfläche auswandern.

Diese elektronenmikroskopischen Meßverfahren sind am besten geeignet, um grundsätzliche Fragen der Versetzungsanordnung aufzuklären, aber als routinemäßige Prüfverfahren sind sie zu aufwendig (MUGHRABI 1993). Einfachere Mikrohärtemessungen und Röntgenbeugungsexperimente werden daher heute im Prüflabor hauptsächlich angewendet, allerdings sind dabei nur relativ große Versetzungsdichten nachweisbar.

Ist eine lokale Auflösung im Mikrometerbereich notwendig, wird die Röntgenmessung noch aufwendiger als die Elektronenmikroskopie. Dazu sind brillante Strahlen notwendig, die nur an sehr wenigen Synchrotronstrahlungsquellen existieren.

Ein guter Kompromiß zwischen empfindlichem Nachweis von Versetzungen und einfacher experimenteller Handhabung sind Sondenexperimente mit Positronen. Positronen als Antiteilchen von Elektronen entstehen beim β-Zerfall künstlicher radioaktiver Nuklide, z. B. ^{22}Na oder ^{58}Co, mit Energien von einigen 100 keV. In einem Festkörper werden sie in einer Schichtdicke von etwa 0,1 mm gestoppt. Innerhalb von ca. 10^{-12} s werden die implantierten Positronen auf thermische Energien abgebremst und diffundieren anschließend in ca. 10^{-10} s bis zu 0,5 µm durch das Kristallgitter, bis sie schließlich mit einem Elektron gemäß EINSTEINS Energie/Masse-Gleichung $E = mc^2$ in zwei γ-Quanten unter 180° mit jeweils 511 keV zerstrahlen. Diese einfachen Verhältnisse gelten im Schwerpunktsystem, im Laborsystem, d. h., am Meßin-

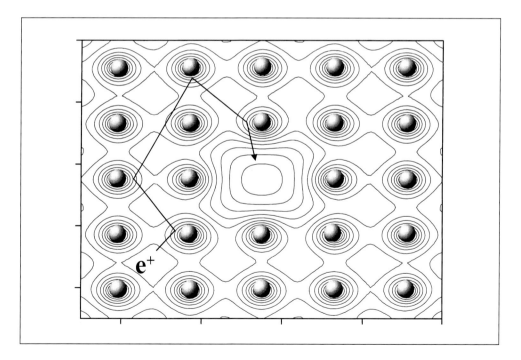

Abb. 6 Atomare Leerstellen bilden ein attraktives Potential, in das diffundierende Positronen eingefangen werden können. Die Equipotentiallinien des abstoßenden Coulombpotentials der Ionenrümpfe sind schematisch eingezeichnet.

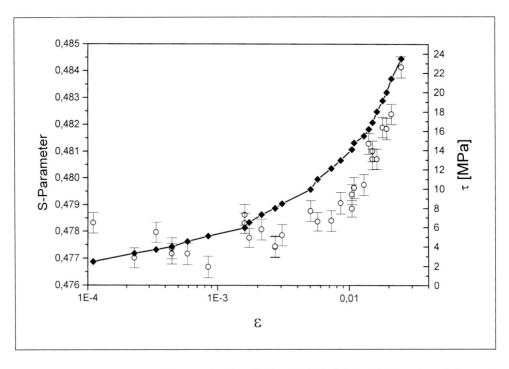

Abb. 7 Spannungs (τ) Dehnungskurve (ε) in Al (volle Symbole). Nach jedem Deformationsschritt wurde mit Positronen die Energieschärfe der Annihilationslinie als S-Parameter gemessen (offene Symbole). Größere S-Parameter bedeuten höhere Versetzungskonzentration.

strument führt die Geschwindigkeit des mit zerstrahlenden Elektrons aufgrund des Dopplereffektes zu einer Energieunschärfe des 511 keV Zerstrahlungsquants von ca. 1 keV.

Trifft das Positron auf seinem Diffusionsweg auf einen Kristallauffehler, wie z. B. eine Gitterleerstelle oder Versetzung, so wird es an der Störung festgehalten und zerstrahlt aus der gefangenen Position. Die Fehlstellenempfindlichkeit wird bestimmt durch den Diffusionsweg (WIDER et al. 1998). In Metallen und Halbleitern können Fehler bis zu einer Konzentration von 10^{-6} (ein Fehler auf eine Million Gitterplätze) nachgewiesen werden. In Polymeren und Gläsern sind die Verhältnisse durch Positroniumbildung etwas komplizierter, aber auch dort können Positronen als Fehlstellenspione angewendet werden. Eingefangene Positronen leben aufgrund der kleineren Elektronendichte und geänderter Elektronengeschwindigkeitsverteilung an der Fehlstelle um ca. 30% länger und zerstrahlen mit kleinerer Energieunschärfe. Beide Größen sind heute mit modernen Detektoren und hochentwickelter Elektronik leicht meßbar. Der gesamte experimentelle Aufbau kann inzwischen zu einem tragbaren handlichen Meßgerät für den Vor-Ort-Einsatz verkleinert werden (HANSEN et al. 1997). Im Labor ist es gelungen, einen Positronenstrahl in ein Rasterelektronenmikroskop zu integrieren (GREIF et al. 1997). Damit kann die Methode auch erfolgreich in der Mikrostrukturphysik oder z. B. zum Vermessen lokaler Schädigung an Rißspitzen eingesetzt werden (HAAKS et al. 1999). Mit einer Ortsauflösung bis herab zum Diffusionsweg der Positronen eröffnen sich viele neue Möglichkeiten in der Werk-

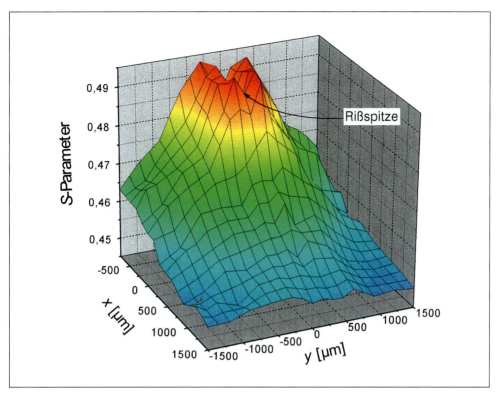

Abb. 8 Plastische Deformation vor der Spitze eines Ermüdungsrisses in austenitischem Edelstahl (AISI 321), zerstörungsfrei vermessen mit dem im Rasterelektronenmikroskop integrierten Positronenstrahl. Der S-Parameter als Ordinate ist ein Maß für die Versetzungsdichte. Zum Vergleich sehen konventionelle Prüfmethoden, wie z. B. Röntgenstreuung, nur starke Deformationen, die dem roten Bereich entsprechen.

stoffprüfung und der Werkstoffentwicklung.

Ausblick

Obwohl die experimentellen Methoden zur Charakterisierung von Festkörpern in den letzten Jahren enorm verbessert wurden, ist bei der Entwicklung realer vielkomponentiger Werkstoffe Erfahrung und geschicktes Ausprobieren immer noch sehr wichtig. Was sich chemisch bei der Korrosion an der Oberfläche abspielt, ist heute im Wesentlichen verstanden. Versetzungsanordnung und Versetzungsbewegung in einkristallinen reinen Modellsubstanzen sind auch weitgehend klar. Versetzungen in realen Werkstoffen und insbesondere die komplizierte Wechselwirkung von Versetzungen mit Fremdatomen, wie z. B. die lästige Wasserstoffversprödung von Stählen, sind noch weit von einem Verständnis auf atomarer Ebene entfernt. Aussagekräftige Experimente zum Ermüdungszustand sind sehr schwierig, da oft nur wenige Fremdatome in einem insgesamt schmutzigen System die entscheidende Rolle spielen.

Der immer härtere internationale Konkurrenzdruck erzeugt aber ein sehr gutes Klima für die Einführung neuer Meßmethoden, die bisher nur im reinen Grundlagenlabor angewendet wurden. So exotisch scheinende Meßmethoden wie die Positronenzerstrahlung oder in naher Zukunft extrem empfindliche Kernresonanz mit hoch polarisierten Strahlen werden neuerdings auch von konservativen Prüf- und Entwicklungsingenieuren anerkannt (SCHÜTH et al. 1999).

Dank

Mein Dank gilt meinen aktuellen und ehemaligen Mitarbeitern, die mit ihren engagierten Diplom- und Doktorarbeiten die Positronenzerstrahlung von einer exotischen Labortechnik zu einem modernen Werkstoffprüfverfahren voranbrachten.

Literatur

FRANK, F. C., und READ, W. T.: Phys. Rev. *79*, 722 (1950)
GREIF, H., HAAKS, M., HOLZWARTH, U., MÄNNIG, U., TONGBHOYAI, M., WIDER, T., MAIER, K., BIHR, J., und HUBER, B.: Appl. Phys. Lett. *71*, 15 (1997)
HAAKS, M., BENNEWITZ, K., BIHR, H., MÄNNIG, U., ZAMPONI, C., und MAIER, K.: Appl. Surface Science *149*, 207–210 (1999)
HANSEN, S., HOLZWARTH, U., TONGBHOYAI, M., WIDER, T., und MAIER, K.: Appl. Phys. A *64*, 47 (1997)
MUGHRABI, H.: In: MUGHRABI, H. (Ed.): Materials Science and Technology 6; p. 7 Weinheim: VCH 1993
OROWAN, E.: Z. Phys. *89*, 614 (1934)
POLYANI, G.: Z. Phys. *98*, 660 (1934)
SCHÜTH, J., EVERSHEIM, P.-D., HERZOG, P., MAIER, K., MAJER, G., MEYER, P., und RODUNER, E.: Chemical Physics Letters *303*, 453–457 (1999)
SEEGER, A.: In: FLÜGGE, S. (Ed.): Kristallphysik 2, Kristallplastizität, Handbuch d. Physik Band VII. S. 1 bis 210. Berlin: Springer 1958
TAYLOR, G. I.: Proc. Roy. Soc. *A145*, 362 (1934)
WIDER, T. HANSEN, S., HOLZWARTH, U., und MAIER, K.: Phys. Rev. B *57*, 5126 (1998)

     Prof. Dr. Karl MAIER
     Institut für Strahlen- und Kernphysik
     der Universität Bonn
     Nußallee 14–16
     53115 Bonn
     Bundesrepublik Deutschland
     Tel.: (02 28) 73 23 80
     Fax: (02 28) 73 25 05
     E-Mail: MAIER@ISKP.UNI-BONN.DE

Astronomie und Paläoontologie

Einführung und Moderation Eugen Seibold (Freiburg i. Br.), Ehrenmitglied der Akademie:

Die beiden folgenden Vorträge unterscheiden sich von den anderen insofern, als sie im wesentlichen mit großen Dimensionen in Raum und Zeit zu tun haben. Präsident PARTHIER hat gestern von Dimensionen der Zeit gesprochen. Ich habe mir von Herrn EIGEN sagen lassen, daß Reaktionszeiten von biologisch wichtigen Prozessen in 10^{-12} Sekunden ablaufen. Die Reaktionszeit des Menschen ist eine Zehntelsekunde. Unsere Größendimensionen bewegen sich im Bereich von 10^2 cm, vielleicht auch ein wenig mehr. Die jungen Leopoldina-Preisträger sind schon beinah zweimal 10^2 cm groß. Der Mount Everest ist 10^6 cm hoch. Die lebenswichtigen Proteine wiederum besitzen eine Größe von nur 10^{-10} oder 10^{-11} cm. Galaxien hingegen liegen 10^{28} Lichtjahre von uns entfernt. Wir müssen also in unseren Vorstellungen unerhörte Größendimensionen überbrücken. Die Kluft zwischen den unvorstellbar kleinen und großen Dimensionen sollen die Vorträge etwas schließen helfen. Eine der Ursache für die Entfremdung zwischen Wissenschaft und Öffentlichkeit dürfte wohl auch darin zu sehen sein, daß Wissenschaft eben weitgehend in solche unvorstellbaren Dimensionen verwiesen ist.

Herr TAMMANN wurde in Göttingen geboren, und das allein scheint schon eine Garantie zu sein, ein herausragender Wissenschaftler zu werden. Trotzdem hat er es vorgezogen, die Welt der Sterne von Basel aus zu erobern. Herr TAMMANN studierte in Basel, wo er auch promoviert wurde und sich habilitierte. Außerdem besuchte er die großen und berühmten Observatorien in Kalifornien. Seit 1977 leitet er das berühmte Astronomie-Institut in Basel. Er ist international sehr angesehen und daher auch Mitglied der Deutschen Akademie der Naturforscher Leopoldina.

Herr STEININGER stammt aus Wien, wo er einen geologischen Lehrstuhl hatte, und ist seit 1995 Direktor des Forschungsinstituts und des Naturmuseums Senckenberg in Frankfurt (Main). Er hat dort außerdem einen Lehrstuhl für Historische Geologie und Paläontologie inne. Sein Herz hängt noch immer an der Geologie der Umgebung von Wien. Seit vielen Jahren beschäftigt er sich hauptsächlich mit der Biostratigraphie, d. h. der Abfolge der Lebenswelten mit ihren Leitfossilien in der Erdgeschichte. Herr STEININGER hat sich insbesondere auf das Tertiär Mittel-, Ost- und Südeuropas spezialisiert. Obwohl eng mit Wien verbunden, reizte ihn am Senckenberg-Institut in Frankfurt die Chance, mit Ausstellungen und umfassender Öffentlichkeitsarbeit zur Popularisierung der Geowissenschaften beitragen zu können.

Alter und Entwicklung der Welt

Von Gustav A. Tammann (Basel)
Mitglied der Akademie

Mit 5 Abbildungen

Zusammenfassung

Vor 14–15 Milliarden Jahren entstand das Universum im Urknall. Das ganze junge Universum war winzig, extrem dicht und extrem heiß, – jedoch homogen und unstrukturiert. Zwei Milliarden Jahre später war es schon von unzähligen Galaxien bevölkert, in denen die ersten Sterne aufleuchteten. Die Entwicklung zu immer höherer Komplexität ging weiter: im Inneren der Sterne differenzierte sich die Materie zu den chemischen Elementen, und als die Sonne und die Erde sich vor 4,6 Milliarden Jahren bildeten, lag bereits das ganze Periodische System vor. Mit der Bildung der Proteine erreichte die Komplexität auf der Erde ihren Höhepunkt. – Das Wissen über die großräumige Geschichte des Universums verdanken wir zu einem großen Teil den Supernovae. Sie werden verwendet, um die Expansionsrate des Universums zu messen und deren Abbremsung durch die sich anziehende Materie sowie möglicherweise deren Beschleunigung durch die geheimnisvolle »kosmologische Konstante Λ«. Diese Parameter bestimmen das oben angegebene Alter des Universums.

Abstract

The Big Bang happened 14–15 gigayears ago (1 gigayear = 10^9 years). The very young Universe was tiny, extremely dense, and extremely hot, – yet smooth and unstructured. Only 2 gigayears later the Universe was populated with uncounted numbers of galaxies, and the first stars lit up them. The evolution to higher complexity continued: matter was differentiated in the interior of the stars into the chemical elements, and the whole periodic table was available when the Sun and the Earth formed 4.6 gigayears ago. The complexity reached its peak on Earth with the formation of proteins. – Much of what is known about the large-scale history of the Universe, its retardation by gravitating matter, and possibly its acceleration by the mysterious »cosmological constant Λ«. These parameters lead to the age of the Universe as quoted above.

1. Die Geburt der physikalischen Kosmologie

Als Albert EINSTEIN 1917 erstmals versuchte, ein physikalisches Weltbild abzuleiten, realisierte er, daß ein in sich selbst ruhendes (statisches) Universum nicht stabil sein kann. Er erfand daher eine zusätzliche, abstoßende Kraft, die unter dem Namen »kosmologische Konstante Λ« (lambda) berühmt geworden ist, und die sein Universum stabilisieren sollte.

Als EINSTEIN 1929 erfuhr, daß Edwin HUBBLE die Expansion des Universums entdeckt hatte, fiel es ihm wie Schuppen von den Augen. Es war nun nicht mehr nötig, das Universum zu »stabilisieren«, und er bezeichnete sein Λ als den größten Fehler seines Lebens. Tatsächlich war Λ unnötig geworden, aber damit war noch nicht gesagt, daß die neue Kraft nicht doch existierte, denn sie ergibt sich in natürlicher Weise aus EINSTEINS Feldgleichungen, und heute werden wieder die größten Anstrengungen unternommen, den Wert von Λ experimentell zu bestimmen.

2. Der expandierende Raum

HUBBLE hatte 1929 gefunden, daß alle Galaxien (Milchstraßen) sich von uns entfernen, und zwar um so schneller, je entfernter sie sind. Die Fluchtgeschwindigkeiten der Galaxien konnte man mit einigem Aufwand (heute ungleich viel leichter) aus der Rotverschiebung in ihren Spektren bestimmen, und HUBBLE vermochte wenigstens die *relativen* Entfernungen der Galaxien einigermaßen abzuschätzen. Das genügte, um zu zeigen, daß Fluchtgeschwindigkeiten und Entfernungen zueinander proportional sind.

Es ergab sich hieraus ein Weltbild, das einem expandierenden Hefeteig gleicht, in dem alle Rosinen sich um so schneller voneinander entfernen, je weiter sie getrennt sind. *Jede* Rosine beobachtet das gleiche »Hubble-Gesetz«, d. h. daß die Fluchtbewegung der Nachbarn mit der Entfernung zunimmt. Man kann sich das leicht an der Abbildung 1 veranschaulichen. Das heißt aber auch, daß die Tatsache, daß alle Galaxien sich von *uns* fortbewegen, in keiner Weise beinhaltet, daß wir im Zentrum des Universums stehen. Im Gegenteil: *Jeder* Beobachter im Universum leitet genau das gleiche Hubble-Gesetz ab.

In Analogie zum Hefeteig, in dem sich nicht die Rosinen bewegen, sondern die Rosinen von dem aufgehenden Teig auseinandergetragen werden, haben die Galaxien nicht wirkliche Fluchtgeschwindigkeiten, sondern der *expandierende Raum* trägt sie mit sich fort. Die Rotverschiebung der Spektrallinien im Spektrum der Galaxien ist daher nicht ein Doppler-Effekt im klassischen Sinn, sondern entsteht einfach aus der Streckung der Wellenlänge des Lichtes während seiner Reise durch ein sich ausdehnendes Koordinatensystem. Eine gemessene Rotverschiebung $z = \Delta\lambda/\lambda_0$ (wo $\Delta\lambda$ die Wellenlängenverschiebung einer Spektrallinie und λ_0 ihre im Laboratorium gemessene Wellenlänge ist) bedeutet daher in erster Linie nicht eine Geschwindigkeit, sondern daß zur Zeit der Lichtaussendung das Universum kleiner war als heute, und zwar um einen linearen Faktor von $z + 1$. Beobachtete Rotverschiebungen von $z = 5$ bedeuten also, daß die gemessene Galaxie ihr Licht aussandte, als alle Distanzen im Universum sechsmal kleiner waren als heute.

Aus dem Hubble-Gesetz folgt eine fundamentale Erkenntnis: Die Expansion des Universums muß einen Anfang gehabt haben, den sogenannten *Urknall*. Zur Zeit des

Abb. 1 Ein aufgehender Hefeteig als Modell des expandierenden Universums. Der expandierende Teig (Raum) trägt die Rosinen (Galaxien) mit sich fort. Jede Rosine (Galaxie) sieht jede andere fortrücken, und zwar um so schneller, je entfernter sie voneinander sind (Hubble-Gesetz). Die Rosinen (Galaxien) selbst expandieren nicht. Im Fall der Galaxien gewann in ihnen zur Zeit der Strukturbildung die Gravitation die Oberhand.

Urknalls muß die gesamte Materie (in Form von Energiefeldern) auf beliebig kleinem Raum komprimiert gewesen sein. Der unvorstellbaren, gegen unendlich strebenden Dichte entsprach eine ebenso unvorstellbar hohe Temperatur.

Die Entdeckung des Urknalls und die aus ihm folgende Tatsache, daß das Universum einen Anfang hatte, d. h. daß es eine Zeit Null gegeben hat, gehören zu den großartigsten Erkenntnissen der Menschheit.

In den letzten 70 Jahren ist die Tatsache, daß unser heutiges Universum einen Anfang hatte, eine physikalische Tatsache geworden. Die entferntesten, heute gemessenen Galaxien haben Fluchtgeschwindigkeiten, die 95% der Lichtgeschwindigkeit betragen. Überdies bestätigen mehrere unabhängige Beobachtungsbefunde unzweideutig, daß das junge Universum einst winzig klein, extrem dicht und unvorstellbar heiß war.

Man kann den Zustand des Universums bis zu einem Alter von 1 s mit Sicherheit, bis zu $1/10\,000$ s mit größter Wahrscheinlichkeit und bis zu 10^{-42} s mit einiger Phantasie zurückverfolgen, aber zu noch früheren Epochen bricht die heutige Physik in fundamentaler Weise zusammen. Die letzte Konsequenz, daß es eine Singularität, also eine Zeit Null gab, zu der *Alles* begann – der Raum, die Zeit und alle Materie/Energie – und zu der Dichte und Temperatur unendlich groß waren, bleibt Spekulation. Trotzdem untersuchen viele Kosmologen zeitlose Szenarien »vor« dem Urknall, wo Quantenfelder eine ungeheuer große Energiemenge beinhalteten, aus der das Universum durch einen Quantensprung herauswuchs.

Wenn nach dem Alter des Universums gefragt wird, kann die höchst komplexe, aber außerordentlich kurze Frühstphase außer Acht gelassen werden. Nehmen wir einfach die gut verstandene Zeit von $1/10\,000$ s nach dem Urknall als Anfangspunkt, als die Temperatur noch 1 Billiarde Grad betrug und ein Fingerhut voll 1 Milliarde Tonnen wog. Damals war das Universum in gewissem Sinn auch noch sehr einfach, da es überall die gleiche Dichte und die gleiche Temperatur besaß. Mit einer relativ kleinen Zahl von Spezifikationen läßt das junge Universum sich daher vollständig beschreiben. Entsprechend nahm alles, was wir allgemein unter »Entwicklung« verstehen, damals auch erst seinen Anfang.

3. Die Entwicklung des Kosmos

Wenn das Universum anfänglich ein heißer Brei von Materie und Energie war, in dem man allerdings eine submikroskopische »Körnigkeit« vermutet, dann könnte man erwarten, daß es später nichts anderes tat, als sich auszudehnen und abzukühlen.

Tatsächlich bildeten sich aber »Strukturen«. An Orten zufälliger Überdichte bildeten sich Materieansammlungen, die praktisch nur aus den beiden einfachsten Elementen, den Gasen Wasserstoff und Helium, bestanden. Eine Beimischung von 24 % Helium, die ein typisches Merkmal aller Urknallmodelle und heute beobachtungsmäßig glänzend bestätigt ist, entstand notwendigerweise nur 100 s nach dem Urknall bei einer Temperatur von noch 1 Milliarde Grad. Der Hauptanteil an Wasserstoff bildete sich einfach, indem die Protonen, die aus den frühen Energiefeldern herauskristallisierten, sich ein Elektron einfingen. Dies geschah etwa eine halbe Million Jahre nach dem Urknall, als die Temperatur genügend, das heißt auf 3 000 Grad, abgefallen war.

Die Bildung der neutralen Wasserstoffatome hat für den Beobachter eine entscheidende Konsequenz: Das Universum wurde durchsichtig. Bis dahin hatten die freien Elektronen die Ausbreitung des Lichtes verhindert. Nun konnten sich die Photonen frei im Raum bewegen. Das heißt aber auch, daß die ältesten Photonen uns Nachricht geben müssen vom jugendlichen Zustand des Kosmos, als dieser nur 500 000 Jahre alt war.

Diese Photonen, die die sogenannte »kosmische Hintergrundstrahlung« ausmachen, wurden 1965 tatsächlich von A. PENZIAS und R. WILSON entdeckt, die für diese weitreichende Bestätigung der Urknalltheorie den Nobelpreis erhielten. Die Hintergrunds-Photonen machen über 95 % aller Photonen im Universum aus. Der Nachweis ihrer von George GAMOW *vorausgesagten* Existenz war zunächst schwierig, da ihre ursprünglichen Wellenlängen (entsprechend einem Schwarzen Körper von 3 000 Grad) durch die Expansion des Universums seither um einen Faktor von rund 1 000 gestreckt wurden. Ihre Wellenlängen liegen daher heute im mm-Bereich, was sehr empfindliche, störungsfreie Radioteleskope voraussetzt. Heute ist die kosmische Hintergrundstrahlung vom Boden und von Satelliten aus in großem Detail erforscht und weitere, gewaltige Anstrengungen sind im Gang.

Die Faszination der kosmischen Hintergrundstrahlung ist, daß sie Nachricht darüber gibt, bis zu welchem Grad das Universum damals schon strukturiert beziehungsweise unstrukturiert war. Tatsächlich findet man, daß die damalige Temperatur von 3 000 Grad von einem Ort zu einem anderen, weit entfernten Ort um den Bruchteil eines Grades schwankte. Hand in Hand müssen damit auch kleinste Dichteschwankungen gegangen sein. Ihr Ursprung ist noch weitgehend ungeklärt. Man vermutet, daß sie aus Quantenfluktuationen entstanden, die durch eine überschnelle Expansionsphase, die sogenannte »Inflation«, auf kosmische Skalen aufgebläht wurden. Auf der anderen Seite sind die beobachteten Temperatur- und Dichteschwankungen erschreckend klein, wenn man versucht, aus ihnen die heutigen großen Strukturen, im Wesentlichen also die Galaxien, innert nützlicher Frist zu entwickeln.

Das Problem ist folgendes: Als das Universum durchsichtig wurde, war es noch nahezu homogen. Es lagen nur die ganz geringfügigen Dichteschwankungen als Samen für eine weitere Strukturbildung vor. Nur 1–3 Milliarden Jahre später muß sich die Materie bereits zu riesigen Klumpen, eben den Galaxien mit ihren Hunderten von Milliarden Sternen, zusammengeballt haben. Dies ergibt sich einerseits aus dem Alter unserer Milchstraße (Galaxie), die recht zuverlässig auf 11–13 Milliarden Jahre datiert ist, und andererseits aus der Beobachtung extrem entfernter Galaxien, deren Licht mindestens 10 Milliarden Jahre unterwegs war.

Die Schnelligkeit, mit der sich die große Strukturbildung (Abb. 2) vollzog, kann nur erklärt werden, wenn man postuliert, daß mindestens 50% aller Materie im Kosmos »exotisch« ist. Das heißt, daß es neben der »baryonischen« Materie (Protonen und Neutronen) noch eine wichtige »dunkle« Komponente gibt, also Teilchen, die sich bisher jedem Nachweis entzogen, die aber der Strukturbildung förderlich sind. Die Theoretiker haben einen ganzen Zoo von möglichen Teilchen entworfen, aber eine wirkliche Identifizierung der dunklen Materie steht noch aus. Es ist ein sonderbarer Gedanke, daß mindestens die Hälfte aller Materie, die uns umgibt, bisher noch nie nachgewiesen werden konnte.

Die Evolution des Universums geht aber weit über die Galaxienformation hinaus. Am Anfang gab es ja nur Wasserstoff- und Helium-Gas, – ein chemisch gesprochen höchst langweiliges Gemisch. Erst im Inneren der in den Galaxien *laufend* entstehenden Sterne wurden die beiden leichtesten Elemente durch Kernfusion zu schwereren Elementen umgewandelt. Die dabei frei werdende Energie hat im Fall der Sonne eine entscheidende Rolle bei der biologischen Entwicklung der Erde gespielt. Aber zunächst war wichtig, daß die in den Sternen gebildeten Elemente verteilt wurden. Tatsächlich werfen die massereicheren Sterne, wenn sie »ausgebrannt« sind, einen Teil ihrer Masse ab. So kommen die schwereren Elemente in das interstellare Gas, und wenn dieses sich zu nachfolgenden Sternen kondensiert, werden die »Schlacken« früherer Sterngenerationen mit eingebaut. Auf diese Weise erklärt sich das Vorhandensein aller chemischen Elemente bis zur Eisengruppe. Die noch schwereren Elemente bis zum Uran konnten nur in Supernovae, dem explosiven Tod alter Sterne, entstehen. Daß dieser Prozeß der chemischen Anreicherung vor 4,6 Milliarden Jahren, als die Sonne und mit ihr das Planetensystem entstand, schon weit gediehen war, zeigt die Tatsache, daß auf der Erde alle 92 Elemente vorkommen. Die chemische *Evolution* wird besonders deutlich, wenn man bedenkt, daß die schwersten Elemente, wie Uran und Thorium, radioaktiv sind und ständig zerfallen. Sie müssen also aus einer Supernova stammen, die nicht allzu lang vor der Entstehung des Sonnensystems ihren chemischen Beitrag lieferte.

Die Evolution hat immer höhere Komplexitäten hervorgebracht, bis hin zu den Eiweißmolekülen. Die damit verbundene Entropieverletzung läßt sich noch damit entschuldigen, daß das Universum nur an räumlich eng begrenzten, »unerheblichen« Orten komplex ist. Aber das kosmische Streben an sich nach immer höheren Komplexitäten ist eines der fundamentalsten Rätsel.

Abb. 2 Die Spiralgalaxie NGC1232 als großartiges Beispiel für die Strukturbildung. Unsere Milchstraße ist eine verkleinerte Version dieser Riesenspirale. Aufnahme mit dem *Very Large Telescope* der Europäischen Südsternwarte.

4. Supernovae als Schlüssel zur Kosmologie

Der Traum der Kosmologen sind Himmelsobjekte, die, wo immer sie auftreten, die gleiche Leuchtkraft haben. In dem Fall ist die direkt beobachtbare scheinbare Helligkeit dieser »Einheitskerzen« ein relatives Maß für ihre Entfernung. Für manche kosmologischen Fragen sind die resultierenden relativen Entfernungen ausreichend. Wenn man aber überdies die Leuchtkraft von ein paar nahen Einheitskerzen mit unabhängigen Methoden bestimmen kann, kennt man die Leuchtkraft *aller* Vertreter der Klasse und damit auch ihre *absoluten* Entfernungen. Das ist für die Vermessung des Raums von unschätzbarem Wert, und zwar um so mehr je größer ihre Reichweite ist.

Hier sind Supernovae vom Typ Ia wie ein Geschenk des Himmels. Während ihres Ausbruchs erreichen sie die Helligkeit von 10 Milliarden Sonnen und können daher bis zu Rotverschiebungen von $z = 1$ photometriert werden. Ihre im Lichtmaximum erreichte Leuchtkraft variiert um weniger als 10 %. Sie erfüllen damit die kühnsten Hoffnungen der Kosmologen.

Die weitgehende Einheitlichkeit von Supernovae Ia hat einen physikalischen Grund. Sie entstehen bei der Explosion eines Weißen Zwergs. Weiße Zwerge sind ausgebrannte, außerordentlich dichte Sterne, die nur noch schwach leuchten, weil sie beim Erkalten ihren Wärmeinhalt abstrahlen. Im Jahr 1939 zeigte S. CHANDRASEKHAR, daß Weiße Zwerge oberhalb einer Masse von 1,44 Sonnenmassen nicht existieren können. Für diese Entdeckung erhielt er 1983 den Nobelpreis. Sterne, die nach dem Ausbrennen mehr Masse als 1,44 Sonnenmassen haben, explodieren als Supernovae vom Typ II, die sich als Einheitskerzen nicht eignen. Bei den Weißen Zwergen aber sorgt die Natur für ein seltsames, zusätzliches Phänomen: Viele von ihnen haben einen Begleitstern, der weniger Masse als dieser hat und sich deshalb langsam entwickelt. Schließlich wird auch er gegen das Ende seiner Entwicklung sich zum Roten Riesen aufblähen, und dann sind seine äußeren Schichten so locker gebunden, daß der benachbarte Weiße Zwerg ihm Masse absaugt. Der Weiße Zwerg gewinnt so Masse und wird über die Chandrasekhar-Grenze getrieben. Er explodiert als Supernova Ia und wird dabei völlig zerstört. Dieses Szenario erklärt, warum immer beim Ausbruch einer Supernova Ia eine nahezu konstante Energiemenge freigesetzt wird und ihre Maximalhelligkeiten so einheitlich sind.

Eine erste Anwendung der Supernovae Ia als Einheitskerzen ist in der Abbildung 3 dargestellt. Sie repräsentiert das sogenannte Hubble-Diagramm, das für den Nachweis der universellen Expansion ausschlaggebend ist. Statt die Fluchtgeschwindigkeiten gegen die (unbekannten) absoluten Entfernungen aufzutragen, trägt man in ihm den Logarithmus der Fluchtgeschwindigkeit $\log v$ gegen die scheinbare, direkt beobachtbare Helligkeit m der Einheitskerzen (als ein Maß für ihre *relative* Entfernung) auf. Es läßt sich leicht zeigen, daß in diesem Diagramm *lineare* Expansion sich in einer Geraden mit der *Steigung 0,2* abbildet.

Die kleine Streuung der Punkte um die Gerade mit der Steigung 0,2 zeigt eindrücklich, wie gut Supernovae Ia Einheitskerzen approximieren. Hätten sie ganz unterschiedliche Leuchtkräfte, so wären bei gegebener Fluchtgeschwindigkeit (d. h. Entfernung) auch ihre scheinbaren Helligkeiten ganz unterschiedlich. Man erhielte ein Streudiagramm. Es ist überdies augenfällig, daß die näheren Supernovae größere Streuung aufweisen als die entfernteren. Das kann nur bedeuten, daß sich den kosmischen Fluchtgeschwindigkeiten pekuliäre, lokale Bewegungen von etwa 500 km s^{-1} überlagern. Diese Pekuliärbewegungen entstehen durch die gravitative Störung von benachbarten Galaxien und Galaxienhaufen. In einem logarithmischen Diagramm

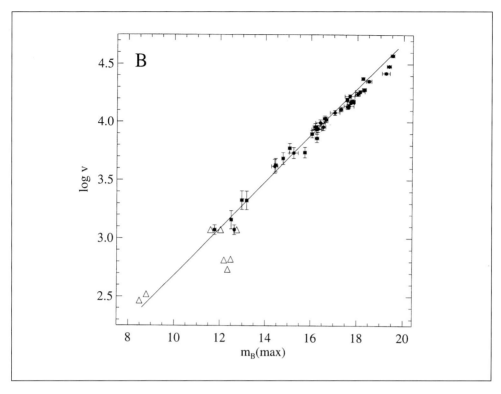

Abb. 3   Das Hubble-Diagramm (Logarithmus Fluchtgeschwindigkeit v gegen die scheinbare Helligkeit im blauen (B) Licht während des Helligkeitsmaximums) von 36 gut beobachteten Supernovae vom Typ I a mit Fluchtgeschwindigkeiten von 1 000 bis 30 000 km s^{-1}, dazu acht nahe Supernovae I a (Dreiecke). Die Gerade hat die Steigung 0,2, was *linearer* Hubble-Expansion entspricht; sie ist an die Supernovae mit 1000 < v < 10 000 km s^{-1} angepaßt. Die weiter entfernten Supernovae liegen systematisch unter der Geraden; offenbar ist die Expansionsrate jenseits von 10 000 km s^{-1} um ca. 7 % kleiner. Man beachte auch, daß die Streuung der Punkte mit der Entfernung abnimmt. Ein Teil derselben ist daher Pekuliärgechwindigkeiten von etwa 500 km s^{-1} zuzuschreiben, die sich bei großen Fluchtgeschwindigkeiten prozentual nicht mehr auswirken.

wirken sich die Pekuliärbewegungen jenseits von 10 000 km s^{-1} kaum mehr aus. Dies erklärt die mit der Entfernung abnehmende Streuung.

Von noch fundamentalerer Bedeutung als der Nachweis der Pekuliärbewegungen ist die Tatsache, daß die Supernovae in der Abbildung 3 der Geraden mit der Steigung 0,2 gut zu folgen scheinen. Die Gültigkeit des Hubble-Gesetzes ist damit besser dokumentiert, als HUBBLE je erhoffen konnte. Bei näherer Inspektion sieht man allerdings, daß die näheren und entfernteren Supernovae relativ zur Geraden versetzt sind: Die entfernteren liegen systematisch unter der Geraden, ihre Fluchtgeschwindigkeiten sind daher etwas zu klein, und die kosmische Expansion ist draußen etwas langsamer als innerhalb von 10 000 km s^{-1}. Dies ist erstmals ein Hinweis darauf, daß unser »lokales« Universum eine um etwa 7 % größere Expansionsrate (Hubble-Konstante, siehe unten) aufweist als das wirklich großräumige Universum jenseits von 10 000 km s^{-1}.

Die überdurchschnittliche lokale Expansionsrate kann erklärt werden, indem man annimmt, daß die Milchstraße in einem Volumen unterdurchschnittlicher Dichte liegt, das bis zu Entfernungen von rund 150 Mpc (1 Megaparsec = 3,26 Millionen Lichtjahre) reicht. Dieses Resultat ist interessant, weil man weiß, daß die Materieverteilung auf »kleinen« Skalen wegen der Existenz von Galaxien, Galaxiengruppen und Galaxienhaufen anisotrop ist, während das Universum im Großen sicher isotrop ist (kosmische Hintergrundstrahlung!). Offenbar liegt der Übergang isotrop/anisotrop also bei Zellengrößen von ~ 150 Mpc.

Die Zahl der Supernovae in der Abbildung 3 ist beschränkt. Dies ist eine Folge der Seltenheit von Typ I a-Supernovae. In unserer Milchstrasse explodiert nur etwa alle 300 Jahre eine. So ist jede einzelne Supernova, die in irgendeiner Galaxie entdeckt und anschließend auch gut beobachtet wurde, ein Glücksfall. Die kommenden Jahre werden wegen der wachsenden Bedeutung der Supernovae I a und dank des Einsatzes von automatischen Suchroutinen ein starkes Anschwellen ihrer Zahlen sehen.

5. Die Hubble-Konstante

Um die kosmische Expansionsrate zu quantifizieren, definiert man die sogenannte Hubble-Konstante H_0:

$$H_0 = \frac{\text{Fluchtgeschwindigkeit (km s}^{-1}\text{)}}{\text{Entfernung einer Galaxie (in Mpc)}}$$

Der Wert von H_0 ist wegen der Proportionalität von Entfernung und Fluchtgeschwindigkeit für alle Galaxien – bis auf ihre Pekuliärgeschwindigkeiten – derselbe. Der Index 0 soll den *heutigen* Wert von H bezeichnen, denn die »Konstante« nimmt mit der Zeit in dem Maß ab, in dem die Abstände wachsen! Es ist also kontraproduktiv, H_0 bei sehr großen Entfernungen bestimmen zu wollen, weil weit draußen nur der »damalige« Wert von H gefunden werden kann. Andererseits ist der Einfluß der Pekuliärgeschwindigkeiten bei zu kleinen Fluchtgeschwindigkeiten höchst störend. Als Kompromiß bietet sich für die Bestimmung von H_0 ein Fluchtgeschwindigkeitsintervall von $10\,000 - 30\,000$ km s^{-1} an.

Die Schwierigkeit ist nun, bei den entsprechenden Entfernungen gute Distanzen zu bestimmen. Hier springen die Supernovae I a als einzigartige Chance ein. Würde man »nur« ihre *wahre* Leuchtkraft kennen, so würden diese und die gemessene *scheinbare* Helligkeit unmittelbar die absolute Entfernung der 36 Supernovae in Abbildung 3 und damit einen 36fach bestimmten Wert von H_0 liefern!

Dank des *Hubble-Space-Telescope* (Abb. 4) konnten in den letzten Jahren die Entfernungen zu *acht* nahen Supernovae I a und damit deren wahre Leuchtkraft mit großer Zuverlässigkeit bestimmt werden. Als Entfernungsindikatoren wurden dabei Cepheiden-Sterne verwendet. Dies sind helle Sterne, die periodisch heller und dunkler werden. Ihre Periodenlänge ist eine Funktion ihrer Masse, und die Masse wiederum eine Funktion ihrer Leuchtkraft. Daraus folgt die berühmte Perioden-Leuchtkraft-Beziehung der Cepheiden, die heute bis auf etwa 5 % geeicht ist. Die Cepheiden sind die besten Entfernungsindikatoren, die die Astronomen überhaupt kennen. Aber da sie selbst mit dem *Hubble-Space-Telescope* nur bis ~ 1000 km s^{-1} reichen, können sie für eine gute Bestimmung von H_0 nicht genügen.

Hingegen bestimmen die acht mit Hilfe der Cepheiden geeichten Supernovae einen sehr robusten Mittelwert der Leuchtkraft während ihrer maximalen Helligkeit. Die Astronomen drücken die Leuchtkraft in *absoluten* Größenklassen aus; in diesem Maßsystem ergibt sich

$$M_B(\max) = -19{,}55 \pm 0{,}06 \text{ mag.}$$

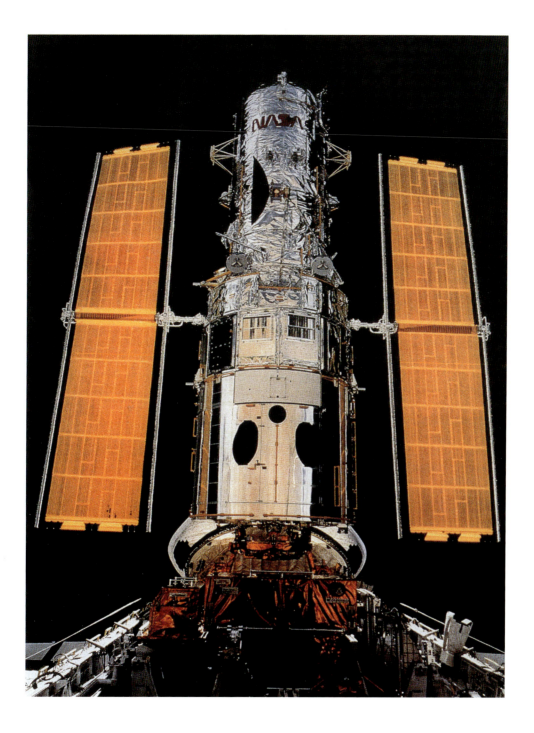

Abb. 4 Das *Hubble-Space-Telescope*, hier angedockt an einen *Space Shuttle* während einer Reparatur-Mission. Das Teleskop – oberhalb der Erdatmosphäre – liefert außerordentlich scharfe Bilder. Dieser Umstand ist bei der Bestimmung der fundametalen Cepheiden-Distanzen von acht nahen Galaxien, die Supernovae I a hervorgebracht haben, entscheidend gewesen. Das Teleskop ist auch verwendet worden zur Photometrie der entferntesten Supernovae.

(Der Index B zeigt an, daß die Helligkeit durch ein standardisiertes Blau-Filter gemessen wurde.) Dies entspricht der 10,3milliardenfachen Sonnenleuchtkraft! Der Wert steht in ermutigender Übereinstimmung mit derzeitigen theoretischen Modellen, aus denen man durch Anpassung der beobachteten Lichtkurven und Spektren die Leuchtkraft rein physikalisch ableitet.

Überträgt man die achtfach geeichte Supernova-Leuchtkraft auf die 36 Supernovae Ia in der Abbildung 3 und berücksichtigt ihre scheinbaren Helligkeiten, so ergeben sich die Entfernungen von jedem einzelnen Objekt. Da deren Fluchtgeschwindigkeiten ohnehin gemessen wurden, gewinnt man so 36 Werte für H_0, und als Mittelwert

$$H_0 = 60 \pm 5 \text{ km s}^{-1} \text{ Mpc}^{-1}.$$

Dieses Resultat berücksichtigt Supernovae Ia bis zu Fluchtgeschwindigkeiten von 30 000 km s^{-1}; es entspricht daher dem *großräumigen*, kosmischen Wert von H_0. Damit kommt eine über 20jährige Debatte zum Abschluß, während der Werte von 50–100 für H_0 vorgeschlagen wurden. Selbst im Jahre 1999 wurde noch ein Wert von $H_0 = 70$ propagiert. Aber es kann kein Zweifel bestehen, daß die neue Methode *via* Supernovae allen anderen bei weitem überlegen ist. Allein punkto Reichweite sind die Supernovae Ia konkurrenzlos. Die kommenden Jahre müssen nun noch den angegebenen Fehlerbereich von $\pm 10\%$ einengen.

In Zukunft wird die hier beschriebene Bestimmung von H_0 bedeutsame Unterstützung von rein physikalischen Entfernungsbestimmungsmethoden erfahren. Ihre Beschreibung würde hier zu weit führen. Stichwortartig handelt es sich um Gravitationslinsenbilder von variablen Quasars und das heiße, Röntgenstrahlen emittierende Gas in Galaxienhaufen (Sunyaev-Zeldovich-Effekt). Auch in den Fluktuationen der kosmischen Hintergrundstrahlung liegt ein Schlüssel zu H_0.

6. Das Weltalter in erster Approximation

Nehmen wir an, der Raum habe sich mit konstanter Geschwindigkeit ausgedehnt. Dann kann man höchst einfach die Reisezeit bestimmen, seit irgendeine Galaxie »hier« gestartet ist. Das »Hier« zeichnet uns in keiner Weise aus, sondern bedeutet lediglich, daß einst alle Galaxien an einem Ort vereint waren. So ergibt sich für das Weltalter T

$$T = \frac{\text{Entfernung einer Galaxie (in Mpc)}}{\text{Reisegeschwindigkeit (km s}^{-1})}$$

aber das ist nichts anderes als $1/H_0$!

Man beachte, daß H_0 die Dimension (Zeit)$^{-1}$ hat. $1/H_0$ ist daher eine Zeit. Um diese zu berechnen, muß man die Mpc nur in km (1 Mpc = $3,09 \times 10^{19}$ km) und die Sekunden in Jahre verwandeln (1 Jahr = $31,6 \times 10^6$ s). Man erhält 16,3 Milliarden Jahre (Gigajahre).

Hiermit hat man das Weltalter aber zunächst *überschätzt*, denn die Annahme konstanter Expansionsgeschwindigkeit ist unrealistisch. Das Universum enthält ja Materie und diese bewirkt durch ihre Eigengravitation eine Abbremsung. Das Universum muß früher schneller expandiert haben, und das wahre Weltalter ist geringer als das eben bestimmte. Die exakte Korrektur hängt davon ab, wie groß die mittlere Materie-Dichte im Universum ist.

Für die weitere Diskussion führt man den Dichteparameter Ω ein. $\Omega = 1$ bedeutet, daß die mittlere Dichte gerade »kritisch« ist, das heißt daß ihre gravitative Wirkung auf die Dauer gerade genügt, die Expansion zu balancieren. In dem Fall wird das Universum immer langsamer expandieren und in unendlicher Zukunft zum Stillstand kommen. Ist $\Omega < 1$ wird das Universum ewig expandieren; ist $\Omega > 1$ gewinnt die Gravitation. Die Expansion wird dann umkehren, und das Universum wird im »Big Crunch« wieder in sich zusammenfallen.

Jeder positive Wert von Ω bewirkt, daß das Weltalter jünger als 16,3 Gigajahre ist. Wäre die Dichte gerade kritisch, also $\Omega = 1$, dann wäre das korrigierte Alter nur gerade $2/3 \times 1/H_0 = 10,9$ Gigajahre. Dieser Wert ist problematisch, weil die recht gut datierbaren Kugelsternhaufen in unserer Milchstraße schon Alter von 11–13 Gigajahren haben!

Im Folgenden soll daher kurz besprochen werden, was man heute über die mittlere Materiedichte weiß.

7. Der Dichteparameter Ω

Der eleganteste Weg, Ω zu bestimmen, wäre das Hubble-Diagramm von Einheitskerzen (vgl. Abb. 3) bis zu großen Rotverschiebungen von $z > 0,4$ zu erstrecken. Die »Rückblickzeit« beträgt für diese Objekte viele Gigajahre, so daß man heute ihre *damalige* Expansionsrate beobachten kann. Ist diese größer als heute, liegt Abbremsung vor. Hieraus die entsprechende Materiedichte zu berechnen, ist nur noch ein kleiner Schritt. Leider vermischt sich diese Bestimmung von Ω mit den Effekten der kosmologischen Konstante Λ, die im nächsten Kapitel besprochen wird.

Stattdessen bestimmt man die Massen einzelner Objekte und summiert diese mit recht involvierten Methoden auf. Zum Beispiel kann man die Massen von Spiralgalaxien aus ihrem Rotationsverhalten bestimmen. Galaxienhaufen verraten ihre Masse, weil sie das in ihnen enthaltene Röntgen-Gas gravitativ binden können müssen. Auch Effekte von Gravitationslinsen werden zur Massenbestimmung herangezogen. Neuerdings versucht man auch die Rotverschiebung zu bestimmen, bei der erstmals große Galaxienhaufen auftreten, denn die Geschichte der Strukturbildung ist eine Funktion von Ω. Dazu kommt eine wachsende Zahl von statistischen Methoden.

Alle diese Bemühungen geben einen Wert von etwa $\Omega = 0,3$. Das heißt, das Universum ist »offen« und wird ewig expandieren. Da die Abbremsung der Expansion entsprechend klein ist, muß das oben bestimmte Weltalter nur wenig, nämlich auf $T = 13,5$ Gigajahre, korrigiert werden.

Der Wert von $\Omega = 0,3$ impliziert eine Baryonen-»Katastrophe«, denn die Baryonen tragen nur $\Omega_B = 0,06 - 0,08$ zur mittleren Materiedichte bei. Rund 75 % der Materie muß demnach nicht-baryonisch, exotisch sein! Die Kenntnis der Baryonen-Dichte verdanken wir dem Deuterium ^2D und Lithium ^7Li, die nur zusammen mit dem Helium während der primordialen Nukleosynthese 100 s nach dem Urknall entstanden sein können. Die Ausbeute dieser Isotope, die heute im interstellaren Gas und in alten Sternen beobachtet werden kann, hängt praktisch nur von der *Baryonen*-Dichte ab.

Erst vor wenigen Jahren haben die Beobachter den Mut gefunden, deutlich auszusprechen, daß sie einen kritischen Wert von $\Omega = 1$ nicht finden können. Bis dahin standen sie unter dem Diktat der Theoretiker, die $\Omega = 1$ postulierten, um die »Schönheit« der Inflations-Theorie aufrecht zu erhalten. Nach dieser Theorie, die gleich mehrere Probleme der Kosmologie lösen kann, hat sich das ganz junge Universum im Alter von 10^{-36} bis 10^{-34} s um einen Faktor 10^{43} ausgedehnt! Die Inflationsphase kommt bei $\Omega = 1$ zu einem natürlichen Stillstand, um dann in die lineare Hubble-Expansion überzugehen.

Die Theoretiker könnten durch einen positiven Wert der kosmologischen Konstante Λ getröstet werden, denn sie entspricht einer Energiedichte im Universum, die in eine entsprechende Materiedichte Ω_Λ umgerechnet werden kann. Und alles, was die Inflation verlangt, ist $\Omega_M + \Omega_\Lambda = 1$, wo Ω_M alle baryonische und exotische Materie berücksichtigt. Wenn also etwa $\Omega_\Lambda = 0{,}7$ wäre, so herrschte wieder Friede unter den Beobachtern und den »Inflationisten«.

8. Die kosmologische Konstante Λ

Nach der Quantenphysik kann das vorexistierende Vakuum von Skalarfeldern, einer sonderbaren Form von Masse, erfüllt sein. Danach enthält das Vakuum einen negativen Druck und eine enorme Energiedichte. Nach dem Urknall tritt diese Energiedichte als eine entsprechend große kosmologische Konstante Λ auf, die die Inflation treibt. Während der Inflation verwandelt sich die Λ-Energie in Materieteilchen, die Urväter unserer heutigen Materie. Die Entstehung von Materie aus scheinbar Nichts ist als die »freie Mahlzeit« (*free meal*) bekannt geworden. Der einfachste Gedanke ist, daß Λ sich am Ende der Inflation vollständig in Materie verwandelt hat. Aber wenn die Inflation aus irgendeinem Grund vorher anhielt, könnte ein Rest-Λ überlebt haben.

Zu Anfang des Jahres 1998 ging eine Meldung weltweit durch die Presse, daß ein positiver Wert der kosmologischen Konstante Λ nachgewiesen worden sei.

Was war geschehen? Zwei Astronomengruppen in Berkeley und Harvard hatten mit großem Aufwand das Hubble-Diagramm der Supernovae Ia bis zu Rotverschiebungen von $z = 1$ erweitert (Abb. 5). Raffinierte Suchmethoden für ganz schwache Supernovae und aufwendige Photometrie und Spektroskopie mit dem *Hubble-Space-Telescope* und dem 10 m-Keck-Teleskop auf Hawaii waren vorausgegangen. Und das Ergebnis war, daß die sehr entfernten Supernovae, die die Expansion vor vielen Gigajahren widerspiegeln, sich zu *langsam* von uns entfernen. Die Expansion ist also seither *beschleunigt* worden, und das kann nur ein Effekt von Λ sein!

Was heißt hier »zu langsam«? Die Daten der entfernten Supernovae ließen sich (knapp) auch mit $\Omega_M = 0$, $\Omega_\Lambda = 0$ erklären. Aber wir wissen, daß das Universum nicht leer ist, und daß die Materiedichte etwa $\Omega_M = 0{,}3$ entspricht und notwendigerweise eine Abbremsung zur Folge hat. Entsprechend größer muß Λ sein, um die Abbremsung überkompensieren zu können.

Nimmt man $\Omega_M = 0{,}3$ an, so geben die Supernovae bei großen Rotverschiebungen tatsächlich $\Omega_\Lambda = 0{,}7$! Mit diesen Werten von Ω_M und Ω_Λ ergibt sich ein flaches (Euklidsches), ewig expandierendes Universum mit einem heutigen Alter von $T = 14-15$ Gigajahre, denn das Λ-beschleunigte Universum, das ja anfänglich langsamer expandierte als heute, ist naturgemäß etwas älter als das nur durch Ω_M abgebremste. Dies eröffnet nicht nur einen sehr befriedigenden Zeitrahmen für das Alter der Kugelsternhaufen, sondern ist genau, was die Inflationisten sich wünschen. Allerdings bleibt ein tiefes Rätsel: Während der Inflation war Λ unvorstellbar groß, heute ist es 120 Zehnerpotenzen kleiner. Warum hat sich Λ bei der Materiebildung nicht vollständig aufgezehrt? *Warum* ist ein kläglicher Rest übriggeblieben? Das riecht nach Feinabstimmung, was in der Theorie verpönt ist.

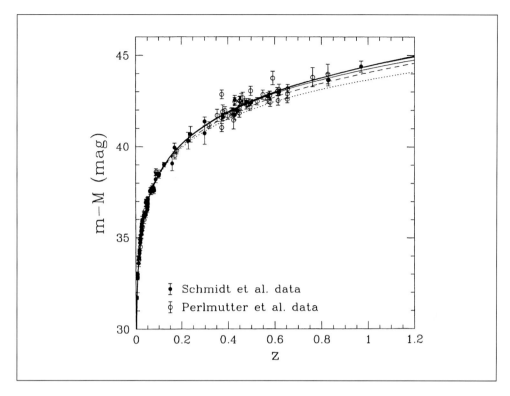

Abb. 5 Das Hubble-Diagramm der Supernovae I a einschließlich der entferntesten mit $z \approx 1$, hier in etwas geänderter Darstellung: der numerische Wert der Rotverschiebung z ist in der x-Achse; die scheinbare Helligkeit m in der y-Achse erhält man, wenn man $M = -19,5$ von den angegebenen Zahlenwerten subtrahiert. Die Daten der zwei Forschergruppen in Berkeley und Harvard sind hier kombiniert, ohne daß sich systematische Unterschiede ergäben. Die eingezeichneten Kurven sind für verschiedene Wertepaare von Ω_M und Ω_Λ berechnet worden. Die best passende, fette Linie entspricht $\Omega_M = 0,3$ und $\Omega_\Lambda = 0,7$. (Nach Y. Wang.)

Innerhalb eines Jahres ist der Nachweis von Λ weiterum akzeptiert worden. Die Beobachter tun sich schwer, sich mit ihren verbleibenden Zweifeln Gehör zu verschaffen. Sind die sehr entfernten Supernovae wirklich Zwillinge ihrer nahen Gegenstücke? Waren sie damals und heute wirklich gleich leuchtkräftig? Oder ist ihre Helligkeit etwa durch intergalaktische Absorption oder durch Gravitationslinseneffekte verfälscht? Manches ist noch abzuklären. Es bestehen bereits Pläne, ein neues, reduziertes *Hubble-Space-Telescope* zu lancieren, dessen einzige Aufgabe es wäre, 2 000 nahe und extrem entfernte Supernovae I a zu beobachten. Das nächste Jahrzehnt wird wohl damit beschäftigt sein, die heutigen Resultate von Λ abzusichern. Hierbei erhofft man sich auch viel von der kosmischen Hintergrundstrahlung, deren Fluktuationsspektrum nicht nur H_0 liefern soll, sondern auch unabhängige Werte von Ω_M und Λ!

Prof. Dr. Gustav A. Tammann
Astronomisches Institut
Venusstraße 7
CH-4102 Binningen
Schweiz
Tel.: 00 41–61 2 05 54 54
Fax: 00 41–61 2 05 54 55

Nova Acta Leopoldina NF *81*, Nr. 314, 207–228 (1999)

Vier Milliarden Jahre irdisches Leben
Eine Paläontologie der Arten

Von Fritz F. Steininger (Frankfurt am Main)

Mit 17 Abbildungen

Zusammenfassung

Die Paläontologie ist die einzige biologische Wissenschaftsdisziplin, die über die historischen Beweise zur Entstehung, Stammesgeschichte und Evolution der Organismen verfügt, und es ist daraus berechtigt, daß wir uns die Frage stellen: Können Paläontologen – mit ihrem Überblick über mehrere Milliarden Jahre des irdischen Lebens – Grundsätzliches beitragen zu den Fragen des Alterns und der Lebenszeit der Arten und dem Fortbestand des organismischen Lebens auf dem Planeten Erde.

Für alle Fragestellungen und Erkenntnisse am fossilen Material ist von einigen grundsätzlichen Voraussetzungen auszugehen: wenn hier von systematischen Einheiten wie Arten oder Gattungen gesprochen wird, dann bezieht sich das bislang einzig anwendbare Konzept zur Beschreibung von solchen systematischen Einheiten auf die morphologischen Merkmale der fossil erhaltenen organismischen Reste; wenn hier ferner die Zeit in die Diskussion geworfen wird, dann müssen wir uns bewußt sein, daß die Zeitskalierung in der Erdgeschichte ein durchschnittliches Auflösungsvermögen von 200 000 bis 500 000 Jahren hat; wohl können wir in einzelnen Zeitabschnitten (Neogen) eine Auflösung bis zu 40 000–42 000 Jahren (astronomische Zeitskalen) und bei einzelnen Organismen eine Zeitauflösung von Tagen, Monaten oder Jahren erreichen (Sklero- und Dendrochronologie), und letztendlich ist immer noch der »Uniformitariarismus«, das Aktualitätsprinzip von James HUTTON, eines unserer Grundwerkzeuge für die Erschließung und das Verständnis der Geobiosphäre.

Unter diesen Voraussetzungen sollen nun an ausgewählten Beispielen einige Fragen zum Problem »Altern und Lebenszeit« aus erdgeschichtlicher Sicht betrachtet werden: Welche Merkmale können wir erdgeschichtlich in der Geobiosphäre erfassen, um den Beginn des organismischen Lebens zu erkennen, und ab wann können wir mit diesen Merkmalen lebende Systeme in der Erdgeschichte verfolgen – eine wesentliche Frage auch zu der gegenwärtig wieder heftig diskutierten Frage zur Herkunft des irdischen Lebens.

Beispiele aus unterschiedlichen Organismengruppen (Protozoa, Pflanzen, Evertebraten und Vertebraten) sollen uns im Fossilbefund aufzeigen, wie und in welchen Zeitdimensionen Arten entstehen können und wie die zeitliche Lebensdauer von Arten/Gattungen bei diesen unterschiedlichen Organisationsformen ist. Damit können wir der Frage näherkommen: Gibt es die Möglichkeit, eine allgemeine Aussage zur zeitlichen Lebensspanne von Arten/Gattungen zu machen? Ist es möglich, aus dem Fossilbefund Ursachen der Art-Entstehung zu erkennen, ebenso wie die Ursachen des Aussterbens? Hintergrundaussterben (das »Altern« der Arten) *versus* durch Katastrophen bedingtes Aussterben soll hier hinterfragt werden und welche Zeitdimensionen hier zum Tragen kommen.

Abstract

Paleontology, a historical biological science, is the only science in this field, which can build its theories on evolution, ageing, and lifetime of organisms through time on facts: the fossil record. The presence of life over 3,5 billions of years and the modern methodologies on time resolution provide the opportunity to explore the evolution of the main taxonomic categories and single taxa, the rise and fall of biodiversity and ecosystems in time and space. Case studies in earth history, as provided here for taxonomic units, biodiversity and ecosystems have further the advantage that they provide informations without any influence or artifacts of human activities and it is possible to relate the changes to natural processes.

Einleitung

Die Paläontologie ist die einzige biologische Wissenschaftsdisziplin, die über die historischen Beweise zur Entstehung, Stammesgeschichte und Evolution der Lebensräume der Organismen verfügt und dadurch wesentliche Aussagen zur Paläobiologie und Geobiologie (siehe unten) und damit zum Antrieb des Systems Erde beitragen kann. Es ist daher auch berechtigt, daß wir uns im Rahmen dieses Symposiums fragen, ob Paläontologen – mit ihrem Überblick über mehrere Milliarden Jahre der Evolution des irdischen Lebens – Grundsätzliches zu den Fragen des Alterns und der Lebenszeiten der Arten, der Evolution und dem Fortbestand des organismischen Lebens auf dem Planeten Erde beitragen können.

Paläobiologie und Geobiologie – ein Forschungsansatz zur Evolution der Organismen und des Antriebes des Systems Erde

Die aktuellen Probleme unseres Planeten betreffen die Biosphäre, den Fortbestand des Lebens und die komplexen Wechselwirkungen der Biosphäre mit der Atmosphäre, dem Ozean und der Lithosphäre. Die geowissenschaftlich orientierte Erforschung der Biosphäre sollte deshalb ein zentrales Anliegen der Gesellschaft im 21. Jahrhundert sein.

Die Entwicklung und der Fortbestand des Lebens ist das Kennzeichen des Planeten Erde, vor allen anderen bekannten Planeten. Die besondere Bedeutung der Biosphäre ergibt sich in zweifacher Hinsicht. So ist der Mensch selbst Bestandteil der Biosphäre

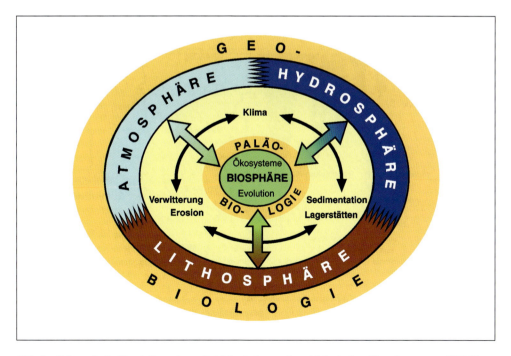

Abb. 1   Schematische Darstellung der paläobiologischen und geobiologischen Vernetzungen und Rückkoppelungen im System Erde

und lebt von ihr. Zusätzlich rückte im Verlauf des letzten Jahrzehnts das Verständnis der Biosphäre als der entscheidenden Schaltstelle bei der globalen Steuerung des Planeten und nahezu aller oberflächennahen Prozesse und Stoffkreisläufe in den Mittelpunkt unseres Verständnisses (Abb. 1). Die frühe Biosphäre z. B. bewirkte einerseits die dynamischen Veränderungen im System Erde und stellte auf diese Weise unsere heutigen Lebensgrundlagen bereit, wie durch die Bildung von freiem Sauerstoff seit etwa 2,6 Milliarden Jahren (siehe dazu Abb. 2). Andererseits wirkte die Biosphäre als Stabilitätsfaktor über rund 4 Milliarden Jahre hinweg und ermöglichte den Verbleib der Erde im »vitalen Fenster« unseres Sonnensystems. Auch unsere Nachbarplaneten Mars und Venus waren zeitweise im »vitalen Fenster«, konnten sich dort aber nicht dauerhaft behaupten (Abb. 3).

Durch die verschiedenen Aktivitäten des Menschen wurde die Biosphäre inzwischen extrem verändert. Es existieren heute nirgendwo auf der Welt noch wirklich naturbelassene Verhältnisse. Überall, selbst in den entferntesten Lebensräumen, sind »Spuren« des Menschen in Form von veränderten physikalischen, chemischen oder biologischen Rahmenbedingungen nachweisbar. Die Bedeutung der anthropogenen Veränderungen kann nur aus der Kenntnis der natürlichen Variationen, d. h. durch die Untersuchung nicht vom Menschen beeinflußter Ökosysteme, abgeleitet werden. Diese Situation ist nur noch fossil im Rahmen der Geschichte des Planeten anzutreffen.

Gegenwärtig besitzen wir kaum präzises Wissen über die mittel- und langfristigen Konsequenzen dieser Veränderungen. Nach wie vor ist es unmöglich, die Folgen der Biodiversitätsreduktion, der Veränderung der Struktur und Verbreitung von Ökosyste-

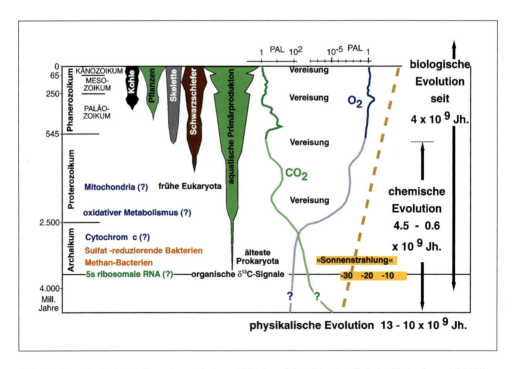

Abb. 2 Synoptische Darstellung der evolutiven Abläufe auf dem Planeten Erde im Verlauf von 4,5 Milliarden Jahren

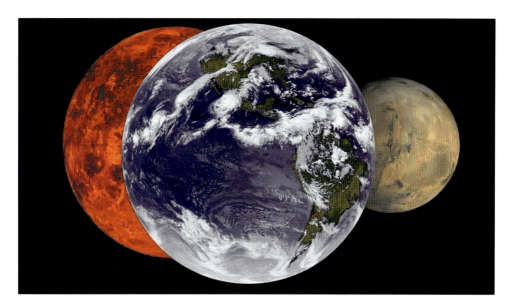

Abb. 3   Venus, Erde, Mars und das »vitale Fenster« der Erde

men oder des vielleicht auch anthropogen beeinflußten Treibhauseffektes quantitativ in Raum und Zeit vorherzusagen. Ein quantitatives Verständnis ist aber unerläßlich, weil gerade in komplexen natürlichen Systemen Ursache und Wirkung in der Regel nichtlinear verknüpft sind. Es zeigt sich, daß wir die Koppelungsprozesse der Organismen mit den übrigen Komponenten des Systems Erde nur ungenügend verstehen. Dabei sind insbesondere die mittel- und langfristigen Prozesse schlecht untersucht. Sie laufen auf Zeitskalen von 10 bis 1 000 Jahren auf der Organismusebene, bzw. von 10 000 bis 1 000 000 Jahren auf der Evolutionsebene, ab und sind für viele Biosphärenprozesse typisch.

Angesichts der kontrovers geführten Diskussion über die anthropogenen Veränderungen, bzw. die natürliche Variation, muß der Rolle der Biosphäre und ihrer Geschichte in der Grundlagenforschung und in der Umweltsystemforschung mehr Aufmerksamkeit gewidmet werden. Ein solcher neuer Forschungsansatz muß dabei verstärkt geowissenschaftlich ausgerichtet werden. Diese geowissenschaftlich orientierte Erforschung der Biosphäre verfolgt dabei gleichermaßen paläobiologische und geobiologische Aspekte bzw. Prozesse.

Die **Paläobiologie** ist dabei Organismus-zentriert und untersucht einerseits die Entfaltung der Lebewesen und ihre Lebenszeit, andererseits die Entfaltung, Evolution und Stabilität der Lebensgemeinschaften sowie die Biodiversität unter einem Systemaspekt. So werden Grundlagen geschaffen, um die anthropogenen Eingriffe in ihrer Auswirkung für die Biosphäre selbst zu verstehen und zu bewerten.

Die **Geobiologie** analysiert dagegen die Wirkungen biologischer Prozesse auf die unterschiedlichen Komponenten des Systems Erde in allen Zeit- und Raumskalen. Sie ermöglicht daher ein ganzheitliches Verständnis der Prozeßabläufe unseres Planeten, einschließlich der anthropogenen Eingriffe. Beide zusammen bilden die heutige Paläontologie und damit auch einen integralen Bestandteil der Umweltforschung.

Paläobiologie und Geobiologie verfügen mit dieser Betrachtungsweise über ein Instrument, die Entwicklungsgeschichte des Lebens und damit des gesamten Planeten zu rekonstruieren und zu bewerten. Drei Leitlinien bestimmen diese Forschungsansätze:

– Nur der paläobiologische und der geobiologische Ansatz erlaubt den experimentellen Zugang zu den bisher am wenigsten verstandenen Langzeit-Prozessen. Diese sind aber für die Verbesserung der mittelfristigen Prognosen und Prognoseszenarien essentiell.
– Nur der paläobiologische und der geobiologische Ansatz ermöglicht die Analyse natürlicher, d. h. anthropogen nicht beeinflußter Biosysteme. Ihre natürlichen Veränderungen müssen vor dem Hintergrund der menschlichen Umwelteingriffe bewertet werden. Dabei können inzwischen aufgrund methodischer Neuentwicklungen neben den mittleren und langen Zeitskalen auch die kurzen Zeitskalen (Jahre, Monate, Tage, siehe unten) innerhalb der Erdgeschichte erfaßt werden.
– Nur der paläobiologische und der geobiologische Ansatz kann von der heutigen Situation deutlich abweichende Bio- und Umweltsysteme untersuchen (z. B. die paläobiologischen und geobiologischen Bedingungen und Folgen eines eisfreien Planeten im Gegensatz zu einem vereisten Planeten: *Greenhouse – versus – Icehouse* Systeme). Dies ist notwendig zur Analyse von Ursachen und Mustern der natürlichen Umweltdynamik und zum Testen (Validieren) von Computermodellen an nicht-aktualistischen Situationen.

Zeitmessung in der Erdgeschichte: Vom Tag bis zu den Jahrmillionen

Die Geo-Biosphäre der Erde unterliegt einem ständigen Wandel, der in seinem Umfang und seinen Auswirkungen nur mit exakten Zeitmarken bewertet werden kann. Die sich evolutiv entwickelnden Organismen stellen dabei die besten Eckwerte der relativen, biostratigraphischen Zeitmessung dar. Mittels Integration von physikalischen und radioisotopen Methoden werden diese heute in geo-(bio-)chronologische Zeitskalen überführt (Abb. 4). Ferner speichern Organismen in ihren Skeletten gut definierte Periodizitäten, einmal z. B. in Form von sich ändernden Isotopenverhältnissen, oder durch ihr saisonles Wachstum, die dann eine weitere Auflösung bis zu annuellen, monatlichen, wöchentlichen und sogar täglichen Zeitskalen erlauben (siehe unten und vgl. Abb. 6).

Die Geowissenschaften sind neben der Astronomie die einzige Naturwissenschaft, die von Beginn an ihre Fragen unter dem Gesichtspunkt quantitativer Zeitachsen betrachtete. Zunächst unbewußt, und bis heute noch durch unterschiedliche Techniken erzwungen, werden die Zeitachsen mit zunehmendem stratigraphischen Alter in unserem Denkmuster perspektivisch verkürzt. Die Bedeutung hochpräziser Zeitskalen für die Erdwissenschaft liegt auf zwei Gebieten:

– Um bei regionalen und globalen Vergleichen wirklich gleichzeitige Signale bewerten zu können und
– um über zeitliche Vor- und Nachteileffekte den steuernden Ursachen und Folgen auf die Spur zu kommen.

Die Biostratigraphie, mit ihrem auf der Evolution der Organismen beruhenden Grundkonzept der relativen Zeitmessung, stellt das Grundgerüst aller erdwissenschaftlichen Zeitmessungen dar und bildet bis heute die Methode der Chronologie (Zeitmessung), die zur Eichung anderer Zeitskalen herangezogen wird. Wichtigste

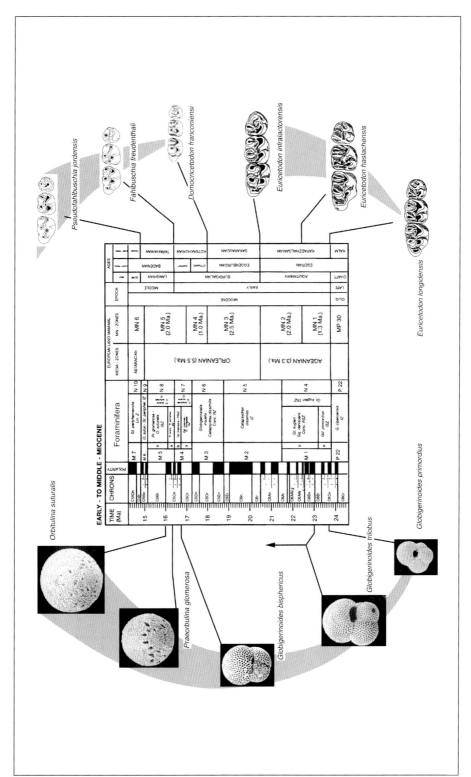

Abb. 4 Die Biostratigraphie stellt das Grundgerüst für die erdwissenschaftliche Zeitmessung dar. Die evolutiven Änderungen der Organismen, hier dargestellt für miozäne planktonische Foraminiferen aus marinen und für Kleinsäugerzähne aus terrestrischen Milieus, bilden die Basis der Zeitmessung.

Voraussetzung für die Biostratigraphie sind sich rasch (evolutiv) ändernde Organismengruppen mit großer (möglichst globaler) Verbreitung, wie dies beispielsweise bei vielen Vertretern des Zoo- und Phytoplanktons oder den Kleinsäugetieren zu finden ist (Abb. 4). Die zeitliche Auflösung beträgt z. B. in den letzten 24 Millionen Jahren – im jüngeren Neogen – 0,01–0,1 Ma und 0,5–1,0 Ma (Abb. 4). Diese hochauflösenden Biochronologien sind heute international verbindliche, global gültige Zeitmaßstäbe. Probleme dieser Methode liegen bei geforderter höherer Auflösung und großer räumlicher Korrelation (z. B. in der zeitlichen Transgressivität der meisten Planktonarten). Hier ist dann die Qualität der systematischen und taxonomischen Grundlagenkenntnisse entscheidend.

Die Organismen bilden durch ihr saisonales Wachstum Chronologien aus, die eine annuelle, monatliche, teilweise sogar wöchentliche und tägliche Auflösung erlauben. Diese Zeitserien bauen bisher auf folgenden Probenmaterialen auf: Dendrochronologie: Zuwachsringe bei Bäumen (bis 11,5 ka etabliert), Sklerochronologie: Zuwachsringe bei Korallen (bis ca. 1 ka etabliert, abschnittsweise unbegrenzt) und Molluskenschalen (Abb. 5). Ferner sind hier auch biogen- und/oder stoffkreislaufbedingte Zyklizitäten zu nennen: Sedimentwarven (bis 14,5 ka etabliert, in Arbeit bis 70 ka und 125 ka), Eiswarven (bis 52 ka etabliert) und Salzwarven (im Perm über 260 000 Jahre ausgezählt). Diese Zeitreihen enthalten eine Reihe zunehmend gut definierter Periodizitäten, wie ENSO (*El Niño Southern Oscillation*), NAO (*North Atlantic Oscillation*) und Sonnenfleckenzyklus, die zukünftige Potentiale für Datierungen geben. Probleme liegen bei all diesen Methoden in der Fehlidentifikation der Einzellagen, die unter Umständen nicht auf annuelle, sondern intra-annuelle Ereignisse zurückgehen.

Änderungen der globalen Umwelt werden durch die Schwankungen der Orbitalparameter gesteuert. Diese Milankovitch- und Sub-Milankovitch-Zeitskalen sind, wie

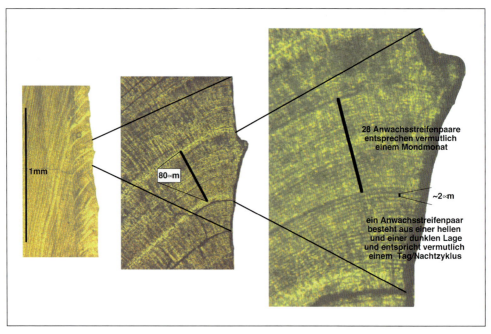

Abb. 5 Zuwachsraten an Hartteilen von Organismen, hier am Beispiel einer pleistozänen Muschel, erlauben die zeitliche Auflösung von Monaten und Tagen.

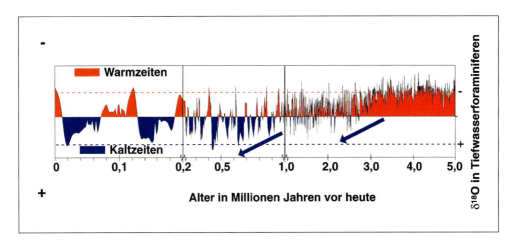

Abb. 6 Die Sauerstoffisotopie der kalkigen Schalen von Tiefwasser-Foraminiferen bildet hier die Klimavariabilität der letzten 5 Millionen Jahre ab und erlaubt dadurch eine Feinstskalierung dieser letzten 5 Millionen Jahre. Diese Sauerstoffisotopie wird durch mehrfache Abkühlungsereignisse gesteuert, die durch das Schließen der Straße von Panama eingeleitet werden. Die Zunahme der Eisschilde führte zu einer Verstärkung des Gradienten zwischen den Warm- und Kaltzeiten, der bis in die letzte Eiszeit anhielt.

die Jahreszyklen, als einzige mit robusten Klimazyklen ursächlich verknüpft und sind in den sich ändernden Fossilvergesellschaftungen bestens dokumentiert. Feinste Schwankungen der steuernden Umweltparameter wirken sich unmittelbar auf die Zusammensetzung der Organismen, oder der Geochemie ihrer Hartteile aus, so daß diese astronomischen Zeitskalen erfolgreich über die letzten 28 Ma etabliert werden konnten mit einer Auflösung von 40–42 000 Jahren. Diese Art der kombinierten Biochronologie hat die stratigraphische Auflösung erheblich verfeinert und wird erfolgreich auf ältere Abschnitte der Erdgeschichte ausgedehnt (Abb. 6).

Durch die Verbindung der Biostratigraphie und Biochronologie mit anderen stratigraphischen Methoden, wie der radiometrischen Datierung und der Magnetostratigraphie, wird die zeitliche Auflösung erheblich verbessert. Mit Hilfe dieser Methoden gelingt uns heute die Verbesserung der taxonomischen und systematischen Basisdaten; die Korrelation mariner und terrestrischer biostratigraphischer Skalen, notwendig für das Prozeßverständnis in marinen und kontinentalen Ablagerungen; die Entwicklung integrativer Zeitskalen durch Interpolation von zur Verfügung stehenden Daten und Methoden und die Verbesserung der biostratigraphischen und biochronologischen Korrelation mariner und kontinentaler Sedimentationsräume auch zwischen diesen auf der Süd- und Nordhalbkugel.

Lebenszeit und Altern

Unter diesen Voraussetzungen sollen nun an ausgewählten Beispielen einige Fragen zum Problem »Altern und Lebenszeit« und erfaßbare limitierende Faktoren aus erdgeschichtlicher Sicht betrachtet werden, wie z. B.: Lebenszeit und Altern von organismischen Bauplan-Gruppen, Lebenszeit und Altern von (Paläo-) Ökosystemen sowie Lebenszeit und Altern von unterschiedlichen taxonomischen Kategorien.

Abb. 7   Vollständiges Skelett eines Alligators (*Diplocynodon darwini*, Unteres Eozän, 48 bis 50 Millionen Jahre, Fundstelle: Grube Messel bei Darmstadt)

Für diese Fragestellungen am fossilen Material müssen wir uns einiger grundsätzlicher Voraussetzungen bewußt sein. Wenn hier von taxonomisch-systematischen Einheiten, wie Arten oder Gattungen, gesprochen wird, dann bezieht sich das bislang einzig generell anwendbare Konzept zur Beschreibung von solchen taxonomischen Einheiten auf die morphologischen Merkmale der fossil erhaltenen organismischen (Hartteil-) Reste (Abb. 7). Nur in den seltensten Fällen können fossile Weichteile, wie in den Permafrostgebieten, oder Pseudomorphosen von »Weichteilen« (Abb. 8) beurteilt werden. Das einzig anwendbare taxonomische Art-Konzept in der Paläontologie ist daher das Morphospezieskonzept. Ferner sollten sich Überlegungen dieser Art, wie sie hier angestellt werden, nur an Fossilgruppen orientieren, die auf Grund ihrer überlieferungsfähigen Hartteile ein hohes Fossilisationspotential haben, weit verbreitet sind und deren Evolution durch ihr häufiges Auftreten durch die Zeit gut verfolgt werden kann.

Unter solchen Voraussetzungen ist es möglich, aus dem Fossilbefund einerseits Ursachen der Art-Entstehung zu erkennen und andererseits Ursachen des Aussterbens. Dabei können beim »Aussterben« zwei grundsätzliche Prozesse deutlich hervortreten: das endogen gesteuerte Hintergrundaussterben (das »Altern« der Arten) und das exogen, durch »Katastrophen« jedwelcher Art bedingte Aussterben. Beide sollen hier an Beispielen dargestellt werden, auch um die Zeitdimensionen zu hinterfragen, die dabei zum Tragen kommen.

Abb. 8 Skelett (Hartteile) und Hautschatten (Weichteile) eines baumkletternden Fruchtfressers (*Kopidodon macrognathus*, Unteres Eozän, 48 bis 50 Millionen Jahre, Fundstelle: Grube Messel bei Darmstadt), der aufgrund seines Gebisses und Skelettbaus zu den »Ur-Huftierähnlichen« zu rechnen ist. Die Klauen belegen eine kletternde Lebensweise. Die Erhaltung der nicht mineralisierten Hartteile (Hautschatten) sind nur durch die Beteiligung von Bakterien erklärbar.

Lebenszeit und Altern von organismischen Bauplan-Gruppen: Evolution und Biodiversität

Im Verlauf der Evolution hat sich in 4 Milliarden Jahren die Artenvielfalt entwickelt, wie wir sie heute vorfinden. Dabei bildeten sich die unterschiedlichsten Baupläne und Anpassungen aus, mit denen sich die Organismen in ihrer Umwelt zu behaupten versuchen. Unter der Wirkung der Selektion entwickelten sich aus bewährten Bauplanprinzipien vielfältige Modifizierungen und führten zu einer generellen Diversitätszunahme in der Erdgeschichte (Abb. 9).

Die Entwicklung der Biodiversität durch die Erdgeschichte ist eine Folge der Veränderungen der Umwelt und evolutiver Neuerungen, die durch die Organismen selbst entscheidend mitgesteuert wird. Die Biodiversität ändert sich nicht nur in der Zeit, sondern zeigt außerdem eine starke milieuabhängige Differenzierung. Die Diversitätsentwicklung durch die Zeit verlief selbst auf der Bauplanebene nicht stetig (Abb. 9): Geschwindigkeit und Ausmaß der Änderungen variierten stark. Abrupte geologische Veränderungen machten sich durch Diskontinuitäten und Krisen in der Entwicklung der Biosphäre bemerkbar. Ist es anzunehmen, daß Diversitätszunahmen

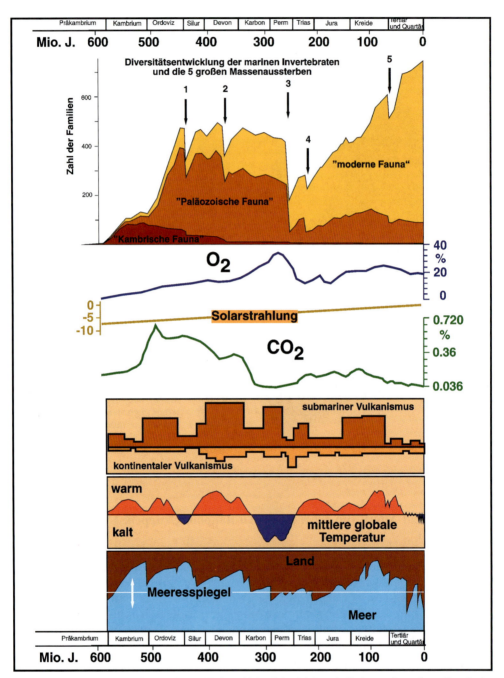

Abb. 9 Die Diversitätsentwicklung in der Erdgeschichte läßt sich innerhalb der marinen, hartteilproduzierenden Invertebraten in drei evolutive Bauplan-Gruppen (kambrische, paläozoische und moderne Fauna) teilen. Von den vielfältigen Parametern, die Einfluß auf die Diversitätsentwicklung haben können, sind hier die Meeresspiegel- und Temperaturentwicklung, die Änderungen in der Solarstrahlung und in den O_2- und CO_2-Partialdrücken dargestellt. Trotz der 5 großen Massenaussterben nahm die Artenvielfalt nach Erreichen eines Plateaus im frühen Paläozoikum, der einschneidenden Krise an der Wende Paläozoikum/Mesozoikum ab dem Mesozoikum bis in das Quartär zu. Um das heutige Niveau zu erreichen, benötigte die moderne Fauna etwa 245 Millionen Jahre.

in erster Linie auf evolutive, endogene Innovationen zurückgehen? Sind die oft sehr rasch verlaufenden Diversitätsrückgänge auf exogene terrestrische bzw. extraterrestrische Faktoren zurückzuführen? Klima- und Meeresspiegeländerungen sowie paläogeographische Umgestaltungen der Lebensräume sind dabei wichtige Faktoren. Welche Rolle in diesem Zusammenhang die Zunahme der Solarstrahlung und die Änderungen im O_2- und CO_2-Partialdruck in der Erdgeschichte spielen, ist bislang nicht ausreichend untersucht. Unklar ist auch in welchem Ausmaß die verschiedenen Organismengruppen von den Änderungen der Außenbedingungen betroffen wurden, und wenig untersucht wurde bisher in welchen Zeiträumen die Diversität nach Massenaussterben wieder ursprüngliche Werte erreichte.

Wenn wir die Diversitätskurve der Familien der marinen, hartteiltragenden Invertebraten durch die Zeit verfolgen (Abb. 9), dann sehen wir vier größere und ein großes Biodiversitätsereignis (zwei davon im Paläozoikum, das größte an der Zeitwende vom Mesozoikum zum Paläozoikum, eines im Mesozoikum und eines an der Zeitwende vom Mesozoikum zum Känozoikum). Das weitaus folgenreichste und einschneidenste Ereignis für die Biodiversitätsentwicklung des Planeten liegt im Bereich der Wende vom Paläozoikum zum Mesozoikum. An dieser Zeitwende erlöschen faktisch alle Großgruppen der frühen »kambrischen« Fauna, die Großgruppen der »paläozoischen« Fauna erleben einen gravierenden Einschnitt, und es entstehen in der Folge die Großgruppen der »modernen« mesozoisch-känozoischen Fauna, die heute unsere Meere besiedeln. Mehrere »exogene« Ereignisse (siehe Abb. 9) scheinen diesen Faunenschnitt zu steuern, darunter waren wohl die gravierende Reduktion der Schelfbereiche der Meere, ausgelöst durch die Amalgamierung aller Kontinente zu dem Großkontinent Pangäa (Abb. 10), und ein Meeresspiegeltiefstand die ausschlaggebenden Faktoren. Hier sind es also »exogene« Faktoren, die zu dieser Umgestal-

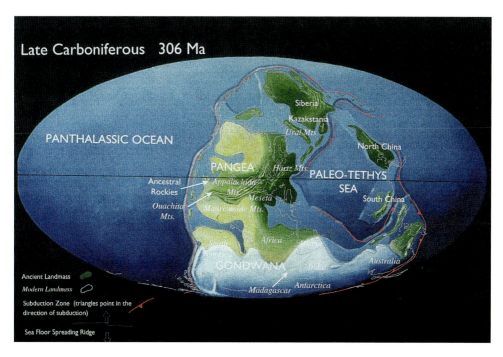

Abb. 10   Die Pangäa-Kontinentsituation am Ende des Paläozoikum

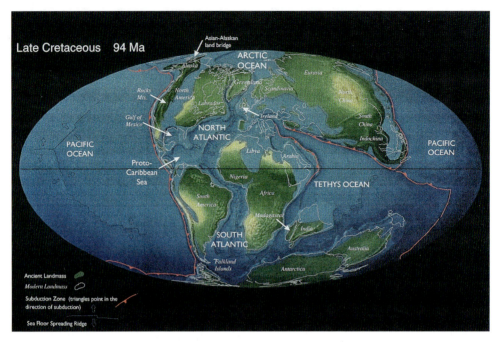

Abb. 11 Die Vielkontinentsituation und der Meeresspiegelhochstand im oberen Mesozoikum (Ober-Kreide: ca. 69 Millionen Jahre)

tung der Biodiversität führen. Wenn wir den Verlauf des Biodiversitätsanstieges im Paläozoikum betrachten, dann erreicht dieser im Ordovizium, vor ca. 450 Millionen Jahren, ein Plateau mit ca. 480 Familien, welches zwar durch einzelne Biodiversitäts-Einschnitte (siehe oben) unterbrochen wird, aber bis ans Ende des Paläozoikums, also durch ca. 200 Millionen Jahre mehr oder weniger gleichbleibend verläuft. Erst ab dem Mesozoikum setzte dann, vielleicht einerseits durch den Zerfall von Pangäa (Entstehung einer Vielkontinentsituation mit ausgedehnten Schelfbereichen) und den ansteigenden Meeresspiegel (Abb. 11) und andererseits wahrscheinlich durch das erfolgreiche Auftreten der modernen Baupläne bedingt, der bis ins Quartär steil ansteigende Biodiversitätsgradient der marinen schalentragenden Invertebraten an, der mit über 700 Familien sein Maximum in 245 Millionen Jahren im Quartär erreicht.

Lebenszeit und Altern von (Paläo-)Ökosystemen: Das Riff-System

Generell werden mit dem Begriff »Riff« marine Ökosysteme mit einer hohen Vielfalt an skelettbildenden Organismen bezeichnet, die morphologische, von den Organismen aktiv aufgebaute Erhebungen über dem Meeresboden bilden. Solche Riff-Ökosysteme existieren in der Erdgeschichte ab 3,5 Milliarden Jahre und wurden in diesen frühen Zeiten von verschiedenen Mikroben aufgebaut und in Form von sogenannten Stromatolithen-Riffen überliefert (Abb. 12). Bei der Konstruktion des Ökosystemes »Riff« lösen sich im Verlauf der Erdgeschichte verschiedenste Organismengruppen als dominante Gerüstbildner ab (Abb. 13). Aufgrund ihres hohen Organisationsgrades

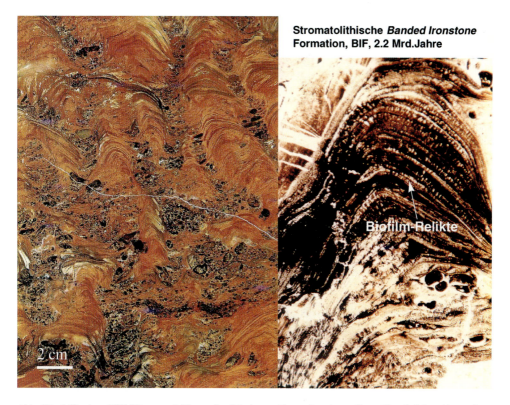

Abb. 12 Mikroben-Riff (Stromatolith) aus der Bändererz-Formation Australiens (*Banded Iron*-Formation: BIF). Alter: 2,2 Mrd. Jahre

reagieren Riffe empfindlich auf Umweltänderungen (z. B. abiogene und biogene Nährstoffzufuhr) und innerhalb der Erdgeschichte ist eine vielfache Änderung der Rahmenbedingungen für das Riffwachstum festzustellen (ausgelöst z. B. durch Meeresspiegelschwankungen, Position und Anzahl der Kontinente, Strömungsmuster, Klimaänderungen etc.), die sich dann in den »Riffkrisen« in der Erdgeschichte manifestieren, wobei es mehrfach zum fast völligen Erlöschen des Ökosystems Riff kommt (Abb. 13). So erfolgt z. B. eine irreversible Anpassung der »modernen« (mesozoischkänozoischen) tropischen Korallenriffe in oligotrophe Milieus durch die Optimierung der symbiontischen Beziehung zu photosynthetischen Algen. Durch diese Spezialisierung reagieren Riffe auf feinste Variationen der Umwelt (z. B. Jahreszeiten, El Niño-Rhythmen, Monsun-Intensitäten) ebenso wie auf langfristige Änderungen, wie z. B. den Abfall der einstrahlenden Lichtintensität, die globale Erwärmung des Oberflächenwassers oder eine Verschiebung des Nährstoffangebotes. Diese Ereignisse eines »Global Change« werden in den Kalkskeletten der riffbildenden Organismen registriert und überliefert. Dadurch kommt es im Verlauf der Erdgeschichte mehrfach zum plötzlichen Zusammenbruch dieses Ökosystemes und zu kurzfristigen (25 bis 35 Millionen Jahre andauernden) und langfristigen (70 bis 100 Millionen Jahre andauernden) Phasen im Wechsel der organismischen Zusammensetzung und der Evolution dieses Ökosystemes (Abb. 13).

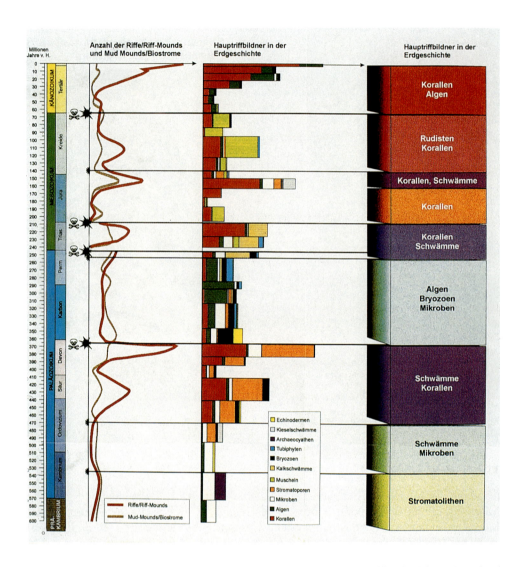

Abb. 13 Riffe/Riff-Mounds und Mud Mounds/Biostrome existieren seit 3,5 Milliarden Jahren. Ausgehend von den Ansprüchen, Fähigkeiten und wechselseitigen Beziehungen der jeweils vorhandenen Rifforganismen, die sich in der Zeit ablösten, wuchsen Riffe in unterschiedlichen Ablagerungsbereichen und wurden durch verschiedene exogene Faktoren in ihrem Wachstum begünstigt oder begrenzt, wodurch es zu vier katastrophalen Aussterbens-Ereignissen des Ökosystems »Riff« kam. Auch das Milieuoptimum veränderte sich während der Erdgeschichte, heutige Korallenriffe sind an extrem nährstoffarme Verhältnisse angepaßt und können teils sehr hohe Wellenenergie aushalten. Mesozoische und paläozoische Riffe hatten ihre Optima in küstennäheren und etwas tieferen Bereichen.

Lebenszeit und Altern von taxonomischen Kategorien: Hintergrundaussterben, das endogen bedingte »Altern« der Arten und Aussterben in Folge von »Katastrophen«, das exogen gesteuerte Aussterben

Im Zeitbereich des Diversitätseinbruches an der Wende vom Mesozoikum zum Känozoikum (Kreide/Tertiär, vgl. Abb. 9) lassen sich das Hintergrundaussterben und das Aussterben in Folge von »Katastrophen«, als Folge eines Asteroiden-Impakts vor 65 Millionen Jahren mit guten Beispielen ebenso belegen wie die Zeitdauer der Entwicklung neuer Taxa.

Ammonoidea: Im Paläozoikum (Devon) entstand innerhalb der Gruppe der Cephalopoda (Mollusca) die rasch diversifizierende Gruppe der Ammoniten. Nach dem

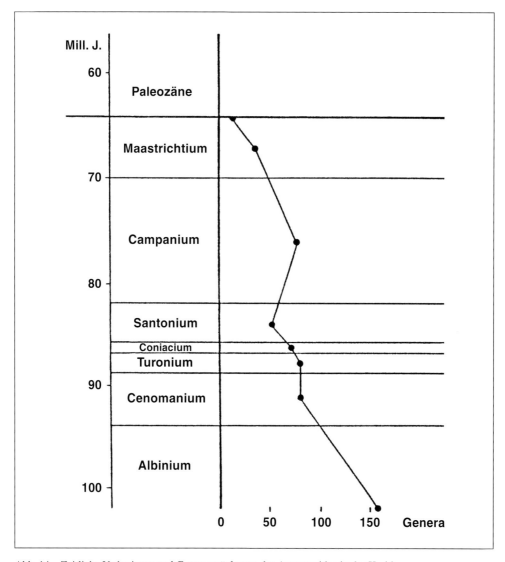

Abb. 14   Zeitliche Verbreitung und Gattungsrückgang der Ammonoidea in der Kreide

einschneidenen, exogen bedingten Diversitätsverlust, der Reduktion auf eine Gattung an der Wende vom Paläozoikum zum Mesozoikum und den wahrscheinlich ebenso exogen bedingten, »katastrophalen« Einschnitten an der Trias/Jura- und der Jura/Kreide-Grenze stieg die Diversität in der Kreide, ab 145 Millionen Jahre, rasch wieder auf über 150 Gattungen an. Um 100 Millionen Jahre beginnt ein konstanter Rückgang der Arten und Gattungen der Ammoniten, von 150 Gattungen bis auf 3 Gattungen vor der Kreide/Tertiär-Grenze (65 Millionen Jahre), an der diese Gruppe dann völlig erlischt (Abb. 14). Dieser stetige Diversitätsverlust läßt sich plausibel mit keinem exogenen Ereignis koppeln, wird doch im Gegenteil der Lebensraum der Ammoniten, der Schelf, in der Kreide durch die Entstehung einer Vielkontinentsituation (vgl. Abb. 11) und den steigenden Meeresspiegel (vgl. Abb. 9) stetig erweitert. Es dürfte sich also wie bei der folgenden Gruppe um ein echtes, endogen gesteuertes Artensterben handeln.

Archosauria: Ähnliche Verhältnisse finden wir, wenn wir die gattungsmäßige Diversität der Archosaurier betrachten (Abb. 15). Nach einem Diversitätseinschnitt, der

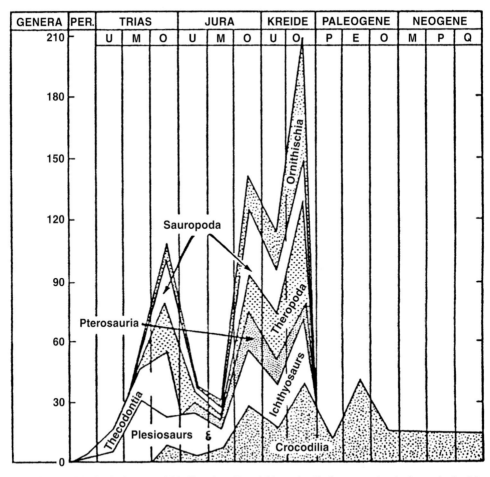

Abb. 15 Zeitliche Verbreitung und Biodiversitäts-Entwicklung der Großgruppen der Archosaurier im Mesozoikum.

an der Wende Trias/Jura beginnt und bis in den Mittleren Jura anhält, wo die Diversität dieser Gruppe von ca. 110 Gattungen in der Ober-Trias bis auf knappe 30 Gattungen im Mittel-Jura reduziert wird (dies ist ein Verlust von ca. 80 Gattungen in nur 40 Millionen Jahren), erleben die 30 verbliebenen Gattungen ab dem Mittel-Jura einen deutlichen Diversitätsanstieg mit bis zu über 210 Gattungen in der Ober-Kreide (ein Zuwachs von ca. 180 Gattungen in nur 80 Millionen Jahren). Es folgt dann noch in der Ober-Kreide, innerhalb von nur ca. 20 Millionen Jahren ein plötzlicher Rückgang der Formen, der noch vor dem Kreide/Tertiär-Ereignis (65 Millionen Jahre vor heute), zum völligen Aussterben aller Archosaurier-Gruppen, außer den Crocodilia, führt. Während der Diversitätsverlust im Unteren und Mittleren Jura ein echtes, endogen bedingtes Artensterben darstellen könnte, werden für den doch so rasch vor sich gehenden Biodiversitätsverlust bis zum Aussterben dieser Gruppe in der Oberen Kreide, die Fragmentierung des Lebensraumes durch die Entstehung des Vielkontinentsystemes (vgl. Abb. 11) und der Blütenpflanzen (Ernährung) einerseits und den steigenden Meeresspiegel (vgl. Abb. 9) andererseits häufig als Ursachen gesehen.

Im Gegensatz dazu steht das »katastrophenbedingte« Aussterben einer Reihe von Organismengruppen unmittelbar an der Kreide/Tertiär-Wende durch den Einschlag eines Asteroiden vor 65 Millionen Jahren im Bereich der Halbinsel Yucatan. Dabei wird allgemein angenommen, daß es durch die beim Asteroideneinschlag in die Stratosphäre zurückgeschleuderten Staubpartikel und der folgenden Verteilung um den ganzen Erdball zu einer länger anhaltenden Verdunkelung des Planeten gekommen war. Durch diesen Impakt wurden vor allem Organismengruppen vom plötzlichen Aussterben betroffen, die ihre Energie zum Leben direkt über die eingestrahlte Lichtenergie oder über von dieser Lichtenergie abhängige Symbionten gewannen. Betroffen davon waren vor allem verschiedene Algen oder planktonische bzw. im Flachwasser lebende Foraminiferen, scleractine Korallen (die riffbildenden Korallen, Abb. 16; vgl. dazu auch Riffkatastrophen Abb. 13) oder bestimmte, riffbildende Bivalven (Rudisten, Abb. 17; vgl. dazu auch Riffkatastrophen Abb. 13), die, wie die scleractinen Korallen, mit solchen Algen in Symbiose leben.

Die **planktonischen Foraminiferen** zeigen uns ein überzeugendes Beispiel der zeitlichen Dimension der Entstehung neuer Taxa. Insgesamt überleben die Kreide/Tertiär-Grenze nur vier Arten von planktonischen Foraminiferen, die zu drei unterschiedlichen Gattungen gehören. Innerhalb des Unteren Paleozäns (Danium), im basalen Tertiär, entstehen (und sterben z. T. wieder aus) 13 Gattungen mit insgesamt ca. 35 Arten, wobei sich diese Diversitätszunahme in einem Zeitraum von nur 4,1 Millionen Jahren vollzieht. Auf Grund der hier möglichen hohen Zeitauflösung können wir auch die Lebensdauer einzelner Arten exakt ermitteln, wie z. B. der Art *Parvularugoglobigerin eugubina*, die eine Lebenszeit von 700 000 Jahren erreicht, andere Arten wie z. B. die Art *Acarinina subsphaerica* mit einer Lebenszeit von 2,1 Millionen Jahren oder *Globanomalina pseudomenardii* mit einer Lebenszeit von 3,3 Millionen Jahren. Im Schnitt kann auch generell mit der Lebensdauer bei gut abgegrenzten Arten von wenigen hunderttausend Jahren bis 1 und 1,5 Millionen Jahren gerechnet werden.

Grundsätzlich sollte mit den hier angeführten Beispielen gezeigt werden, daß die Paläontologie über die beiden Forschungsansätze, der Paläobiologie und der Geobiologie, und mit den heute entwickelten Zeitmeßmethoden konkrete Aussagen zu den Zeitabläufen der Entwicklung, des Alterns und der Lebenszeit der Organismen beitragen kann. Nur dieser historische Wissenschaftszweig eröffnet die Möglichkeit, über 3,5 Milliarden Jahre die steuernden Faktoren und die zeitliche Entwicklung der orga-

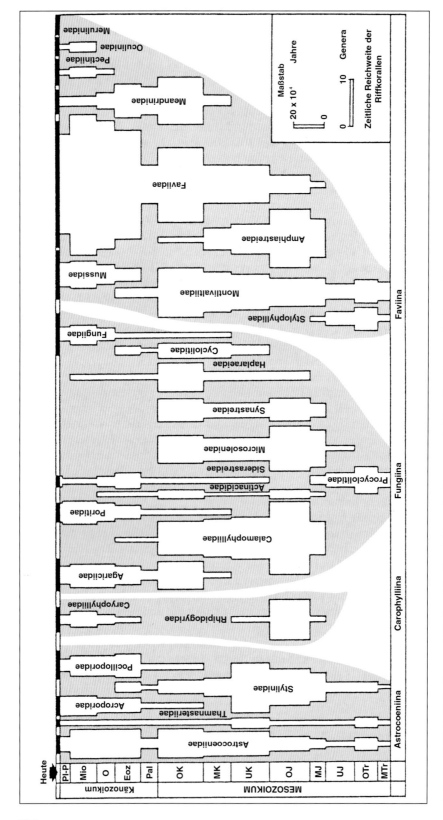

Abb. 16 Zeitliche Verbreitung und Biodiversitäts-Entwicklung der skleractinen Riffkorallen-Gruppen im Mesozoikum und Känozoikum.

Abb. 17 Monospezifisch zusammengesetzter Riffkörper von 1,80 m Höhe aus der in Symbiose mit Algen lebenden, zu den Rudisten zu zählenden Bivalve *Vaccinites vesiculosus,* in ursprünglicher Lebensposition. Ober-Kreide, Zentral-Oman.

nismischen Baupläne, der Biodiversität und ihrer Einschnitte und sogar ganzer Ökosysteme zu erfassen. Ferner können durch Fossilfunde belegte Theorien über das natürliche, nicht von anthropogenen Einflüssen gestörte Altern, Art und Ursachen des Aussterbens einzelner Taxa entwickelt werden.

Literatur

BERGGREN, W. A., KENT, D. V., SWISHER III, C. C., and AUBRY, M. P.: A revised cenozoic geochronology and chronostratigraphy. In: BERGGREN, W. A., KENT, D. V., and HARDENBOL, J. (Eds.): Geochronology, Time Scales and Global Stratigraphic Correlations: A Unified Temporal Framework for an Historical Geology. Soc. Economic Paleontol. Mineralog. Special Pub. *55*, 129–212 (1995)

DULLO, C., MOSBRUGGER, V., OSCHMANN, W., und STEININGER, F. F. (Eds.): Geobiologische und Paläobiologische Prozesse als Antrieb der Evolution des Systems Erde. Kl. Senckenbergreihe. Frankfurt (Main): Kramer (1999, im Druck)

FOOTE, M.: Sampling, taxonomic description, and our evolving knowlegde of morphological diversity. Paleobiology *23*, 181–206 (1997)

FOOTE, M., HUNTER, J. P., JANIS, C. M., and SEPKOSKI, J. J. jr.: Evolutionary and preservational constraints on origins of biologic groups: Divergence times of eutherian mammals. Science *283*, 1310–1314 (1999)

HARLAND, W. B., ARMSTRONG, R. L., COX, A. V., CRAIG, L., SMITH, A. G., and SMITH, D. G.: A geologic time scale 1989. XVI + 263 Cambridge: Cambridge University Press 1990

HUELSENBECK, J. P., and RANNALA, B.: Maximum likelihood estimation of phylogeny using stratigraphic data. Paleobiology *23*, 174–180 (1997)

PEARSON, P. N.: Speciation and extinction asymmetries in paleontological phylogenies: evidence for evolutionary progress? Paleobiology *24*, 305–335 (1998)
SERENO, P. C.: The evolution of dinosaurs. Science *284*, 2137–2147 (1999)
STEININGER, F. F.: Die Geschichte des Lebens auf der Erde. In: SCHMIDINGER, H. (Ed.): Leben, Wert oder Unwert. S. 186–215. Innsbruck, Wien: Tyrolia 1997
STEININGER, F. F., und MARONDE, D. (Eds.): Städte unter Wasser. 2 Milliarden Jahre. Kl. Senckenbergreihe *24*, 186 S. Frankfurt: Kramer 1997
STONE, J. R., and TELFORD, M.: Using critical path method to analyse the radiation of rudist bivalves. Paleontology *42*, 231–242 (1999)

       Prof. Dr. Fritz F. STEININGER
       Forschungsinstitut und
       Naturmuseum Senckenberg
       Senckenberganlage 25
       60325 Frankfurt am Main
       Tel.: (0 69) 7 54 22 13
       Fax: (0 69) 7 54 22 42
       E-Mail: fsteinin@sng.uni-frankfurt.de

Geowissenschaften und Ökologie

*Einführung und Moderation Hans Mohr (Freiburg/Stuttgart), Mitglied des
Präsidiums der Akademie*:

Die Vorträge in dieser Sitzung führen zurück in die uns unmittelbar zugänglichen Dimensionen der Wirklichkeit. Außerdem kommt jetzt die Dynamik ins Spiel, und zwar reversible Dynamik. Das Werden und Vergehen der Gletscher und die Bildung und Veränderung von Ökosystemen sind besonders augenfällige Beispiele für die reversible Dynamik in den mittleren Dimensionen.

Herr PATZELT studierte Geographie, Leibeserziehung, Geschichte und Kunstgeschichte und wurde in Innsbruck promoviert. Er ist Vorstand des Instituts für Hochgebirgsforschung der Universität Innsbruck. Dieses Institut ist ein Zentrum für die Erforschung der Dynamik in den hochalpinen Regionen.

Herr SUCCOW ist Professor für Botanik in Greifswald und ein ausgewiesener, international weithin respektierter Fachmann für die wissenschaftliche Handhabung von Ökosystemen.

Werden und Vergehen der Gletscher und die nacheiszeitliche Klimaentwicklung in den Alpen

Von Gernot PATZELT (Innsbruck)
Mitglied der Akademie

Mit 12 Abbildungen und 1 Tabelle

Zusammenfassung

Nach einer kurzen Darstellung der Zusammenhänge zwischen Klima- und Gletscherverhalten wird der Gletscherrückgang seit dem Ende der neuzeitlichen Vorstoßperiode um 1850/55 dargestellt. Seit 150 Jahren haben die Alpengletscher insgesamt 50 % der Fläche und ca. 60 % des Volumens verloren. Circa 10 % der Anzahl der Gletscher sind ganz, viele kleinere Gletscher zum Großteil abgeschmolzen. Gebietsweise findet rasch fortschreitende Entgletscherung statt. Insgesamt sind alpenweit dabei ca. 4 000 km^2 eisfrei geworden.

In der Nacheiszeit waren die Gletscher jedoch schon mehrfach und über längere Perioden kleiner als heute. Die nacheiszeitliche Amplitude der Temperaturschwankungen hat 1,5 °C längerfristig kaum überschritten. Die derzeitigen Temperaturverhältnisse des Sommerhalbjahres sind durchschnittlichen Verhältnissen der Nacheiszeit näher als einer extremen Abweichung, 2/3 der letzten 10 000 Jahre waren so warm oder wärmer als heute.

Abstract

After a brief description of the relationships between climate and glacier behaviour, the glacier retreat since the end of the Little Ice Age around 1850/55 is shown. In the last 150 years the glaciers in the Alps have lost altogether 50 % of their surface area and 60 % of their volume. Circa 10 % of the glaciers have disappeared completely, many smaller ones have melted away to a large degree. Some areas are rapidly being deglaciated. A total of ca. 4,000 km^2 has become ice-free in the Alps.

During the Holocene, however, the glacier have been several times and over longer periods smaller than today. The range of longer-term Holocene temperature variations has hardly exceeded 1.5 K. The present temperature conditions during the summer half-year are closer to the Holocene mean than to an extreme. Two thirds of the last 10,000 years were as warm or warmer than today.

Herr Präsident, verehrte Damen und Herren,

ich danke für die Einladung und freue mich, aus meinem Arbeitsbereich in dem ich schon bald 40 Jahren tätig bin, berichten zu dürfen. Ich tue das allerdings mit etwas Sorge. Einmal deshalb, weil mein Thema über das Werden und Vergehen der Gletscher nicht unmittelbar einsichtig zum Rahmenthema »Altern und Lebenszeit« zu passen scheint. Zum andern hat mich Herr Präsident PARTHIER gebeten, meine Ausführungen nicht zu fachspezifisch, sondern an ein breites Zuhörerpublikum gerichtet zu halten. Ich fürchte – nach dem anspruchsvollen Niveau der bisherigen Vorträge – ich habe dieses Anliegen zu wörtlich genommen: Wenn Sie alle verstehen, was ich hier vortrage, dann mögen Sie das bitte entschuldigen.

1. Werden und Funktionsweise der Gletscher

Gletscher entstehen überall dort, wo über einen längeren Zeitraum mehr fester Niederschlag abgelagert wird, als abschmelzen und verdunsten kann. Aus dem festen Niederschlag, überwiegend Schnee, entsteht unter alpinen Verhältnissen in 20 bis 30 Jahren nach Metamorphoseprozessen Gletschereis, daß im Gegensatz zum Wassereis eine Kristallstruktur aufweist. Schnee- und Eismassen sind plastisch deformierbar und bewegen sich daher auf geneigter Unterlage der Schwerkraft folgend bergabwärts. Der Massenüberschuß aus dem Akkumulations- oder Nährgebiet fließt in tiefere Höhenlagen ab, wo das Eis im Ablations- oder Zehrgebiet aufgrund höherer Temperaturen abschmelzen kann.

Sichtbarer Ausdruck der Gletscherbewegung sind die Gletscherspalten. Überall dort, wo die Zugkräfte die Festigkeit des Eises überschreiten, zerreißt es. Form und Ausprägung der Spalten, die von feinen Rissen bis zu chaotisch zerborstenen Eisbrüchen reichen können, zeigen die unterschiedlichen Bewegungsverhältnisse in einem Gletscher an.

Das Ausmaß der Fließbewegung ist hauptsächlich abhängig von der Topographie, d. h. von der Neigung, der Form und der Beschaffenheit des Gletscheruntergrundes und vom Ernährungszustand des Gletschers. Zunehmendes Gefälle und positiver Massenhaushalt haben eine Zunahme der Fließgeschwindigkeit zur Folge. Dabei ist die Topographie die konstante, der Massenhaushalt die von Jahr zu Jahr stark veränderliche Einflußgröße, dem die Fließgeschwindigkeit in der Regel rasch folgt. Die ununterbrochene Serie negativer Massenbilanzen seit 1981 hat ohne nennenswerte Verzögerung zu einer Abnahme der Fließgeschwindigkeit geführt. Auf der Pasterze (Großglocknergruppe) hat die mittlere Jahresbewegung im oberen Zungenbereich (Burgstallinie, 2 470 m) in der Zeit von 1979/80 bis 1994/95 von 53 auf ca. 13 m um 75% abgenommen. Am Hintereisferner (Ötztaler Alpen) wurde im mittleren Zungenbereich (Linie 6, 2 630 m) für den gleichen Zeitraum eine Abnahme der mittleren Jahresbewegung von 29 m auf 10 m um 65% gemessen (Tab. 1). Der Massentransport vom Nähr- ins Zehrgebiet hat sich dadurch entsprechend verringert.

Die Grenze zwischen Nähr- und Zehrgebiet, an der Auftrag minus Abtrag gleich Null ist, wird für ein Haushaltsjahr als Gleichgewichtslinie und im Mittel für einen längeren Zeitraum als Schneegrenze bezeichnet. Die Höhenlage der Gleichgewichtslinie ist witterungsabhängig und kann mit einem Schwankungsbereich von über 500 m von Jahr zu Jahr sehr unterschiedlich hoch liegen. Bei starker Ausaperung werden

Tab. 1 Mittlere jährliche Fließbewegung (in Metern) auf Profillinien der Pasterze und des Hintereisferners. Quelle: Mitteilungen des Österr. Alpenvereins, jährliche Gletscherberichte

Jahr	Pasterze Burgstallinie (2 470 m)	Hintereisferner Linie 6 (2 630 m)
1959/60	36,0	–
1969/70	53,0	24,4
1979/80	52,8	28,6
1989/90	37,0	13,5
1994/95	ca. 12,6	9,9

dadurch große Flächenanteile vom Nährgebiet zum Abschmelzgebiet. Bei kleineren Gletschern mit geringer Höhenerstreckung kann dabei auch die gesamte Gletscherfläche zum Zehrgebiet werden, wie das in den letzten Jahren vielfach der Fall war.

Für den Massenhaushalt eines Gletschers, der über die Fläche berechnet wird, ist die Höhenlage der Gleichgewichtslinie eine entscheidende Größe. Die enge Beziehung zwischen diesen beiden Parametern zeigt Abbildung 1. Die Höhenlage der Gleichgewichtslinie ist für den Massenhaushalt so bestimmend, daß aus einer festgelegten Höhe derselben, dieser in guter Näherung abgeschätzt werden kann.

Der Massenhaushalt eines Gletschers wird direkt von den klimatischen Verhältnissen, hauptsächlich von der Temperaturentwicklung und vom Niederschlagsregime bestimmt. Dasselbe gilt nach dem oben dargelegten auch für die Höhenlage der Gleichgewichtslinie und längerfristig ebenso für die Schneegrenze. Unter den alpinen Verhältnissen kommt dabei dem Witterungsablauf und der Temperaturentwicklung im Sommerhalbjahr größere Bedeutung zu als der Jahresniederschlagsmenge. Die Korrelation zwischen Höhe der Gleichgewichtslinie und Sommertemperatur (Abb. 2) macht

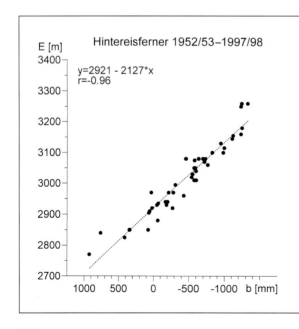

Abb. 1 Zusammenhang zwischen mittlerer spezifischer Massenbilanz (b) und mittlerer Höhe der Gleichgewichtslinie (E) des Hintereisferners (Daten: Institut für Meteorologie, Universität Innsbruck)

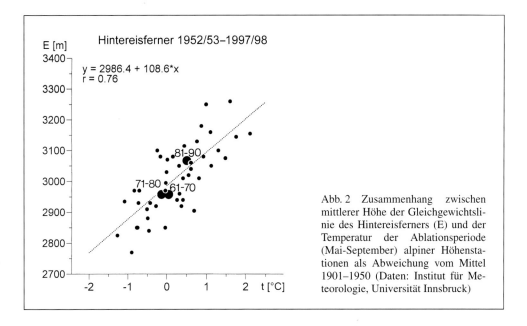

Abb. 2 Zusammenhang zwischen mittlerer Höhe der Gleichgewichtslinie des Hintereisferners (E) und der Temperatur der Ablationsperiode (Mai-September) alpiner Höhenstationen als Abweichung vom Mittel 1901–1950 (Daten: Institut für Meteorologie, Universität Innsbruck)

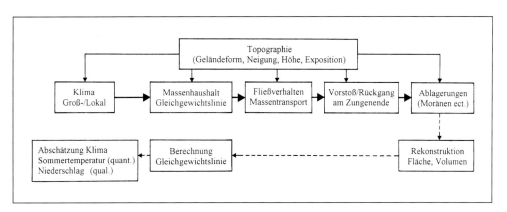

Abb. 3 Beziehungsschema der Einflußfaktoren auf das Gletscherverhalten und daraus ableitbare Rekonstruktionsmöglichkeiten

es möglich, besonders für Mittelwerte eines längeren Zeitraumes (z. B. Dezennien), aus dieser die Sommertemperatur in guter Größenordnung abzuschätzen. Damit kann man eine quantifizierbare Klimainformation auch für Zeiträume ohne direkte meteorologische Beobachtungen erhalten.

Die Zusammenhänge zwischen Klima- und Gletscherverhalten und die Möglichkeiten der Rekonstruktion von Verhältnissen, die sich der direkten Beobachtung entziehen, stellt das Beziehungsschema der Abbildung 3 dar. Darin ist aufgezeigt, daß das Gletscherverhalten auch von den klimaunabhängigen Faktoren der Topographie (Neigung, Form, Höhe, Exposition) bestimmt wird, die bei jedem Gletscher unterschiedlich sind. Die Rekonstruktionen erfolgen unter empirisch geprüften Annahmen, Schätzungen und Berechnungen mit denen manchmal nur eine gute Größenordnung

Abb. 4 Das Schlatenkees (Venedigergruppe) im Jahre 1857 von F. SIMONY (Ausschnitt)

erfaßt werden kann. Ihre Ergebnisse sind daher entsprechend unscharf. Man kann sie verbessern und die Unsicherheitsbereiche stark einschränken, wenn man

– eine möglichst große Zahl von Gletschern in die Betrachtung mit einbezieht,
– die Ergebnisse anderer Fachdisziplinen, z. B. der Vegetationsgeschichte, berücksichtigt, also im weiten Rahmen interdisziplinär arbeitet sowie
– über einen möglichst langen Zeitraum empirische Erfahrung sammelt und damit einmal festgelegte Ergebnisse ständig überprüft und gegebenenfalls korrigiert.

Der letzte Punkt beinhaltet allerdings auch die Möglichkeit, daß die Lebenszeit von Untersuchungsobjekt und Bearbeiter überschritten wird, womit ein Anknüpfungspunkt zum Rahmenthema gegeben wäre.

2. Veränderung und Vergehen der Gletscher

Gegenwärtig erleben wir in den Alpen einen rasch zunehmenden Gletscherschwund. Auflösung und Zerfall von Eismassen im Zungenbereich, Ausschmelzen von Fels- und Schuttflächen bis in den Gipfelbereich kennzeichnen die Situation. In Teilgebie-

Abb. 5 Das Schlatenkees im Innergschlöß am 11. 8. 1995. Vergleichsaufnahme zu Abb. 4 (Foto G. PATZELT)

ten kann man bereits vom Vergehen der Gletscher oder von Entgletscherung sprechen.

Diese Entwicklung ist die Fortsetzung einer Rückgangsperiode, die vor rund 150 Jahren begonnen hat, nachdem um die Mitte des 19. Jahrhunderts die Alpengletscher einen allgemeinen Hochstand erreicht hatten, der zu den größten der Nacheiszeit zählt. Dieser Hochstand um 1850/55 beendet die »neuzeitliche Vorstoßperiode« – der unglückliche und verzerrende Ausdruck »Kleine Eiszeit« wird dafür bewußt nicht verwendet – die um 1600 n. Chr. mit historisch dokumentierten Hochständen beginnt und als Periode durchwegs großer Gletscherausdehnung mit einzelnen besonders weitreichenden Vorstößen gekennzeichnet ist.

Mit der Aufklärung und dem Erwachen des Interesses an den Vorgängen in der Natur beginnen in der zweiten Hälfte des 18. Jahrhunderts auch die ersten ernsthaften wissenschaftlichen Bemühungen um die Gletscher. In der ersten Hälfte des 19. Jahrhunderts waren, ausgehend von der Schweiz, Gletscherforscher schon in größerer Zahl in den Gebirgen unterwegs. Ihre Beobachtungen, Berichte und auch Messungen dokumentieren den Ablauf der Vorstoßperiode von 1815 bis 1855 gut. Besondere Bedeutung kommt dabei aber den Landschaftsmalern zu, die in der Zeit des biedermeierlichen Realismus Bilddokumente von großer Naturtreue schufen, die den Zustand und die Ausdehnung der Gletscher bis in kleinste Details wiedergeben. Für die Ostalpen war dies vor allem der Wiener Akademielehrer für Landschaftsmalerei Thomas ENDER, der zwischen 1828 und 1847 auf mehreren großen Alpenreisen hervorragende Gletscherdokumente schuf (KOSCHATZKY 1982). Aus den Westalpen ist wegen der großen topographischen Genauigkeit und der die Photographie übertreffenden Darstellung vor allem Samuel BIRMANN aus Basel mit seinen 1826 aufgenommenen Blättern der Grindelwaldgletscher zu nennen, den H. J. ZUMBÜHL (1980, S. 44) entsprechend würdigt. ZUMBÜHLS inzwischen zum Standardwerk gewordene Sammlung der Bildquellen der Grindelwaldgletscher ist in diesem Zusammenhang hervorzuheben, weil es einen essentiellen Beitrag der Kunstgeschichte zur Gletscherkunde und damit die erkenntnisschaffende Bedeutung fachübergreifender Forschung beispielgebend zeigt.

Als besonderer Glücksfall ist es zu werten, wenn für die historische Dokumentation der Gletscher hohe Kunstfertigkeit mit dem Anliegen der Detailtreue und wissenschaftliche Fachkenntnis zusammentreffen. Das war bei Friedrich SIMONY, dem ersten Ordinarius für Geographie an der Universität Wien, im hohen Maße der Fall. Als Beispiel ist hier die Darstellung des Schlatenkeeses (Venedigergruppe) ausgewählt, die SIMONY im Jahre 1857 angefertigt hat und als Farblithographie veröffent-

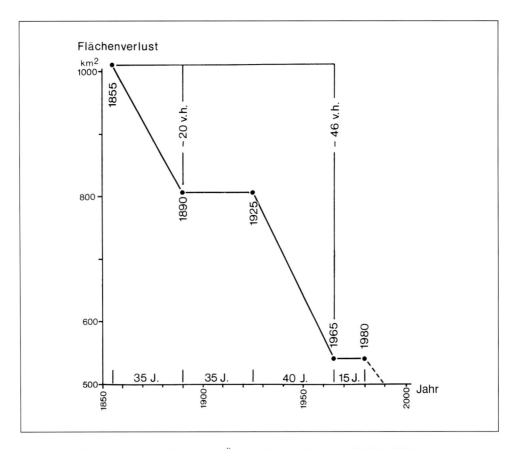

Abb. 6   Der Flächenverlust der Gletscher der Österreichischen Alpen von 1855 bis 1980

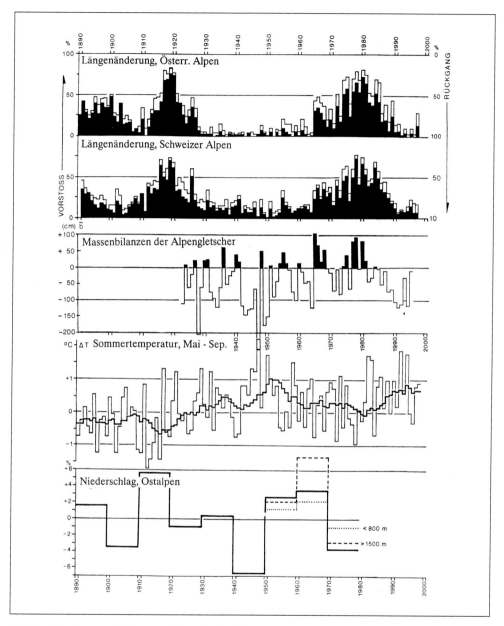

Abb. 7 Gletscher- und Klimaentwicklung in den Alpen von 1890 bis 1998

lichte (SIMONY 1865, S. 32). Der Gletscher, der in einem mächtigen Eisbruch über die Talstufe herunterreichte und die Talsohle überquerte, war, wie die linke Seitenmoräne zeigt, zur Zeit der Aufnahme bereits etwas eingesunken (Abb. 4, S. 236). Er hat kurz vorher, wahrscheinlich 1855, den Maximalstand des 19. Jahrhunderts erreicht. Auf der Vergleichsaufnahme (Abb. 5, S. 237) kann man, wie das jetzt meistens der Fall ist, das Zungenende nicht mehr sehen. Sie gibt jedoch einen guten Eindruck von den großen landschaftlichen Veränderungen, die sich hier vollzogen haben.

Abb. 8 Das Zungenende des Karlingerkeeses (Großglocknergruppe, Kaprunertal) am 29. 9. 1990 (Foto G. Patzelt)

Zeitlich ist der Gletscherhochstand des 19. Jahrhunderts meist genügend scharf festlegbar. Die dabei erreichte räumliche Ausdehnung ist an Seiten- und Endmoränen noch gut zu erkennen und rekonstruierbar. Der Hochstand dient damit als Maß, sozusagen als Pegelnullpunkt für die Veränderungen, die sich seither und vorher ereignet haben.

Der Gletscherschwund seit 1850/55 ist nicht kontinuierlich erfolgt. Er wurde zwischen 1890 und 1925 und zwischen 1965 und 1980 durch Wachstumsperioden unterbrochen, in denen bis zu 75% der Gletscherenden vorgerückt sind (Abb. 6, S. 238). Die seit 1890 in größerer, statistisch auswertbarer Anzahl durchgeführten Längenmessungen und die Temperatur- und Niederschlagsdaten geben vom Ablauf der Gletscher- und Klimaentwicklung in diesem Jahrhundert ein detailliertes Bild (Abb. 7, S. 239).

Abb. 9 Das Zungenende des Karlingerkeeses am 30. 9. 1997. Die 200 m hohe Felsstufe ist in 7 Jahren eisfrei geworden (Foto G. PATZELT).

Eine Abnahme der Sommertemperatur um ca. 0,5 °C im 10-jährigen Mittel und überdurchschnittliche Niederschlagsmengen in den 1920er Jahren hatten ein Anwachsen der Gletscher zur Folge, das in den Österreichischen und Schweizer Alpen gleichartig verlief. Es folgt zwischen 1920 und 1950 der stärkste Temperaturanstieg in diesem Jahrhundert im Ausmaß von ca. 1,5 °C und entsprechendem Gletscherschwund. Der raschen Temperaturabnahme nach 1955 und den überdurchschnittlichen Niederschlagsmengen zwischen 1950 und 1970 folgen ab 1965 Vorstoßtendenzen an den Gletscherenden in zunehmender Zahl bis zum Jahre 1980. Der neuerliche Temperaturanstieg seit 1980 hat das rasche Ende der Vorstoßperiode und ab ca. 1990 wieder verstärkten Gletscherschwund bewirkt (Abb. 8, S. 240, und 9, S. 241). Die Wachstumsperiode der 1970er Jahre war weltweit feststellbar (PATZELT 1987). Temperatur-

und Gletscherentwicklung in diesen Jahrzehnten gehen mit dem stetig steigenden CO_2-Gehalt der Atmosphäre nicht parallel.

Der Gletscherschwund seit 1850/55 verteilt sich somit auf drei Zeitabschnitte, die zusammen etwa 95 Jahre umfassen (Abb. 6). In dieser Zeit haben die Alpengletscher insgesamt ca. 50% ihrer Fläche und geschätzte 60% ihres Volumens eingebüßt. Dabei sind viele kleine Gletscher, ca. 10% der Anzahl, zur Gänze und zahlreiche weitere Gletscher bis auf kleine Eis- und Firnreste in geschützten Expositionen großteils abgeschmolzen (Abb. 10). Dadurch sind alpenweit rund 3 000 km² eisfrei geworden. Schätzt man dazu den Schwund der Firnflecken außerhalb der Gletscherareale mit 1 000 km² an, muß man im Alpenraum mit einer schnee- und eisfrei gewordenen Fläche in der Größenordnung von 4 000 km² rechnen.

Abgesehen von der ökologischen Bedeutung dieser Veränderungen, für die es eine systematische und realitätsnahe Bewertung noch nicht gibt, erregt vor allem die Geschwindigkeit, mit der diese Veränderungen bei den Gletschern ablaufen. Sie sind im Jahresabstand von jedem aufmerksamen Beobachter erkennbar und im Zeitrahmen eines Menschenlebens landschaftsverändernd im großen Stil. Das macht eine neue Bewertung des Zeitmaßes von Naturvorgängen im Gebirge notwendig.

Vergehende Gletscher machen in kurzer Zeit neuen Lebensraum für Pflanzen- und Tierwelt frei. Die Dynamik dieser Vorgänge ist atemberaubend. Der Mythos vom ewigen Eis und Schnee verliert rasch seine Grundlagen.

3. Gletscher als Klimazeugen der Vergangenheit

Gletscherschwund, wie wir ihn jetzt erleben, hat es in der Vergangenheit schon mehrfach gegeben, sowohl im Ausmaß als auch in der Geschwindigkeit der Veränderung.

Durch den Gletscherrückgang werden jetzt Areale frei, in denen sich Belege auch für frühere Eisfreiheit finden lassen. Das ist besonders dann der Fall, wenn Gletscher in Vorstoßperioden in die Waldregion herunterreichten und dabei im Vorfeld stockende Baumstämme überfahren haben. Das ist topographisch bedingt in den Westalpen sehr viel häufiger der Fall als in den Ostalpen. Das dort gefundene umfangreiche Material wird von H. HOLZHAUSER (1995) systematisch untersucht. Im Kaunertal (Ötztaler Alpen) bietet der Gepatschferner dafür gute Voraussetzungen. Hier konnten aus dem hangverkleidenden Moränenmaterial Baumstämme eines Waldbestandes freigelegt werden, in einer Höhenlage von 2 300 m, in der außerhalb des Gletschervorfeldes nur noch vereinzelt kleine Bäume der Krüppelzone vorkommen. Mit Hilfe der Dendrochronologie[1] wurde festgestellt, daß der Baumbestand zwischen 50 und 350 nach Chr. gewachsen ist, bevor er vom vorstoßenden Gletscher umgefahren wurde (PATZELT 1995). In dieser Zeit muß der Gletscher kleiner und das Sommerklima wärmer gewesen sein als heute. Bodenbildung und Baumwachstum mit gleicher klimageschichtlicher Information ist im Vorfeld des Gepatschferners auch für die Zeit von 2100–1500 v. Chr. und am bisher gletschernächsten Fundort für die Zeit vor 5700 v. Chr. nachgewiesen (Abb. 11).

Gletscher- und klimageschichtliche Beweiskraft hat auch die 1991 ausgeschmolzene Gletschermumie vom Tisenjoch in den Ötztaler Alpen. Der Fundort liegt in 3 200 m Höhe im Nährgebiet eines jetzt weitgehend abgeschmolzenen Gletschers.

---

[1] Durchgeführt von Dr. Kurt NICOLUSSI am Institut für Hochgebirgsforschung der Universität Innsbruck.

Abb. 10 Das Rifflkees am Glockturm (3 353 m, Ötztaler Alpen, Kaunertal) am 22. 8. 1991 (Foto G. PATZELT). Die Entgletscherung ist weit fortgeschritten.

Die Lage der Mumie und seiner Ausrüstung zeigten, daß der Fundort zur Lebenszeit des »Eismannes« um 3300 v. Chr. eisfrei war. Die Vergletscherung des Gebietes war damals mindestens auf heutiges Ausmaß reduziert, und die Klimaverhältnisse waren den heutigen ähnlich, wenn nicht sogar etwas wärmer.

Bei der Pasterze (Großglocknergruppe) hat der Gletscherbach in den letzten Jahren immer wieder Baumstämme und Torfreste unter dem Eis herausgespült, für die Wachstumsperioden von 8100–6900 v. Chr. um 4800 v. Chr. und um 3800 v. Chr. bestimmt wurden (NICOLUSSI und PATZELT, in Druck). Der Standort dieser Bäume ist noch eisbedeckt. Die Pasterzenzunge müßte geschätzte 80–100 m an Mächtigkeit verlieren und um mindestens 1 km zurückschmelzen, damit der vermutete Standort der Bäume wieder eisfrei würde.

Diese Ergebnisse belegen: die Gletscher waren in der Nacheiszeit schon mehrfach und über längere Perioden kleiner als heute.

Abb. 11 Das Zungenende des Gepatschferners (Ötztaler Alpen, Kaunertal) mit Holzfundstellen und deren Wachstumsperioden im Gletschervorfeld (Foto: G. PATZELT, am 19. 9. 1997)

Klimageschichtlich aussagekräftig ist auch der Nachweis von ehemals höher reichendem Baumwachstum in Gebieten außerhalb der Gletscherreichweite. In Torfmooren erhaltene Baumstämme in Höhenlagen, die 50–100 m über der heutigen potentiellen Wald- bzw. Baumgrenze liegen, wurden bisher für die Zeiträume 7600 bis 7000, 5800 bis 5300 und 5000 bis 4000 v. Chr. nachgewiesenen (PATZELT, in Bearbeitung). Damit sind länger andauernde, wärmere Temperaturverhältnisse für die Vegetationsperiode dieser Zeiten erfaßt, die den lückenhaften Gletscherbefund wertvoll ergänzen.

Zusammengefaßt ergibt sich nach derzeitigem Kenntnisstand für die letzten 10 000 Jahre der in Abbildung 12 dargestellte Wechsel von Kalt- und Warmphasen und der dafür abgeleitete Verlauf der Sommertemperatur. Folgende Punkte sind hervorzuheben:

– Die ältere Nacheiszeit ist gekennzeichnet durch länger anhaltende Warmperioden, im Gegensatz zur kurzfristig wechselhafteren Entwicklung in den letzten 5 000 Jahren.

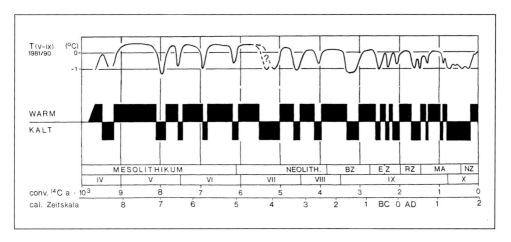

Abb. 12   Chronologie der nacheiszeitlichen Temperaturentwicklung im Ostalpenraum

- Die aus den Schwankungen der Höhengrenzen (Schneegrenze, Wald- und Baumgrenze) abgeleitete Amplitude der Temperaturschwankungen übersteigt 1,5 °C im längerfristigen Mittel kaum.
- Die Zeitabschnitte, in denen es im Sommer so warm oder wärmer war als heute, umfassen insgesamt 2/3 der letzten 10 000 Jahre.
- Das derzeitige Temperaturniveau ist durchschnittlichen Verhältnissen näher als einer extremen Abweichung und liegt somit deutlich innerhalb des natürlichen Schwankungsbereiches der Nacheiszeit.

Wir erleben mit der gegenwärtigen Gletscher- und Klimaentwicklung im alpinen Bereich also nichts Außergewöhnliches. Dabei stellt sich die Frage nach der räumlichen Gültigkeit dieser Aussage. Dazu möge der Hinweis auf die Ergebnisse der Bohrkernanalysen aus dem grönländischen Inlandeis genügen. Dort zeigt die sich im $^{16}O/^{18}O$-Isotopenverhältnis abzeichnende Temperaturentwicklung, daß ein Großteil der letzten 10 000 Jahre wärmer war als heute und daß das Temperaturniveau der letzten 40 Jahre noch unter dem nacheiszeitlichen Durchschnitt liegt (PATZELT 1999 und dort angeführte Quellen und Literatur). Die in den Alpen feststellbaren Abläufe dürften folglich einen viel weiteren Gültigkeitsbereich haben als bisher angenommen wurde.

Eine Klimageschichte, die, wenn auch nur mit Näherungsdaten und in groben Zügen, den Ablauf und das Ausmaß der Veränderungen mehrere 1000 Jahre zurück erschließt, wird bewußt auch als Beitrag zur aktuellen Klimadiskussion verstanden. Vor dem Hintergrunde der langfristigen Klimavergangenheit sollte die Temperaturentwicklung in diesem Jahrhundert eine andere Wertung erhalten. Der Temperaturanstieg geht im vergangenen Jahrhundert von einem tiefen Niveau aus, wie es in der Nacheiszeit eher selten gegeben war. Seither ist bis jetzt keine Entwicklung eingetreten, die es in der von Menschen unbeeinflußten Klimavergangenheit nicht schon mehrfach gegeben hätte. Ein anthropogen verursachter Anteil an der feststellbaren Erwärmung ist damit natürlich nicht ausgeschlossen. Auch sollte das kein Vorwand für Sorglosigkeit sein, jedoch Anlaß zu Überlegungen, warum die Natur den Modellvorstellungen so ungern folgt.

4. Schlußbemerkungen

Nach dem Dargelegten komme ich zum Schluß: nicht die reale Klimaentwicklung ist das Problem, sondern der Umgang mit ihr. Die »Klimadiskussion« der letzten Jahre hat eine bedenkliche Verquickung von Wissenschaft, Medien und Politik erkennen lassen. Der Einfluß der Politik auf die Wissenschaft und ihre Arbeit nimmt zu. Wissenschaftler bedienen sich im zunehmenden Maß der Medien und journalistischer Vorgangsweisen. Katastrophenszenarien mit Übertreibung bis zur Falschdarstellung unter dem Vorwand der Bewußtseinsbildung oder der Mittelbeschaffung haben zu massivem Vertrauensverlust gegenüber naturwissenschaftlichen Tätigkeiten und ihren Ergebnissen geführt und besonders bei Jugendlichen die Hoffnungslosigkeit und Zukunftsangst verstärkt. Angst und Fehlprognosen schaffen kein Vertrauen! Das »Waldsterben« sollte eine Warnung sein. Es hat dem Ansehen der Wissenschaft mehr geschadet als dem Wald. Bahnt sich bei der Klima-Zukunftsforschung ähnliches an?

Das Problem darf man nicht *altern* lassen, man muß es bei *Lebenszeit* lösen. Zum Wohle der Wissenschaft, die so viel Freude und Lebenssinn zu geben vermag.

Literatur

HOLZHAUSER, H.: Gletscherschwankungen innerhalb der letzten 3 200 Jahre am Beispiel des Großen Aletsch- und Gornergletschers. Neue Ergebnisse. In: Gletscher im ständigen Wandel. Publ. d. Schweiz. Akad. D. Wiss., Nr. 6, 101–122 (1995)

NICOLUSSI, K., and PATZELT, G.: Discovery of wood and peat from the early Holocene at the forefield of the glacier Pasterze, Eastern Alps. The Holocene (in press)

KOSCHATZKY, W.: Thomas Ender 1793–1875. Kammermaler Erzherzog Johanns. Graz: Leykam-Verlag 1982

PATZELT, G.: Die gegenwärtigen Veränderungen an Gebirgsgletschern der Erde. In: Hochgebirge, Ergebnisse neuer Forschungen. Frankfurter Beiträge zur Didaktik der Geographie Bd. *10*, 41–50 (1987)

PATZELT, G.: Die klimatischen Verhältnisse im südlichen Mitteleuropa zur Römerzeit. In: Die ländliche Besiedlung und Landwirtschaft in den Rhein- und Donauprovinzen in der römischen Kaiserzeit. Passauer Universitätsschriften zur Archäologie. Bd. *2*, 7–20 (1995)

PATZELT, G.: »Global warming« – im Lichte der Klimageschichte. In: LÖFFLER, H., und STREISSLER, E. W. (Eds.): Sozialpolitik und Ökologieprobleme der Zukunft. Festsymposium der Österr. Akad. d. Wissenschaften Wien, S. 395–406. Wien: Verlag d. Österr. Akad. d. Wiss. 1999

SIMONY, F.: Aus der Venedigergruppe. Jahrbuch des Österr. Alpenvereins Bd. *1*, 1–32 (1865)

ZUMBÜHL, H. J.: Die Schwankungen der Grindelwaldgletscher in historischen Bild- und Schriftquellen des 12. bis 19. Jahrhunderts. Denkschriften d. Schweiz. Naturf. Ges. Bd. *XCII*. Basel, Boston, Stuttgart: Birkhäuser Verlag 1980

> Prof. Dr. Gernot PATZELT
> Institut für Hochgebirgsforschung und
> Alpenländische Land- und Forstwirtschaft
> Leopold-Franzens-Universität Innsbruck
> Innrain 52
> 6020 Innsbruck
> Österreich
> Tel.: 43 51 25 07 23 90
> Fax: 43 51 25 07 28 06
> E-Mail: Gernot.Patzelt@uibk.ac.at

Lebenszeit von Ökosystemen – am Beispiel mitteleuropäischer Seen und Moore

Von Michael Succow (Greifswald)

Mit 16 Abbildungen und 1 Tabelle

Zusammenfassung

Am Beispiel der mitteleuropäischen Seen und Moore wird die Lebenszeit dieser Ökosysteme aufgezeigt. Als »Senken«-Ökosysteme haben sie im Wasser- und Stoffhaushalt der Landschaft wesentliche Funktionen zu erfüllen. In der Naturlandschaft sind es ausgesprochen langlebige Ökosysteme mit hoher (Selbst-)Eigenstabilisierung. Auch während der Phase der extensiven (vorindustriellen) Landschaftsnutzung blieb ihre Funktionstüchtigkeit noch weitestgehend erhalten. Erst im Gefolge der anthropogen bedingten rasanten Eutrophierung der Landschaft während des letzten Jahrhunderts kam es bei den Seen zum Verlust der Selbstreinigungsmechanismen und damit zum vorzeitigen »Altern« dieser Ökosysteme. Bei den Mooren brachten die tiefgreifenden Entwässerungen der letzten Jahrzehnte einen Wechsel von Akkumulationsökosystemen zu sich selbst aufzehrenden Ökosystemen, verbunden mit schwerwiegenden Umweltbelastungen. Aus »Senken« wurden »Sourcen«.

Abstract

The lifespan of lakes and mires is illustrated by their central european representatives. In a natural, undisturbed state lakes and mires are long-lived systems with a high degree of self-stabilisation that play an important role in the landscape as sinks of water and matter. Under pre-industrial low intensity land use this role was hardly affected. Lakes lost their self-cleaning capabilities and »aged« faster with the antropogenically induced eutrophication of the landscape during the last century. Mires changed from accumulating systems into systems emiting substances harmful to the environment because of drainage; sinks became sources.

1. Einleitung

Ökosysteme sind bekanntlich biologische Systeme, die durch ein Wirkungsgefüge zu ihrer unbelebten Umwelt zustande kommen. Es sind stets offene Systeme, die Energie und Materie von außen aufnehmen und auch nach außen wieder abgeben. Dabei können Input und Output deutlich voneinander abweichen. Ökosysteme befinden sich in einem Fließgleichgewicht. Sie sind in einen konkreten Raum und in eine konkrete Zeit eingebunden. Sie vermögen sich in bestimmten Grenzen selbst zu regulieren und zu reproduzieren. Es gibt sowohl ausgesprochen kurzlebige wie auch ausgesprochen langlebige Ökosysteme.

Im Folgenden sollen Erkenntnisse über die Funktionalität und die damit eng verbundene Lebenszeit von Makro-Ökosystemen (Biomen) am Beispiel mitteleuropäischer See- und Moorökosysteme vorgestellt werden.

Als Landschaftsökologe habe ich mit diesen Ökosystemen seit nunmehr über 35 Jahren »intensive Zwiesprache« gehalten, habe über sie geforscht, mich um ihren Schutz bemüht und natürlich auch publiziert. (Als wichtige zusammenfassende Arbeiten seien genannt: SUCCOW 1982, SUCCOW und KOPP 1985, SUCCOW und JESCHKE 1986, SUCCOW 1988, SUCCOW 1998 bzw. BLÜMEL und SUCCOW 1998, SUCCOW und JOOSTEN im Druck.)

2. Landschaftsökologische Charakterisierung von natürlichen See- und Moorökosystemen

Als wassergesättigte Lebensräume füllen Seen und Moore die Senken in der Landschaft. Außer durch Niederschlagswasser werden sie vor allem von diesen Senken zulaufendem Wasser gespeist, das aus deren näherer oder weiterer Umgebung stammt. Es sind also vornehmlich fremdernährte Ökosysteme. In einer menschlich wenig überprägten »Naturlandschaft« mußten sie allein von dem Überschuß an Wasser und den darin enthaltenen Nährstoffen leben, den die zumindest in Mitteleuropa sie natürlicherweise umgebende Waldlandschaft freigab: Also vom Bodenwasser und den Nährstoffen, die von der Vegetation der umgebenden mineralischen Naturräume nicht festgehalten, nicht eingelagert bzw. nicht aufgebraucht wurden. Das war bezüglich der Nährstoffe auch bei größeren Einzugsgebieten sehr wenig. Der Nährstoffeintrag aus der Atmosphäre kann dabei für frühere Zeiträume vernachlässigt werden. Mit Ausnahme der großen Flußauen, die mit ihren außerordentlich großen Einzugsgebieten schon natürlicherweise eutrophe, also gut mit Nährstoffen versorgte Ökosysteme darstellten, waren die in den Waldlandschaften gelegenen Seen und Moore unter unseren temperat-humiden Klimabedingungen durch Nährstoffarmut gekennzeichnet, also von Oligo- und Mesotrophie ertragenden Phytocoenosen besiedelt. Es herrschte permanente Nährstoffunterversorgung. Das erbrachte eine große Biodiversität mit ausgesprochenen Spezialisten in enger, ökologischer Einnischung. Der Nährstoffmangel der Lebensräume ließ hier die in Mitteleuropa allein auf Moor- und Gewässerökosysteme beschränkten sogenannten »fleischfressenden Pflanzen« siedeln (*Aldrovanda*, *Utricularia*, *Drosera* und *Pinguicula*). Seen und Moore hatten zudem die Eigenschaft, relativ viel der von »ihren« Phytocoenosen gebildeten organischen Substanz dem mikrobiellen Umsetzungsprozeß zu entziehen. (Ein Ergebnis des Sauerstoffmangels bei Wassersättigung des Standortes.)

Abb. 1   Kesselsee mit schmaler Moorkante in der Taiga. Der nahezu geschlossene Nährstoffkreislauf der bislang menschlich unbeeinflußten Waldökosysteme der Mineralböden ergibt in den wassererfüllten Senken nur noch durch Oligotrophie charakterisierte Standorte. Langlebige, sehr stabile Ökosysteme sind die Folge (Solovetzki-Inseln im Weißen Meer).

Abb. 2   In der mitteleuropäischen Kulturlandschaft dominieren heute hocheutrophe und polytrophe Seen mit starken Verlandungsprozessen, Ausdruck der unbeherrschten Stoffflüsse, die die Gewässerökosysteme besonders stark treffen. Raschlebige, »vorzeitig alternde« Ökosysteme« sind die Folge.

Abb. 3 Großräumige, wachsende, durch Nährstoffarmut geprägte Moorlandschaften finden sich in Europa fast nur noch in der borealen Zone Rußlands (Aapamoor mit seiner charakteristischen Kolkstruktur inmitten unberührter Taiga auf der Onega-Halbinsel am Weißen Meer).

Abb. 4 Das besterhaltenste Moorökosystem Mitteleuropas ist das Murnauer Moos in der Jungmoränenlandschaft am Alpenrand Oberbayerns. Auf Teilen des ausgedehnten Durchströmungsmoores sind Regenmoorkalotten aufgewachsen. Dieses Moor wächst ununterbrochen seit 10 000 Jahren.

Die Moore speichern bekanntlich Torf, also Kohlenstoff, und den an ihn gebundenen Stickstoff sowie Phosphor. Seen speichern mit ihren Sedimenten ebenfalls organische Substanz, binden damit Stickstoff. Kalk- sowie eisenreiche Sedimente legen zudem den Phosphor irreversibel fest. In der »Naturlandschaft« waren Seen und Moore einst unsere bedeutendsten Akkumulationsökosysteme.

Um eine Vorstellung über das »Leistungsvermögen« basenreicher wachsender Niedermoore, wie sie im Nordostdeutschen Tiefland vorherrschen, zu vermitteln, nachfolgend einige Befunde (GELBRECHT et al. im Druck): Bezogen auf 1 ha wachsenden Niedermoores werden jährlich ca. 340 kg organische Substanz, 0,07 bis 0,041 kg Phosphor und 4,4 bis 11,9 kg Stickstoff akkumuliert. Bezogen auf die Gesamtmoorfläche Mecklenburg-Vorpommerns mit 293 000 ha (entspricht etwa 7% der Landesfläche) würden das Festlegungen von 99 600 t Torf, 20 bis 120 t Phosphor und 1 300 bis 3 500 t Stickstoff bedeuten. Damit war das aus den See- und Moorökosystemen abgegebene Grund- und Oberflächenwasser fast vollständig seiner Nährstoffe »entsorgt«. Das über die Flüsse die Meere erreichende Bodenwasser war also weiträumig durch zwei Filtersysteme gewandert und damit »gereinigt«: zum einen durch die mineralischen Waldstandorte und zusätzlich durch die Seen und Moore.

An Hand einer Übersichtskarte mit den auftretenden Mooren und Seen am Beispiel des Bundeslandes Mecklenburg-Vorpommern (Abb. 5) ist das recht anschaulich zu erfassen. Die Pommersche Hauptendmoräne stellt dabei die große Wasserscheide dar. Alles Bodenwasser, das zur Ostsee geführt wurde, mußte vor allem die großen Flußtalmoore passieren. Das Wasser, welches über die Elbe zur Nordsee floß, mußte

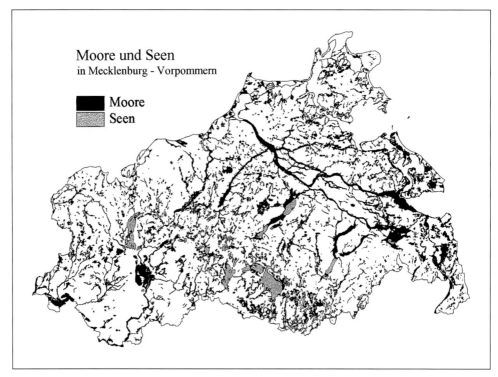

Abb. 5 Moore und Seen in Mecklenburg-Vorpommern (LAUN 1996; Kartographie: Institut für Geodatenverarbeitung Hinrichshagen)

zunächst durch Verlandungsseen der Sanderlandschaften und danach durch Versumpfungsmoore der Talsandgebiete wandern.

Dieser Nährstoffaufbrauch »funktionierte« über Jahrtausende. Die in gewisser Weise als »Nieren der Landschaft« einzuordnenden »Entsorgungsökosysteme« See und Moor wiesen dabei eine erstaunliche Stabilität auf. Die natürliche Alterung verlief äußerst langsam. Stratigraphische und paläoökologische Untersuchungen belegen über lange Zeiträume eine beachtliche Gleichförmigkeit der Vegetation (COUWENBERG et al. im Druck). Das gilt sowohl für die vor allem in der nordostdeutschen sowie südwestdeutschen Jungmoränenlandschaft (Alpenvorland) einst dominierenden oligo- bis mesotroph-alkalischen Klarwasserseen (Durchströmungsseen) mit ihrer Seekreidesedimentation am Gewässerboden und Torfspeicherung der Verlandungsphytocoenosen in den Uferbereichen (Abb. 6). Es gilt aber auch für die ebenfalls für diese Landschaften weit verbreiteten und charakteristischen oligotroph bis mesotroph subneutralen Durchströmungsmoore sowie all die anderen geogenen Moortypen wie Quellmoore, Hangmoore, Versumpfungsmoore, Überflutungsmoore und Kesselmoore (Abb. 7).

Abbildung 8 zeigt ein feinstratigraphisch (Großrest- und Pollenanalyse) untersuchtes Profil in einem nordostdeutschen Durchströmungsmoor (MICHAELIS 1998). Über ca. 5 000 Jahre, also lange Phasen des Postglazial umfassend, wuchs in diesem Moor eine nahezu gleichartige Vegetation, Ausdruck einer relativen Stabilität. Deutliche Klimaschwankungen und damit verbundene Veränderungen im Landschaftswasserhaushalt wurden durch Selbstregulierungsmechanismen weitgehend ausgeglichen.

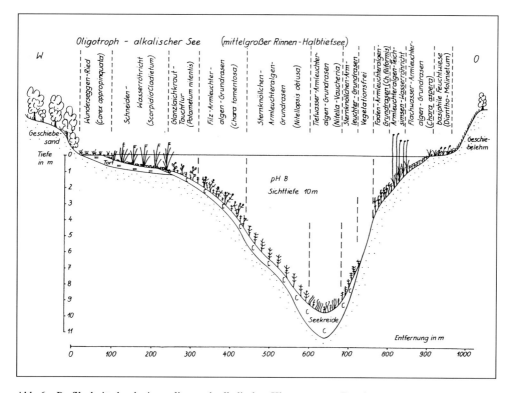

Abb. 6 Profilschnitt durch einen oligotroph-alkalischen Klarwassersee (Durchströmungssee)
(aus: SUCCOW 1995)

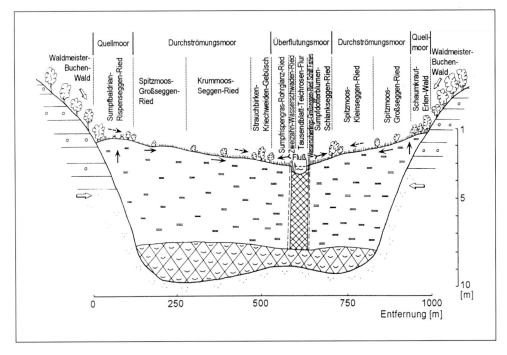

Abb. 7 Profilschnitt durch ein mesotroph-basenreiches Flußtalmoor (Durchströmungsmoor) in natürlichem Zustand (aus: SUCCOW und JOOSTEN im Druck, Kap. 7., Abb. 7)

Bei hohem Wasseranfall dehnte sich der Torfkörper aus, oszillierte, bei geringem Anfall sank er etwas stärker zusammen (»schwammsumpfig«).

Neue Forschungsergebnisse (insbesondere BORK et al. 1998) belegen, daß die Rodung großer Teile der Wälder, beginnend mit den ersten Ackerbaukulturen in der Bronzezeit und einem Höhepunkt im Frühmittelalter, zunächst Seen wie auch Moore »beförderten«. Die mit der Waldvernichtung einher gehende deutlich erhöhte Grundwasserbildung ließ Seespiegel ansteigen und insbesondere auch Moore verstärkt wachsen bzw. neu entstehen. Im Gefolge der Rodungen etwas erhöhte Nährstoffflüsse zeigen sich in einer höhere Nährstoffansprüche aufweisenden Vegetation (Phragmites bzw. Magnocarices), die aber schon bald wieder zur Braunmoos- bzw. Torfmoos-Seggenvegetation meso- bis oligotropher Standortbedingungen wechselt. Ergebnis der »Autoligotrophierung« wachsender Moorökosysteme. Für Seen dürfte ähnliches gelten.

3. Das anthropogen bedingte vorzeitige Altern unserer Seen und Moore

Erst mit den neuzeitlichen massiven Eingriffen in den Landschaftswasserhaushalt, dem raschen Übergang von einem über Jahrhunderte »zehrenden« Ackerbau zu einem Nährstoffüberschuß bedingenden Ackerbau und dem extrem gesteigerten Stoffumsatz und damit verbundenen Nährstoffströmen aus unserer Industriegesellschaft, kommt es zu einem schnellen »Altern« der einstigen Akkumulationsökosysteme und

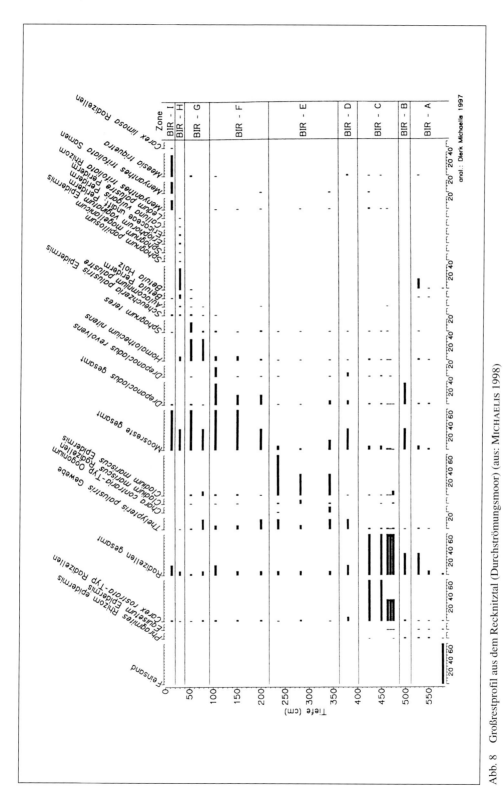

Abb. 8   Großrestprofil aus dem Recknitztal (Durchströmungsmoor) (aus: MICHAELIS 1998)

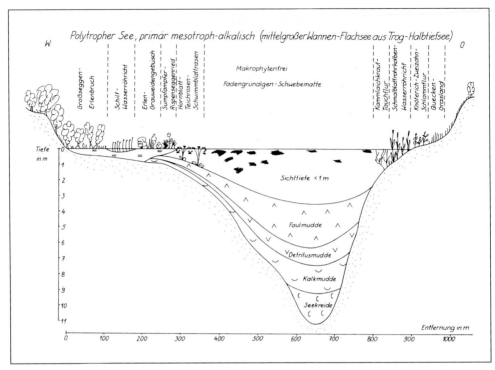

Abb. 9   Profilschnitt durch einen polytrophen See (aus: SUCCOW 1995)

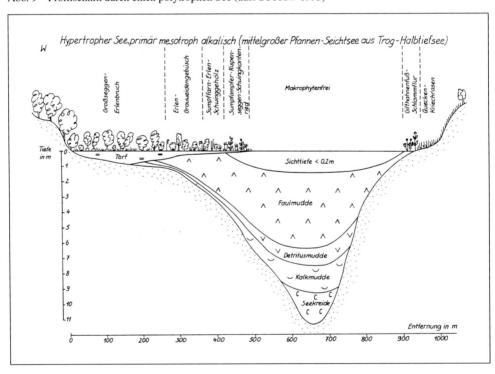

Abb. 10   Profilschnitt durch einen hypertrophen See (aus: SUCCOW 1995)

damit zum Verlust ihres Absorptionsvermögens. In meist nicht einmal einem halben Jahrhundert wurden weiträumig aus entsorgenden belastete und damit belastende Ökosysteme. Aus Senken wurden Sourcen. Das einst Festgelegte wird in rasant kurzer Zeit freigesetzt. Das gilt sowohl für den gespeicherten Kohlenstoff als auch für den einst festgelegten Stickstoff und Phosphor. Es kommt zu sich verändernden und damit neuartigen Ökosystemen.

Die angeheizten mikrobiellen Umsetzungen in nährstoffüberlasteten (poly- und hypertrophen) Seeökosystemen führen z. B. zum Zersetzen der einst in Uferbereichen gespeicherten Torfablagerungen bzw. zum Wechsel von Kalkmudde zu Faulschlamm(Sapropel-) Sedimentation. Enorme Methangas-Bildungen mit ihrer Klimarelevanz sind die Folge, sämtliche biotische wie auch abiotische Komponenten unterliegen einem drastischen Wandel (siehe Abb. 9 und 10).

Das Selbstreinigungsvermögen dieser Seen ist zum Teil irreversibel geschädigt. Innerhalb eines Jahrhunderts läuft dieser als Prozeß der »rasanten Eutrophierung« beschriebene Vorgang ab, läßt über Jahrtausende eine ausgewogene Stabilität aufweisende »lebenerfüllte« Klarwasserseen zu »verfaulenden« und damit zunehmend lebensfeindlichen Trübwasserseen werden. Derartige nährstoffüberlastete Seen stellen neue Ökosysteme dar, die in der Naturlandschaft nicht vorkommen. In meso- oder gar oligotrophe Seeökosysteme sind sie nicht rückführbar.

In den Mooren ist nicht so sehr die von außen hereingetragene Nährstoffüberversorgung für den Verlust ihrer Funktionstüchtigkeit und damit einen raschen Zustandswandel verantwortlich. Es ist vielmehr die tiefgreifende Entwässerung und damit der Luftzutritt in die tieferen Torfschichten der entscheidende Auslöser für den raschen und totalen Ökosystemwandel. Die mikrobielle Torfaufzehrung und die damit verbundene Freisetzung von klimarelevanten Gasen (Kohlendioxid, Lachgas) sowie der einst gebundenen Hauptnährstoffe Stickstoff und Phosphor sind hier die entscheidenden Prozesse. Bei mäßiger Entwässerung, also z. B. während der Phase der extensiven agrarischen Moornutzung als Feuchtwiese, sind diese Prozesse noch gebremst (Abb. 15). Bei intensiver agrarischer Nutzung mit tiefer Grundwasserabsenkung, wie sie in den letzten drei Jahrzehnten auf der überwiegenden Zahl der Moorstandorte Mitteleuropas dominierte, laufen dagegen rasante Abbauprozesse ab mit enormen ungebremsten Stoffflüssen (Abb. 16).

Die einstigen Moorökosysteme können innerhalb weniger Jahrzehnte zu mineralischen Naturräumen »mutieren«. Das gilt insbesondere für subkontinental bis kontinental geprägte Klimaräume. Dazu wiederum einige Befunde aus nordostdeutschen Niedermooren (AGUSTIN im Druck): Auf 1 ha basenreichem Niedermoor werden bei intensiver agrarischer Saatgrasland-Nutzung mit sommerlichen Grundwasserständen tiefer 0,8 m unter Geländeoberkante jährlich ca. 5 800 bis 13 400 kg Torf mineralisiert, 1,1 bis 16,1 kg Phosphor in das Grund- und Oberflächenwasser abgegeben sowie 75 bis 470 kg Stickstoff freigesetzt. Wiederum auf die Gesamtmoorfläche Mecklenburg-Vorpommerns bezogen, ergibt das beim derzeitigen Entwässerungsgrad der Moore eine jährliche Stofffreisetzung von 1,7 bis 3,8 Mio. t Kohlenstoff, 34 bis 4 650 t Phosphor und 21 800 bis 135 600 t Stickstoff! Mit den Kohlenstoff- und Stickstoffumsetzungen erlangen die entwässerten Moore eine außerordentlich hohe Klimarelevanz. Aktuelle Bilanzen für Mecklenburg-Vorpommern und Brandenburg weisen für die Moore eine jährliche Quellenstärke von 2474,5 kt CO_2–C und 3124,8 t N_2O–N aus (AGUSTIN im Druck). Bei den poly- und hypertrophen Seen dürften dagegen die Methan-Freisetzungen die größte Relevanz aufweisen.

Abb. 11 Naturnahe mesotrophe Durchströmungsmoore, die als riesige Flächenfilter wirken, finden sich noch heute ungestört in der Kolchis-Niederung in Georgien. Ihr Wachstum hat bereits im Tertiär begonnen. Die Niederungsmoore des mitteleuropäischen Tieflandes sind dagegen überall entwässert worden.

Abb. 12 Seit dem 18. Jahrhundert sind in Mitteleuropa aus den Niederungsmooren durch mäßige Entwässerung, verbunden mit Mähnutzung, blumenreiche Feuchtwiesen entstanden. Die Lebenszeit dieser neuartigen Ökosysteme währte allerdings nur 200–300 Jahre. Allein in Schutzgebieten, wie hier im Flußtalmoor der Peene bei Gützkow/Mecklenburg-Vorpommern, konnte ihr Fortbestand gesichert werden.

Abb. 13   In den letzten 40 Jahren wurden im Zuge tiefgreifender Entwässerungen aus den Moorwiesen intensiv nutzbare Agrarstandorte. Es sind dies hochgradig »anthropogene« Ökosysteme mit defizitären Stoffumsätzen und damit rasanter Selbstzerstörung, verbunden mit hohen Umweltbelastungen (Friedländer Große Wiese/Vorpommern, Mai 1998).

Abb. 14   Seit wenigen Jahren laufen Versuche der Wiedervernässung, also Revitalisierung degradierter Moorökosysteme. Das ist nur durch Überflutungsregime möglich, polytrophe Standortbedingungen müssen in Kauf genommen werden. Aus Sumpflandschaften dürften mittelfristig aber wieder torfspeichernde, durch Aut-Oligotrophierung gekennzeichnete Ökosysteme entstehen (EU-LIFE-Projekt Trebel-Renaturierung nördlich Demmin/Mecklenburg-Vorpommern, Mai 1998).

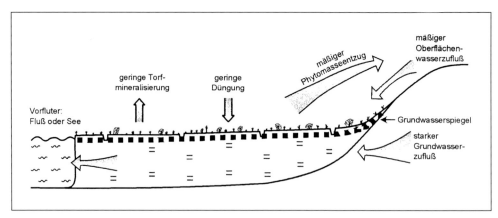

Abb. 15 Profilschnitt durch ein Flußtalmoor während der Phase der extensiven Nutzung als Feuchtwiese (ca. 1750 bis 1960) (aus: Succow und Joosten im Druck, Kap. 8, Abb. 8)

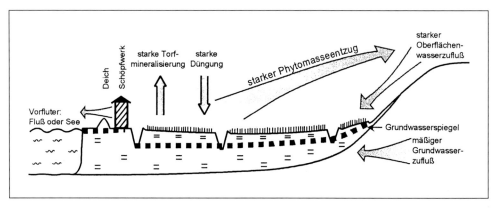

Abb. 16 Profilschnitt durch ein Flußtalmoor während der Phase der intensiven Nutzung als Saatgrasland (ca. 1960 bis 1990) (aus: Succow und Joosten im Druck, Kap. 8, Abb. 8)

Tabelle 1 gibt eine Verlustbilanz an wachsenden Mooren für die Länder Mitteleuropas, die das Ausmaß der anthropogenen Veränderung dieser Naturräume vor Augen führen.

Tab. 1 Flächenumfang der Moorstandorte in den Ländern Mitteleuropas und der Grad ihrer Entwässerung

Land	Landesfläche ($\times 1000\ km^2$)	frühere wachsende Moorfläche ($\times 1000\ km^2$)	frühere wachsende Moorfläche zur Landesfläche (%)	heutige wachsende Moorfläche ($\times 1000\ km^2$)	heutige wachsende Moorfläche (%)	Verlust (%)
Belgien	31	1	3,3	0,01	1	> 99
Dänemark	43	10	23	0,1	1	> 99
Deutschland	357	15	4,2	0,15	1	> 99
Niederlande	42	15	36	0,15	1	> 99
Österreich	84	3	3,6	0,3	10	90
Polen	313	13	4,2	1,95	15	85
Schweiz	41	2	4,9	0,2	10	90
Tschechien	79	0,3	0,4	0,015	5	95

4. Schlußbetrachtung

Bei starken anthropogenen Störungen sind besonders die natürlicherweise sich langzeitig selbst stabilisierenden, also alt werdenden Ökosysteme gefährdet. Ihre »Reparatur« gelingt in der Regel nicht bzw. wiederum erst in sehr langen Zeiträumen, während die natürlich kurzlebigen, relativ rasch in andersartige Ökosystemtypen übergehenden, leichter neu etabliert werden können bzw. vielerorts neu entstehen, z. B., polytrophe Seen oder eutrophe Versumpfungsmoore.

Für Fragen der Sicherung unserer Ökosystemvielfalt ist deshalb besonderes Augenmerk auf den Erhalt der alten bzw. alt werdenden Ökosysteme zu richten. Gerade sie sind für die Stabilität des Naturhaushaltes von besonderer Wichtigkeit, denn sie sind bzw. waren unsere bedeutendsten »Festhalte«ökosysteme. Das gilt innerhalb Mitteleuropas vor allem für Seen- und Niedermoore, ferner aber auch für Anlandungsküsten und Flußauen.

Während der Erhalt der Habitatfunktion von seiten des Naturschutzes seit seinen Anfängen im Mittelpunkt des Seen- und Moorschutzes stand, ist die Sicherung der anderen Funktionen von Seen und Mooren im Landschaftsgefüge erst in jüngerer Zeit in ihrer Gesamtbedeutung erkannt worden. Innerhalb der landschaftlichen Klimawirkung ist insbesondere die hohe Verdunstung und damit der Kühlungseffekt zu nennen. Innerhalb der Bedeutung der Seen und Moore als steuernde Landschaftskomponenten im Wasser- und Stoffhaushalt sind insbesondere ihre Funktion als potentielles Endglied von Stoffströmen (Senken), die biogene Kontrolle über Stoffflüsse im Zusammenhang mit der Muddeablagerung und Torfbildung, die Filter- und Akkumulationsleistung sowie die Regulation des Abflußgeschehens herauszustellen.

Waren diese Eigenschaften der Seen und Moore schon für die Funktionstüchtigkeit und auch Biodiversität der Naturlandschaft von grundlegender Bedeutung, so sind sie es in der heutigen »kultivierten« Landschaft in noch viel höherem Maße. Die Umwandlung der einstigen Waldlandschaft in eine inzwischen überwiegend intensiv genutzte Offenlandschaft und z. T. sogar urbane Landschaft brachte eine Vervielfachung der Stoffströme. Der Sicherung des »Entsorgungsvermögens«, also des Binde- und Festhaltevermögens von Schad- und Laststoffen sowie von Wasser, kommt in anthropogen überformten und damit vielfältig in ihren natürlichen Funktionen geschädigten Landschaften eine fundamentale Bedeutung zu. Der anthropogen bedingte weltweite Verlust der Funktionstüchtigkeit der Absorptionsökosysteme – neben Seen und Mooren sind es in tropischen Klimaten vor allem Mangrovensümpfe und Korallenstöcke – hat schwerwiegende Folgen für den gesamten Stoffhaushalt der Natur. Die Auswirkungen potenzieren sich heute infolge der menschlichen Nutzung der begrabenen, also »entsorgten« Ablagerungen einstiger Akkumulationsökosysteme (Nutzung fossiler Energieträger). Die gegenwärtige Vervielfachung der Stoffflüsse bei gleichzeitigem Verlust der Funktionstüchtigkeit der Festlegungsökosysteme zwingt uns, derartige Ökosysteme in ihren Nutzungsmöglichkeiten neu zu überdenken, das heißt, ihre Natürlichkeit zu belassen, ihnen wieder Raum und Zeit zu geben, um ihre Funktionen in der Landschaft zu erhalten bzw. wieder herzustellen. Es gilt, ihr anthropogen bedingtes vorzeitiges Altern aufzuhalten.

Literatur

AUGUSTIN, J.: Nordostdeutsche Niedermoore als Quelle klimarelevanter Spurengase. In: SUCCOW, M., und JOOSTEN, H. (Eds.): Landschaftsökologische Moorkunde. 2., stark veränderte Auflage (im Druck)

BLÜMEL, C., und SUCCOW, M.: Seen. In: WEGENER, U. (Ed.): Naturschutz in der Kulturlandschaft: Schutz und Pflege von Lebensräumen. S. 169–185. Jena, Stuttgart, Lübeck, Ulm: G. Fischer 1998

BORK, H. R., BORK, H., DALCHOW, C., FAUST, B., PIORR, H.-P., und SCHATZ, T.: Landschaftsentwicklung in Mitteleuropa: Wirkungen des Menschen auf Landschaften. Gotha, Stuttgart: Klett-Perthes 1998

COUWENBERG, J., DE KLERK, P., ENDTMANN, E. JOOSTEN, H., MICHAELIS, D.: Hydrogenetische Moortypen in der Zeit – eine Zusammenschau. In: SUCCOW, M., und JOOSTEN, H. (Eds.): Landschaftsökologische Moorkunde. 2., stark veränderte Auflage (im Druck)

GELBRECHT, J., KOPPISCH, D., und LENGSFELD, H.: Nordostdeutsche Niedermoore als Akkumulationsräume. In: SUCCOW, M., und JOOSTEN, H. (Eds.): Landschaftsökologische Moorkunde. 2., stark veränderte Auflage (im Druck)

LAUN (Landesamt für Umwelt und Natur) Mecklenburg-Vorpommern: Übersichtserfassung der Moorflächen in Mecklenburg-Vorpommern. Gutachten (1996)

MICHAELIS, D.: Eine Makrofossil-Analyse vom Birkbruch im Recknitz-Tal (Mecklenburg-Vorpommern) und ein Schlüssel zur Bestimmung von Braunmoostorfen. Telma *28*, 25–37 (1998)

SUCCOW, M.: Topische und chorische Naturraumtypen der Moore. In: KOPP, D., JÄGER, K.-D., SUCCOW, M., et al. (Eds.): Naturräumliche Grundlagen der Landnutzung am Beispiel des Tieflandes der DDR. S. 138–183. Berlin: Akademie-Verlag 1982

SUCCOW, M.: Landschaftsökologische Moorkunde. Jena: G. Fischer 1988

SUCCOW, M.: Die Seen und ihre Verlandung im Bereich der sommergrünen Laubwaldzone. In: FUKAREK, F., et al.: Urania-Pflanzenreich Vegetation. S. 277–281. Leipzig, Jena, Berlin: Urania-Verlag 1995

SUCCOW, M.: Wachsende (naturnahe) Moore. In: WEGENER, U. (Ed.): Naturschutz in der Kulturlanschaft: Schutz und Pflege von Lebensräumen. S. 126–156. Jena, Stuttgart, Lübeck, Ulm: G. Fischer 1998

SUCCOW, M., und JESCHKE, L.: Moore in der Landschaft. Leipzig, Jena, Berlin: Urania-Verlag 1986; Thun, Frankfurt/Main: Verlag Harri Deutsch 1990

SUCCOW, M., und JOOSTEN, H. (Ed.): Landschaftsökologische Moorkunde. 2., stark veränderte Auflage. Stuttgart: Gebrüder Borntraeger Verlag (im Druck)

SUCCOW, M., und KOPP, D.: Seen als Naturraumtypen. Peterm. Geogr. Mitt. *3*, 161–170 und *4*, Kartenbeilage (1985)

Prof. Dr. Michael SUCCOW
Botanisches Institut und Botanischer Garten
Ernst-Moritz-Arndt-Universität Greifswald
Grimmer Straße 88
17487 Greifswald
Bundesrepublik Deutschland
Tel.: (0 38 34) 86 41 16
Fax: (0 38 34) 86 41 14
E-Mail: succow@rz.uni-greifswald.de

Radikalchemie und Proteinforschung

Einführung und Moderation Dietmar Gläßer (Halle/Saale), Mitglied des Präsidiums der Akademie:

Meine sehr geehrten Damen und Herren, die Thematik der Vorträge, die wir heute hören werden, verspricht einen spannenden Sonntag vormittag, denn sie betrifft die Frage warum und wodurch Altern und Tod offensichtlich unlösbar mit dem Leben mehrzelliger Organismen verbunden sind. In der Literatur ist eine Vielzahl von Denkansätzen diskutiert worden, trotzdem gibt es heute noch keine Theorie, die plausibel und allgemeingültig Altern und Tod als natürliche Konsequenz des Lebens der Individuen erklären kann. Die Vielzahl vorhandener Alternstheorien läßt sich im Grunde aber auf nur zwei Denkansätze zurückführen. Der evolutionsbiologische Ansatz fragt nach dem *Warum* und geht davon aus, daß der Selektionsdruck nicht auf die Erhaltung von Individuen, sondern auf die Maximierung der Reproduktionsrate und die Erhaltung der Population gerichtet ist. Diese Vermutung wurde bereits von August WEISMANN 1881 formuliert und gehört wohl zu den Demütigungen, die die Naturwissenschaft für unser Selbstbewußtsein bereithält. Aber es ist heute unbestritten, daß die Determinierung der maximalen Lebensdauer der verschiedenen Spezies in der Evolution entstanden ist und genetisch bestimmt wird. Der mechanistische Ansatz fragt nach dem *Wie*, nach den Mechanismen, die altersbedingte Veränderungen an den Molekülen bewirken und zur Beeinträchtigung zellulärer und organismischer Leistungsfähigkeit führen. Auf Fortschritte bei der Aufklärung dieser Mechanismen gründet sich auch die berechtigte Hoffnung der Medizin, Gesundheit und Leistungsfähigkeit des menschlichen Organismus innerhalb der genetisch bestimmten maximalen Lebensdauer von 110 bis 120 Jahren möglichst lange erhalten zu können. Gegenwärtig konzentriert sich das Interesse sehr stark auf die Aufklärung von Schädigungsmechanismen, die durch freie Radikale verursacht werden und auf Mechanismen, durch die geschädigte Moleküle entweder repariert oder aber abgebaut und ersetzt werden können. Beide Redner, die wir vor der Pause hören werden, haben wichtige Beiträge zur Aufklärung solcher Mechanismen geleistet, Herr GIESE auf dem Gebiet der Radikalchemie und Herr JENTSCH auf dem Gebiet der Reparatur bzw. des Abbaus und Recyclings geschädigter Proteinmoleküle.

Herr GIESE ist Direktor am Institut für Organische Chemie der Universität Basel. Er wurde in Hamburg geboren und hat in Heidelberg, Hamburg und München Chemie studiert. Seine wissenschaftliche Entwicklung wurde u. a. von den Mitgliedern unserer Akademie Prof. HUISGEN, bei dem er in München promoviert wurde, und Prof. RÜCHARDT, unter dem er sich in Münster und Freiburg habilitiert hat, begleitet. Unmittelbar nach seiner Habilitation wurde er 1977 an die TH Darmstadt und von dort 1988 an die Universität Basel berufen. Herr GIESE gehört zu den Pionieren der modernen Radikalchemie, er ist mehrfach mit hochangesehenen wissenschaftlichen Preisen ausgezeichnet worden und ist Herausgeber bzw. Redaktionsmitglied von international führenden Fachzeitschriften. Er hat wesentliche Beiträge sowohl zur Theorie der Radikalreaktionen wie auch zur Entwicklung stereoselektiver Synthesen mit Hilfe von Radikalen geleistet. Seine experimentellen Ergebnisse über Elektronentransfer in DNA-Strängen und radikalinduzierte DNA-Strangspaltung sind für die modernen Vorstellungen über altersbedingte Schädigungseffekte besonders interessant.

Herr JENTSCH wurde in Berlin geboren, studierte an der Freien Universität in Berlin Biologie und wurde bei Prof. TRAUTNER am Max-Planck-Institut für Molekulare Genetik in Berlin mit einer Arbeit über »Genetik der DNA-Methylierung« promoviert. Von 1985 bis 1988 war er Postdoc bei Prof. VARSHAVSKY am MIT in Cambridge, USA. Von 1988–1993 war Herr JENTSCH Leiter einer Nachwuchsgruppe am Friedrich-Miescher-Laboratorium der Max-Planck-Gesellschaft in Tübingen. 1993 wurde er an die Universität Heidelberg berufen und ist seit 1998 Direktor am Max-Planck-Institut für Biochemie in Martinsried. Herr JENTSCH hat bei Prof. VARSHAVSKY über das Ubiquitin-Proteasom-System gearbeitet, durch das der Abbau von Proteinmolekülen in den Zellen erfolgt und reguliert wird. Herrn JENTSCH ist es als Erstem gelungen, diejenigen Gene zu identifizieren und zu klonieren, die die Enzyme dieses Systems kodieren. In der Folge hat sich gezeigt, daß das Ubiquitin-Proteasom-System über den Abbau altersgeschädigter oder fehlerhaft synthetisierter Proteinmoleküle hinaus an fast allen zellulären Regulationssystemen, wie der Kontrolle des Zellzyklus, der Signaltransduktion, der Transkription, des Antigen-Prozessings und der DNA-Reparatur beteiligt ist. Herr JENTSCH hat viele dieser Funktionen als Erster erkannt und zur Aufklärung wesentlich beigetragen. Seine bahnbrechenden Arbeiten wurden mehrfach mit der Verleihung bedeutender wissenschaftlicher Preise gewürdigt.

Radikale und die Chemie des Alterns

Von Bernd Giese (Basel)
Mitglied der Akademie

Mit 17 Abbildungen

Zusammenfassung

Radikale sind hochreaktive Moleküle, die in lebenden Organismen, in der Umwelt und in der Erdatmosphäre vorkommen. Ihre große Reaktivität hat zur Folge, daß sie mit organischen Molekülen rasch reagieren und dabei diese Moleküle schädigen können. Eine der Ursachen für Alterungsprozesse besteht vermutlich auf der schädigenden Wirkung von Radikalen, die aus dem Luftsauerstoff in unserem Organismus gebildet werden. Es besteht die paradoxe Situation, daß Sauerstoff gleichzeitig lebensnotwendig und toxisch ist. Sauerstoff führt zur Oxidation der wichtigen Biomoleküle, wie den Fetten (Lipiden), den Proteinen und der DNA. Dieser »oxidative Streß« nimmt mit dem Lebensalter zu. Die molekulare Basis dieser Prozesse, die teilweise aufgeklärt sind, wird dargelegt.

Abstract

Radicals are highly reactive molecules which occur in living organisms, in our environment as well as in the earth atmosphere. Because of their high reactivity, radicals attack organic molecules and eventually damage them. One of the causes of ageing processes consists of the damaging activity of radicals which are produced from reactions of oxygen in our body. A paradox is arising: oxygen is essential for life but it is toxic at the same time. It leads to oxidation of important biomolecules such as proteins, lipids, carbohydrates and DNA. This so-called »oxidative stress« increases with age. The molecular basis of these processes, which are partly understood, is presented.

Organische Moleküle streben den Zustand an, ihre Elektronen paarweise anzuordnen. Verbindungen, bei denen mindestens ein Elektron ungepaart vorliegt, heißen Radikale. Organische Radikale sind meist kurzlebige Substanzen, die anderen Molekülen entweder ein Elektron bzw. Atom entreißen oder sich an andere Moleküle anlagern und damit den energetisch günstigen Zustand der Elektronenpaarung erreichen (RÜCHARDT 1995, SCHULZ 1993). Aus dem attackierten Molekül entsteht dabei wieder ein Radikal. Bei diesen Reaktionen wird somit die Radikaleigenschaft von einem Molekül auf ein anderes Molekül übertragen. Je energiereicher ein Radikal ist, desto rascher laufen in der Regel diese Reaktionen ab. Ein hochreaktives Radikal ist z. B. das Hydroxyl-Radikal ($^{\bullet}OH$), das den meisten organischen Verbindungen (RH) ein Wasserstoff-Atom (H) oder ein Elektron (e^-) entreißt. In diesem Prozeß entsteht aus dem Hydroxyl-Radikal ($^{\bullet}OH$) ein Wasser-Molekül (H_2O), während die angegriffene organische Verbindung so reaktiv wird, daß sie mit Sauerstoff (O_2) bzw. Wasser (H_2O) weiterreagiert. Als Ergebnis dieser Reaktionssequenz, die mit dem Angriff von Hydroxyl-Radikalen ($^{\bullet}OH$) startet, werden die organischen Moleküle (RH) oxidiert (Abb. 1).

$$HO^{\bullet} + RH \longrightarrow H_2O + R^{\bullet} \text{ bzw. } RH^{+\bullet} \xrightarrow[H_2O]{O_2 \text{ bzw.}} \text{organische Oxidationsprodukte}$$

Hydroxyl-Radikal — organisches Molekül — Wasser — organisches Radikal bzw. Radikalkation

Abb. 1 Oxidation organischer Moleküle durch Hydroxyl-Radikale

Auf diese Weise können auch die lebenswichtigen, z. T. hochmolekularen Biomoleküle (Lipide, Proteine, Kohlenhydrate und Nukleinsäuren) oxidiert und in ihrer Funktion gestört werden. Man spricht dabei von oxidativem Streß, der jedoch nicht nur durch Hydroxyl-Radikale, sondern auch von anderen Radikalen und nicht-radikalischen Oxidationsmitteln hervorgerufen wird (ÖZBEN 1998, SIES 1986). Diese reaktiven, oxidierenden Spezies (ROS: *reactive oxygen species*) entstehen u. a., weil wir Sauerstoff für unseren Stoffwechsel benötigen. Sauerstoff wird in diesen sehr komplexen Stoffwechselprozessen schließlich in Wasser umgewandelt. Ein kleiner Teil (2–4%) der dabei auftretenden Intermediate entweicht der Umwandlung in Wasser und führt zu unerwünschten Reaktionen (oxidativer Streß).

In den letzten Jahren wurde ein Zusammenhang zwischen dem oxidativen Streß und den durch oxidierte Biomoleküle hervorgerufenen Funktionsstörungen immer deutlicher, wobei die Störung der biologischen Funktionen die maximale Lebenserwartung verringern kann. In Abbildung 2 ist dargestellt, daß ein Anstieg des Stoffwechselumsatzes sowohl mit einem Anstieg von $O_2^{\bullet-}$, einem aus Sauerstoff (O_2) gebildeten ROS-Molekül, als auch mit einer Verkürzung der maximalen Lebenserwartung einhergeht (SOHAL und WEINDRUCH 1996).

Der Zusammenhang zwischen hohem Stoffwechselumsatz (d. h. auch hoher Sauerstoffaufnahme) und kurzer maximaler Lebenserwartung wurde ebenfalls gefunden, wenn unter Laborbedingungen die Menge der aufgenommenen Nahrung kontrolliert wurde. Abbildung 3 zeigt, wie die Überlebensrate mit der kontrollierten Abnahme der Nahrungsmenge steigen kann (SOHAL und WEINDRUCH 1996).

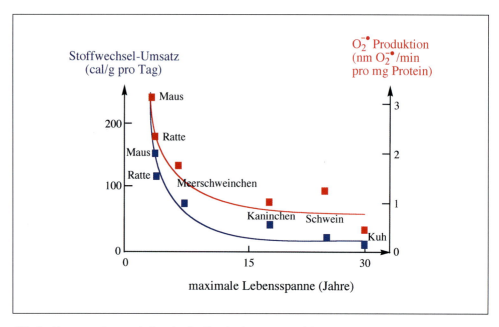

Abb. 2 Zusammenhang zwischen den Stoffwechselumsätzen und der Menge an Sauerstoff-Radikalanionen ($O_2^{\bullet -}$) sowie der maximalen Lebensspanne

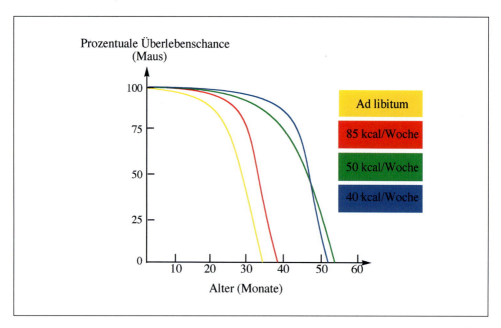

Abb. 3 Zusammenhang zwischen aufgenommener Nahrungsmenge (kcal/Woche) und prozentualer Überlebenschance von Mäusen unter Laborbedingungen

Daß die Menge von oxidierten und damit in ihrer Funktion gestörten Biomolekülen mit dem Alter zunimmt, haben insbesondere Untersuchungen an Proteinen gezeigt. Radikale und andere Oxidationsmittel können Proteinen am Peptidgerüst oder an der

Aminosäure-Seitenkette oxidieren (Abb. 4). Dies wird durch die Zunahme von Carbonylgruppen (C=O) meßbar (OLIVER et al. 1987).

Abbildung 5 zeigt die Zunahme der Carbonylgruppen in Proteinen mit dem Alter. In Progeria-Patienten ist der Anteil von Carbonylgruppen von Anfang an sehr hoch. Dies läßt vermuten, daß ein Zusammenhang zwischen Alterskrankheiten und der Menge an Carbonylgruppen besteht, die durch oxidativen Streß entstehen können (OLIVER et al. 1987).

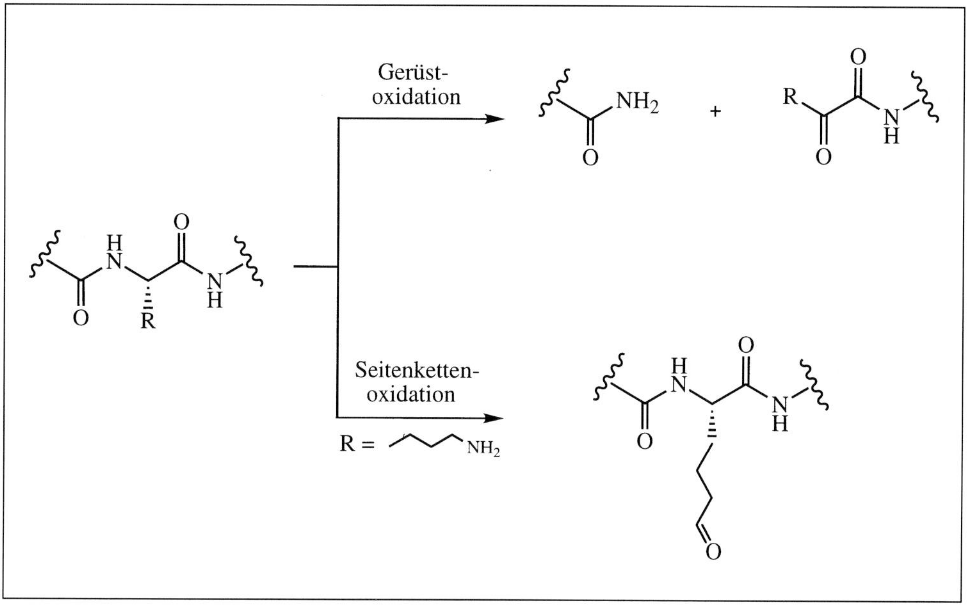

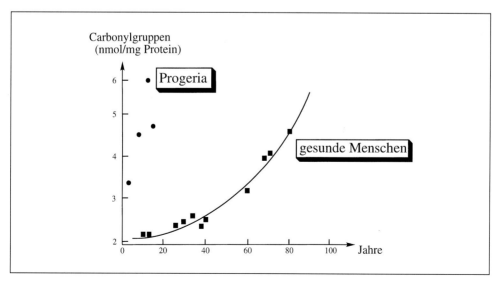

Abb. 4 Molekulare Beschreibung der oxidativen Schädigung von Peptiden

Abb. 5 Zunahme des Anteils an Carbonylgruppen, die durch oxidativen Streß gebildet sein können, mit dem Alter in gesunden Menschen (■) sowie in Progeria-Patienten (●)

Wie oxidativ geschädigte Enzyme in ihrer Funktion gestört werden, zeigt die Abbildung 6. Die Abnahme der Enzymaktivität bei erhöhter Temperatur ist bei ungeschädigter Glucose-6-Phosphat-Dehydrogenase sehr langsam. Dagegen sinkt die Funktionsfähigkeit bei oxidativem Streß sehr schnell. Dabei können durch oxidativen Streß nicht nur die Proteinanteile, sondern auch die Cofaktoren geschädigt werden (OLIVER et al. 1987).

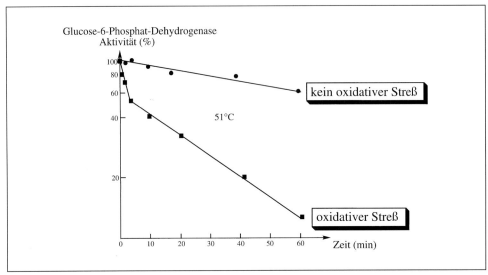

Abb. 6 Abnahme der Enzymaktivität bei erhöhter Temperatur von ungeschädigten (●) und oxidativ geschädigten (■) Enzymen

Der Organismus besitzt die Fähigkeit, die schädigende Wirkung von chemisch veränderten Biomolekülen dadurch zu verringern, daß diese Moleküle entweder schneller abgebaut werden oder daß die Schädigung repariert wird. Bei Proteinen wurde insbesondere der effiziente Abbau geschädigter Formen beobachtet (GRUNE et al. 1996). Abbildung 7 gibt hierfür ein Beispiel, wobei es auffällig ist, daß der Abbau wieder langsamer wird, wenn der oxidative Streß zu stark wird.

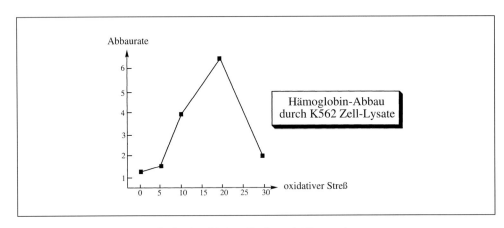

Abb. 7 Abbau von Enzymen, die durch oxidativen Streß geschädigt wurden

Die direkte Reparatur spielt eine Rolle bei geschädigter DNA. Radikale und andere Oxidationsmittel können die DNA sowohl an dem Kohlenhydratgerüst als auch an den heterocyclischen Basen angreifen. Besonders folgenreich ist der Angriff an die 4'-Position des Kohlenhydrats, der zum 4'-DNA Radikal führt. Diese 4'-Radikale spalten den DNA-Strang spontan, können aber durch H-Donoren wie das Tripeptid Glutathion repariert werden (GIESE et al. 1995) (Abb. 8).

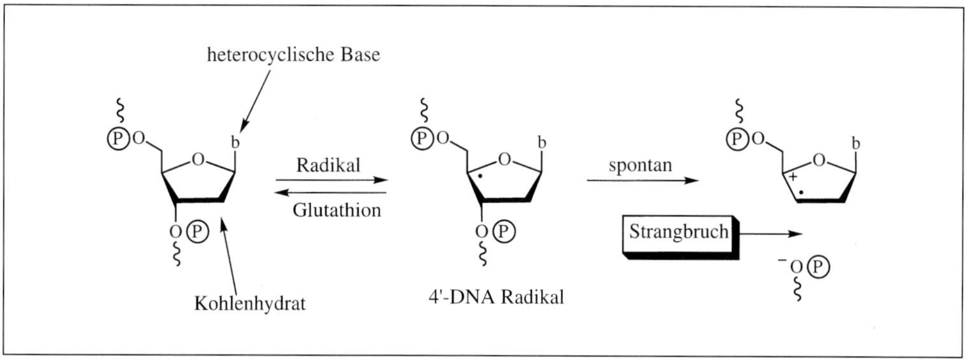

Abb. 8 Molekulare Beschreibung des spontanen DNA-Strangbruches nach Bildung von 4'-DNA Radikalen

Eine weitere Schädigung durch oxidativen Streß beruht darauf, daß die Heterocyclen, die die doppelsträngige DNA über Wasserstoffbrücken zusammenhalten, oxidiert werden. Am leichtesten wird der Heterocyclus Guanin oxidiert, wobei als Zwischenstufe das Guanin-Radikalkation auftritt, das mit Sauerstoff u. a. zum 8-Oxo-Guanin reagiert (CADET et al. 1986, STEENKEN 1989). Diese chemische Reaktion führt zu Mutation und zum DNA-Strangbruch (Abb. 9).

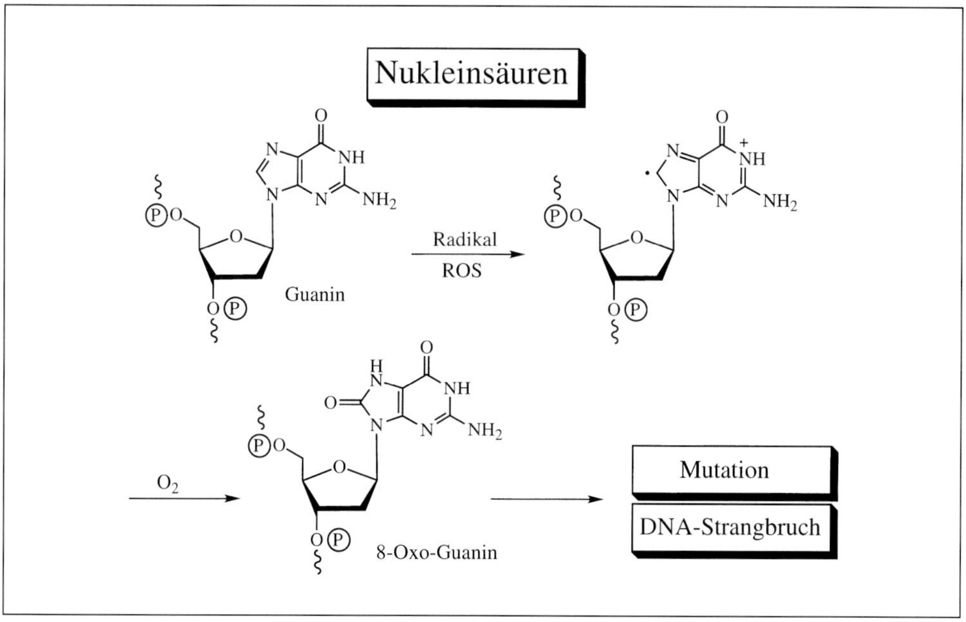

Abb. 9 Bildung von 8-Oxo-Guanin durch oxidativen Streß

Kürzlich konnten wir nun zeigen, daß die Guanin-Radikalkationen durch Elektronentransfer durch die DNA (Abb. 10) selbst repariert werden können (GIESE et al. 1999).

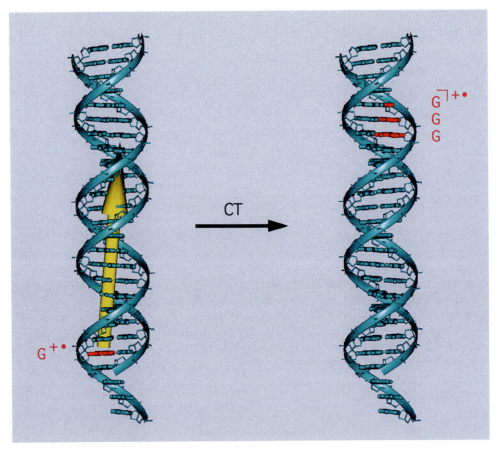

Abb. 10 Reparatur von Guanin-Radikalkationen durch Elektronentransfer zu GGG-Einheiten in der DNA

Besonders wichtig für Alterungserscheinungen ist der Angriff von ROS auf Lipide (Abb. 11). So wird z. B. die nach Hydrolyse aus den Lipiden freigesetzte Linolsäure in die Hydroxylinolsäure übergeführt, die ein Verursacher (oder Begleiter) von Alterskrankheiten ist (JIRA et al. 1998).

Abbildung 12 zeigt, daß die Konzentration von Hydroxylinolsäure in gesunden Menschen sehr viel geringer ist als in Atherosklerose-Patienten (JIRA et al. 1998).

Schließlich werden auch Kohlenhydrate durch oxidierende Radikale in ihrer Funktion beeinträchtigt (Abb. 13). Dabei wird die Bildung sogenannter AGE-Produkte durch Radikale gefördert (LEDL und SCHLEICHER 1990).

Dies führt zu einer Quervernetzung von Peptiden, die in erhöhtem Maße bei Diabetes-Patienten beobachtet werden (LEDL und SCHLEICHER 1990) (Abb. 14).

Wie schützt sich nun unser Organismus vor dem schädlichen Einfluß von Radikalen? Es gibt eine Reihe von Radikalfängern wie Vitamin C, Vitamin E oder β-Carotin, die wir mit der Nahrung aufnehmen (Abb. 15).

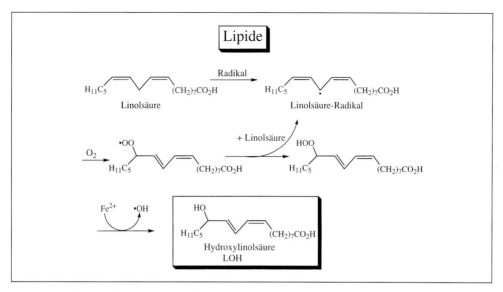

Abb. 11 Molekulare Beschreibung der Hydroxylinolsäure durch oxidativen Streß

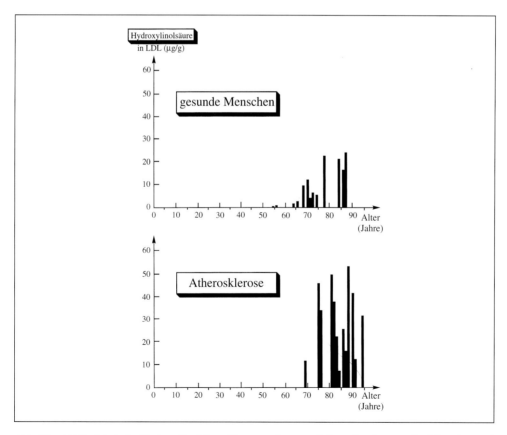

Abb. 12 Abhängigkeit der Hydroxylinolsäure-Konzentration vom Lebensalter in gesunden Menschen und Atherosklerose-Patienten

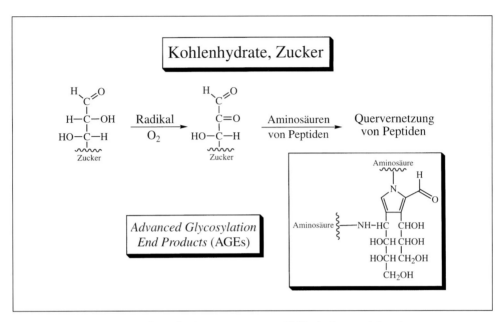

Abb. 13 Molekulare Beschreibung der Quervernetzung von Kohlenhydraten mit Proteinen

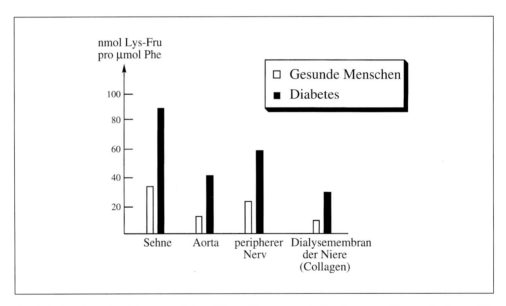

Abb. 14 Zunahme der nichtenzymatischen Glycosylierung von Aminosäuren von Diabetes-Patienten (■) im Vergleich zu gesunden Menschen (□)

Daneben erzeugt auch unser Organismus mit dem Glutathion oder Ubichinol wirksame Radikalfänger (Abb. 16). Eine wichtige Rolle spielen ebenfalls Enzyme, die ROS abbauen.

Die Enzymantwort auf den oxidativen Streß ist eine wichtige Reaktion, mit der der intakte Organismus die Auswirkung der Schädigung zu verringern versucht. Die oxidativ geschädigten Zellbestandteile können direkt repariert werden, oder die ge-

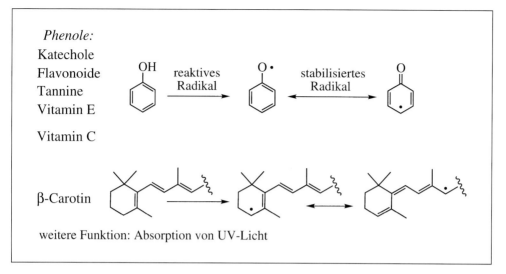

Abb. 15 Pflanzliche Radikalfänger

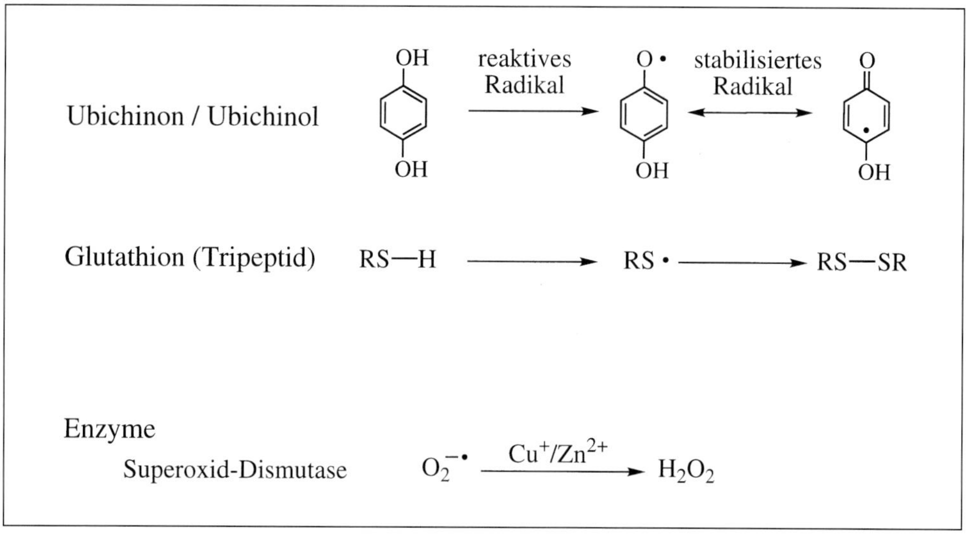

Ubichinon / Ubichinol

Glutathion (Tripeptid)   RS—H $\longrightarrow$ RS• $\longrightarrow$ RS—SR

Enzyme
  Superoxid-Dismutase $O_2^{-•}$ $\xrightarrow{Cu^+/Zn^{2+}}$ H_2O_2

Abb. 16 Tierische Radikalfänger

schädigten Zellen werden bevorzugt von Enzymen abgebaut, so daß die schädigende Wirkung nicht auftritt. Mit Hilfe der ungeschädigten Bausteine erfolgt dann die erneute Synthese der intakten Biomoleküle (Abb. 17).

Der Zusammenhang zwischen Radikalen und der Chemie des Alterns kann in folgenden 5 Punkten zusammengefaßt werden:

– Radikale sind Hauptakteure des oxidativen Stresses.
– Oxidativer Streß steigt mit dem Alter an.

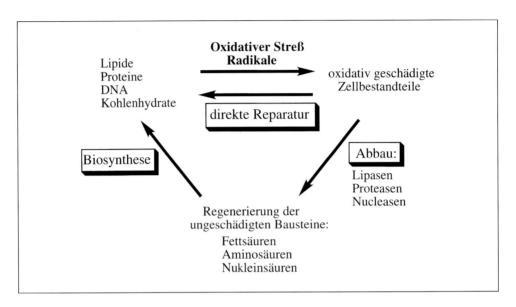

Abb. 17   Enzym-Antwort auf oxidativen Streß

- Radikale schädigen Biomoleküle.
- Enzyme können die geschädigten Biomoleküle abbauen.
- Pflanzliche und tierische Radikalfänger sowie bestimmte Enzyme zähmen reaktive Radikale.

Literatur

CADET, J., BERGER, M., and SHAW, A.: In: SIMIC, M. G., GROSSMAN L., and UPTON, A. C. (Eds.): Mechanisms of DNA Damage and Repair; pp. 69–74. New York, London: Plenum Press 1986

GIESE, B., BEYRICH-GRAF, X., ERDMANN, P., PETRETTA, M., and SCHWITTER, U.: The chemistry of single-stranded 4'-DNA radicals. Chem. Biol. *2*, 367–375 (1995)

GIESE, B., WESSELY, S., SPORMANN, M., LINDEMANN, U., MEGGERS, E., und MICHEL-BEYERLE, M. E.: Zum Mechanismus des weitreichenden Elektronentransports durch DNA. Angew. Chem. *111*, 1050–1052 (1999)

GRUNE, T., REINHECKEL, T., and DAVIES, K. J.: Degradation of oxidized proteins in K562 human hematopoietic cells by proteasomes. J. Biol. Chem. *271*, 15504–15509 (1996)

JIRA, W., SPITELLER, G., CARSON, W., and SCHRAMM, A.: Strong increase in hydroxy fatty acids derived from linoleic acid in human low density lipoproteins of atherosclerotic patients. Chem. Phys. Lipids *91*, 1–11 (1998)

LEDL, F., und SCHLEICHER, E.: Die Maillard-Reaktion in Lebensmitteln und im menschlichen Körper – neue Ergebnisse zu Chemie, Biochemie und Medizin. Angew. Chem. *102*, 597–734 (1990)

ÖZBEN, T.: Free radicals, oxidative stress, and antioxidants. Pathological and physiological significance. NATO ASI Series, Series A: Life Sciences Volume *296*, New York, London: Plenum Press 1998

OLIVER, C. L., AHN, B. W., MOERMAN, E. J., GOLDSTEIN, S., and STADTMAN, E. R.: Age-related changes in proteins. J. Biol. Chem. *262*, 5488–5491 (1987)

RÜCHARDT, C.: Die Chemie freier Radikale und ihre Bedeutung für die Medizin. Jahrbuch 1994. Leopoldina (R. 3) *40*, 169–192 (1995)

SCHULZ, M.: Aktivierung von molekularem Sauerstoff: Selektive Oxidation organischer Verbindungen. Jahrbuch 1992. Leopoldina (R. 3) *38*, 153–168 (1993)

SIES, H.: Biochemie des oxidativen Stress. Angew. Chem. *98*, 1061–1075 (1986)
SIES, H.: Oxidative Stress. London: Academic Press 1991
SOHAL, R. S., and WEINDRUCH, R.: Oxidative stress, caloric restriction, and aging. Science *273*, 59–63 (1996)
STEENKEN, S.: Purine bases, nucleosides, and nucleotides: aqueous solution redox chemistry and transformation reactions of their radical cation and e- and OH adducts. Chem. Rev. *89*, 503–520 (1989)

    Prof. Dr. Bernd GIESE
    Universität Basel
    Institut für Organische Chemie
    St. Johanns-Ring 19
    CH-4056 Basel
    Schweiz
    Tel: 00 41–61–2 67 11 12
    Fax: 00 41–61–2 67 11 05
    E-Mail: giese@ubaclu.unibas.ch

Proteinabbau in der Zelle – Müllabfuhr und Recycling

Von Stefan JENTSCH (Martinsried/München)
Mitglied der Akademie

Mit 3 Abbildungen

Zusammenfassung

Jede Zelle besitzt eine große Anzahl von verschiedenen Proteinen (Eiweißen), die, je nach ihren zellulären Aufgaben, unterschiedlich lang in der Zelle benötigt werden. In der Regel haben Proteine mit Strukturfunktionen sowie Proteine, die an allgemeinen Lebensprozessen beteiligt sind, eine lange Lebensdauer. Proteine jedoch, die nur kurzzeitig und regulativ in das Zellgeschehen eingreifen, werden häufig nach getaner Arbeit mit Hilfe eines spezialisierten zellulären Verdauungssystems, dem Ubiquitin/Proteasom-System, gezielt abgebaut. Auch Proteine, die durch Umwelteinflüsse, wie Hitze oder Exposition von Schwermetallen, eine fehlerhafte Struktur erhalten haben, sind einem schnellen Abbau unterworfen. Bei dem Ubiquitin/Proteasom-System werden Proteine von den Komponenten des Ubiquitin-Systems als für den Abbau bestimmt erkannt, mit dem kleinen Protein Ubiquitin verknüpft und schließlich von dem Proteasom, einem tonnenförmigen Proteasekomplex verdaut. Forschungen der letzten Jahre haben gezeigt, daß dieser Abbauweg maßgebliche regulative Funktionen in der Zelle erfüllt und z. B. die Zellteilung steuert. Ein fehlregulierter Abbau von Proteinen kann so zu Tumoren oder Entwicklungsdefekten führen.

Abstract

Each cell expresses a large variety of different proteins. The life span of proteins in a cell is often dictated by their cellular functions and can range from less than a minute to several months. Proteins, which play structural roles, as well as proteins with house-keeping functions, are in general long lived. However, proteins that have regulatory functions are often destroyed once their cellular mission has been completed. Moreover, proteins that are literally in »bad shape«, i. e. misfolded or misassembled, are recognized and selectively degraded. One major protein degradation pathway is mediated by the ubiquitin/proteasome system. In this pathway, proteins are first recognized by specific components of the ubiquitin system and earmarked for degradation by ligation to ubiquitin, a small and highly conserved protein. In a second step, proteins tagged with ubiquitin are degraded by a large protease, termed the proteasome, to peptides and ubiquitin is released. The peptides are further processed by other enzymes and the resulting free amino acids are recycled. Studies of the recent years have shown that the ubiquitin/proteasome system is of fundamental importance for cellular regulation, including growth control. Among the known substrates are cell cycle regulators, transcription factors, proto-oncoproteins, and tumor suppressor proteins. Misregulated degradation of proteins can lead to developmental defects and tumor formation. Furthermore, certain human inherited disorders, e. g. cystic fibrosis, are known to be caused by proteolytic elimination of crucially important proteins that are expressed from mutant genes.

1. Protein Faltung – Origami mit Fehlern

Zu den Hauptbestandteilen der Zelle gehören die Proteine (Eiweiße). Proteine haben sehr verschiedene Funktionen. Einige sind eher statisch und können, wie beim Keratin in unseren Haaren oder dem Kollagen unserer Haut, Stützfunktionen erfüllen. Andere sind aber sehr viel dynamischer und können als Werkzeuge der Zelle fungieren. Allen gemeinsam ist aber ihre Entstehung. Die Information zum Aufbau eines Proteins ist in der Erbsubstanz, der Desoxyribonukleinsäure (DNA), verschlüsselt. Dies ist ein fadenförmiges Molekül in der Form der Doppelhelix. Die Informationen werden von sogenannten Polymerasen in eine ebenfalls fadenförmige Ribonukleinsäure (RNA) übersetzt. Diese gelangt dann aus dem Zellkern, wo sich die Erbinformation geschützt aufhält, in das Zytosol, den Zellsaft. Dort wird sie von speziellen Maschinen, den Ribosomen, in Proteine übersetzt. Bei diesem Vorgang, Translation genannt, stellt die RNA den Ribosomen die Information zum Aufbau von Proteinen zur Verfügung. Von jedem RNA-Molekül können viele identische Kopien eines Proteins hergestellt werden.

Ähnlich wie die Nukleinsäuren, d.h. wie die DNA oder die RNA, sind auch Proteine fadenförmig aufgebaut. Sie bestehen aber aus anderen Materialien, nämlich aus 20 verschiedenen Bausteinen, den sogenannten Aminosäuren. Die Funktion eines Proteins wird größtenteils durch die Reihenfolge der Aminosäuren innerhalb des Eiweißfadens bestimmt – wir sprechen von seiner *Sequenz*. Von entscheidender Bedeutung für die Funktionstüchtigkeit der Proteine ist jedoch auch ihre korrekte *Faltung*, denn diese bestimmt die Form des Proteins. Analog zum Origami, dem japanischen Papierfalten, ist das »Protein-Origami«, wie ich es hier nennen will, ein sehr komplizierter Vorgang. In den allermeisten Fällen funktioniert das Protein-Origami perfekt: die Faltung des Proteins ist korrekt, und die Proteine sind funktionstüchtig. Jedoch gibt es Ausnahmesituationen.

Jeder hat schon beobachtet, daß beim Kochen des Frühstückseis das klare Eiweiß milchig trüb und fest wird. Die Hitze verändert die Struktur, die Faltung des Proteins; die Proteine formen Aggregate und verändern so ihre physikalischen Eigenschaften. Auch bei uns im Körper passieren solche Vorgänge – jedoch muß man uns dafür nicht kochen! Schon beim Fieber, also einem Anstieg der Körpertemperatur um nur wenige Grade, können Proteine denaturieren, wie Biochemiker sagen. Die Strukturveränderungen der Proteine, wie sie beim Fieber auftreten, sind natürlich viel geringer, als sie beim Kochen entstehen würden; aber trotzdem kann dies zum Zelltod oder sogar zum Tod des Lebewesens führen. Ähnlich negative Einflüsse auf die Form der Proteine hat der Konsum von Alkohol oder auch die Einnahme von Schwermetallen: ein Grund, warum Schwermetalle starke Umweltgifte sind.

2. Reparatur oder Abbau?

Wie geht aber die Zelle mit falsch gefalteten Proteinen um? Dazu stehen ihr zwei Möglichkeiten zur Verfügung. Zum einen können geringere Faltungsstörungen wieder repariert werden. Dazu gibt es in der Zelle spezielle Apparate, die dies ermöglichen. Einige, *Chaperonine* genannt, sehen z.B. becherförmig aus und können ihre Form unter Energieverbrauch (ATP) stark verändern. Die falsch gefalteten Proteine gelangen in diese Becher, und dort wird so lange »massiert«, bis die Proteine ihre korrekte Faltung wieder angenommen haben. Die zweite Möglichkeit ist, die abnormalen Proteine gezielt zu zerstören. Dieser Vorgang der zellulären »Müllabfuhr« wird Proteinabbau oder Proteolyse genannt.

Der komplexe Vorgang der selektiven Proteolyse funktioniert nach dem Prinzip der Arbeitsteilung: Es gibt Komponenten, die die Proteine erkennen und markieren – sie werden das *Ubiquitin-System* genannt – und eine weitere Komponente, das *Proteasom*, das die markierten Proteine gezielt abbaut. Der Hauptbestandteil des Proteasoms ist ein symmetrischer, röhrenförmiger Proteinkomplex, in dessen Innerem die Proteine zu Fragmenten (Peptiden) verdaut werden. Da die beiden Eingänge der Proteasom-Röhre sehr eng sind, können nur komplett aufgefaltete Proteine ins Innere des Proteasoms gelangen und somit verdaut werden (siehe Abb. 1). Diese zwei »Flaschenhälse« des Proteasoms verhindern somit, daß zelluläre Proteine ungehindert in das Proteasom gelangen und abgebaut werden. Damit Proteine hinein können, müssen sie vorher aktiv aufgefaltet werden. Dafür besitzt das Proteasom über den zwei »Flaschenhälsen« ringförmig angelagerte Maschinen, die unter Energieverbrauch (ATP) die Entfaltung von Proteinen bewirken. Diese Auffaltungsmaschinen kooperie-

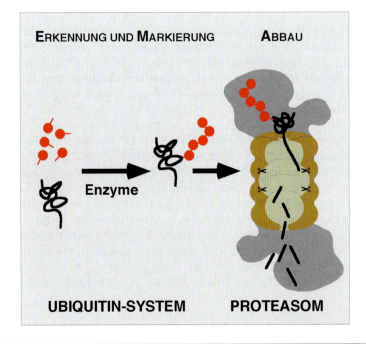

Abb. 1 Aufbau und Wirkungsweise des Ubiquitin/Proteasom-Systems. Enzyme des *Ubiquitin-Systems* erkennen die Substrate und markieren sie für den Abbau, indem sie mit dem Protein *Ubiquitin* (rot) verknüpft werden. Mehrere Ubiquitin-Moleküle werden hierbei als Kette verknüpft. Diese Protein-Ubiquitin-Konjugate werden von dem *Proteasom* gebunden, die Proteine werden aufgefaltet und durch enge Eingänge (»Flaschenhälse«) in das Proteasom eingefädelt. Im Innern des Proteasoms werden die Proteine zu Fragmenten (Peptiden) abgebaut und diffundieren danach aus dem Proteasom hinaus. Ubiquitin wird bei diesem Vorgang nicht mitverdaut, da die Ubiquitinkette am Eingang des Proteasoms abgeschnitten und in einzelne Ubiquitin-Moleküle gespalten wird.

ren mit weiteren Komponenten, die gezielt nur bestimmte, für den Abbau *markierte* Proteine an das Proteasom binden, auffalten und abbauen lassen.

3. Das Ubiquitin-System

Der Marker, mit dem Proteine, die für den Abbau bestimmt sind, versehen werden, heißt *Ubiquitin*. Es ist selbst ein kleines Protein, das überall (ubiquitär) in allen Lebewesen mit Zellkernen vorkommt und deshalb Ubiquitin genannt wurde. Proteine, die vom Proteasom abgebaut werden sollen, werden zunächst mit einer Kette von aneinander geknüpften Ubiquitinmolekülen verbunden. Diese sogenannten Konjugate dokken dann an das Proteasom an, wo sie – bildlich gesprochen – über diese Ubiquitinkette angekettet werden. Nur angekettete Proteine werden aufgefaltet, in das Proteasom eingefädelt und dort zu Fragmenten zerlegt. Für die Verknüpfung von Ubiquitin an ein Protein und die Entstehung einer Ubiquitinkette, sind *Ubiquitin-Konjugationsenzyme* (UBCs) verantwortlich.

Es gelang uns und anderen Arbeitsgruppen, diese Enzyme zu identifizieren und auch die entsprechenden Baupläne, die Gene für diese Enzyme, zu isolieren. Für unsere Studien benutzen wir die Bäcker- oder Bierhefe *Saccharomyces cerevisiae*. Obwohl Hefen sehr viel einfacher aufgebaut sind als der Mensch, sind alle prinzipiellen Lebensvorgänge bei Hefe und Mensch sehr ähnlich. Die Hefe bietet den Vorteil, daß sie sehr leicht zu kultivieren ist. Der größte Vorteil ist jedoch, daß man Hefezellen sehr einfach genetisch manipulieren kann. Man kann die Gene klonieren, d.h. isolieren, sie zerstören und wieder in den Organismus einführen. So können wir Hefezellen herstellen, denen einzelne Gene für diese Enzyme fehlen – die also nicht mehr in der Lage sind, bestimmte Enzyme herzustellen. Die Überraschung war, daß schon die einzellige Hefe 11 verschiedene UBCs besitzt. Die meisten UBC-Enzyme befinden sich im Zytosol sowie im Zellkern. Andere befinden sich an speziellen Zellstrukturen, den Membranen. Vier dieser Enzyme scheinen die Fähigkeit zu besitzen, gezielt abnormale Proteine zu erkennen und mit einer Ubiquitinkette zu verknüpfen. Es zeigte sich, daß sie sogar Spezialisten zu sein scheinen. Während einige bevorzugt solche Proteine markieren, die durch Hitze oder Alkohol »abnormal« wurden, sind andere eher spezifisch für Proteine, die durch Schwermetalle wie Cadmium ihre korrekte Faltung verloren haben. Interessanterweise werden diese Enzyme, wenn sie besonders gebraucht werden, d.h. bei erhöhter Temperatur oder wenn die Zellen Cadmium ausgesetzt sind, in größeren Mengen hergestellt – ein Vorgang, den man Streßantwort der Zelle nennt.

4. Abbau für den Umbau

Eine besonders wichtige Entdeckung der letzten Jahre war, daß neben einer Funktion bei der zellulären Müllabfuhr, das Ubiquitin/Proteasom-System ganz entscheidend an Regulationsvorgängen der Zelle beteiligt ist. Schon vor einigen Jahren fanden wir, daß das Ubiquitin-System für die Reparatur von Schäden an der Erbsubstanz, der DNA, von zentraler Bedeutung ist. Ferner identifizierten wir ein UBC-Enzym, das notwendig für die Verdoppelung der Erbinformation, der DNA, ist. Diese wichtigen Vorgänge der Zelle scheinen somit über einen Abbau von speziellen Proteinen gesteuert zu werden.

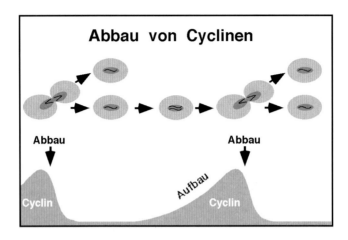

Abb. 2 Während des Zellteilungsvorgangs verdoppeln sich zunächst die Chromosomen mit der Erbinformation (S-Phase), und diese werden dann korrekt während der Mitose (M-Phase) nach der Zellteilung auf die beiden neuen Zellen verteilt. Diese Vorgänge werden von Cyclinen maßgeblich reguliert. Cycline werden zyklisch hergestellt und – nach ihrer erfolgten Tätigkeit – zu einem ganz bestimmten Zeitpunkt wieder über das Ubiquitin/Proteasom-System abgebaut. Fehlregulation kann zu unkontrollierten Zellteilungen und damit zum Tumor führen.

Vor wenigen Jahren wurde die Entdeckung gemacht, daß die sogenannten *Cycline* durch das Ubiquitin/Proteasom-System abgebaut werden. Cycline sind zentrale Regulatorproteine der Zellteilung. Sie bekamen diesen Namen, da sie während der Zellteilungsvorgänge zyklisch auftauchen und wieder verschwinden. Während einer bestimmten Phase werden sie hergestellt, und später, nachdem sie regulierend die Zellteilung gesteuert haben, werden sie über das Ubiquitin/Proteasom-System abgebaut (siehe Abb. 2). Cycline sind Kontroll-Untereinheiten eines Enzyms, der *Cdc2-Proteinkinase*, die andere Proteine durch Anknüpfung einer Phosphatgruppe modifiziert und damit deren Funktion abändert. In menschlichen Zellen gibt es verschiedene Cycline, die mit dem Cdc2-Enzym interagieren. Je nach der gebundenen Cyclin-Art kann das Cdc2-Enzym bestimmte Substrate modifizieren. Welche Substrate modifiziert werden hängt demnach von der Verfügbarkeit der entsprechenden Cycline ab – und das wird durch eine regulierte Synthese und einen regulierten Abbau der entsprechenden Cycline bestimmt.

Man kann sich deshalb leicht vorstellen, daß Fehler im Proteinabbau zu massiven Störungen führen können (siehe Abb. 3). In der Tat wissen wir jetzt, daß beim Menschen Fehler in diesem System zu einer Fehlregulation der Zellteilung führen und es damit zum Krebs kommen kann: Zellen teilen sich unkontrolliert und bilden einen Tumor. Ein weiteres Beispiel ist die *Alzheimer-Krankheit*. Patienten mit Alzheimer haben sogenannnte Plaques im Gehirn, das sind abnormale Proteine, die mit Ubiquitin verknüpft sind. Diese werden jedoch nicht oder nur sehr ungenügend vom Proteasom abgebaut. Es wird vermutet, daß die Akkumulation von diesen abnormalen Proteinen toxisch für die Zellen ist und diese absterben. Studien zeigten ferner, daß auch ein beschleunigtes Altern durch einen mangelhaften Proteinabbau verursacht werden könnte.

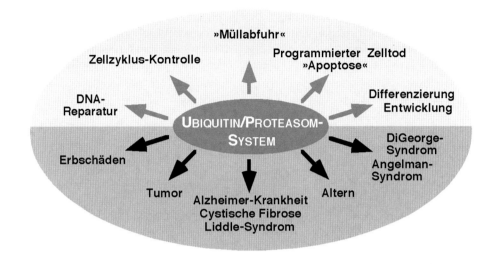

Abb. 3 Schematische Darstellung von Ubiquitin/Proteasom-abhängigen Prozessen. Wichtige zelluläre Vorgänge wie DNA-Reparatur, Zellzykluskontrolle und Müllabfuhr usw. (hellgrau) werden über selektive Proteolyse reguliert. Ein fehlregulierter Abbau (dunkelgrau) kann zu Erbschäden, Tumoren und z. B. der Alzheimer-Krankheit führen. DiGeorge- und Angelman-Syndrom sind Erbkrankheiten, die auf Fehler im Ubiquitin/Proteasom-System zurückzuführen sind. Dagegen haben Cystische Fibrose und Liddle-Syndrom ihren Ursprung in Defekten bei den Substraten des proteolytischen Systems. Hierbei wird entweder verstärkt oder aber geringer abgebaut als vorgesehen.

Eine bekannte Erbkrankheit, die mit dem Ubiquitin/Proteasom-System im Zusammenhang steht, ist die *Cystische Fibrose* (auch Mukoviszidose genannt). Bei Mitteleuropäern ist sie recht häufig: Einer von 2000 hat diese Krankheit geerbt. Die Ursache für diese Krankheit ist ein Defekt in einem Protein, *CFTR* genannt, das ein Transportprotein für Chlorid-Ionen ist. Bei 70 % aller Patienten mit der Cystischen Fibrose fehlt in diesem Protein nur eine bestimmte Aminosäure. Diese abnormale Form des Proteins wäre im Prinzip funktionstüchtig, jedoch wird sie von dem Ubiquitin-System als fehlerhaft erkannt, mit Ubiquitin versetzt und anschließend vom Proteasom verdaut. Die Konsequenz ist, daß den Patienten dieses wichtige Protein zum größten Teil fehlt. Letztendlich führt dies zur bakteriellen Infektion der Lunge, was zu einer hohen frühen Sterblichkeit der Patienten führt. Dieses tragische Beispiel zeigt, daß ein sehr effizientes Kontrollsystem der Zelle, das die Aufgabe hat, alles Abnormale zu entfernen, in Ausnahmefällen auch zuviel des Guten leisten kann.

5. Ausblick

Erst in jüngster Zeit wurde die Bedeutung des Ubiquitin/Proteasom-Systems für das Leben erkannt. Die allermeisten Funktionen der Zelle sind hochrangig reguliert. Da Proteolyse irreversibel ist, werden bevorzugt gerichtete Prozesse von Lebewesen, wie z. B. die Zellteilung oder die Entwicklung eines Organismus, über den Abbau von Proteinen gesteuert. Studien an der Hefe zeigten die Prinzipien des selektiven Proteinabbaus und lieferten modellhaft entscheidende Beiträge, auch zum Verständnis von menschlichen Erbkrankheiten sowie der Tumorentstehung. Es wird das Ziel weiterer Forschungen sein, gerichtet in das Abbausystem eingreifen zu können, um in der Zukunft Möglichkeiten zur Therapie oder zum Vermeiden von Krankheiten zu schaffen.

Weiterführende Literatur

Reviews:

HARTL, F. U.: Molecular chaperones in cellular protein folding. Nature *381*, 571–580 (1996)
HERSHKO, A., and CIECHANOVER, A.: The ubiquitin System. Annu. Rev. Biochem. *67*, 425–479 (1998)
JENTSCH, S.: The ubiquitin-conjugation system. Annu. Rev. Genet. *26*, 177–205 (1992)
JENTSCH, S., and SCHLENKER, S.: Selective protein degradation: a journey's end within the proteasome. Cell *82*, 881–884 (1995)
PILEWSKI, J. M., and FRIZZELL, R. A.: Role of CFTR in airway disease. Physiol. Rev. *79*, 215–255 (1999)
SCHWARTZ, A. L., and CIECHANOVER, A.: The ubiquitin-proteasome pathway and pathogenesis of human diseases. Annu. Rev. Med. *50*, 57–74 (1999)
VARSHAVSKY, A.: The ubiquitin system. Trends Biochem. Sci. *10*, 383–387 (1997)

Auswahl an Originalarbeiten des Autors:

BARRAL, Y., JENTSCH, S., and MANN, C.: G1 cyclin turnover and nutrient uptake are controlled by a common pathway in yeast. Genes Dev. *9*, 399–409 (1995)
CHEN, P., JOHNSON, P., SOMMER, T., JENTSCH, S., and HOCHSTRASSER, M.: Multiple ubiquitin-conjugating enzymes participate in the in vivo degradation of the yeast MATα2 repressor. Cell *74*, 357–369 (1993)
GOEBL, M. G., YOCHEM, J., JENTSCH, S., MCGRATH, J. P., VARSHAVSKY, A., and BYERS, B.: The yeast cell cycle gene CDC34 encodes a ubiquitin-conjugating enzyme. Science *241*, 1331–1335 (1998)
HAUSER, H.-P., BARDROFF, M., PYROWOLAKIS, G., and JENTSCH, S.: A giant ubiquitin-conjugating enzyme related to IAP apoptosis inhibitors. J. Cell Biol. *141*, 1415–1422 (1998)
HÖHFELD, J., and JENTSCH, S.: GrpE-like regulation of the Hsc70 chaperone by the anti-apoptotic protein BAG-1. EMBO J. *16*, 6209–6216 (1997)
JENTSCH, S., MCGRATH, J. P., and VARSHAVSKY, A.: The yeast DNA repair gene *RAD6* encodes a ubiquitin-conjugating enzyme. Nature *329*, 131–134 (1987)
JUNGMANN, J., REINS, H.-A., SCHOBERT, C., and JENTSCH, S.: Resistance to cadmium mediated by ubiquitin-dependent protein degradation. Nature *361*, 369–371 (1993)
KOEGL, M., HOPPE, T., SCHLENKER, S., ULRICH, H. D., MAYER, T. U., and JENTSCH, S.: A novel ubiquitination factor, E4, is involved in multiubiquitin chain assembly. Cell *96*, 635–644 (1999)
LIAKOPOULOS, D., BÜSGEN, T., BRYCHZY, A., JENTSCH, S., and PAUSE, A.: Conjugation of the ubiquitin-like protein NEDD8 to cullin-2 is linked to von Hippel-Lindau (VHL) tumor suppressor function. Proc. Natl. Acad. Sci. USA *96*, 5510–5515 (1999)
LIAKOPOULOS, D., DOENGES, G., MATUSCHEWSKI, K., and JENTSCH, S.: A novel protein modification pathway related to the ubiquitin system. EMBO J. *17*, 2208–2214 (1998)
MAYER, T. U., BRAUN, T., and JENTSCH, S.: Role of the proteasome in membrane extraction of a short-lived ER-membrane protein. EMBO J. *17*, 3251–3257 (1998)
SCHWARZ, S. E., MATUSCHEWSKI, K., LIAKOPOULOS, D., SCHEFFNER, M., and JENTSCH, S.: The ubiquitin-like proteins SMT3 and SUMO-1 are conjugated by the UBC9 E2 enzyme. Proc. Natl. Acad. Sci. USA *95*, 560–564 (1998)
SEUFERT, W., and JENTSCH, S.: Ubiquitin-conjugating enzymes UBC4 and UBC5 mediate selective degradation of short-lived and abnormal proteins. EMBO J. *9*, 543–550 (1990)
SEUFERT, W., and JENTSCH, S.: *In vivo* function of the proteasome in the ubiquitin pathway. EMBO J. *11*, 3077–3080 (1992)

SEUFERT, W., FUTCHER, B., and JENTSCH, S.: Role of a ubiquitin-conjugating enzyme in degradation of S- and M-phase cyclins. Nature *373*, 78–81 (1995)

SOMMER, T., and JENTSCH, S.: A protein translocation defect linked to ubiquitin-conjugation at the endoplasmic reticulum. Nature *365*, 176–179 (1993)

        Dr. Stefan JENTSCH
        Abteilung Molekulare Zellbiologie
        Max-Planck-Institut für Biochemie
        Am Klopferspitz 18a
        82152 Martinsried
        Bundesrepublik Deutschland
        Tel: (0 89) 85 78 30 09
        Fax: (0 89) 85 78 30 11
        E-Mail: jentsch@biochem.mpg.de

Zellbiologie

Einführung und Moderation Werner Köhler (Jena), Vizepräsident der Akademie:

Mit den folgenden Vorträgen kommen wir fast in das Gebiet der Medizin. Wir hatten bereits gehört, daß der oxidative Streß einen Einfluß auf den Alterungsprozeß besitzt. Jetzt treten Fragen genetischer Dispositionen hinzu. Außerdem wird mit der Apoptose ein sehr aktuelles Thema aufgegriffen.

Herr COLLATZ studierte an der Freien Universität Berlin Biologie. Er wurde 1968 promoviert und habilitierte sich dann an der Universität Freiburg für das Fach Zoologie. Jetzt ist er Professor am Institut für Biologie (Zoologie) der Albert-Ludwigs-Universität in Freiburg. Seine Hauptarbeitsgebiete sind die vergleichende Biologie des Alterns, insbesondere bei Insekten als Modellorganismen, die vergleichende Stoffwechselphysiologie und die Geschichte der Biologie. Von 1993 bis 1996 war Herr Collatz Vizepräsident der Deutschen Gesellschaft für Altersforschung.

Herr KRAMMER ist geschäftsführender Direktor des Instituts für Immunologie und Genetik am Deutschen Krebsforschungszentrum in Heidelberg (DKFZ) und gleichzeitig Sprecher des Forschungsschwerpunktes Tumorimmunologie. Herr KRAMMER studierte Medizin in Freiburg, St. Louis und Lausanne. Er wurde in Freiburg promoviert und ging nach seiner Medizinalassistentenzeit als wissenschaftlicher Mitarbeiter an das Baseler Institut für Immunologie und danach an das Max-Planck-Institut für Immunbiologie in Freiburg. Anschließend wirkte er am Institut für Immunologie und Genetik am Deutschen Krebsforschungszentrum in Heidelberg, zunächst als wissenschaftlicher Mitarbeiter, später Abteilungsleiter und schließlich Direktor. Er war Gastprofessor am Department of Microbiology der Universität von Texas in Dallas. Seine Arbeiten waren Anlaß für viele Ehrungen und Preise, u. a. den Robert-Koch-Preis, den Kitasato-Behring-Preis und Preis der Deutschen Krebsforschungsstiftung.

Fortpflanzung, Altern und Lebensdauer als genetisch fixierte Zyklen

Von Klaus-Günter Collatz (Freiburg)

Mit 12 Abbildungen

Zusammenfassung

Agaven, Bromelien und zahlreichen anderen Pflanzen sowie Lachsen, Tintenfischen, vielen Insekten, aber auch zumindest einer Säugetierart ist gemeinsam, daß ihre Lebensdauer streng von der Fortpflanzung bestimmt wird. Altern ist hier Programm, Fortpflanzung das Programmende. Organismen altern auf vielfältige Weise, der Fortpflanzungstod ist nur eine besonders radikale Form, das Leben zu beenden. Für den Biologen, der nach dem »warum« der Evolution unterschiedlicher Lebensspannen fragt, besteht allerdings kein Zweifel, daß die Lebensdauer eines Organismus eine Arteigenschaft ist, die phylogenetisch erworben wurde, mit der Fortpflanzung in Verbindung steht und somit genetisch fixiert ist. Die Möglichkeit, langlebige Stämme von Insekten und Fadenwürmern zu züchten – wobei gleichzeitig die Zeit der Fortpflanzung manipuliert wird –, unterstreicht den engen Zusammenhang.

Unter vergleichenden Aspekten sollen verschiedene »Alternsstrategien« und ihre Beeinflussung durch äußere Faktoren vorgestellt werden. Dabei ist auch zu diskutieren, wie erfolgreiche Fortpflanzung die Mortalität verändert. Ein besonderes Augenmerk gilt der Frage, ob die Beendigung der Fortpflanzungszeit weiblicher Säugetiere – einschließlich des Menschen –, die als Menopause eine so charakteristische Alternserscheinung darstellt, einen evolutiven Anpassungswert besitzt. Physiologische Investitionen in die Aufrechterhaltung eines funktionsfähigen Körpers einerseits und in einen möglichst großen Fortpflanzungserfolg andererseits müssen immer Kompromisse darstellen, wobei je nach den Lebensumständen der betrachteten Art die Karte auf rapide Vermehrung auf Kosten eines langen Lebens oder moderate Vermehrung verbunden mit längerer Lebensdauer gesetzt wird. Für einige Organismen gibt es dagegen offenbar keine Beziehung zwischen Altern, Fortpflanzung und Lebensdauer. Ihre Vitalität und Vermehrungsfähigkeit scheint ungebrochen, und Alternserscheinungen sind nicht erkennbar. An ihnen können Mechanismen der potentiellen Unsterblichkeit untersucht werden.

Abstract

Organisms exhibit different modes of aging. The reproductive death (»Fortpflanzungstod«) of different plants, salmons, squids, many insects, and some mammals among others is only one spectacular way to finish life. In these cases the intimate connection between development, aging and reproduction become specifically evident.

For biologists concerned with the ultimate factors of evolution of life history strategies no doubt exists that the life span of an organism is a species character. As a part of the ecological niche it is phylogenetically adopted, genetically fixed and depends on the mode of reproduction. The disposable soma theory of aging attempts to explain different longevities on the base of constraints and trade-offs which leads to the allocation of metabolic investments between body maintenance and reproduction. The genetic influence on life cycles was experimentally demonstrated by selection for long living strains of *Drosophila*. The time of maximum reproductive output was equally delayed in such strains. The detection of different gene mutants which favour longevity especially in the nematode *Caenorhabditis* further strenghten the importance of genetic regulation of life cycles.

Critical points in the life cycle, however, lead to the modification of the genetically determined developing and aging program. Hypometabolic stages as aestivation, hibernation, diapause, and dauer-stages are examples of such events. Others are the development to different casts of social insects, metamorphosis, puberty, and menopause.

Finally, it remains to be stated that in the plant and animal kingdom species with indefinite lifespan exist. They obviously show no decrease of fertility and no increase of age specific mortality.

1. Einleitung

1.1 Altern in Populationen

Im Jahre 1796 erschien von Christoph Wilhelm HUFELAND, Professor in Jena, an der Berliner Charité und einem der berühmtesten Ärzte seiner Zeit, das Buch »Die Kunst, das menschliche Leben zu verlängern« (Abb. 1). In jenem auch »Makrobiotik« genannten populären Hauptwerk HUFELANDS findet sich eine bemerkenswerte Statistik (Abb. 2):

»Als eine Probe des relativen Lebens des jetzigen Menschengeschlechts mag folgende auf Erfahrungen gegründete Tabelle dienen: Von 100 Menschen, die geboren werden, sterben 50 vor dem 10ten Jahre – 20 zwischen 10 und 20. – 10 zwischen 20 und 30. – 6 zwischen 30 und 40. – 5 zwischen 40 und 50. – 3 zwischen 50 und 60. Also nur 6 kommen über 60 Jahre.«

Abb. 1 Titelseite der zweiten Auflage von HUFELANDS populärstem Werk

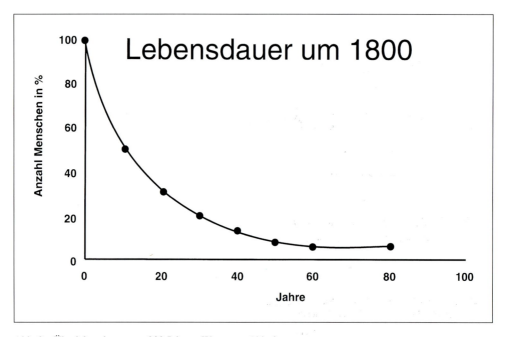

Als eine Probe des relativen Lebens des jetzigen Menschengeschlechts mag folgende auf Erfahrungen gegründete Tabelle dienen:

Von 100 Menschen, die geboren werden
sterben 50 vor dem 10ten Jahre.
— 20 zwischen 10 und 20.
— 10 — — 20 und 30.
— 6 — — 30 und 40.
— 5 — — 40 und 50.
— 3 — — 50 und 60.
Also nur 6 kommen über 60 Jahre.

Abb. 2   Altersverteilung in Deutschland vor 200 Jahren

Abb. 3   Überlebenskurve vor 200 Jahren, Werte aus Abb. 2

Was sich hinter diesen Zahlen verbirgt, wird klar, wenn man sie in eine Graphik überträgt (Abb. 3). Es ergibt sich eine Kurve, wie sie auch für den radioaktiven Zerfall kennzeichnend wäre, eine Zufallskurve also, eine Exponentialkurve. Unbelebte Gegenstände wie etwa 1 000 Tassen oder Teller in einer Kantine würden in gleicher Weise »altern«, wobei es für jedes Exemplar Zufall ist, wann es zerbricht. Die altersspezifische Todesrate bleibt über die gesamte Lebensdauer konstant. Dieser Alternsverlauf gilt im übrigen auch für die meisten wild lebenden Tiere. Noch vor 200 Jahren also war für die Menschen in unserem Land die Chance zu sterben in jedem Lebensabschnitt die gleiche: Der Tod war allgegenwärtig. Ein Blick auf die Überlebenskurven verschiedener menschlicher Populationen zu verschiedenen Zeiten lehrt, in welchem Maße sich die Bedingungen für den Lebensverlauf gewandelt haben, was

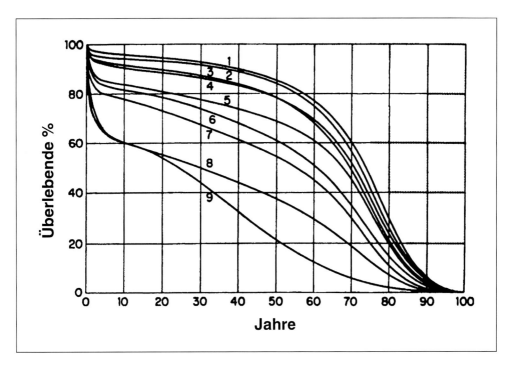

Abb. 4 Überlebenskurven menschlicher Populationen (verändert nach COMFORT 1979). 1 Neuseeland, 1934–1938; 2 USA (Weiße), 1939–1941; 3 USA (Weiße), 1929–1931; 4 England und Wales, 1930–1932; 5 Italien, 1930–1932; 6 USA, (Weiße), 1900–1902; 7 Japan, 1926–1930; 8 Mexico, 1930; 9 Britisch Indien, 1921–1930

auf hygienische Maßnahmen, Gesundheitsfürsorge und allgemeine Verbesserung der Lebensbedingungen zurückzuführen ist (Abb. 4).

HUFELAND selbst hat diesen Bedingungen in seinem Buch breiten Raum gewidmet. Je nach Güte der Lebensumstände verläuft das Altern der Populationen nach mehr oder weniger ausgeprägten Seneszenzkurven, mit einer geringen Mortalitätsrate über eine größere Lebensspanne und einem steilen Abfall der Überlebensrate in einem relativ kurzen Zeitraum. Der letzte Lebensabschnitt allerdings ist stets durch einen exponentiellen Verlauf der Überlebenskurve gekennzeichnet. In hohem Alter ist es wiederum der Zufall, der dem Leben ein Ende setzt. Dennoch zeigt die Kurvenschar sehr deutlich, daß eine maximale Lebenslänge, die man heute mit etwa 115 Jahren etwas höher ansetzen kann, als in der Abbildung dargestellt, nicht überschritten wird. Offenbar hat sich daran in historischen Zeiträumen auch nichts geändert. Es gibt aus der Kulturgeschichte des Alterns zahlreiche Belege, daß es Betagte und Hochbetagte in allen Kulturkreisen immer schon gegeben hat, die je nach Bewertung des Alters in der jeweiligen Epoche geehrt oder verachtet wurden. Nahezu alle Organismen – über Ausnahmen wird noch zu berichten sein – besitzen eine maximale Lebensspanne, die fraglos genetisch kontrolliert wird. Genetisch kontrolliert werden aber auch Lebensabschnitte und Entwicklungsstadien. Das Beispiel einiger Primaten macht dies deutlich (Abb. 5).

Man sieht, daß es eine proportionale Beziehung zwischen dem Erreichen der Geschlechtsreife (14 Jahre beim Menschen, 7 Jahre beim Schimpansen, 4 Jahre beim Rhesusaffen) und dem weiteren Alternsverlauf gibt. »7 Hundjahre sind ein Men-

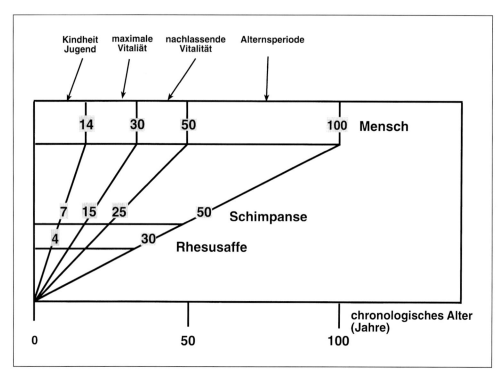

Abb. 5 Proportionalität der Entwicklungsstadien und maximale Lebensspanne von Primaten (verändert nach CUTLER 1980)

schenjahr«: Diese Alltagsweisheit hat unter diesem Aspekt durchaus ihre Berechtigung. Die Abfolgen derartiger Abschnitte im Lebenszyklus des Menschen sind unter dem moralisierenden »memento mori« sowohl in der Literatur als auch in der Kunst häufig dargestellt worden. Zwei Beispiele mögen dies veranschaulichen (Abb. 6).

1.2 Altern und Entwicklung

Lebensabschnitte verlaufen in aller Regel kontinuierlich, es sei denn, man betrachtet solche dramatischen Veränderungen wie die Holometamorphose eines Insekts. Altern kann danach als Entwicklung verstanden werden. Der Senior der deutschen Alternsforschung, Max BÜRGER, benützte den Begriff »Biomorphose«, und Max HARTMANN sagte: »Tod und Fortpflanzung sind gewissermaßen nur die negative und positive Seite desselben Problems, das ein Problem der Entwicklung ist.« (Zitiert nach KORSCHELT 1924.) Wie später genauer auszuführen sein wird, ist die genetische Kontrolle der Lebensabschnitte allerdings außerordentlich flexibel. Sehr einfach ist dies an Insekten zu prüfen. Da sie ektotherme Organismen sind, ist ihre Lebensspanne von der Umgebungstemperatur abhängig. Bei höheren Temperaturen leben sie aber nicht nur insgesamt kürzer, sondern auch »schneller«, d. h., die einzelnen Entwicklungsabschnitte verkürzen sich proportional, was nichts anderes bedeutet, als daß sich die altersabhängige Expression von Genen verschiebt. Generell sind Genaktivitäten im Alternsverlauf über hormonelle und nervöse Faktoren koordiniert, und es besteht eine enge Verflechtung zwischen genetischem Programm und Umweltfaktoren.

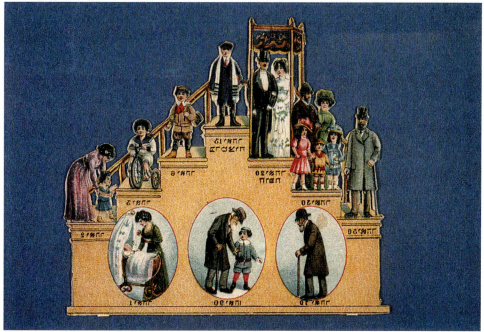

Abb. 6   Lebensstufen (*unten* jüdisch). Zwei Beispiele aus einer großen Fülle ähnlicher Darstellungen

2. Evolution artspezifischer Lebenslängen

Die ersten grundlegenden Überlegungen zur Evolution unterschiedlicher Lebenszyklen stammen von August WEISMANN. In einer kleinen Schrift »Über die Dauer des Lebens« (1882) heißt es: »Ich halte den Tod in letzter Instanz für eine Anpassungserscheinung.« Die Lebensdauer eines Organismus ist somit eine Arteigenschaft. Sie ist Teil der ökologischen Nische einer Art, wobei »ökologische Nische« nicht als Raum zu verstehen ist, sondern als Beziehungsgefüge, das im Verlauf der Evolution der Art in Anpassung an ihre abiotische und biotische Umwelt gebildet wurde. Lebensdauer unterliegt somit der Selektion. Die Evolution unterschiedlicher Lebenslängen ergibt sich aus der Notwendigkeit, unter verschiedenen Umweltbedingungen eine hohe reproduktive Fitneß zu erlangen. Genotypen mit einer hohen »Fitneß« sind häufiger im Genpool der nächsten Generation vertreten als solche mit einer niedrigen Fitneß. Die Größe kann mathematisch quantifiziert werden. Lebensdauer und Fortpflanzung sind auf diese Weise direkt miteinander verbunden. Ein junger Organismus hat seine gesamte reproduktive Phase noch vor sich. Tritt also eine Mutation auf, die sich negativ auf die Überlebensrate auswirkt, so wird in der Population ein starker Selektionsdruck gegen diese Mutation wirken. Eine Mutation, die erst später im Leben auftritt oder sich erst später schädlich auswirkt, beeinflußt den Reproduktionserfolg weniger stark: Der Selektionsdruck auf die Lebensdauer nimmt mit zunehmendem chronologischen Alter ab. Abbildung 7 zeigt dies am Beispiel des Menschen. In der Populationsbiologie wird der Beitrag, den ein Individuum zur nächsten Generation leistet (für den Menschen nicht sehr passend), als Reproduktionswert bezeichnet. Er gibt die relative Anzahl an weiblichen Nachkommen an, die von jedem Individuum im Alter x noch geboren werden. Naturgemäß hat er mit einsetzender Geschlechtsreife sein Maximum und sinkt dann bis zum Ende der Fortpflanzungsperiode. Entsprechend vermindert sich der Selektionsdruck und wird 0, wenn – wie auf der Abbildung gezeigt – mit etwa 50 Jahren die Menopause erreicht ist.

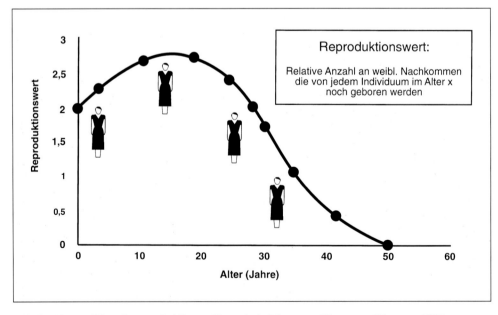

Abb. 7 Alter und Fortpflanzung bei Frauen (Daten in Anlehnung an WILSON und BOSSERT 1973)

Wie bereits angedeutet, bestimmen den Altersverlauf zwei genetische Phänomene, die zum Teil kontrovers diskutiert werden, sich aber nicht ausschließen müssen (TOWER 1996):

– Mutationen, die schädliche Effekte ausüben, häufen sich im Alter an.
– Gene, die einen positiven fitneßfördernden Effekt ausüben, können in höherem Alter schädliche Effekte bewirken (antagonistische Pleiotropie).

Wir haben damit eine Vorstellung von der Evolution begrenzter Lebenslängen, aber noch nicht von den Bedingungen, unter denen verschiedene Lebenszyklen entstehen können. Wiederum kann man den Weismannschen Gedanken der Anpassung aufgreifen. Auf ihm beruht die von KIRKWOOD schon vor 20 Jahren formulierte »disposable soma theory« (KIRKWOOD 1977, KIRKWOOD und HOLLIDAY 1979). Aus der Betrachtung unterschiedlicher Lebenszyklen ist sie seitdem nicht mehr wegzudenken. In der Lebensgeschichte (»life history«) einer Art gibt es generell limitierende Faktoren und begrenzte Ressourcen. Diese können ganz verschiedener Natur sein, z.B. Nahrungsmangel, ephemere Substrate für die Ablage von Eiern, klimatische Gegebenheiten und vieles andere mehr. Demgemäß sind unterschiedliche Fortpflanzungsstrategien zur Erlangung einer hohen reproduktiven Fitneß evolviert worden. Abbildung 8 faßt diese Vorstellungen zusammen.

Die erwähnten begrenzten Ressourcen zwingen zu Kompromissen (sogenannte *trade-offs*) zwischen der Investition in die Fortpflanzung und zur Aufrechterhaltung der Körperintegrität. Bei hohem Außenrisiko ist die erfolgreiche Strategie, viel in die Reproduktion zu investieren auf Kosten der Körperinvestition. Solche Organismen pflanzen sich nur einmal im Leben, dann aber explosionsartig fort (*semelpar*) und leben nicht lange. In der Populationsbiologie werden sie als »r-Strategen« bezeichnet. Auf der anderen Seite stehen »K-Strategen«, Organismen, die viel in den funktionellen Erhalt investieren, sich über einen längeren Zeitraum und mehrfach fortpflanzen

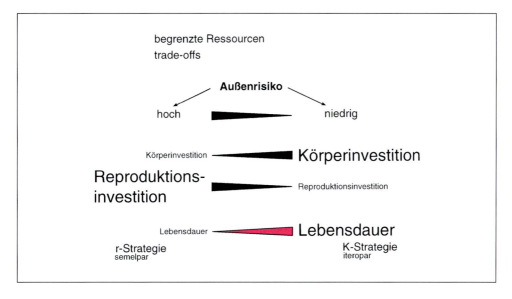

Abb. 8   Die *Disposable-soma*-Theorie, r – K Kontinuum und Lebensdauer

(*iteropar*) und länger leben. Die Buchstaben »r« (von rapid) und »K« (von Kapazität) bezeichnen in der Populationsbiologie Konstanten von Wachstumskurven. Wie in der Abbildung angedeutet sind beide Strategien relativ zueinander zu sehen.

Für die hier kurz vorgestellte Theorie sprechen zahlreiche Beobachtungen und experimentelle Ansätze, von denen einige hier vorgestellt werden sollen. TANAKA und SUZUKI (1998) beschrieben physiologische »trade-offs« zwischen Fortpflanzung, Flugleistung und Lebensdauer bei der Grille *Modicogryllus confirmatus*. Diese Art existiert in zwei Morphen, einer Wanderform mit langen Flügeln und einer stationären Form mit kurzen Flügeln. Bei den kurzflügligen Morphen beträgt die Muskelmasse 4% des Frischgewichtes, gegenüber 11% bei den langflügligen. Letztere benötigen mehr Nahrung für den Muskelaufbau, sie legen weniger Eier und leben länger als die stationäre Form. Entfernt man experimentell die Flügel bei der Wanderform, degeneriert der Flugmuskel und die Eiproduktion steigt. Auch innerhalb einer Art können also durch Modifikation der Fortpflanzung der Alternsverlauf und die Mortalitätsrate beeinflußt werden.

Wie viele andere Insekten ist auch die Mittelmeerfliege *Ceratitis capitata* auf die Aufnahme von Protein zur Bildung ihrer Eier angewiesen. Wird ihr im Experiment Protein vorenthalten und nur Zucker zur Deckung des Energiebedarfes angeboten, so verfällt sie in einen »Wartezustand« mit geringer Mortalität. Zusätzliche Gabe von Protein versetzt sie in den »Reproduktionszustand« mit einer geringen Mortalität zu Beginn der Eiablage und anschließender schneller Erhöhung der altersspezifischen Todesrate. Fliegen, die erst später im Leben Protein angeboten bekommen, leben länger als solche, die entweder völlig ohne Protein oder gleich zu Beginn des Adultlebens mit Protein und Zucker versorgt werden (CAREY et al. 1998). Auf diese Weise wird gewährleistet, daß bei der knappen Ressource Protein der Fortpflanzungserfolg möglichst lange erreicht werden kann. Ähnliche Verhältnisse findet man bei der Schmeißfliege *Phormia terraenovae*, an der wir seit Jahren Alternsprozesse modellhaft und vergleichend studieren (zusammengefaßt: COLLATZ 1997). Protein- und Kohlenhydrataufnahme sowie Flugleistung und Lebensdauer sind auch bei *Phormia* eng mit der Fortpflanzung verknüpft. Eine erfolgreiche Fortpflanzung geht mit geringer Flugleistung, die schon früh in der Adultlebensphase zum Erliegen kommt, einher. Die höchste und am längsten andauernde Flugleistung erbringen Weibchen, die weder Protein erhalten noch sich verpaaren können. Ihre Lebensdauer liegt weit über der von Männchen und Weibchen, die sich fortpflanzen konnten.

3. Selektion auf Langlebigkeit

Die enge Verflechtung zwischen Lebensdauer und Fortpflanzung konnte auch in Selektionsexperimenten deutlich gemacht werden. Es ist verschiedentlich gelungen, langlebige Stämme von *Drosophila* zu züchten (LUCKINBILL et al. 1984, ARKING und CLARE 1986, HUGHES und CHARLESWORTH 1994, CHIPPENDALE et al. 1994). Bei derartigen Stämmen findet man zusammen mit der Verlängerung der mittleren und maximalen Lebensdauer einen signifikanten Anstieg der Fertilität in höherem Alter auf Kosten einer geringeren Aktivität und Fertilität in der frühen Adultphase.

Die Zeitschrift »Nature« überraschte im Dezember 1998 mit einer Studie, die einen Kompromiß zwischen der Anzahl der Nachkommen und Lebensdauer auch für den Menschen zumindest wahrscheinlich macht. WESTENDORP und KIRKWOOD (1998) hatten die Gelegenheit, Geburts- und Sterbedaten sowie Anzahl der Kinder von 19 830 Männern und 13 667 Frauen aus der britischen Aristokratie zwischen 740 und 1875 – also über mehr als 1 000 Jahre – zu studieren. Für Frauen, die mindestens 60 Jahre alt wurden, ergab sich eine negative Korrelation zwischen der Anzahl der Jahre, die sie noch zu leben hatten, und der Anzahl der Kinder. Frauen, die erst in höherem Alter Kinder bekamen, lebten länger. Fast die Hälfte der Frauen, die älter als 80 Jahre wurden, hatten keine Kinder, und weniger als ein Drittel der früh gestorbenen Frauen war kinderlos. Selbst unter Berücksichtigung der sozioökonomischen Gegebenheiten, die sich etwa ab 1 700 veränderten (kleinere Familien, verbesserte Hygiene und damit Anstieg der Lebenserwartung) blieb das Ergebnis gleich (PROMISLOW 1998).

Wenn man langlebige Stämme züchten kann, muß es Gene geben, die hierfür verantwortlich sind. Bei *Drosophila melanogaster* sind solche Gene schwer zu identifizieren. Um rezessive Gene homozygot zu erhalten, müssen die Tiere ingezüchtet werden. Inzucht hat aber bei *Drosophila*, wie bei vielen anderen Tieren auch, einen lebensverkürzenden Effekt. Es ist aber gelungen (SOHAL et al. 1995), transgene Fliegen zu züchten. Sie besaßen zusätzliche Kopien der Gene für die Enzyme Superoxiddismutase (SOD) und Katalase. Beide Enzyme katalysieren Reaktionen, die den Widerstand gegenüber oxidativem Streß erhöhen. Derartige Stämme zeichneten sich durch eine deutliche Verlängerung der Lebensdauer aus. Im Gegensatz zu *Drosophila* zeigt der Fadenwurm *Caenorhabditis elegans*, ein inzwischen klassisches Objekt der Alterns- und Entwicklungsforschung, keinen Inzuchteffekt. Er pflanzt sich durch Selbsbefruchtung fort, und man kann bei ihm eine ganze Reihe von sogenannten Langlebigkeitsgenen identifizieren, deren Mutationen sich modifizierend auf die Lebensdauer auswirken (JAZWINSKI 1996, LITHGOW 1996, SHMOOKLER REIS und EBERT 1996). Sie sind teilweise ebenfalls in den Antioxidationsstoffwechsel integriert. Des weiteren ist ein Regulatorgen identifiziert worden, das die Stoffwechselrate senkt und beim Eintritt in ein Dauerstadium eine Rolle spielt. Andere Gene beeinflussen die Entwicklungsdauer. Schließlich kennt man ein Gen, das die Spermatogenese reguliert und in mutierter Form unterbindet. Aus diesen und vielen anderen Befunden kann

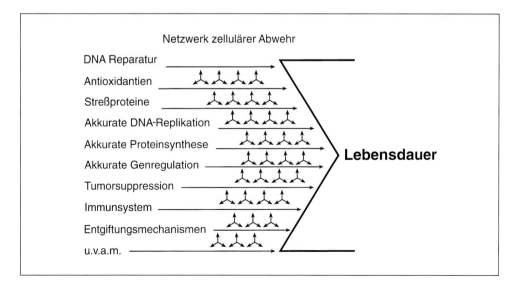

Abb. 9   Viele Gene, deren Produkte sich gegenseitig beeinflussen können, kontrollieren die Lebensdauer.

man folgern, daß die Lebensdauer polygenetisch kontrolliert wird. Dabei interagieren Gene in vielfältiger Weise, und es ist nicht vorstellbar, aus diesem Netzwerk von Genwirkungen eine einzelne herauszufinden, die Lebensdauer bestimmend ist (Abb. 9).

4. Modifikation von Lebenszyklen

Zu Beginn wurde schon darauf hingewiesen, daß die genetische Kontrolle der Lebensdauer sehr flexibel ist. Es gibt im Lebensablauf der Organismen kritische Punkte, die über die weitere Lebensdauer entscheiden und sie modifizieren können.

4.1 Fortpflanzungstod

Mit dem voraussagbaren Tod unmittelbar oder kurz nach der Fortpflanzung und als Folge von ihr, ist ein direkter und drastischer Bezug zwischen Fortpflanzung und Lebensdauer gegeben. Man findet diese Alternsstrategie bei einer Reihe von Pflanzen und Tieren. Unter den Pflanzen sind dies u. a. die monocarpen (oft einjährigen) Arten.

Das spektakulärste Beispiel für den Fortpflanzungstod bei Pflanzen ist die Agave, aber auch Bromelien (Abb. 10) und Bambus sind hier zu nennen. Bei all diesen Arten wird durch den einmaligen Blühvorgang das Absterben der vegetativen Teile induziert. Wird das Blühen verhindert, lassen sich solche Pflanzen nahezu unbegrenzt am Leben erhalten.

Innerhalb des Tierreiches sind es semelpare Arten, unter denen der Fortpflanzungstod verbreitet ist. Bekannte Beispiele sind Aale und Lachse, mehrere Arten der Tintenfischgattung *Octopus*, viele Insekten, Spinnen, aber auch kleine Säugetiere. Die physiologischen Mechanismen, die zum Fortpflanzungstod führen, sind nicht in allen Fällen ausreichend bekannt. Sehr gut untersucht ist die direkte hormonelle Kontrolle von Fortpflanzung, Nahrungsaufnahme und Tod des Tintenfisches *Octopus hummelincki* (WODINSKY 1977). Weibliche *Octopus* reduzieren ihre Nahrungsaufnahme nach der Eiablage und während der Fürsorgeperiode für die Eier. Nach dem Schlüpfen der Jungen sterben sie. Entfernt man die entsprechenden hormonproduzierenden Drüsen der Tintenfische nach dem Laichen, wird das Brutverhalten unterbrochen, die Nahrungsaufnahme zusammen mit dem Wachstum fortgesetzt. Die Lebensspanne wird dadurch um etwa das Dreifache gegenüber den Weibchen, die sich fortgepflanzt haben, erhöht. Hormonell wird auch der Fortpflanzungstod von einigen Aalen und Lachsen geregelt. Charakteristisch ist in diesen Fällen, daß der Fortpflanzung und dem anschließenden programmierten Tod eine Wanderung vorausgeht. Zwar ist diese Wanderung mit erheblichen Umstellungen des Stoffwechsels verbunden, sie alleine erklären aber nicht den Fortpflanzungstod. Vielmehr beobachtet man eine Hyperplasie der Nebennierenrindenzellen und damit verbunden einen massiven Anstieg der Corticosteroide im Blut (Literatur bei FINCH 1990). Er führt zu einer Reihe von pathophysiologischen Veränderungen, wie der Degeneration des Darmepithels und anderer Organe, Atherosklerose-ähnlichen Erscheinungen, Herzveränderungen u. a. Das Immunsystem bricht zusammen, was zu Bakterien- und Pilzinfektionen führt. Im Sinne der Reproduktion ist der Anstieg des Corticosteroidspiegels vorteilhaft, da er gespeicherte Energiereserven mobilisiert. Auch hier wird also das Prinzip der antago-

Abb. 10 Bromelie mit einer abgestorbenen Blüte und zwei weiteren Generationen

nistischen Pleiotropie verwirklicht. Kastration vor der sexuellen Reife verhindert die Hyperplasie der Nebennierenrinde und kann die Lebensspanne auf das Doppelte ansteigen lassen. Aale, die an der Rückkehr zum Meer gehindert werden, leben noch wesentlich länger.

Insekten, die dem Fortpflanzungstod anheim fallen, z. B. Ephemeriden (Eintagsfliegen) und Saturniiden (Nachtfalter), nehmen in der Regel im Adultstadium keine Nahrung auf. Nicht immer sind dabei, wie bei Ephemeriden, die Mundwerkzeuge so verkümmert, daß rein mechanisch eine Nahrungsaufnahme verhindert wird. Vielmehr ist es eine Verhaltensänderung, die im Zusammenhang mit der Fortpflanzung zu einer Verweigerung der Nahrungsaufnahme führt. Bei den Webspinnen sterben viele Spinnenmännchen im Gegensatz zu den Weibchen kurz nach der ersten Begattung, ohne daß sie etwa vom Weibchen verzehrt würden. Es ist nicht bekannt, welche physiologischen Vorgänge dafür verantwortlich sind. Diskutiert werden neuroendokrine Prozesse ähnlich wie sie bei *Octopus* ablaufen. Jedenfalls ist eine Einstellung der Nahrungsaufnahme nach der Begattung ebenfalls bei verschiedenen Spinnenmännchen zu beobachten (AUSTAD 1989, EDGAR 1971, FOELIX 1982, VLIJM et al. 1963). Ein weiteres spektakuläres Beispiel für einen programmierten Fortpflanzungstod gibt es innerhalb der sozialen Spinnen. Es wurde bei der Art *Stegodyphus pacificus* näher untersucht (NAWABI 1974). Bei den Weibchen löst die Kokonbildung eine tiefgreifende

Umstellung im Stoffwechsel aus, die dazu führt, daß die inneren Organe aufgelöst und die Produkte dieser Histolyse an die aus dem Kokon geschlüpften Nachkommen verfüttert werden. Einen rein mechanischen Tod erfahren Drohnen nach der Begattung von Bienenköniginnen. Ihr Kopulationsapparat bleibt zum größten Teil im Hinterleib des Weibchens hängen und wird buchstäblich aus dem Männchen herausgerissen (WINSTON 1987). Wie erwähnt gibt es schließlich auch bei Säugetieren das Phänomen des Fortpflanzungstodes; es betrifft hier nur die Männchen und ist phylogenetisch unabhängig bei Beutelmäusen und einigen Nagetieren wohl im Zusammenhang mit der Regulation der Populationsdichte entstanden. Besonders eingehend untersucht ist der zum Tode führende Fortpflanzungsstreß bei der Beutelmaus *Antechinus stuartii* (BRADLEY et al. 1980). Nach der Kopulation kommt es, kurz bevor die Männchen sterben, zu einem dramatischen Anstieg des freien Corticosteroidspiegels. Kastration der Männchen führt dagegen zu einer deutlichen Reduktion des Hormontiters. Die Folgen sind ähnlich wie bei den Lachsen: Das Immunsystem bricht zusammen, was zu einem massiven Befall mit Parasiten und Mikroorganismen führt, der Verdauungstrakt ulceriert, der Tod als Folge ist unausweichlich.

4.2 Ruheperioden im Lebenszyklus

In den Lebenszyklus zahlreicher Pflanzen und Tiere sind Ruheperioden integriert, die entweder prospektiv oder in Folge von Umwelteinflüssen ausgelöst werden. Sie zeichnen sich generell durch einen Zustand niedriger metabolischer Aktivität aus. Die Lebensdauer solcher Organismen ist dann direkt von Umwelteinflüssen abhängig. Über die Gesamtlebensspanne von Arten mit intermittierenden Ruhephasen kann also *a priori* nichts ausgesagt werden. Allgemein bekannt sind Dauerstadien bei Pflanzen, die in Form von Samen (die bereits einen Embryo enthalten) jahrelang vital bleiben und ihre Entwicklung unter günstigen Umweltbedingungen fortsetzen. In Extremfällen sind pflanzliche Samen noch nach 500 Jahren keimfähig (LERMAN und CIGLIANO 1971). Dauerstadien findet man auch bei vielen Invertebraten, z. B. Rotatorien (Rädertierchen), Nematoden (Fadenwürmern), und Tardigraden (Bärtierchen). Die Überlebensspannen bei unverminderter Vitalität variieren dabei erheblich (30 Jahre bei enzystierten Rotatorieneiern, 100 Jahre bei »Tönnchen« von Tardigraden). *Caenorhabditis elegans* reagiert mit einer Unterbrechung seiner Larvalentwicklung, wenn dem Kulturmedium Nahrung entzogen wird (JOHNSON et al. 1984). Je nach Dauer der Entwicklungsunterbrechung ergibt sich somit eine mehr oder weniger ausgeprägte Verlängerung der effektiven Lebensdauer. Nahrungsentzug im letzten Larvenstadium wirkt sich anders aus: In diesem Entwicklungsstadium werden daraufhin selbstbefruchtete Eier gebildet, die aber nicht abgelegt werden können. Die jungen Nematoden schlüpfen, indem sie die Körperwand der »Mutterlarven« durchbrechen.

Unter den Insekten ist neben der Quieszenz – einer direkten, meist durch niedrige Außentemperaturen ausgelösten Ruhephase – die Diapause weit verbreitet. Diapause kann in allen Entwicklungsstadien auftreten. Sie wird – wie auch der Winterschlaf bei kleinen Säugern – als eine prospektive Dormanz bezeichnet, da die Ruhephase *vor* Beginn der ungünstigen äußeren Lebensumstände (Winterperiode) eintritt. Für Entwicklung und Altern der betroffenen Arten hat die Diapause erhebliche Bedeutung, zumal sie – je nach der geographischen Lage, in der sich verschiedene Populationen einer Art aufhalten – ausgelöst werden kann – oder auch nicht. Diapausephasen bestimmen somit auch die Generationenfolge. Ob und in welcher Weise normale

Alterungsvorgänge während der Diapause modifiziert werden, ist völlig unbekannt. Bei Insekten, deren Imagines keine Nahrung aufnehmen, entscheidet die Option Larvaldiapause oder keine Larvaldiapause direkt über die Lebensdauer der Imagines: Larven in Diapause verbrauchen einen Großteil ihrer körpereigenen Energiereserven, die dann den Imagines nicht mehr zur Verfügung stehen. Diapausefreie Larven dagegen bringen Nahrungsspeicher über die Metamorphose in die Imagines ein, deren Lebensspanne dadurch verlängert wird. Zwei Beispiele aus der Vielzahl von Fällen sollen diese Zusammenhänge noch etwas verdeutlichen (SAUER et al. 1986).

Erstens: Je nach Tageslänge und Temperatur entwickeln sich die Larven des Schmetterlings *Mamestra brassicae* zu normalen, aestivierenden (Trockenperioden überstehenden) oder überwinternden Puppen. Dabei beträgt die Entwicklungsdauer der unmodifizierten Puppen in einem Temperaturbereich von 20 bis 25 °C 18–34 Tage. Mit zunehmender Tageslänge und hohen Temperaturen gehen die Puppen in eine Aestivationsdiapause über und verlängern ihre Entwicklungs- und damit Gesamtlebenszeit auf 35–65 Tage und mehr. Entsprechendes gilt bei kurzer Photoperiode und niedrigen Temperaturen für den Übergang zur Überwinterung. Eine Aestivationsdiapause erlaubt das Auftreten einer zweiten Generation im Jahr, eine Überwinterungsdiapause dagegen nicht.

Zweitens: Die Skorpionsfliege *Panorpa vulgaris* bringt in unseren Breiten unter normalen Umweltbedingungen zwei Generationen im Jahr hervor, eine Frühjahrs- und eine Herbstgeneration. Das letzte Larvenstadium der 2. Generation geht in Überwinterungsdiapause. Daneben kann unter ungünstigen Trockenperioden eine Diapause im zweiten Larvenstadium der ersten Jahresgeneration eingeschoben werden. In einem solchen Fall kann allerdings keine zweite Generation erzeugt werden. Entsprechend unterschiedlich sind die Lebenslängen der Mitglieder der einzelnen Generationen. In diapausefreien Populationen beträgt die Lebensdauer des letzten Larvenstadiums maximal 20 Tage, überwinternde Larven leben mindestens 210 Tage, aestivierende und überwinternde Larven leben mindestens 270 Tage. Hinzu kommt dann noch eine Adultlebensdauer von etwa 80 Tagen. In Abhängigkeit von den aktuellen Umweltbedingungen wird also die Lebensspanne der Individuen durch Modifikation der Entwicklung höchst unterschiedlich beeinflußt. Für viele andere Insekten gilt ähnliches.

Der Winterschlaf von Säugern kann durch Variation der Photoperiode experimentell ausgelöst werden. Bei Hamstern wurde dabei nachgewiesen, daß mit zunehmender Winterschlaffrequenz die Lebensdauer experimentell verlängert werden kann (LYMANN 1981).

4.3 Kastenbildung bei sozialen Insekten

Soziale Insekten, in deren Staaten verschiedene Kasten existieren, sind besonders markante Beispiele dafür, daß epigenetische Faktoren Entwicklung und Lebensdauer beeinflussen. Sämtliche Mitglieder eines Insektenstaates besitzen ja das gleiche Genom, und es hängt von der Zugehörigkeit zu einer bestimmten Kaste ab, wie lange deren Mitglieder leben. Drohnen und Arbeiterinnen von Honigbienen leben 1 bis 2 Monate, überwinternde Arbeiterinnen können dagegen bis zu 12 Monate alt werden. Im Winter sind sie ausschließlich mit der Larvenfütterung beschäftigt. Hormonelle Umstellungen, die die Verhaltensweise des Pollensammelns auslösen, führen gleichzeitig zur Verkürzung der Lebensdauer. Bienenköniginnen können leicht ein Alter von 5 Jahren erreichen. Hier ist es eine andersartige und reichlichere Fütterung der Königinnen-Larven, die das neuroendokrine System beeinflußt und ebenfalls zu einer Änderung des Hormonstatus führt. Ameisen und Termiten sind in diesem Zusammenhang zwar weniger gut untersucht, die extrem Unterschiede in der Lebensdauer zwischen den Kasten – Termitenköniginnen sollen mindestens 12 Jahre alt werden – werden aber auch bei diesen sozialen Insekten beobachtet (Literatur bei FINCH 1990).

4.4 Larvalentwicklung und Adultlebensdauer bei Insekten

Bei den holometabolen Insekten sind Larval- und Adultstadium durch eine Puppenstadium mit anschließender Metamorphose getrennt. Innerhalb der Fliegen und Schmetterlinge z. B. verhalten sich Larven und Imagines in ihren Lebensansprüchen (Art der Nahrung) wie zwei verschiedene Arten. Die ursprünglicheren hemimetabolen Insekten, wie Grillen und Wanzen, nutzen als Larven und Adulte oft die gleichen Nahrungsquellen. Es ist daher häufig gefragt worden, ob das Schicksal der Larven Einfluß auf die Adultlebensdauer hat, oder ob die Imagines nach der Metamorphose alle die gleichen Überlebenschancen besitzen. Zumindest für die Holometabolen, deren Imagines noch Nahrung aufnehmen, scheinen »die Karten« mit der Metamorphose »neu gemischt zu werden«. Modifikationen der Larvalentwicklung wirken sich nicht auf die Lebensdauer der Adulten aus (BLAKE et al. 1996). Für Hemimetabole gibt es hierzu keine Untersuchungen.

4.5 Pubertät und Menopause

Bei weiblichen Säugetieren bestimmen Menarche und Menopause die Gesamtlebensdauer, wobei die Hormone der Hypothalamus-Hypophysen-Gonadenachse als Zeitgeber für den Beginn und das Ende der Geschlechtsreife fungieren. Die Entwicklungsstadien sind aber nicht immer so genau zu terminieren, wie dies zu Beginn am Beispiel der Primaten gezeigt wurde. Insbesondere bei kleinen Säugetieren variiert der Eintritt in die Geschlechtsreife erheblich in Abhängigkeit von Umweltfaktoren. Die Pubertät ist daher ebenfalls eine kritische Periode zur Bestimmung der weiteren Lebensspanne. Zur Erläuterung kann das Extrembeispiel der nordamerikanischen Weißfußmaus (*Peromyscus leucopus*) dienen, die in den USA bis in ungünstige Klimate Michigans hinein beheimatet ist. Sie hat eine mittlere Lebenserwartung von etwa 18 Wochen, ihre Entwicklung verläuft daher sehr schnell, die Reproduktionsrate ist hoch. Die Jahreszeit, in der eine Fortpflanzung möglich ist, beträgt dort lediglich 7 Monate. In dieser ökologischen Situation ist es eine gute Anpassung, den Zeitpunkt der ersten Ovulation innerhalb der Gesamtpopulation stark streuen zu lassen, je nach der ökologischen Situation, in der die jeweiligen Weibchen geboren werden. Dieser Zeitpunkt reicht von 5 bis 25 Wochen Lebensdauer. Werden die Weibchen zu Beginn der Brutsaison geboren, entwickeln sie sich sehr schnell bis zur Pubertät; solche, die kurz vor dem Winter geboren werden, verbleiben bis zum nächsten Frühjahr in der präpubertalen Phase. Gemessen an der kurzen Gesamtlebenserwartung erreicht ein solches Tier die Pubertät erst sehr spät, und ein Teil der Population kann sterben, ohne jemals die Geschlechtsreife erlangt zu haben. Bedenkt man – und auch hier trägt die *Disposable-soma*-Theorie zum Verständnis bei –, daß der Eintritt in die Pubertät zwangsläufig die Investition von Ressourcen für die Fortpflanzung zur Folge hat (jedes geschlechtsreife Weibchen wird begattet), so ist es in dieser extremen Situation unter Umständen die bessere Strategie, wenn einzelne Mitglieder der Population, die diesen Fortpflanzungserfolg nicht garantieren können, sich gar nicht fortpflanzen (BRONSON und RISSMAN 1986). In diesem Zusammenhang sind auch die zahlreichen Befunde zu sehen, die zeigen, daß bei mangelnder Ernährung die sexuelle Entwicklung unterbrochen wird.

Die relativ plötzliche Beendigung der Fortpflanzungsperiode weiblicher Säuger in der Menopause ist einer der wenigen eindeutigen »Biomarker« des Alterns. Unter phylogenetisch orientierten Biologen wird diskutiert, ob dieser gravierende Abschnitt im Lebenszyklus einen Anpassungswert besitzt, ob also die Menopause adaptiv ist (PACKER et al. 1998, SHERMAN 1998). Auffällig ist, daß die Ovulation relativ früh im Leben stoppt und danach noch eine längere Lebensspanne bleibt. Überdies ist die Menopause ein streng geregelter Prozeß, dem auf der Seite der männlichen Tiere (auch bei Menschen) nichts Vergleichbares gegenüber steht. All dies spricht wohl für einen adaptiven Vorgang. In der Soziobiologie wird die Vorstellung von der »Erfindung der Großmutter« vertreten. Danach ist es für die Fitneßmaximierung günstiger, sich an der Aufzucht der Enkel zu beteiligen, als die hohen reproduktiven Kosten für Nachkommen auf sich zu nehmen, die mit zunehmendem Alter der Mutter möglicherweise nicht mehr aufgezogen werden können. Immerhin besitzen die Enkel noch ¼ der Gene der Großmutter. Die Evolution eines derartigen Sozialverhaltens ist nur möglich, wenn es eine im Sinne der *Disposable-soma*-Theorie garantierte Mindestlebensspanne nach der Menopause gibt. Der Fortpflanzungserfolg ergibt sich dann aus der sogenannten *inclusive fitness*, bei deren Ermittlung der Verwandtschaftsgrad der Träger eines gemeinsamen Genkomplexes berücksichtigt wird (HAMILTON 1964a,b).

5. Unbestimmbare Lebenslängen

Viele pflanzliche, aber auch eine Anzahl von tierischen Organismen passen in keinen der bisher diskutierten Lebenszyklen hinein. Sie sind potentiell unsterblich oder besitzen eine unbestimmbare Lebenslänge. August WEISMANN hielt alle Einzeller für potentiell unsterblich, eine Lehrmeinung, die erst durch die Arbeiten von SONNEBORN und SMITH-SONNEBORN (zusammenfassende Darstellungen: SMITH-SONNEBORN 1985a,b, TAKAGI 1988) aufgegeben wurde. Inzwischen gibt es keinen Zweifel mehr, daß bei Protozoen die gesamte Spannbreite zwischen kurzlebigen (einige Tage), langlebigen und unsterblichen Arten verwirklicht ist. Fraglos gibt es auch unter den Pflanzen unsterbliche Systeme. Die Nutzung von Stecklingen und Pfropfreisern beweist dies seit Jahrhunderten. Bei dieser rein vegetativen Vermehrung ist es unerheblich, ob Stecklinge von alten oder jungen Pflanzen zur Weiterzucht gewonnen werden. Teile der Halbwüsten Arizonas und Mexikos werden von Kreosotbüschen (*Larrea divaricata*) bedeckt, die durch unterirdische Ausläufer miteinander verbunden sind und deren Alter nahezu unbestimmbar ist (Abb. 11). Ebenso kann über das Alter von Flechten und Moosen nichts gesagt werden. Die beliebige Vermehrung von Pflanzenteilen ist an das Wachstum des apikalen Meristems gebunden. Dieses Gewebe ist in seiner Funktion den Stammzellen zu vergleichen, deren unbegrenzte Teilungskapazität inzwischen klar erkannt wurde.

Unter den einfach organisierten tierischen Metazoen ist der Süßwasserpolyp (*Hydra*) als potentiell unsterblicher Organismus bekannt geworden. Seine ektodermalen

Abb. 11   Kreosotbüsche (*Larrea divaricata*) in Arizona

Zellen altern, degenerieren und werden vom Entoderm resorbiert. Das Gleiche geschieht mit den hochdifferenzierten ektodermalen Nesselzellen. Im Bereich der Mundpartie findet dagegen eine ständige Zellerneuerung statt. Es ergibt sich dabei eine kontinuierliche Zellwanderung vom Mundbereich und den Tentakeln zum Fuß des Polypen, wo die abgestorbenen Zellen resorbiert werden. Wir haben es hier also mit einem perfekten »Zellrecycling« zu tun. Man kann keinen Anstieg der altersspezifischen Mortalitätsrate und kein Nachlassen der Reproduktionsfähigkeit messen (MARTÍNEZ 1998). Bei verschiedenen Muscheln (z. B. der Riesenmuschel *Tridacna*) und Krebsen (z. B. dem Hummer) scheint die Reproduktionsfähigkeit ebenfalls über die gesamte Lebensdauer erhalten zu bleiben, und die Mortalitätsstatistik weist sie als nicht alternde Systeme aus.

6. Schlußbetrachtungen

In Abbildung 12 soll zusammenfassend versucht werden, eine grobe Übersicht über die gegenwärtige Vorstellung von Alterns- und Entwicklungsprogrammen zu geben.

Für die meisten Organismen gilt eine genetisch determinierte Mindestlebensspanne. Hierfür sind metabolische Kapazität und Kompensationsmechanismen gegenüber inneren und äußeren Störungen verantwortlich. Innerhalb dieser Zeit kann und muß es zu Zelluntergängen und aktivem Zelltod (Apoptose) kommen. Es ist die Zeit, in der die Homöostase im Organismus aufrechterhalten werden kann. Zunehmende ge-

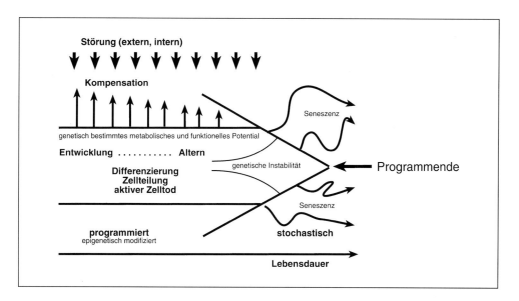

Abb. 12 Programmierte und stochastische Abschnitte im Alternsverlauf. Während einer genetisch »garantierten« Lebensspanne, die epigenetisch modifiziert werden kann, werden externe und interne Störungen kompensiert und wird die Homöostase aufrechterhalten. Zunehmende genetische Instabilität führt zum Programmende und gegebenenfalls zu Seneszenzprozessen.

netische Instabilität führt zum Programmende. Stochastische Prozesse bestimmen dann den weiteren Lebensablauf, entweder mit einer Seneszenzphase oder, wie im Beispiel des Fortpflanzungstodes, ohne sie.

In der Keimbahn besitzen wir aber alle einen unsterblichen Anteil, auch wenn der Körper zum Tode bestimmt ist, um der Evolution genetischer Vielfalt Platz zu machen.

Der große Zoologe Johannes MÜLLER sagte schon vor über hundert Jahren (zitiert nach WEISMANN 1882): »Die organischen Körper sind vergänglich; indem sich das Leben mit einem Schein von Unsterblichkeit von einem zum anderen Individuum erhält, vergehen die Individuen selbst.«

Literatur

ARKING, R., and CLARE, M.: Genetics of aging: Effective selection for increased longevity in *Drosophila*. In: COLLATZ, K.-G., and SOHAL, R. (Eds.): Insect Aging; pp. 217–236. Berlin, Heidelberg, New York, Tokyo: Springer 1986
AUSTAD, S. N.: Life extension by dietary restriction in the bowl and doily spider, *Frontinella pyramitela*. Exp. Gerontol. *24*, 83–92 (1989)
BLAKE, K. J., HOOPENGARDNER, B., CENTURION, A., and HELFAND, S. L.: A molecular marker confirms that the rate of adult maturation is largely independent of the rate of pre-adult development in *Drosophila melanogaster*. Dev. Genetics *18*, 125–130 (1996)
BRADLEY, A. J., MCDONALD, I. R., and LEE, A. K.: Stress and mortality in a small marsupial (*Antechinus stuartii*, Macleay). Gen. Comp. Endocrinol. *40*, 188–200 (1980)
BRONSON, F. H., and RISSMAN, E. F.: The biology of puberty. Biol. Rev. *61*, 157–195 (1986)
CAREY, J. R., LIEDO, P., MÜLLER, H. G., WANG, J. L., and VAUPEL, J. W.: Dual modes of aging in mediterranean fruit fly females. Science *281*, 996–998 (1998)

CHIPPENDALE, A. K., HOANG, D. T., SERVICE, P. M., and ROSE, M. R.: The evolution of development in *Drosophila melanogaster* selected for postponed senescence. Evolution *48*, 1880–1899 (1994)
COLLATZ, K.-G.: Fifteen years of *Phormia* – on the value of an insect for the study of aging. Arch. Gerontol. Geriatr. *25*, 83–90 (1997)
COMFORT, A.: The Biology of Senescence. 3rd ed. Edinburgh, London: Churchill Livingstone 1979
CUTLER, R. G.: Evolution of human longevity. In: BOREK, C., PHENOGLIO, C. M., and KING, D. W. (Eds.): Advances in Pathobiology. Vol 7: Aging, Cancer and Cell Membrane; pp.43–79. Stuttgart, New York: Thieme 1980
EDGAR, W. D.: The life cycle, abundance, and seasonal movement of the wolf spider *Lycosa lugubris* in central Scotland. J. Animal. Ecol. *40*, 303–321 (1971)
FINCH, C. E., and TANZI, R. E.: Genetics of aging. Science *278*, 407–411 (1997)
FINCH, C. E.: Longevity, Senescence, and the Genome. Chicago, London: The University of Chicago Press 1990
FOELIX, R. A.: Biology of Spiders. Cambridge (Massachusetts): Harvard University Press 1982
HAMILTON, W. D.: The genetical evolution of social behaviour I. J. Theor. Biol. *7*, 1–16 (1964a)
HAMILTON, W. D.: The genetical evolution of social behaviour II. J. Theor. Biol. *7*, 17–52 (1964b)
HUGHES, K. A., and CHARLESWORTH, B.: A genetic analysis of senescence in Drosophila. Nature *367*, 64 to 66 (1994)
JAZWINSKI, S. M.: Longevity, genes, and aging. Science *273*, 54–59 (1996)
JOHNSON, T. E., MITCHELL, D. H., KLINE, S., KEMAL, R., and FOY, J.: Arresting development arrests aging in the nematode *Caenorhabditis elegans*. Mech. Age. Dev. *28*, 23–40 (1984)
KIRKWOOD, T. B. L.: Evolution of ageing. Nature *270*, 301–304 (1977)
KIRKWOOD, T. B. L., and HOLLIDAY, F. R. S.: The evolution of ageing and longevity. Proc. R. Soc. Lond.B. *205*, 531–546 (1979)
KORSCHELT, E.: Lebensdauer, Altern und Tod. 3. Aufl. Jena: Fischer 1924
LERMAN, J. C., and CIGLIANO, E. M.: New carbon-14 evidence for six hundred years old *Canna compacta* seed. Nature *252*, 568–570 (1971)
LITHGOW, G. J.: Invertebrate gerontology: the age mutations of *Caenorhabditis elegans*. Bioessays *18*, 809 to 815 (1996)
LUCKINBILL, L. S., ARKING, R., CLARE, M. J., CIROCCO, W., and BUCK, S.: Selection for delayed senescence in *Drosophila melanogaster*. Evolution *38*, 996–1003 (1984)
LYMAN, C. P., O'BRIEN, R. C., GREENE, G. C., and PAPAGRANGOS, E. D.: Hibernational longevity in the Turkish hamster *Mesocricetus brandti*. Science *212*, 668–670 (1981)
MARTÍNEZ, D. E.: Mortality patterns suggest lack of senescence in *Hydra*. Exp. Gerontol. *33*, 217–224 (1998)
NAWABI, S.: Histologische Untersuchungen an der Mitteldarmdrüse von *Stegodyphus pacificus* (Pocock 1900) (Araneae, Eresidae). Diss. Bonn 1974
PACKER, C., TATAR, M., and COLLINS, A.: Reproductive cessation in female mammals. Nature *392*, 307–311 (1998)
PROMISLOW, D. E.: Longevity and the barren aristocrat. Nature *396*, 719–720 (1998)
SAUER, K. P., GRÜNER, C., and COLLATZ, K.-G.: Critical points in time and their influence on life cycle. In: COLLATZ, K.-G., and SOHAL, R. (Eds.): Insect Aging; pp. 9–22. Berlin, Heidelberg, New York, Tokyo: Springer 1986
SHERMAN, P. W.: The evolution of menopause. Nature *392*, 759–761 (1998)
SHMOOKLER REIS, R. J., and EBERT II, R. H.: Genetics of aging: Current animal models. Exp. Gerontol. *31*, 69–81 (1996)
SMITH-SONNEBORN, J.: Aging in unicellular organisms. In: FINCH, C., and SCHNEIDER, E. L. (Eds.): Handbook of the Biology of Aging. 2nd ed.; pp. 79–104. New York: Van Nostrand 1985a
SMITH-SONNEBORN, J.: Protozoa. In: LINTS, F. A. (Ed.): Non-mammalian models for research on aging. Interdiscip. Top. Gerontol. *21*. Pp. 201–230. Basel: Karger 1985b
SOHAL, R., AGARWAL, A., and ORR, W.: Simultaneous overexpression of copper- and zinc-containing superoxide dismutase and catalase retards age-related oxidative damage and increases metabolic potential in *Drosophila melanogaster*. J. Biol. Chem. *270*, 15671–15674 (1995)
TAKAGI Y.: Aging. In: GÖRTZ, H. D. (Ed.): Paramecium; pp. 131–140. Berlin, Heidelberg, New York, Tokyo: Springer 1988
TANAKA, S., and SUZUKI, V.: Physiological trade-offs between reproduction, flight capability and longevity in a wing-dimorphic cricket, *Modicogryllus confirmatus*. J. Insect. Physiol. *44*, 121–129 (1998)
TOWER, J.: Aging mechanisms in fruit flies. Bioessays *18*, 799–807 (1996)

VLIJM, L., KESSLER, A., and RICHTER, C. J. J.: The life history of *Pardosa amentata* (Cl) (Araneae, Lycosidae). Entomol. Bericht. *23*, 75–80 (1963)
WEISMANN, A.: Über die Dauer des Lebens. Jena: Fischer 1882
WESTENDORP, R., and KIRKWOOD, T. B.: Human longevity at the cost of reproductive success. Nature *396*, 743–746 (1998)
WILSON, E. O., und BOSSERT, W. H.: Einführung in die Populationsbiologie. Berlin, Heidelberg, New York, Tokyo: Springer 1973
WINSTON, M. L.: The Biology of the Honey Bee. Cambridge (Massachusetts): Harvard University Press 1987
WODINSKY, J.: Hormonal inhibition of feeding and death in *Octopus*: Control by optic gland secretion. Science *198*, 948–951 (1977)

       Prof. Dr. Klaus-G. COLLATZ
       Albert-Ludwigs-Universität Freiburg
       Institut für Biologie I (Zoologie)
       Hauptstraße 1
       79104 Freiburg
       Bundesrepublik Deutschland
       Tel: (07 61) 2 03 25 10
       Fax: (07 61) 2 03 29 21
       E-Mail: collatz@sun2.ruf.uni-freiburg.de

Nova Acta Leopoldina NF *81*, Nr. 314, 313–321 (1999)

Apoptose im Immunsystem

Von Peter H. KRAMMER (Heidelberg)

Zusammenfassung

Apoptose ist die häufigste Form von Zelltod im Organismus. So können zum Beispiel Zellen des Immunsystems, wie die T-Lymphozyten, sowohl Selbstmord begehen als auch andere T-Lymphozyten töten. Die Eliminierung Apoptose-sensitiver T-Lymphozyten ist von entscheidender Bedeutung für das Gleichgewicht des Immunsystems, für Selbsttoleranz, Immunsuppression und das Abschalten einer Immunantwort. Verminderte Apoptose kann zum Auftreten von Autoimmun- und Tumorerkrankungen führen.

Abstract

Apoptosis is the most common form of cell death in the organism. In a subclass of cells of the peripheral immune system, the T-lymphocytes, apoptosis is induced by the CD95(APO-1/Fas) receptor and the CD95 ligand binding to this receptor. T-lymphocytes use the CD95 system to commit suicide and to kill other T-lymphocytes. Elimination of apoptosis sensitive T-lymphocytes plays an important role in homeostasis of the immune system, self-tolerance, immunosuppression and downregulation of an immune response. Decreased apoptosis may be involved in the pathogenesis of autoimmune diseases and tumors. Increased apoptosis is found e. g. in liver cells in hepatitis and in T-lymphocytes in HIV infection, contributing to liver destruction and AIDS, respectively. The understanding of the molecular mechanism of apoptosis might lead to the development of rational clinical intervention strategies in diseases in which apoptosis is deregulated.

Apoptose ist die häufigste Form von Zelltod im Organismus. So können z. B. Zellen des Immunsystems, wie die T-Lymphozyten, mit Hilfe des CD95-Systems sowohl Selbstmord begehen als auch andere T-Lymphozyten töten. Die Eliminierung Apoptose-sensitiver T-Lymphozyten ist von entscheidender Bedeutung für das Gleichgewicht des Immunsystems, für Selbsttoleranz, Immunsuppression und das Abschalten einer Immunantwort. Verminderte Apoptose kann zum Auftreten von Autoimmun- und Tumorerkrankungen führen.

Was ist Apoptose? *Apoptosis* – die griechische Bezeichnung für das Herabfallen der Blätter von den Bäumen – ist die häufigste Form des Zelltodes im Organismus. Dem kritischen Blick der Pathologen und Entwicklungsphysiologen durch das Mikroskop ist der Vorgang der Apoptose schon Mitte des letzten und Anfang dieses Jahrhunderts nicht entgangen. Nur haben die Pathologen dafür keinen einprägsamen Namen verwendet. Erst Anfang der siebziger Jahre haben englische und australische Wissenschaftler den Begriff Apoptose für diese charakteristische Form des Zelltods geprägt und sie vom Tod durch Nekrose abgegrenzt (KERR et al. 1972). Nekrose findet sich eher bei Schädigungen und Verletzungen von Gewebe von außen wie z. B. bei Verbrennung. Während beim Tod durch Nekrose die Zellen zerplatzen, verläuft Tod durch Apoptose ganz anders.

Im Lichtmikroskop sieht der Todeskampf von Zellen, die durch Apoptose sterben, dramatisch und spektakulär aus. Sie beginnen, wilde Bewegungen auszuführen, ein Vorgang, der in englischen Veröffentlichungen mit »boiling«, »kochen«, bezeichnet wird. Danach gehen sie durch das Stadium der Zeiose, indem sie kleine Bläschen abschnüren. Schließlich verklumpt das Innere des Zellkerns (KERR et al. 1972, KÖHLER et al. 1990). Bei Apoptose im Gewebeverband werden tote Zellen von Nachbarzellen in einer Form von Kannibalismus oder von Freßzellen verschlungen, ohne daß es zu einer Entzündung kommt. Vorher schon ist das Erbmaterial der sterbenden Zellen, die DNA, durch DNA-verdauende Enzyme geordnet in kleine Bruchstücke gespalten worden (TRAUTH et al. 1998).

Nach Ablauf einer Immunreaktion werden die meisten der antigenspezifischen Lymphozyten nicht mehr benötigt. Nur einige von ihnen entwickeln sich zu Gedächtniszellen, die bei erneutem Antigenkontakt besser und schneller reagieren. Die anderen werden durch Apoptose eliminiert, die Immunantwort wird damit abgeschaltet oder unterdrückt. Im peripheren Immunsystem findet aber noch aus anderen Gründen Apoptose von T-Lymphozyten statt. Einmal werden alte T-Lymphozyten ausrangiert. Zum anderen werden selbstreaktive T-Lymphozyten, die der Kontrolle und Selbstzensur des Thymus entgangen sind, getötet. Neben der negativen Selektion im Thymus ist dies ein weiterer Schutzmechanismus zur Eliminierung autoreaktiver T-Lymphozyten, der die Selbsttoleranz des Organismus garantiert.

Apoptose kommt im Immunsystem, aber auch sonst in vielen anderen Organen vor. Dazu nur zwei Beispiele: Bei der normalen Entwicklung der Gliedmaßen des Embryos wachsen erst kompakte Gewebsknospen aus. Die späteren Hände und Füße sind also zunächst eher soliden Platten vergleichbar. Dann sorgt nach einem genetisch feingesteuerten Programm der programmierte Zelltod, die Apoptose, dafür, daß die Zellen in den Finger- und Zehenzwischenräumen sterben und so die Hände und Füße ihre endgültige Gestalt gewinnen. Auch in der Leber kommt Apoptose vor. Auf diesem Wege können alte und veränderte Zellen eliminiert und durch neue Zellen ersetzt werden. Die Apoptose ist also neben dem Zellwachstum wichtig für Funktion und Gestalt der Leber. Die Beispiele für Apoptose im embryonalen und reifen Organismus ließen sich beliebig erweitern. Weitgehend fehlt uns noch der Einblick in die molekularen Mechanismen, die hier Apoptose bewirken. Als Fazit gilt aber zunächst festzuhalten, daß Apoptose ungebremstem Wachstum entgegensteuert und daß der Tod durch Apoptose ein integraler Bestandteil des Lebens ist.

Aufklärung der Apoptose

Ungebremstes Wachstum von Tumorzellen zu blockieren, war mein Einstieg und der meiner Mitarbeiter in die Erforschung von Apoptose. Wir gingen davon aus, daß das Wachstum von Tumorzellen u. a. durch Rezeptoren für Wachstumshormone auf ihrer Zelloberfläche stimuliert wird. Diese Rezeptoren wollten wir mit monoklonalen Antikörpern, den spezifischen Lenkwaffen des Immunsystems, blockieren und das Wachstum der Tumorzellen damit abschalten. Deswegen haben wir menschliche Tumorzellen in Mäuse gespritzt, bis diese Antikörper gegen die Tumorzellen produzierten. Die Antikörper-produzierenden B-Lymphozyten der Mäuse haben wir dann in der Gewebekultur mit Tumorzellen der Maus verschmolzen (fusioniert) und auf diese Weise sogenannte Hybridome erzeugt, die zwei wichtige Eigenschaften der Fusionspartner vereinen: *Erstens* die Eigenschaft der Maustumorzellen, permanent in der Kultur zu wachsen, und *zweitens* die Fähigkeit der B-Lymphozyten der Mäuse, spezifische Antikörper gegen die menschlichen Tumorzellen herzustellen, mit denen die Mäuse gespritzt worden waren. Wir testeten mehr als 15000 Hybridome auf spezifische Anti-Tumor-Antikörper und untersuchten, ob diese das Wachstum der menschlichen Tumorzellen abschalten konnten. Zunächst waren wir erfolglos. Etwa 10 000 Hybridome später aber kam der Durchbruch, und wir fanden ein Hybridom, das Antikörper produzierte, die das Wachstum der menschlichen Tumorzellen vollständig abschalteten.

Wenn man den Effekt dieser Antikörper auf die Tumorzellen im Mikroskop betrachtete, war die Tatsache, daß die Antikörper das Tumorzellwachstum abschalteten, nicht überraschend. Die Antikörper lösten nämlich Apoptose in den Tumorzellen aus. Die Struktur auf der Tumorzelloberfläche, gegen die die Antikörper gerichtet waren, nannten wir »APO-1« (APO steht für *Apo*ptose-auslösend) und die Antikörper »anti-APO-1«-Antikörper (TRAUTH et al. 1998). In Japan fand eine Gruppe von Wissenschaftlern Antikörper, die sie »anti-Fas«-Antikörper nannten. Erst später stellte sich heraus, daß die von anti-APO-1- und anti-Fas-Antikörpern erkannten (YONEHARA et al. 1989) Moleküle, APO-1 bzw. Fas, identisch sind (OEHM et al. 1992, ITOH et al. 1991). Eine Nomenklaturkommission hat APO-1/Fas den Namen CD95 gegeben.

Viele tausend Moleküle des Apoptose-auslösenden APO-1/Fas(CD95)-»Todes-Rezeptors« finden sich auf der Oberfläche der meisten Zellen unseres Körpers (LEITHÄUSER et al. 1992). Das könnte ein Hinweis darauf sein, daß der Rezeptor in das Apoptoseprogramm vieler Zellarten involviert ist. Am besten ist die Rolle von CD95 im Immunsystem verstanden. Moleküle, die an einen Rezeptor binden, nennt man Liganden. So hat auch CD95 einen natürlichen Liganden, den CD95 (APO-1/Fas) Liganden (CD95L) (SUDA et al. 1993). Apoptose in $CD95^+$-Zellen kann also sowohl durch Rezeptor-stimulierende anti-CD95-Antikörper (z. B. anti-APO-1 oder anti-Fas) als auch durch den »Todesliganden« CD95L ausgelöst werden. Sowohl die anti-CD95-Antikörper als auch CD95L führen zur Kreuzvernetzung von CD95-Rezeptoren auf der Zelloberfläche, ein Vorgang, der das Todessignal im Zellinneren auslöst (DHEIN et al. 1992).

Der CD95-Rezeptor ist aus drei Teilen aufgebaut, einem intrazellulären Teil, der in das Innere der Zelle hineinragt, einem Transmembranteil, der durch die Zellmembran, die Hülle der Zelle, reicht, und einem extrazellulären Teil, der aus der Zelle herausragt (OEHM et al. 1992, ITOH et al. 1991). Der extrazelluläre Teil zeigt eine große Ähnlichkeit mit anderen Mitgliedern einer Rezeptor-Familie, der Tumornekrosefaktor- und Nervenwachstumsfaktor-Rezeptor-Familie. Der extrazelluläre Teil von CD95 stellt den Kontakt zur Außenwelt der Zelle her, an ihn binden anti-CD95-Antikörper und CD95L. Dagegen ist der intrazelluläre Teil von CD95 für die Initialzündung der für die Apoptose nötigen Signale in der Zelle wichtig. Von besonderer Bedeutung dafür ist ein Abschnitt des intrazellulären Teils von CD95, der »Todesdomäne« genannt wird (ITOH et al. 1993). Eine Veränderung der Todesdomäne oder ihr »Abschneiden« führt dazu, daß das Apoptosesignal nicht weitergegeben werden kann. Die Interaktionen, die sich an der Todesdomäne abspielen und Apoptose auslösen, beginnen wir gerade erst zu verstehen. Das ausgeprägte Interesse an der Signalübermittlung durch CD95 rührt daher, daß die Klärung der CD95-Signale Aufschluß über CD95-vermittelte Apoptosesensitivität und -resistenz bringen wird.

Signalwege

Wahrscheinlich spielen sich die ersten Schritte der CD95-vermittelten Apoptose so ab: CD95L bindet an CD95, wobei sich 3 Liganden- und 3 Rezeptor-Moleküle zu einem Komplex vereinen. Dies nähert die intrazellulären Todesdomänen der 3 CD95-Rezeptoren so aneinander an, daß sie weitere Signalmoleküle, die im Zellinneren schon vorhanden sind, zu einem Komplex mit CD95 zusammenführen. Diesen Komplex haben wir als DISC (für »*d*eath-*i*nducing *s*ignalling *c*omplex«) bezeichnet. Zunächst werden die Adaptormoleküle FADD/Mort-1 an die Todesdomänen des CD95-Rezeptors im DISC angelagert. Daraufhin werden die zwei Isomeren des Eiweißspaltenden Enzymvorläufers (Proenzym) Procaspase 8a/b in den DISC hineingezogen. Wahrscheinlich durch Selbstspaltung wird aus dem Proenzym das aktive Enzym Caspase 8a/b, das weitere Caspasen aktiviert und damit eine Signalkaskade von Caspasen aktiviert, bei der letztlich zelluläre Substrate gespalten werden. Die Spaltung zellulärer Substrate bestimmt endlich das biochemische und morphologische Bild der Apoptose. Durch die Ausbildung des DISC wird bei den meisten Zellen die Apoptose eingeleitet. Bildet sich der DISC nicht aus, wird keine Apoptose ausgelöst, die Zellen sind Apoptose-resistent (KISCHKEL et al. 1995).

Die Vorgänge, die sich an die Ausbildung des DISC direkt anschließen, beginnen wir erst jetzt genauer zu verstehen. Ihre vollständige Aufklärung wird den experimentellen Zugriff auf Signalschalter ermöglichen, die bestimmen, ob Zellen sensitiv oder resistent für CD95-vermittelte Apoptose sind. Es ist leicht vorherzusagen, daß dies sowohl experimentelle als auch klinische Bedeutung haben wird.

Ein Signaldefekt, dem eine Störung der Ausbildung des DISC zugrundeliegt, findet sich bei genetisch defekten Mäusen (lpr[cg]-Mäusen) mit einem CD95-Rezeptor, der in der Todesdomäne mutiert ist. Dieser Defekt, sowie eine verminderte CD95-Rezeptordichte (bei lpr-Mäusen), oder die Expression eines dysfunktionellen CD95L (bei gld-Mäusen; CD95L ist mutiert und kann nicht mehr an CD95 binden) verhindern die CD95-vermittelte Apoptose. In allen drei Fällen, bei lpr-, lpr[cg]- und bei gld-Mäusen fand sich eine ähnliche Symptomatik: *erstens* eine ausgeprägte Vergrößerung von Milz und Lymphknoten, zurückzuführen auf eine krankhafte Ansammlung fehlerhafter T-Lymphozyten, und *zweitens* Autoimmunität mit Autoantikörpern ähnlich der menschlichen Erkrankung Lupus erythematodes (KRAMMER et al. 1994a,b, KRAMMER und DEBATIN 1992, NAGATA und GOLSTEIN 1995). Fast gleiche Krankheitszeichen fanden sich bei Kindern mit genetischen Defekten im CD95-System (*Canale Smith Syndrome*) (RIEUX-LAUCAT et al. 1995).

Bei den genetisch defekten Mäusen wie auch bei den Kindern mit einem CD95-Gendefekt ließen sich die Krankheitszeichen dadurch erklären, daß die CD95-vermittelte Apoptose sowohl in T-Lymphozyten als auch in B-Lymphozyten vermindert und damit die physiologisch zur Aufrechterhaltung des Gleichgewichts im Immunsystem wichtige Lymphozytensterberate pathologisch erniedrigt ist. Die Ansammlung von T- und B-Lymphozyten mit Fehlfunktion führt zur Vergrößerung der lymphoiden Organe und zur Bildung von Autoantikörpern.

Die Befunde legten die Annahme nahe, daß das CD95-System besonders wichtig für die Funktion des Immunsystems ist, und daß sich seine Dysfunktion in anderen Organen weniger bemerkbar macht. Diese Annahme hat sich bestätigt. Nach neueren Befunden spielt das CD95-System sogar eine Rolle bei der negativen Selektion von T-Lymphozyten im Thymus (KISHIMOTO et al. 1998). Von besonderer Bedeutung ist es für die Apoptose von Lymphozyten im peripheren Immunsystem. Hier sorgt es für die Eliminierung autoreaktiver Lymphozyten, für Immuntoleranz, das Abschalten der Immunantwort und für Immunsuppression. Die zentrale Frage dabei war, ob T-Lymphozyten sich selbst, ihre Nachbar-T-Zellen oder andere Zellen, wie B-Lymphozyten, unter Zuhilfenahme des CD95-Systems töten können.

Es ließ sich zeigen, daß T-Lymphozyten nach Aktivierung durch Antigen über den T-Zellrezeptor sowohl den Todesrezeptor, CD95, als auch den Todesliganden, CD95L, produzieren (DHEIN et al. 1995, BRUNNER et al. 1995, JU et al. 1995, ALDERSON et al. 1993). Beide, CD95 und CD95L, konnten auf der Zellmembran und in löslicher Form gefunden werden (CHENG et al. 1994, MARIANI et al. 1995, TANAKA et al. 1995). CD95 in löslicher Form ist ein differentielles Spliceprodukt, während der lösliche CD95L durch eine Metalloprotease kurz oberhalb der Zellmembran abgeschnitten wird. Generell besteht Übereinstimmung, daß der lösliche CD95L weniger aktiv in bezug auf die Induktion von Apoptose ist als der Transmembran-CD95L.

Ein und dieselbe T-Zelle verfügt also über den Todesrezeptor, CD95, und über die Mordwaffe, CD95L, und kann sich damit selbst durch Induktion von Apoptose töten. Diese Form von T-Zelltod, die wir »autokrinen Suizid« genannt haben, existiert neben anderen Todesformen, die durch das CD95-System vermittelt werden. So können T-Zellen mit Zellmembran-ständigem CD95L andere CD95$^+$-Nachbar-T-Zellen töten und »Fratrizid«, Brudermord, begehen. Darüber hinaus kann CD95L sezerniert werden und Nachbarzellen durch »parakrinen Tod« töten. Auch andere Nicht-T-Zellen können durch ähnliche Mechanismen Opfer der T-Lymphozyten werden.

Die Entscheidung, ob T-Zellen Mord oder Selbstmord begehen, könnte u. a. von der Populationsdichte der T-Lymphozyten abhängen: Vereinzelte T-Lymphozyten könnten eher Suizid, T-Lymphozyten in einer dichten Population vielleicht eher Mord begehen. Auszuschließen ist auch nicht, daß eine suizidale T-Zelle gleichzeitig noch andere Nachbarzellen mit in die Apoptose reißt. Obwohl die Apoptose von T-Lymphozyten heute stark in den Blickpunkt der Forschung gerückt ist, sollte man nicht vergessen zu fragen, wie bei dem durch T-Zellen induzierten Massensterben noch ein koordiniertes Funktionieren des Immunsystems möglich ist. Schließlich müssen intakte lebendige Lymphozyten eine geordnete Immunantwort und die Ausbildung von Gedächtniszellen garantieren. Neben Apoptose ist also auch ihre Verhinderung in das Zentrum des Interesses gelangt. Zu Beginn einer Immunantwort, nach Antigenkontakt und Aktivierung, ist eine T-Zelle mit der Auseinandersetzung mit dem Antigen beschäftigt und daher folgerichtig Apoptose-resistent. Später im Verlauf der Immunantwort, nach erfolgreicher Auseinandersetzung mit dem Antigen, werden die meisten T-Zellen durch Apoptose eliminiert und die Immunantwort damit abgeschaltet. Nur wenige T-Zellen dürfen überleben und werden Gedächtnis-T-Zellen, die sich beim nächsten Antigenkontakt effizienter und schneller mit dem Antigen auseinandersetzen können. Die molekularen Mechanismen der Apoptoseresistenz bei frisch aktivierten T-Zellen und bei Gedächtnis-T-Zellen sind momentan Gegenstand intensiver Erforschung.

Folgerungen für Pathomechanismen von Erkrankungen

Die Aufklärung der Funktion des CD95-Systems wird Konsequenzen für das Verständnis der Entstehung von Krankheiten haben, die durch »zuviel« oder durch »zuwenig« Apoptose gekennzeichnet sind. Außer bei genetischen Defekten des CD95-Systems bei Maus und Mensch und den daraus resultierenden Autoimmunphänomenen gibt es bisher noch keine direkten Hinweise auf seine Störungen bei Autoimmunerkrankungen. Da jedoch das CD95-System an Immunregulation und peripherer Selbsttoleranz beteiligt ist, könnten bestimmte pathologische Konstellationen sich durch »zu wenig« Apoptose auszeichnen. Die Störungen könnten sich auch im Bereich der Regulatormoleküle finden und eine defekte Signalgebung verursachen. Die Entstehung von Autoimmunkrankheiten könnte man sich schließlich folgendermaßen vorstellen. Ständig präsente Autoantigene bewirken eine permanente Stimulation von autoreaktiven T-Zellen. Aufgrund der permanenten Stimulation schalten die T-Zellen den Apoptosesignalweg auf resistent, können nicht mehr absterben und schädigen den Organismus durch Sekretion inflammatorischer Zytokine.

Auch die Massenzunahme von Tumoren ist erklärbar als die Summe von ungesteuertem Wachstum und reduziertem Zellsterben durch eine verminderte Apoptoserate. Hier könnten intrazelluläre anti-apoptotische Programme, die durch genetische Veränderungen aktiviert sind, die Apoptosesensitivität negativ beeinflussen und bei der Tumorentstehung und bei der Resistenzentwicklung von Tumoren, z.B. im Verlauf einer Chemotherapie, mitwirken.

»Zuviel« Apoptose findet sich z.B. bei manchen Erkrankungen der Leber. Es gibt Hinweise, daß bei der virusbedingten Leberentzündung, der Hepatitis, spezifische anti-virale T-Zellen die Virus-befallenen $CD95^+$-Leberzellen angreifen und durch CD95L abtöten. Bei der Leberschädigung durch Alkohol findet sich sogar CD95L-Produktion in $CD95^+$-Leberzellen selbst. So läßt sich spekulieren, daß toxische Alkoholabbauprodukte ein CD95-abhängiges Apoptoseprogramm, das zur Selbstzerstörung der Leberzellen führt, anschalten (GALLE et al. 1995).

Auch bei AIDS findet sich mit Progression der Erkrankung eine gesteigerte Apoptose der Lymphozyten. Hier ist die Frage, ob eine gesteigerte Apoptose neben direktem Virusbefall eine der Ursachen für die T-Helferzelldepletion ist. Wir haben Hinweise darauf, daß bei HIV-infizierten Personen die durch das CD95/CD95L-System vermittelte Apoptose krankhaft gesteigert ist. Diese Steigerung der CD95-vermittelten Apoptose findet sich auch in nicht-Virus-infizierten Zellen. Generell ist in HIV-infizierten Personen sowohl die Expression von CD95 auf T-Lymphozyten als auch die Produktion von CD95L stark erhöht (DEBATIN et al. 1994, BÄUMLER et al. 1996, KATSIKIS et al. 1995). In Modellsystemen mit virusinfizierten T-Lymphozyten in der Zellkultur konnten wir zeigen, daß die Steigerung der CD95-vermittelten Apoptose u.a. durch eine durch virale Genprodukte erhöhte CD95L-Produktion zustandekommt. Entscheidend hierfür ist das in virusinfizierten Zellen produzierte Molekül Tat.

Tat kann von virusinfizierten T-Lymphozyten ausgeschieden und von nichtinfizierten T-Zellen aufgenommen werden. Auch in diesen T-Zellen sensibilisiert Tat die CD95-vermittelte Apoptose und könnte so zum Tod und zur Depletion auch nichtinfizierter aktivierter T-Zellen beitragen. Ebenfalls verstärkend auf diesen Vorgang wirkt sich der Effekt eines Proteins der Virushülle, gp120, aus. Gp120 bindet an den CD4-Rezeptor von T-Helferzellen und sensibilisiert die CD95-vermittelte Apoptose besonders in diesen Zellen (WESTENDORP et al. 1995). Das molekulare Verständnis dieser Zusammenhänge läßt die Entwicklung neuer therapeutischer Ansätze erhoffen. Noch ist keine direkte, ausreichend erfolgreiche Therapie zur Eliminierung der infizierenden Viren in Sicht. Deshalb zielen solche Ansätze darauf, durch Neutralisierung der Tat- oder gp120-Effekte die CD95-vermittelte Apoptose auf Normalmaß zu reduzieren.

So wäre es das Ziel der Therapie, bei allen Erkrankungen mit »zuviel« Apoptose das »Zuviel« zurückzuschrauben. Bei den Erkrankungen mit »zuwenig« Apoptose, wie bei Tumoren, wäre der genau entgegengesetzte therapeutische Ansatz angezeigt, nämlich Apoptoseresistenz zu brechen, Apoptosesensitivität wiederherzustellen und so die Eliminierung der Tumorzellen zu bewirken. Es ist zu erwarten, daß sich die hier geschilderten therapeutischen Ansätze auf der Basis des Verständnisses der molekularen Grundlagen von Apoptose verwirklichen lassen. Da das Apoptoseprogramm jedoch ein in allen Körperzellen angelegtes Programm ist, müssen Therapieansätze erdacht werden, mit denen es gelingt, ein therapeutisches Fenster zu definieren, in dem im wesentlichen kranke und nicht etwa gesunde Körperzellen erfaßt werden. Eine besondere Herausforderung wäre, Apoptose gezielt nur in definierten Zellen zu verstärken oder zu verhindern. Hierzu sind in Zukunft Entwicklungen mit neuen und originellen Konzepten erforderlich.

Literatur

ALDERSON, M. R., ARMITAGE, R. J., MARASKOVSKY, E., TOUGH, T. W., ROUX, E., SCHOOLEY, K., RAMSDELL, F., and LYNCH, D. H.: Fas transduces activation signals in normal human T lymphocytes. J. Exp. Med. *178*, 2231–2235 (1993)

BÄUMLER, C., HERR, I., BÖHLER, T., KRAMMER, P. H., and DEBATIN, K.-M.: Activation of the CD95(APO-1/Fas) system in T cells from HIV type I infected children. Blood *88*, 1741–1748 (1996)

BRUNNER, T., MOGIL, R. J., LAFACE, D., YOO, N. J., MAHBOUBI, A., ECHEVERRI, F., MARTIN, S. J., FORCE, W. R., LYNCH, D. H., WARE, C. F., et al.: Cell-autonomous Fas(CD95)/Fas-ligand interaction mediates activation-induced apoptosis in T-cell hybridomas. Nature *373*, 441–444 (1995)

CHENG, J., ZHOU, T., LIU, C., SHAPIRO, J. P., BRAUER, M. J., KIEFER, M. C., BARR, P. J., and MOUNTZ, J. D.: Protection from Fas-mediated apoptosis by a soluble form of the Fas molecule. Science *263*, 1759–1762 (1994)

DEBATIN, K.-M., FAHRIG-FAISSNER, A., ENENKEL-STOODT, S., KREUZ, W., BENNER, A., and KRAMMER, P. H.: High expression of APO-1 (CD95) on T lymphocytes from HIV-1 infected children. Blood *83*, 3101–3103 (1994)

DHEIN, J., DANIEL, P. T., TRAUTH, B. C., OEHM, A., MÖLLER, P., and KRAMMER, P. H.: Induction of apoptosis by monoclonal antibody anti-APO-1 class switch variants is dependent on crosslinking of APO-1 cell surface antigens. J. Immunol. *149*, 3166–3173 (1992)

DHEIN, J., WALCZAK, H., BÄUMLER, C., DEBATIN, K.-M., and KRAMMER, P. H.: Autocrine T-cell suicide mediated by APO-1/(Fas/CD95). Nature *373*, 438–441 (1995)

GALLE, P. R., HOFMANN, W. J., WALCZAK, H., SCHALLER, H., STREMMEL, W., KRAMMER, P. H., and RUNKEL, L. Involvement of the CD95 (APO-1/Fas) receptor and ligand in liver damage. J. Exp. Med *182*, 1 to 10 (1995)

ITOH, N., YONEHARA, S., ISHII, A., YONEHARA, M., MIZUSHIMA, S., SAMESHIMA, M., HASE, A., SETO, Y., and NAGATA, S.: The polypeptide encoded by the cDNA for human cell surface antigen Fas can mediate apoptosis. Cell *66*, 233–243 (1991)

Iтон, N., and Nagata, S.: A novel protein domain required for apoptosis. Mutational analysis of human Fas antigen. J. Biol. Chem. *268*, 10932–10937 (1993)

Ju, S. T., Panka, D. J., Cui, H., Ettlinger, R., El-Khatib, M., Sherr, D. H., Stanger, B. Z., and Marshak-Rothstein, A.: Fas(CD95)/FasL interactions required for programmed cell death after T-cell activation. Nature *373*, 444–448 (1995)

Katsikis, P. D., et al.: Fas antigen stimulation induces marked apoptosis of T lymphocytes in human immunodeficiency virus-infected individuals. J. Exp. Med. *181*, 2029–2036 (1995)

Kerr, J. F., Wyllie, A. H., and Currie, A. R.: Apoptosis: a basic biological phenomenon with wide-ranging implications in tissue kinetics. Brit. J. Cancer *26*, 239–257 (1972)

Kischkel, F. C., Hellbardt, S., Behrmann, I., Germer, M., Pawlita, M., Krammer, P. H., and Peter, M. E.: Cytotoxicity-dependent APO-1(Fas/CD95)-associated proteins form a death-inducing signalling complex (DISC) with the receptor. EMBO J. *14*, 5579–5588 (1995)

Kishimoto, H., Surh, C. D., and Sprent, J.: A role for Fas in negative selection of thymocytes in vivo. J. Exp. Med. *187*, 1427–1438 (1998)

Köhler, H.-R., Dhein, J., Alberti, G., and Krammer, P. H.: Ultrastructural analysis of apoptosis by the monoclonal antibody anti-APO-1 on a lymphoblastoid B cell line (SKW6.4). Ultrastructural Pathology *14*, 513–518 (1990)

Krammer, P. H., Behrmann, I., Daniel, P., Dhein, J., and Debatin, K.-M.: Regulation of apoptosis in the immune system. Curr. Opin. Immunol. *6*, 279–289 (1994 a)

Krammer, P. H., Dhein, J., Walczak, H., Behrmann, I., Mariani, S., Matiba, B., Fath, M., Daniel, P. T., Knipping, E., Westendorp, M. O., Stricker, K., Bäumler, C., Hellbardt, S., Germer, M., Peter, M. E., and Debatin, K.-M.: The Role of APO-1 mediated apoptosis in the immune system. Immunol. Reviews *142*, 175–191 (1994 b)

Krammer, P. H., and Debatin, K.-M.: When apoptosis fails. Curr. Biology *2*, 383–385 (1992)

Leithäuser, F., Dhein, J., Mechtersheimer, G., Koretz, K., Brüderlein, S., Henne, C., Schmidt, A., Debatin, K.-M., Krammer, P. H., and Möller, P.: Constitutive and induced expression of APO-1, a new member of the NGF/TNF receptor superfamily, in normal and neoplastic cells. Lab. Invest. *69*, 415–429 (1993)

Mariani, S., Matiba, B., Bäumler, C., and Krammer, P. H.: Regulation of cell surface APO-1/Fas(CD95) ligand expression by metalloproteases. Eur. J. Immunol. *25*, 2303–2307 (1995)

Nagata, S., and Golstein:, P. The Fas death factor. Science *267*, 1449–1456 (1995)

Oehm, A., Behrmann, I., Falk, W., Li-Weber, M., Maier, G., Klas, C., Richards, S., Dhein, J., Daniel, P. T., Knipping, E., Trauth, B. C., Ponstingl, H., and Krammer, P. H.: Purification and molecular cloning of the APO-1 cell surface antigen, a member of the tumor necrosis factor/nerve growth factor receptor superfamily. J. Biol. Chem. *267*, 10709–10715 (1992)

Rieux-Laucat, F., Le Deist, F., Hivroz, C., Roberts, I. A., DeBatin, K. M., Fischer, A., and de Villartay, J. P.: Mutations in Fas associated with human lymphoproliferative syndrome and autoimmunity. Science *268*, 1347–1349 (1995)

Suda, T., Takahashi, T., Golstein, P., and Nagata, S.: Molecular cloning and expression of the Fas ligand, a novel member of the tumor necrosis factor family. Cell *75*, 1169–1178 (1993)

Tanaka, M., Suda, T., Takahashi, T., and Nagata, S.: Expression of the functional soluble form of human fas ligand in activated lymphocytes. EMBO J. *14*, 1129–1135 (1995)

Trauth, B. C., Klas, C., Peters, A. M. J., Matzku, S., Möller, P., Falk, W., Debatin, K.-M., and Krammer, P. H.: Monoclonal antibody-mediated tumor regression by induction of apoptosis. Science *245*, 301–305 (1989)

Westendorp, M. O., Frank, R., Stricker, K., Dhein, J., Walczak, H., Debatin, K.-M., and Krammer, P. H.: Sensitization of T cells to CD95-mediated apoptosis by HIV-1 Tat and gp120. Nature *375*, 497–500 (1995)

Yonehara, S., Ishi, A., and Yonehara, M.: A cell-killing monoclonal antibody (anti-Fas) to a cell surface antigen co-downregulated with the receptor of tumor necrosis factor. J. Exp. Med. *169*, 1747–1756 (1989)

Prof. Dr. Peter H. Krammer
Forschungsschwerpunkt Tumorimmunologie
Abteilung Immungenetik am
Deutschen Krebsforschungszentrum
Im Neuenheimer Feld 280
69120 Heidelberg
Bundesrepublik Deutschland

Innere Medizin, Neurologie und Immunologie

Einführung und Moderation Gottfried Geiler (Leipzig), Altpräsidialmitglied der Akademie:

Der unbefangene und flüchtige Leser des Themas unserer Jahresversammlung »Altern und Lebenszeit« wird, so wage ich zu vermuten, zuerst an *den* Themenkreis gedacht haben, der heute morgen zur Diskussion steht: das Altern und die Lebenszeit des Menschen. Wir alle erfahren diesen Prozeß als persönlich Betroffene mit seinen physischen, psychischen und intellektuellen Wandlungen und erleben, daß dank der modernen Medizin die Lebenszeit vieler in einem Ausmaß wächst, was dem Einzelnen und der Gesellschaft große Aufgaben auferlegt, damit Altern und Lebensqualität nicht dramatisch dissoziieren. Im Diskussionskreis am heutigen Nachmittag wird diese Problematik gebührend besprochen werden. In den folgenden Vorträgen dieses Vormittags werden organismische, d. h. funktionelle, metabolische und strukturelle Bedingungen im Zentrum stehen, welche das Phänomen Altern gestalten und begleiten. Dazu haben wir zwei Vorträge.

Herr MÖRL studierte Medizin in Leipzig, wo er auch promoviert hat. Er war dann an den Universitäten in Halle, Gießen und Heidelberg tätig und ist jetzt Chefarzt der Medizinischen und Geriatrischen Klinik am Diakonissenkrankenhaus in Mannheim.

Herr DICHGANS hat nach dem Studium der Medizin in Freiburg und München in München promoviert. Er habilitierte sich in Freiburg und ging zu einem Forschungsaufenthalt an das *Massachusetts Institute of Technology* in Cambridge (USA). Seit 1977 ist er Professor für Neurologie an der Universität Tübingen und Direktor der Neurologischen Universitätsklinik.

Einführung und Moderation Volker ter Meulen (Würzburg), Vizepräsident der Akademie:

Herr RAJEWSKI ist Professor für molekulare Genetik und Direktor am Institut für Genetik der Universität Köln. Er hat Medizin und Chemie studiert und 1962 in Frankfurt/Main promoviert.

Wissenschaftlich hat er sich mit vielfältigen Fragen der Immunologie befaßt. Im Zentrum seines Interesses stehen die B-Lymphozyten hinsichtlich ihrer Funktion in der Immunabwehr. Schon frühzeitig hat er parallel die Methoden der zellulären Immunologie sowie die der Molekularbiologie bis zum Klonieren und Sequenzieren von Genen angewandt. Dadurch konnte Herr RAJEWSKI wichtige Probleme angehen und lösen und durch den Einsatz von transgenen Mäusen Aussagen über die *in vivo* ablaufenden Prozesse an Immungenen gewinnen. Auf dem Gebiete der Grundlagenimmunologie gehört Herr RAJEWSKI nicht nur in Deutschland, sondern international zu den führenden Wissenschaftlern. Er ist Mitglied zahlreicher wissenschaftlicher Gesellschaften und hat mehrere Ehrungen und wissenschaftliche Auszeichnungen erfahren. Seit 1995 ist er Mitglied unserer Akademie.

Altern aus internistischer Sicht

Von Hubert Mörl (Mannheim)
Mitglied der Akademie

Mit 13 Abbildungen und 5 Tabellen

Zusammenfassung

Zunächst erfolgen zum Altern grundsätzliche einleitende Bemerkungen. Bei Erörterung des *Evolutionsgesetzes* wird festgestellt, daß *Altern eine Grundeigenschaft jedes Lebens* ist. Altern ist keine Krankheit, sondern ein biologisch vorgeschriebener Weg, der ab der Geburt über Wachstum und Entwicklung zur Differenzierung und Reife mit gleichzeitigem Altern führt und mit Einschränkung der Anpassungsreserve und der Reparaturkapazität einhergeht. Der Prozeß unterliegt einer für jeden Menschen anders programmierten *genetischen Steuerung*. Es wird Stellung genommen zu der Frage, warum sind zunehmende Differenzierung und Spezialisierung *letztendlich tödlich*. Zur *menschlichen Lebenserwartung* wird ausgeführt, daß diese sich aufgrund ungeheurer Fortschritte in der Gesundheitsfürsorge, Verbesserung der hygienischen Verhältnisse sowie der allgemeinen Lebensbedingungen in den letzten 100 Jahren verdoppelt hat. Wir sind also auf dem besten Wege, uns zu einer langlebigen Gesellschaft zu entwickeln, wobei die Langlebigkeit ihren Preis hat, und zwar oft einen sehr hohen. Jeder dritte über Achtzigjährige ist pflege- und hilfsbedürftig, und bei einer weiteren erwarteten Steigerung der Verdoppelung der Rentnerzahl bis zum Jahre 2040 kommen ungeheure soziale und medizinische Aufgaben, nicht nur für den Mediziner, sondern insbesondere für die Politiker und somit auf die gesamte Gesellschaft zu. Was geschieht bei der Alterung des Menschen und seiner Organe? Max BÜRGERS Begriff der Biorheuse wird beschrieben, ebenso der der geriatrischen Nosologie und damit die wichtigsten Veränderungen der Alterung an bestimmten Organen. Hierbei wird neben der Multimorbidität und der Polypathie der Hochbetagten dargelegt, daß letztendlich nur die Aufklärung der genetischen Mechanismen des zellulären Alterns zu einem Verständnis aller Vorgänge führt. Zwei molekulargenetische Theorien, nämlich die Programmtheorie und die Fehlertheorie, werden dabei besprochen. Die Frage, ist *Altern Schicksal oder Krankheit*, wird ebenso versucht zu beantworten, wie die, *was ist Gesundheit* und *was ist Krankheit*. Besonderheiten der Erkrankungen im Alter, deren Erkennung, Diagnostik und Therapie stehen im Mittelpunkt der folgenden Ausführungen, bis hin zur deutlich veränderten Resorption, Absorption und Elimination und somit zu einer *speziellen Pharmakotherapie im Alter*. Die *Ergebnisse der rehabilitativen Geriatrie* werden bei ausgewählten Krankheitsbildern, nämlich bestimmten Herz-Kreislauf-Erkrankungen, multimorbiden Patienten mit Frakturen u. a., in gebotener Kürze dargelegt. Entgegen bisheriger Ansicht wird belegt, daß selbst bis in das hohe Alter hinein eine konsequente spezifische Behandlung der Risikofaktoren etc. erforderlich ist und daß es weder bei strenger Indikationsstellung auf dem Gebiet der inneren Medizin noch der Chirurgie in der Therapie eine Altersgrenze gibt. Abschließend wird zur Frage *Alter – Freude oder Last*, der *verlängerten Agonie* und des »*künstlichen Lebens*« eindeutig Stellung bezogen.

Abstract

Aging – the Medical Standpoint: Initially we will attempt to build a historical connection between the »thread of life« of the antiquity and the genetic »thread of life« of modern times (from HESIOD to Helix), the programmed genetic control and discoveries of the molecular basis of life as analogy. The concept of health will be defined, and the question pursued that aging is a fundamental feature of life. Aging is not a disease, but rather a pre-programmed biological passage, from birth through growth and development to differentiation and maturity, accompanied by simultaneous (physiological?) aging with diminished capacity for adaptation and reparation. What do we understand by age – and aging in regard to the morphological and functional changes which occur in organs, arterial blood vessels and heart? Issues and aspects of patient care unique to diseases of the elderly will be discussed including altered symptomatology, detection, necessary albeit constrained use of diagnostics, therapy, as well as the effectiveness of primary and secondary prevention of illness in the aging population. Particular consideration of pharmacotherapy in elderly patients will be given with special emphasis on interactions and delayed metabolic processes. The importance of geriatrics, the branch of medicine dealing with the problems of aging and diseases of the elderly, including the three therefrom (in Germany) evolving independent organization models – acute or clinical geriatrics, gerontopsychiatry, and geriatric rehabilitation as specialty areas will be discussed. Further exploration of the above-mentioned areas and success thereof will be illustrated using the following examples: Treatment of elderly fracture patients, stroke patients, and thromboembolic diseases, and the success of modern medicine, particularly geriatric rehabilitation. Contrary to prevailing opinion, evidence shows that even in advanced-age elderly patients a consistent, appropriate therapy of risk factors is imperative. With careful consideration of therapy indication there are no age limits in the areas of internal medicine or surgery. Closing discussion will include the existing as well as future outlook for various therapies, the first successful results of treatment using gene therapy in the area of cardioangiology – and ultimately a search for the answer to the question: Old age – joy of living or burden? Unequivocal position will also be taken regarding prolonged agony and artificial life, as well as final discussion of the correlation between longevity and the revelation that for most elderly, old age is not seen as an end point, but rather a new beginning – a second gift of life beyond all expectations.

1. Vom Lebensfaden der Antike

Der griechische Dichter HESIOD wußte genau, wie die Lebensspanne des Menschen festgelegt wird. Nach der ältesten bekannten Überlieferung (HESIOD, Theogonie, Vers 218 u. a. Verse) liegt sie in den Händen der mythologischen Moiren von Klotho, Lachesis und Atropos, den Töchtern des Zeus und der Themis. Wie sie dieser Aufgabe nachkommen, ist auf verschiedenen antiken Darstellungen zu sehen. Klotho spinnt einen Lebensfaden, Lachesis teilt das Lebenslos zu, und Atropos zerschneidet den Lebensfaden am Ende. Das besondere daran: Die Lebenszeit des Menschen ist über die Länge des Fadens festgelegt. Heute, fast drei Jahrtausende später und nach der Entdeckung der molekularen Grundlagen des Lebens, beginnen wir allmählich zu verstehen, wie unsere maximale Lebensspanne durch einen genetischen Code tatsächlich festgelegt und begrenzt wird und warum der Mensch im Verlauf dieser Zeit altert.

»So sind also Sterblichkeit und Unsterblichkeit nicht von einem großen Geheimnis umgeben. Es ist nur so, daß es biologisch effizienter ist, sterblich zu sein. Deswegen haben unsere Zellen ein eingebautes Verfallsdatum, ein geplantes Nachlassen der Effizienz, mit der sie einander ersetzen. Deshalb werden wir im Alter kleiner, gebrechlicher und schließlich Opfer aller nur möglichen Leiden. Eigentlich wäre es viel besser, wenn die Gene irgendeinen Weg gefunden hätten, auf dem wir bis zum letzten Tag physisch jung blieben und dann vielleicht im Bruchteil einer Sekunde explodierten. Aber das langsame Altern ist nun einmal das, was uns Menschen gegeben ist und die beste Art und Weise, damit umzugehen ist, aus jeder Altersstufe das beste zu machen.« (Nach MORRIS 1998.)

2. Programmierte genetische Steuerung

Der in den letzten Millionen Jahren auf der Erde erzielte Fortschritt in der Evolution der Arten hat seinen Preis, und zwar keinen geringeren als den unweigerlichen Tod des Individuums, ein durch planmäßiges Altern erfolgtes »Ableben«. Das Gesetz der Evolution klingt hart, aber ist absolut zweckdienlich und damit nützlich. Ohne Evolution gebe es den Menschen nicht und damit keinen von uns. Die Evolution erzeugt Art und Individuen, wobei die Erhaltung der Art Vorrang hat gegenüber der Selbsterhaltung des Individuums. Als Individuum sind wir die dem Altern und dem Tod ausgesetzten Lebewesen. Altern ist keine Krankheit, sondern ein biologisch vorgeschriebener Weg, der ab der Geburt über Wachstum und Entwicklung zur Differenzierung und Reife mit gleichzeitigem Altern mit Einschränkung der Anpassungsreserve und der Reparaturkapazität einhergeht. Der Prozeß unterliegt einer für jeden Menschen anders programmierten genetischen Steuerung, daher sind die Zeitspannen des individuellen Lebens verschieden.

Altern gehört demzufolge zu den biologischen Grundvorgängen. Max BÜRGER (1960) Leipzig, der Begründer der Geriatrie in Deutschland, faßte diese Erscheinung unter dem Begriff »Biomorphose« zusammen. Der Ablauf der physiologischen Altersveränderungen führt früher oder später zu einer Herabsetzung aller Lebensvorgänge nach Quantität und Qualität und zur Minderung der Leistungsfähigkeit der Organe und Organsysteme. Diese Vorgänge bereiten auch den Boden für altersbedingte Krankheiten latenter wie manifester Art, mit denen sich die geriatrische Nosologie befaßt.

3. Wie lange lebt der Mensch?

Durch die Senkung der Säuglingssterblichkeit, durch die nahezu vollständige Ausrottung der vordem die Haupttodesursachen darstellenden Infektionskrankheiten, durch ungeheure Fortschritte in der Gesundheitsversorgung, bei der medizinischen Betreuung und in der Verbesserung der hygienischen Verhältnisse sowie der allgemeinen Lebensbedingungen ist die Lebenserwartung der Menschen enorm gestiegen. Der ewige Traum nach Langlebigkeit, 100 Jahre zu erreichen, wie es der niederländische Maler POST schon im 17. Jahrhundert aufzeigte, hat sich in den letzten 100 Jahren in ungeahnter und nicht voraussehbarer Weise, für weitaus mehr Menschen als früher, erfüllt.

War das Durchschnittsalter bei den alten Römern bei 22 Jahren, stieg es im Jahre 1870 auf 35 Jahre, heute sind es bereits 74 Jahre für den Mann und 79,6 Jahre für die Frau, dies aber nur in den sogenannten zivilisierten Staaten. In Deutschland haben wir in Baden-Württemberg die höchste Lebenserwartung von 74,5 Jahren für die Männer und 80,7 Jahren für die Frauen, damit im Durchschnitt um ein Jahr höher als in der übrigen Bundesrepublik. In den letzten 100 Jahren ist somit die Lebenserwartung der Menschen um über 100 % gestiegen. Eine Beschreibung der Prognosen kann statistisch mit einer Überlebensfunktion gegeben werden, aus dieser lassen sich Funktionen für die altersspezifischen Mortalitätsraten und Lebenserwartungen ableiten (siehe Abb. 1 nach SIEBERT und HOLZEL 1999).

Molekularbiologen und Gerontologen legen unsere maximale Lebenserwartung zwischen 115 und 120 Jahren fest, selten erreicht und noch seltener überschritten.

Der amerikanische Gerobiologe HAYFLICK (1980) hat in einer vielbeachteten Studie belegt, welcher objektive Zuwachs in bezug auf die durchschnittliche Lebenser-

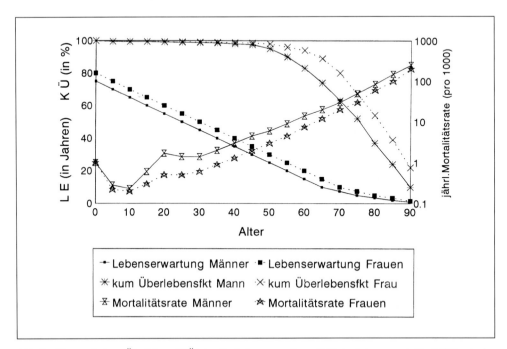

Abb. 1 Kummulatives Überleben (KÜ) in %, Lebenserwartung (LE) in Jahren, und Mortalitätsrate im Altersverlauf (Deutschland 1993/1995, stratifiziert nach Geschlecht) modifiziert nach SIEBERT und HÖLZEL

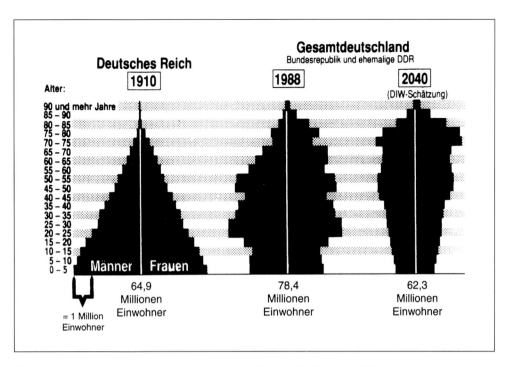

Abb. 2   Der deutsche Lebensbaum krankt, Altersschichtung in Stufen von je 5 Jahrgängen.

wartung der Gesamtbevölkerung eintritt, falls die verschiedenen Ursachen eines vorzeitigen Todes fortfallen. Den höchsten Gewinn an Lebensjahren bringt die Ausschaltung der wichtigsten kardiovaskulären Erkrankungen. Dabei würde sich die Lebensspanne des Neugeborenen um 18,1, die eines 65jährigen um 16,2 Jahre erhöhen. Der Fortfall der zerebrovaskulären Faktoren, wie z. B. des Schlaganfalls, sowie die Ausschaltung von Geschwülsten bringt nach HAYFLICK höchstens einen Lebenszuwachs von 3,6 Jahren für das Kind und von nur 2,5 Jahren für die Senioren. Auf diese Weise könnten die deutschen Frauen im Durchschnitt theoretisch fast 100 und die Männer 92 Jahre alt werden. Mit solchen Erörterungen erreichen wir aber bereits das Gebiet der gerontologischen Futurologie.

Wir sind also auf dem besten Wege uns zu einer langlebigen Gesellschaft zu entwickeln, wobei die Langlebigkeit – Traum oder Alptraum – ihren Preis hat, und zwar oft einen sehr hohen. Während heute 21% der Einwohner 60 Jahre oder älter sind, wird der Altenanteil im Jahre 2040 bei mehr als bei einem Drittel liegen (siehe Abb. 2). Jeder Dritte über 80jährige ist jedoch pflege- und hilfsbedürftig und bei einer weiteren erwarteten Steigerung der Verdoppelung der Rentnerzahl bis zum Jahre 2040 kommen besondere soziale und medizinische Aufgaben auf uns alle zu.

4. Was geschieht bei der Alterung des Menschen?

In Beantwortung des Themas unserer Jahresversammlung »Altern und Lebenszeit« läßt sich aus ärztlicher Sicht sagen, daß, so nicht eine ernsthafte Krankheit dazwischentritt, die menschliche Lebenszeit durch das Altern limitiert wird, letztendlich ist das einzig sichere im Leben, daß es mit dem Tod endet: *Mors certa hora incerta.*

4.1 Was verstehen wir unter Gesundheit?

Gesundheit ist nicht alles, aber ohne Gesundheit ist alles nichts, sagte bereits SCHOPENHAUER.

Nach der Definition der WHO ist Gesundheit der Zustand völligen körperlichen, geistigen, seelischen und sozialen Wohlbefindens. Man kann hinzusetzen, für dessen Höchstmaß jeder Mensch seine eigene Norm hat. Diesem vielfach umstrittenen Gesundheitsbegriff kann man nur gerecht werden, wenn man die eigenen Grenzen nicht nur akzeptiert, sondern auch, ohne besonders aufzubegehren, körperlich und psychisch mit diesen Grenzen umzugehen versteht. Gesundheit ist also das Schweigen der Organe. Leben in Gesundheit bedeutet Ausgewogenheit und Ordnung. Diese wird nur über eine gewisse Strecke garantiert.

4.2 Was verstehen wir unter Altern und Alter?

Max BÜRGER (1960) definiert »Altern als jede irreversible Veränderung der Substanz als Funktion der Zeit«. Er verstand darunter einen Prozeß, welcher den gesamten Lebenslauf eines Individuums von der Entstehung bis zum Tode umfaßt. Diese These wird zwar vielfach akzeptiert, doch einige Gerontologen waren anderer Meinung. VERZÁR (1956) beispielsweise verstand unter Altern nur die zweite Lebenshälfte, die im Gegensatz zur ersten nicht durch den Aufbau, sondern durch den Abbau gekennzeichnet ist, auch die WHO hat die alternden Menschen erst in der Regressionsphase (zweite Lebenshälfte des kalendarischen Alters nach WHO 1963) in Altersstufen unterteilt und benannt.

Altern ist unser Schicksal, Altwerden will jeder, Altsein will niemand. Physiologische Kriterien für das Altern sollten Beachtung finden (Tab. 1).

Tab. 1   Physiologische Kriterien für das Altern

Kriterium Altern als	Literatur
– Änderung der Viskosität der Grundsubstanzen und der – Struktur der Makromoleküle auf zellulärer und molekularer Basis	VERZÁR 1956
– Störung der Kapillarpermeabilität auf dem Niveau des Organismus	BÜRGER 1960
– Summe aller Abnutzungserscheinungen, die ein Individuum im Laufe seines Lebens erfährt	SELYE 1962
– Zunahme autoimmuner Reaktionen	WALFORD 1962
– Enge Beziehung zur genetisch und artspezifisch festgelegten Lebensdauer	COMFROT 1979
– Faktorveränderungen der Immunsituation mit Nachlassen der Abwehrleistungen und Ausbildung von Antikörpern.	RAJEWSKI 1999

BAYREUTHER (1978) hat das so ausgedrückt: Da das Altern der Individuen auf den Alterungsvorgängen in den Organen, das Altern der Organe auf dem Altern der die Organe aufbauenden Zellen beruht, kann nur die Aufklärung der genetischen Mechanismen des zellularen Alterns zu einem Verständnis aller Vorgänge führen.

Er beschreibt zwei molekularkinetsche Theorien oder Grundprinzipien, die sich aus einer Vielzahl von Hypothesen aus zahlreichen Experimenten ergeben:

- Die Programmtheorie (deterministische Hypothese – programmierter Zelltod): Nach ihr stehen alle Phasen des zellulären Alterns im Lebenszyklus eines vielzelligen Organismus unter der Kontrolle spezifischer Gruppen von Erbfaktoren. Altern und Tod wären demnach im genetischen Material des Individuums vorprogrammiert.
- Die Fehlertheorie (stochastische Hypothese – Zusammenbruch im Chaos): Danach stehen alle Entwicklungsphasen des Organismus unter der Herrschaft spezifischer genetischer Konstellationen. Im Fortgang des Lebens entstehen aber Fehler aus endogenen und aus exogenen Ursachen.

Mit zunehmendem Alter erhöht sich die Chromosomeninstabilität und liefert das Leitsymptom einer nachlassenden DNA-Reparaturkapazität (HIRSCH-KAUFMANN et al. 1990). In den letzten Jahren gewinnt eine Gruppe endogener Schadstoffe immer mehr an Bedeutung: die Reaktiven Oxygen-Spezies (ROS). An dieser Stelle kann auf die oxidative Streßtheorie von SOHAL – Antioxidantien gegen freie Radikale – und Veränderungen der DNA im Zusammenhang mit Sauerstoffzufuhr und Alterung mit altersbedingten Krankheiten als weitere neue Theorie nur verwiesen werden.

Wir gehen also davon aus, daß »Krankheit« Störung der Gesundheit, Gesundheit aber angepaßtes Leben bedeutet.

Für uns Ärzte gelten folgende Maxime: Man muß harmonisches und nichtharmonisches Altern auseinanderhalten. Am Ende des ersteren steht der reine Alterstod. Diese Menschen sterben gar nicht, sie hören nur auf zu leben. Solche Menschen sind biologisch so alt wie das in der Alterung am weitesten fortgeschrittene Organ. Dieses bestimmt die *causa proxima mortis* (RÖSSLE 1948).

4.3 Alterung der Organe

Nach Wilhelm DOERR, den von mir hochgeschätzten ehemaligen Pathologen, gibt es »Jahresringe« oder deren Äquivalente beim Menschen nicht, und Altersbestimmungen an den Organen unbekannt gewesener Verstorbener sind immer problematisch. Das gleiche gilt für Lebende: Wir kennen natürlich die hinlänglich charakteristischen Befunde, wie beispielsweise Ergrauen der Haare, am Auge den Arcus senilis etc., aber auch gravierende Einzelfälle mit erheblichen Unterschieden zwischen kalendarischem und biologischem Alter. Faßt man die zahlreichen Befunde der Altersveränderungen an den einzelnen Organen zusammen, so zeichnen sich zwei Grundtatsachen ab:

- Das ist einmal die Änderung der Löslichkeitsbedingungen im Inneren der Zellen und der Grundsubstanz;
- das ist zum anderen die zunehmende Verfestigung des Bindegewebes (DOERR 1983).

Ich hoffe auf Ihr Verständnis, wenn ich mich in gebotener Kürze auf einige Erläuterungen bezüglich der immer noch mit Abstand häufigsten Krankheitsgruppe, nämlich der Gefäße und des Herzens, beschränke.

Bei Untersuchungen nach ihrem 100. Geburtstag von 575 über Einhundertjährigen wird von FRANKE (1985) in seinem Lebenswerk »Auf den Spuren der Langlebigkeit«

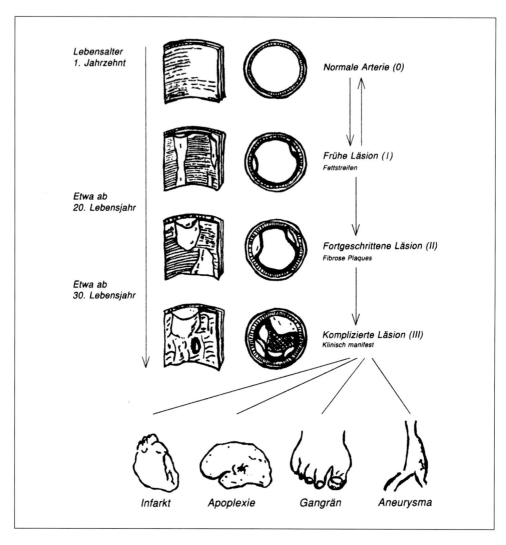

Abb. 3 Graphische Darstellung der Arteriosklerosestadien

als häufigste Todesursache Herz-Kreislauferkrankungen, weit überdurchschnittlich hoch mit etwa 70%, angegeben, gefolgt vom Marasmus mit 29%, Infekten wie Pneumonien mit 12%, und nur 1% sind malignen Tumoren erlegen (SCHRAMM et al. 1983).

4.4 Alternsveränderungen des arteriellen Gefäßsystems

Wir wissen, daß mit zunehmendem Lebensalter die Wände unserer Schlagadern dikker werden (siehe Abb. 3). Alterung bedeutet vermehrt stoffliche Einlagerung (Eiweißkörper, Fette, Aminosäuren, Zucker und Mineralsalze) in die Wand, und zwar von innen nach außen, das bedeutet zunächst nicht Verengung der Gefäßlichtung. Im eigentlichen Sinne pathologisch ist erst die Fülle der Sekundärphänomene der Arteriosklerose. Die Gefäßwand des Betagten ist störanfällig, Geschwürsbildung, Blutung, Thrombose, organisierte Effekte stellen gefürchtete Komplikationen dar, wie Herzinfarkt, Schlaganfall und arterielle Verschlußkrankheiten der Extremitäten (Mörl 1995, Mörl und Menges 1996).

Auf Ludwig Aschoff (1938) geht das geflügelte Wort zurück, »der Mensch hat das Alter seiner Blutgefäße«, und auch mein zweiter Lehrer Gotthard Schettler (1982), Mitglied unserer Akademie, hat unter meiner Mitwirkung in einem mehrfach aufgelegten Buch »Der Mensch ist so jung wie seine Gefäße« dies dargelegt.

4.5 Alternsveränderungen des Herzens

Das Herzgewicht nimmt nicht ab, sondern – zumindest bis in das neunte Lebensdezennium – zu.

Die alterskorrelierte Gewichtszunahme basiert überwiegend auf einer Vermehrung der Herzmuskelmasse mit sogenannten basophilen Degeneraten und Ablagerungen von Amyloiden etc.

Alternde Herzklappen sklerosieren unter Ausweitung des Klappenrings und Einlagerung von Kalk. Diese »typischen« Alternsveränderungen bevorzugen die Klappen des linken Herzens und gehen mit einem valvulären Elastizitätsverlust einher.

Die valvulären Alterungsvorgänge ähneln jenen des Bindegewebes anderer Standorte. Es dominieren Vermehrung und Hyalinisierung des kollagenen Bindegewebes.

4.6 Funktionelle Alternsveränderungen

Der alternsabhängige Leistungsabfall des kardiovaskulären Systems wird mit rund 1 % pro Jahr ab dem 30. Lebensjahr beziffert (Michel 1984).

Minuten- und Schlagvolumen nehmen bereits unter Ruhebedingungen, verstärkt aber unter körperlicher Belastung, ab (Wetzler 1969).

Die maximale Sauerstoffaufnahme als Bruttokriterium der kardiorespiratorischen Funktion gilt als einer der aussagefähigsten Altersparameter. Die Abnahme beträgt bereits um das 60. Lebensjahr 25–30 % beim Mann und 20–25 % bei der Frau gegenüber den Werten um das 30. Lebensjahr (siehe Abb. 4 nach Hollmann et al. 1982).

Peripherer und elastischer Gefäßwiderstand nehmen ebenfalls etwa ab dem 30. Lebensjahr kontinuierlich zu (siehe Abb. 5).

Des weiteren sind alternsvariierte Funktionsparameter zu beachten (siehe Tab. 2).

Tab. 2   Alternsvariierte kardiale Funktionsparameter

– Verlängerung des aktiven Ca^{2+}-abhängigen Prozesses der Relaxation
– Negativ chrono- und inotrope Effekte infolge verminderter Ansprechbarkeit auf sympathische Impulse (Abnahme der Rezeptoren)
– Zunahme der Nachlast des linken Ventrikels
– Abnahme der maximalen Verkürzungsgeschwindigkeit des Herzmuskels
– Disproportionierte Anstiege des linksventrikulären enddiastolischen Drucks unter Belastung nicht selten kombiniert mit regionalen Kontraktionsanomalien
– Abnahme der diastolischen Compliance des Herzens

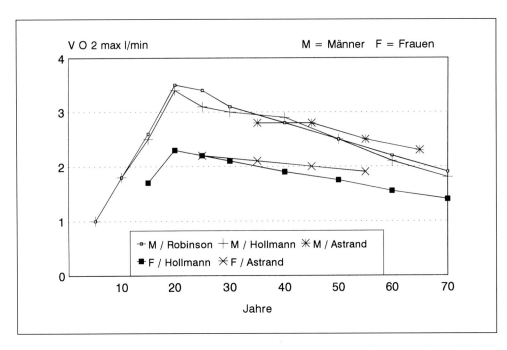

Abb. 4 Maximale Sauerstoff-Aufnahme/min als Bruttokriterium der kardiopulmonalen Leistungsfähigkeit (modifiziert nach HOLLMANN et al. 1982)

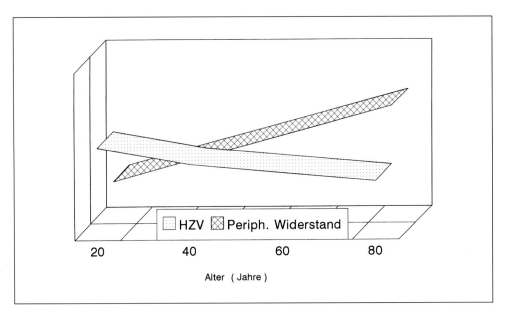

Abb 5 Altersabhängige Veränderung der Hämodynamik durch Erhöhung des peripheren Gefäßwiderstandes (pW) in Beziehung zum Herzzeitvolumen (HZV). Der Blutdruck (RR) ist eine Funktion des HZV und des pW (RR = HZV × pW).

5. Besonderheiten der Erkrankungen im Alter, deren Erkennung, notwendige Diagnostik und Therapie sowie Effektivität einer primären und sekundären Prävention

5.1 Symptomatologie von Erkrankungen im Alter

Es ist bekannt, daß beispielsweise die Altersappendizitis bei weitem nicht so stürmisch verläuft wie in jüngeren Jahrgängen. Das trifft für zahlreiche andere Erkrankungen ebenfalls zu, wie beispielsweise die tiefe Venenthrombose, die Lungenembolie, Lungenentzündungen, aber insbesondere auch bei kardiovaskulären Erkrankungen, wie bei der Endokarditis.

Bei den arteriellen Verschlußkrankheiten wissen wir, daß entgegen der gängigen Lehrmeinung oft auch bei hochgradiger Einengung der Lumina keine klinischen Symptome, auch nicht unter stärkerer Belastung, auftreten können. Bereits in der Basler Studie von WIDMER und Mitarbeitern (1981) wurde eindeutig belegt, daß zwei Drittel der von einer derartigen Krankheit Betroffenen asymptomatisch und nur ein Drittel symptomatisch ist.

Hinzuweisen ist in diesem Zusammenhang insbesondere auf die Zunahme sogenannter »stummer Myokardinfarkte« im Alter. Ich habe erstmalig in *Virchows Archiv* 1964 darauf aufmerksam gemacht, aber erst mit der Einführung der Langzeit-EKG-Registrierung und der dadurch entdeckten Fülle sogenannter stummer Myokardischämien konnte sich diese Erkenntnis durchsetzen (H. MÖRL 1964).

Somit gilt jetzt als unzweideutig, daß wir überhaupt und im Speziellen im höheren Alter von der sogenannten schmerzgesteuerten Medizin Abstand nehmen müssen.

Das Altern mit der entsprechenden Reduktion der Reservekapazitäten aller Organe und der verstärkten Abhängigkeit der Organsysteme voneinander muß als Risikofaktor für das Auftreten von Krankheiten gelten. Die Schädigungen und Ausfälle in Einzelbereichen führen zu Beeinträchtigungen anderer Organe und Regelsysteme. Bedeutsam sind dabei die von dem Altmeister der Inneren Medizin H. E. BOCK, Tübingen, Ehrenmitglied der Akademie, in der kausalabhängigen Entwicklung bezeichneten sogenannten Krankheitsketten.

Krankheiten im Alter verlaufen daher schwerer, langwieriger und folgenreicher. Die Zielvorstellung der Medizin, zu heilen, tritt neben die Stabilisierung des Allgemeinzustandes und die Verbesserung der Lebensqualität (H. MÖRL 1990, 1992). Dementsprechend haben neben Diagnostik und Therapie der Organläsionen die Behandlung der funktionellen Defizite und ihrer sozialen Auswirkungen einen gleichberechtigten Stellenwert. Die geriatrische Betrachtungsweise ist also immer eine holistische.

Bei Hochbetagten manifestieren sich viele Erkrankungen durch allgemeine Symptome wie Nahrungsverweigerung, Sturz, Schwindel, Verwirrtheit, Gewichtsverlust, Antriebsschwäche und anderes mehr. Die typischen Symptome sind auch infolge der »Polypathie« (LINZBACH 1975, FRANKE 1981, 1984) und der Multimorbidität nicht charakteristisch oder überlagert. Die Schwierigkeit liegt insbesondere darin, daß die quantifizierte Polypathie und Morbidität, also pathologisch-anatomische Befundkonstellationen, einen ganz unterschiedlichen Krankheitswert beanspruchen können (FRANKE 1981, PLATT 1981).

5.2 Diagnostik von Alterserkrankungen

Hierbei gelten als unabdingbare Voraussetzung, die Erhebung einer geduldigen, zumeist sehr zeitaufwendigen subtilen Anamnese in Kenntnis der veränderten Symptomatik im Alter. Die nun folgende Diagnostik muß schonend dem Krankheitsgrad des Patienten angepaßt werden, unter Vermeidung belastender Eingriffe und in Abwägung möglicher therapeutischer Konsequenzen. So sind heute die bildgebenden Verfahren, wie Sonographie, Echokardiographie, Kernspintomographie u. a., eine große Erleichterung, die den Patienten nicht belasten und deshalb vordergründig eingesetzt werden sollten. Gerade in der Diagnostik von Erkrankungen bei Hochbetagten gilt die Regel *nil nocere*.

5.3 Therapie und Prävention von Alterskrankheiten bzw. Krankheiten im Alter

Nicht das Alter *per se*, sondern Indikationen bei begründbaren oder definierten Erkrankungen und durch sie verursachte Folgeerscheinungen bestimmen die Therapie. Das gilt gleichermaßen für die internistisch-medikamentöse Therapie wie für operative Eingriffe (SCHREIBER 1996), bei denen es praktisch keine Altersgrenze mehr gibt.

Nehmen wir uns wieder den arteriosklerotisch bedingten Verschlußkrankheiten an. Durch die primäre und sekundäre Prävention sind wesentliche Erfolge erreicht worden. Die Ausschaltung der bekannten Risikofaktoren hat einen erheblichen Effekt auf die Pathokinetik der Arteriosklerose. Mein erster klinischer Lehrer, Konrad SEIGE (1958), Halle, konnte dies eindeutig für den Diabetes mellitus und seine Folgeerscheinungen aufzeigen, und mein zweiter klinischer Lehrer, Gotthard SCHETTLER, hat ja in vier Jahrzehnten erreicht, daß das Cholesterin zwar in aller Gedanken, aber nicht mehr in aller Munde ist. So galt bis vor einigen Jahren die Meinung, daß eine lipidsenkende Therapie nur bis zum 50. Lebensjahr sinnvoll wäre, heute ist dies, gerade bezüglich der koronaren Herzkrankheiten, längst nicht mehr zutreffend.

Auch über eine entsprechende Behandlung der Hochdruckkrankheit in höherem Alter bestehen neue Erkenntnisse.

Lange Zeit nahm man geradezu naturgesetzlich an, daß infolge des zunehmenden peripheren Gefäßwiderstandes eine Blutdruckerhöhung eintrete, und sprach vom sogenannten Altershochdruck. Es herrschte die Ansicht vor, daß der systolische Blutdruck bei Betagten 100 plus Anzahl der Jahre im höchsten Normalfall betragen dürfe. Bei den Untersuchungen von rüstigen Hundertjährigen durch H. FRANKE war der Mittelwert des Blutdrucks von 145/78 mmHg ein wesentlicher Grund für die Langlebigkeit der über Hundertjährigen (FRANKE et al. 1981).

In einer bisher einzigen kontrollierten Langzeitstudie bei über 80jährigen (Alter 80 bis 84 Jahre N = 269, bei Gesamt N = 1 627 Patienten, STOP-Hypertension-Studie) führte die Behandlung der Gesamtpopulation zu einer Senkung der kardiovaskulären Morbidität und Mortalität, weshalb aus ethischen Gründen diese Studie gestoppt wurde (DAHLÖF et al. 1991).

Bei unserer eigenen Auswertung von über 2 500 Hypertonikern im Alter von über 80 Jahren (siehe Abb. 6) unserer Medizinischen und Geriatrischen Klinik durch meinen Mitarbeiter Konrad RATH im Zeitraum 1991 bis 1998 konnte gezeigt werden, daß sich die relative Lebenserwartung unter optimierter Therapie verbessert und ein geringeres Risiko für Folgeschäden besteht (siehe Abb. 7, RATH 1999).

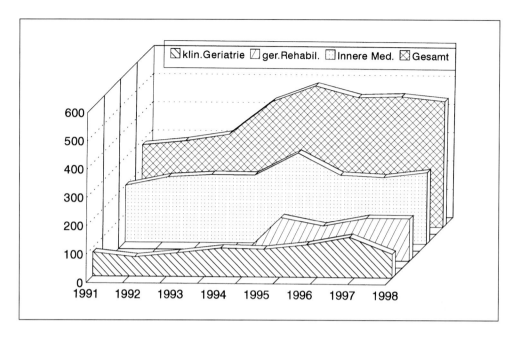

Abb. 6 Hypertonie-Patient/en/innen ≥ 80 Jahre. Gesamt N = 2 507. Behandlungszeitraum 1. 1. 1991 bis 31. 12. 1998, Diakonissenkrankenhaus Mannheim. Abteilungen: Medizinische Klinik, geriatrische Rehabilitation, klinische Geriatrie

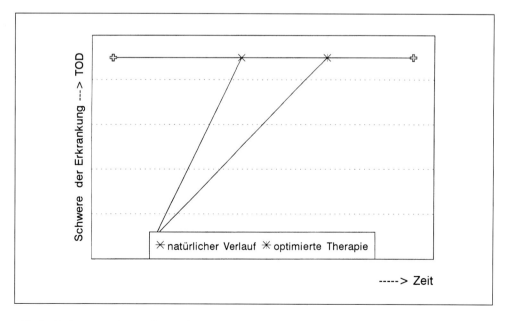

Abb. 7 Verbesserung der relativen Lebenserwartung bei Hypertonikern ≥ 80 Jahre unter optimierter Therapie (N = 2 507)

5.4 Pharmakotherapie im Alter

Hier kommen wir zu einem ganz besonders wichtigen Kapitel, denn es sind besondere Kenntnisse des geriatrischen Patienten vonnöten. Hierzu gehören u. a. die Abnahme der Hydratation, der Muskelmasse, der Leistungsfähigkeit, der körperlichen Funktionen und des Adaptationsvermögens, während andererseits z. B. der relative Fettanteil zunimmt.

5.5 Metabolische Prozesse laufen im Alter verlangsamt ab

Die Pharmakotherapie im Alter erfordert also besondere Kenntnisse, weil alte Patienten zudem häufig multimorbid sind und bei gleichzeitiger Gabe mehrerer Arzneimittel die Gefahr von Interaktionen besteht (siehe Abb. 8), aber auch weil pharmakodynamische und pharmakokinetische Parameter im Alter sich in allen pharmakokinetischen Teilprozessen (Resorption, Verteilung, Biotransformation und Ausscheidung) in vielfältiger Weise verändern (siehe Tab. 3). Im Alter nehmen Säuresekretion und Motilität im Magen ab, die resorbierende Oberfläche im Dünndarm ist reduziert, und außerdem ist die Blutversorgung des Dünndarmgebietes um bis zu 50% herabgesetzt, somit ist eine langsamere Auflösung eines Wirkstoffes die Folge.

Die Nierenfunktion beginnt beim Menschen etwa im Alter von 30 Jahren abzunehmen; sie reduziert sich bis etwa 70 um 30% und sinkt bis zum Alter von 90 Jahren

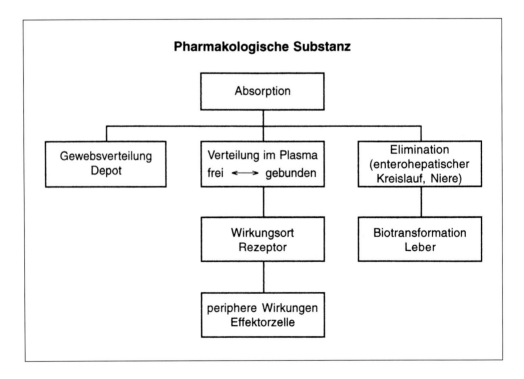

Abb. 8   Möglichkeiten einer altersabhängigen Änderung pharmakokinetischer Faktoren

Tab. 3 Pharmakokinetische und -dynamische Veränderungen bei geriatrischen Patienten

Resorption:	– Atrophie der Schleimhäute – Motilität im Gastrointestinaltrakt herabgesetzt – Malabsorption
Verteilung:	– Exsikkose – geringes Flüssigkeitsvolumen – verminderte HZV
Metabolismus:	– geringere Enzymaktivität – geringere Leberperfusion
Ausscheidung:	– geringere Nierenperfusion – erniedrigte glomeruläre Filtrationsrate

auf zirka 50 % ab. Besonders die Filtrationsrate ist vermindert. Wenn Pharmaka metabolisch unverändert renal filtriert und/oder tubulär sezerniert werden, muß man demnach bei älteren Menschen mit einer längeren Halbwertszeit rechnen, zum Teil bis zum Vierfachen, wodurch das klinsch bekannte Phänomen der »Morgenmüdigkeit« zu erklären ist (SCHETTLER und MÖRL 1987).

Die Biotransformation der Arzneistoffe findet bevorzugt in der Leber statt. Man kann zusammenfassend von der Vorstellung ausgehen, daß alle an der Biotransformation beteiligten Leberenzyme eine Änderung in ihrer Aktivität, vor allem derjenigen, die für den oxydativen Metabolismus verantwortlich sind, erfahren, und daß all diese Prozesse in zunehmendem Alter verlangsamt ablaufen. In Verbindung mit einer eingeschränkten renalen Ausscheidung entstehen Summationseffekte, die in Unkenntnis dieser Tatsache zu schwerwiegenden Schädigungen durch Arzneimittelwirkungen führen können, ich verweise hier insbesondere auf die zahlreichen Überdosierungen und Intoxikationen mit Digitalis sowie auf das Problem der Compliance der älteren Patienten (BENDER und BRISSE 1982, PLATT 1993, H. MÖRL 1991, MICHEL 1984).

6. Geriatrie

Die Geriatrie ist geprägt durch multi- und interdisziplinäre Ansätze, d. h., ihr größter Anteil liegt auf dem Gebiet der Inneren Medizin unter Berücksichtigung der anderen Fachrichtungen. Da über zwei Drittel aller internistischen Patienten über 65 Jahre alt sind, bedarf es bei der ärztlichen Betreuung von älteren Patienten, d. h. über 65jährigen, einer besonders sachkundigen Betreuung, wobei die Altersheilkunde im engeren Sinne beim wirklich Alten – nicht beim Älteren – und somit definitionsgemäß nach WHO eben ab 75 Jahren beginnen würde, insofern man das kalendarische Alter zugrunde legt (siehe Tab. 4).

Tab. 4 Stadien des kalendarischen Alters nach WHO 1963

Jahre	Stadien
ab Geburt	»Altern«
50–59	alternder Mensch
60–74	älterer Mensch
75–89	alter Mensch
90–99	sehr alter Mensch
100 und älter	uralter Mensch, »Lithogeront«

Beachtet man dabei, daß es sich bei den geriatrischen Patienten um hochbetagte multimorbide Patienten handelt, so fragt man sich, ob unser Krankenhauswesen mit seiner hohen Spezialisierung auf einzelne organbezogene Erkrankungen den steigenden Bedürfnissen der älteren Patienten mit ihren ganzheitlichen Problemen und der oft schwierigen psychosozialen Situation entsprechen. Die kurative Medizin mit möglichst vollständiger Wiederherstellung der Gesundheit hat im Alter oft nur begrenzte Gültigkeit.

Die Geriatrie hat in Deutschland drei eigenständige Organisationsformen gefunden:

– die akute oder klinische Geriatrie im Krankenhaus,
– die Gerontopsychiatrie,
– die geriatrische Rehabilitation.

7. Geriatrische Rehabilitation

Seit der gesetzlichen Aufhebung der Leistungseinschränkungen für ältere Versicherte in Deutschland wurden Voraussetzungen für die Verbesserung der Rehabilitationsmöglichkeiten im Alter geschaffen. Das verabschiedete Rehabilitationsangleichungsgesetz im Jahre 1974 hat neben der Vermeidung oder Verminderung der Pflegebedürftigkeit auch die soziale Integration im Rahmen der medizinischen und therapeutischen rehabilitativen Maßnahmen zum Ziel.

Da kurative Medizin mit möglichst vollständiger Wiederherstellung der Gesundheit im Alter oft nur begrenzte Gültigkeit hat, besteht die Aufgabe in der Geriatrie häufig darin bei bleibenden Funktionsdefiziten dieselben zu verbessern, um möglichst eine Weiterführung des Lebens in der vertrauten Umgebung zu erreichen. »Während in früheren Jahren die Betreuung älterer Menschen vorwiegend passiv erfolgte, stehen heute aktivierende Maßnahmen der multimorbiden Patienten im Vordergrund. So sollte ein Ziel medizinischer rehabilitativer Maßnahmen darin bestehen, ältere Patienten nicht noch zusätzlich durch das Bett kränker zu machen.« (PLATT 1984) So besteht ein wesentliches Ziel rehabilitativer Maßnahmen darin, daß bei älteren Patienten die Probleme der Adaption Beachtung finden müssen. Beim alten Menschen mit z. B. peripheren Durchblutungsstörungen fehlt häufig eine Auseinandersetzung mit den Bewegungsmöglichkeiten, bzw. es liegt eine Bewegungsstereotypie vor. Dies führt dazu, daß der »ältere Mensch ein mehrfaches des Energieumsatzes für vergleichbare Leistungen benötigt« (H. MÖRL et al. 1997). So ist das regressive Adaptionsvermögen eine Eigenschaft jeder alternden Substanz und in gleicher Weise wie das Altern selbst eine Funktion der Zeit. Die Einschränkung des Adaptationsvermögens beeinflußt oder bestimmt gar die Rehabilitationsfähigkeit und Rehabilitationsbedürftigkeit.

Mit dem Grundsatz »Rehabilitation vor Pflege« wird die Funktionserhaltung bzw. Wiedergewinnung an vorderste Stelle gesetzt.

Es muß aber immer neben der körperlichen Aktivierung eine Stimulierung geistiger Aktivitäten angestrebt werden. Ein Verlust geistiger Fähigkeiten führt immer sehr schnell zu einer Zunahme körperlicher Hilflosigkeit. Deswegen sind zur objektiven Beurteilung der körperlichen Fähigkeit der sogenannte Barthel-Index, der die Aktivitäten des täglichen Lebens erfaßt, und auch mentale Teste zur Abschätzung der kognitiven Leistungsfähigkeit und der Motilität erforderlich.

Lassen Sie mich einige wenige Beispiele der Erfolge der geriatrischen Rehabilitation nennen:

7.1 Erstes Beispiel: Ältere Frakturpatienten

Die typische geriatrische pathogenetische Kette geht von der physiologischen Altersveränderung stufenlos in Krankheit über und kann zu Sekundärerkrankungen führen, z.B. Osteoporose – Schenkelhalsfraktur – Immobilisationssyndrom – reaktive Depression – Herzinsuffizienz, Lungenembolie etc. Ich will mit diesem ersten Beispiel darauf hinweisen, daß die Schenkelhalsfraktur im Gegensatz zu früher keine reine chirurgische Erkrankung ist, sondern im Rahmen der Multimorbidität des Älteren gesehen werden muß.

Vergleicht man eine große Statistik vor über 40 Jahren aus einer Arbeit meines Vaters, des Chirurgen Franz MÖRL (1957), Halle, dessen 100. Geburtstag sich in diesem Jahr jähren würde, so fällt die für heutige Verhältnisse sehr hohe Letalität der damals lediglich durch Extension behandelten Patienten auf (siehe Abb. 9). Er berichtete aber über 200, damals mit der gerade aufkommenden Osteosynthese operativ behandelten Patienten, die dann lediglich eine Mortalität von 8% aufwiesen. Sehen wir uns die jetzigen Ergebnisse zum Vergleich an.

Während früher also die hohe Sterblichkeit durch aszendierende Harnwegsinfektionen, hypostatische Pneumonien und Lungenembolien bedingt war, sorgt heute die Frühmobilisation und Frührehabilitation weitgehendst für die Vermeidung dieser tödlichen Komplikationen.

Von 186 Patienten mit einer Fraktur des coxalen Femurendes, von denen 90% umgehend operativ versorgt wurden, konnten bei einem Durchschnittsalter von 82 Jahren 72% der Patienten bei Entlassung unabhängig laufen bzw. 21% mit Hilfe (siehe Abb. 10). Während des stationären Aufenthaltes in der Klinik verstarb keiner der Pa-

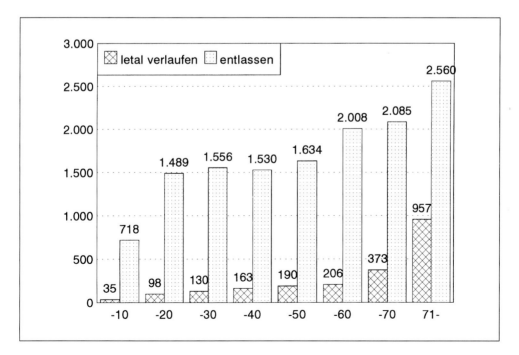

Abb. 9 Gesamtübersicht von 13 580 Knochenbrüchen nach Altersgruppen und Letalität (nach F. MÖRL 1957)

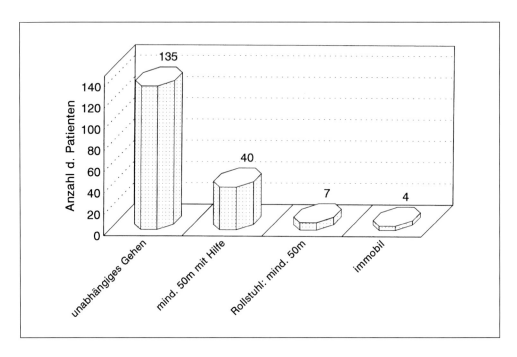

Abb. 10   Mobilitätsgrad von Patienten mit Frakturen zum Zeitpunkt der Entlassung (N = 186)

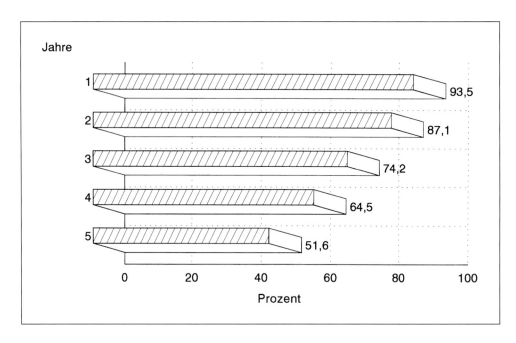

Abb. 11   Letalität während geriatrischem Aufenthalt 0 Prozent. Einjährige (93,5%) bis fünfjährige (51,6%) Überlebenszeit nach Fraktur in Prozent. Männer N = 24, Frauen N = 162, Durchschnittsalter 82 Jahre

tienten, in einer Nachbeobachtung über fünf Jahre ist eine Todesrate von ca. 10 % pro Jahr vorzugsweise an kardiovaskulären Ursachen feststellbar, wobei von den überlebenden Patienten ein hoher Anteil nach fünf Jahren noch allein zu Hause wohnte (siehe Abb. 11).

7.2 Zweites Beispiel: Ältere Schlaganfallpatienten

Auch hier ist der Internist wieder gefragt, denn das Risiko, einen Schlaganfall zu erleiden, ist infolge der kardiovaskulären Grundkrankheiten mit zunehmendem Alter sehr hoch, so z. B. Hirnembolien bei Vorhofflimmern (siehe Abb. 12). Durch eine geriatrische Rehabilitation kann man in einem früher nicht vorstellbaren hohen Prozentsatz alte multimorbide Menschen nach Schlaganfall bei weitgehender Eigenständigkeit in ihr gewohntes soziales Umfeld zurückführen, nämlich zu gut 71 % (siehe Abb 13).

7.3 Drittes Beispiel: Thromboembolische Komplikationen

Über das Ausmaß eigenständiger thromboembolischer Erkrankungen als auch diesbezüglicher postoperativer Komplikationen können sich jüngere heutzutage kaum mehr eine Vorstellung machen. Bekannt war seit altersher, daß zahlreiche Gerinnungsparameter mit zunehmendem Lebensalter Veränderungen im Sinne einer Hyperkoagulabilität bewirken, parallel hierzu wächst die Thrombosehäufigkeit als altersabhängiges klinisches Korrelat.

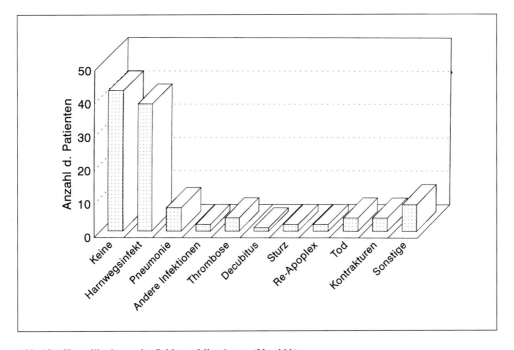

Abb. 12 Komplikationen der Schlaganfallpatienten (N = 111)

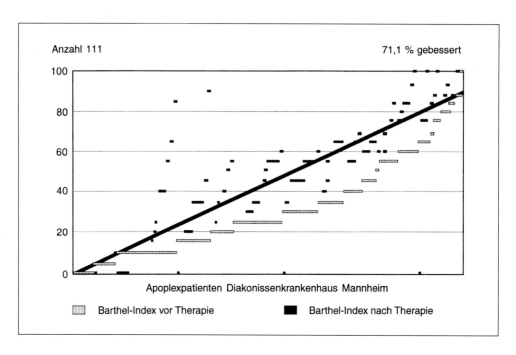

Abb. 13 Barthel-Index vor, im Vergleich mit dem Barthel-Index nach Therapie

Vorzugsweise die venöse tiefe Venenthrombose mit der oft tödlichen Gefahr einer Lungenembolie war gerade in operativen Fächern zu meiner Anfängerzeit vor genau 38 Jahren hier in Halle eine verheerende Geisel. Über 5 % aller erfolgreich Operierten sind dieser schrecklichen Komplikation zum Opfer gefallen. So habe ich auf der thoraxchirurgischen Station der hiesigen Chirurgischen Klinik seinerzeit zahlreiche Embolektomieversuche erlebt, bis es dann im April 1961 Karl-Ludwig SCHOBER gelang, eine erfolgreiche Embolektomie nach TRENDELENBURG – es war die 25. überhaupt – durchzuführen. Heute steht bei weitem die medikamentöse thrombolytische Therapie im Vordergrund.

Aufgrund dieser derartige Ausmaße annehmenden Komplikationen wurde dann Anfang der sechziger Jahre unter Leitung des Chirurgen Walter DICK, Mitglied unserer Akademie, in Tübingen eine alternierende medikamentöse Thromboseprophylaxe der Postoperativen mit Heparin vorgenommen. Die Studie mußte bald aus ethischen Gründen abgebrochen werden, weil sich ein eindeutiger hoher Vorteil der einer Thromboseprophylaxe unterzogenen Operierten zeigte. So ist es dann obligat geworden, nicht nur eine schnelle Mobilisation, sondern auch eine medikamentöse Thromboseprophylaxe vorzunehmen. Dadurch sind die thromboembolischen Erkrankungen erheblich zurückgegangen. Wie unserem geriatrischen Krankengut über 10 Jahre entnommen werden konnte, sind bei diesen Hochbetagten und damit zumeist nicht sehr mobilen Patienten nur zwei tödliche Lungenembolien zu verzeichnen gewesen – ein bemerkenswert erfreuliches Ergebnis.

So könnte ich noch zahlreiche andere Erfolgsbeispiele nennen, z. B. daß durch die Früherkennung und Frühbehandlung von Krebserkrankungen, des Diabetes mellitus u. a., wesentliche Fortschritte und damit eine deutliche Erhöhung der Lebenserwartung erreicht werden konnte.

8. Zukünftige therapeutische Aussichten

Unter den vielseitigsten Methoden zum Erreichen einer möglichst hohen Altersstufe sind zwei allgemeine Ratschläge aus älteren Zeiten immer noch gültig:

- HIPPOKRATES (460–377 v. Chr.) und seine Schule empfehlen zur Erlangung eines langen Lebens zwei Leitsätze zu beachten, in Acht nehmen vor allen das Leben verkürzenden Schädlichkeiten und Mäßigkeit in allen Dingen.
- HUFELANDS Ratschläge in seinem Werk »Über die Kunst, das menschliche Leben zu verlängern« empfehlen eine in körperlicher und seelischer Beziehung ausgeglichene Lebensführung, Vermeidung schädlicher innerer Spannung und die Fähigkeit, über sich selbst zu lachen. Desweiteren tägliche Spaziergänge in frischer Luft, ausreichender Schlaf und eine sparsame Diät (HUFELAND 1797).

Bisher hatte noch niemand einen Weg gefunden, die Verschlechterung des Zellerneuerungsprozesses zu verhindern. Wir Ärzte aller Fachgebiete konnten bis vor kurzem nur folgendes Erreichen:

- Durch Prophylaxe, Therapie und Rehabilitation der primären Ursachen des frühzeitigen Todes und der verschiedenen Krankheiten
- und durch die Verlangsamung des Alterungsprozesses die Lebenserwartung zu erhöhen.

Nun eröffnen sich aber völlig neue Perspektiven:

- Nach Erkennung von Genen, die das Zellwachstum und die Zellreifung steuern, gibt es erfolgversprechende Ansätze der Gentherapie.

Ergebnisse erster gentherapeutischer Behandlungsversuche auf dem Gebiet der Kardio-Angiologie wurden jüngst im November 1998 auf dem 71. Kongreß der *American Heart Association* in Dallas vorgetragen.

Dabei versucht man, den endothelialen Wachstumsfaktor selbst oder aber sein Gen zu transferieren, um in ischämischen Myokardbereichen eine Angiogenese zu induzieren. So gelang es erstmals mit Hilfe eines modifizierten Adenovirus als Vektor, das Gen für den Endothelwachstumsfaktor im Rahmen einer Bypass-Operation in solche Herzmuskelbereiche zu injizieren, die nicht durch einen Bypass revaskularisiert werden konnten.

In einer anderen klinischen Studie wurde die DNA für den Gefäßendothelwachstumsfaktor bei schwerstkranken Koronarpatienten nach erfolglosen Bypass-Operationen bzw. Ballondilatationen in den Herzmuskel injiziert, mit gutem Erfolg.

Die gentherapeutische Präparation von Bypass-Venen mittels eines bestimmten DNA-Segmentes, welches die Potenz für die Hemmung der neointimalen Hyperplasie beinhaltet, wurde bisher nur bei Patienten mit schwerster peripherer arterieller Durchblutungsstörung eingesetzt, wobei auch hier ein gewisser Erfolg dokumentiert werden konnte (nach STIEFELHAGEN 1999).

9. Versuch einer Antwort: Alter – Freude oder Last?

Selbstverständlich kommt es mit zunehmendem Alter zu Einbußen der körperlichen Leistungsfähigkeit, insbesondere des Bewegungsapparates, aber auch der Sinnesorgane (KÜCHLE 1981), während sich die sogenannte kristalline Intelligenz, also jene Geisteskraft, die auf Lebenserfahrung, Bildung und Kulturwissen fußt und die Fähigkeit verleiht, sich Kulturgut anzueignen, mit ihm umzugehen, bis ins höchste Alter hinein als äußerst stabil erweist. Kognitive Verlangsamung wird durch das Erfahrungswissen ihrer Lebensbewältigung ausgeglichen (BALTES 1993).

So ist auch die anthropologische Alternsforschung eine optimistische, nicht im Materiellen, sondern im Ideellen, wobei die Korrelate der Langlebigkeit zu beachten sind (siehe Tab. 5).

Tab. 5   Korrelate der Langlebigkeit

Genetische Faktoren	Exogene Faktoren
– katamnestische Erhebungen an familiären Stammbäumen – Zwillingsstudien – molekularbiologische Theorien	– soziale Faktoren: hoher sozio-ökonomischer Status – psychologische Faktoren: höhere Intelligenz, aktives Persönlichkeitsverhalten – ökologische Faktoren: bessere Umwelt – medizinisch-biologische Faktoren: geringe Krankheitsanfälligkeit, geringe Risikofaktoren, bescheidene Lebensweise

Wir kennen alle im Leben körperlich wie geistig untadelige Persönlichkeiten in Politik, Wirtschaft, der Kunst und der Wissenschaft, wir kennen aber auch die Vielzahl der Betagten, die mehr oder weniger dahinsiechen, im Zustand hochgradig eingeschränkter Lebensqualität, mit völliger Pflegebedürftigkeit und Abhängigkeit, schwerster Einschränkung des Bewußtseins und allen kommunikativen Fähigkeiten.

Wenngleich intensivmedizinischen Maßnahmen bei älteren Patienten enge Grenzen gesetzt sind, so sind für die Prognose entscheidend Schwere und Art der Erkrankung. Nicht das Alter an sich, aber die Intensivmedizin im Alter birgt wichtige Aspekte, die mit dem humanen Sterben verbunden sind. Gerade mit der Einführung der modernen sogenannten Apparatemedizin läßt sich vieles, aber auch nicht alles machen. Gerade bei den Hochbetagten darf man nicht dem »Machbarkeitswahn« erliegen, auch in Kenntnis der Ängste vor einer menschenunwürdigen Lebensverlängerung. Die therapeutische Entscheidung muß bei individueller Beurteilung dem älteren erfahrenen, verantwortlichen Arzt in Konsens mit allen an der Behandlung Beteiligten, vorbehalten bleiben (H. P. SCHUSTER 1999, F. MÖRL 1965, H. MÖRL 1989).

Mein Fachkollege Günther SCHLIERF aus Heidelberg hat eine bemerkenswerte Abhandlung über künstliche Ernährung bei hochbetagten Patienten verfaßt, aus der ich folgendes zitieren möchte: »Voraussetzung für die Entscheidung, ob eine künstliche Ernährung durchgeführt werden soll, ist die diagnostische und prognostische medizinische Abklärung bzw. die Beurteilung von Nutzen und Risiko. Wenn damit zu rechnen ist, daß im Lauf der Behandlung eine normale Ernährung möglich werden wird, ist die künstliche Ernährung als Heilversuch zu empfehlen, bei infauster Diagnose und Prognose soll darauf verzichtet werden (kein Heilversuch, sondern Verlängerung der Phase des Sterbens).« (SCHLIERF 1998a,b.)

Der Wunsch und Wille des Patienten, nicht der Angehörigen und Kostenträger, ist für den Arzt grundlegend entscheidend für seine weitere Handlungsweise. Therapieverzicht, -begrenzung, -reduktion oder -abbruch müssen bei infauster Prognose auch unter Beachtung der Prämissen von Moralphilosophen, Theologen und Juristen medizinisch rational entschieden und ethisch begründet sein. Wenn eindeutig der betreffende Mensch seinem Lebensende entgegengeht, so ist unsere letzte ärztliche Aufgabe, da die primäre Aufgabe der Heilung nicht mehr gegeben ist, dem Kranken einen natürlichen, schmerzlosen und würdevollen Tod zu gewährleisten (REITHER-THEIL und HIDDEMANN 1999, KLASCHIK 1999, BELEITES 1998).

Doch zurück zu der Frage, wer lebt länger? Der unermüdliche Hektiker, der getriebene Manager, der gestreßte Dauerläufer, der kettenrauchende, von Ehrgeiz und Eitelkeit getriebene Intellektuelle oder vielleicht doch der kontemplative Rosenzüchter?

Inwieweit das Leben im Alter noch attraktiv ist, hängt in starkem Maße von der Lebensgestaltung in den Jahren vor dem Ruhestand ab. Auch heute gilt der alte Erfahrungssatz: »Man altert, wie man gelebt hat.« Ältere, die bis ins hohe Alter munter, diszipliniert, optimistisch und geistig aufgeschlossen bleiben, müssen irgendeinem Aspekt des Lebens dauerhaft hohes Interesse aufbringen und diesen weiterführen, wie auch Untersuchungen von Frau LEHR (1982), Heidelberg, ergeben haben.

In Japan freut man sich in der Regel darauf, alt zu werden, betrachtet die Periode nach der Pensionierung als »zweite Kindheit«. Man fühlt sich befreit von vielen Verpflichtungen, von der Strenge der Sitten und des geregelten Alltags. Sich nicht mehr formvollendet verbeugen zu müssen, das ist für Senioren, die auch in Japan Rückenschmerzen kennen, ein kostbares Privileg. Und bei uns wohl auch.

Ich habe versucht, Ihnen zu zeigen, daß die moderne Medizin, in deren Rahmen letztendlich die klinische Geriatrie, viel dazu beitragen kann, älteren Menschen ihre Selbständigkeit zu erhalten und ihnen ein längeres lebenswertes Leben zu verschaffen. Dazu benötigen wir natürlich die aktive Mitarbeit der Betreffenden. Die Betagten sehen zumeist das Alter nicht als Endpunkt, sondern als Neubeginn, als ein zweites Geschenk des Lebens jenseits aller Erwartungen an.

So darf ich mit GOETHE schließen: »Keine Kunst ist es alt zu werden, es ist Kunst es zu ertragen«, ich darf jedoch ergänzen: Und das ist heute sicher wesentlich leichter als noch zu GOETHES Zeiten!

Literatur

ASCHOFF, L.: Zur normalen und pathologischen Anatomie des Greisenalters. Berlin, Wien: Urban & Schwarzenberg 1938
BALTES, P. B.: Die zwei Gesichter des Alterns der Intelligenz. Jahrbuch 1993. Leopoldina (R. 3) *39*, 169 bis 190 (1994)
BAYREUTHER, K.: Der genetisch programmierte Tod. DFG-Mitteilungen, Biowissenschaften *2*, 18 (1978)
BELEITES, E.: Sterbebegleitung – Wegweiser für ärztliches Handeln. Dtsch. Ärztebl. *95*, 1851–1853 (1998)
BENDER, F., und BRISSE, B.: Das Altersherz. Dtsch. Ärztebl., Teil 1: Heft *10*, 33–38, Teil 2: Heft *11*, 43–48 (1982)
BÜRGER, M.: Altern und Krankheit als Probleme der Biomorphose. Leipzig: Thieme 1960
COMFORT, A.: The Biology of Senescense. 3rd ed. Edinburgh, London: Livingstone 1979
DAHLÖF, B., LINDHOLM, L. H., HANSSON, L., SCHERSTEN, B., EKBOM, T., and WESTER, P. O.: Morbidity and mortality in the Swedish trial in old patients with hypertension (Stop-Hypertension). Lancet *338*, 1281 to 1285 (1991)
DOERR, W.: Altern – Schicksal oder Krankheit? Sitzungsberichte der Heidelberger Akademie der Wissenschaften, Math.-nat. Kl., 4. Abhandlung. Berlin, Heidelberg, New York, Tokyo: Springer 1983
FRANKE, H., CHOWANETZ, A., GEHRHARDT, K.-H., und SCHRAMM, A.: Die Besonderheiten der Herz und Kreislauferkrankungen im Alter. Tägl. Praxis *22*, 1–18 (1981)
FRANKE, H.: Interdisziplinäre Gerontologie. S. 10. In: PLATT, D. (Ed.): Polypathie bei Hochbetagten. München-Gräfelfing: Verlag Banaschewski 1981
FRANKE, H.: Wesen und Bedeutung der Polypathie und Multimorbidität in der Altersheilkunde. Internist *25*, 451–455 (1984)
FRANKE:, H.: Auf den Spuren der Langlebigkeit. Stuttgart, New York: F. K. Schattauer Verlag 1985
HAYFLICK, L.: Cell Aging. Ann. Rev.Gerontol. Geriat. *1*, 26–67 (1980)

Hesiod: Theogonia, Vers 218, Verse 901 ff., o. J.
Hirsch-Kaufmann, M., Schwaiger, H., Auer, B., Schneider, R., Herzog, H., Klocker, H, and Schweiger, M.: Aging and DNA repair. In: Bayreuther, K., and Schettler, G. (Eds.): Molecular Mechanisms of Aging. Heidelberg: Springer 1990
Hollmann, W., Liesen, H, und Rost, R.: Über das Leistungsverhalten und die Trainierbarkeit des kardiopulmonalen Systems bei älteren Menschen. In: Störmer, A., Michel, D., Lang, E., und Bergener, M. (Eds.): Schwerpunkte in der Geriatrie. Bd. 7. München-Gräfelfing: Verlag Banaschewski 1982
Hufeland, C. W.: Die Kunst, das menschliche Leben zu verlängern. Wien, Prag: Franz Haas 1797; Faksimile-Ausgabe. Hamburg: Verlag Walter Lichters o. J.
Klaschik, E.: Sterbehilfe – Sterbebegleitung. Internist 40, 376–282 (1999)
Küchle, H. J.: Veränderungen und Erkrankungen des Auges im höheren Lebensalter. Dtsch. Ärztebl. 47, 2221–2225 (1981)
Lehr, U.: Langlebigkeit – nicht allein eine Frage der Medizin. Sandorama 5, 14–17 (1982)
Linzbach, A. J.: Altern und Krankheit. Ableitung einer neuen Alterstheorie auf der Grundlage der Polypathie. Verh. Dtsch. Ges. Pathol. 59, 242 (1975)
Michel, D.: Das Für und Wider einer Digitalisbehandlung im Alter. Bayr. Internist 4, 37–43 (1984)
Michel, D.: Zur Biorheuse des kardiovaskulären Systems und ihren therapeutischen Konsequenzen. Internist 25, 478–484 (1984)
Mörl, F.: Über Fragen der verlängerten Agonie und des »künstlichen Lebens«. Nova Acta Leopoldina N. F. Bd. 30, Nr. 173, 339–347 (1965)
Mörl, F.: Die Brüche am proximalen Ende des Oberschenkels als Modell einer Altersverletzung. Wiss. Z. Univ. Halle, Math.-Nat. VI/3, 391–396 (1957)
Mörl, H.: Über den Myokardinfarkt. Virchows Arch. Pathol. Anat. 337–383 (1964)
Mörl, H.: Alter – Freude oder Last? Herz + Gefäße 1, 3 (1989)
Mörl, H.: Herz-Kreislauferkrankungen im Alter erfordern ein Umdenken. Herz + Gefäße 11, 589 (1990)
Mörl, H.: Medikamentöse Behandlung im Alter: Spezielle Kenntnisse sind gefordert. Herz + Gefäße 2, 53 (1991)
Mörl, H.: Kardiovaskuläre Erkrankungen – besonders häufig bei geriatrischen Patienten. Herz + Gefäße 2, 51 (1992)
Mörl, H.: Zur Pathogenese, Klinik und Therapie arterieller Verschlußkrankheiten. Jahrbuch 1994. Leopoldina (R. 3) 40, 209–227 (1995)
Mörl, H., und Menges, H. W.: Gefäßkrankheiten in der Praxis. 6. Aufl. Weinheim, London: Chapman & Hall 1996
Mörl, H., Rath, K., und Schnitzler, R, M.: Periphere Durchblutungsstörungen. In: Platt, D. (Ed.): Altersmedizin Lehrbuch für Klinik und Praxis. Stuttgart, New York: Schattauer-Verlag 1997
Morris, D.: Alt werden heißt Erwachsen werden. Future: Das Höchst Magazin 3, 12–17 (1998)
Platt, D.: Multimorbidität im Alter. In: Platt, D. (Ed.): Interdisziplinäre Gerontologie. München-Gräfelfing: Verlag Banaschewski 1981
Platt, D.: Besonderheiten im Alter. Münch. Med. Wochenschr. 43, 1223–1224 (1984)
Platt, D.: Die Bedeutung der Pharmakokinetik für die medikamentöse Behandlung multimorbider geriatrischer Patienten. In: Platt, D. (Ed.): Pharmakotherapie und Alter ein Leitfaden für die Praxis. 2. Aufl. Berlin, Heidelberg, New York, London, Paris, Tokyo, Hong Kong, Barcelona, Budapest: Springer 1993
Rajewski, K.: Langlebigkeit, Regeneration und Gedächtnis im Antikörpersystem. Nova Acta Leopoldina NF Bd. 81, Nr. 314, 371–375 (1999)
Rath, K.: Ergebnisse der Hypertoniebehandlung bei über 80jährigen. 1991–1998. (1999, im Druck)
Reiter-Theil, S., und Hiddemann, W.: Ethik in der Medizin: Bedarf und Formen. Internist 40, 246–254 (1999)
Rössle, R.: Warum sterben so wenig Menschen eines natürlichen Todes? Experientia IV/8, 295 (1948)
Schettler, G.: Der Mensch ist so jung wie seine Gefäße. München, Zürich: Piper 1982
Schettler, G., und Mörl, H.: Arteriosklerose des Betagten. DIA-GM 17, 68–74 (1987)
Schlierf, G.: Aus: Künstliche Ernährung bei hochbetagten Patienten. Vortrag Geriatrietag Baden-Württemberg in Heidelberg am 30. 9. 1998a
Schlierf, G.: Künstliche Flüssigkeitszufuhr bei Sterbenden. DMW 14, 439–440 (1998b)
Schramm, A., Franke, H., Sims, B., und Haubitz, I.: Gesundheitszustand, Lebenserwartung und Todesursachen von Hundertjährigen. Lebensversicherungsmedizin 3, 50–53 (1983)
Schreiber, H. W.: Grenzen der Alterschirurgie, wo liegen sie, lassen sie sich definieren? Arzt u. Krankenhaus 7, 206–212 (1996)
Schuster, H. P.: Ethische Probleme im Bereich der Intensivmedizin. Internist 40, 260–269 (1999)
Seige, K.: Praktisch wichtige Besonderheiten des Kohlenhydratstoffwechsels im Alter. Münch. Med. Wochenschr. 97, 428–431 (1958)

Selye, H.: Stress und Altern. Bremen: Angelsachsenverlag 1962
Siebert, U., und Holzel, D.: Wie berechnet man die Lebenserwartung in Abhängigkeit von Risikofaktoren? Internist *40*, 319–324 (1999)
Stiefelhagen, P.: Highlights aus Dallas. 71. Jahrestagung der American Heart Association 8.–11. Nov. 1998. Internist *40*, 339–341 (1999)
Verzár, F.: Das Altern des Kollagens. Helvet. Physiol. et Pharmacol. Acta *14*, 207 (1956)
Walford, R. L.: Autoimmunity and aging. J. Geront. *17*, 281 (1962)
Wetzler, K.: Physiologische Aspekte des Alterns des Herzens. Zeitschr. Gerontologie *2*, 211–228 (1969)
Widmer, L. K., Stähelin, H. B., Nissen, C., und da Silva, A.: Venen-Arterien-Krankheiten. Koronare Herzkrankheit bei Berufstätigen. Bern, Stuttgart, Wien: Hans Huber 1981

Prof. Dr. Hubert Mörl
Medizinische und Geriatrische Klinik
Diakonissenkrankenhaus
Speyerer Straße 91–93
68163 Mannheim
Bundesrepublik Deutschland
Tel.: (06 21) 8 10 22 09
Fax: (06 21) 8 10 25 04

Altern in Teilen?
Systemalterungen des Nervensystems

Von Johannes DICHGANS, Mitglied der Akademie, und Jörg B. SCHULZ (Tübingen)

Mit 7 Abbildungen und 3 Tabellen

Zusammenfassung

Da nahezu alle Zellen des Nervensystems postmitotisch sind, steht dem Altern und Absterben individueller Zellen keine biologische Erneuerung durch Zellteilung gegenüber. Das alternde Gehirn zeigt morphologische Veränderungen, die wir in ausgeprägterer Form auch bei den neurodegenerativen Erkrankungen finden. Systemdegenerationen des Nervensystems werden als Teilalterungsprozesse gedeutet. Sie erlauben es, den wie bei der Alzheimer- oder Parkinsonerkrankung genetisch oder exogen determinierten Prozeß der selektiven Alterung von Modulen des Nervensystems zu erforschen. Dabei zeigt sich, daß einer großen Zahl von Erkrankungen die intra- oder extrazelluläre Speicherung jeweils spezifischer pathologisch konformierter unlöslicher Proteine gemeinsam ist. Diese Proteinakkumulationen verursachen oder begleiten den funktionellen Zusammenbruch der Neurone längst vor dem Absterben. Offenbar stehen dem pathologischen Prozeß Schutzmechanismen gegenüber, deren Leistungsbreite auch beim Gesunden altersabhängig abnimmt. So könnte man den späten Beginn auch der meisten vererblichen neurodegenerativen Erkrankungen erklären. Dabei scheint die Systemspezifität des degenerativen Prozesses auch durch interagierende Proteine bestimmt zu sein, denn das genabhängig pathologische Eiweiß wird – wie bei den Trinukleotiderkrankungen – häufig auch in funktionell gesunden Subsystemen exprimiert. Therapeutische Ansätze betreffen die Stärkung physiologischer Schutzmechanismen und eine Intervention in frühen Phasen der Pathobiochemie krankheitsrelevanter Proteine.

Abstract

Neurons of the central nervous system in general do not multiply after birth. Therefore, no replacement or biological renewal of individual cells affected by aging or death is possible. Morphological changes occurring in the aging brain are found substantially more pronounced in neurodegenerative diseases. Systemic degenerations of selective brain areas in these disorders, e. g. in Alzheimer's, Parkinson's, Huntington's disease or in amyotrohpic lateral sclerosis, may be considered as models of accelerated aging and may allow to study the genetic and environmental influences of selective aging and cell death in modules of the central nervous system. Although neurodegenerative diseases are disparate disorders on the basis of their symptomatology and the anatomic distribution of pathologic lesions, they actually share key attributes with respect to biochemical and cellular determinants of selective vulnerability. Most strikingly, many show a conversion of disease specific and only recently identified proteins into unsoluble aggregates which form intra- or extracellular deposits. These protein aggregates may, over time, affect neuronal function, eventually leading to neurodegeneration and neurodegenerative pathology. The pathological process is counterbalanced by protective mechanisms that may loose their efficacy during normal aging. This could explain the late onset of even the inherited neurodegenerative disorders. Since the expression of disease-specific proteins is often not restricted to the affected brain areas (as exemplified by the expression of polyglutamine containing proteins in trinucleotide repeat disorders in non-affected brain areas and even outside the brain), the anatomical specificity of the degenerative process may be determined by associated binding proteins. Therapeutic strategies include the reinforcement of physiological defense mechanisms and intervention at early phases of the pathological biochemistry of disease specific proteins.

1. Lebenserwartung

Alt werden ist vielen ein Ziel. Alt sein ist dies allerdings weniger. Jung zu bleiben trotz chronologischer Alterung ist das allgemeine Begehren. An die Medizin und die ihr zuarbeitenden Grundlagenwissenschaften ergeht also der Auftrag, die mit dem alt werden häufig, ja nahezu unausweichlich einhergehenden Veränderungen der Leistungsfähigkeit möglichst lange zurückzuhalten. Ziel der Wissenschaften ist allerdings nicht die unendliche Steigerung der Lebenserwartung, sondern das Ermöglichen eines Lebens in guter Lebensqualität auch im fortgeschrittenen Alter.

Eigenständigkeit, Unabhängigkeit und Selbstbestimmung kennzeichnen als Schlagworte den Lebensentwurf, also das Selbstverständnis und, daraus entwickelt, auch die Situation des aufgeklärten und häufig ja auch wohlständigen Menschen unserer Zeit, zumindest in unserer Region, und die aus dieser Lebensauffassung zum Ende hin häufig resultierende Vereinzelung. Alternde Menschen aber haben nicht nur eine reduzierte körperliche Leistungsbreite, sondern zumindest im Durchschnitt auch eine verminderte Hirnleistungsfähigkeit, so daß sie ohne den Schutz einer Familie den immer komplexer werdenden Anforderungen des alltäglichen Lebens nicht oder nicht in vollem Umfang gewachsen und damit auf fremde Hilfe angewiesen sind.

Risikovermeidung im täglichen Leben (verbesserte Wohnbedingungen und Hygiene, Vermeidung von Unfällen) und die Entwicklung der modernen Medizin in Prophylaxe und Therapie – denken wir nur an die Impfungen, Antibiotika, Antidiabetika und Bluthochdruckmittel – haben die Lebenserwartung eines Neugeborenen von unter 40 Jahren noch im 19. Jahrhundert drastisch auf inzwischen 75 Jahre bei Männern und 80 Jahre bei Frauen gesteigert. Wir haben also *qua* Lebenserwartung die somatisch zu erwartende mittlere Lebensdauer Gesunder – sie wird auf etwa 85 Jahre geschätzt – zwar noch nicht ganz erreicht, sind ihr aber doch nahe gekommen. Um so offenbarer werden die aus natürlicher Hirnalterung resultierenden Leistungsdefizite.

2. Physiologisches Altersdefizit der Hirnleistung

Das Nachlassen der Hirnleistung der »Normalen« wird an einer sehr einfachen, aber gut standardisierten Meßgröße offenbar. Intelligenz wird international häufig mit dem Hamburg-Wechsler-Test gemessen (WECHSLER 1981). Der Test berücksichtigt die altersabhängigen Veränderungen menschlicher Hirnleistung. Um im für dieses physiologische Altersdefizit korrigierten Wechsler-Test einen Quotienten von 100 zu erreichen, muß der 75jährige verglichen mit einem 21jährigen nur die Hälfte der Einzeltests korrekt beantworten.

Das physiologische Altersdefizit bezieht sich vor allem auf die Fähigkeit, Neues zu lernen, komplexe Aufgaben rasch auszuführen, den Gestaltungsantrieb und die Gestaltungskraft sowie die Aufmerksamkeit. – Natürlich gibt es Ausnahmen von dieser »Normalität«: PICASSO mit seinem Alterswerk, VERDI mit seinem ›Falstaff‹ oder auch FONTANE geben eindrucksvolles Zeugnis. Was die Älteren auszeichnet ist Wissen, Erfahrung und daraus erwachsendes Urteilsvermögen. Stimulation durch Anregung in lebenszugewandter sozialer Integration sowie intensives geistiges, nicht nur körperliches Training sind Faktoren, die unter günstigen somatischen Bedingungen die geistige Beweglichkeit lange erhalten können (BLAIR 1991).

3. Alter als Risikofaktor für die Entstehung neurodegenerativer Erkrankungen

Das Alter ist der wesentliche Risikofaktor für das Auftreten neurologischer, vor allem neurodegenerativer, Erkrankungen. So ist zum Beispiel das Risiko, an einer Alzheimer-Demenz zu leiden, mit 85 Jahren 20mal höher als mit 65 (DRACHMANN 1997). Das wußten schon die Alten. So konstatierte VERGIL, daß uns das Alter alles, sogar den Verstand raubt, oder SHAKESPEARE in ›Wie es Euch gefällt‹, wenn er den Edelmann Jacques die letzte der sieben Stufen des Alters mit den düsteren Worten beschreiben läßt: »Der letzte Akt, mit dem die seltsam wechselnde Geschichte schließt, ist zweite Kindheit, gänzliches Vergessen!« Faßt man die krankheitsbedingten neurologischen Behinderungen zusammen, läßt sich feststellen, daß die Hälfte aller schwerbehinderten alten Menschen dies durch eine neurologische Erkrankung ist.

Das Gehirn (und die Muskeln, auch der Herzmuskel) sind die ältesten Teile unseres Körpers, da (nahezu) alle seine Zellen postmitotisch sind, das heißt, sich nicht mehr durch Teilung erneuern. Das bedeutet, daß jede der dem alten Menschen noch zur Verfügung stehenden Hirnzellen mit ihm geboren wurde und nicht wie die Epithelien von Haut und Darm oder die Zellen der Leber einer beständigen Erneuerung unterliegt. Der Vorteil dieser biologischen Besonderheit des Nervensystems ist, daß erworbene Gedächtnisinhalte, Erfahrungen und Fertigkeiten, soweit sie in Einzelzellen oder ganzen neuronalen Netzwerken niedergelegt sind, nicht verloren gehen. Individuelle Nervenzellen sind in hoch spezialisierte Nervennetze konstitutiv eingebunden und daher unentbehrlich. Der Nachteil der Nervenzellpersistenz ist die Irreversibilität jeder Strukturläsion, sei sie die Folge von inneren oder äußeren Ereignissen, die das Gehirn treffen. Jede dieser Läsionen wird Teilfunktionen, Arbeitstempo und Organisationsgrad des Nervensystems nachhaltig treffen. Nur wenn wir wirklich verstehen, was das Altern einer Nervenzelle ausmacht, haben wir eine Chance, die diesem zugrundeliegenden Vorgänge zu beeinflussen.

Wissenschaftlich ist das Altern von Nervenzellen auf zellbiologischer und molekularer Ebene erst in Ansätzen untersucht und verstanden. Solche Ansätze betrachten Änderungen der Stoffwechselrate, Schäden im Atmungsapparat der Zellen, den Mitochondrien und die Bildung zellschädigender freier Radikale (BEAL 1995), genomische Instabilität bzw. genetische programmierte Limitierungen des Zellüberlebens (JOHNSON et al. 1999) und Änderungen der Konformation von Proteinen als Schlüsselereignisse (WELCH und GAMBETTI 1998), die wir möglicherweise beeinflussen können.

4. Systemdegenerationen des Zentralnervensystems als Modelle für das Altern von Nervenzellen

Systemdegenerationen des Nervensystems betreffen für die jeweilige Erkrankung spezifische Kerngebiete des Gehirns. Sie sind gekennzeichnet durch die zugrundegehende Nervenzellpopulation und das daraus resultierende spezifische funktionelle Defizit. Dennoch zeigen die sich klinisch ganz unterschiedlich manifestierenden Erkrankungen den pathophysiologischen Prozeß betreffend Gemeinsamkeiten. Systemdegenerationen können damit als Modelle für die Alterung von in funktionelle Subsysteme eingebundenen Nervenzellen und als Schlüssel für ein Verständnis genereller Gesetzmäßigkeiten von Alterungsvorgängen dienen. Daneben mag die Teilalterung von Subsystemen unseres Gehirns den Nichtbiologen Überraschung und Illustration zum modularen Aufbau des unser *Ich* tragenden Organs, des Gehirns, sein. Dabei ergeben sich teilweise beunruhigende, aber für Ärzte auch hilfreiche Aspekte der Beurteilung kranker Individuen, denen man vielleicht nur gerecht werden kann, wenn man die Modularität des Nervensystems mit den diesen Modulen zugeordneten Teilleistungen verstanden hat und die Teilleistungsstörungen als solche den gelegentlich überwiegend unbeeinträchtigt erhaltenen Anteilen der Persönlichkeit gegenüberstellt. Schließlich läßt sich vielleicht durch Betrachtung dieser Teilleistungsstörungen besser bestimmen, was normales Altern ist und wo dessen Grenzen liegen.

4.1 Subsysteme des Gehirns

Daß das Gehirn, der Sitz von Geist und Freiheit, der Träger unseres *Ichs* in Teilen altern kann, überrascht uns wohl vor allem, weil es uns schwer fällt, in unreflektierter Vorstellung einzelne Hirnfunktionen aus der Gebundenheit in das *Ich* zu entlassen. Bei näherem Zusehen erkennen wir aber solche Teilsysteme. Wahrnehmung verdanken wir Sinnessystemen mit Sinnesorganen und speziell zugeordneten informationsverarbeitenden Hirnteilen. Bewegungsfähigkeit verdanken wir dem Zusammenspiel einer Reihe von Subsystemen: der motorischen Hirnrinde, den Basalganglien und dem Kleinhirn sowie den beiden motorischen Neuronen vom in der Hirnrinde entstehenden Bewegungsbefehl zu den Zellen des Rückenmarks, die dann ihrerseits den Muskel antreiben. Auch das Gedächtnis hat seine Subsysteme, sei es das explizite, dem Bewußtsein zugängliche Gedächtnis für verbale Inhalte und Erlebnisse oder auch das implizite, das unbewußte Gedächtnis, für aus Erfahrungen erworbene Fertigkeiten (z. B. die Fähigkeit Klavier zu spielen oder Fahrrad zu fahren). Es wird dann sehr schnell klar, daß jedes dieser Systeme hochspezialisierte Nervenzellen und Nervenzellnetze enthält, die ihre biologische Konstitution bestimmten Genen und damit Genprodukten mit spezifischen metabolischen Eigenheiten und damit auch Anfälligkeiten für Krankheit verdanken. Nach diesen Feststellungen kann man vermuten, daß es genetische und von außen kommende sogenannte exogene Noxen geben muß, die so spezialisierte Subsysteme spezifisch treffen.

Nachfolgend wird eine kleine Auswahl von degenerativen Systemerkrankungen präsentiert, an denen der Aspekt der Teilalterung von funktionellen Modulen des Gehirns deutlich gemacht und biologische Gemeinsamkeiten erläutert werden sollen. All diesen Erkrankungen ist gemeinsam, daß sie zumindest in der Regel jenseits der Mitte der heutigen Lebenserwartung, also nach dem 35. Lebensjahr auftreten, das heißt, wir sehen heute nach Verdopplung dieser Spanne degenerative Erkrankungen viel häufiger als vor 150 Jahren.

4.2 Motorisches System

Zunächst werden Erkrankungen beschrieben, die Systeme betreffen, die unsere Bewegungen kontrollieren. Das motorische Gesamtsystem setzt sich aus folgenden Modulen zusammen: Die Muskelzellen erhalten ihre Befehle von den Vorderhornnervenzellen im Rückenmark. Diese wiederum stehen unter anderem unter der Kontrolle von Nervenzellen in der motorischen Rinde des Gehirns. Das motorische Programm selbst, also der Entwurf komplexer Bewegungen in der Großhirnrinde, wird modifiziert durch regulierende Einflüsse aus dem Kleinhirn und den Basalganglien. Basal-

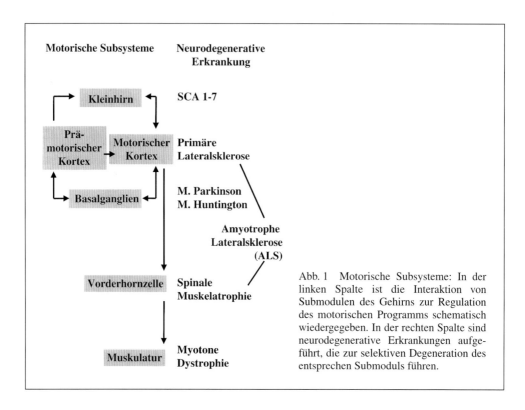

Abb. 1 Motorische Subsysteme: In der linken Spalte ist die Interaktion von Submodulen des Gehirns zur Regulation des motorischen Programms schematisch wiedergegeben. In der rechten Spalte sind neurodegenerative Erkrankungen aufgeführt, die zur selektiven Degeneration des entsprechen Submoduls führen.

ganglien, Kleinhirn, prämotorischer und motorischer Kortex stehen über Rückkopplungsschleifen miteinander in Verbindung (Abb. 1). Distinkte neurologische degenerative Erkrankungen mit Bewegungsstörungen lassen sich auf eine funktionelle Störung oder eine selektive Degeneration in einem oder mehreren Kerngebieten des motorischen Gesamtsystems zurückführen (Abb. 1).

4.2.1 Parkinsonsche Erkrankung

Die Parkinsonsche Erkrankung (Abb. 2) betrifft anatomisch die Basalganglien. Sie ist die Folge einer Degeneration von melaninhaltigen Zellen im *Nucleus niger*, dem schwarzen Kern. Dieser Kern kontrolliert (hemmend) die Funktion der übrigen Basalganglien. Die physiologische Alterung des schwarzen Kerns mit Absterben von etwa 50% der Zellen bis zum 80. Lebensjahr wird allenfalls in einer das Alter begleitenden Bewegungsarmut, einer verminderten Ausdruckslebendigkeit und Verlangsamung deutlich. Die Erkrankung dagegen manifestiert sich erst, wenn mehr als etwa 70% der Zellen der *pars compacta* des Kerns untergegangen, also vorzeitig abgestorben sind. Jenseits dieser Schwelle resultiert aus dem Absterben dieser spezifischen Zellpopulation eine massive Verarmung und Verlangsamung des Bewegungsrepertoires (Akinese) mit Kleinschrittigkeit des Gehens, Verminderung der Mitbewegungen der Arme, gebeugter Haltung, vor allem aber einem völligen Erstarren aller gestischen und mimischen Bewegungen, die der nonverbalen Kommunikation dienen, ein Kommunikationsinstrumentarium im übrigen, das wir mit den Tieren teilen, ein Vorläufer der Sprache. Das Gesicht wird starr, die Stimme monoton (in Lautstärke und Tonhö-

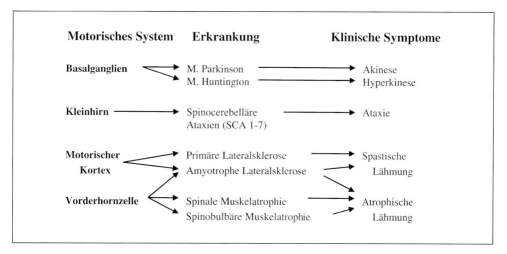

Abb. 2 Neurodegenerative Erkrankungen motorischer Subsysteme: Korrelation der Erkrankungen, ihrer klinischen Symptome und der betroffenen motorischen Subsysteme

he). Die Gestik der Hände erlischt. Dies führt den Beobachter zu der irrigen Meinung, die Kranken hätten begleitend auch eine Minderung ihrer Intelligenz. Dagegen ist Demenz auf maximal 30% der Kranken beschränkt und niemals das führende Symptom. Häufig jedoch lassen wir uns in der Einschätzung der intellektuellen Fähigkeiten von den unbewußt empfangenen Signalen der nonverbalen Kommunikation leiten und können so, bedingt durch die motorische Teilleistungsstörung der Patienten, leicht zu einer Fehleinschätzung gelangen. Eine Beurteilung der intellektuellen Fähigkeiten sollte daher erst nach erfolgreicher, für die Parkinsonsche Erkrankung in stetigem Fortschritt seit nahezu 30 Jahren zu beachtlicher Perfektion entwickelter, symptomatischer Behandlung erfolgen.

Die Pathogenese der Erkrankung ist unklar. Alter ist der wichtigste Risikofaktor. Zytoplasmatische Einschlußkörper, sogenannte Lewy-Körper, Aggregate pathologischer Eiweiße im degenerierenden Schwarzen Kern, die überwiegend aus α-Synuklein, hyperphosphorylierten Neurofilamenten und Ubiquitin bestehen, sind obligat. Sie sind gleichermaßen bei den erblichen und den »sporadischen« Fällen der Erkrankung zu beobachten. Es wird vermutet, daß der spezifische Krankheitsprozeß vor der Agglomeration von Neurofilamenten und Ubiquitin mit einer abnormalen Faltung von α-Synuklein in β-Faltblatt-Strukturen beginnt (GOLBE 1999). Pathologische Proteinablagerungen finden sich bei vielen neurodegenerativen Erkrankungen (siehe Abschnitt 5).

4.2.2 Huntingtonsche Erkrankung

Die Huntingtonsche Erkrankung (Abb. 2), auch erblicher Veitstanz, ist das funktionelle Gegenstück zur Parkinsonschen Erkrankung. Sie ist ebenfalls eine Erkrankung der Stammganglien, aber eines anderen Teils des Netzwerkes, nämlich der kleinen GABA-ergen Neurone des ebenfalls hemmend interagierenden Neostriatums. Sie führt zu unkontrollierbaren Spontanbewegungen (Hyperkinesen) und einer chaotischen Gestensprache. Diese sozusagen verwirrte Gestensprache ist für die menschliche Umgebung in höchstem Maße irritierend, weil nicht zu entziffern. Im Gegensatz zur Parkinsonschen Erkrankung ist Demenz nahezu obligat. Wie bei der Parkinsonschen Erkrankung finden sich pathologische Einschlußkörperchen, hier allerdings im Zellkern. Die Huntingtonsche Erkrankung wird obligat autosomal-dominant vererbt. Sie wird durch expandierte Polyglutaminwiederholungen im Huntington-Protein hervorgerufen. Die Pathogenese von Erkrankungen mit expandierten Polyglutaminwiederholungen wird unten detaillierter beschrieben (siehe Abschnitt 5).

4.2.3 Amyotrophe Lateralsklerose

Eine besonders grausame neurodegenerative Erkrankung motorischer Subsysteme ist die Amyotrophe Lateralsklerose (Abb. 2). Auch sie ist in einigen Fällen erblich, meist aber »sporadisch«. Die Amyotrophe Lateralsklerose ist eine Erkrankung, die bei kurzem Verlauf von etwa drei Jahren bis zum Tod durch Ersticken zum Untergang der die Hirnrinde mit dem Rückenmark verbindenden Pyramidenbahn und der nachgeschalteten Vorderhornzellen führt. Es resultiert eine rasch fortschreitende Lähmung und Atrophie aller Muskeln, auch der Sprech- und Atemmuskulatur bei völlig erhaltener geistiger Präsenz. Die verzweifelte Lage des so eingemauerten Geistes zeigt vielleicht am deutlichsten ein Gedicht (GINSBERG 1965), das der in seiner letzten Zeit völlig bewegungsunfähige Züricher Schauspieler Ernst GINSBERG nur noch mit Hilfe eines Tabulators mitteilen konnte. Es lautet:

> Trümmer meiner Hände
> verzerrte Gelenke
> gelähmte Schenkel und ihr
> ihr bleiernen Lippen
>
> Nur im Traum noch die Seligkeit des Schreibens
> nur noch im Traum das Entzücken der sanften Umarmung
> nur noch im Traum die Sprache
>
> Aber wenn Du erwachst
> klaffen die Kiefer
> für einen einzigen Schrei
>
> Doch es ertönt
> nichts.

Im Schnitt des Rückenmarks läßt sich bereits mit niedriger Auflösung eine Degeneration von Bahnsystemen erkennen, die Befehle vom Großhirn zu Nervenzellen im Vorderhorn des Rückenmarks führen. Diese Zellen, die ihrerseits Bewegungsbefehle an die Muskelzellen weiterleiten, degenerieren ebenfalls mit der Folge einer Lähmung und Atrophie der Muskulatur. Auch diese Erkrankung gibt Hinweise auf ihre Pathogenese durch die Präsentation von zytoplasmatischen Einschlußkörperchen, vermutlich Aggregationen pathologisch konformierter, kopolymerisierter Neurofilament-Proteine (JULIEN et al. 1998).

4.2.4 Zerebelläre Ataxien

Das Zerebellum (Kleinhirn) hat – wie auch die Basalganglien – einen modulierenden Einfluß auf das vom Neokortex ausgeführte motorische Programm. Es enthält »Subroutinen« der Bewegungsprogramme, die die bei Bewegung auftretenden komplexen passiven Kräfte berücksichtigen. Zerebelläre Ataxien des Erwachsenen (Abb. 2) be-

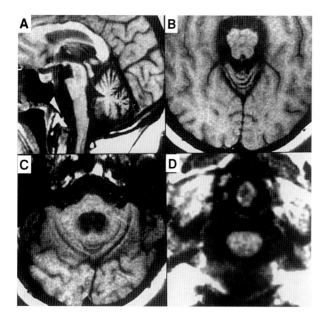

Abb. 3 Kernspintomographie bei zerebellärer Degeneration. Man erkennt die Volumenminderung des Kleinhirns und der Pons (A, B) in ihrem unteren Abschnitt, die Verschmächtigung des mittleren Kleinhirnstiels (C) und die Atrophie des oberen Halsmarks (D).

ginnen jenseits des 30. Lebensjahrs. Sie führen klinisch zu Gleichgewichtsstörungen (Ataxie), Unsicherheit bei zielgerichteten Bewegungen und Artikulationsschwierigkeiten. Die Kranken zeigen eine deutliche Atrophie des Kleinhirns, die bereits zu Lebzeiten kernspintomographisch dargestellt werden kann (Abb. 3). Diese Atrophie ist mit unterschiedlichen Begleitschäden, z.B. einer Atrophie der Brücke oder der Stammganglien verbunden, selbst aber immer das führende Symptom. Die zerebellären Ataxien treten in etwa gleichen Anteilen sporadisch bzw. hereditär mit autosomal-dominantem Erbgang auf. In den letzten fünf Jahren konnten bei den vererblichen Formen Mutationen in mehreren Genen identifiziert werden, die alle zu expandierten Polyglutaminwiederholungen in den jeweiligen Genprodukten führen. Auf die besonderen Eigenschaften dieser Erkrankungen und ihrer pathologischen Proteine wird im Abschnitt 5 eingegangen.

4.3 Alzheimersche Erkrankung

Die Alzheimersche Erkrankung ist die häufigste und uns, weil sie uns das spezifisch Menschliche, den Geist, raubt, vielleicht am meisten beeindruckende und erschreckende degenerative Gehirnerkrankung. Es gehören dazu präsenile und senile Demenzen. Wiederum ist das Alter der entscheidende Risikofaktor. So beträgt die Wahrscheinlichkeit, an einer Alzheimer-Demenz zu erkranken, bis zum 65. Lebensjahr insgesamt 1%. Ein 65jähriger dagegen trägt für seine Zukunft ein Risiko von 15%. Wie auch bei anderen neurodegenerativen Erkrankungen werden bei der Alzheimer-Demenz selten auftretende vererbliche und häufiger auftretende sporadische Erkrankungsformen unterschieden, die in Form der Alzheimer-Demenz ihre gemeinsame

Endstrecke haben. Bei den mit der Alzheimer-Demenz assoziierten Genen werden solche, die durch autosomal-dominante Vererbung zur Erkrankung führen von sogenannten Risikogenen unterschieden (Tab. 1). Familien mit autosomal-dominantem Erbgang und Mutation in einem der drei Gene sind selten, die Erkrankungen beginnen dann meist früh, in der Regel um das 40. Lebensjahr (HARDY und GWINN-HARDY 1998, PRICE et al. 1998). Suszeptibilitätsgene führen nicht unweigerlich zur Erkrankung, sondern erhöhen lediglich das Risiko, an einer Demenz zu erkranken. Bei heterozygoten Apo ε4-Genträgern erhöht sich das Alzheimer-Risiko auf das 3- bis 4fache, bei homozygoten auf das 8fache. Ähnliches gilt für das α-2-Makroglobulin-Gen, welches für einen Proteaseinhibitor kodiert, der am Abbau und der Beseitigung von β-Amyloid beteiligt ist (BLACKER et al. 1998). Die pathologisch-anatomischen Veränderungen der sporadischen und vererblichen Alzheimer-Demenz sind im Sinne einer gemeinsamen Endstrecke gleichartig: Es finden sich Amyloid-Plaques, die überwiegend Amyloidproteine enthalten, welche vermutlich zu einer toxischen Nervenschädigung führen, und sogenannte neurofibrilläre *Tangles*, die aus Isoformen des phosphorylierten Tau-Proteins bestehen. Beide Formen der pathologischen Protein-Konformation, vor allem die *Tangles*, finden sich in wesentlich geringerem Ausmaß im entorhinalen Kortex bei fast allen mehr als 55 Jahre alten Menschen, die nicht dement sind. Jedoch besteht eine nahezu lineare Korrelation der Anzahl seniler Plaques im Neokortex mit dem Ausmaß der Demenz (ROTH et al. 1966). Zumindest die Plaques könnten auch bei den nicht Dementen präklinische Stadien einer Alzheimer-Krankheit markieren (PRICE und MORRIS 1999). Offenbar ist es die Affinität des pathologischen Prozesses zu den Pyramidenzellen bestimmter Kortexregionen, der Amygdala, dem Hippocampus, dem Nucleus basalis Meynert, dem Locus coeruleus und spezifischen Neokortexneuronen, die diese Form der Teilalterung bestimmt. Die Kranken zeigen zunehmend grobe Defizite des Gedächtnisses, damit auch der Lernfähigkeit, der zeitlichen und räumlichen Orientierung, der Aufmerksamkeit und der Fähigkeit, komplexe Aufgaben zu lösen, während andere Funktionen wie sensorische Wahrnehmung und Motorik lange intakt bleiben.

Tab. 1   Genetik des Morbus Alzheimer

- *Autosomal-dominanter Erbgang* (familiär)
    - Präsenilin-1 (Chromosom 14)
    - Präsenilin-2 (Chromosom 1)
    - Amyloid Precursor Protein (APP, Chromosom 21)
- *Risikogene* (Suszeptibilitätsgene)
    - Apolipoprotein E4-Allel (Chromosom 19)
    - α2-Makroglobulin-Allel (Chromosom 12)

5. Pathologische Proteinbiochemie

In den letzten zehn Jahren gab es wesentliche Fortschritte in der Entschlüsselung der den degenerativen Hirnkrankheiten zugrunde liegenden Vorgänge. Sie haben es erlaubt, genetisch bestimmte, erst in der Lebensmitte auftretende degenerative Erkrankungen in ihren speziellen Mechanismen besser zu verstehen und am Speziellen allgemeinere Gesetze der Zellalterung konzeptionell zu prüfen. Der Huntingtonschen Erkrankung, allen bis heute genetisch aufgeklärten autosomal-dominanten zerebellären Ataxien, der spinobulbären muskulären Atrophie (Kennedy-Syndrom), einer Form der spinalen Muskelatrophie und der dentatorubropallidoluysischen Atrophie, einer weiteren Erkrankung der Basalganglien, liegen ausnahmslos Veränderungen zugrunde, die zur Translation von pathologischen Polyglutaminen führen (Tab. 2). Obwohl die defekten Gene auf ganz unterschiedlichen Chromosomen liegen und für unterschiedliche Proteine kodieren, ist diesen Erkrankungen gemeinsam, daß die Mutationen zur Expression von expandierten Polyglutaminen innerhalb der jeweiligen Genprodukte führen. Obwohl sich diese Erkrankungen also durch ihre klinische Phänomenologie und morphologische Neuropathologie klar voneinander unterscheiden, scheint ihnen eine prinzipiell vergleichbare molekularbiologische Pathogenese zugrunde zu liegen. Betrachtet man die Gene, so zeigt sich, daß die Gemeinsamkeit in einer Mutation mit Expansion von CAG-Wiederholungen im offenen Leserahmen der jeweiligen Gene besteht. CAG kodiert für die Aminosäure Glutamin. Expandierte CAG-Wiederholungen, sogenannte CAG-*Repeats*, führen zu pathologisch expandierten Polyglutaminanteilen, die offensichtlich die Eigenschaften der von den betroffenen Genen normalerweise kodierten, physiologischen Proteine so verändern, daß sie eine toxische Funktion erlangen. Es handelt sich also um eine neue Funktion, einen sogenannten *gain of function* im Gegensatz zum Funktionsverlust (*loss of function*), der als Folge von Deletionen oder bei rezessiven Erkrankungen eintritt. Es gibt physiologischerweise eine gewisse Schwankungsbreite der Anzahl von CAG-Wiederholungen, man spricht von einem Polymorphismus, die mit normaler Proteinfunktion vereinbar ist. Man kann also die Grenzen der Anzahl von Wiederholungen angeben, ab denen mit Pathologie zu rechnen ist (Tab. 2). Mit Ausnahme der Genprodukte der spinobulbären Muskelatrophie, einem Androgenrezeptor, und von SCA6, einem α-1A spannungsabhängigem Calciumkanal, sind die Funktionen der normalen Proteine (Huntingtin, Ataxine, Atrophin) nicht bekannt.

Tab. 2   Neurodegenerative Polyglutaminerkrankungen

Erkrankung	Chromosom	Normale CAG-Wiederholungszahl	CAG-Wiederholungszahl bei Erkrankungen	Genprodukt
Huntingtonsche Erkrankung	4 p	6–34	37–120	Huntingtin
SCA 1	6 p	29–36	43–60	Ataxin-1
SCA 2	12 q	15–29	35–59	Ataxin-2
SCA 3	14 q	12–37	61–84	Ataxin-3
SCA 6	19 p	4–16	21–27	CACNA1A (Ca^{2+}-Kanal)
SCA 7	3 p	7–16	41–306	Ataxin-7
DRPLA	12	7–34	49–70	Atrophin
Spinobulbäre Muskelatrophie	X	11–33	38–66	Androgen-Rezeptor

Einige klinische und pathophysiologische Details sollen am Beispiel einer speziellen autosomal-dominanten zerebellären Ataxie erläutert werden, der sogenannten spinozerebellären Ataxie Typ 3 (SCA 3), also der als dritte entdeckten Form der spinozerebellären Ataxie. Die SCA 3 ist die häufigste unter den spinozerebellären Ataxien in Deutschland. Das Gen liegt auf dem langen Arm von Chromosom 14 (Abb. 4).

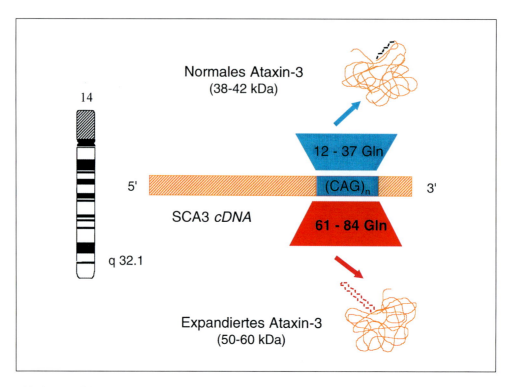

Abb. 4 Lokalisierung und Struktur des SCA3-Gens. Das SCA3-Gen liegt auf dem langen Arm von Chromosom 14. Innerhalb des Gens gibt es beim Gesunden einen Abschnitt mit 12–37 CAG-Wiederholungen, während beim Erkrankten dieser Abschnitt auf 61–84 expandiert ist. CAG kodiert für die Aminosäure Glutamin. Der abnorm verlängerte Polyglutaminabschnitt führt zu einer pathologischen Konformationsänderung des translatierten Proteins.

Innerhalb des Gens gibt es am carboxyterminalen Ende einen Abschnitt mit CAG-Wiederholungen, wobei eine Länge von 12–37 Wiederholungen normal ist, aber bei mehr als 61 Wiederholungen definitiv eine Erkrankung zu erwarten ist. Der abnorm verlängerte Polyglutaminabschnitt führt zu einer pathologischen Konformationsänderung des translatierten Proteins. Die Zahl der CAG-Wiederholungen korreliert negativ mit dem Erkrankungsalter (Abb. 5), d. h., je mehr CAG-Wiederholungen vorliegen, desto früher tritt die Erkrankung auf. Auch ist sie um so rascher progressiv, führt um so rascher zum Tode und zeigt eine um so ausgedehntere Symptomatik. Das heißt, es werden bei den Patienten mit sehr hohen Wiederholungszahlen Gewebe betroffen, die sonst von der Erkrankung verschont bleiben. Es zeigt sich hier also, daß die genetische Anomalie nicht in scharfen Grenzen bestimmt, welche Gewebe betroffen sind, sondern daß dies auch eine ›Dosisfrage‹ ist. Das pathologische Protein wird im übrigen in nahezu allen Regionen des Nervensystems, also auch den gesunden exprimiert und darüber hinaus auch in anderen Organen. Es ist also nicht der einzige krankmachende Faktor, vielmehr gibt es Umgebungsfaktoren, wahrscheinlich andere Proteine, die zusammen mit den physiologischen Alterungsvorgängen Ort und Zeitpunkt der Krankheitsmanifestation bestimmen.

Klinisch manifestiert sich die Erkrankung durch Stand- und Gangunsicherheit, eine Unsicherheit auch bei zielgerichteten Bewegungen und Artikulationsschwierigkeiten. Neuropathologisch wird ein Nervenzelltod in unterschiedlichen Kerngebieten des Ge-

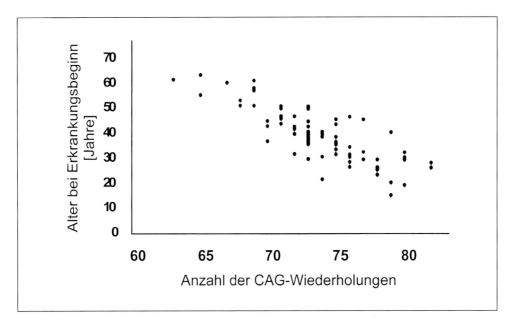

Abb. 5 Korrelation von CAG-Wiederholungen und Erkrankungsalter: Das Alter bei Erkrankungsbeginn korreliert negativ mit der Länge der CAG-Wiederholungen.

hirns beobachtet. Sie sind alle für die Kontrolle der Motorik von Bedeutung. Demenz gehört nicht zum Krankheitsbild. Kernspintomographisch läßt sich bereits zu Lebzeiten der Kranken eine makroskopische Veränderung von Kleinhirn, Brücke und Stammganglien beobachten, die sich in ihrem Muster von den anderen SCA-Formen statistisch unterscheiden läßt.

Aufgrund von Untersuchungen mit Überexpression expandierter Trinukleotid-Wiederholungen in transgenen Tieren und Zellkultursystemen besteht an dem kausalen Zusammenhang dieser Mutation mit der Erkrankung kein Zweifel. In Modellsystemen können die wesentlichen pathologischen Charakteristika repliziert werden (EVERT et al. 1999). Elektronenmikroskopisch lassen sich in genetisch veränderten neuronalen Zellen, die das SCA 3-Gen mit expandierten CAG-Wiederholungen überexprimieren, alle von den Pathologen beobachteten Phänomene nachweisen: Intranukleäre Inklusionen pathologisch konformierter Eiweiße, abnorme Zellkernfiguren mit Vergrößerung der Oberfläche durch Lappung und Vakuolisierungen des Zytoplasmas. Untersuchungen an *post mortem* Gehirnen Erkrankter aus der Gruppe von Herrn RIESS in Bochum (SCHMIDT et al. 1998) haben gezeigt, daß das bei Gesunden im Zytosol lokalisierte Protein Ataxin-3 bei Erkrankten in trunkierter Form als nukleäre Inklusion nachweisbar ist und unlösliche Aggregate bildet. Diese intranukleären Einschlußkörperchen finden sich, soweit bekannt, bei nahezu allen Erkrankungen mit pathologischen CAG-Wiederholungen (DAVIES et al. 1998). Die mutierten Proteine zeigen stets eine Kolokalisation mit Ubiquitin, einem Protein, das, wie der Name sagt, ubiquitär vorkommt und an der Erkennung sowie zusammen mit den Proteasomen an der Spaltung, der Degradation, von Proteinen beteiligt ist. Ubiquitin ist hier als Hinweis auf den proteolytischen Verdau des konformationsgeänderten Proteins zu werten (Abb. 6). Offenbar wird nur das trunkierte pathologisch in einer β-Faltblattstruktur konformierte Teilstück des Ataxins der Kranken in den Zellkern transportiert,

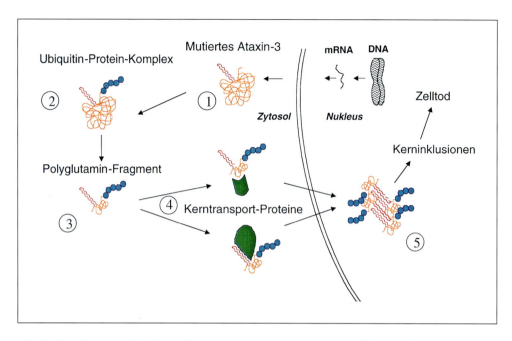

Abb. 6 Hypothetisches Modell des Polyglutamin-induzierten neuronalen Zelltods: Die Expression von Ataxin-3 mit expandierten Polyglutaminwiederholungen führt zu einer Konformationsänderung und abnormen Faltung des nativen Polypeptids in Form einer β-Faltblattstruktur (rote Zick-Zack-Linie). Diese wird als pathologisch erkannt und damit abgebaut (**1**). Die proteolytische Degradierung wird initiiert durch die Bindung von Ubiquitinmolekülen (blaue Kreise) an das aminoterminale Ende des Proteins (**2**). Das mutierte und durch Ubiquitin markierte Protein wird durch Proteasen in kleinere Fragmente geschnitten (**3**). Die Bildung polyglutaminhaltiger proteolytischer Fragmente der krankheitsspezifischen Proteine ermöglicht abnorme Protein–Protein-Interaktionen, die zum Transport in den Zellkern führen (**4**). Dabei könnten bisher unbekannte Proteine entweder mit trunkierten Fragmenten des physiologischen Proteins (*oben*) oder mit der Polyglutaminexpansion selbst interagieren (*unten*). Nach Transport in den Zellkern bilden die Fragmente unlösliche Aggregate (**5**), die die strukturelle Integrität des Kerns stören und vermutlich zum Zelltod führen. (In Anlehnung an KLOCKGETHER und EVERT 1998)

wo es aggregiert und dessen Funktion bleibend stört. Es ist eine attraktive Hypothese anzunehmen, daß die expandierten Polyglutaminabschnitte die abnormen Protein–Protein-Interaktionen einleiten. Dabei dürfte die nur bei den überlangen Polyglutaminen auftretende β-Faltblattstruktur eine entscheidende Rolle spielen (KLOCKGETHER und EVERT 1998). Die pathologischen Proteine werden erkannt, mit Ubiquitin konjugiert und proteolytisch verdaut. Dabei entstehen die genannten Fragmente, nur sie aggregieren im Kern. Nur sie stören die nukleäre Funktion der betroffenen Neurone. Therapieoptionen, die den Transport der Proteine vom Zytosol in den Nukleus unterbinden oder zu einem Abbau der nukleären Aggregate führen (z. B. Chaperone und geeignete Proteasomen), werden in den nächsten Jahren intensiv zu erforschen sein.

Einschränkend muß bemerkt werden, daß kürzlich die krankmachende Bedeutung intranukleärer Proteinaggregate bei Polyglutaminerkrankungen in Frage gestellt wurde (SISODIA 1998, SAUDOU et al. 1998). Danach ist bei den Erkrankungen mit pathologischen CAG-Wiederholungen der Transport der pathologischen Proteine in den Zellkern eine notwendige Voraussetzung der Erkrankung, nicht aber die Aggregation der krankhaften Eiweiße. Vielmehr soll die Blockade der Proteinaggregation im Zellkern den Zelltod potenzieren, so daß die Aggregatbildung selbst möglicherweise durch Unschädlichmachung pathologischer Proteine eine protektive Wirkung ausübt. Auch werden entgegen bisherigen Annahmen nicht bei allen Polyglutaminerkrankungen intranukleäre Inklusionen gefunden. Bei der autosomal-dominanten zerebellären Ataxie vom Typ SCA2 konnten intranukleäre Inklusionen nicht nachgewiesen werden (HUYNH et al. 1999). Ähnlich entwickelt eine transgene SCA1-Maus, der nach genetischer Deletion die Selbstaggregationsdomäne fehlt, zwar neurologische Symptome. Sie zeigt jedoch keine intranukleären Inklusionen (KLEMENT et al. 1998). Die genaue Aufklärung der Funktion und Bedeutung von intranukleären Proteinablagerungen bei Polyglutaminerkrankungen bedarf also der weiteren Forschung, bevor Schlüsse für eine Therapie gezogen werden können.

Wie bereits mehrfach erwähnt, werden während der Pathogenese der meisten neurodegenerativen Erkrankungen pathologische, unlösliche Proteinablagerungen entweder extrazellulär, zytoplasmatisch oder nukleär nachgewiesen (Tab. 3). Die für die jeweilige Erkrankung angeschuldigten krankmachenden Proteine können in den Proteinablagerungen nachgewiesen werden. Diese Proteine haben schon natürlicherweise eine labile native Konformation. Sie können durch genetische Mutationen weiter destabilisiert werden, so daß sie eine β-Faltblattstruktur einnehmen. Dieses resultiert in der Bildung unlöslicher, die Erkrankung verursachender oder begleitender Proteinaggregate im Gehirn. Möglicherweise können einzelne Proteine in β-Faltblattstruktur im Sinne eines Kristallisationskeims die Konformationsänderung von weiteren Proteinen katalysieren. Dieser quasi Infektionsmodus wurde besonders als Modell für die Entstehung und speziesspezifische Übertragbarkeit von Prionerkrankungen diskutiert. Möglicherweise fördern andere Makromoleküle, sogenannte Chaperone, diese Konformationsänderungen (WELCH und GAMBETTI 1998).

Tab. 3 Neurodegenerative Erkrankungen mit pathologischen Proteinablagerungen

Erkrankung	Protein	Struktur	Aggregate	Lokalisation
Prion	Prion	α-Helix	β-Faltblattstruktur und Amyloid	extrazellulär
Morbus Alzheimer	β-Amyloid	α-Helix	β-Faltblattstruktur und Amyloid	extrazellulär
Morbus Parkinson	α-Synuklein	ungefaltet	Lewy-Körper, unlöslich (β-Faltblattstruktur?)	zytoplasmatisch in dopaminergen Neuronen
Multisystematrophie (MSA)	α-Synuklein	ungefaltet	Gliale Einschlußkörper, unlöslich (β-Faltblattstruktur?)	zytoplasmatisch in Glia-Zellen
Morbus Huntington	Huntington	Trinukleotid-Wiederholungen	unlöslich (β-Faltblattstruktur?)	nukleär
SCA 1 und 3	Ataxin 1 und Ataxin 3	Trinukleotid-Wiederholungen	unlöslich (β-Faltblattstruktur?)	nukleär

Die Akkumulation und Ablagerung unlöslicher, falsch gefalteter Proteine im Gehirn wird auch während des physiologischen Alterns beobachtet. Dies führte ORGEL bereits vor 35 Jahren zu der hellsichtigen Hypothese, daß die Akkumulation falsch gefalteter Proteine zum Altern der Zellen führt und daß die Synthese spezifischer Proteine mit bestimmten Fehlern sie zu tödlichen Peptiden werden läßt (ORGEL 1963).

Auch wenn wir bisher nur unbefriedigend verstehen, wie diese Proteinablagerungen zur Dysfunktion und letztendlich zum Zelltod führen, beginnen wir heute die molekularen Grundlagen der damaligen Hypothese zu begreifen. Auch die molekularen Befunde weisen daraufhin, daß sich die zellulären Mechanismen des physiologischen Alterns von Neuronen und die Zelltodmechanismen beim vorzeitigen Neuronenuntergang qualitativ eher wenig unterscheiden und daß krankmachende genetische Veränderungen diesen Alterungsprozeß im wesentlichen nur beschleunigen.

6. Zusammenfassung und Perspektiven

Alle genannten neurologischen Systemdegenerationen zeigen Gemeinsamkeiten, die für das Verständnis der den Alterungsvorgängen prinzipiell zugrunde liegenden pathophysiologischen Mechanismen von Bedeutung sein könnten:

– Viele Systemdegenerationen des Nervensystems sind erblich. Oder es lassen sich doch zumindest Suszeptibilitätsgene nachweisen, die das Risiko zu erkranken erheblich erhöhen. Sogenannte Suszeptibilitätsgene finden sich für die Alzheimer-Demenz, z. B. das ApoE4 oder das α2-Makroglobulin. Man darf annehmen, daß sie auch für andere Neurodegenerationen gefunden werden. Die Aufklärung der Gendefekte und Genprodukte bei den vererblichen Formen neurodegenerativer Erkrankungen wird vermutlich wesentlich helfen, auch die Pathogenese der sporadischen Erkrankung zu verstehen, die anscheinend zur gleichen Endstrecke der Erkrankung führen, da sie die gleichen pathologisch-anatomischen Veränderungen und klinischen Symptome aufweisen. Dabei sind Studien der pathophysiologischen Kaskaden an transgenen Tieren besonders hilfreich.

– Erblichen und sporadischen Neurodegenerationen sind, soweit heute bekannt, mehrheitlich Konformationsveränderungen jeweils spezifischer Proteine gemeinsam, die zu unlöslichen Proteinaggregaten in Nervenzellen oder wie bei der Multisystem-Atrophie in Gliazellen führen, und die sich in Form von Einschlußkörperchen oder Neurofilamentveränderungen im Kern oder dem Zellplasma sichtbar machen. Studien an menschlichen Gehirnen und vor allem an transgenen Tieren haben gezeigt, daß zumindest bei den Erkrankungen mit pathologischen CAG-Wiederholungen die Einschlußkörper der Symptommanifestation vorausgehen und daß die eigentliche Neurodegeneration nachfolgt. Das heißt, die Symptomatik ist Folge einer Funktionsstörung affizierter Zellen. Die Zellen können infolge dieser Funktionsstörung schließlich sterben, aber dieser Zelltod ist nicht Voraussetzung, sondern Folge der Krankheitsmanifestation und tritt auch nicht in allen Fällen ein (BATES et al. 1998). Es ist eine attraktive Hypothese anzunehmen, daß diese Zellen unter dem morphologischen Bild der Apoptose sterben. Das genetische Apoptoseprogramm spielt während der Anlage und Entwicklung des Zentralnervensystems eine wesentliche Rolle. Es ist zeitlebens in Neuronen präsent und wird möglicherweise bei dem altersbedingten Zelltod von Neuronen oder bei Neuronen mit funktioneller Störung im Rahmen neurodegenerativer Erkrankungen wieder aktiviert (SCHULZ et al. 1999).

– Selbst bei den genetisch vererbten Erkrankungen vergehen Jahre oder meist Jahrzehnte, bis die klinische Symptomatik einsetzt. Was die »genetisch kodierte Zeitbombe« so lange unter Kontrolle hält und was sie schließlich zur schicksalsbestimmenden »Explosion« bringt, ist weitgehend ungeklärt. Physiologische Vorgänge der Zellalterung mit Zusammenbrechen von Reparatur- und Schutzfunktionen könnten den dann autokatalytisch wirkenden genetisch determinierten oder exogen angestoßenen Krankheitsprozeß an die Schwelle führen. Wir werden noch viel von den Zellbiologen zu lernen haben. Sie werden uns zeigen, worauf die mit dem Alter zunehmende Vulnerabilität des zentralen Nervensystems beruht und wie wir präventiv oder auch therapeutisch eingreifen können.

- Die therapeutischen Möglichkeiten vermischen sich mit den präventiven (Abb. 7). Die beste Voraussetzung für ein langes Leben ist die Abstammung aus einer langlebigen Familie (MILLER 1996). Zwar sind »Überlebensgene« beim Menschen nicht identifiziert, aber beim Fadenwurm *Caenorhabditis elegans* wurden sie nachgewiesen. Insbesondere *age-1* (und andere wie *daf* und *clk*) verlängern einzeln oder in Kombination das Leben bis zur fünffachen Dauer (FINCH und TANZI 1997). Wobei *age-1* die Resistenz gegenüber freien Radikalen, Schäden in den Mitochondrien und Konformationsänderungen der Proteine erhöht (LAKOWSKI und HEKIMI 1996). Auch das weibliche Geschlecht genießt einen Überlebensvorteil. Die Lebenserwartung der Frauen übersteigt die der Männer um etwa 10%. Schließlich könnte es helfen, weniger zu essen. Zumindest Mäuse leben beträchtlich länger (+50%), wenn man die tägliche Nahrungsmenge um 40% reduziert. Ähnliches gilt auch für den Menschen. Krankenschwestern leben um so länger, je niedriger ihr relatives Körpergewicht ist (MANSON et al. 1995, WEINDRUCH und SOHAL 1997).

Bei der Alzheimerschen, der Parkinsonschen und der Huntingtonschen Erkrankung und auch beim physiologischen Altern werden Enzymdefekte der oxidativen Phosphorylierung beobachtet, die zur Generierung freier Sauerstoffradikale führen

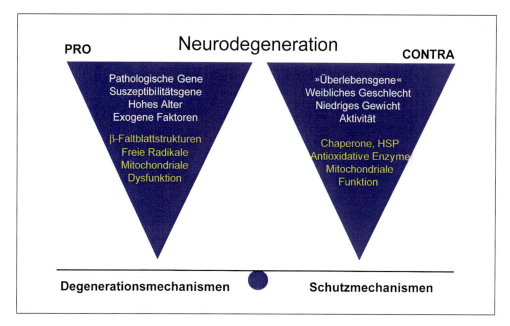

Abb. 7 Gleichgewicht zwischen Degenerationsmechanismen und Schutzmechanismen bei neurodegenerativen Erkrankungen. Das Auftreten einer neurodegenerativen Erkrankung wird durch Faktoren (*weiß*) bestimmt, die genetisch oder exogen determiniert sind und krankheitsfördernd oder protektiv wirken. Sie wirken auf zelluläre biochemische Prozesse ein (*gelb*). Da bei vererblichen Erkrankungen die Gendefekte angeboren sind, die Erkrankungen jedoch häufig erst in der zweiten Lebenshälfte auftreten, scheint der genetische Defekt durch Schutzmechanismen über lange Zeit kompensiert zu sein. Die Neutralisierung der zur Erkrankung führenden und die Stärkung der protektiven biochemischen Prozesse sind therapeutische Ziele.

(BOWLING et al. 1993, SCHULZ und BEAL 1994, SCHULZ et al. 1995). Hier bieten sich Medikamente zur Verbesserung der oxidativen Phosphorylierung oder Antioxidanzien, z. B. Vitamin C und E, zur Therapie an. Auch andere Maßnahmen werden als Prophylaxe diskutiert, so die beharrliche körperliche und geistige Aktivierung. Jedenfalls scheint schon heute sicher, daß wir mit unseren Therapieversuchen nicht dort ansetzen sollten, wo der Zelltod eine Zellkrankheit beendet, also nicht bei dem Versuch, die am Schluß stehende Selbstvernichtung der Zellen, die Apoptose, durch spezifische Wachstumsfaktoren oder durch Antionkogene zu beeinflussen, sondern unser Handeln wird weit früher ansetzen müssen. Unser Wissen um die frühen Risiken wird also dramatisch auszubauen sein.

Gesetzt den Fall, es gelingt, degenerative Gehirnerkrankungen durch präventive oder auch therapeutische Eingriffe zurück zu drängen, so könnten wir in die Lage kommen, potentiell Kranken ein eigenständiges an Wahrnehmungs- und Gestaltungsinhalten längeres und auch länger selbstbestimmtes, unabhängiges Leben zu gewähren. Wir könnten aus den übergreifenden Gesetzmäßigkeiten der Teilalterung von Subsystemen unseres Nervensystems mehr lernen über die Regeln des natürlichen Alterns. Dann aber stünden wir vor der schweren Aufgabe, das Mögliche auf das Sinnvolle zu begrenzen. Hier werden wir der Hilfe von Philosophen und Theologen bedürfen, die uns in unserem ärztlichen Bemühen um das sogenannte Wohl der Menschen in einen ethischen Zeitgeist geleiten, der den Möglichkeiten des naturwissenschaftlichen Zauberlehrlings Richtung weist und Zucht gebietet.

Literatur

BATES, G. P., MANGIARINI, L., and DAVIES, S. T. W.: Transgenic mice in the study of polyglutamine repeat expansion diseases. Brain Pathol. *8*, 699–714 (1998)
BEAL, M. F.: Aging, energy and oxidative stress in neurodegenerative diseases. Ann. Neurol. *38*, 357–366 (1995)
BLACKER, D., WILCOX, M. A., LAIRD, N. M., RODES, L., HORVATH, S. M., GO, R. C., PERRY, R., WATSON, B. jr., BASSETT, S. S., MCINNIS, M. G., ALBERT, M. S., HYMAN, B. T., and TANZI, R. E.: Alpha-2 macroglobulin is genetically associated with Alzheimer disease. Nature Genet. *19*, 357–360 (1998)
BLAIR, U.: Psychologie des Alterns. Heidelberg: Uni Taschenbücher 55 1991
BOWLING, A. C., MUTISYA, E. M., WALKER, L. C., PRICE, D. L., CORK, L. C., and BEAL, M. F.: Age-dependent impairment of mitochondrial function in primate brain. J. Neurochem. *60*, 1964–1967 (1993)
DAVIES, S. W., BEARDSALL, K., TURMANIC, M., DI FIGLIA, M., ARONIN, N., and BATES, G. P.: Are neuronal intranuclear inclusions the common neuropathology of triplet-repeat disorders with polyglutamin-repeat expansions? Lancet *351*, 131–133 (1998)
DRACHMANN, D. A.: Aging and the brain: a new frontier. Ann. Neurol. *42*, 819–828 (1997)
EVERT, B. O., WÜLLNER, U., SCHULZ, J. B., WELLER, M., GROSCURTH, P., TROTTIER, Y., BRICE, A., and KLOCKGETHER, T.: High-level expression of expanded full-length ataxin-3 causes cell death and formation of intranuclear inclusions in neuronal cells. Hum. Mol. Genet. *8*, 1169–1176 (1999)
FINCH, C. E., and TANZI, R. E.: Genetics of aging. Science *278*, 407–411 (1997)
GINSBERG, E.: Tabula rasa. In: GINSBERG, E. (Ed.): Abschied: Erinnerungen, Theateraufsätze, Gedichte. S. 254. Zürich: Arche Verlag 1965
GOLBE, L. J.: Alpha-synuclein and Parkinson's disease. Mov. Disord. *14*, 6–9 (1999)
HARDY, J., and GWINN-HARDY, K.: Genetic classification of primary neurodegenerative disease. Science *282*, 1075–1079 (1998)
HUYNH, D. P., DEL BIGIO, M. R., HO, D. H., and PULST, S. M.: Expression of ataxin-2 in brains from normal individuals and patients with Alzheimer's disease and spinocerebellar ataxia 2. Ann. Neurol. *45*, 232 to 241 (1999)
JOHNSON, F. B., SINCLAIR, D. A., and GUARENTE, L.: Molecular biology of aging. Cell *96*, 291–302 (1999)

Julien, J. P., Couillard-Després, S., and Meier, J.: Transgenic mice in the study of ALS: the role of neurofilaments. Brain Pathol. *8*, 759–769 (1998)

Klement, I. A., Skinner, P. J., Kaytor, M. D., Yi, H., Hersch, S. M., Clark, H. B., Zhogbi, H. Y., and Orr, H. T.: Ataxin-1 localization and aggregation: role in polyglutamine-induced disease in SCA1 transgenic mice. Cell *95*, 41–53 (1998)

Klockgether, T., and Evert, B.: Genes involved in hereditary ataxias. Trends Neurosci. *21*, 413–418 (1998)

Lakowski, B., and Hekimi, S.: Determination of life-span in caenorhabditis elegans by four clock genes. Science *272*, 1010–1013 (1996)

Manson, J. E., Willett, W. C., Stampfer, M. J., Colditz, G. A., Hunter, D. J., Hankinson, S. E., Hennekens, C. H., and Speizer, F. E.: Body weight and mortality among women. New Engl. J. Med. *333*, 677–685 (1995)

Miller, R.: Aging and the immune response. In: Schneider, E., and Rowe, J. (Eds.): Handbook of the Biology of Aging. 4th ed.; pp. 355–392. San Diego: Academic Press 1996

Orgel, L. E.: Maintenance of the accuracy of protein synthesis and ist relevance to aging. Proc. Natl. Acad. Sci. USA *49*, 517–521 (1963)

Price, D. L., Sisodia, S. S., and Borchelt, D. R.: Gentic neurodegenerative diseases: The human illness and transgenic models. Science *282*, 1079–1083 (1998)

Price, J. L., and Morris, J. C.: Tangles and plaques in nondemented aging and »preclinical« Alzheimer's disease. Ann. Neurol. *45*, 358–368 (1999)

Roth, M., Tomlinson, B. E., and Blessed, G.: Correlation between scores of dementia and counts of senile plaques in cerebral grey matter of elderly subject. Nature *209*, 109–110 (1966)

Saudou, F., Finkbeiner, S., Devys, D., and Greenberg, M. E.: Huntingtin acts in the nucleus to induce apoptosis but death does not correlate with the formation of intranuclear inclusions. Cell *95*, 55–66 (1998)

Schmidt, T., Landwehrmeyer, G. B., Schmitt, I., Trottier, Y., Auburger, G., Laccone, F., Klockgether, T., Völpel, M., Epplen, J. T., Schöls, L., and Riess, O.: An isoform of ataxin-3 accumulates in the nucleus of neuronal cells in affected brain regions of SCA3 patients. Brain Pathol. *8*, 669–679 (1998)

Schulz, J. B., and Beal, M. F.: Mitochondrial dysfunction in movement disorders. Curr. Opin. Neurol. *7*, 333–339 (1994)

Schulz, J. B., Matthews, R. T., and Beal, M. F.: Role of nitric oxide in neurodegenerative diseases. Curr. Opin. Neurol. *8*, 480–486 (1995)

Schulz, J. B., Weller, M., and Moskowitz, M. A.: Caspases as treatment targets in stroke and neurodegenerative diseases. Ann. Neurol. *45*, 421–429 (1999)

Sisodia, S. S.: Nuclear inclusions in glutamine repeat disroders: Are they pernicious, coincidental, or beneficial? Cell *95*, 1–4 (1998)

Wechsler, D.: The Wechsler adult intelligence scale-revised manual. New York: Psychological Corporation 1981

Weindruch, R., and Sohal, R. S.: Caloric intake and aging. New Engl. J. Med. *337*, 986–994 (1997)

Welch, W. J., and Gambetti, P.: Chaperoning brain diseases. Nature *392*, 23–24 (1998)

Prof. Dr. Johannes Dichgans
Neurologische Klinik
der Universität Tübingen
Hoppe-Seyler-Straße 3
72076 Tübingen
Bundesrepublik Deutschland
Tel: (0 70 71) 2 98 20 49
Fax: (0 70 71) 29 52 60

Nova Acta Leopoldina NF *81*, Nr. 314, 371–375 (1999)

Langlebigkeit, Regeneration und Gedächtnis im Antikörpersystem

Klaus RAJEWSKY (Köln)
Mitglied der Akademie

Zusammenfassung

Im Knochenmark des Menschen entstehen in jeder Sekunde etwa eine Million antikörperbildende Zellen, die sich in der Spezifität des von ihnen gebildeten Antikörpers voneinander unterscheiden. Diese Zellen wandern in das periphere Immunsystem (Blut, Milz, Lymphknoten) aus, und ein Teil von ihnen wird zu langlebigen B-Zellen, die über Jahre persistieren können. Aus diesen »naiven« B-Lymphozyten differenzieren sich nach Antigenkontakt sogenannte Gedächtnis-B-Zellen, die hochaffine Antikörper ausprägen und diese nach erneutem Antigenkontakt als Plasmazellen ins Blut ausschütten. Im Laufe des Lebens sinkt die Produktionsrate von B-Zellen im Knochenmark ab, und die Fraktion von Gedächtniszellen in der Peripherie nimmt zu. Aber auch im alten Menschen sind noch etwa die Hälfte aller B-Zellen »naive« Zellen, die zu neuen Antikörperantworten befähigt sind – ermutigend beim Nachdenken über das Altern.

Abstract

Every second about one million of antibody-expressing B cells are generated in the bone marrow of a single human being. These cells differ from each other in terms of antibody specificity. The antibody-expressing B cells migrate to the peripheral lymphoid organs (spleen, lymph nodes and blood) and some of them become long-lived B cells which can persist for years. Contact with an antigen induces the differentation of these »naive« B cells into memory B cells expressing high affinity antibodies. Contacting antigen again, memory B cells become plasma cells which secrete large amounts of high affinity antibodies into the blood. The production rate of B cells in the bone marrow declines with age, and the fraction of memory B cells in the periphery increases. However, even in old people about half of the B cells are »naive« and able to perform new immune responses – an encouraging fact when thinking about the ageing process.

Lymphozytenbildung und Homöostase

Die Antikörper-bildenden Zellen, auch B-Lymphozyten oder B-Zellen genannt, gehören dem hämatopoetischen System an, dem System blutbildender Zellen. Ein wesentliches Charakteristikum des hämatopoetischen Systems ist die ständige Neubildung der ihm zugehörigen Zellen aus sogenannten hämatopoetischen Stammzellen, die im Erwachsenen im Knochenmark angesiedelt sind. Aus diesen Stammzellen entstehen über das ganze Leben, initial wahrscheinlich durch asymmetrische Zellteilung, nachfolgend durch Proliferation und schrittweise Differenzierung, die verschiedenen reifen Zelltypen des Blutes einschließlich der T- und B-Lymphozyten. Charakteristikum der B-Zellen und der für die zelluläre Immunität zuständigen T-Lymphozyten im peripheren Immunsystem, d.h. dem Blut, den Lymphknoten, den lymphatischen Gefäßen und der Milz, ist ihre variable, aber oft sehr lange Lebensdauer. Solche Zellen können über Wochen, Monate, Jahre und wahrscheinlich sogar Jahrzehnte in den lymphatischen Organen als ruhende Zellen persistieren oder über Blut und Lymphgefäße zwischen ihnen »rezirkulieren«. Dies kontrastiert mit der ständigen Neubildung von T- und B-Lymphozyten im Thymus bzw. Knochenmark, die ein außerordentliches Ausmaß hat. Man hat berechnet, daß im Knochenmark des Menschen pro Sekunde etwa 1 Million neue B-Lymphozyten gebildet werden, was ausreichen würde, die gesamte B-Zellpopulation des Menschen (etwa 10^{12} Zellen im Erwachsenen) innerhalb von etwa 10 Tagen komplett auszutauschen. In Wirklichkeit wird aber nur ein kleiner Teil der neu gebildeten Zellen nach bisher unbekannten Kriterien ausgewählt, um Zutritt zu der Population der langlebigen peripheren B-Lymphozyten zu gewinnen, während die restlichen neugebildeten Zellen rasch absterben.

Lebenselement der Antikörper-bildenden Zellen sind die Antikörper, die sie ausprägen. Durch einen komplizierten, aber inzwischen weitgehend aufgeklärten Mechanismus von somatischen Genumlagerungen im Bereich der Gene, die die Antikörper kodieren, wird erreicht, daß jeder B-Lymphozyt einen Antikörper nur einer bestimmten Antigenbindungsspezifität ausprägt. Die hierzu notwendigen Genumlagerungsprozesse beherrschen die Phase der B-Zellentstehung im Knochenmark. Dabei bringt es der Mechanismus der Genumlagerungen mit sich, daß sie entweder erfolgreich oder nicht erfolgreich verlaufen können, wobei unter erfolgreich die Entstehung eines umgelagerten Genabschnitts verstanden wird, der die sogenannte variable Region einer Antikörper-Polypeptidkette kodieren kann. Vorläuferzellen, denen dies nicht gelingt, sterben ab, wofür die Zellen in dieser Phase der Differenzierung programmiert sind, wenn sie nicht durch ein Signal gerettet werden, welches der Zelle die erfolgreiche Eigenproduktion eines Antikörpers anzeigt. Dieses Überlebenssignal geht auf bisher nicht vollständig geklärte Weise von den als Antigenrezeptoren auf der Zelloberfläche ausgeprägten, membrangebundenen Antikörpern aus.

Die Beschränkung einzelner B-Lymphozyten auf die Produktion von Antikörpern einheitlicher Antigenbindungsspezifität ist das Wesenselement der Burnetschen klonalen Selektionshypothese. Da verschiedene B-Lymphozyten verschiedene Antikörperspezifitäten ausprägen, entsteht ein riesenhaftes Antikörperrepertoire, mit dem Resultat, daß in den Organismus eindringende Fremdstoffe (Antigene) stets auf B-Lymphozyten treffen, die einen ihnen komplementären Antigenrezeptor ausprägen. Die durch den Antigenkontakt erzeugte Kreuzvernetzung der Antikörperrezeptoren auf der Zelloberfläche führt im Verein mit komplizierten »co-stimulatorischen« Signalen (die auch die Interaktion mit anderen Zellen des Immunsystems, z.B. T-Zellen, beinhalten) zur Aktivierung der entsprechenden B-Zellen, die zur Proliferation und nachfolgenden Differenzierung zu Gedächtniszellen (siehe weiter unten) und Antikörper-sezernierenden Plasmazellen führt. Die Spezifität der Antikörperantwort wird also durch die Spezifität der Antigenrezeptoren (d. h. der auf der Zelloberfläche ausgeprägten Antikörper) garantiert, die identisch mit der Spezifität der schließlich ausgeschütteten Antikörper ist. Damit wird der Antigenrezeptor zur zentralen Instanz der spezifischen Immunantwort, und es ist nicht verwunderlich, daß der Rezeptor nicht nur bei der Lymphozytenentstehung, sondern auch während ihrer Persistenz im Immunsystem eine vitale Rolle spielt: B-Lymphozyten, die etwa durch eine Mutation eines der für die Antikörperbildung verantwortlichen Gene außerstande gesetzt sind, einen Antikörper zu produzieren, sterben entsprechend der bei der Lymphozytenentstehung geschilderten Situation durch programmierten Zelltod ab. Wiederum ist die Natur des für das Überleben der Zellen notwendigen, durch den Rezeptor vermittelten Signals nicht bekannt. Eine Möglichkeit ist, daß die Zellen, um im Organismus existieren zu können, mit körpereigenen Stoffen (Selbst-Antigenen) über ihren Rezeptor in Wechselwirkung treten müssen, aus der dann das Überlebenssignal hervorgeht. Alternativ könnte die Expression des Antigenrezeptors konstitutiv zur Entsendung eines Signals ins Zellinnere führen, welches das Überleben der Zelle garantiert.

Affinitätsreifung und Gedächtnis

Eine hervorstechende Eigenschaft des Antikörpersystems ist das immunologische Gedächtnis. Erstkontakt mit einem Fremd-Antigen führt zu der Ausbildung von sogenannten Gedächtnis-B-Zellen, die hochaffine Antikörper gegen das entsprechende Antigen ausprägen und wie die »naiven« B-Zellen für lange Zeit im Organismus persistieren können. Die Entstehung der hochaffinen Gedächtniszellen ist ein Wunderwerk somatischer Evolution: naive B-Lymphozyten werden durch Antigenkontakt aktiviert und zur Proliferation in speziellen Mikrostrukturen des Immunsystems, den sogenannten Keimzentren, angeregt. Im Verlauf der Proliferation der Zellen und im Verein mit ständiger Stimulation durch Antigen werden die variablen Regionen der Antikörper-kodierenden Abschnitte vermittels eines noch nicht aufgeklärten molekularen Mechanismus hypermutiert, so daß in der Population proliferierender Zellen eine Vielzahl von Antikörpermutanten entsteht, von denen einige wenige erhöhte Affinität zum stimulierenden Antigen haben. Wiederum sind die proliferierenden Zellen in dieser Phase der Entwicklung zum Zelltod programmiert, wenn sie nicht durch ein Überlebenssignal gerettet werden, welches in diesem Fall durch die hochaffine Bindung des Antigens an den mutierten Rezeptor der Zelle zustande kommt. Nur solche Zellen überleben, die anderen, natürlich die überwältigende Mehrheit, sterben ab. Die Persistenz der hochaffinen Gedächtniszellen im Immunsystem, und damit die Persistenz von immunologischem Gedächtnis, scheint nach neuesten Untersuchungen unabhängig von persistierendem Antigen zu sein (und repräsentiert also Gedächtnis im eigentlichen Sinn des Wortes), erfordert aber wahrscheinlich wie bei den naiven B-Lymphozyten die Expression eines Antigenrezeptors auf der Zelloberfläche.

Altern

Wie im Falle des Zentralnervensystems nimmt auch im Immunsystem das Gedächtnis im Lauf des Lebens zu, wie an der Zunahme der Fraktion der Gedächtniszellen im peripheren Immunsystem abgelesen werden kann. Diese Gedächtniszellen sind heute mit zellulären und molekularen Methoden ohne weiteres von den naiven B-Lymphozyten unterscheidbar. Während man beim Neugeborenen kaum solche Gedächtniszellen entdecken kann, nimmt ihr Anteil mit den Jahren kontinuierlich zu und liegt schließlich im Blut (wo er leicht meßbar ist) etwas unter der Hälfte aller vorhandenen B-Lymphozyten. Dieses Nebeneinander von Gedächtniszellen und naiven B-Lymphozyten bleibt beim Menschen bis ins hohe Alter bestehen. Während also beim Erwachsenen und auch beim alten Menschen ein großer Teil des Antikörperrepertoires durch den früheren Kontakt des Individuums mit Keimen und anderen Fremdsubstanzen der Umwelt individuell determiniert ist, sind doch stets auch naive Antikörper-bildende Zellen in beträchtlicher Zahl vorhanden, die in flexibler Weise die Anpassung an neue antigene Reize aus der Umwelt erlauben. Wir möchten meinen und hoffen, daß das Gehirn im Alter zu entsprechenden Leistungen fähig ist.

Maligne B-Zelltumoren – Preis für die Gedächtnisbildung im Antikörpersystem

Der faszinierende Prozeß der somatischen Evolution von Gedächtniszellen über Antigen-getriebene Ausbildung eines riesigen neuen Antikörperrepertoires durch somatische Mutation und anschließende Selektion hochaffiner Mutanten in der Keimzentrumsreaktion ist ein Schlüsselelement der humoralen Immunität. Da dieser Prozeß sich im Gegensatz zur Evolution der Arten über einen Zeitraum von jeweils nur wenigen Wochen erstreckt, erfordert er eine gegenüber der natürlichen millionenfach erhöhte Mutationsrate in den Antikörper-kodierenden Genen. Es kann darum kaum ausbleiben, daß es in dieser Situation neben einem dramatischen Zellverlust gelegentlich zu Fehlsteuerungen der Mutationsprozesse kommt, die dann in seltenen Fällen zur malignen Transformation der betreffenden Zellen führen können. Tatsächlich sind die häufigsten Tumoren im Immunsystem Tumoren Antikörper-bildender Zellen, und wir haben in den letzten Jahren gelernt, daß die Vorläuferzellen dieser Tumoren fast ausschließlich B-Lymphozyten sind, die entweder gerade die Keimzentrumsreaktion durchlaufen oder sie durchlaufen haben. Molekulare Untersuchungen haben gezeigt, daß für viele dieser Tumoren chromosomale Translokationen charakteristisch sind, durch die Tumor- oder Tumorsuppressorgene aktiviert bzw. inaktiviert werden und die durch Fehlleitung der im Keimzentrum physiologisch ablaufenden verschiedenen Mutationsprozesse zustande kommen. So ist der Preis für die Ausbildung immunologischen Gedächtnisses und einer wirksamen Infektabwehr eine erhöhte Inzidenz maligner Entartung, die von der Evolution in Kauf genommen worden ist.

Weiterführende Literatur

RAJEWSKY, K.: Clonal selection and learning in the antibody system. Nature *381*, 751–758 (1996)
KÜPPERS, R., KLEIN, U., HANSMANN, M.-L., und RAJEWSKY, K.: Cellular origin of human B-cell lymphomas. New Engl. J. Med. (1999, im Druck)

        Prof. Dr. Klaus RAJEWSKY
        Institut für Genetik
        der Universität Köln
        Weyertal 121
        50931 Köln
        Bundesrepublik Deutschland
        Tel.: (02 21) 4 70 24 67
        Fax: (02 21) 4 70 51 85

Abschlußvortrag

Einführung und Moderation Volker ter Meulen (Würzburg), Vizepäsident der Akademie:

Herr BALTES ist Psychologe. Er promovierte 1967 an der Universität des Saarlandes. Nach wissenschaftlichen Stationen in den USA und an der Freien Universität Berlin ist er seit 1980 geschäftsführender Direktor am Max-Planck-Institut für Bildungsforschung Berlin. Er interessiert sich vor allem für Entwicklung – von der Kindheit bis in das hohe Alter. Die Entwicklungspsychologie bezog sich traditionell fast ausschließlich auf die Kindheit. In Deutschland aber existiert auch eine Traditionslinie, die Entwicklung als einen Prozeß versteht, der das ganze Leben umfaßt. Das steht sicher mit der deutschen Bildungsgeschichte und der Philosophie des Idealismus in Zusammenhang. So war es leichter möglich, hier eine Perspektive aufzubauen, die auch das Altern in den Entwicklungsgedanken einbezieht. Herr BALTES konzentrierte sich in seinen Arbeiten insbesondere darauf, das Wechselspiel zwischen Ontogenese und gesellschaftlicher Entwicklung zu erfassen. Die Gesellschaft verändert sich, so daß ein Vergleich 60jähriger von 1950 und 1990 ganz andere Ergebnisse erbringt. Es geht darum, die Plastizität der menschlichen Entwicklung besser zu begreifen und wissenschaftliche Erkenntnisse zu nutzen, um die Zukunft des Alters angenehmer zu gestalten.

Alter und Altern als unvollendete Architektur der Humanontogenese

Von Paul Baltes (Berlin)
Mitglied der Akademie

Mit 6 Abbildungen

Diesen Aufsatz widme ich in Liebe und Dankbarkeit meiner jüngst und völlig unerwartet verstorbenen Frau und Kollegin Professor Dr. Margret M. Baltes (1939 bis 1999). Ihr prägender Einfluß auf die hier dargelegten Überlegungen ist unermeßlich (siehe auch Baltes und Baltes 1977, 1982, 1990, 1998).

Zusammenfassung

Die grundlegende biologisch-genetische und sozial-kulturelle Architektur der menschlichen Entwicklung über den Lebensverlauf wird aus evolutionärer und ontogenetischer Perspektive beschrieben. Zunächst wird dargelegt, daß evolutionäre Fortschritte in der modernen Zeit vor allem im Kulturellen liegen, da das Genom hoch stabil ist. Anschließend werden drei Prinzipien der grundlegenden Architektur der Humanontogenese spezifiziert. *Erstens* weisen die in der Evolution wirkenden Selektionsprozesse eine negative Alterskorrelation auf und dadurch verringern sich im Lebensverlauf die im Genom angelegte biologische Plastizität und das damit zusammenhängende Verhaltenspotential. *Zweitens* erfordert es ein Mehr an gesellschaftlich-kulturellen Faktoren, wenn der lebenszeitliche Rahmen der Ontogenese verlängert wird. *Drittens* reduziert sich die Wirkkraft (Effektivität) gesellschaftlich-kultureller Faktoren über den Lebensverlauf; nicht nur, weil das biologische Potential im Alter schlechter wird, sondern auch weil die Regeln des Lernens Langzeitverluste wie negativen Transfer beinhalten. Das Zusammenwirken dieser drei Prinzipien legt nahe, daß die Architektur der menschlichen Ontogenese mit zunehmendem Alter unvollendeter wird. Betrachtet man konkrete Bereiche menschlicher Entwicklung, dann läßt sich der Grad der Vollendetheit als das Verhältnis von Gewinnen und Verlusten in Funktionsfähigkeit definieren. Drei Beispiele verdeutlichen die Implikationen der vorgeschlagenen Architektur des Lebensverlaufs. Das erste ist eine allgemeine Theorie der Entwicklung, die Ontogenese aus dem dynamischen Zusammenwirken von drei Teilprozessen erklärt, Selektion, Optimierung und Kompensation. Die lebenslange Intelligenzentwicklung mit der Unterscheidung zwischen der biologiegeprägten Mechanik der Intelligenz und der kulturgeprägten Pragmatik der Intelligenz sind das zweite Beispiel. Das dritte Beispiel befaßt sich mit der Herausforderung, den Lebensverlauf so zu vervollständigen, daß eine positive Balance zwischen Gewinnen und Verlusten für alle Lebensabschnitte erreicht wird. Forschungen zum vierten Lebensalter verdeutlichen, daß dieses Ziel um so schwieriger zu erreichen ist, je weiter die menschliche Ontogenese ins hohe Alter fortschreitet. Die moderne Entwicklung einer Interventionsgenetik beinhaltet das Potential einer grundlegenden Korrektur der evolutionär gewachsenen ontogenetischen Architektur. Abschließend werden wissenschaftliche und gesellschaftliche Spannungsfelder dieser Neuentwicklung angedeutet.

Abstract

The focus is on the basic biological-genetic and social-cultural architecture of human development across the life span. The starting point is the frame provided by past evolutionary forces. A first conclusion is that for modern times and the relative brevity of the time windows involved in modernity, further change in human functioning is primarily dependent on the evolution of new cultural forms of knowledge rather than evolution-based changes in the human genome. A second conclusion concerns the general architecture of the life course. Three governing lifespan developmental principles coexist. *First*, because longterm evolutionary selection evinced a negative age correlation, genome-based plasticity and biological potential decrease with age. *Second*, for growth aspects of human development to extend farther into the life span, culture-based resources are required at ever increasing levels. *Third*, because of age-related losses in biological plasticity and negative effects associated with some principles of learning (e. g., negative transfer), the efficiency of culture is reduced as lifespan development unfolds. Joint application of these principles suggests that the lifespan architecture becomes more and more incomplete with age. Three examples are given to illustrate the implications of the lifespan architecture outlined. The first is a general theory of development involving the orchestration of three component processes and their age-related dynamics: Selection, optimization, and compensation. The second example is theory and research on lifespan intelligence that distinguishes between the biology-based mechanics and culture-based pragmatics of intelligence and specifies distinct age gradients for the two categories of intellectual functioning. The third example considers the goal of evolving a positive biological and cultural scenario for the last phase of life (fourth age). Because of the general lifespan architecture outlined, this objective becomes more and more difficult to achieve. The advent of intervention genetics creates a new scenario with promise and despair. Promise because of the possibility to complete the biological-genetic architecture of the life course through *a priori* and *a posteriori* genetic engineering, despair because of a new schism created by the risk of diassociation of the time course of genetic intervention and cultural evolution.

Alter und Altern als unvollendete Architektur der Humanontogenese

Das Alter und das Altern ist voller Ambivalenz und hat viele Gesichter. Wir wollen beispielsweise alle alt werden, aber dennoch wollen wir gleichzeitig nicht alt sein. Und diese Ambivalenz findet auch ihren Niederschlag in Bonmots und Aphorismen. In einem anderen Kontext (P. BALTES 1996) charakterisierte ich diese ambivalente und doppelgesichtige Grundposition als »Hoffnung mit Trauerflor«.

Auf der einen Seite ist da der hoffnungsvolle SOLON, der sagte: »Älter werde ich stets, niemals doch lerne ich aus.« Oder auch der fast 90jährige Cellist Pablo CASALS, der auf die Frage, warum er denn als 90jähriger noch so viel übe, antwortete: »Damit ich besser werde!« Auf der anderen Seite ist da aber auch der spöttische Humor über das vermeintlich gute Alter. Der frühere amerikanische Präsident Jimmy CARTER ist ein Kronzeuge, als er sagte: »Wer mit 60 noch das kann, was er mit 20 konnte, der konnte einfach nicht viel als er 20 war.« Oder auch ein Wort des italienischen Philosophen Norberto BOBBIO (1996): »Wer das Alter preist, hat ihm noch nicht ins Gesicht gesehen.«

Weder der Hoffnungsphilosoph Ernst BLOCH noch der zur Melancholie neigende Arthur SCHOPENHAUER allein reichen deshalb aus, um die Vielschichtigkeit des Alters zu verstehen. Das Doppelgesicht des Alters erfordert das Zusammenführen beider Perspektiven. Dem entspricht schon eher ein anderer Satz, ein Satz von HESIOD. Dieser sagte einmal, daß »die Hälfte manchmal mehr als das Ganze sei«.

Ob und warum diese Ambivalenz vor dem Hintergrund wissenschaftlicher Erkenntnis gerechtfertigt ist und wie sie durch künftige Forschung moduliert werden könnte, darum geht es in meinem Vortrag. Als einführende Denkheuristik nutze ich zwei Beobachtungen. Die erste ist kontraintuitiv. Sie sagt: Das Alter ist jung, evolutionär und kulturell! Wegen dieser Jugendlichkeit des Alters ist es nicht überraschend, wenn man von der Unvollendetheit des Alters spricht.

Die zweite einleitende Beobachtung folgt aus der Gegenüberstellung des Zeittaktes von biologisch-genetischer und kultureller Evolution. Der bisherige Zeittakt der biologisch-genetischen Evolution des Menschen war eher langsam, für *Homo sapiens* in Hunderttausenden von Jahren meßbar. Die kulturelle Entwicklung dagegen war viel schneller, eher meßbar in den kleineren Einheiten von Jahrzehnten, Jahrhunderten und Jahrtausenden. Das ungelöste Problem der Gegenwart ist, was passiert, wenn dieser Zeittaktunterschied zwischen biologisch-genetischen und kulturellen Wirksystemen verlorengeht, wenn die Kultur aufgrund ihrer neuen Eingriffsmöglichkeiten in das Genom nun auch die Uhr der biologisch-genetischen Evolution nicht nur anders, sondern auch schneller schlagen lassen sollte.

Das Alter ist ein Forschungsfeld, wo diese fundamentale Veränderung im Zeittakt des Zusammenspiels von Biologie und Kultur nicht nur manifest, sondern virulent geworden ist. Viele der Vorträge anläßlich dieser Jahresversammlung haben dies direkt oder indirekt verdeutlicht. Was ich deshalb als integrativen Beitrag versuchen will, ist diese qualitative Veränderung im Wesen des Zusammenspiels von Biologie und Kultur anhand der Altersforschung vordergründig zu machen.

Für jedwede Betrachtung von ontogenetischer Entwicklung und deren phänotypischen Variationen steht als Ursache das wechselseitige und interaktive Zusammenspiel von Biologie und Kultur im Vordergrund. Dieses Zusammenspiel zwischen Biologie und Kultur hat selbst einen Evolutionsaspekt. Je weiter die Menschwerdung voranschreitet, um so eindringlicher und markanter wird, daß Biologie und Kultur zu gleichberechtigten Partnern dessen werden, was man als Koevolution bezeichnet.

Und dieses Zusammenspiel ist keineswegs immer synergistisch. Biologie und Kultur können sich interaktiv beflügeln, sich aber auch gegenseitig behindern.

Wenn ich die Denkfigur des Unvollendeten der Architektur der Humanontogenese nutze, so tue ich dies mit einer bedachten Dosis von Unschärfe und dialektischem Widerspruch. Einerseits ist meine Grundposition, daß die Unfertigkeit, die Unvollendetheit der Architektur der Humanontogenese einem evolutionär angelegten Skript folgt, das in seinen späten Lebensschritten inhärent dysfunktional ist. Der biologisch-evolutionäre Ursprung der Ontogenese war nämlich nicht vorausblickend auf die Gestaltung eines Lebensverlaufs eingerichtet, der das hohe Alter voll einschloß. Daraus folgt, daß das biologisch gewachsene, ontogenetische Fundament des Lebens es prinzipiell nicht zuläßt, das Dach des Lebens im hohen Alter im positiven Sinn zu vollenden. Der Tod und seine Vorläufer sind Bestandteil des biologischen Fundamentes.

Je weiter also die Ontogenese in den Lebensverlauf hineinreicht, um so schwieriger wird die weitere Gestaltung von positiven Resultaten, um so größer wird das existentielle Problem, das Wolf LEPENIES (1999) in seinem Festvortrag und in Anlehnung an französische Existentialisten (man hätte auch JASPERS nennen können) als die »Schwierigkeit des Seins« im Alter bezeichnete. Dennoch habe ich mit dem Konzept der Unvollendetheit eine Denkfigur gewählt, die zumindest auf der Analogieebene das Optimistische in der Menschwerdung zuläßt. Denn die implizierte Analogie zur Schubertschen *Unvollendeten* legt nahe, daß vieles an der genetischen Grundstruktur des Begonnenen gut angelegt ist und die Macht der Kultur auch das Alter beflügeln kann.

Die Unvollendetheit einer Architektur der Humanontogenese zu definieren, verlangt nach Kriterien der Bewertung (M. BALTES und CARSTENSEN 1996, P. BALTES 1997b). Mit dem Grad der Vollendetheit meine ich in diesem Fall die Frage nach der adaptiven Funktionsfähigkeit des Organismus, wie sie sich etwa in einer altersvergleichenden Bilanzierung von phänotypischen Gewinnen und Verlusten darstellt. Je mehr die Verluste dominieren, im körperlichen, im psychischen, im sozialen, im ökonomischen, um so größer ist der Zustand der Unvollendetheit. Nimmt man das Verhältnis zwischen Gewinnen und Verlusten als Bewertungskriterium, dann *wäre die phänotypische Architektur des menschlichen Lebensverlaufs um so vollendeter, je mehr für alle Altersgruppen Gewinne die Funktionsverluste überwiegen.*

Ich kann heute nur am Rande erwähnen, daß die Bestimmung der Kriterien von Gewinn und Verlust in dem, was man im Allgemeinen das Funktionspotential, die adaptive Fitness oder auch die menschliche Glückseligkeit nennt, ein komplexes und multikategoriales Problem darstellt, das wahrscheinlich keine absolute und generalisierbare Antwort zuläßt (P. BALTES and M. BALTES 1990, M. BALTES 1996a,b, M. BALTES und CARSTENSEN 1996, P. BALTES 1997b). Im menschlichen Bereich schließt es auf jeden Fall objektive wie subjektiv-geistige sowie individuelle und gesellschaftliche Maßstäbe ein.

Da es unter uns viele Wissenschaftler und Wissenschaftlerinnen gibt, die im nichtmenschlichen Bereich arbeiten, erwähne ich als Einstieg noch einen anderen Aspekt. Im menschlichen Bereich erhält die Dynamik zwischen Biologie und Kultur eine besondere Qualität. *Homo sapiens* ist in der Lage, das Kulturelle in einer verstärkten, wenn nicht sogar völlig neuartigen Weise, in den Koevolutionsprozeß (DURHAM 1991) einzubringen; nämlich intentional und proaktiv seine körperliche, materielle und soziale Lebenswelt durch gesellschaftliche Bedingungen zu konstruieren, adaptiv weiterzuentwickeln sowie das Erreichte in Form von kulturellem Lernen an die nächsten Generationen weiterzugeben. Menschliche Evolution beinhaltet also mehr als das aus der biologischen Evolutionstheorie wohlbekannte Prinzip von *a posteriori* definierbaren adaptiven Funktionsfortschritten aufgrund von genetischer Variation und Selektion.

Genau dies ist auch einer der Gründe, warum die Philosophie der Biologie inhärent eine andere ist als die der Naturwissenschaften. Ich erinnere in diesem Kontext nur an das wichtige Werk des Biologen Ernst MAYR (1998; siehe auch MARKL 1998) oder auch das außerordentlich anregende rezente Buch von Alfred GIERER (1997). Und wahrscheinlich ist die Philosophie der Sozialwissenschaften und der Psychologie wiederum auch eine qualitativ andere als die der Biologie, die letzlich doch vor allem im nicht-humanen Bereich ihre konzeptuellen und empirischen Stärken hat. Determinismus und Universalismus von Gesetzen, beispielsweise, sind in der Psychologie und den Sozialwissenschaften oft fehl am Platz. Psychologische und sozialwissenschaftliche Regelmäßigkeiten sind, von einigen Aspekten des sensorischen Systems und der Sensumotorik einmal abgesehen, inhärent unscharf, probabilistisch und konstruktivistisch. So gehört es beispielsweise zum Psychologischen, die Realität nicht nur isomorph abzubilden, also sie objektiv zu erkennen, sondern Realität auch selektiv im Interesse der Psyche zu transformieren. Auch das Überlisten und das Ausschalten biologischer Determination gehören zur Struktur und Funktion des Kulturellen.

Die Grundstruktur der Architektur des menschlichen Lebensverlaufs

Was meine ich, wenn ich von der Grundarchitektur des Lebensverlaufs spreche? Zwei theoretische Argumentationslinien sind entscheidend für ein Verständnis des Alters und seiner Gestaltbarkeit im Kontext der Humanontogenese. Die erste Linie bezieht sich auf das Zusammenspiel von genetisch-biologischen und kulturell-gesellschaftlichen Einflüssen, die zweite auf drei Grundprinzipien ihres Zusammenwirkens während der Ontogenese.

Genetik und Kultur als Einflußgrößen in der modernen Zeit

Evolutionär gesehen gilt das Prinzip, daß es im Sinne der Koevolution zwei Ströme der Vererbung bzw. der Informationsübertragung von Generation zu Generation gibt, den genetischen und den kulturell-gesellschaftlichen. Kulturanthropologen wie DURHAM (1991) sprechen daher von dem Prinzip der Koevolution.

Die Konstellation und Gewichtung von koevolutionären genetischen und kulturellen Prozessen sind nicht fixiert, sie unterliegen historischen Veränderungen. Wie steht es beispielsweise um das Zusammenspiel dieser Einflußquellen, wenn man ihre relativen Einflüsse auf die menschliche Evolution in der *modernen*, der gegenwärtigen Zeit betrachtet? Abbildung 1 legt nahe, daß die entscheidenden Schritte und adaptiven Ergebnisse der biologisch-genetischen Evolution vor allem in der langen Vergangenheit liegen. Im Lichte des Zeitfensters der modernen Zeit ist das Genom weitgehend stabil. Es wirkt natürlich in der Gegenwart genauso wie in der Vergangenheit, aber seine strukturelle und funktionelle Unvollendetheit ist in der Gegenwart durch natürliche Prozesse der genetischen Selektion nur wenig veränderbar; es sei denn, hierauf werde ich später eingehen, die Menschheit würde sich entscheiden, aufgrund ihres neuen Wissens in die Keimbahnstruktur des Genoms einzugreifen.

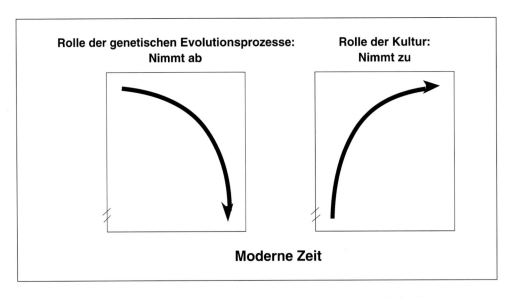

Abb. 1 Schematische Darstellung des Argumentes, daß moderne Entwicklungen in der Humanontogenese vor allem durch gesellschaftlich-kulturelle Faktoren erfolgen. In der heutigen Zeit ist bei der weiteren Gestaltung der Humanevolution der relative Einfluß von kulturellen Faktoren auf Veränderungen im psychischen Phänotyp größer als der von evolutionären Veränderungen im Genom (BALTES 1998).

Vor dem Hintergrund des Zeitfensters der modernen Zeit bedarf es also vor allem einer Weiterentwicklung der Kultur, wenn weitere ontogenetische Schritte im Lebensverlauf stattfinden sollen. Mit Kultur sind in diesem Zusammenhang alle psychischen, sozialen, materiellen, technologischen und symbolischen Ressourcen gemeint, die die Menschen über Jahrtausende hervorgebracht haben und als Artefakte und Wissen vererben. Die Errungenschaften der Wissenschaft wie die molekulare Biologie und unser Wissen über gesundes Verhalten sind also Bestandteil dessen, was ich in diesem Zusammenhang als Kultur bezeichne. Das Kulturelle trägt also die primäre Verantwortung für das, was man als die moderne Menschwerdung, die Vollendung des evolutionär Unvollendeten, aber auch das künftige Überleben der Gattung *Homo sapiens* bezeichnen kann. Wie MITTELSTRASS (1998) dies so treffend charakterisierte: Zum *Homo sapiens* ist *Homo faber* hinzugekommen.

Als Beispiel für diese Dynamik des relativen Einflusses von Biologie und Kultur auf die moderne Menschheitsentwicklung erinnere ich nur an den Zugewinn in der durchschnittlichen Lebenserwartung im 20. Jahrhundert, und zwar von etwa 45 Jahren um 1900 auf etwa 75 Jahre anno 1995 (vgl. P. BALTES und MITTELSTRASS 1992, VAUPEL und LUNDSTRÖM 1994). Dieser Zuwachs beruht nicht auf Veränderungen im Genom des *Homo sapiens*. Vielmehr waren es vor allem gesellschaftlich-kulturtechnologische Fortschritte, die zu einer wesentlich längeren Lebensexpression geführt haben.

Die Grundarchitektur des menschlichen Lebensverlaufs: Drei interagierende Prinzipien

Wie steht es um die Ontogenese und das Zusammenwirken von Biologie und Kultur im Lebensverlauf? Drei Grundprinzipien und deren Interaktion sind konstitutiv.

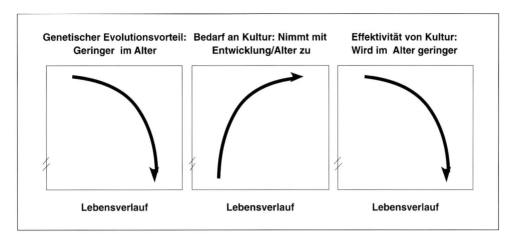

Abb. 2 Schematische Darstellung von drei Wirksystemen, die als Rahmenbedingungen die Form des Lebensverlaufs entscheidend mitbestimmen. Lebensverläufe und Alternsformen sind immer Ausdruck des dynamischen und interaktiven Zusammenspiels zwischen diesen Wirksystemen. Eine Konsequenz ist, daß die Plastizität (Bandbreite des prinzipiell Möglichen) mit zunehmendem Alter abnimmt. Der Beginn dieses Plastizitätsverlustes liegt wahrscheinlich für viele Funktionsbereiche im frühen Erwachsenenalter.

Prinzip 1: Die Vorteile der evolutionären Selektion werden im Lebensverlauf geringer.
Das erste Grundprinzip besagt, daß die durch die biologische Evolution entstandenen genetischen Veränderungen eine negative Lebensalterskorrelation aufweisen. Daraus folgt, daß das menschliche Genom mit zunehmendem Alter mehr dysfunktionale genetische Expressionen enthält als in jüngeren Lebensjahren. Und die Prozesse des Alterns sind daher – im Vergleich zu jüngeren Lebensstufen – wahrscheinlich auch weniger geordnet, was ihre genetische Kontrolle oder Programmierung betrifft.

Die wesentliche Ursache für diese »biologisch-genetische Vernachlässigung des Alters« liegt im lebenszeitlichen Ablauf der biologisch-evolutionären Selektion. Das Reproduktionssystem, eine wesentliche Komponente der natürlichen Selektion, sorgte für die selektive Weitergabe der Gene im Zusammenhang mit Fruchtbarkeit und Elternschaft – Ereignisse, die typischerweise im frühen Erwachsenenalter stattfinden. Folglich wirkte, evolutionsgeschichtlich betrachtet, die genetische Selektion *vor allem* in der ersten Lebenshälfte. Dazu kommt, daß, aufgrund der kürzeren Lebenserwartung zu Beginn der menschlichen Evolution, die meisten Menschen starben, ehe zufallsbedingte Variationen entstehen und deren genetische Konsequenzen einem Selektionsprozeß unterworfen werden konnten. Ich zitiere den Genetiker George MARTIN (MARTIN et al. 1996; siehe auch FINCH 1996, FINCH und TANZI 1997): »Perhaps thousands of gene variations have escaped the force of natural selection.«

Das biologische Altern wird natürlich von weiteren Faktoren beeinflußt, die einzeln oder zusammen die Plastizität und das biologische Potential des Organismus im Lebensverlauf schwächen und die Vernachlässigung des Alters im Evolutionsprozeß noch verstärken (z. B. FINCH 1996, DANNER und SCHRÖDER 1992, MARTIN 1997, SCHMIDT et al. 1996). Die Ursachen für viele dieser altersbedingten biologischen Verluste liegen im Prozeß der Ontogenese selbst, wie zum Beispiel natürlicher Verschleiß im Sinne von »wear and tear«, Entropiekosten und die kumulative Zunahme an genetischen Replikationsfehlern.

Die evolutionär gewachsene Biologie ist also keine Freundin des Alters. Der Universalismus des Todes ist der vielleicht beste Indikator dieser Tatsache. Aber auch altersvergleichende Studien (mit neuen, beispielsweise bildgebenden Verfahren) der Hirnforschung unterstützen die Tatsache eines normativen Altersverlustes in der Plastizität und Effizienz der Gehirnfunktionen (GABRIELI et al. 1998).

Prinzip 2: *Mit dem Lebensalter steigt der Bedarf an Kultur.* Das zweite Grundprinzip der Gesamtarchitektur besagt, daß es eine kulturell-gesellschaftliche Weiterentwicklung geben muß, wenn weitere ontogenetische Schritte im Lebensverlauf stattfinden sollen.

Die menschliche Ontogenese konnte nämlich vor allem dadurch ein immer höheres Niveau an Funktionstüchtigkeit erreichen (z. B. eine längere Lebensdauer und die Fähigkeit, zu lesen und zu schreiben), weil gleichzeitig eine Weiterentwicklung und Ausbreitung der Kultur und der damit zusammenhängenden gesellschaftlichen Opportunitätsstrukturen stattfanden. Und wenn sich die menschliche Ontogenese immer weiter auf spätere Lebensalter ausdehnen soll, werden weitere gesellschaftlich-kulturelle Kräfte und Ressourcen dafür benötigt werden.

Es gibt noch einen zweiten Grund, weshalb das hohe Lebensalter mehr auf kulturelle Angebote und Unterstützung angewiesen ist. Wie dem linken Teil von Abbildung 2 zu entnehmen ist, nimmt aus evolutionären Gründen das biologische Potential mit dem Lebensalter ab. Um das zu kompensieren, brauchen ältere Menschen zunehmend ein Mehr an gesellschaftlich-kultureller (materieller, medizinischer, sozialer, wirtschaftlicher, psychologischer) Unterstützung, damit sie ihre Funktionstüchtigkeit aufrechterhalten können. Kultur als Kompensation für das »Mängelwesen Mensch« ist ein Hauptargument vieler Evolutionstheorien in der kulturellen Anthropologie, man denke nur an GEHLEN (1956). Dieses kompensatorische Argument trifft auch auf die Ontogenese zu.

Prinzip 3: *Im Lebensverlauf und vor allem im Alter nimmt die Effektivität (Wirkkraft) der Kultur ab.* Der rechte Teil von Abbildung 2 verdeutlicht das dritte Grundprinzip in dieser Gesamtarchitektur des Lebensverlaufs: das der altersbezogenen reduzierten Wirkkraft oder *Effektivität* kultureller Faktoren und Ressourcen. Im Durchschnitt wird jenseits des früheren Erwachsenenalters die relative Effektivität von psychologischen, sozialen, materiellen und kulturellen Interventionen zunehmend reduziert. In einer gewissen Weise exemplifiziert dieses Prinzip das Dilemma der modernen Zeit, wenn es um weitere Optimierungsversuche des Alterungsprozesses geht. Gutes Altern hat einen Mehrbedarf an Kultur, aber deren Wirkkraft zeigt einen Altersverlust.

Einerseits hängt dieser Altersverlust mit der Abnahme der biologischen Plastizität zusammen. Dies ist aber nur ein Faktor. Ein weiterer folgt aus lerntheoretischen Überlegungen. Denn Lebensverläufe sind auch Lernkurven vergleichbar. Wie man aus Lernkurven und der lerntheoretisch angelegten Expertiseforschung weiß: Je weiter ein Verhalten an das Maximum herangeführt wird, um so geringer sind die weiteren Zugewinne pro Lerneinheit. Ebenso gibt es das Phänomen des negativen Transfers.

Die im Lebensverlauf reduzierte Wirkkraft kultureller Faktoren kann am Beispiel des kognitiven Lern- oder Gedächtnispotentials verdeutlicht werden (P. BALTES et al. 1999, KLIEGL und P. BALTES 1991, LINDENBERGER, in Druck). Mit zunehmendem Lebensalter braucht man immer mehr Zeit, Übung und kognitive Unterstützung, um denselben Lernerfolg zu erreichen. Dasselbe gilt für die Plastizität auf neurobiologischer Ebene. Sie bleibt über die gesamte Lebenszeit erhalten, ist aber mit zunehmendem Lebensalter mehr und mehr eingeschränkt.

Dieses dritte Grundprinzip stellt vor allem für Sozial- und Geisteswissenschaftler eine besondere Herausforderung dar, denn es gibt zumindest zwei Gründe, warum jene dieses Grundprinzip hinterfragen. *Erstens* die Überlegung, daß auf Kultur und Wissen basierte symbolische Systeme als solche inhärent andersartig oder sogar effektiver als biologisch-körperliche seien; daß beispielsweise die Entropiekosten symbolischer Systeme ein anderes Lebensverlaufsmuster als biologische haben könnten und deshalb symbolische Systeme während der Ontogenese länger mit hoher Wirkungskraft operieren. Es könnte also prinzipiell zutreffen, daß die Selbstorganisationskraft und Effizienz kulturell-symbolischer Systeme während der Ontogenese länger, wenn nicht sogar in einigen Bereichen stetig zunehmen (P. BALTES und GRAF 1996). *Zweitens* gibt es unter Gesellschaftswissenschaftlern und Psychologen den Argumentationsduktus, daß die Betonung von »Effektivität« eine Konzeption von Leistung enthält, die auf das Geistige – wie etwa den Sinn des Lebens oder andere persönliche Bedeutungs- und Sinnsysteme – nur bedingt anwendbar ist. Dies sind ernstzunehmende Argumente. Es ist allerdings unwahrscheinlich, daß deren Berücksichtigung die lebensverlaufsbezogene *Richtung* des dritten Grundprinzips grundsätzlich in Frage stellt.

Die Dynamik im Verhältnis zwischen Gewinnen und Verlusten spiegelt sich auch in den subjektiven Einstellungen und Erwartungen wider, die man in bezug auf den Lebensverlauf hat. Wenn Personen beispielsweise gebeten werden, die altersbezogene Entwicklung bestimmter Eigenschaften (wie intelligent, stark, ängstlich, krank usw.) anzugeben, so entwerfen die meisten Menschen ein Lebensverlaufsskript mit einer zunehmend negativen Bilanzierung von Gewinnen und Verlusten (HECKHAUSEN et al. 1989).

Das *Lifespan*-Skript der Allokation von Ressourcen

Es gibt einen weiteren Lebensverlaufsgrundsatz, der aus der dargelegten Gesamtarchitektur der menschlichen Ontogenese folgt. Um dies zu verdeutlichen, betrachte ich drei allgemeine Entwicklungsziele (P. BALTES 1997a,b, STAUDINGER et al. 1995):

– Wachstum,
– Aufrechterhaltung einschließlich Wiederherstellung (Resilienz) und
– Regulation von Verlusten.

Wachstum bedeutet in diesem Zusammenhang jede Verhaltensweise, die dazu dient, ein höheres Niveau an Funktionsstatus oder adaptivem Potential zu erreichen. Aufrechterhaltung und Wiederherstellung (Resilienz) bezeichnen die adaptive Zielsetzung, angesichts neuer Herausforderungen oder Verlusten das bereits erreichte Funktionsniveau beizubehalten. Verlustregulation bedeutet adaptives Verhalten mit dem Ziel, den Funktionsstand auf einem niedrigeren Niveau sicherzustellen, wenn Aufrechterhaltung nicht mehr möglich ist.

Abbildung 3 zeigt der Gesamtarchitektur entsprechend das postulierte Lebensverlaufsmuster für die *relative* Verteilung der Ressourcen auf diese drei adaptiven Funktionen. In der Kindheit wird der größte Teil der Ressourcen in Wachstumsprozesse, in die Suche nach besserem Funktionsstatus investiert; im Erwachsenenalter stehen Aufrechterhaltung und Wiederherstellung (Resilienz) im Vordergrund. Im Alter muß

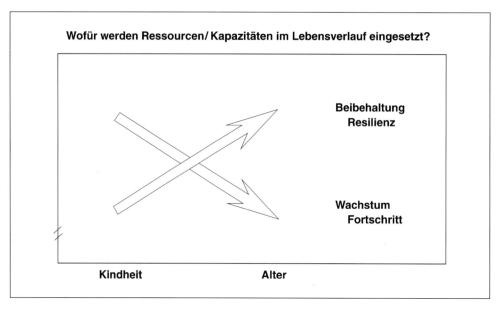

Abb. 3 Das Lifespan-Muster der relativen Allokation von Ressourcen in drei adaptiven Entwicklungszielen: Wachstum, Beibehaltung und die Regulation von Verlusten (vgl. STAUDINGER et al., 1995) Erfolgreiche Bewältigung auf systemischer Ebene wird durch die Orchestrierung dreier Prozesse (Selektion, Optimierung, Kompensation) ermöglicht (M. BALTES und CARSTENSEN 1996, P. BALTES et al. 1999).

ein immer größerer Anteil der zur Verfügung stehenden Ressourcen für die Regulation und Kompensation von Verlustprozessen eingesetzt werden.

In diesem Zusammenhang ist zu beachten, daß die Umverteilung von Ressourcen von einer stärkeren Allokation in Wachstum in Richtung auf Resilienz sowie Verlustregulierung dadurch erleichtert wird, daß Menschen dazu neigen, eher Verluste zu vermeiden als Gewinne zu erzielen (KAHNEMAN und TVERSKY 1984, HOBFOLL 1999).

Natürlich ist dies eine etwas vereinfachte Darstellung, die individuelle, bereichsspezifische, kontextgebundene und historische Unterschiede unberücksichtigt läßt. Das *Lifespan*-Skript der Ressourcenallokation bezieht sich lediglich auf die relative Wahrscheinlichkeit und Häufigkeit der Ausprägung. Die Dynamik dieses *Lifespan*-Skripts macht beispielsweise deutlich, warum während des letzten Jahrzehnts Themen wie Kompensation in den Vordergrund der *Lifespan*-Forschung rückten, daß Kompensation mehr und mehr zu einem grundlegenden Baustein ontogenetischer Prozesse erklärt wurde, und zwar nicht nur bei pathologisch bedingten Verlusten, sondern auch bei der Gestaltung adaptiven Verhaltens des sogenannten normalen Alterns (P. BALTES 1987, 1991, BRANDTSTÄDTER und GREVE 1994, DIXON und BÄCKMAN 1995, UTTAL und PERLMUTTER 1989).

Ein konkretes Beispiel für die Dynamik zwischen Wachstum, Aufrechterhaltung und Verlustregulierung im Lebensverlauf sind entwicklungspsychologische Studien über das Wechselspiel von Autonomie und Abhängigkeit bei Kindern und älteren Menschen (M. BALTES 1996 a,b). Während in der ersten Lebenshälfte das Hauptziel der Ontogenese darin besteht, ein größtmögliches Maß an Autonomie zu erreichen, wird es im Lebensverlauf und gerade auch im fortgeschrittenen Alter immer wichtiger, kreativ und flexibel mit Unselbständigkeit und Abhängigkeit umzugehen. Wie

Margret BALTES und ihre Mitarbeiter in sorgfältigen Beobachtungsstudien herausfanden, setzen ältere Menschen unselbständiges oder abhängiges Verhalten auch kompensatorisch ein, um in einigen wenigen Funktionsbereichen ihre Autonomie aufrechtzuerhalten. Durch die kompensatorische Unterstützung, die sie aufgrund ihrer Hilfsbedürftigkeit bekommen, können sie die hierdurch freiwerdenden Ressourcen in anderen, »ausgewählten« (selektierten) Bereichen einsetzen, in denen die Erhaltung ihrer Leistungsfähigkeit und persönliches Wachstum noch möglich sind.

Selektive Optimierung mit Kompensation: Der Versuch einer allgemeinen und systemischen Entwicklungstheorie

Diese allgemeine Sicht der Grundstruktur der menschlichen Ontogenese hat viele Implikationen. Eine ist, daß lebenslange Entwicklung nicht nur ein eindimensionaler Wachstums- oder Abbauprozeß ist. Im Gegenteil, eine dem Lebensprozeß angemessene Konzeption von Entwicklung erfordert eine multidirektionale und multifunktionale Sichtweise, die die sich im Lebensverlauf verändernden Gewinn-Verlust-Bilanzen und adaptiven Leistungen besser zum Ausdruck bringt.

Ganz in diesem Sinn hat mein Forschungsfeld, die *Lifespan*-Psychologie, sich darum bemüht, ein neuartiges Konzept von Entwicklung vorzulegen. Ein Beispiel ist der Versuch, die *Lifespan*-Ontogenese als das orchestrierende Zusammenspiel dreier Prozesse zu verstehen:

– Selektion,
– Optimierung und
– Kompensation,

ein Versuch, den Margret BALTES und ich vor mehr als zehn Jahren begannen und der seither einen Teil meiner Forschungsarbeiten bestimmt. Jeglicher ontogenetischer Prozeß, so argumentieren wir, ist Ausdruck dieser drei Komponenten, ihres konzertierten und dynamischen Zusammenspiels (M. BALTES 1987, M. BALTES und CARSTENSEN 1996, P. BALTES 1997b, P. BALTES und M. BALTES 1990, FREUND und P. BALTES 1998, MARSISKE et al. 1995).

Ein Beispiel aus einem Interview mit dem 80jährigen Pianisten RUBINSTEIN kann die Anwendung der drei postulierten Prozesse auf phänotypischer Ebene veranschaulichen. Als er gefragt wurde, wie er im hohen Alter immer noch so hervorragend konzertieren kann, erwähnte RUBINSTEIN drei Gründe: *Erstens* spiele er weniger Stücke als früher (Selektion), *zweitens* übe er diese aber häufiger als früher (Optimierung) und *drittens*, um sein langsamer gewordenes Spiel abzufangen, verstärke er die Kontraste zwischen schnellen und langsamen Passagen (Kompensation). Genau in diesem Sinne ist erfolgreiches Altern oft das Resultat einer kreativen und gesellschaftlich gestützten Kombination von Selektion, Optimierung und Kompensation.

Selektion, Optimierung und Kompensation sind keine homogenen Begriffe. Ihre spezifische Definition hängt von dem jeweiligen theoretischen Rahmen und dem inhaltlichen Funktionsbereich ab, in dem sie zum Einsatz kommen. Wie die Biologen wissen, spielt beispielsweise der ontogenetische Selektionsbegriff in den Arbeiten des Neurobiologen EDELMAN (EDELMAN und TONONI 1996) oder auch bei dem Evolutionstheoretiker WADDINGTON (MAGNUSSON 1996) eine herausragende Rolle. Für psychologische Zugangswege handlungstheoretischer Prägung (FREUND und P. BALTES 1998) gilt beispielsweise folgendes:

- *Selektion* beschreibt die *Richtung*, das Ziel oder das Ergebnis von Entwicklung.
- *Optimierung* charakterisiert die *Ressourcen*, die Mittel und Mechanismen, die das Erreichen von Entwicklungszielen oder Entwicklungsresultaten Ermöglichen.
- *Kompensation* bezeichnet eine adaptive *Reaktion auf den Verlust von Mitteln* (Ressourcen), die dazu dient, durch die Aktivierung alternativer Handlungsmittel oder die Einführung von Ersatzmitteln den Funktionsstand so gut es geht aufrechtzuerhalten.

Die Theorie ist so angelegt, daß sie einen hohen Generalisierungsgrad aufweist, daß sie praktisch auf alle Inhalte von Entwicklung anwendbar ist. Deshalb charakterisieren wir SOK als eine *Metatheorie*. Dies impliziert auch, daß die SOK-Theorie gleichzeitig *relativistisch* und *universalistisch* gedacht werden kann. Ihre grundsätzliche Relativität beruht auf den personen- und kontextabhängigen Unterschieden in motivationalen, sozialen, intellektuellen und materiellen Ressourcen, die Individualität im Entwicklungsprozeß kennzeichnen, einschließlich Variationen in den Kriterien, die zur Bewertung von Entwicklungsresultaten herangezogen werden (M. BALTES und CARSTENSEN 1996, P. BALTES und M. BALTES 1990). Universalität in der SOK-Theorie beruht auf zwei Überlegungen. *Erstens* dem Argument, daß jedweder Entwicklungsprozeß irgendeine, wenn auch verschiedene Kombination von Selektion, Optimierung und Kompensation beinhaltet. *Zweitens*, daß es ein Lebensverlaufsskript in der Kombination von Selektion, Optimierung und Kompensation gibt. Mit zunehmendem Lebensalter gewinnen aufgrund der oben geschilderten *Lifespan*-Gesamtarchitektur Selektion und Kompensation an Gewicht.

Ich erwähnte schon, daß das Zusammenspiel zwischen diesen drei Bausteinen der Entwicklung ein lebenslanger und dynamischer Prozeß ist. Was sich im Lebensverlauf verändert, sind einerseits die Inhalte und andererseits die Gewichtungen. Was bedeutet dies beispielsweise für das Alter? Gerade das hohe Alter ist dann zu bewältigen, wenn es uns auf gesellschaftlicher und individueller Ebene gelingt, Selektion, Optimierung und Kompensation in neuartiger Weise zusammenzuführen, also unser Verhalten auf weniger, aber wichtige Ziele einzustellen, diese optimal zu verfolgen und dabei immer mehr kompensatorische Maßnahmen einzusetzen.

Implikationen der Gesamtarchitektur des Lebensverlaufs: Das Beispiel des Doppelgesichts der Intelligenzentwicklung

Der konzeptuellen Anlage meines Vortrags entsprechend komme ich zum nächsten Schritt, nämlich darzulegen, wie diese sehr allgemein gehaltenen Betrachtungen über die Gesamtarchitektur der Ontogenese auf einzelne Funktionsbereiche anwendbar sind und sich in konkreten empirischen Forschungsergebnissen wiederfinden. Das von mir gewählte Beispiel ist die ontogenetische Entwicklung der Intelligenz (P. BALTES et al. 1999).

Eine erste Implikation ist, daß es im Gesamtsystem der Intelligenz möglich sein sollte, Dimensionen und Kategorien zu identifizieren, die mehr oder weniger biologisch bzw. mehr oder weniger kulturell konstituiert sind. Weiterhin sollte die stärker biologiegeprägte Form der Intelligenz einen früheren Altersverlust aufweisen als die stärker kulturgeprägte. Schließlich sollte im hohen Alter das aus biologischen Gründen Unvollendete der Intelligenz zunehmend in den Vordergrund drängen. Ebenso sollte deutlich werden, daß es dem Kulturellen immer weniger gelingt, die im hohen Alter wachsenden biologischen Begrenzungen zu überlisten bzw. zu modulieren.

Die wissenschaftlichen Ergebnisse über die *Lifespan*-Ontogenese der Intelligenz entsprechen diesen Vorhersagen. Man unterscheidet beispielsweise zwischen zwei Hauptkomponenten der Intelligenz: der eher biologisch regulierten fluiden Intelligenz und der eher erfahrungsregulierten kristallisierten Intelligenz (CATTELL 1971, HORN und HOFER 1992). Ferner, entsprechend der Gesamtarchitektur der menschlichen Lebensspanne, erbrachte die empirische Forschung Evidenz für unterschiedliche Verlaufskurven für die vorwiegend biologisch oder kulturell geprägten Intelligenzprozesse.

In unseren eigenen Arbeiten haben wir diese Zweifaktoren-Theorie der Intelligenz mit Überlegungen aus der prozeßorientierten Kognitionspsychologie zusammengeführt und den Komponenten eine etwas andere Bedeutung gegeben, die sich auch in anderen Begriffen widerspiegelt (P. BALTES et al. 1999). Wir sprechen von der *Mechanik* und der *Pragmatik* der Intelligenz. Jede Intelligenzleistung ist das Resultat des Zusammenwirkens beider Komponenten.

Analog zur Computersprache kann man die *Mechanik der Intelligenz* mit der evolutionär basierten »Hardware« des Gehirns gleichsetzen, also mit dem neurophysiologischen informationsverarbeitenden Grundsystem des Gehirns bzw. den kognitiven Primitivmechanismen, die die biokulturelle Koevolution hervorgebracht hat. Elementare Prozesse der Informationsverarbeitung, des visuellen und motorischen Gedächtnisses sowie fundamentale Prozesse der Wahrnehmung, wie perzeptuelle Unterscheidung, gehören dazu.

In der Computersprache bleibend kann man die *Pragmatik der Intelligenz* als die kultur- und wissensabhängige »Software« des Gehirns bezeichnen. Sie bezieht sich also auf kulturell erworbene Wissenskörper, die inhaltliche und prozedurale Aspekte beinhalten. Beispiele für die Pragmatik der Intelligenz sind Lesen und Schreiben, Sprache, berufliches Wissen, aber auch Formen von Selbsterkenntnis und Reflexivität, die nötig sind, das Leben zu planen, zu gestalten und zu interpretieren.

Abbildung 4 faßt den Kern unserer empirischen Ergebnisse in bezug auf das Zwei-Komponenten-Modell der Intelligenz zusammen. Im linken Teil der Abbildung sind

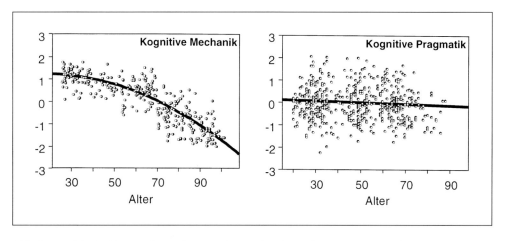

Abb. 4 Empirische Altersgradienten im Erwachsenenalter für zwei exemplarische Aufgabentypen, der Mechanik und Pragmatik der Intelligenz (Arbeitsgedächtnis für Mechanik und Weisheit für Pragmatik). Die Punkte repräsentieren die Funktionsleistungen von Personen (vgl. P. BALTES and LINDENBERGER 1997, STAUDINGER and P. BALTES 1996).

Daten zur psychometrischen Intelligenz zusammengefaßt, die hauptsächlich Facetten der kognitiven Mechanik widerspiegeln, also etwa die Schnelligkeit und Genauigkeit von einfachen Prozessen der Informationsverarbeitung. Diese Ergebnisse zeigen den typischen Altersverlust, den man von vor allem biologisch-geprägten Eigenschaften kennt. Er setzt bereits im frühen Erwachsenenalter ein. Der Verlust wird noch deutlicher, wenn man Höchstleistungen betrachtet.

Der rechte Teil zeigt Ergebnisse für Prototypen der Pragmatik der Intelligenz, also den Funktionsstatus in solchen Bereichen wie berufliches Wissen und Sprachverständnis. In unserer Forschung haben wir uns vor allem auf Weisheit als einem Prototyp der Pragmatik der Intelligenz konzentriert (P. BALTES and STAUDINGER 1993, STAUDINGER and P. BALTES 1996). Wir definieren Weisheit als eine Art Expertenwissen in Fragen der Lebensführung und der Lebensdeutung und haben hierzu eine Reihe von Meßmethoden entwickelt.

In altersvergleichenden Untersuchungen von weisheitsbezogenem Wissen zeigt sich ein ganz anderes Muster als bei der Mechanik. Die Lebenskurve der Pragmatik der Intelligenz ist länger stabil, sie ist altersfreundlicher. In unseren Weisheitsstudien schneiden ältere Erwachsene sehr gut ab, sie sind überproportional im Spitzenbereich zu finden. Untersuchungen zur Weisheit sind prototypisch für den Erfolg des Kulturellen in der Vollendung der Humanontogenese. Hierzu gäbe es viel mehr zu berichten, wenn die Zeit dies zuließe, einschließlich der Ergebnisse von kognitiven Trainingsstudien, die das geistige Potential älterer Menschen offen legen.

Mir geht es aber heute vor allem darum, die »fröhliche Wissenschaft der Geriatrie und Gerontologie« (BOBBIO 1996) dadurch zu ergänzen, daß ich auf die radikale Unvollendetheit des hohen Alters hinweise; und dies kann genau an diesem Topos verdeutlicht werden. Es scheint nämlich, als ob im hohen Alter auch das Leistungsniveau bei Weisheitsaufgaben einen generellen Verlust erleidet. Im höheren Alter unterliegen also auch pragmatische Intelligenzleistungen immer mehr den vor allem biologisch determinierten Begrenzungen in der Mechanik der Intelligenz.

Daß biologische Faktoren eine immer stärker werdende Begrenzung im hohen Alter darstellen, wird auch dann besonders deutlich, wenn psychologische Lernexperimente auf Maximalleistungen der kognitiven Mechanik ausgerichtet sind (P. BALTES and KLIEGL 1992, KLIEGL et al. 1989, LINDENBERGER, im Druck, SINGER and LINDENBERGER, im Druck). Die Ergebnisse solcher sogenannter *Testing-the-Limits* oder Plastizitäts-Experimente sind eindeutig. Ältere Menschen besitzen zwar weiterhin ein bedeutendes Maß an kognitiver Plastizität, aber dieses wird zunehmend geringer. Ein Indikator ist das Lernpotential. Ältere Menschen profitieren deutlich weniger von auch langfristig angelegten Lerninterventionen als jüngere, und fast niemand der älteren erreicht ein Leistungsniveau, das über dem Durchschnitt von jüngeren Erwachsenen liegt.

Die Mechanik und die Pragmatik operieren nicht unabhängig voneinander, im Gegenteil. Es gibt zahlreiche Beweise dafür, daß die Mechanik und die Pragmatik der Intelligenz sich gegenseitig beeinflussen. Mit Hilfe der Pragmatik beispielsweise können Verluste in der Mechanik wettgemacht werden. Ältere Büroangestellte, beispielsweise, die immer noch ausgezeichnet Schreibmaschine schreiben können, erreichen dies u. a., indem sie versuchen, ihre verlängerte Reaktionszeit dadurch zu kompensieren, daß sie beim Schreibmaschineschreiben den Text antizipatorisch weiter vorauslesen (SALTHOUSE 1991). Ebenso hat KRAMPE (1994) nachgewiesen, daß sich das Klavierspielen älterer erfolgreicher Pianisten dadurch auszuzeichnen scheint, daß sie ihre verlangsamte motorische Geschicklichkeit durch wissensbasierte antizipatorische Bewegungsabläufe ausgleichen. Dies sind auch Beispiele für das, was ich oben als selektive Optimierung mit Kompensation bezeichnete.

Der Altersverlust in der Plastizität der Mechanik der Intelligenz nimmt im hohen Alter kontinuierlich zu. Die beste empirische Demonstration ist eine Dissertation, die jüngst am Berliner Max-Planck-Institut für Bildungsforschung von Tania SINGER (1999) durchgeführt wurde. Dies ist die erste Studie, die das Ausmaß an kognitiver Plastizität bei Achtzig-, Neunzig- und Hundertjährigen anhand eines auf *Testing-the-Limits* angelegten Lernexperiments im Gedächtnisbereich untersuchte. Im Vergleich zu jungen Erwachsenen war der Leistungsverlust in der Plastizität des Gedächtnisses beträchtlich. Bei mechanischen Gedächtnisaufgaben lag die Größenordnung bei einem Verlustfaktor von drei bis fünf, je nachdem, ob man sich auf die Gesamtleistung des Erinnerten, die Schnelligkeit oder die Fehleranfälligkeit des Gedächtnisses bezieht.

Die Gesamtarchitektur der Humanontogenese sagt auch vorher, daß im hohen Alter das Biologische im Vergleich zum Kulturellen bei der Intelligenzentwicklung in den Vordergrund tritt. Beispielsweise sollte sich aufgrund der gemeinsamen Beeinflussung *aller* Intelligenzkategorien durch das alternde Gehirn (die sogenannte »Common-Cause-Hypothese«, LINDENBERGER und P. BALTES 1994) das Intelligenzsystem zunehmend homogenisieren, d. h. immer gleichförmiger werden und eine geringere Dimensionalität aufweisen. Ferner sollte sich zeigen, daß im Vergleich von kulturellen und biologischen ontogenetischen Determinanten der Intelligenz die biologischen im Alter stärker werden, auch was die eher kulturgeprägte Pragmatik angeht. Diesen Vorhersagen sind Ulman LINDENBERGER und ich im Zusammenhang mit der *Berliner Altersstudie* nachgegangen, an der 516 Personen im Alter zwischen 70 und 103 Jahren teilgenommen haben (LINDENBERGER und P. BALTES 1997).

Die Ergebnisse sind wiederum eindeutig und bestätigen eindrucksvoll diese aus der biologischen und kulturellen Gesamtarchitektur abgeleiteten Vorhersagen. Im höheren Alter sind alle Dimensionen der Intelligenz oder des kognitiven Systems betroffen. Es gibt zwar große interindividuelle Unterschiede in der Leistungshöhe, im Zeitpunkt und im Verlauf, aber das Muster ist immer dasjenige eines negativen Altersgradienten. Diese Befunde entsprechen übrigens auch den Ergebnissen der wohl bekanntesten Langzeitstudien auf diesem Gebiet, in denen SCHAIE (1996) seit mehr als 40 Jahren das Altern der Intelligenz in mehreren Geburtskohorten longitudinal erfaßt hat.

Die Altersverluste werden im hohen Alter auch immer weniger von umweltbezogenen kulturellen Einflüssen des Lebensverlaufs beeinflußt. Im hohen Alter verliert die kulturelle Lebenswelt zunehmend an Regulationskraft. So weisen hochbetagte ältere Menschen, die sich im früheren Leben in Indikatoren wie Bildung und Einkommen deutlich unterscheiden, im Querschnittsvergleich praktisch identische Altersgradienten auf. Abgesehen von der Höhe des Einstiegs macht es also für die Verlaufsrichtung des Alterns der Intelligenz im fortgeschrittenen Alter keinen großen Unterschied, ob es sich um Menschen mit höherem oder niedrigerem Bildungsstatus handelt. Nach unseren Vorstellungen liegt die Hauptursache für diesen Befund in der stärker werdenden Regulationskraft des Biologisch-Genetischen.

Die empirischen Befunde aus der *Berliner Altersstudie* bestätigen auch dies. Wie in Abbildung 5 dargelegt, nimmt im Alter die allgemeine Prädiktionskraft von biologischen Indikatoren für den Intelligenzstatus zu. Der biologische Einfluß auf individuelle Differenzen der Intelligenz ist im hohen Alter etwa doppelt so groß wie im Erwachsenenalter. Dieses Größerwerden des biologischen Einflusses trifft letztendlich

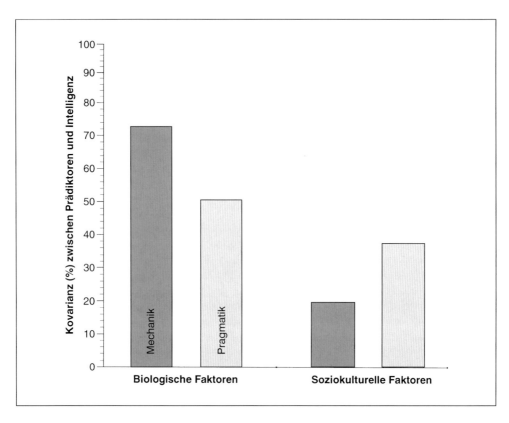

Abb. 5 Die Prädiktionskraft biologischer im Vergleich zu kulturell-gesellschaftlichen Faktoren auf die Intelligenz nimmt im Alter zu. Dies trifft auch auf die Kategorie der Intelligenz (Pragmatik) zu, die ontogenetisch gesehen vor allem kulturgeprägt ist (nach LINDENBERGER and P. BALTES 1997). Anmerkung: N = 516, Altersbereich = 70–103 Jahre. Wahrnehmungsgeschwindigkeit (Mechanik) und verbales Wissen (Pragmatik) wurden mit jeweils drei Indikatoren erfaßt. Biologische Faktoren sind Sehschärfe, Hörschwelle und Gleichgewicht/Haltung. Soziokulturelle Faktoren sind Bildungsjahre, Berufsprestige, soziale Schicht und Haushaltseinkommen. Dargestellt werden meßfehlerbereinigte Werte (konfirmatorische Faktorenanalyse).

auch auf die pragmatischen, die Wissenskomponenten der Intelligenz zu. Auch dieses in der früheren Ontogenese doch vor allem von der Kultur geprägte Intelligenzsystem wird im hohen Alter immer stärker von biologischen Funktionsindikatoren gesteuert.

Zusammenfassend: Dieses Muster von Befunden über die Intelligenz im Alter ist konsistent mit der Gesamtarchitektur des Lebensverlaufs sowie der Zwei-Prozeß-Theorie der Intelligenz und ihrer Lebensentwicklung. Der Altersverlust in der »hardware«-ähnlichen Mechanik der Intelligenz entspricht im großen und ganzen dem Abbau in der biologischen und körperlichen Leistungsfähigkeit. Was die »software«-ähnliche Pragmatik dagegen betrifft, so zeigt diese deren gesellschaftlich verankerte Lebensverlaufsstruktur. Wissensbasierte Intelligenz, was wir die Pragmatik der Intelligenz nennen, erlaubt dem Geist eine gewisse Entkoppelung vom Körperlichen. Im hohen Alter wird es allerdings immer schwieriger, die Verluste in der Mechanik durch kulturell erworbene, wissensbasierte Fähigkeiten und kulturell-gesellschaftliche Ressourcen auszugleichen. Das Resultat: Auch die wissensbasierte Pragmatik der Intelligenz zeigt im hohen Alter Verluste. Dies schließt auch Bereiche ein wie z. B. Weisheit, für die das Alter aufgrund der akkumulierten Lebenserfahrung von Vorteil ist.

Das vierte Lebensalter: Die radikalste Form der Unvollendetheit

Was sind einige der Implikationen der vorgestellten Gesamtarchitektur des Lebensverlaufs für das hohe Alter, also die Lebenszeit nach dem Alter 75–80, und damit auch für die Zukunft einer immer älter werdenden Bevölkerung? In Erweiterung des von Peter LASLETT vorgelegten Bezugsrahmens nenne ich diesen Lebensabschnitt das vierte Lebensalter.

Über das dritte, das junge Alter

Ich beginne mit einem kurzen Kommentar über das sogenannte junge Alter, den Altersbereich von etwa 60 bis 75 Jahren. Im Laufe der letzten Jahrzehnte haben sich die Lebensbedingungen und der Funktionsstatus für dieses, das »junge« Alter ständig verbessert. Hier ist der frische Wind des Siegeszuges der Kultur und der fröhlichen Gerontologie deutlich spürbar. Für diese Lebenszeit ist es durch kulturelle und gesellschaftliche Anstrengungen, einschließlich der Medizin und industrieller Technologie, zumindest in den Industriestaaten gelungen, für immer mehr Menschen den im biologischen Lebenslauf angelegten Abbau auszugleichen.

Was ihren allgemeinen Funktionsstand angeht, so sind die heutigen Siebzigjährigen eher den vor etwa 30 Jahren lebenden Fünfundsechzigjährigen vergleichbar. In den letzten drei Jahrzehnten sind also für Gleichaltrige »junge Alte« etwa fünf »gute« Altersjahre hinzugekommen. Aus dieser Tatsache und deren Verallgemeinerung auf die Zukunft speist sich auch ein Großteil des Optimismus, den man bei einigen Gerontologen über die Zukunft des Alters findet. Und hieraus ergeben sich auch neue Forderungen, etwa nach einer grundsätzlichen Veränderung in der Lebenszeitstruktur unserer gesellschaftlichen Institutionen: beispielsweise von einer Sequenzierung zu einer Parallelisierung von Lebenssektoren zu gelangen, um das Potential des Alters besser auszuschöpfen, um den latenten Schatz des Alters zu heben (RILEY und RILEY 1992).

Vom dritten zum vierten Lebensalter

Wie steht es aber mit dem fortgeschrittenen Alter, also etwa den Achtzig- bis Hundertjährigen? Werden auch die im hohen Alter hinzukommenden Lebensjahre vor allem gute Jahre sein (M. BALTES 1998, P. BALTES 1996)? Es gibt Gerontologen, die diese Sicht vertreten. Die heute von mir vorgestellte Gesamtarchitektur legt allerdings eher nahe, daß dies um so unwahrscheinlicher ist, je älter das Lebenszeitfenster ist.

Die Frage nach der Optimierung des hohen Alters gewinnt auch deshalb an Gewicht, weil die zunehmende Lebenserwartung, die bisher hauptsächlich eine Folge der geringeren Sterblichkeitsrate in jüngeren Lebensjahren war, nun auch auf das hohe Alter zutrifft. Neuere demographische Forschungen zeigten nämlich, daß in den letzten Jahrzehnten auch die Ältesten der Alten länger leben (JEUNE and VAUPEL 1995). Die verbleibende Lebenszeit Achtzigjähriger erhöhte sich beispielsweise in Nordeuropa im Laufe der letzten 30 Jahre von durchschnittlich etwa vier Jahren auf sieben bis acht Jahre. Die Zukunft des Alters ist also immer mehr auch eine Zukunft der Hochbetagten.

Die *Berliner Altersstudie* gibt aufgrund ihres breit gefächerten Altersspektrums und ihres interdisziplinären Ansatzes neue Einblicke in bezug auf das Potential und die Lebensqualität im fortgeschrittenen Alter. In einer unserer Analysen (MAYER et al. 1996, SMITH und P. BALTES 1997) nutzen wir gleichzeitig 23 medizinische, psychiatrische, psychologische, soziale und ökonomische Indikatoren, um ein Gesamtmaß für Funktionsstatus zu erhalten. Aufgrund einer summativen Durchschnittsberechnung bildeten wir vier Gruppen, die in ihrem Funktionsstatus als »gut«, »befriedigend«, »schlecht« oder »sehr schlecht« beschreibbar sind. Dann stellten wir die Frage, ob es Alters- und Geschlechtsunterschiede in der Zusammensetzung dieser vier Gruppen gab.

Abbildung 6 zeigt die Verteilungen nach Alter und Geschlecht. Das Ergebnis ist offensichtlich. Die ältesten der 516 Teilnehmer tauchen viel öfter in den weniger adaptiven Gruppen auf als jüngere, und dies trifft auch zu, wenn die Personen nicht berücksichtigt werden (N = 31), die innerhalb eines Jahres nach den Messungen verstarben. In der besten Gruppe (gut) sind z. B. etwa zehnmal mehr Siebzigjährige als Neunzigjährige. Für die sehr schlechte, die dysfunktionalste Gruppe gilt das Gegenteil. Dies sind dramatische Altersunterschiede im systemischen Funktionsprofil. Es ist also nicht so, als ob nur diejenigen überleben, die weiterhin einen hohen Funktionsstatus, etwa wie durchschnittlich Fünfundsiebzigjährige, aufweisen. Im hohen, dem vierten Lebensalter zeigen sich weitere Altersverluste auch für diejenigen, die länger leben.

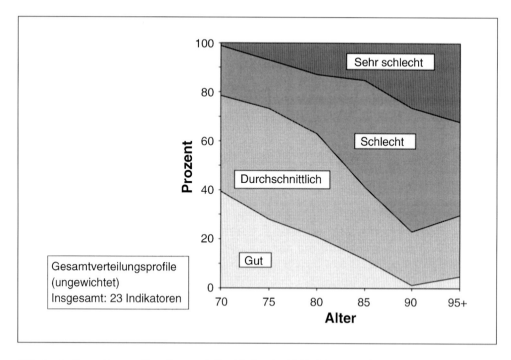

Abb. 6 *Berliner Altersstudie:* Alter und Geschlecht als Risikofaktoren. Abgebildet sind Verteilungen (N = 516) in vier Gruppen, die sich im systemischen Funktionsstatus unterscheiden. Der Funktionsstatus ist der Durchschnitt aus insgesamt 23 medizinischen, psychiatrischen, psychologischen und sozio-ökonomischen Indikatoren (vgl. MAYER et al. 1996, SMITH and P. BALTES 1997).

Abbildung 6 zeigt auch beträchtliche Geschlechtsunterschiede in den Gruppenzugehörigkeiten. Das relative Risiko ist für Frauen deutlich höher, und die Schere zwischen Männern und Frauen vergrößert sich im hohen Alter (siehe auch SMITH und M. BALTES 1998). Im Datensatz der *Berliner Altersstudie* haben Frauen im Vergleich zu Männern ein fast zweifach größeres Risiko in der Gruppe mit der größten Dysfunktionalität. Frauen leben zwar länger als Männer, aber ihr altersspezifischer Funktionsstatus ist im Durchschnitt geringer. Morbidität und Mortalität sind keineswegs dasselbe. Warum dies so ist, ist eine spannende, aber bisher im wesentlichen noch unbeantwortete Frage gerontologischer Forschung. Auch hier erwarte ich, daß eine geschlechtsbezogene differentielle Betrachtung der biologischen und kulturellen Gesamtarchitektur des Lebensverlaufs einen Beitrag leisten könnte.

Die besondere Bedeutung einer interdisziplinären Betrachtungsweise ist auch aus der Prädiktionskraft ersichtlich, die psychische Faktoren für die Regulation des Körperlichen im hohen Alter haben können. Dies ist am Beispiel der Mortalität ersichtlich. Personen, denen es psychologisch gut geht, weisen im Datensatz der *Berliner Altersstudie* eine etwa dreifach bessere Chance auf, sechs Jahre später noch am Leben zu sein (MAIER und SMITH 1999). Selbst wenn medizinische Information über den Krankheitszustand zuerst berücksichtigt wird, ist der psychologische Funktionsstatus bei der Vorhersage des Überlebens hoch bedeutsam. Auch dieses Beispiel demonstriert, wie sehr sich im Alter das Psychische als kompensatorisches Element ins Spiel bringt. Das Geistige bäumt sich auf, um dem Verfall des Körpers entgegenzuwirken.

Das eher pessimistische Bild vom vierten Lebensalter zeigt sich am deutlichsten bei der Demenz, der häufigsten psychiatrischen Krankheit im hohen Alter. In der *Berliner Altersstudie*, wie die Arbeiten der Forschergruppe um Hanfried HELMCHEN zeigen, stieg die Häufigkeit aller diagnostizierten Demenz-Erkrankungen (schwach, mäßig oder stark ausgeprägt) von 2 bis 3% bei Siebzigjährigen über 10 bis 15% der Achtzigjährigen bis zu etwa 50% bei Neunzigjährigen. Wenn man also älter als 90 wird und auf die 100 zugeht, ist die Wahrscheinlichkeit, an einer Form von Demenz erkrankt zu sein, etwa 50% oder mehr (HELMCHEN et al. 1996).

Und, um den Bogen zu meinen einleitenden Beobachtungen über das Zusammenspiel von evolutionären und ontogenetischen Faktoren und die biologische Unvollendetheit der ontogenetischen Architektur erneut zu spannen: Daß die Alzheimer-Demenz eine derart massive Altersprävalenz aufweist, hängt sicherlich auch damit zusammen, daß sie evolutionär gesehen zur biologisch-genetischen Unvollendetheit der Ontogenese gehört, daß sie dem entspricht, was Genetiker als selektionsneutral bezeichnen. Alterskrankheiten wie die Alzheimer-Demenz gibt es also u. a. auch deshalb, weil sie während der Evolution nur einem geringen Selektionsdruck unterworfen waren (siehe auch MARTIN et al. 1996, NESSE und WILLIAMS 1994).

Zusammenfassung und Ausblick

In diesem Vortrag habe ich versucht, vor dem Hintergrund der vergangenen biologisch-kulturellen Evolution einen allgemeinen Bedingungsrahmen für die Humanontogenese herauszuarbeiten. Das Ergebnis dieser Analyse ähnelt den zwei Gesichtern des Alters, die auch in den Bonmots und Aphorismen des Alltags und der Geisteswissenschaften ihren Ausdruck finden:

– Hoffnung mit Trauerflor.
– Der Januskopf des Alters.
– Wir wollen alt werden, aber nicht alt sein.

Die mit dem Alter zunehmende Unvollendetheit des Alters findet im hohen Alter, dem vierten Lebensalter, ihren radikalsten Niederschlag. Für etwa die ersten drei Viertel des Lebens schöpfte die Kultur aus dem reichen Potential des biologisch-genetisch begründeten Genoms und seiner beeindruckenden Plastizität. Biologie und Kultur waren sich wechselseitig beflügelnde Partner. Die Kultur konnte »spielen«, weil die Biologie ihr die Grundpotenz gab.

Im hohen Alter verschieben sich allerdings die Gewichtungen und die Kausalitäten. In der Architektonik des hohen Alters werden die Kultur und die gesellschaftliche Entwicklung in einer neuen Weise getestet. Einerseits werden kulturelle Faktoren immer wichtiger. Je mehr die Humanontogenese sich dem hohen Alter nähert, um so mehr muß die Kultur kompensatorisch eingreifen, den »natürlichen« Gang des biologischen Alterns zu überlisten versuchen. Gleichzeitig wird dies aber zunehmend schwieriger, weil die Effektivität kultureller Interventionen ein Minimum an körperlicher Funktionskapazität voraussetzt.

Dies ist die Sicht der Gegenwart. Was ich bisher bewußt vernachlässigt habe, ist die Bedeutung der modernen Interventionsgenetik. Und in der Tat, ich habe mich auf die Darstellung dieser Lebensverlaufs-Architektur auch deshalb eingelassen, weil sie manifest offenlegt, was sich an der biokulturellen Evolution in der modernen Zeit grundlegend geändert hat.

Um dies zu verdeutlichen, kehre ich zu dem Bild, das ich anfangs zeigte (Abb. 1, siehe oben), zurück. Wesentlicher Hintergrund dieser Konzeption war, daß der Zeittakt der »traditionellen« und »natürlich gewachsenen« biologisch-genetischen Evolution zu langsam ist, als daß diese in der Gegenwart massiv an Veränderungsprozessen beteiligt sein könnte. Dies ist für die »natürliche« biologische Evolution weiterhin richtig.

Aber es gibt eine neue Perspektive, was genetische Veränderungen angeht, deren Quelle nicht vor allem in der natürlichen Evolution liegt, sondern in der Kultur des Menschen. Unser Kulturwissen schließt nun auch immer mehr Wissen über die Veränderbarkeit und Perfektibilität des Genoms ein. Dieses Wort, Perfektibilität, erscheint zwar zu optimismusgetrieben und bar jeder Reflexivität, aber ich nutze es heute, weil es genau das Wort war, das vor mehr als 200 Jahren der deutsche Philosoph-Psychologe Johann Nicolaus TETENS (1777; LINDENBERGER und P. BALTES, in Druck) in seinem Monumentalwerk über die Humanontogenese und ihre Veränderbarkeit in das Zentrum seiner Arbeiten stellte.

Um dies in wenigen Worten zu konkretisieren. Wie auch in mehreren Vorträgen anläßlich dieser Jahrestagung dargelegt worden ist, gibt es zahlreiche Experimente und Belege, daß im infrahumanen Bereich beispielsweise die Lebenslänge durch genetische Manipulationen ausgedehnt, gar verdoppelt und verdreifacht werden kann. Inwieweit dies auf den Menschen anwendbar ist, ist ungewiß und sicherlich mit vielen, vielen Fragezeichen verknüpft.

Besonders unsicher ist beispielsweise, ob bei dieser durch genetische Manipulation gewonnenen Verlängerung des Lebens auch andere Funktionssysteme, wie etwa die Sinnessysteme, das Gedächtnis oder die Intelligenz, moduliert werden, also diese ebenso in ihrem Alternsverlauf verlangsambar bzw. optimierbar sind. Hierzu gibt es bisher praktisch keine Erkenntnisse, und wegen der systemischen und polygenetischen Komplexität dieser Phänomene ist dies eher unwahrscheinlich. Länger am Leben zu sein, heißt nämlich ganz und gar nicht, auch länger gut zu leben (M. BALTES und MONTADA 1996). Die in der *Berliner Altersstudie* beobachteten Ergebnisse über die zunehmende Dysfunktionalität des vierten Lebensalters machen dieses Problem deutlich. Oder auch ein Motto der amerikanischen Gesellschaft für Gerontologie, das lautet: »Add life to years, not years to life.«

Eine Reihe von Molekularbiologen sind sich der Möglichkeit einer allgemeinen, das ganze System Mensch betreffenden Verbesserung sicherer als ich und argumentieren beispielsweise mit Verve, daß eine maximale Lebensdauer von bis zu 150 Jahren mit guter Vitalität im kommenden Jahrhundert auch für den Menschen durch direkte oder indirekte genetische Interventionen erreichbar sei. Gerade jüngst, im Frühjahr 1999, war genau dies das Thema einer voll auf Optimismus getrimmten gerontologischen Konferenz an der amerikanischen Westküste.

Nicht überraschend ist daher, daß eine der wohl wichtigsten Fragen des nächsten Jahrhunderts sein wird, ob die Menschheit sich entschließen oder verführen lassen wird, die grundsätzliche Unvollendetheit der biologischen Architektur durch genetische Intervention einschließlich derjenigen in die Keimbahn zu verändern. In der Tat erfordert dieser neue Erkenntnishorizont (Horizont, weil ja das meiste noch Zukunftsmusik ist) über die Struktur, Funktion und Veränderbarkeit des Genoms eine neue Interdisziplinarität und eine neue Einordnung der Biologie. Denn es ist sicherlich nicht überraschend, wenn sich Biologen in einem neuen Kontext gesellschaftspolitischer Debatten vorfinden, beispielsweise lernen müssen, diese neue gesellschaftspolitische Kontextualisierung ihrer Erkenntnisfortschritte mit sozial- und geisteswissenschaftlichen Argumenten zu prüfen.

Viele unserer biologischen Kolleginnen und Kollegen tun dies mit Bedacht und intellektueller Eleganz. Ich erinnere an Editorials und Essays von MARKL (1998), REICH und WINNACKER, um einige zu nennen. Andere vor allem in den USA zu findende Biologen scheinen dabei allerdings nicht weniger frei von ungezügeltem Interventionsoptimismus zu sein, als dies auf die Sozialwissenschaften der jüngsten Vergangenheit zutraf, als diese, die Sozialwissenschaftler, glaubten, aufgrund neuer sozialwissenschaftlicher Erkenntnisse die gewachsene Welt relativ schnell verändern zu können und zu dürfen. Wenn man sich in neuen Gebieten auf die reformatorische Reise begibt, merkt man oft einfach gar nicht, wie sehr man die Feder der Unschuld am Hut trägt. Aber dies ist heute natürlich auch mein Problem, nämlich weiter zu greifen als dies die eigene Expertise als Psychologe und Sozialwissenschaftler zuläßt.

Daher die selbstbezogene Gegenperspektive und Eigenkritik: Es geht nicht nur darum, den Biowissenschaftlern Bescheidenheit in Fragen der gesellschaftlich-kulturellen Entwicklung nahezulegen. Was die Zukunft des Alters angeht, so sind die Sozial- und Geisteswissenschaften dabei ebenso gefordert. Auch sie müssen beispielsweise prüfen, ob sie ihre allgemeine und gelegentlich ideologisch-gefärbte Zurückweisung deterministischer Lebensmodelle nicht überdenken sollten, ob sie sich nicht mit mehr proaktivem Engagement der neuen »Biologisierung« gesellschaftlicher Reformen, der neuen Interdisziplinarität der Lebenswissenschaften, stellen müssen.

Denn wir Sozialwissenschaftler sind oft relativ naiv und irritiert, wenn wir gefragt werden, biologisch zu denken. Diese simple Zurückweisung ist fehl am Platz. Denn plötzlich geht es nicht nur um die Frage, ob und wie es der Kultur gelingen wird, den Körper für das Geistige zu nutzen, oder auch die körperlichen Verluste des Alters zu überlisten oder auszugleichen. Es geht auch darum, in welchem Ausmaß und unter welchen Rahmenbedingungen die Menschheit das bisherige unvollendete biologisch-genetische Fundament des Lebens, das Genom, durch direkte oder indirekte genetische Intervention zu vollenden sucht. Dies ist mehr als biowissenschaftliche Technologie, dies ist ein sozial- und geisteswissenschaftliches Thema *par excellence*. Der Zeittakt unseres neuen Wissens über Interventionsgenetik ist rasant. Eine gute und effektive Kommunikationskultur zwischen den Bio-, Sozial- und Geisteswissenschaften ist erst im Entstehen. Gerade deshalb ist es schwer zu verhindern, daß der Graben zwischen Wissen und erprobter Vernunft zu einer tiefen Kluft wird. Es ist in der Tat mehr als waghalsig, auf diesem Terrain nicht konservativ und beharrend zu denken.

Was trauen wir Menschen uns bei der Bewältigung dieser Kluft zu? Trotz ernsthafter und grundlegender ethischer Fragen und Dilemmata wird es meiner Meinung nach mittelfristig fast unmöglich sein, dieser Versuchung der Perfektionierung des biologisch-genetisch Unvollendeten zu widerstehen. Warum? Wenn meine Analyse der evolutionär gewachsenen Lebensarchitektur richtig ist, dann werden kulturelle Anstrengungen, Umweltveränderungen, korrektive Medizin und psychologische Faktoren alleine nur bedingt ausreichen, um den meisten Menschen im hohen Alter einen Zustand zu ermöglichen, in dem die Gewinne die Verluste im Funktionsstatus überwiegen und die menschliche Würde gewahrt bleibt. Wer wird daher die persönliche, professionelle, spirituelle und gesellschaftliche Kraft haben, die Verführung der Gegenwart der Vernunft der Tradition zu opfern? Es bedarf einer außerordentlich großen, interdisziplinären und gesellschaftspolitischen Anstrengung, um auf diesem Gebiet den Zeittakt der wissenschaftlichen Erkenntnisse zu regulieren, um das zu erreichen, was in einem römischen Sprichwort (AURELIUS) über den Gang der Menschheit so treffend zum Ausdruck kommt: »Es ist besser, auf dem richtigen Weg zu hinken als festen Schrittes abseits zu wandern.«

Ich hatte ja angedeutet, daß eines meiner Arbeitsfelder die Weisheitsforschung ist. Ein spanisches Weisheitssprichwort aus dem 14. Jahrhundert ist vielleicht dazu angetan, uns die Unsicherheit, Notlage und den Bedarf an kollektiver Reflexion zu verdeutlichen:

> Alle Dingen scheinen gut und sind gut,
> und scheinen schlecht und sind schlecht,
> und scheinen gut und sind schlecht,
> und scheinen schlecht und sind gut.

Diese vierfache Paradoxität ist das Denkschicksal, dem wir uns ergeben, wenn der Mensch zum kulturellen und biologischen Meister seines eigenen Schicksals wird, wenn sich *Homo faber* dem *Homo sapiens* hinzugesellt. Wir sind alle in der Lage, die Zukunftslage des Alters mit jedem einzelnen dieser vier Interpretationsmöglichkeiten eindrucksvoll zu beleuchten. Aber eine konsensfähige Gesamtlösung bedarf wahrscheinlich einer längeren Zeit als die, die das rapide Anwachsen des neuen biowissenschaftlichen Wissens kennzeichnet. In der konstruktiven Regulation dieser Kluft liegt die besondere Herausforderung der Zukunft. Vielleicht leuchtet dann doch eine *Belle Époque* auch des hohen Alters am Horizont.

Literatur

BALTES, M. M.: Erfolgreiches Altern als Ausdruck von Verhaltenskompetenz und Umweltqualität. In: NIEMITZ, C. (Ed.): Der Mensch im Zusammenspiel von Anlage und Umwelt. S. 353–377. Frankfurt/Main: Suhrkamp 1987
BALTES, M. M.: The many faces of dependency in old age. New York: Cambridge University Press 1996a

BALTES, M. M.: Produktives Leben im Alter: Die vielen Gesichter des Alters – Resümee und Perspektiven für die Zukunft. In: BALTES, M. M., und MONTADA, L. (Eds.): Produktives Leben im Alter. S. 393–408. Frankfurt (Main): Campus 1996

BALTES, M. M.: The psychology of the oldest-old: The fourth age. Curr. Opin. Psychol. *11*, 411–415 (1998)

BALTES, M. M., and BALTES, P. B. (1977). The ecopsychological relativity and plasticity of psychological aging: Convergent perspectives of cohort effects and operant psychology. Zeitschr. Exp. Angew. Psychol. *24*, 179–197 (1977)

BALTES, M. M., and BALTES, P. B.: Microanalytic research on environmental factors and plasticity in psychological aging. In: FIELD, T. M., HUSTON, A., QUAY, H. C., TROLL, C., and FINLEY, G. E. (Eds.): Review of Human Development; pp. 524–539. New York: Wiley 1982

BALTES, M. M., and CARSTENSEN, L. L.: The process of successful ageing. Ageing and Society *16*, 397–422 (1996)

BALTES, M. M., und MONTADA, L. (Eds.): Produktives Leben im Alter. Frankfurt (Main): Campus 1996

BALTES, P. B.: Theoretical propositions of life-span developmental psychology: On the dynamics between growth and decline. Developm. Psychol. *23*, 611–626 (1987)

BALTES, P. B.: The many faces of human aging: Toward a psychological culture of old age. Psychol. Med. *21*, 837–854 (1991)

BALTES, P. B.: Über die Zukunft des Alterns: Hoffnung mit Trauerflor. In: BALTES, M. M., und MONTADA, L. (Eds.): Produktives Leben im Alter. S. 29–68. Frankfurt (Main): Campus 1996

BALTES, P. B.: Altern in Leidenschaft: Ein schwieriges viertes Lebensalter? In: *Berlin-Brandenburgische Akademie der Wissenschaften* (Ed.): Berichte und Abhandlungen. Vol. 3, S. 159–193. Berlin: Akademie Verlag 1997a

BALTES, P. B.: On the incomplete architecture of human ontogeny: Selection, optimization, and compensation as foundation of developmental theory. Amer. Psychologist *52*, 366–380 (1997b)

BALTES, P. B., and BALTES, M. M. (Eds.): Successful Aging: Perspectives from the Behavioral Sciences. New York: Cambridge University Press 1990

BALTES, P. B., and BALTES, M. M.: Savior vivre in old age. National Forum: Phi Kappa Phi J. *78*, 13–18 (1998)

BALTES, P. B., and GRAF, P.: Psychological aspects of aging: Facts and frontiers. In: MAGNUSSON, D. (Ed.): The Life-span Development of Individuals: Behavioural, Neurobiological and Psychosocial Perspectives; pp. 427–459. Cambridge (UK): Cambridge University Press 1996

BALTES, P. B., and KLIEGL, R.: Further testing of limits of cognitive plasticity: Negative age differences in a mnemonic skill are robust. Developm. Psychol. *28*, 121–125 (1992)

BALTES, P. B., and LINDENBERGER, U.: Emergence of a powerful connection between sensory and cognitive functions across the adult life span: A new window at the study of cognitive aging? Psychology and Aging *12*, 12–21 (1997)

BALTES, P. B., und MITTELSTRASS, J. (Eds.): Zukunft des Alterns und gesellschaftliche Entwicklung. Berlin: de Gruyter 1992

BALTES, P. B., and STAUDINGER, U. M.: The search for a psychology of wisdom. Curr. Direct. Psychol. Sci. *2*, 75–80 (1993)

BALTES, P. B., STAUDINGER, U. M., and LINDENBERGER, U.: Lifespan psychology: Theory and application to intellectual functioning. Annu. Rev. Psychol. *50*, 471–507 (1999)

BOBBIO, N.: Vom Alter – De senectute. Berlin: Klaus Wagenbach 1996

BRANDTSTÄDTER, J., and GREVE, W.: The aging self: Stabilizing and protective processes. Developm. Rev. *14*, 52–80 (1994)

CATTELL, R. B.: Abilities: Their Structure, Growth, and Action. Boston (MA): Houghton Mifflin 1971

DANNER, D. B., und SCHRÖDER, H. C.: Biologie des Alterns (Ontogenese und Evolution). BALTES, P. B., und MITTELSTRASS, J. (Eds.): Zukunft des Alterns und gesellschaftliche Entwicklung. S. 95–123. Berlin: de Gruyter 1992

DIXON, R. A., and BÄCKMAN, L. (Eds.): Compensating for Psychological Deficits and Declines: Managing Losses and Promoting Gains. Mahwah (NJ): Erlbaum 1995

DURHAM, W. H.: Coevolution: Genes, Culture and Human Diversity. Stanford (CA): Stanford University Press 1991

EDELMAN, G. M., and TONONI, G.: Selection and development: The brain as a complex system. In: MAGNUSSON, D. (Ed.): The Life-span Development of Individuals: Behavioral, Neurobiological and Psychosocial Perspectives; pp. 179–204. Cambridge (UK): Cambridge University Press 1996

FINCH, C. E.: Biological bases for plasticity during aging of individual life histories. In: MAGNUSSON, D. (Ed.): The Life-span Development of Individuals: Behavioral, Neurobiological and Psychosocial Perspectives; pp. 488–511. Cambridge (UK): Cambridge University Press 1996

FINCH, C. E., and TANZI, R. E.: Genetics of aging. Science *278*, 407–411 (1997)
FREUND, A. M., and BALTES, P. B.: Selection, optimization, and compensation as strategies of life-management: Correlations with subjective indicators of successful aging. Psychology and Aging *13*, 531–543 (1998)
GABRIELI, J. D. E. (1998). Cognitive neuroscience of human memory. Annu. Rev. Psychol. *49*, 87–115 (1998)
GEHLEN, A.: Urmensch und Spätkultur. Bonn: Athenäum 1956
GIERER, A.: Im Spiegel der Natur erkennen wir uns selbst. Reinbek: Rowohlt 1998
HECKHAUSEN, J., DIXON, R. A., and BALTES, P. B.: Gains and losses in development throughout adulthood as perceived by different adult age groups. Developm. Psychol. *25*, 109–121 (1989)
HELMCHEN, H., BALTES, M. M., GEISELMANN, B., KANOWSKI, S., LINDEN, M., REISCHIES, F. M., WAGNER, M., und WILMS, H.-U.: Psychische Erkrankungen im Alter. In: MAYER, K. U., und BALTES, P. B. (Eds.): Die Berliner Altersstudie. S. 185–220. Berlin: Akademie Verlag 1996
HOBFOLL, S. E.: Stress, Culture, and Community: The Psychology and Philosophy of Stress. New York (NY): Plenum 1999
HORN, J. L., and HOFER, S. M.: Major abilities and development in the adult period. In: STERNBERG, R. J., and Berg, C. A. (Eds.): Intellectual Development; pp. 44–49. New York: Cambridge University Press 1992
JEUNE, B., and VAUPEL, J. W.: Exceptional Longevity: From Prehistory to the Present. Odense (Denmark): Odense University Press 1995
KAHNEMAN, D., and TVERSKY, A.: Choices, values, and frames. Amer. Psychologist *38*, 341–350 (1984)
KLIEGL, R., und BALTES, P. B.: Testing the limits: Kognitive Entwicklungskapazität in einer Gedächtnisleistung. Zeitschr. Psychol. (Suppl.) *11*, 84–92 (1991).
KLIEGL, R., SMITH, J., and BALTES, P. B.: Testing-the-limits and the study of age differences in cognitive plasticity of a mnemonic skill. Developm. Psychol. *25*, 247–256 (1989)
KRAMPE, R. T.: Maintaining Excellence: Cognitive-motor Performance in Pianists Differing in Age and Skill Level. Berlin: Edition Sigma 1994
LEPENIES, W.: Das Altern unseres Jahrhunderts. Halle: Eröffnungsvortrag der Jahresversammlung der Deutschen Akademie der Naturforscher Leopoldina. Nova Acta Leopoldina N. F. Bd. *81*, Nr. 314, 61–79 (1999)
LINDENBERGER, U.: Intellektuelle Entwicklung über die Lebensspanne: Überblick und ausgewählte Forschungsbrennpunkte. Psychol. Rundsch. (1999, im Druck)
LINDENBERGER, U., and BALTES, P. B.: Sensory functioning and intelligence in old age: A powerful connection. Psychology and Ageing *9*, 339–355 (1994)
LINDENBERGER, U., and BALTES, P. B.: Intellectual functioning in old and very old age: Cross-sectional results from the Berlin Aging Study. Psychology and Aging *12*, 410–432 (1997)
LINDENBERGER, U., und BALTES, P. B.: Die Entwicklung der Lebensspanne (Lifespan-Psychologie): Johann Nicolaus Tetens (1736–1807) zu Ehren. Zeitschr. für Psychologie (1999, im Druck)
MAGNUSSON, D. (Ed.): The Life-span Development of Individuals: Behavioural, Neurobiological and Psychosocial Perspectives. Cambridge (UK): Cambridge University Press 1996
MAIER, H., and SMITH, J.: Psychological predictors of mortality in old age. J. Gerontol. Psychol. Sci. *54B*, 44–54 (1999)
MARKL, H.: Wissenschaft gegen Zukunftsangst. München: Carl Hansen 1998
MARSISKE, M., LANG, F. R., BALTES, M. M., and BALTES, P. B.: Selective optimization with compensation: Life-span perspectives on successful human development. In: DIXON, R. A., and BÄCKMAN, L. (Eds.): Compensating for Psychological Deficits and Declines: Managing Losses and Promoting Gains; pp. 35 to 79. Mahwah (NJ): Erlbaum 1995
MARTIN, G. M.: Genetics and the pathobiology of ageing. Phil. Trans. Royal Soc. Lond., *B352*, 1773–1780 (1997)
MARTIN, G. M., AUSTAD, S. N., and JOHNSON, T. E.: Genetic analysis of ageing: Role of oxidative damage and environmental stresses. Nature Genet. *13*, 25–34 (1996)
MAYER, K. U., BALTES, P. B., BALTES, M. M., BORCHELT, M., DELIUS, J., HELMCHEN, H., LINDEN, M., SMITH, J., STAUDINGER, U. M., STEINHAGEN-THIESSEN, E., und WAGNER, M.: Wissen über das Alter(n): Eine Zwischenbilanz der Berliner Altersstudie. In: MAYER, K. U., und BALTES, P. B. (Eds.): Die Berliner Altersstudie. S. 599–634. Berlin: Akademie Verlag 1996
MAYR, E.: Philosophie der Biologie. In: *Berlin-Brandenburgische Akademie der Wissenschaften* (Ed.): Berichte und Abhandlungen Vol. 5. Berlin: Akademie Verlag 1998
MITTELSTRASS, J.: Das Undenkbare denken: Über den Umgang mit dem Undenkbaren und Unvorstellbaren in der Wissenschaft. Konstanz: Universitätsverlag Konstanz 1998
NESSE, R. M., and WILLIAMS, G. C.: Why We Get Sick. New York: Vintage 1994

Riley, M. W., und Riley, J. W. J.: Individuelles und gesellschaftliches Potential des Alterns. In: Baltes, P. B., und Mittelstrass, J. (Eds.): Zukunft des Alterns und gesellschaftliche Entwicklung. S. 437–460. Berlin: de Gruyter 1992

Salthouse, T. A.: Theoretical Perspectives on Cognitive Aging. Hilldale (NJ): Erlbaum 1991

Schaie, K. W.: Adult Intellectual Development: The Seattle Longitudinal Study. New York: Cambridge University Press 1996

Schmidt, T., Schwartz, F. W., und Walter, U.: Physiologische Potentiale der Langlebigkeit und Gesundheit im evolutionsbiologischen und kulturellen Kontext – Grundvoraussetzungen für ein produktives Leben. In: Baltes, M. M., und Montada, L. (Eds.): Produktives Leben im Alter. S. 69–130. Frankfurt (Main): Campus 1996

Singer, T.: Testing-the-Limits in einer mnemonischen Fähigkeit: Eine Studie zur kognitiven Plastizität im hohen Alter. Unveröffl. Diss. Max-Planck-Institut für Bildungsforschung, Berlin 1999

Singer, T., und Lindenberger, U.: Plastizität. In: Wahl, H.-W., und Tesch-Römer, C. (Eds.): Angewandte Gerontologie in Schlüsselbegriffen. Stuttgart: Kohlhammer (1999, im Druck)

Smith, J., and Baltes, M. M.: The role of gender in very old age: Profiles of functioning and everyday life patterns. Psychology and Aging *13*, 676–695 (1998)

Smith, J., and Baltes, P. B.: Profiles of psychological functioning in the old and oldest old. Psychology and Aging *12*, 458–472 (1997)

Staudinger, U. M., und Baltes, P. B.: Weisheit als Gegenstand psychologischer Forschung. Psychol. Rundsch. *47*, 57–77 (1996)

Staudinger, U. M., Marsiske, M., and Baltes, P. B.: Resilience and reserve capacity in later adulthood: Potentials and limits of development across the life span. In: Cicchetti, D., and Cohen, D. (Eds.): Developmental Psychopathology. Vol. 2: Risk, Disorder, and Adaptation; pp. 801–847. New York: Wiley 1995

Tetens, J. N.: Philosophische Versuche über die menschliche Natur und ihre Entwicklung. Leipzig: Weidmanns Erben und Reich 1777

Uttal, D. H., and Perlmutter, M.: Toward a broader conceptualization of development: The role of gains and losses across the life span. Developm. Rev. *9*, 101–132 (1989)

Vaupel, J. W., and Lundström, H.: The future of mortality at older ages in developed countries. In: Lutz, W. (Ed.): The Future Population of the World; pp. 295–315. London: Earthscan Publications 1994

      Prof. Dr. Paul Baltes
      Max-Planck-Institut für Bildungsforschung
      Lentzeallee 94
      14195 Berlin
      Bundesrepublik Deutschland
      Tel: (0 30) 82 40 62 56
      Fax: (0 30) 8 24 99 39
      E-Mail: sekbaltes@mpib-berlin.mpg.de

Dankes- und Schlußwort

Von Alfred Schellenberger (Halle/Saale)
Vizepräsident der Akademie

Altern und Lebenszeit – ein Thema, das als Herausforderung gedacht war, die zeitliche Begrenztheit naturwissenschaftlicher und medizinischer Prozesse mit der für unsere Akademie üblichen Breite und Tiefe zu durchleuchten – von den Informations- und Bindungsstrukturen über die geologischen, paläontologischen und ökologischen Systeme bis hin zur Begrenztheit der Lebensprozesse auf zellulärer, physiologischer und medizinischer Ebene. Ein Thema aber auch, das Nachdenken provozieren sollte über ein zu Ende gehendes Jahrhundert (oder Jahrtausend).

Wir haben in den letzten vier Tagen bedenkliche, bisweilen sogar beängstigende Gedanken zum Problem des Alterns vernommen, aber ich habe besonders auch aus dem Vortrag von Herrn BALTES eher Zuspruch erfahren, die letzte Phase eines Menschenlebens mit Freude und Optimismus anzunehmen, besonders wenn es uns gelingt, die uns verbleibende Intelligenz für die uns anvertraute und vertrauende Umgebung pragmatisch zu nutzen.

Alle Vortragenden haben das Thema genutzt, um Erkenntnisse ihres Fachgebietes in verständlicher Form auf eine andere, vielleicht für sie weniger übliche Erkenntnisebene zu transformieren, so daß am Ende eine erlebnisreiche Tagung entstanden ist, an die wir uns hoffentlich noch lange und gern erinnern werden. Dies erfordert noch ein letztes Mal den ausdrücklichen Dank des Präsidiums an die Vortragenden.

Ich verrate kein Geheimnis, daß bisweilen – namentlich von jüngeren Mitgliedern – die wissenschaftliche Bedeutung und Funktion der zu einem gesellschaftlich relevanten Thema veranstalteten Jahrestagungen in Frage gestellt wird, zum Beispiel zugunsten stärker wissenschaftsbezogener Symposien. Dem wird auch in Zukunft vom Präsidium entgegenzuhalten sein, daß gerade Veranstaltungen wie die hinter uns liegende ihren besonderen Reiz dadurch erlangen, daß sich bedeutende Spezialisten durch das Rahmenthema veranlaßt fühlen sollen, aus ihrem üblichen Fachjargon herauszutreten und ihre Erkenntnisse und Erfahrungen unter verändertem Blickwinkel einem breiteren Publikum vorzustellen.

Bertolt BRECHT (ich bitte um Verzeihung, daß ich im Goethe-Jahr nicht GOETHE zitiere!) hat diese Funktion der Akademien in seiner Legende von der Entstehung des Buches Taoteking sehr eindrucksvoll umschrieben, wenn er diese (die Akademien) in der Gestalt des Zöllners dafür Sorge tragen läßt, daß die erworbene Weisheit (des altchinesischen Philosophen LAOTSE) aufgeschrieben wird, damit sie nicht nur der menschlichen Kultur, sondern zugleich der allgemeinen Nutzung zugänglich gemacht werden kann. Im letzten Vers heißt es dort:

> Aber rühmen wir nicht nur den Weisen,
> Dessen Name auf dem Buche prangt!
> Denn man muß dem Weisen seine Weisheit erst entreißen.
> Darum sei der Zöllner auch bedankt:
> Er hat sie ihm abverlangt.

Mein Dank gilt an dieser Stelle noch einmal all denen, die den Rahmen für diese Tagung mit viel Liebe und Sorgfalt vorbereitet und begleitet haben, ganz besonders auch den beiden Künstlern, die uns gestern eine überzeugende Probe ihrer Meisterschaft lieferten, und nicht zuletzt allen unseren Gästen, die durch ihren Besuch in unserer – nur sehr allmählich schöner und bunter werdenden – Stadt und das freundliche Wegsehen von den noch überall sichtbaren Resten einer grauen Vergangenheit auch dieser Jahrestagung wieder das übliche Flair der Leopoldina-Familie verliehen haben.

Nicht ohne noch einmal auf den heute nachmittag stattfindenden Diskussionskreis »Der ältere Mensch in der Gesellschaft« hinzuweisen, für dessen Vorbereitung wir Herrn BALTES sehr herzlich zu danken haben, wünsche ich Ihnen im Namen des Präsidiums einen angenehmen Heimweg, hoffentlich verbunden mit dem Gefühl, daß unsere alte Akademie mit dieser Veranstaltung ihre Berechtigung erworben hat, das kommende Jahrtausend mit Mut und Optimismus betreten zu dürfen.

   Prof. Dr. Alfred SCHELLENBERGER
   Amselweg 44
   06110 Halle (Saale)
   Bundesrepublik Deutschland

3. Anhang

Zusammenfassender Bericht über den Verlauf der Jahresversammlung 1999

Vom 26. bis zum 29. März 1999 versammelten sich 600 Mitglieder und Gäste im großen Festsaal des Tagungsgebäudes Kongreß & Kultur Halle zur Jahresversammlung 1999 der Deutschen Akademie der Naturforscher Leopoldina unter dem Rahmenthema »Altern und Lebenszeit«. Zur Eröffnung der Festsitzung am 26. März 1999 erklang um 15.00 Uhr die *Simple Symphony* op. 4 (1. Satz *Boisterous boureé*, 2. Satz *Playful pizzicato*, 3. Satz *Sentimental saraband*, 4. Satz *Frolicsome finale*) von Benjamin BRITTEN (1913–1976), ausgeführt vom *Collegium Instrumentale* unter Leitung von Arkadi MARASCH. Anschließend begrüßte Leopoldina-Vizepräsident Ernst-Ludwig WINNACKER zur letzten Jahresversammlung in diesem Jahrtausend herzlich die zahlreich erschienenen Mitglieder und Gäste, unter ihnen den Ministerpräsidenten des Landes Sachsen-Anhalt Dr. Reinhard HÖPPNER, den Regierungspräsidenten von Halle Wolfgang BÖHM, den Staatsminister für Wissenschaft und Kunst des Freistaates Sachsen und Vorsitzenden der Kultusminister-Konferenz Professor Hans Joachim MEYER und den Staatssekretär im Kultusministerium des Landes Sachsen-Anhalt Dr. Wolfgang EICHLER sowie den Generalsekretär der Bund-Länder-Kommission für Bildungsplanung und Forschungsförderung Dr. Wolfgang SCHLEGEL. Erschienen waren weiterhin die Oberbürgermeister der mit der Leopoldina besonders verbundenen Städte Schweinfurt, Frau GRIESER, und Halle, Herr Dr. RAUEN. Ein herzlicher Willkommensgruß galt den Präsidenten befreundeter Akademien sowie den Rektoren zahlreicher Universitäten, unter ihnen Professor Rudolf ZAHRADNIK, Präsident der Tschechischen Akademie der Wissenschaften, Professor Wlodzimiez OSTROWSKI, Vizepräsident der Polnischen Akademie der Wissenschaften, Professor Bernhard HAUCK, Präsident der Naturwissenschaftlichen Akademie der Schweiz, und Professor Ewald WEIBEL, Präsident der Medizinischen Akademie der Schweiz.

Ministerpräsident HÖPPNER betonte in seiner Grußadresse, daß die Akademie ein wichtiger Baustein des gesellschaftlichen und wissenschaftlichen Lebens in Sachsen-Anhalt und darüber hinaus sei und die Leopoldina erst unlängst in der Begutachtung durch den Wissenschaftsrat eine hervorragende Bewertung erfahren habe. Er versprach, daß die Landesregierung der Leopoldina hier eine langfristige tragfähige Förderung sichern werde, damit sie weiterhin das Gesicht der Wissenschaftslandschaft prägen könne.

Danach trat der Ehrensenator der Akademie und Bundesaußenminister a. D. Hans-Dietrich GENSCHER ans Rednerpult und führte die Festversammlung an die »Schwelle zum neuen Jahrtausend«. Von unserem Standpunkt am Ausklang eines Jahrhunderts ausgehend, offenbarte GENSCHER eine fesselnde Sicht in Rückblick und Vorausschau auf die politischen und gesellschaftlichen Entwicklungen in Deutschland, in Europa und in der Welt. Dabei bewegte er sich in seinem Vortrag im permanenten Spannungsfeld von geschichtlichen Erfahrungen aus Diktatur und Demokratie und gegenwärtigen Bemühungen um die Bewältigung anstehender Aufgaben und ungelöster Konflikte; ging es in seinen Ausführungen um Menschenwürde, Menschen-, Minderheiten- und Selbstbestimmungsrechte, um Globalisierung und globale Herausforderungen. Besonders beschäftigte sich GENSCHER darüber hinaus mit dem Beitrag Europas für eine Weltordnung des 21. Jahrhunderts, die vom Geist der Kooperation und Gleichberechtigung gekennzeichnet sein sollte.

Leopoldina-Präsident Benno PARTHIER begann seine Festansprache ebenfalls mit einer historischen Rückschau auf das ausgehende 20. Jahrhundert mit seinen Opfern aus zwei Weltkriegen und unzähligen kriegerischen Konflikten und seinen tragischen schicksalhaften Verkettungen. Dennoch habe gerade dieses 20. Jahrhundert »unberührt von den Wunden und Narben in der Welt« die »Menschheit vorangebracht dank der gewaltigen Potentiale von Wissenschaft und Technik«, mit deren ambivalenten Folgen in der technischen Umsetzung sich zur Zeit die einzelnen Menschen ebenso wie die Völker dieser Erde beschäftigen müssen. Von den großen Entdeckungen und Erfindungen des Jahrhunderts, von Radio und Fernsehen bis Multimedia, vom Atlantikflieger und Luftschiff bis zum Überschallflugzeug, vom Sputnik bis zur Weltraumstation, vom Großrechner bis zum Bürocomputer, von ersten Antibiotika bis zu hochwirksamen Chemotherapeutika, von der Aufklärung der DNA-Struktur bis zur Heilung von Erbkrankheiten mittels Gentechnik war ebenso die Rede wie von deutlich hervortretenden Problemfeldern, etwa Atomkraftnutzung, Treibhaus-Klima, Verringerung der Ozonschicht, ökologischen Fragen und diskussionswürdigen Einsatzgebieten der modernen Biotechniken (z. B. Klonung von Tieren).

Im zweiten Teil seiner Ansprache gedachte der Präsident zuerst den seit der letzten Jahresversammlung 1997 verstorbenen Mitgliedern. Danach dankte er dem scheidenden Vizepräsidenten der medizinischen Abteilung Gottfried GEILER für sein zehnjähriges einsatzbereites Wirken und begrüßte dessen Nachfolger Volker TER MEULEN im Präsidium der Akademie. Darüber hinaus sprach er weiteren scheidenden Präsidiumsmitgliedern Dank aus und gab Veränderungen in der Zusammensetzung des Präsidiums bekannt. Ausführlich erläuterte der Präsident den Stand der in Angriff genommenen Strukturreform der Akademie, u. a. die Verringerung der Anzahl der Sektionen insgesamt bei gleichzeitiger Erweiterung des Akademiespektrums durch neue Gebiete wie Wissenschaftstheorie, Ökonomik und Empirische Sozialwissenschaften sowie Technikwissenschaften. Zudem wurde die Umgestaltung des Senats der Akademie mitgeteilt. Präsident PARTHIER betonte, daß sich die Leopoldina »trotz einiger innerer und äußerer akademischer Bedenken« 1998 einer Begutachtung durch den Wissenschaftsrat gestellt habe. Die daraus erwachsenen Empfehlungen für die weitere Entwicklung böten für die Zukunft eine gute Arbeitsgrundlage. Außerdem berichtete der Präsident über die seit der Jahresversammlung 1997 durchgeführten Leopoldina-Veranstaltungen, die Arbeit der zeitweiligen Kommissionen und die Tätigkeit der Akademieprojekte. Diesem Tätigkeitsbericht fügte PARTHIER noch einige Betrachtungen zur Leopoldina als Institution an, die bei ihrer Bedeutung in der DDR-Zeit begannen und sich über die Wendezeit bis in die Gegenwart fortsetzten.

Sie betrafen unter anderem die Stellung der Leopoldina in der Akademienlandschaft Deutschlands und deren zukünftige Entwicklung. Kritisch sprach Präsident PARTHIER von der Gefahr eines Erlahmens der geistig-moralischen Kraft, sich den Herausforderungen der Zeit zu stellen. Es sei »ein Trugschluß zu glauben, daß in einer sich stürmisch verändernden Welt nur die Akademien der Wissenschaften unverändert bleiben« könnten. Daher verlangen insbesondere die Fragen »Was nützt die Akademie dem Einzelnen? Was gibt der Einzelne seiner Akademie?« immer wieder eine zeitgemäße Antwort.

Abschließend gab der Präsident die Träger der diesjährigen Akademieauszeichnungen bekannt.

Der folgende Festvortrag von Wolf LEPENIES (Berlin) führte wieder auf »Das Altern unseres Jahrhunderts« zurück. Der Festredner thematisierte Alter und Altern am Beispiel vergangener Jahrhundertwenden, »in der Hoffnung, daraus Einsichten für unser Saeculum zu gewinnen«. So verknüpfte er in Betrachtungen zu den Selbstporträts von Albrecht DÜRER aus der Zeit um 1500 Lebenszeit und Weltzeit. Nach LEPENIES wird jenes herausragende Datum der Jahrhundertwende im Kreis der Gelehrten und Künstler jener Zeit genutzt, »um den Anspruch des wissenschaftlich und künstlerisch arbeitenden Menschen auf Vollendung in der schöpferischen Selbstdarstellung symbolisch zu überhöhen«. Im folgenden ging der Referent auf die »Faszination durch Jahrhundertwenden« ein, der sich die Menschheit bis heute nicht entziehen könne, wenngleich etwa das Jahr 1500 noch keineswegs »allgemein als Zeitenwende, als herausgehobener Jahrhundertabschluß und Jahrhundertbeginn, wahrgenommen« wurde und dieses Phänomen daher jüngeren Datums ist. Nach LEPENIES war erstmals 1700 eine solche Jahrhundertwende, »mit der sich herausgehobene Sinnzuschreibungen verbanden«. In der Moderne – so LEPENIES weiter – »üben Jahrhundertwenden einen besonderen Äußerungszwang aus«, der bis zur »Milleniumspanik« am Ausgang unseres Jahrhunderts reicht, die sich im Jahr-2000-Problem, das die Computerwelt bedroht, widerspiegelt. An Beispielen verdeutlichte der Redner, »wie Jahrhundert- und erst recht Jahrtausendwenden stets psychologische Barrieren und Hoffnungsschwelle zugleich« sind. Danach suchte LEPENIES eine unkonventionelle Antwort auf die Frage »Wie alt und wie weise ist unser Jahrhundert?« und kam schließlich auf »Bescheidenheit im hohen Alter« und DÜRERS Werk als »eindringliches *Memento mori*« zurück.

Die Wissenschaftlichen Sitzungen wurden am Sonnabendvormittag unter der Moderation von Werner MARTIENSSEN (Frankfurt am Main), Mitglied der Akademie, mit Vorträgen zur Physik eröffnet. »Wie lange lebt ein Bit in einem Computer?« hieß die Frage, der Bernhard KORTE (Bonn), Mitglied der Akademie, im Eröffnungsvortrag nachging.[1] Die vorgestellten höchstintegrierten Logikchips stellen wahrscheinlich die komplexesten Strukturen dar, die bisher von Menschen erdacht und hergestellt worden sind. KORTE konnte zeigen, wie unter Verwendung von Methoden der diskreten Mathematik die Entwicklung solcher elektronischer Kleinstbauelemente in atemberaubendem Tempo weiter vorangeht. Das Entwerfen der Mikroprozessoren ist ohne Anwendung von Methoden der diskreten Optimierung überhaupt nicht mehr möglich, handelt es sich dabei doch um Probleme, die in ihren Dimensionen weit außerhalb unserer Vorstellungswelt liegen. Hier war von extremer Kleinheit und extrem kurzen Zeiten die Rede, rechnet man doch bereits für das Jahr 2000 mit den ersten

---

[1] Die Zusammenfassung der einzelnen Beiträge erfolgt unter Verwendung der von den Autoren erstellten Kurzfassungen ihrer Vorträge.

Gigahertz-Prozessoren, deren Arbeitszyklus nur noch eine Nanosekunde beträgt. Die Schaltzeiten der einzelnen Transistoren werden dann etwa 0,02 Nanosekunden oder 20 Picosekunden betragen. Nach KORTES Ausführungen vervierfacht sich die Leistung von Mikroprozessoren in nur drei Jahren. Während für technologische Innovationen oftmals mehrstellige Milliardenbeträge an Investitionskosten erforderlich sind, können mit dem Einsatz entsprechender mathematischer Verfahren bei sehr niedrigen Investitionskosten mitunter durchaus vergleichbare Effekte erreicht werden.

Herwig SCHOPPER (Genf und Hamburg), Mitglied der Akademie, untersuchte in seinem Beitrag »Lebenszeiten im Mikrokosmos« und führte seine Betrachtungen von ultrakurzen bis zu unendlichen und oszillierenden »Lebenszeiten«. Nach SCHOPPER ließen sich aus der Messung von Lebensdauern von radioaktiven Zerfällen wichtige Hinweise auf das Wesen der Zeit gewinnen, die bis in philosophische Diskussionen hineinreichen. So konnte etwa in jüngster Zeit durch Experimente »die Verletzung der Invarianz gegen Zeitumkehr im Mikrokosmos direkt nachgewiesen werden«. Lebensdauermessungen im physikalischen Bereich liefern Antworten auf fundamentale Fragen der Kern- und Elementarteilchenphysik, z. B. über die Stabilität der Materie und Antimaterie, die Bestimmung der Stärke von Kräften und die Überprüfung von Modellen zu ihrer Vereinigung. Darüber hinaus erläuterte SCHOPPER die quantenmechanisch interessanten Erscheinungen oszillierender Lebensdauern und die aus neuesten Experimenten abzuleitenden Konsequenzen für die Massen der Neutrinos.

Unter der Moderation von Johannes HEYDENREICH (Halle/Saale), Mitglied des Präsidiums der Akademie, sprach Martin QUACK (Zürich/Pfaffhausen), Mitglied der Akademie, über »Intramolekulare Dynamik: Irreversibilität, Zeitumkehrsymmetrie und eine absolute Moleküluhr«. Der Vortrag beschäftigte sich mit Ansätzen zur Ermittlung der molekularen Quantenkinetik als Grundlage chemischer Primärprozesse. Er versuchte dabei aufzuzeigen, daß auf dieser Grundlage sowohl praktisch wichtige Probleme chemischer Kinetik als auch prinzipielle Fragen der Physik und Chemie auf neue Weise angegangen werden können. Darüber hinaus wurden Verletzungen der Zeitumkehrsymmetrie, »welche einer tatsächlichen oder einer gesetzmäßigen Irreversibilität molekularer Kinetik entsprechen«, erörtert und experimentelle Beispiele reversibler Quantendynamik der Stereomutation vorgestellt. Danach wurden prinzipiell noch ungelöste Fragen fundamentaler molekularer Symmetrien diskutiert und die Analogie der Fragen molekularer »Geschichte« oder molekularen »Alterns« aufgrund der Irreversibilität und der Frage der Evolution biomolekularer Homochiralität als geschichtliches Dokument der Evolution des Lebens erläutert.

Die Materialwissenschaften vertrat Karl MAIER (Bonn), der über das »Altern von Werkstoffen« berichtete. MAIER verdeutlichte an Beispielen, wie sich Werkstoffe mit der Zeit verändern, da sie bestrebt sind, aus dem metastabilen Materialzustand heraus einen energieärmeren und damit stabileren Zustand anzunehmen. Dieser Prozeß läßt sich als »Altern« der Werkstoffe bezeichnen und kann auf vielfältige Weise beschleunigt werden, so durch entsprechende Umwelteinflüsse (Korrosion), »eine Umwandlung im atomaren Gefüge bei höherer Temperatur (Rekristallisation) oder den Einbau von Materialfehlern durch starke Belastung (Materialermüdung)«. Die Materialwissenschaften verfügen heute über eine Reihe von Verfahren, solche komplexen Alterungsvorgänge direkt zu beobachten und sicherer einzuschätzen.

Nach »Alterungsprozessen in der Mikrowelt« wurde im folgenden Konferenzabschnitt unter der Moderation von Eugen SEIBOLD (Freiburg i. Br.), Ehrenmitglied der Akademie, nunmehr der Blick in die Makrowelt gerichtet. Andreas TAMMANN (Basel), Mitglied der Akademie, wandte sich in seinem Vortrag »Alter und Entwicklung der Welt« dem Universum zu. Ausgehend von einem unstrukturierten Universum kurz nach dem Urknall vor etwa 14 Milliarden Jahren betrachtete der Beitrag unvorstellbar große Zeiträume, in denen das Universum ständig komplexer wurde. Vor 12 Milliarden Jahren traten die ersten Sterne auf, und vor 4,6 Milliarden Jahren entstand schließlich unser Sonnensystem und mit ihm die Erde.

Fritz STEININGER (Frankfurt am Main) folgte den Spuren von »Vier Milliarden Jahren irdischem Leben« mit seiner »Paläontologie der Arten«, die historische Beweise zur Entstehung, Stammesgeschichte und Evolution der Organismen untersuchte. Der Beitrag behandelte das Problem »Altern und Lebenszeit« aus erdgeschichtlicher Sicht an Hand von beispielhaften Fossilfunden aus sehr unterschiedlichen Organismengruppen (Protozoen, Pflanzen, Evertebraten und Vertebraten). Dabei wurden insbesondere die Frage nach der Lebensspanne einzelner Arten und das Aussterben von Arten betrachtet.

Probleme aus Klimaentwicklung und Ökologie bildeten unter der Moderation von Hans MOHR (Freiburg i. Br./Stuttgart), Mitglied des Präsidiums der Akademie, einen weiteren Schwerpunkt. Gernot PATZELT (Innsbruck), Mitglied der Akademie, wandte sich in seinen Ausführungen über »Werden und Vergehen der Gletscher« der nacheiszeitlichen Klimaentwicklung in den Alpen zu. PATZELT berichtete, daß die Alpengletscher seit der Mitte des vergangenen Jahrhunderts etwa 50% der Fläche und 60% des Volumens verloren haben und dabei eine Fläche von etwa 3 000 km^2 eisfrei geworden ist. Das sei die Folge eines Temperaturanstieges von rund 1 °C, wodurch die Abschmelzung verstärkt und die Niederschlagsmenge in fester Form verringert werde. Nach einer Stagnationsphase mit geringfügigem Massenzuwachs und Vorstoßtendenzen in den 1970er Jahren setzte sich der Gletscherschwund in den letzten Jahren verstärkt fort. Da die Klimaentwicklung der Nacheiszeit aus entsprechenden Befunden der Glaziologie, Dendrochronologie und Dendroklimatologie zur Gletscher- und Vegetationsentwicklung gut zu belegen ist, sprechen nach PATZELT die Forschungsresultate dafür, daß die Gletscher über mehrhundertjährige Perioden kleiner und die klimatischen Verhältnisse wärmer waren als heute. Nach PATZELTS Einschätzung ergeben sich folglich bisher keine Anhaltspunkte für eine außergewöhnliche Klimaentwicklung. Zwar könnten hier anthropogene Einflüsse nicht ausgeschlossen werden, doch sollten die weit verbreiteten Schreckensszenarien für die Zukunft relativiert werden.

Michael SUCCOW (Greifswald) behandelte die »Lebenszeit von Ökosystemen« am Beispiel von mitteleuropäischen See- und Moorökosystemen. Dabei wurden vor allem natürliche Entwicklungsprozesse analysiert, die solche Ökosysteme reifen lassen bzw. so verändern, daß daraus andersartige Ökosysteme entstehen. Hierbei spielen sowohl Alterungserscheinungen als auch »rasch eintretende grundsätzliche Neuorientierungen im Wirkungsgefüge« eine entscheidende Rolle. Einige See- und auch Moorökosysteme können aber auch durch Selbstregulierungsmechanismen über lange Zeiträume eine ausgesprochene Stabilität aufweisen, wechselnde Außenbedingungen ausgleichen und so ein hohes Alter erreichen. Allerdings sind gerade diese sich selbst stabilisierenden Ökosysteme durch weitgehende Eingriffe des Menschen besonders gefährdet, da ihre »Reparatur« nur in sehr langen Zeiträumen – wenn überhaupt – gelingt, während die natürlichen kurzlebigen, relativ rasch in andersartige Ökosystemtypen übergehenden Ökosysteme leichter neu etabliert werden können. SUCCOW trat in seinen Ausführungen insbesondere für die Sicherung der Ökosystemvielfalt und für den Erhalt der alt werdenden Ökosysteme ein, weil sie für die »Funktionstüchtigkeit des Naturhaushaltes von besonderer Wichtigkeit« sind.

Die Vorträge am Sonntagvormittag waren chemischen und biologischen Fragestellungen vorbehalten. Unter der Moderation von Dietmar GLÄSSER (Halle/Saale), Mitglied des Präsidiums der Akademie, beschäftigte sich Bernd GIESE (Basel), Mitglied der Akademie, mit der Bedeutung der Radikale für die Chemie des Alterns. Radikale sind weitverbreitete hochreaktive Moleküle, die mit organischen Molekülen rasch reagieren und dabei diese Moleküle schädigen können. Wie GIESE ausführlich erläuterte, dürfte eine der Ursachen für Alterungsprozesse in dieser schädigenden Wirkung von Radikalen, die aus dem Luftsauerstoff im Organismus gebildet werden und die Biomoleküle oxidieren, bestehen. Sauerstoff ist lebensnotwendig und toxisch zugleich. Der »oxidative Streß« nimmt mit dem Lebensalter zu. In seinem Beitrag erörterte GIESE ausführlich die molekulare Basis dieser Prozesse, soweit sie bisher aufgeklärt ist.

Wie Proteine, die in allen Zellen die wichtigsten Funktionen ausführen, nach Erledigung ihrer zellulären Aufgaben abgebaut werden, war das auch mit »Müllabfuhr und Recycling« assoziierte Thema von Stefan JENTSCH (Martinsried), Mitglied der Akademie. Während Proteine mit Strukturfunktionen sowie Proteine, die an allgemeinen Lebensprozessen beteiligt sind, eine lange Lebensdauer aufweisen, müssen Proteine, die kurzzeitig regulativ in das Zellgeschehen eingreifen, sehr schnell wieder abgebaut werden. JENTSCH beschäftigte sich in seinen Darlegungen insbesondere mit einem solchen spezialisierten zellulären Verdauungssystem, dem Ubiquitin/Proteasom-System, das auch durch Umwelteinflüsse geschädigte Proteine mit fehlerhafter Struktur erkennt und einem schnellen Abbau zuführt. Fehler in den Abbauprozessen können zu Tumoren bzw. Entwicklungsdefekten führen.

Den von Werner KÖHLER (Jena), Vizepräsident der Akademie, moderierten Abschnitt eröffnete Klaus-Günther COLLATZ (Freiburg i. Br.) mit seinen Erörterungen über »Fortpflanzung, Altern und Lebensdauer als genetisch fixierte Zyklen«. Bei vielen Pflanzenarten und Insekten, aber auch bei Lachsen, Tintenfischen und einer Säugerart wird die Lebensdauer von der Fortpflanzung bestimmt, die hier das Ende des Alterungsprogramms markiert. Für den Biologen, der nach dem »Warum?« der Evolution unterschiedlicher Lebensspannen fragt, besteht – so COLLATZ – kein Zweifel, daß die Lebensdauer eines Organismus eine Arteigenschaft ist, die phylogenetisch erworben wurde, mit der Fortpflanzung in Verbindung steht und somit genetisch fixiert ist. In seinen Ausführungen analysierte der Referent unter vergleichenden Aspekten verschiedene »Alternsstrategien« und ihre Beeinflussung durch äußere Faktoren. Dabei verdeutlichte er, daß physiologische Investitionen in die Aufrechterhaltung eines funktionsfähigen Körpers einerseits und in einen möglichst großen Fortpflanzungserfolg andererseits immer Kompromisse ergeben, »wobei je nach den Lebensumständen der betrachteten Art die Karte auf rapide Vermehrung auf Kosten eines langen Lebens oder moderate Vermehrung verbunden mit längerer Lebensdauer gesetzt wird«. Im Gegensatz dazu gibt es für einige Organismen offenbar diese Beziehung zwischen Altern, Fortpflanzung und Lebensdauer nicht, und sie scheinen daher geeignet, »Mechanismen der potentiellen Unsterblichkeit« zu erforschen.

Die Apoptose als häufigste Form von Zelltod im Organismus bildete das Thema von Peter H. KRAMMER (Heidelberg). Am Beispiel von Vorgängen im Immunsystem erläuterte der Vortragende die entscheidende Bedeutung dieser Form des »programmierten Zelltods« für das Gleichgewicht des Immunsystems, für Selbsttoleranz, Immunsuppression und das Abschalten einer Immunantwort. Verminderte Apoptose kann zum Auftreten von Autoimmun- und Tumorerkrankungen führen.

Der Montag gehörte den medizinischen Vorträgen. Unter der Moderation von Altpräsidialmitglied Gottfried GEILER (Leipzig) sprach zunächst Hubert MÖRL (Mannheim), Mitglied der Akademie, über »Altern aus internistischer Sicht«. Ausgehend von der Feststellung, daß Altern eine Grundeigenschaft jedes Lebens ist, hob der Referent als Kliniker hervor, daß Altern eben keine behandelbare Krankheit, sondern ein biologisch vorgeschriebener Weg ist, der von der Geburt über Wachstum und Entwicklung zur Differenzierung und Reife mit gleichzeitigem Altern führt. Er ist mit Einschränkung der Anpassungsreserve und der Reparaturkapazität verbunden und wird genetisch gesteuert. Daher ist dieser Prozeß bei jedem Menschen bei gleicher Grundtendenz individuell doch sehr verschieden. Die menschliche Lebenserwartung – so MÖRL – hat sich durch die Fortschritte in der Gesundheitsfürsorge, die Verbesserung der allgemeinen hygienischen Verhältnisse sowie der Lebensbedingungen insgesamt in den letzten 100 Jahren verdoppelt. Damit aber ist die Gesellschaft auf dem Wege, sich zu einer Gesellschaft der Langlebenden zu entwickeln, mit allen den daraus erwachsenden sozialen und medizinischen Problemen. MÖRL behandelte hier anschließend sowohl Veränderungen an bestimmten Organen im Prozeß des Alterns als auch Multimorbidität und Polypathie der Hochbetagten, die wachsende Herausforderungen für die Medizin, insbesondere die Geriatrie, ergeben. Hier wurden vor allem die Besonderheiten der Erkrankungen im Alter, sowohl der Krankheitsbilder als auch in der Erkennung, Diagnostik und Therapie, ausführlich herausgearbeitet.

Von der »Systemalterung des Nervensystems« handelten die Ausführungen von Johannes DICHGANS (Tübingen), Mitglied der Akademie. Im Nervensystem liegen besondere Verhältnisse vor, da hier dem Altern und Absterben individueller Zellen keine biologische Erneuerung durch Zellteilung gegenübersteht. DICHGANS belegte, wie das alternde Gehirn morphologische Veränderungen zeigt, die sich in ausgeprägterer Form auch bei den neurodegenerativen Erkrankungen finden lassen. In der Sicht des Vortragenden wurden Systemdegenerationen des Nervensystems als Teilalterungsprozesse gedeutet. Rückschlüsse auf die bei den gefürchteten Alzheimer- und Parkinsonerkrankungen ablaufenden Prozesse sind aus den vorgestellten Forschungsergebnissen möglich. Der Vortrag lieferte sowohl Einblicke in die molekularbiologischen Grundlagen der betrachteten Prozesse als auch in die physiologischen Schutzmechanismen sowie die Pathobiochemie krankheitsrelevanter Proteine.

Von Volker TER MEULEN (Würzburg), Vizepräsident der Akademie, eingeführt, beschäftigte sich Klaus RAJEWSKY (Köln), Mitglied der Akademie, mit »Langlebigkeit, Regeneration und Gedächtnis im Antikörpersystem«. Der Referent ging von der Tatsache aus, daß im Knochenmark des Menschen in jeder Sekunde etwa eine Million antikörperbildende Zellen, die sich voneinander unterscheiden, entstehen. Diese Zellen wandern in das periphere Immunsystem (Blut, Milz, Lymphknoten) aus, und ein Teil von ihnen wird zu langlebigen B-Zellen, die über Jahre persistieren können. Nach Antigenkontakt entstehen daraus sogenannte Gedächtnis-B-Zellen, die hochaffine Antikörper ausprägen und diese nach erneutem Antigenkontakt als Plasmazellen ins Blut ausschütten. Obwohl im Laufe des Lebens die Produktionsrate von B-Zellen im Knochenmark abnimmt und die Fraktion von Gedächtniszellen in der Peripherie anwächst, sind auch beim alten Menschen noch etwa die Hälfte aller B-Zellen »naive« Zellen, die zu neuen Antikörperantworten befähigt sind. Eine – wie der Vortragende meinte – letztlich ermutigende Feststellung beim Nachdenken über das Altern.

Der Abschlußvortrag von Paul BALTES (Berlin), Mitglied der Akademie, über »Alter und Altern als unvollendete Architektur der Humanontogenese« führte über die rein naturwissenschaftlich-medizinische Betrachtung des Alterungsprozesses hinaus sowohl auf die biologisch-genetische als auch die sozial-kulturelle Architektur der menschlichen Entwicklung in evolutionärer und ontogenetischer Perspektive. In seinen weitgespannten Ausführungen versuchte BALTES insbesondere drei Prinzipien dieser Architektur herauszuarbeiten: *Erstens* weise der durch die Evolution entstandene Selektionsvorteil eine negative Alterskorrelation auf. Im Lebensverlauf verringere sich also die im Genom angelegte biologische Plastizität und das damit zusammenhängende Verhaltenspotential. Daraus ergebe sich *zweitens* das Erfordernis für ein Mehr an gesellschaftlich-kulturellen Faktoren bei der Verlängerung des lebenszeitlichen Rahmens von Ontogenese. *Drittens* aber reduziere sich im Lebensverlauf die Effektivität gesellschaftlich-kultureller Faktoren, da eben das biologische Potential schlechter werde. BALTES bezeichnete daher die Architektur der menschlichen Ontogenese mit zunehmendem Alter als unvollendet. Der Grad des Vollendetseins als das Verhältnis von Gewinnen und Verlusten in Funktionsfähigkeit wurde vom Vortragenden an Beispielen analysiert und auf besondere Probleme des sogenannten vierten Lebensalters hingewiesen.

Mit einem Schlußwort konnte Leopoldina-Vizepräsident Alfred SCHELLENBERGER (Halle/Saale) am frühen Montagnachmittag eine erfolgreiche Jahresversammlung beenden. Hier schloß sich noch ein Diskussionskreis »Der alte Mensch in der Gesellschaft« an, der von Paul B. BALTES organisiert worden war. Einführende *Statements* zur Diskussion lieferten außer BALTES auch Hanfried HELMCHEN (Berlin), Mitglied der Akademie, Otfried HÖFFE (Tübingen), Karl Ulrich MAYER (Berlin), Mitglied der Akademie, Ortrun RIHA (Leipzig), K. Warner SCHAIE (University Park, USA) und Winfried SCHMÄHL (Bremen).

Neben den Fachsitzungen trugen besonders die gesellschaftlichen Veranstaltungen – wie während der Jahresversammlungen Tradition – zum Gelingen und besonderen Flair der Leopoldina-Tagung bei. Bevor sich Mitglieder und Gäste auf dem *Empfang des Präsidiums* am Abend des 28. März 1999 zu angeregten Gesprächen vereinten, setzte am Nachtmittag ein *Festliches Konzert* im Freylinghausen-Saal der Franckeschen Stiftungen einen besonderen Glanzpunkt. Ursula TREDE-BÖTTCHER (Klavier) und Esther NYFFENEGGER (Violoncello) brachten Werke von Ludwig VAN BEETHOVEN (1770–1827; 7 Variationen Es-Dur »Bei Männern, welche Liebe fühlen« [Zauberflöte]), Franz SCHUBERT (1797–1828, Sonate für Arpeggione und Klavier a-moll D 821), Paul HINDEMITH (1895–1963; Scherzo c-moll op. 8, Nr. 3) und Edvard GRIEG (1843–1907; Sonate a-moll op. 36) zu Gehör.

Zum Rahmenprogramm der Jahresversammlung gehörte auch ein vom Präsidium und Frau PARTHIER geplanter und von Archivleiterin Erna LÄMMEL organisierter Ausflug am 27. März 1999 nach Dessau, der Metropole der Region Anhalt. Mit etwa 89 000 Einwohnern ist das Verwaltungs- und Kulturzentrum Dessau, an der Mündung der Mulde in die Elbe gelegen, die drittgrößte Stadt Sachsen-Anhalts. Sie ist Sitz eines Regierungspräsidiums und bildet den Mittelpunkt der Auen- und Parklandschaft des Dessau-Wörlitzer Gartenreiches, die an das UNESCO-Biosphärenreservat Mittlere Elbe grenzt. Die Exkursion führte zunächst zum Bauhaus, wo ein Vortrag mit anschließender Besichtigung der Ausstellung und eines der Meisterhäuser, des ehemaligen Feininger-Hauses, auf dem Programm standen. Das Dessauer Bauhausgebäude wurde 1925/26 nach Entwürfen von Walter GROPIUS (1883–1969) errichtet. Mit dem Umzug von Weimar nach Dessau hatte das Bauhaus die Chance, mit einem selbstentworfenen Neubau ein Zeichen seiner künstlerischen Ausrichtung zu setzen und optimale Arbeitsbedingungen für seine Mitarbeiter zu schaffen. Das raumgreifende Ensemble besteht aus dem Werkstattflügel mit der bekannten Glasfassade, dem Berufsschultrakt und dem Atelierhaus, die durch eine Brücke und ein Zwischengebäude verbunden sind. An dem Gebäudekomplex aus Stahl, Beton und Glas ordnet sich die Form der jeweiligen Funktion vollendet unter. Die Bauhaus-Tradition vereinte Kunst und Technik und wirkte so bahnbrechend für die moderne Industriekultur. Mit den Bauhaus-Ideen sind die Namen so bedeutender Künstler und Architekten wie Paul KLEE (1879–1940), Wassily KANDINSKY (1866–1944), Lyonel FEININGER (1871–1956), Oskar SCHLEMMER (1888–1943), László MOHOLY-NAGY (1895–1946), Marcel BREUER (1902–1981) und Ludwig MIES VAN DER ROHE (1886–1969) verbunden. Die Nationalsozialisten erzwangen 1932 die Schließung der renommierten Einrichtung. Heute ist das 1975/76 originalgetreu restaurierte Architektur-Denkmal Sitz der *Stiftung Bauhaus Dessau*, die das Erbe des historischen Bauhauses bewahren und der Öffentlichkeit zugängig machen will, sich darüber hinaus aber auch der Gestaltung gegenwärtiger Lebensumwelten widmet. Zu den zahlreichen Spuren der Bauhaus-Geschichte in Dessau gehören auch die Meisterhäuser. Zeitgleich mit dem Bauhausgebäude entstanden, umfaßte die kleine Siedlung drei Doppelhäuser für die Bauhausmeister und ein Einzelhaus für den Direktor, das wie die nächstgelegene Doppelhaushälfte im Zweiten Weltkrieg zerstört wurde. Die ehemalige Wohnstätte von Lyonel FEININGER, die erhalten blieb, wurde 1994 denkmalgerecht restauriert und beherbergt jetzt das Kurt-Weill-Zentrum.

Zum Mittagessen begab sich die leopoldinische Reisegesellschaft in das reizvoll an der Elbe gelegene Restaurant »Kornhaus«, das nach einem Entwurf von Carl FIEGER, einem Mitarbeiter von Walter GROPIUS, und Hermann BAETHE 1929/30 als Ausflugsgaststätte den Grundsätzen des Bauhauses folgend, erbaut worden war. Das monolithische Stahlbetonskelett mit Mauerziegelausfachung fügt sich, den Elbwall integrierend, harmonisch in die Flußlandschaft ein. Farbliches Ambiente und Raumstruktur vermitteln eine glückliche Synthese von Zweckbetonung und Naturnähe. Von allen Plätzen konnten die Gäste den Blick in die reizvolle Landschaft genießen.

Zum Abschluß des Ausflugs war die Besichtigung von Schloß Georgium und der Anhaltischen Gemäldegalerie vorgesehen, die mit einem kurzen Vortrag über die Geschichte des Herzogtums Anhalt verbunden war. Das Schloß- und Parkensemble Georgium, auf Wunsch von Prinz JOHANN GEORG VON ANHALT errichtet, gilt als anspruchsvolle Antwort auf die Wörlitzer Anlagen. Der Landschaftspark im englischen Stil wurde damals von vielen Zeitgenossen wegen seiner größeren Natürlichkeit sogar den »Wörlitzer Kunstschöpfungen« vorgezogen. Das Schloß, 1780 von Friedrich Wilhelm ERDMANNSDORFF (1736–1800) als schlichtes Landhaus erbaut und 1893 durch zwei Flügelbauten erweitert, beherbergt seit Ende der fünfziger Jahre die 1927 zur Anhaltischen Gemäldegalerie zusammengefaßte und seitdem um bedeutende Werke des 16. bis 20. Jahrhunderts erweiterte Bildersammlung des ehemaligen anhaltischen Herrscherhauses. Im gleichfalls nach Plänen von ERDMANNSDORFF errichteten historischen Fremdenhaus in der Nähe des Schlößchens wird die umfangreiche »Graphische Sammlung« der Anhaltischen Gemäldegalerie präsentiert. Nach einem ereignisreichen Tag trat die Festgesellschaft nach der Besichtigung die Rückreise nach Halle an.

>Dr. Michael KAASCH
>Deutsche Akademie der Naturforscher Leopoldina
>Redaktion Nova Acta Leopoldina
>Emil-Abderhalden-Straße 37
>06108 Halle (Saale)
>Bundesrepublik Deutschland

Bericht über den Diskussionskreis
»Der alte Mensch in der Gesellschaft«

Vorbereitung und Organisation:
Paul B. BALTES (Berlin)
Mitglied der Akademie

Zur Diskussion gebeten:
Hanfried HELMCHEN (Berlin)
Mitglied der Akademie
Otfried HÖFFE (Tübingen)
Karl Ulrich MAYER (Berlin)
Mitglied der Akademie
Ortrun RIHA (Leipzig)
K. Warner SCHAIE (University Park)
Winfried SCHMÄHL (Bremen)

Am Nachmittag des 29. März 1999 hatte die Akademie zu einem Diskussionskreis »Der alte Mensch in der Gesellschaft« in den Gartensaal des Tagungsgebäudes Kongreß & Kultur Halle eingeladen, zu dem etwa 150 Mitglieder und Gäste erschienen waren. Die interdisziplinäre Veranstaltung hatte der Psychologe und Verhaltensforscher Paul B. BALTES (Berlin), Mitglied der Akademie, vorbereitet. Zur Diskussion waren gebeten worden: der Psychiater Hanfried HELMCHEN (Berlin), Mitglied der Akademie, der Philosoph Otfried HÖFFE (Tübingen), die Medizinhistorikerin Ortrun RIHA (Leipzig), der Psychologe K. Warner SCHAIE (University Park, USA), der Ökonom Winfried SCHMÄHL (Bremen) und der Soziologe Karl Ulrich MAYER (Berlin), Mitglied der Akademie. Nach einer kurzen Vorstellungsrunde der Podiumsteilnehmer hatten diese Gelegenheit, ihre Sicht zur Thematik darzulegen.[1]

Paul B. BALTES spiegelte in seiner Einführung *Altern* als ein vielschichtiges gesellschaftliches Phänomen. Dabei ging es ihm nicht um den »alten Menschen in der Gesellschaft« schlechthin, sondern um den alten Menschen in einer immer älter werdenden Gesellschaft. Im Gegensatz zu vergangenen Jahrhunderten ist für BALTES der ältere Mensch nicht mehr nur der Bewahrer des gesamten Wissens einer Gesellschaft, sondern heute einer derjenigen, die noch immer am Prozeß der Schaffung von neuem Wissen teilnehmen. Das Wissen der älteren Generation ist daher heute ein anderes als in der Vergangenheit. Eine mögliche Sicht ist, daß dieses spezifische Wissen nun eher obsolet wird.

BALTES betonte insbesondere individuelle Aspekte, von psychischen Momenten über soziale bis hin zu ökonomischen, die eine interdisziplinäre Herangehensweise an den Fragenkomplex Altern in einer sich verändernden Gesellschaft einfordern.

---

0 Die Zusammenfassung erfolgt unter Verwendung des Tonbandmitschnittes der Veranstaltung. Von MAYER (Berlin), RIHA (Leipzig) und SCHAIE (University Park) lagen auch schriftliche Kurzfassungen ihrer Statements vor, die in sehr gestraffter Form mit Berücksichtigung fanden.

Die Erkenntnisse, die heute in eine Diskussion über das Alter und das Altern eingehen, müssen nach BALTES aus vielen Quellen kommen und nicht nur aus der Wissenschaft. Er habe den Eindruck – so der Redner –, daß die größte Innovation oftmals bei den älteren Menschen selbst liege, die ihre Lebensumstände verändern und neue Formen des Zusammenlebens finden. Als Beispiel nannte BALTES aus dem Alltag entstandene neue Interaktionsformen zwischen älteren Frauen, da viel mehr Frauen als Männer das höhere Alter erreichen. Den Auftrag der Wissenschaft sah BALTES in einem Hinterfragen der Stereotype vom alten Menschen, wie es etwa die *Berliner Altersstudie* vorgeführt hat. Die Resultate zeigten, daß die verbreiteten Erwartungshaltungen vom hohen Alter weit negativer sind als der wissenschaftlich erstellte Befund. So sind etwa weithin akzeptierte Behauptungen, wie »Die meisten alten Menschen erhalten zu viele Medikamente.« keineswegs richtig. Hingegen trifft die Aussage, die meisten alten Menschen hätten eine Krankheit, durchaus zu. Während wiederum die Vermutung, die meisten alten Menschen fühlen sich krank, keinesfalls richtig ist. Zwar leben Frauen länger, sind aber entgegen der landläufigen Meinung nicht gesünder als gleichaltrige Männer. Außerdem trifft es zu, daß viele alte Menschen Hilfe beim Baden oder Duschen benötigen. Falsch hingegen ist die Erwartung, daß Depressionen im hohen Alter zunehmen würden. Auch hat das Thema Sterben und Tod entgegen weitverbreiteter Vorstellungen bei alten Menschen keine hohe Priorität. Zudem ist es falsch, daß ältere Menschen nichts Neues lernen können; natürlich nimmt das Gedächtnis ab, dennoch gibt es eine beträchtliche kognitive Plastizität. Entgegen der ersten Vermutung schützen gute Ausbildung und ein anspruchsvoller Beruf nicht vor dem Altersabbau der geistigen Leistungsfähigkeit. Weitere Beispiele aus der *Berliner Altersstudie* fügte BALTES[2] an. Die Studie zeigte nach BALTES außerdem, daß auch die Erwartung, in Westberlin seien viele alte Menschen arm, keinesfalls zutrifft. Weiterhin sind in Deutschland weder ärmere alte Menschen kränker als reiche, noch sind alte Hausfrauen schlechter gestellt als solche alte Frauen, die erwerbstätig waren. Nach BALTES kann die Wissenschaft mit ihren Aussagen hier in vielen Bereichen durchaus eine recht optimistische Sicht verbreiten. BALTES stimmte daher einerseits auch den Bestrebungen der Politiker zu, die Stereotype des Alters positiver zu gestalten, andererseits warnte er davor, den Optimismus zu weit zu treiben, so daß er realitätsfern werde. Aus psychologischen Experimenten wisse man, daß ein negativer Stereotyp durchaus auch positive Konsequenzen für die Person haben könne: Je negativer man über das Alter denke, um so positiver denke man über sich selbst. Es erleichtert den Vergleichsprozeß. Es gehört daher zur Pflege des *Ich*, Vergleichsmaßstäbe zu finden, mit denen man umgehen kann.

Karl Ulrich MAYER beschäftigte sich mit der sozialen und gesellschaftlichen Gestaltbarkeit und Veränderbarkeit des Alters und des Alterns. Dabei ging er insbesondere der Frage nach, bis zu welchem Grad das Alter hinzunehmendes Schicksal bedeutet und bis zu welchem Grad es unserer Verfügung unterliegt. Aus dem Blickwinkel des einzelnen Menschen gehört nach MAYER die Vorbereitung auf das erfolgreiche Altern hierzu, also ein gesundes und aktives Leben, mit Engagement bis ins hohe Alter, aber auch die bewußte Einstellung auf das Leben im Alter und auf potentielle Gebrechlichkeit. Dazu können Erkenntnisse aus der Psychologie und der Medizin beitragen. Als Soziologen interessierte MAYER jedoch vor allem die Frage, wie gesellschaftliche Institutionen zur Gestaltung der Altersphase beitragen und wo die Grenzen dieser Gestaltungsfähigkeit liegen.

---

2 Siehe Beitrag von BALTES in diesem Band S. 379–403 und Literatur dort.

Aus den Einlassungen von MAYER wurde deutlich, daß insbesondere zwei Prozesse die Dauer der Altersphase verlängern, zum einen der Rückgang der Sterblichkeit, vor allem bei den über 80jährigen, und zum anderen die Senkung des Alters beim Übergang aus der Erwerbstätigkeit in den Ruhestand. Dieser Übergang werde – so der Soziologe – in Deutschland von immer mehr Menschen als ein traumatischer Ausschluß aus dem aktiven Erwerbsleben erlebt, und dies nicht nur beim vorzeitigen Ruhestand für den überwiegenden Anteil der über 54jährigen in Ostdeutschland in der zurückliegenden Umbruchsphase. Das trifft auch viele über 50jährige Langzeitarbeitslose und Umschüler, die keine Erwerbstätigkeit mehr finden und früh in den Ruhestand eintreten. Entgegen den allgemeinen Trends und Erwartungen schützt auch eine hohe Berufsqualifikation nicht vor diesem Schicksal. Hier nannte MAYER die besonders hohe Arbeitslosigkeit bei über 50jährigen Informatikern.

An Beispielen aus Deutschland, Schweden und den USA über die Erwerbsbeteiligung der 55- bis 64jährigen in den siebziger, achtziger und neunziger Jahren zeigte MAYER, daß das Ruhestandsalter – und damit die Dauer der Altersphase – entscheidend von der jeweiligen nationalen Sozialpolitik beeinflußt wird.

Nach den Analysen von MAYER werden in Deutschland die produktiven Potentiale älterer, ja sogar »mittelalter« Menschen für Erwerbsarbeit immer weniger genutzt. Damit verschärft sich das Problem einer produktiven Nutzung des Alters. In Westdeutschland gehen über 50 % der 55- bis 70jährigen und über 30 % der über 70jährigen Tätigkeiten außerhalb des Erwerbslebens nach: Ausübung eines Ehrenamtes, Pflegetätigkeiten und Enkelbetreuung. Der Eintritt ins Rentenalter erhöht die Bereitschaft, ein Ehrenamt zu übernehmen. Solche Tätigkeiten sind also im Ausmaß beträchtlich, nehmen aber im höheren Alter deutlich ab. Bei den über 80jährigen gehen alle außerhäuslichen Aktivitäten stark zurück; die anspruchsvolleren werden fast vollständig aufgegeben. Nach MAYERS Forschungen verschwinden im eigentlichen Sinne produktive Tätigkeiten nach dem Alter von 85 Jahren fast völlig.

In MAYERS Untersuchungen im Rahmen der *Berliner Altersstudie* hat sich interessanterweise beim Vergleich der Alterns- und Überlebenschancen sozioökonomisch besonders gut gestellter und sozioökonomisch besonders schlecht gestellter Individuen herausgestellt, daß bei den Männern die mittlere Überlebensdauer für beide Gruppen etwa gleich ist und bei etwa 85 Jahren liegt. Der sozioökonomische Vorteil wirke sich – so MAYER – nur bis zum Alter von 85 Jahren aus. Bei Frauen hingegen erhält sich der sozioökonomische Überlebensvorteil bis zum Alter von 90 Jahren. Die sehr gut gestellten Frauen leben etwa zehn Jahre länger als die am schlechtesten gestellten Frauen. Am Beispiel von 100jährigen meinte MAYER, einen durch die Wiedervereinigung deutlich werdenden Effekt des Systemwechsels ableiten zu können.

Während die wissenschaftliche Betrachtung der Altersfrage in der *Berliner Altersstudie* für berechtigten Optimismus Anlaß bietet, mußte MAYER einräumen, daß das persönliche Erleben des Alterns seiner über 80jährigen Mutter und seiner Schwiegereltern mit Altersdemenz und sekundärer Parkinsonkrankheit in Kontrast dazu stehen. Möglicherweise, so meinte MAYER, würde sich diese Diskrepanz bei Berücksichtigung des Unterschieds zwischen selektiver Einzelfallerfahrung und Populationsbetrachtung methodisch auflösen. Er äußerte allerdings auch die Vermutung, daß sich eine angemessene Phänomenologie des Alterns nur durch das unmittelbare Zusammenleben mit alten Menschen über Monate und Jahre gewinnen ließe.

Aus der Sicht des Wirtschaftswissenschaftlers SCHMÄHL wird die Altersproblematik unter ökonomischen Gesichtspunkten vor allem als eine Verschiebung des Bevölkerungsteils, der nicht mehr im Erwerbsleben steht, gegenüber demjenigen, der erwerbstätig ist, diskutiert. Nach SCHMÄHL ist dabei die öffentliche Debatte sehr einseitig an dem Muster »Die Alten plündern die Jungen aus« orientiert. Daher werden Begriffe wie »Rentnerberg, Altenlast, Überalterung« verwendet. Insbesondere wird in diesem Zusammenhang die Höhe der Beitragssätze zur Sozialversicherung moniert, die jedoch durch ökonomische bzw. politische Entscheidungen, ältere Arbeitnehmer frühzeitig aus dem Erwerbsleben auszugliedern, bedingt ist. Jene Unternehmen, die jetzt über zu hohe Lohnnebenkosten klagen, hatten die Ausgliederung ursprünglich so gewollt. Die Teilung in die ökonomisch Aktiven, die im Erwerbsleben stehen, und die ökonomisch Inaktiven, die ausgegliedert worden sind, betrachtet nur die Erwerbstätigkeit. Für SCHMÄHL galt diese Sicht jedoch als zu eng. *Erstens* haben ältere Menschen in der Regel noch Sparguthaben bzw. Vermögen. Sie besitzen damit Kapital, das im Produktionsprozeß eingesetzt wird. So beteiligen sich auch ältere Menschen an der Wertschöpfung. *Zweitens* gibt es eine Reihe von Tätigkeiten, die außerhalb der Erwerbsarbeit geleistet werden, etwa Pflege von Verwandten oder Betreuung der Enkelkinder. Müßte man diese Leistungen am Markt kaufen, so würde die damit verbundene ökonomische Leistung sofort deutlich. *Drittens* sind auch Ältere Konsumenten. Etwa ein Fünftel der Konsumausgaben wird bereits von Haushalten älterer Menschen getätigt, das wird sich in Zukunft verstärken. Zudem zahlen Ältere Steuern, wie Mehrwertsteuer und Ökosteuer. Je größer der Anteil solcher nicht an die Erwerbsarbeit gekoppelter Steuern am Gesamtsteueraufkommen ist, desto größer ist der Anteil, den Ältere an der Finanzierung der allgemeinen Staatsausgaben leisten. SCHMÄHL meinte daher, die Aussage, daß Ältere zu einer finanziellen Belastung der Gesellschaft führen, auch aus wirtschaftswissenschaftlicher Sicht relativieren zu können. Ähnliches gilt nach seiner Ansicht auch für die Rentenversicherung. Mit der Beitragszahlung erwirbt man einen Rentenanspruch. Dies ist nichts anderes als eine Form von Sparen, die allerdings sehr von der Art und Weise, in der die Gesellschaft in Zukunft das Rentensystem gestaltet, beeinflußt wird. Das sogenannte Umlageverfahren – die heute Erwerbstätigen zahlen für die Nicht-mehr-Erwerbstätigen – spielt auf der individuellen Ebene keine Rolle, solange der in diesem System erworbene Anspruch gesichert bleibt. Außerdem zählte SCHMÄHL eine Reihe von Transfers der Älteren an die Jüngeren auf, durch Geldleistungen, Vererbung sowie Sachleistungen.

Im Zuge des Alterungsprozesses verringern sich aus gesundheitlichen Gründen die Möglichkeiten zur eigenständigen Lebensführung. Eine Kompensation ist nach SCHMÄHL nur über materielle Ressourcen, also das monetäre Einkommen, möglich, das den Kauf von Dienst- und Sachleistungen ermöglicht. Quelle dieses Einkommens kann die private Vorsorge, wird aber in weit größerem Umfang das soziale Sicherungssystem sein. Daher entscheidet für SCHMÄHL der zukünftige Umgang mit den sozialen Sicherungssystemen, inwieweit den Älteren Einkommen zur Verfügung steht. Sachleistungen, etwa im Gesundheitswesen und aus der Pflegeversicherung, werden zukünftig eine große Rolle spielen. Die Situation im Alter ist individuell verschieden zu betrachten – vor dem Hintergrund steigender Lebenserwartung, des späteren Eintritts in die Erwerbsphase und des früheren Ausscheidens aus dem Erwerbsleben. Für die nachwachsenden Generationen verkürzt sich die Erwerbsphase, während die Altersphase immer länger wird. Das Einkommen im Alter wird also wichtiger. Nach den von SCHMÄHL gezeigten Daten basieren im Westen Deutschlands rund 60 % der Alterssicherung auf Renten aus der Rentenversicherung; im Osten liegt dieser Anteil noch weitaus höher, da beispielsweise Betriebsrenten fast völlig fehlen. Das Einkommen aus Vermögen ist natürlich viel geringer als aus der Rentenversicherung. Es liegt im Westen deutlich höher als im Osten. Auf absehbare Zeit wird daher die soviel beschworene Selbst- und Eigenvorsorge als Alterssicherung weitgehend Illusion bleiben. Armut im Alter ist in Deutschland aber nach SCHMÄHLS Untersuchungen glücklicherweise nur ein marginales Phänomen. Lediglich 2 % der Rentner beantragen ergänzende Sozialhilfe zur Sicherung ihres laufenden Lebensunterhaltes. SCHMÄHL wagte abschließend einen Blick in die Zukunft. Dabei prägen die Bedingungen in der Erwerbsphase, wie es einem im Alter gehen wird. Es ist vor allem von der Beschäftigungssituation und der Arbeitsmarktpolitik abhängig, ob es zu einer Verlängerung der Erwerbsphase kommen kann. Sollte hier eine Verlängerung angestrebt werden, so hat das nach SCHMÄHL einmal Voraussetzungen im gesundheitlichen Bereich und zum anderen in der Bildungs- und Weiterbildungspolitik, die stärker auf ältere Menschen ausgerichtet werden muß. SCHMÄHL plädierte für ein Modell, das eine Kopplung der Altersgrenze für das Ausscheiden aus dem Erwerbsleben an die steigende Lebenserwartung vorsieht.

Frau RIHA betonte eingangs ihrer Betrachtungen, daß es stets ein großes Problem sei, aus historischer Perspektive einen solchen Kontext anzugehen, da man sehr leicht in jenes Fahrwasser des »Lernens aus der Geschichte« gerate, das nicht nur nicht möglich, sondern gar nicht erst zu probieren sei. Aus historischer Sicht könne man »das Alter« bzw. den alten Menschen als eine frühere (verglichen mit heute bessere oder schlechtere) »Realität« untersuchen. So könne man etwa fragen, wie »alt« die Menschen in vergangenen Zeiten geworden sind, wie sie das Alter erlebten, wie es ihnen physisch oder finanziell erging usw. Für diese Problemkreise – so RIHA – stehen die historische Demographie und Epidemiologie, aber auch paläopathologische Untersuchungen zur Verfügung. Darüber hinaus kann man Selbstzeugnisse sprechen lassen. Auf diese Weise sind aus einer Vielzahl von Quellen trotz aller Individualität des Alterns epochen-»typische« »Altersbilder« abzuleiten.

Frau RIHA versuchte danach, eine andere Herangehensweise an das Thema zu finden, indem sie »das Alter in der Geschichte« als »Imagination« bzw. als »Konstruktion« betrachtete, »die jeweils einen spezifischen historischen, kulturellen und sozialen Ort hat und dementsprechende gesellschaftliche Funktionen erfüllt«. In dieser Sicht, meinte RIHA, werde »Das Alter« ein Kristallisationspunkt, von dem ausgehend wichtige Aussagen über die Gesellschaft, das Wirtschaftssystem, religiöse und moralische Vorstellungen zu gewinnen sind. Weiterhin wies Frau RIHA auf Arthur IMHOFS These hin, daß wir durch die Verlängerung der durchschnittlichen Lebensdauer unsere irdischen Jahre innerhalb eines Jahrhunderts zwar knapp verdoppeln konnten, dafür aber die Ewigkeit verloren haben. Für Frau RIHA war der »verbreitete imaginierte Horror vor dem Alter« genau mit jenem »Verlust der Jenseitsperspektive« zu begründen. Darüber hinaus ging sie auf das in der medizinhistorischen Forschung etablierte Paradigma der »Medikalisierung« ein, daß mittlerweile Beschwerden oder auch nur physiologische Besonderheiten des Alters zu behandlungsbedürftigen Krankheiten »geworden« sind.

Als abschließenden Aspekt betonte Frau RIHA, daß Menschen nicht nur in jeder Epoche und in jeder Kultur »anders« altern, sondern es auch innerhalb jedes historischen und kulturellen Abschnitts erhebliche Unterschiede, etwa zwischen den Geschlechtern, sowohl im subjektiven Empfinden als auch im Blickwinkel der jeweils Jüngeren gibt.

Auf diesem Forum sei, so Otfried HÖFFE, der Philosoph unter den Experten der Laie, da für ihn das Alter kein professionelles Thema abgebe. Selbst große Wörterbücher der Philosophie verzeichnen das Stichwort Alter nicht. Um hier künftig Experten zu haben, benötige man eine neue Disziplin, etwa eine Ethik des Alters und des Alterns. Viele Philosophen erfreuten sich eines langen Lebens. Einige, wie beispielsweise KANT, begannen erst im höheren Alter, die ihnen Weltruhm bringenden Werke zu veröffentlichen. Daher – so HÖFFE – wäre sein erster sozial-ethischer Ratschlag, ältere Menschen weder intellektuell zu unterfordern, noch sie zu rasch in eigene Lebensräume abzuschieben (»in Reservate für Stadtindianer vom Stamme der Senioren«). Die Philosophie, so meinte HÖFFE, müsse für die empirische Seite der Altersproblematik um die Hilfe der Sozialwissenschaften bitten und könne nur zur normativen Seite beitragen, hier jedoch nicht als Theorie von Anforderungen an die Gesellschaft, sondern als Theorie von Anforderungen an die Personen selbst – als personale Ethik. Generell erfahre der Mensch stets dort Sinn, wo er Pläne verfolge, die eine harmonische Nutzung seiner Interessen und Fähigkeiten erwarten lassen, und wo er in diesen Plänen auch vorankomme. Wegen der unterschiedlichen Interessen, Begabungen und Erfahrungen gebe es dafür keine allgemein gültigen Lebensstrategien, wohl aber seien allgemeingültige Vorbedingungen von Sinnfähigkeit zu formulieren. Die tendenzielle »Unersättlichkeit« des Menschen erfordere Besonnenheit und Maß. Der alte Mensch erfahre besonders schmerzlich, was jeden treffe, daß er nicht immer könne, was er wolle. Hier sei Gelassenheit angesagt und die Fähigkeit, den Grenzen der eigenen Person und der eigenen Handlungsmöglichkeiten frei zuzustimmen. Der Mensch müsse mit dem Wissen leben, daß er trotz aller Vorsorge krank oder durch einen Unfall Opfer werden könne, daß er gebrechlich werden könne und sterben werde. Ältere Menschen müssen lernen, ihre Nächsten, die längst erwachsenen Kinder, nicht mehr wie Kinder zu behandeln. Gelassenheit sei dabei kein Zeichen von Schwäche, sondern von Ich-Stärke. Ein älterer Mensch, der diese neu lernen muß, kann das über drei Phasen versuchen. Die erste Phase ist ein sich Abfinden mit der traurigen Wirklichkeit, ein resignatives Altern, die zweite ein bewußtes Hinwenden zu altersgerechten Interessen und Beziehungen und die dritte ein kreatives Altern, das den Gewinn sieht, den Zwängen von Konkurrenz und Karriere enthoben zu sein, und sich das leisten zu können, das andere glauben, sich nicht leisten zu können: nämlich Unbestechlichkeit, Selbstachtung, Güte und Humor. Für eine sinnerfüllte Existenz sind personelle Beziehungen wichtig. Sie setzen die Fähigkeit voraus, das eigene Interesse zurückzustellen und sich dem anderen in seiner Andersheit zuzuwenden. Es bedarf dazu etwas, das HÖFFE als »Selbstvergessenheit« kennzeichnete, die nicht in einem Altruismus besteht, sondern gewissermaßen einem aufgeklärten Selbstinteresse folgt, dem Interesse an einem sinnerfüllten Leben. In der Beziehung zwischen Jung und Alt sei – so HÖFFE – diese Selbstvergessenheit auf beiden Seiten gefragt. Die Älteren können durchaus helfen. Es gibt dabei die direkte bzw indirekte Hilfe. Sie können aber auch Erfahrungen übermitteln, nicht zuletzt auf sprachfreie Weise.

HÖFFES zweiter Ratschlag, nunmehr personeller Ethik, lautete, man lerne rechtzeitig Tugenden wie Besonnenheit, Gelassenheit und Selbstvergessenheit. In seiner Sicht breiten sich in den westlichen Ländern verwerfliche Verhaltensweisen gegen die älteren Menschen aus: Einschränkung des Handlungsspielraumes, Entmündigung im Alter, Vernachlässigung und Gewalt. Hier ist ein phasenverschobener Freiheitstausch erforderlich. Schwach und hilfsbefürtig ist der Mensch nicht nur am Ende, sondern auch zu Beginn seines Lebens. Um heranwachsen zu können, haben die Kinder, um in Ehren alt zu werden, die gebrechlich gewordenen Eltern ein Interesse, daß man ihre Schwäche nicht ausnutzt. Es ist deshalb für die mittlere Generation vorteilhaft, ihre Machtüberlegenheit gegenüber der jüngeren nicht auszuspielen, weil sie, wenn die Kinder heranwachsen, zur dritten Generation wird, die ihrerseits nicht den Machtpotentialen der zur mittleren Generation gewordenen jüngeren ausgesetzt sein möchte. So zeigt nach HÖFFE der generationenübergreifende Blick, daß nicht erst Solidarität, sondern schon Gerechtigkeitsargumente gegen eine Verletzung der Rechte von Älteren sprechen. HÖFFE forderte folglich analog zur antiautoritären Erziehung der Kinder auch eine antiautoritäre Gerontologie. Ihre Legitimationsgrundlage – so HÖFFE weiter – bilde eine sozialethische Pflicht. Daraus leitete der Redner seine dritte Empfehlung, die er goldene Regel der Gerontologie nannte, ab: »Was man als Kind nicht will, das man dir tu, das füg auch keinem Älteren zu.«

HÖFFE führte dann als ein Beispiel aus, daß man neben kindgerechten Räumlichkeiten auch älterengerechte Räumlichkeiten schaffen müsse und dies eine gemeinsame Aufgabe für Psychologen, Sozialarbeiter, Ärzte, nicht zuletzt Architekten und Städteplaner sei. Dabei spielt die Knappheit der vorhandenen Mittel einer Gesellschaft eine entscheidende Rolle, weil auch in Zukunft Menschen miteinander darum konkurrieren müssen, nicht zuletzt die jüngere mit der älteren Generation. Die erhöhte Lebenserwartung spricht dafür, daß die Zeitspanne weiter wachsen wird, in der die ältere Generation die Hilfe der jüngeren in Anspruch nimmt. Der sogenannte Generationenvertrag könnte sich deshalb seit einigen Jahrzehnten zugunsten der älteren Generation verändern. Dagegen freilich steht, daß auch der Zeitpunkt, an dem Jugendliche völlig selbständig werden, durch die Verlängerung des Schulbesuchs und der Ausbildungszeiten von Lehrlingen und Studenten hinausgeschoben worden ist.

Kritischer sah HÖFFE den Anteil der jeweiligen Generationen am Bruttosozialprodukt der Gesellschaft. Während das Bildungswesen bisher überwiegend der jungen Generation zur Verfügung steht, kommt das Gesundheitswesen insbesondere der älteren Generation zugute. Während aber noch 1970 die Ausgaben für beide Bereiche in gleicher Größenordnung lagen, fällt die Zuwachsrate bis in die neunziger Jahre für das Gesundheitswesen erheblich höher aus. Hier ließe sich – so HÖFFE – also durchaus eine intergenerationelle Ungerechtigkeit feststellen. Für die Politik scheinen Gesundheitswesen und Rentenfragen eine höhere Priorität zu besitzen als Bildungsfragen. Die stärkeren und dominierenden Generationen sichern hier einen Vorrang der Älteren auf Kosten der Schwächeren, der Kinder und Kindeskinder. Nach HÖFFE bedarf es daher einer »Gerechtigkeit gegenüber künftigen Generationen«.

Der Psychiater Hanfried HELMCHEN konzentrierte seine Ausführungen auf den psychisch kranken alten Menschen. So ging er insbesondere auf die Demenz vom Alzheimertyp und depressive Störungen ein. Die Häufigkeit von Demenzen ist stark alterskorreliert, von etwa 2% im Alter von 70 Jahren nimmt sie auf über 50% bei über 90jährigen zu. Die Demenzerkrankung geht mit Hilfsbedürftigkeit einher. HELMCHEN sprach von etwa 800 000 Erkrankten mit einer mittleren bis schwer ausgeprägten Demenz in der Bundesrepublik Deutschland. Prognosen – so HELMCHEN – gehen davon aus, daß im Jahre 2020 fast mit einer Verdopplung dieser Zahl zu rechnen ist – etwa 1,5 Millionen Menschen. Viele Menschen hatten in Familie und Bekanntenkreis bereits Umgang mit Demenzkranken, deren Hilflosigkeit durch drastische Abnahme der geistigen Leistungsfähigkeit mit das sehr negative Bild des alten Menschen in der Gesellschaft geprägt hat. HELMCHEN räumte ein, daß auch er, der als klinisch tätiger Psychiater die Erkrankten meist erst in Spätstadien in der Klinik gesehen habe, einen solchen negativen Altersstereotyp hatte. Die interdisziplinäre Zusammenarbeit mit den Kollegen der anderen Fachdisziplinen in der *Berliner Altersstudie* habe ihn aber ein optimistischeres Bild gewinnen lassen. So hat sich in dieser Kooperation das eher düstere Bild des psychiatrisch tätigen Arztes etwas aufgehellt, die sehr optimistische Sicht der Psychologen und Sozialwissenschaftler, die mehr von jenen aktiven Älteren, welche sich auf Annoncen den Instituten zur Verfügung stellen, geprägt war, hat sich etwas getrübt.

Die große Anzahl Demenzkranker und ihre Hilflosigkeit erfordert eine sehr große Anzahl Helfer. Noch werden etwa 70% der Demenzkranken in ihrer häuslichen Umgebung betreut, 30% sind in irgendeiner Form von Einrichtung untergebracht. Nach HELMCHENS Meinung sind aber beide Formen der Versorgung in gewisser Weise gefährdet. Die demographische Entwicklung wird dazu führen, daß die Anzahl der Pflegenden bis zum Jahr 2030 um ein Drittel abnehmen, die Anzahl der pflegebedürftigen Demenzkranken aber erheblich zunehmen wird. Hinzu kommt, daß die Pflege in den kleiner werdenden Familien durch die wachsende Anspannung der nachfolgenden Generation im Berufsleben kaum noch direkt zu leisten ist. Die Familien müssen dann ambulante, professionelle Pflegedienste finanzieren. Zudem wird die Anzahl der Einrichtungen, die überwiegend Demenzkranke behandeln und pflegen, reduziert. Die Pflegequalität nimmt ab, die ärztliche Behandlung wird auf ein Minimum eingestellt. Damit aber werden die speziellen Ziele der Alterspsychiatrie, die Verbesserung der Qualität und Quantität in der Pflege und Behandlung dieser Erkrankten, kaum zu erreichen sein.

Für die Stellung des alten Menschen in der Gesellschaft spielt – so HELMCHEN – auch hier wieder die Ressourcenfrage eine Rolle, weil die Pflege eines Demenzkranken erhebliche Kosten verursacht. Erschwerend kommt für HELMCHEN hinzu, daß diese Kostendiskussion zunehmend mit einer Debatte um den sogenannten assistierten Suizid verknüpft wird. Ältere Menschen mit einer Demenzerkrankung können so den Eindruck erhalten, anderen nur zur Last zu fallen, und unter den Druck geraten, ihr Leben beenden zu sollen. HELMCHEN forderte, diese so überaus diffizilen Zusammenhänge auch in den Diskussionen um die Sterbehilfe zu berücksichtigen. Als Beispiele für hervortretendes schwerwiegendes Versagen in dieser Auseinandersetzung nannte der Redner eine Reihe von Fällen aus den letzten Jahren, in denen Pflegepersonen alte Menschen, insbesondere demente Menschen, aus Mitleid töteten. Die bisher überwiegend intellektuell geführte Diskussion trägt nach Ansicht von HELMCHEN Lebensrealität und ärztlichen Notwendigkeiten nicht unbedingt Rechnung. Ähnliches gilt für die Frage, ob man nicht einwilligungsfähige Demenzkranke in Forschungsprojekte einbeziehen dürfe.

Noch häufiger als Demenzerkrankungen finden sich bei alten Menschen depressive Störungen, und zwar meist in einer nur leicht ausgeprägten Form. Sie treten nach den Daten der *Berliner Altersstudie* bei gut einem Viertel der Menschen über 70 Jahre auf. Davon haben nach den von HELMCHEN genannten Daten lediglich 10% eine nach den heute gültigen Kriterien diagnostizierbare Depression, 15% haben eine unterschwellige, aber behandlungsbedürftige Depression, die jedoch nicht die operationalisierten Diagnosekriterien erfüllt. Diese Depressionen spielen bei der Verlängerung von körperlichen Erkrankungen bzw. bei der Zunahme von Komplikationen im Verlauf dieser Erkrankungen eine Rolle. Die meisten dieser Depressionen sind gut behandelbar, so daß hier Anlaß zu einem optimistischen Ausblick besteht.

K. Warner SCHAIE konzentrierte den Bericht über seine in den USA gewonnenen Erfahrungen auf die gesellschaftlichen Konsequenzen der Entwicklung im Alter. Insbesondere beschäftigte er sich mit Veränderungen der Bevölkerungsstruktur, aus denen sich Schlußfolgerungen für erfolgreiches Altern und für die Aufrechterhaltung der Lebensqualität im Alter ergeben. Als Kognitionspsychologe untersuchte SCHAIE unterschiedliche Formen der Abnahme intellektueller Fähigkeiten im Alter. So ging er auch der Frage nach, warum einige Personen den Höhepunkt ihrer Kompetenz im frühen Erwachsenenalter erreichen, andere diesen Höhepunkt jedoch erst im mittleren oder späteren Alter erzielen. Darüber hinaus beschäftigte ihn das Problem, ob sich Veränderungen im Niveau der intellektuellen Kompetenz in unterschiedlichen Generationen ergeben bzw. das intellektuelle Altern in aufeinanderfolgenden Generationen Abweichungen erfährt. Diese Fragen wurden im Rahmen der bekannten *Seattle Longitudinal Study*, einer im Jahre 1956 begonnenen Untersuchung, angegangen.

Nach SCHAIE unterscheiden die gerontologischen Psychologen oftmals zwischen optimalen, normalen und pathologischen Alternserfahrungen. Körperliche und geistige Verschlechterungen sind keine unbedingt eintretenden Begleiter des normalen Alterns, wenngleich natürlich die Krankheitsanfälligkeit in höherem Alter steigt. Viele ältere Menschen können die Beschwernisse des Alters durchaus kompensieren. Die Alten sind keine homogene Gruppe. Es ist erforderlich, die einzelnen Stadien des Alters zu differenzieren, da es in keinem Lebensstadium so große individuelle und stadienabhängige Unterschiede gibt wie in der gemeinhin als *Alter* bezeichneten Phase. Der Vergleich eines 95jährigen mit einem 65jährigen muß von einer Größenordnung der Unterschiede ausgehen, die etwa dem Vergleich eines 35jährigen mit einem 5jährigen entsprechen.

Die körperlichen und geistigen Veränderungen der letzten 30 Lebensjahre sind – so SCHAIE – in vieler Hinsicht wesentlich größer als für die gleiche Zeitspanne in anderen Altersstufen. 65- bis 80jährige stehen in vielen Parametern der körperlichen und geistigen Leistungsfähigkeit Menschen im »mittleren Lebensalter« näher als den über 80jährigen. SCHAIE führte aus, daß im Gegensatz dazu die etwa 25 000 100jährigen in den USA ein »Überbleibsel« einer früheren Generation darstellen, die sich von den jungen Alten in fast allen demographischen und persönlichen Merkmalen stark unterscheiden.

Für die Forschungen von SCHAIE bildeten jedoch insbesondere die markanten individuellen Unterschiede in den Alterungsprozessen den Schwerpunkt. Während eine große Gruppe alternder Menschen noch sehr lohnende Jahre des Ruhestands im Besitz voller intellektueller Kompetenz, Unabhängigkeit und guter Gesundheit erlebt, die fast bis zum Ende des Lebens reichen, verfällt eine andere Gruppe sehr früh und verbringt die letzten Jahre im Elend und als Belastung ihrer Familien. SCHAIE sieht die Ursache dafür in der erheblichen Verhaltensplastizität in allen Altersstufen. Viele Menschen agieren im gesamten Lebensverlaufs unterhalb der Grenzen ihrer Reservekapazitäten. Sie werden dann mit dem Alterungsprozeß schlechter fertig als Menschen, die es gewohnt sind, diese Grenzen beständig auszuschöpfen, wie es im Alter dann immer wichtiger wird. Für SCHAIE beginnt daher erfolgreiches Altern nicht erst in den sechziger Lebensjahren, sondern bereits viel früher, wenn die Grundlage für Lebensweisen gelegt wird, die einen gesunden Körper und einen gesunden Geist erhalten. Die Ausbildung solcher Gewohnheiten wird vom Bildungsgrad, aber auch der Ermutigung, die man in der Familie oder im Freundes- und Bekanntenkreis in dieser Richtung erfährt, abhängen. Dabei ist die Erhaltung eines sozialen Beziehungssystems besonders wichtig. Im Alter müssen neue Freundschaften an die Stelle der verlorenen treten. Es bedarf dazu eines positiven Selbstgefühls, das im Setzen von altersgerechten Prioritäten erlangt werden kann.

Im folgenden ging SCHAIE der Frage nach, inwieweit sich aufeinanderfolgende Generationen etwa in der Abnahme des intellektuellen Kompetenzniveaus mit dem Alter unterscheiden. Die vorgestellten Daten zeigten, daß auf der Ebene der Individuen die meisten Fähigkeiten einen Höhepunkt im frühen bis mittleren Alter erreichen und dann nach dem sechzigsten Lebensjahr einen leichten, nach dem achtzigsten einen starken Abfall zeigen. Vergleicht man nun dabei die unterschiedlichen Generationen, so fand SCHAIE heraus, daß sich etwa für das Verbalverhalten, die räumliche Orientierung und die Fähigkeit, induktive Schlußfolgerungen zu ziehen, ein positiver Trend ermitteln ließ. Dagegen fand er für das Rechnen die beste Leistung für die 1924 Geborenen, die in den folgenden Generationen beständig schlechter wird. Der Eintritt in den Ruhestand hat nach diesen Analysen mehr ungünstige Konsequenzen, wenn zuvor ein Beruf mit komplexen und anspruchsvollen Tätigkeiten ausgeübt wurde, hingegen deutlich weniger, wenn zuvor eine routinemäßige und uninteressante Tätigkeit verrichtet worden war. Die im Ruhestand mögliche »Freizeitrolle« ist zwar von vielen Arbeitenden erwünscht, vermag aber die »Arbeitsrolle« meist nicht völlig zu ersetzen. Dennoch ging SCHAIE in seinen Einlassungen davon aus, daß sich die Unterschiede zwischen der Leistungsfähigkeit von Erwachsenen in mittleren Jahren und gesunden Personen zwischen 60 und 70 noch weiter verringern werden. Die Erkenntnis, daß viele ältere Menschen weiterhin gute Leistungen in ihrem Beruf erreichen können, hat – so SCHAIE – »die amerikanische Politik überzeugt, den zwangsweisen Ruhestand abzuschaffen«. Damit erhalten Faktoren, wie Gesundheitszustand und Vermögensbildung während des Arbeitslebens, ein viel größeres Gewicht für die Entscheidung zum Ruhestandsantritt.

Die höhere Lebenserwartung birgt das Problem, daß der Prozentsatz der Alten mit größeren Kompetenzverlusten an den Älteren insgesamt wächst. Nach SCHAIES Forschungen ist es aber durchaus möglich, ältere Menschen in den Siebzigern und Achtzigern soweit zu schulen, daß sie zur selbständigen Lebensführung und Teilnahme an gesellschaftlichen Verpflichtungen in der Lage sind. Für SCHAIE erschien das besonders wichtig, weil die »jungen« Älteren entweder als Arbeitnehmer oder durch Wahrnehmung von Ehrenämtern ausgelastet sein werden, damit die ausreichende Erziehung der Kinder und die Versorgung der Schwachen und Behinderten im hohen Alter wirtschaftlich möglich bleibt.

Die teilweise auch recht emotional geführte Diskussion offenbarte die Schwierigkeit der Thematik, die sowohl biologisch-medizinische Grundlagen als auch soziale Probleme einschloß. Ein Sprecher verwies zunächst auf die evolutionsbiologischen Fundamente der Lebenserwartung, um danach zu den kulturellen Leistungen des älteren Menschen überzuleiten. Besonders kontrovers wurden Fragen des Anwachsens der Lebenserwartung in West- und Ostdeutschland debattiert, wobei hier die Meinungen auseinandergingen, ob der gleiche oder aber ein gegenläufiger Trend zu beobachten sei und inwieweit z. B. Streß und Furcht vor bzw. tatsächliche Arbeitslosigkeit eine an sich positive Entwicklung umkehren könnten. Überaus kritisch wurden von den Diskutanden die soziologischen und ökonomischen Aussagen gewertet; insbesondere bezüglich der Armut im Alter, die – so ein Diskussionsteilnehmer – auch dadurch kaschiert werde, daß alte Menschen nach einem arbeitsreichen Leben oftmals zu stolz sind, nun noch beim Sozialamt zu betteln. Von einigen Diskussionsteilnehmern wurden die unterschiedlichen Herangehensweisen der Naturwissenschaften und der Psychologie/Soziologie thematisiert. Vor allem wurde gewarnt, daß sowohl Selbstbild als auch die Beantwortung von Fragen durch die älteren Teilnehmer an den entsprechenden Studien durchaus Selbsttäuschungen unterliegen können, die dann den Wert der erhobenen Daten einschränken und eine Relativierung der gezogenen Schlüsse erfordern. Die Aussprache ließ deutlich werden, daß eine Verständigung zwischen den Fachkulturen einerseits der Natur- und andererseits der Geisteswissenschaften durchaus nicht immer einfach ist, auch von Mißverständnissen getrübt sein kann, daß sie aber gerade deshalb ein vordringliches Anliegen der Akademien mit ihrer interdisziplinären Mitgliederstruktur sein sollte. Gerade die tiefgreifenden Veränderungen in der Altersstruktur in den westlichen Ländern, die eingebunden sind in den Strukturwandel in Wirtschaft und Gesellschaft und zu Verunsicherung führen, bedürfen einer Fachgrenzen übergreifenden Reflexion.

Dr. Michael KAASCH
Deutsche Akademie der Naturforscher Leopoldina
Redaktion Nova Acta Leopoldina
Emil-Abderhalden-Straße 37
06108 Halle (Saale)
Bundesrepublik Deutschland

Verzeichnis

der wissenschaftlichen Veranstaltungen der Deutschen Akademie der Naturforscher Leopoldina zwischen den Jahresversammlungen 1997 und 1999

6. bis 9. April 1997	Symposium (gemeinsam veranstaltet mit der Stiftung Deutsch-Amerikanisches Akademisches Konzil [DAAK]) »Naturwissenschaftliche Forschung in Hochschulen, Akademien und außeruniversitären Institutionen mittelosteuropäischer Länder, Deutschlands und der USA – Ansätze, Erfahrungen und Perspektiven«
15. April 1997	Vortragssitzung
	Herr Alexander VON GRAEVENITZ (Zürich) »Zur Geschichte der Endokarditis: Gustav Mahlers letzte Krankheit«
	Herr Hans FÖLLMER (Berlin) »Vom Leibniz-Kalkül zur stochastischen Analysis: Reines und Angewandtes aus der Mathematik zufälliger Schwankungen«
13. Mai 1997	Vortragssitzung
	Herr Pekka Juhani SAUKKO (Turku) »Schwierigkeiten beim Aufbau der Rechtsmedizin in Entwicklungsländern am Beispiel Kambodscha«
	Herr Hartmut MICHEL (Frankfurt am Main) »Kristallisation und Strukturaufklärung von Membranproteinen: Die Cytochrom-*c*-Oxidase (›Warburgsches Atmungsferment‹) des Bodenbakteriums *Paracoccus denitrificans*«
23. und 24. Mai 1997	Gaterslebener Begegnung 1997 »Vom Einfachen zur Ganzheitlichkeit – Das Problem der Komplexität auf organismischer und soziokultureller Ebene« Leitung: Anna M. WOBUS (Gatersleben) Ulrich WOBUS (Gatersleben) Benno PARTHIER (Halle/Saale)
10. Juni 1997	Vortragssitzung
	Herr Koichi SHIMIZU (Maebashi) »Diabetic Retinopathy as a Vascular Disorder«
	Herr Wolfgang A. HERRMANN (München) »Citius, Altius, Fortius: Leistungen und Zukunft der Metallorganischen Homogenkatalyse«

13. und 14. Juni 1997	Meeting »Onkologie 2000 – Schnittpunkte zwischen Grundlagenforschung und Klinik« Leitung: Gottfried GEILER (Leipzig) Klaus HÖFFKEN (Jena) Hans-Joachim SCHMOLL (Halle/Saale)
9. September 1997	Vortragssitzung Herr Jean AUBOUIN (Paris) »The Ocean as a Model of Mountain Building« Herr Rudolf HAPPLE (Marburg) »Manifestation genetischer Mosaike in der menschlichen Haut«
6. und 7. Oktober 1997	European Symposium (gemeinsam veranstaltet mit der Europäischen Gesellschaft für Biochemische Pharmakologie [ESBP] und der Friedrich-Schiller-Universität Jena) »Renal and Hepatic Transport – Similarities and Differences« Leitung: Christian FLECK (Jena) Wolfgang KLINGER (Jena) Dieter MÜLLER (Jena)
14. Oktober 1997	Vortragssitzung Herr Joshua JORTNER (Tel Aviv) »The Challenge of the Structure-Function Relations in the Chemical and Biophysical Dynamics« Herr Thomas HERRMANN (Dresden) »Die Behandlungszeit – der Januskopf der Radioonkologie«
28. und 29. Oktober 1997 in Berlin	Symposium (gemeinsam veranstaltet mit der Berlin-Brandenburgischen Akademie der Wissenschaften) »Climate Impact Research: Why, How and When?« Leitung: Paul J. CRUTZEN (Mainz) Gotthilf HEMPEL (Bremen) Hans-Joachim SCHELLNHUBER (Potsdam)
4. November 1997	15. Gedenkvorlesung für Kurt MOTHES, XXII. Präsident der Akademie Herr Benno PARTHIER (Halle/Saale) Gedenk- und Einführungsworte Herr Alfred SCHELLENBERGER (Halle/Saale) »Vitamin B_1: Der Streit um die Funktion der Aminopyrimidin-Komponente«

14. und 15. November 1997	Meeting Leopoldina-Förderpreisträger berichten II Leitung: Dietmar GLÄSSER (Halle/Saale) Alfred SCHELLENBERGER (Halle/Saale)
18. November 1997	Vortragssitzung Herr Michael FROTSCHER (Freiburg i. Br.) »Plastizität von Nervenzellen nach Läsion« Herr Rolf-Peter KUDRITZKI (München) »Heiße Sterne und die Hubble-Konstante«
9. Dezember 1997	Vortragssitzung Herr Andreas SIEVERS (Bonn) »Über Zisterzienser und ihre Klöster«
18. Dezember 1997	Festkolloquium anläßlich des 70. Geburtstages von Herrn Prof. Dr. Gottfried GEILER, Vizepräsident der Leopoldina
13. Januar 1998	Vortragssitzung Herr Hans-Joachim FREUND (Düsseldorf) »Funktionelle Reorganisation im Gehirn des Menschen« Herr Werner SCHREYER (Bochum) »Die Dynamik des Erdinneren aus der Sicht der Experimentellen Hochdruckforschung«
10. Februar 1998	Vortragssitzung Herr Gunter FISCHER (Halle/Saale) »Die Heterogenität der Peptidbindung als biologisches Signal« Herr Karlheinz BAUCH (Chemnitz) »Die Schilddrüse im Spannungsfeld zwischen Jodmangel und Jodüberschuß«
10. März 1998	Vortragssitzung Herr Wilhelm THAL (Magdeburg) »Pädiatrie im 20. Jahrhundert – Globales und Regionales« Herr Heinz HOFFMANN (Bonn) »Adaptive Materialien: Mathematische Modelle und Anwendungen«

2. und 3. April 1998 in Würzburg	Symposium »Probleme relevanter Infektionskrankheiten« Leitung: Rudolf ROTT (Würzburg)
17. und 18. April 1998	Meeting »Der Zufall« Leitung: Klaus KRICKEBERG (Paris) unter Mitwirkung von: Heinz BAUER (Erlangen) Hans FÖLLMER (Berlin) Jürgen MOSER (Berlin) Volker STRASSEN (Konstanz)
21. April 1998	Vortragssitzung Herr Walter BÄR (Zürich) »Der Beweiswert von forensischen DNA-Analysen – Zum Umgang mit Wahrscheinlichkeitswerten« Herr Jaromír DEMEK (Kunštát na Moravě) »Klimaschwankungen und Geoprozesse im kalten Norden Eurasiens«
8. und 10. Mai 1998 in Jena	Symposium (in Zusammenarbeit mit dem Bundesinstitut für gesundheitlichen Verbraucherschutz und Veterinärmedizin [BgVV], Fachbereich Bakterielle Tierseuchen und Bekämpfung von Zoonosen) »Nahrungsketten – Risiken durch Krankheitserreger, Produkte der Gentechnologie und Zusatzstoffe?« Leitung: Theodor HIEPE (Berlin) Johannes ECKERT (Zürich) Herbert GÜRTLER (Leipzig) Werner KÖHLER (Jena) Dietrich SCHIMMEL (Jena)
19. Mai 1998	Vortragssitzung Herr Paul J. CRUTZEN (Mainz) »Die Beobachtung atmosphärisch-chemischer Veränderungen: Ursachen und Folgen für Umwelt und Klima« Herr Jan HELMS (Würzburg) »Rehabilitation des Hörens bei Gehörlosen«
16. Juni 1998	Vortragssitzung Herr Erwin SCHÖPF (Freiburg i. Br.) »Neurodermitis atopica – eine Zivilisationskrankheit?« Herr Pál VENETIANER (Szeged) »Die Werkzeuge des Molekularbiologen: Die Restriktions-Modifikations-Enzyme«

19. und 20. Juni 1998
in Schweinfurt
	Meeting
	»Die Bausch-Bibliothek in Schweinfurt –
	Wissenschaft und Buch in der Frühen Neuzeit«
	Leitung: Menso FOLKERTS (München)
	    Ilse JAHN (Berlin)
	    Uwe MÜLLER (Schweinfurt)

24. und 26. Juni 1998	Halle Forum 1998 (in Zusammenarbeit mit der Bundeszentrale für Politische Bildung [Bonn]) »Kalter Krieg: Erziehung, Bildung, Wissenschaft. Die strategische und politische Konzeptualisierung und Realisierung im Ost-West-Konflikt« Leitung: Manfred HEINEMANN (Hannover)
21. und 22. August 1998 in Dresden	Meeting »Can Crystal Structures Be Predicted?« Leitung: Jack David DUNITZ (Zürich) Peter PAUFLER (Dresden)
15. September 1998	Vortragssitzung Herr Jürgen KRÄMER (Bochum) »Der Spontanverlauf des lumbalen Bandscheibensyndroms« Herr Heinz PENZLIN (Jena) »Neuropeptide und die Steuerung visceraler Funktionen bei Insekten«
25. und 26. September 1998	Meeting »Pharmakologische Kontrolle der Hämostase – Entdeckungen von Naturstoffen, chemische Synthese und therapeutische Umsetzung« Leitung: Fritz MARKWARDT (Erfurt) Karsten SCHRÖR (Düsseldorf)
13. Oktober 1998	Vortragssitzung Herr Bernhard FLECKENSTEIN (Erlangen-Nürnberg) »Neue Viren« Herr Karl SPERLING (Berlin) »Die Genkarte des Menschen: Grundlage einer molekularen Anatomie«
29. und 30. Oktober 1998	Meeting »Georg Ernst Stahl in wissenschaftshistorischer Sicht« Leitung: Dietrich VON ENGELHARDT (Lübeck) Alfred GIERER (Tübingen)

9. bis 11. November 1998	Symposium (gemeinsam veranstaltet mit der Stiftung Deutsch-Amerikanisches Akademisches Konzil [DAAK] sowie unter Beteiligung des National Research Council USA und des Umweltforschungszentrums Leipzig-Halle) »Private – Public Partnership in Research and Innovation in Central Eastern European Countries, Germany, and the USA. Models – Experiences – Future Strategies (Halle III)«
3. November 1998	16. Gedenkvorlesung für Kurt MOTHES, XXII. Präsident der Akademie Herr Benno PARTHIER (Halle/Saale) Gedenk- und Einführungsworte Herr Lutz NOVER (Frankfurt am Main) »Streßforschung von der Geschichte bis zur Gegenwart«
16. November 1998	Festkolloquium anläßlich des 70. Geburtstages von Herrn Prof. Dr. Alfred SCHELLENBERGER, Vizepräsident der Leopoldina
24. November 1998	Vortragssitzung Frau Irmgard MÜLLER (Bochum) »Ist die sogenannte Hildegardmedizin noch die Medizin Hildegards?« Herr Wolfgang KÜNZEL (Gießen) »Die Qualität ärztlichen Handelns in Gynäkologie und Geburtshilfe – neue Antworten zu einem alten Thema«
8. Dezember 1998	Vortragssitzung Herr Werner VOGLER (Leipzig) »›Weihnachten‹ in historischer und theologischer Sicht«
12. Januar 1999	Vortragssitzung Herr Bernhard FLEISCHER (Hamburg) »Superantigene« Herr Ernst SCHMUTZER (Jena) »Kosmologie ohne Urknall. Leben wir in einer 5-dimensionalen Welt?«
20. bis 22. Januar 1999 in Wrocław	Symposium (gemeinsam veranstaltet mit der Medizinischen Universität Wrocław, der Universität Wrocław und der Polni-

schen Akademie der Wissenschaften, Institut für Immunologie und Experimentelle Therapie, Wrocław)
»Bacterial Pathogenesis – Modern Approaches«
Leitung: Werner KÖHLER (Jena)
Anna PRZONDO-MORDARSKA (Wrocław)
Gerhard PULVERER (Köln)

9. Februar 1999   Vortragssitzung

Frau Dagmar SCHIPANSKI (Ilmenau)
»Feldeffekttransistoren messen Gaseinwirkung«

Herr Stefan POLLAK (Freiburg i. Br.)
»Zum Stellenwert der Morphologie in der Rechtsmedizin«

12. bis 13. Februar 1999
in Hamburg

Symposium
(gemeinsam veranstaltet mit dem Bernhard-Nocht-Institut für Tropenmedizin, Hamburg)
»Probleme wichtiger tropischer Infektionskrankheiten«
Leitung: Bernhard FLEISCHER (Hamburg)
Rudolf ROTT (Tübingen)